제5판

구조역학

신 현 묵 저

학 연 사

머 리 말

근래 구조물의 설계나 구조해석의 분야에서 다음과 같은 두 가지 두드러진 경향을 볼 수 있다. 하나는 구조재료의 역학적 성질이나 거동이 중요시되어 항복이나 파괴 등의 극한 상태를 바탕으로 하는 구조물의 설계 및 안전성의 확인이고, 다른 하나는 컴퓨터에 의한 구조해석 특히 매트릭스에 의한 구조해석이 컴퓨터의 이용에 의하여 계산의 간편, 신속화에 획기적인 변화를 가져온 점이다. 그리고 이 두 가지 경향은 오늘날 비탄성, 비선형의 영역에까지 발전해 가고 있다.

이 책은 이러한 구조해석의 발전추세를 염두에 두면서 탄성영역에 있어서의 구조해석의 기본이론을 다룬 것이다. 또한 이 책은 정역학이나 재료역학을 따로 이수하지 않은 경우를 고려하여 집필된 것이다. 공업역학을 따로 이수했을 경우에는 제2장, 제4장 및 제11장의 상당부분을 생략할 수 있을 것이고, 재료역학을 따로 이수했을 경우에는 제3장, 제7장, 제11장 등의 상당부분을 다루지 않아도 좋을 것이다.

유럽의 여러 나라는 일찍부터 **SI** 단위를 채택하고 있고, 그 밖의 나라들도 **SI** 단위를 채택하는 추세에 있다. 우리나라도 1990년을 전후해서 한국산업규격(KS)이 **SI** 단위를 채택한 바 있고, 2003년 개정된 콘크리트 구조 설계기준도 **SI** 단위를 채택하고 있다.

이어서 2004년 12월 개정 출간된 철도 설계기준(철도교 편), 2005년 2월 개정 출간된 도로교 설계기준도 각각 **SI** 단위를 채택하고 있다. 즉 모든 설계기준이 전적으로 **SI** 단위로 전환하기에 이른 것이다. **SI** 단위를 채택하는 국제적 추세에 합류한 셈이다.

이에 이 책도 제4판부터는 전면적으로 **SI** 단위로 전환하였다. **SI** 단위에 익숙해지는데 도움이 되었으면 하는 바램이다.

일찍부터 연습문제의 답을 실어주기를 바라는 독자 여러분의 뜻을 접해왔으면서, 이제서야 싣게 된 것을 양해해 주시길 바란다.

끝으로 수정 작업에 애써 주신 학연사 편집부 여러분께 깊은 감사를 드린다.

2008년 4월

신 현 묵

차　례

제1장 서　론

1.1 구조역학의 정의 ······ 13
1.2 구조물의 형식과 구조요소 ······ 13
1.3 구조물의 이상화 및 해석을 위한 가정 ······ 15
1.4 하　중 ······ 17
1.5 구조물의 설계절차 ······ 18
1.6 구조물을 설계할 때 고려해야 할 사항 ······ 19

제2장 정역학의 기초

2.1 힘과 힘의 단위 ······ 20
2.2 정역학의 원리 ······ 22
　(1) 힘의 평행사변형의 법칙 ······ 23
　(2) 힘의 이동성의 법칙 ······ 23
　(3) 작용과 반작용의 법칙 ······ 24
2.3 힘의 합성과 분해 ······ 25
2.4 힘의 모멘트 ······ 27
2.5 우　력 ······ 28
2.6 힘의 변환 ······ 29
2.7 많은 힘의 합성 ······ 30
2.8 힘의 평형 ······ 32
2.9 마　찰 ······ 34
2.10 구조물의 지점과 지점반력 ······ 36
2.11 부재의 접합과 절점 ······ 39
　※ 연습문제 ······ 40

제 3 장 재료의 역학적 성질

3.1 재료의 조직구조 ······ 44
3.2 응력과 변형률 ······ 45
3.3 응력–변형률곡선 ······ 46
3.4 탄성과 소성 ······ 48
3.5 Hooke의 법칙과 Young 계수 ······ 48
3.6 재료의 정적 강도와 피로 ······ 49

제 4 장 단면의 기하학적 성질

4.1 단 면 ······ 50
4.2 단면1차모멘트와 도심 ······ 50
4.3 단면2차모멘트 ······ 53
4.4 단면계수와 회전반경 ······ 56
4.5 단면2차극모멘트 ······ 58
4.6 단면상승모멘트 ······ 60
4.7 단면의 주축 ······ 62
※ 연습문제 ······ 68

제 5 장 단면력과 응력

5.1 단면력 ······ 71
5.2 축력과 축방향응력 ······ 73
5.3 전단력과 전단응력 ······ 74
5.4 휨모멘트와 휨응력 ······ 76
5.5 그 밖의 응력 ······ 77

제 6 장 정정보

6.1 보의 종류 ······ 79
6.2 전단력도와 휨모멘트도 ······ 80

(1) 집중하중이 작용하는 경우 …… 80
(2) 등분포하중이 작용하는 경우 …… 82
(3) 모멘트하중이 작용하는 경우 …… 83
6.3 전단력과 휨모멘트의 관계 …… 85
6.4 단순보 …… 91
(1) 전단력과 휨모멘트 …… 91
(2) 영향선 …… 97
(3) 최대반력과 최대전단력 …… 104
(4) 최대휨모멘트 …… 108
(5) 절대최대휨모멘트 …… 111
6.5 캔틸레버 …… 113
(1) 전단력과 휨모멘트 …… 113
(2) 영향선 …… 116
6.6 내민보 …… 117
(1) 전단력과 휨모멘트 …… 117
(2) 영향선 …… 119
6.7 게르버보 …… 120
(1) 전단력과 휨모멘트 …… 120
(2) 영향선 …… 123
※ 연습문제 …… 126

제 7 장 보의 응력

7.1 보의 응력 …… 128
(1) 휨응력 …… 128
(2) 전단응력 …… 132
(3) 주응력 …… 141
(4) 보의 설계 …… 148
7.2 휨과 축력의 합성작용 …… 148
7.3 휨과 비틀림의 합성작용 …… 150
(1) 비틀림응력 …… 150
(2) 휨과 비틀림의 합성작용 …… 153
7.4 비대칭휨 …… 154

(1) 2축휨 ··· 154
(2) 비대칭단면 보의 휨 ··· 155
※ 연습문제 ··· 158

제 8 장 정정라멘, 정정아치 및 케이블

8.1 정정라멘 ··· 160
8.2 정정아치 ··· 163
(1) 아치의 종류 ··· 163
(2) 3활절아치 ··· 165
(3) 타이를 가지는 아치 ··· 168
8.3 케이블 ··· 170
※ 연습문제 ··· 174

제 9 장 정정보의 처짐

9.1 서 론 ··· 176
9.2 탄성곡선의 미분방정식 ··· 177
9.3 모멘트면적법 ··· 180
(1) 모멘트면적법의 제1정리 ··· 180
(2) 모멘트면적법의 제2정리 ··· 182
9.4 겹침의 원리 ··· 187
9.5 탄성하중법 ··· 187
9.6 공액보의 방법 ··· 191
9.7 가상일의 방법 ··· 198
(1) 외력일과 내력일 ··· 198
(2) 가상일의 원리 ··· 202
(3) 단위하중법 ··· 206
9.8 Castigliano의 정리에 의한 방법 ··· 211
9.9 처짐에 있어서의 전단력의 영향 ··· 215
※ 연습문제 ··· 216

제 10 장 부정정보

10.1 정정과 부정정 220
10.2 부정정보의 해석 222
(1) 변형일치의 방법 222
(2) 최소일의 방법 232
(3) 3연모멘트의 방법 236
10.3 부정정보의 영향선 240
(1) 상반정리 240
(2) Müller-Breslau의 정리 244
(3) 영향선의 모양 245
※ 연습문제 257

제 11 장 기 둥

11.1 서 론 260
11.2 중심축하중을 받는 단주 260
11.3 편심하중을 받는 단주 262
(1) 압축과 1축휨을 받는 경우 262
(2) 압축과 2축휨을 받는 경우 266
11.4 중력식 구조물의 안정 268
11.5 중심축하중을 받는 장주 272
(1) Euler의 장주공식 273
(2) 세장비와 압축응력 278
(3) 기둥의 유효길이 279
11.6 편심하중을 받는 장주 281
※ 연습문제 283

제 12 장 정정트러스

12.1 서 론 286
(1) 트러스 286

(2) 트러스교의 구성 …… 288
(3) 1차응력과 2차응력 …… 289
(4) 트러스의 외적 정정 및 부정정 …… 290
(5) 트러스의 구성과 분류 …… 291
(6) 트러스의 내적 정정 및 부정정 …… 292
12.2 트러스의 해석방법 …… 293
(1) 단순트러스의 해석 …… 294
(2) 합성트러스의 해석 …… 304
(3) 복합트러스의 해석 …… 305
12.3 트러스의 영향선 …… 306
(1) 지점반력의 영향선 …… 306
(2) 부재력의 영향선(평행현트러스) …… 307
(3) 부재력의 영향선(경사현트러스) …… 311
12.4 트러스의 처짐 …… 316
※ 연습문제 …… 320

제 13 장 부정정의 트러스, 라멘 및 아치

13.1 부정정트러스 …… 323
(1) 외적 부정정트러스의 해석 …… 323
(2) 내적 부정정트러스의 해석 …… 327
(3) 부정정트러스의 영향선 …… 330
(4) 부정정트러스의 처짐 …… 333
13.2 부정정라멘 …… 334
(1) 서 론 …… 334
(2) 부정정의 차수 …… 334
(3) 정정라멘의 탄성변형 …… 336
(4) 부정정라멘의 해석 …… 341
(5) 부정정라멘의 영향선 …… 344
13.3 부정정아치 …… 346
(1) 아치의 단면력 …… 346
(2) 압력선 …… 347
(3) 2활절아치 …… 348

※ 연습문제 ········· 353

제 14 장 처짐각법

14.1 서 론 ········· 355
14.2 부재의 변형과 부재단부의 단면력 ········· 355
14.3 처짐각법의 기본식 ········· 356
(1) 양단이 강결된 부재의 처짐각식 ········· 356
(2) 1단강결 타단회전인 부재의 처짐각식 ········· 359
14.4 미지량의 수 ········· 360
(1) 재단처짐각의 수 ········· 360
(2) 부재각의 수 ········· 361
(3) 미지량의 총수 ········· 362
14.5 평형방정식 ········· 362
(1) 절점방정식 ········· 363
(2) 전단방정식 ········· 364
14.6 계산의 순서 ········· 366
※ 연습문제 ········· 375

제 15 장 모멘트분배법

15.1 서 론 ········· 377
15.2 해석절차 ········· 378
(1) 고정단모멘트 ········· 378
(2) 분배모멘트와 분배율 ········· 378
(3) 전달모멘트와 전달률 ········· 381
(4) 해석절차 ········· 382
15.3 부정정보의 해석 ········· 384
15.4 환산강도 ········· 387
15.5 부정정라멘의 해석 ········· 391
(1) 절점이동이 없는 경우 ········· 391
(2) 절점이동이 있는 경우 ········· 392

※ 연습문제 ···· 398

제 16 장 매트릭스해석법

16.1 서 론 ···· 400
16.2 매트릭스대수 ···· 401
(1) 매트릭스의 정의와 기호 ···· 401
(2) 매트릭스의 등가, 덧셈, 뺄셈 및 스칼라곱 ···· 403
(3) 매트릭스의 곱과 곱의 전치 ···· 404
(4) 매트릭스의 역 ···· 406
(5) 연립1차방정식의 해법 ···· 407
16.3 응력법 ···· 409
(1) 서 론 ···· 409
(2) 매트릭스응력법의 기본개념 ···· 409
(3) 정정구조물의 해석 ···· 415
(4) 부정정구조물의 해석 ···· 418
16.4 변위법 ···· 425
(1) 서 론 ···· 425
(2) 매트릭스변위법의 기본개념 ···· 426
(3) 구조물의 해석 ···· 428
(4) 분포하중의 취급 ···· 434
(5) 직접강도법 ···· 437
(6) 응력법과 변위법의 비교 ···· 440
※ 연습문제 ···· 442

부 록 ···· 444
【부록 A】 SI단위 및 단위의 환산 ···· 444
【부록 B】 그리스문자 ···· 448

연습문제의 답 ···· 449

찾아보기 ···· 457

제 1 장 서　　론

1. 1 구조역학의 정의

구조역학(構造力學)은 정역학(statics)의 일반 원리를 응용하여 구조물(構造物)이 외력(外力)을 받았을 때, 그 내부에 어떠한 힘이 생기는가 또 어떻게 변형(變形)하는가를 연구하는 학문이다. 이것을 미국이나 유럽에서는 구조해석(structural analysis) 또는 구조이론(theory of structures)이라고 부르고 있다.

구조역학은 재료역학, 유체역학, 토질역학 등과 함께 응용역학(應用力學)의 한 부문을 이룬다. 우리나라 토목공학 분야에서는 구조역학에 재료역학을 포함시켜서 응용역학이라 일컬어 오고 있다.

Oden은 구조역학의 정의를 다음과 같이 내리고 있다. 즉, "구조물은 하중(荷重)에 저항하여, 이것을 전달하도록 배치되고 지지된 물체의 집합체라고 정의할 수 있다. 체인(chain), 테이블(table), 뼈대(frame), 항공기 등도 구조물의 일반적인 정의 속에 포함시킬 수 있다. 이러한 시스템(system)의 거동을 말하고 또 예측하는 일에 관계있는 지식을 모은 것이 구조역학(구조해석)이다."

1. 2 구조물의 형식과 구조요소

교량, 옹벽, 암거(culvert), 터널, 댐(dam), 방파제, 건물 등을 구조물(structure)이라고 한다. 원자로, 압력용기 등 원자력 발전소 구조물, 항공기, 미사일 등 우주구조물, 자동차, 열차 등 차량, 선박 그 밖에 기중기와 같은 기계류도 모두 구조물이다.

이러한 구조물은 최소단위의 구성요소인 부재(member)로 이루어진다. 부재는 그 형상에 따라 괴상체(塊狀體, massive structure), 봉(棒, bar) 및 판(板, plate)으로 대별

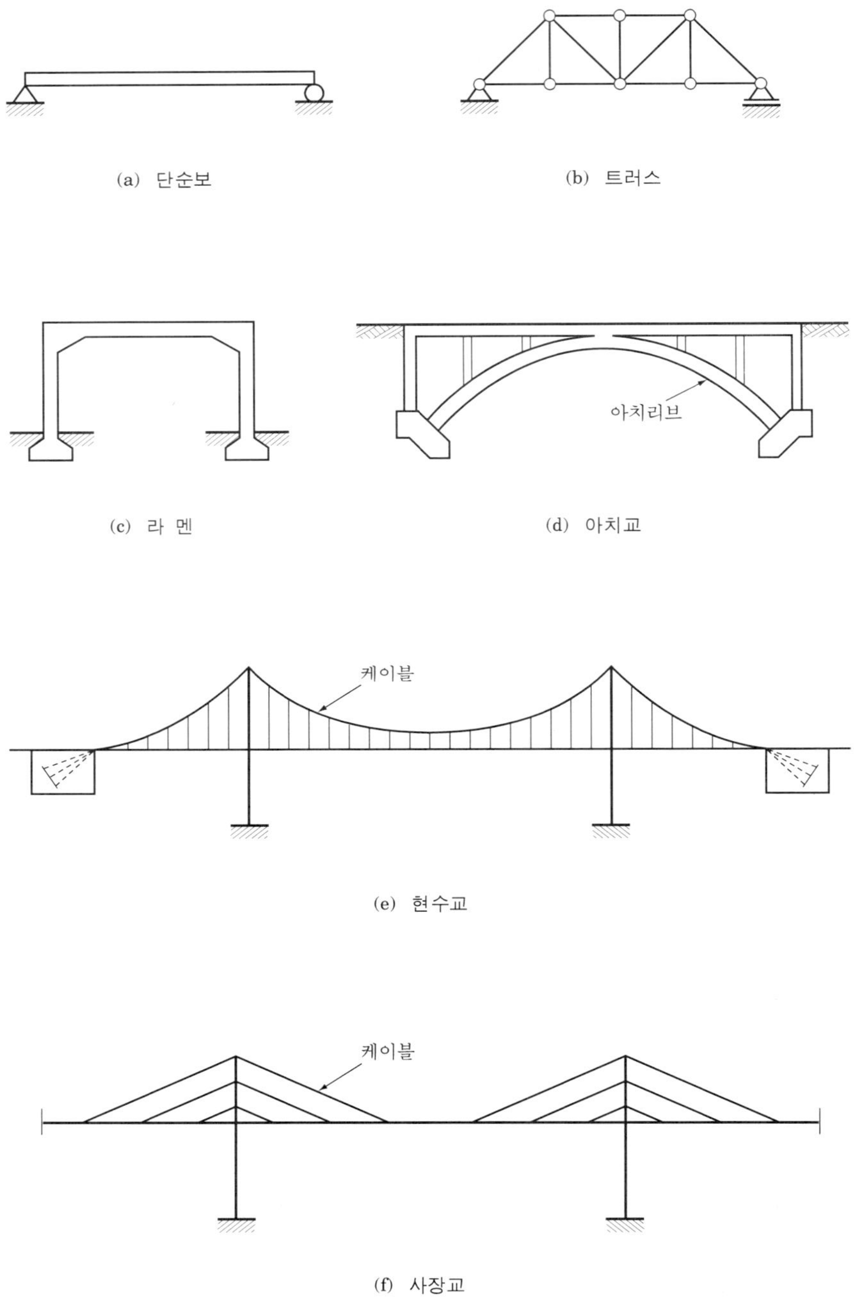

(a) 단순보 (b) 트러스

(c) 라 멘 (d) 아치교

(e) 현수교

(f) 사장교

그림 1－1

할 수 있다. 댐이나 방파제는 괴상체로 된 구조물의 대표적인 것이고, 교량이나 빌딩은 봉과 판으로 된 구조물의 대표적인 것이다. 봉, 즉 선부재(線部材)는 직선부재와 곡선부재로 나누어지고 판부재는 평면판과 곡면판으로 구분된다. 구조물은 이러한 부재를 2개 이상 조합함으로써 얻어진다.

그림 1-1(a)와 같이 하나의 직선부재로 된 구조물을 **보**(beam)라고 한다. 2개 이상의 직선부재로 된 그림 (b)와 같은 구조물을 **트러스**(truss) 라고 하며, 그림 (c)와 같은 구조물을 **라멘**(Rahmen, rigid frame)이라고 한다. 그림 (d)에 보인 아치 리브(arch rib)와 같은 곡선부재를 **아치**(arch)라고 하며, 그림 (e)의 현수교(suspension bridge)의 케이블(cable)은 아치를 역(逆)으로 이용한 것과 같다. 그림 (f)의 사장교(cable stayed bridge)의 케이블은 직선으로 된다. 이상의 구조물에는 하중이 놓여야 할 바닥판을 두어야 하므로, 결국 그림 1-1의 구조물들은 선부재와 판부재의 조합으로 이루어지는 구조물이다.

1.3 구조물의 이상화 및 해석을 위한 가정

구조물의 외력에 대한 응답(response)을 이론적으로 해석할 때에는 실제의 구조물을 이상화(理想化)하고, 조건을 단순화하는 경우가 많다. 이것은 원래의 형태대로는 구조물의 해석이 불가능하거나, 설혹 가능하다 하더라도 해석방법이 복잡하여 실용적이 되지 못하기 때문이다. 구조물을 이상화하여 해석함으로써 얻어진 결과의 차이는 실용상 문제되지 않는다.

구조해석을 위하여 구조물을 이상화한 몇 가지 예를 들어보면 다음과 같다.

① 구조물의 부재들은 어떤 두께를 가지지만, 이것을 선(線)으로 나타낸다. 즉 부재는 부재의 중심선으로 나타내고, 부재의 접합부는 점(点)으로 나타난다.

예를 들면 그림 1-2(a)의 라멘은 그림 (b)와 같이 나타내고, 그림 1-2(c)의 트러스 부재는 그림 (d)와 같이 나타낸다. 그림 1-2(e)의 구조물은 그림 (f)와 같이 힘을 받는 것으로 본다.

② 실제의 구조물들은 입체구조(立體構造)이지만, 이것을 평면구조로 분해하여 해석한다.

하나의 예로서 그림 1-3(a)의 트러스교에서 힘의 전달 경로를 살펴보자. 바닥판에 실린 차량하중은 세로보로 전달되고, 이 힘은 다시 가로보로 전달되어 결국에는 양쪽의 주 트러스의 격점(格点)에 작용하게 된다. 그러므로 그림 1-3(a)의 바닥판에

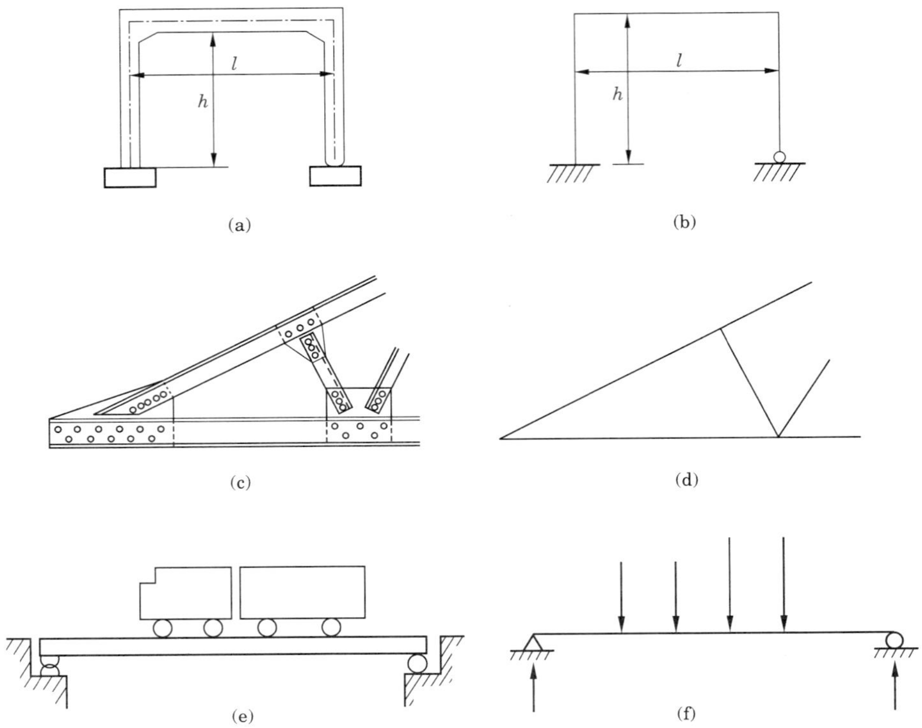

그림 1-2

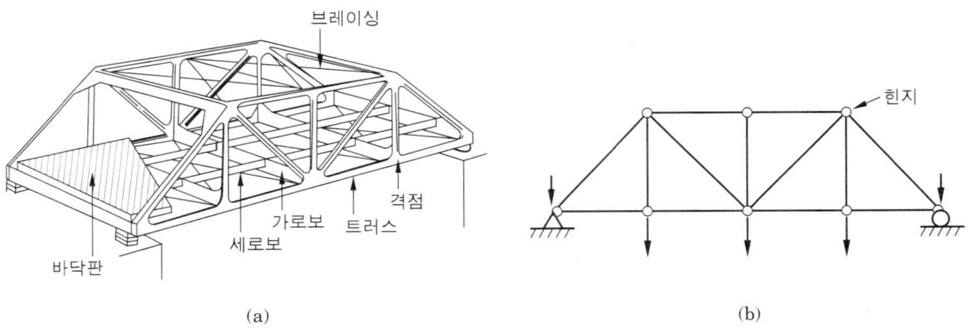

그림 1-3

실린 하중은 양쪽의 주 트러스에 그림 1-3(b)와 같이 작용하게 된다. 따라서 그림 1-3(a)의 입체 트러스를 그림 (b)와 같은 평면 트러스로 분해하여 해석할 수 있다.

③ 트러스의 격점은 리벳 이음, 볼트 이음 또는 용접 이음이지만, 이것을 핀(pin) 또는 힌지(hinge)로 되어 있다고 본다.

즉 그림 1-4(a)와 같이 볼트 이음으로 된 격점을 그림 (b)와 같이 자유롭게 회전할 수 있는 힌지로 되어 있다고 보고 트러스를 해석한다.

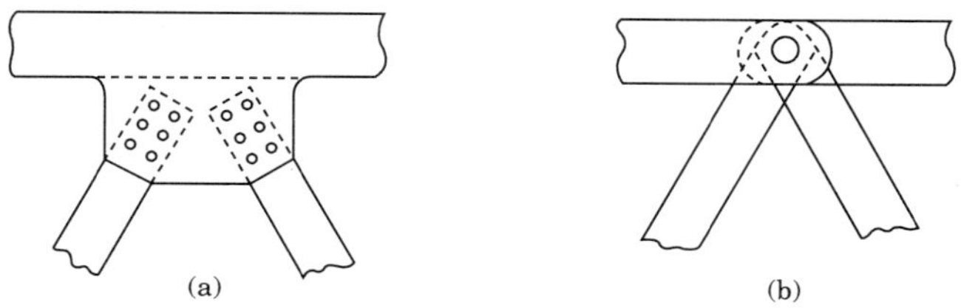

그림 1-4

구조역학에서는 구조물의 이상화 외에 다음과 같은 가정이 사용된다. 즉 "구조물의 변형은 구조물의 치수에 비하여 매우 작다"라는 가정이다. 이것을 미소변형의 가정(small-deflection theory)이라고 한다.

구조물은 외력을 받으면 변형하고, 변형된 상태에서 평형을 유지한다. 그러므로 변형된 상태에서 힘의 평형조건을 적용하는 것이 원칙이다. 그러나 앞에서 언급한 가정과 같이 구조물에 일어나는 변형은 실제로 매우 작다. 그래서 외력이 작용한 상태에서 구조물의 평형을 생각할 경우에는 변형을 무시하고 변형전의 원래의 상태를 기준으로 해석하는 것이다. 이와 같이 하는 구조해석을 1차해석(first-order analysis)이라고 한다. 이에 대하여 변형된 상태에서 힘의 평형조건을 적용하여 해석하는 것을 2차해석(second-order analysis)이라고 한다.

일반적으로 우리가 다루는 구조물의 거동을 미소변형의 가정에 따라 해석해도 실용상 충분하다.

1.4 하 중

구조물에 외력이 작용하면 구조물은 변형하면서 내력(內力)을 일으킨다. 이 내력을 응력(應力, stress)이라고 한다. 구조물에 응력을 일으키는 외적 작용을 하중(load)이라고 한다.

구조물의 자중, 구조물 위에 놓이는 물체의 중량 등을 사하중(dead load) 또는 고정하중이라 하고, 차량이나 군중과 같이 구조물 위를 이동하는 하중을 활하중(live load)이라고 한다. 차량과 같은 활하중이 구조물 위를 주행함으로써 일어나는 동적 영향을 충격(impact)이라고 하며, 교량의 설계에서는 이것을 고려해야 한다. 토압, 수압, 풍압

등도 구조물에 작용하는 중요한 하중이며, 그 밖에 지진하중, 온도변화 등도 설계에 고려해야 한다.

위에 설명한 하중들이 구조물에 작용할 때에는 그림 1-5의 어느 하나의 형태로 작용하게 된다. 예컨대 차륜하중은 구조물과의 접촉면에서 집중적으로 작용한다고 생각하고 그림 1-5 (a)와 같이 나타난다. 이러한 하중을 **집중하중**(concentrated load)이라고 한다. 구조물의 자중이나 군중과 같이 구조물의 어떤 넓이에 분포하여 작용하는 하중을 **분포하중**(distributed load)이라 하고, 그림 1-5 (b) 또는 (c)와 같이 나타낸다. 그림 1-5 (b)와 같은 분포하중을 **등분포하중**(uniform load)이라 하고, 그림 (c)와 같은 분포하중을 **등변분포하중**(uniformly varying load)이라고 한다. 그림 1-5 (a), (b) 및 (c)와 같이 구조물에 직접 작용하는 하중을 **직접하중**(direct load)이라 하고, 그림 (d)와 같이 작용하는 하중을 **간접하중**(indirect load)이라고 한다.

차량하중, 충격, 풍하중과 같은 하중을 **단기하중**(short time loading)이라 하고, 구조물의 자중, 콘크리트의 크리프와 같은 하중을 **장기하중**(long time loading)이라고 한다.

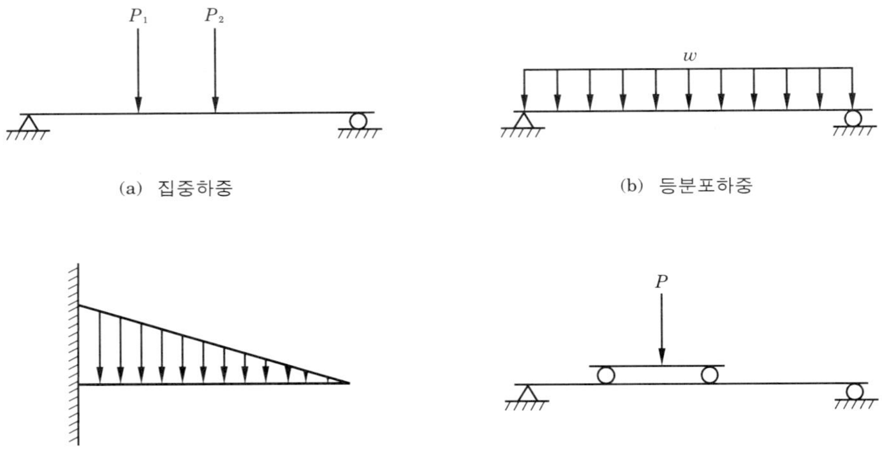

(a) 집중하중 (b) 등분포하중 (c) 등변분포하중 (d) 간접하중

그림 1-5

1.5 구조물의 설계절차

구조물의 설계는 일반적으로 다음과 같은 단계를 거쳐 이루어진다.

① **총체적 계획**(general layout)**의 수립** : 구조물의 목적과 기능을 제일로 생각하고, 다음에 경제적, 미적(美的), 법률적 및 재정적 문제를 검토하여 그 구조물의 총체적

계획을 세운다.

② **하중의 결정** : 구조물에 실릴 하중들은 설계기준에 규정되어 있다. 재하조건의 상세 및 예외적 재하에 대한 주의 등은 근본적으로 설계자의 책무에 속한다.

③ **응력의 해석** : 하중이 결정되면 응력해석을 실시한다. 즉 모든 재하조건에 따라 각 부재에 일어나는 최대응력을 알아내야 한다. 최근의 컴퓨터의 발달, 특히 PC (personal computer)의 발전은 구조해석에 획기적인 발전을 가져왔으며, 오늘날 컴퓨터는 구조해석의 필수 도구가 되었다.

④ **부재치수의 결정** : 재료를 선정하고, 구조해석의 결과에 따라 부재치수를 선정하되, 설계기준에 맞도록 해야 한다.

⑤ **도면화 및 구조세목의 결정** : 구조물 각부의 치수가 결정된 후에는 최종단계로서 이것을 도면화하고, 구조세목 등 시공에 필요한 사항들을 결정한다.

구조역학은 이상의 단계 가운데 응력해석 즉 구조해석을 목적으로 하는 것이며, 이것은 구조물 설계의 기본에 속하는 것이다.

1.6 구조물을 설계할 때 고려해야 할 사항

구조물은 다음과 같은 조건들이 만족하도록 설계해야 한다.

(1) 안전성

구조물은 외력에 대하여 충분한 강도를 가지고 안전하게 그 기능을 다할 수 있어야 한다. 즉 **안전성**(safety)이 확보되어야 한다. 공공적 성격을 가지는 토목구조물의 안전성은 인류와 사회의 복지에 지대한 영향을 미치기 때문에 더욱 그러하다.

(2) 사용성

구조물은 공용기간(供用期間) 동안 그 기능을 발휘하는 데 있어서 지장이나 불안감, 불쾌감을 주는 심한 변형(처짐), 균열, 진동, 소음 등을 일으켜서는 안 된다. 즉 **사용성**(serviceability)도 확보되어야 한다.

위의 두 조건은 구조물을 설계할 때 반드시 고려해야 할 기본 조건이며, 그 밖에 경제성과 미관도 고려해야 한다.

제 2 장 정역학의 기초

2. 1 힘과 힘의 단위

외부로부터 힘이 작용하지 않는 한 정지해 있는 물체는 항상 정지해 있고, 운동하고 있는 물체는 같은 속도로 1직선 위를 운동한다(Newton의 운동 제1법칙). 따라서, 힘(force)은 물체의 정지 또는 운동의 상태를 변화시키는 작용이라고 정의할 수 있다.

물체는 작은 힘이 작용했을 때보다 큰 힘이 작용했을 때 더 잘 움직인다. 질량이 서로 다른 두 물체에 동일한 크기의 힘을 작용시키면 질량이 큰 물체가 덜 움직인다. 또, 물체에 힘을 작용시키면 정지 상태에 있는 물체는 움직이기 시작하고, 운동하고 있는 물체는 그 속도가 점점 빨라진다. 즉, 물체에 힘이 작용하면 가속도가 생긴다. 이 가속도와 작용시킨 힘 및 물체의 질량 사이에는 다음과 같은 관계가 있다. 즉 가속도 a와 물체의 질량 m의 곱은 작용시킨 힘 P에 비례한다(Newton의 운동 제2법칙). 이것을 식으로 나타내면 다음과 같다.

$$P = kma \qquad \cdots\cdots (2\text{-}1)$$

여기서, k는 비례상수이다. 질량 1g(gram)이 물체에 작용하여 1 cm/sec^{2}의 가속도를 내게 하는 힘을 1 dyne의 힘이라고 한다. 위의 식에서 $m=1$(gram), $a=1$(cm/sec^2), $P=1$(dyne)이면 $k=1$이다. 따라서, 식 (2-1)은 다음과 같이 된다.

$$P = ma \qquad \cdots\cdots (2\text{-}2)$$

모든 물체는 지구상의 한 장소에서 중력에 의하여 일정한 가속도를 가지고 연직방향으로 낙하한다. 이것이 Galilei가 발견한 중력가속도 g이며, 곳에 따라 다소의 차이는 있으나 $g=9.80$ m/sec^2 정도이다. 물체의 질량을 m이라 하면, 그 물체에 작용하는 중력 W는 식 (2-2)에 의하여 다음과 같이 된다.

$$W = mg \quad \cdots\cdots \quad (2\text{-}3)$$

이 W가 질량 m인 물체의 지구상에서의 중량이다. 그러므로, 이 물체가 공중에서 낙하하지 않도록 하려면, 그 물체의 중량과 같은 크기의 힘으로 그 물체를 받쳐 주어야 한다. 그래서, 종래 공학분야에서는 물체의 중량으로 힘을 나타내 왔다. 즉, 질량 1 kg의 물체에 작용하는 중력, 즉 그 물체의 중량을 힘의 단위로 하여, 이것을 1 kgf의 **힘**이라고 하였다. 즉 힘(중량)을 질량과 구별하기 위하여 kgf로 나타내 왔으며, ton 단위의 힘은 t대신 tonf로 나타내 왔다. 그러나 근래 유럽을 비롯하여 세계 각국이 SI 단위를 사용하는 추세에 있다. 우리나라도 2003년 개정된 콘크리트 구조설계기준을 위시하여, 2004년 12월 개정된 철도설계기준(철도교 편), 2005년 2월 개정된 도로교설계기준 등이 모두 SI 단위를 채택하고 있다.

SI 단위계에서는 힘의 단위를 다음과 같이 주고 있다. 즉, 질량 1 kg의 물체에 작용하여 1 m/sec^{2}의 가속도를 내게 하는 힘을 1N(Newton)의 **힘**이라 하고, 이것을 힘의 단위로 한다. 1N의 힘은 식 (2-2)에 의해 다음과 같은 차원을 가진다.

$$1\,\mathrm{N} = (1\,\mathrm{kg}) \times \left(1\,\frac{\mathrm{m}}{\mathrm{sec}^2}\right) = 1\,\frac{\mathrm{kg \cdot m}}{\mathrm{sec}^2} \quad \cdots\cdots \quad (2\text{-}4)$$

따라서, 1 kgf의 힘을 SI 단위계의 N으로 환산하면, 식 (2-3)과 식 (2-4)에 의하여 다음과 같이 된다.

$$1\,\mathrm{kgf} = (1\,\mathrm{kg}) \times \left(9.8\,\frac{\mathrm{m}}{\mathrm{sec}^2}\right) = 9.8\,\frac{\mathrm{kg \cdot m}}{\mathrm{sec}^2} = 9.8\,\mathrm{N} \fallingdotseq 10\mathrm{N} \quad \cdots\cdots \quad (2\text{-}5)$$

그러므로

$$1\,\mathrm{N} = \frac{1}{9.8}\,\mathrm{kgf} = 0.102\,\mathrm{kgf} \fallingdotseq 0.1\,\mathrm{kgf} \quad \cdots\cdots \quad (2\text{-}6)$$

힘의 크기는 이러한 단위를 사용하여 나타낸다. 힘과 응력에 관계되는 SI 단위 및 단위의 환산표가 부록 A에 수록되어 있다. (전기 각 설계기준등에서는 1 kgf = 10 N으로 보고, 또 1 N = 0.1 kgf로 보고 환산하고 있다.)

힘은 크기 외에 방향과 작용점을 가지는데, 이 세 가지를 **힘의 3요소**라 한다. 힘은 방향을 가지는 벡터(vector)양이므로 그림 2-1과 같이 나타낼 수 있다.
즉, 힘 P의 크기는 선분의 길이(벡터양 $\overrightarrow{AB}$)로, 방향은 기울기 $\tan\theta$와 화살표로, 작용점은 좌표상의 점으로 나타낸다. 그림 2-1에서 선분 AB를 포함하는 직선을 힘 P의 **작용선**이라 한다.

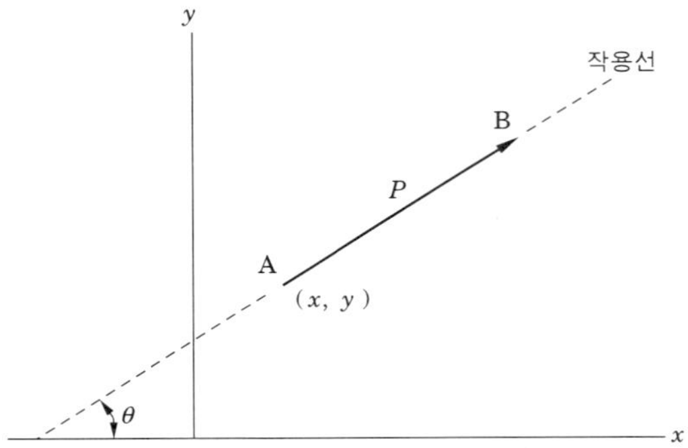

그림 2-1

2.2 정역학의 원리

물체에 힘이 작용하면 변형한다. 그러나, 실제로는 변형이 매우 작아서 이것을 무시하고 힘을 다루더라도 실용상으로는 지장이 없다.

예컨대, 그림 2-2 (a)에서와 같이 막대기의 양단에 같은 중량의 추를 매달고 막대기 중앙에서 지지하면, 막대기는 약간 휘어서 지지점에서 추까지의 거리는 추를 매달기 전보다 약간 감소한다. 그러나, 막대기의 평형조건만을 생각할 때에는 이 변형을 무시하고 막대기는 그림 2-2 (b)와 같이 직선 상태에 있다고 가정해도 좋다. 즉, 지점에서 양쪽 추까지의 거리를 막대기 길이의 $\frac{1}{2}$로 본다. 이와 같이, 힘이 작용하더라도 변형하지 않는 물체, 즉 물체 각부의 상대적 위치가 변하지 않는 물체를 가정하고, 이것을 **강체**(rigid body)라 한다. 물체를 강체로 보고, 이 물체에 작용하는 힘들이 서로 비겨서 물체가 운동을 일으키지 않는 상태일 때의 힘의 관계를 다루는 학문이 **정역학**(statics)이다.

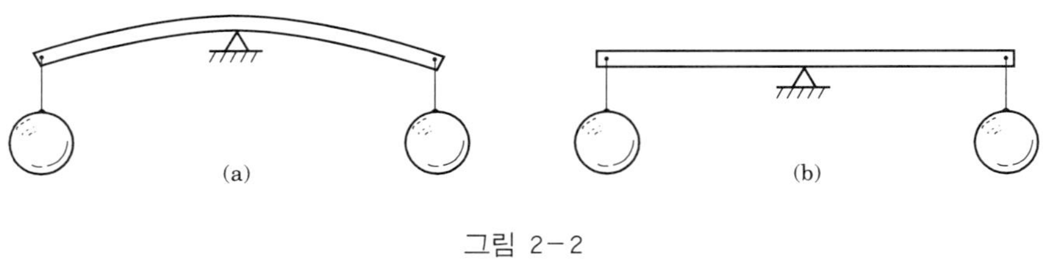

그림 2-2

한편, 그림 2-2에서 막대기의 강도와 변형을 다룰 경우에는 그 휨변형을 생각해야 하는데, 이러한 분야는 재료역학에서 다루게 된다. 그러므로 구조역학은 정역학을 출발점으로 하며 재료역학의 분야도 포함하게 된다. 힘과 운동과의 관계를 다루는 학문을 **동역학**(dynamics)이라 하며, 변형과 운동에 관련되는 분야를 다룬다. 근래에는 구조물의 동역학적 거동 및 진동을 다루는 구조동역학, 구조진동학 등이 체계화되기에 이르렀다.

여러가지 크기와 방향을 가지는 몇 개의 힘이 물체에 작용할 경우, 이들 힘을 **역계**(力系, force system)라 한다. 물체를 정지 상태에 두기 위하여 이러한 역계를 만족시키는 조건을 찾아 내는 것이 정역학의 문제이다. 이러한 문제를 해결하는 데에는 정역학의 원리라고 일컬어지는 다음과 같은 법칙들이 사용된다.

(1) 힘의 평행사변형의 법칙

물체의 임의점에 작용하는 두 힘의 영향은 그 두 힘을 두 변으로 하는 평행사변형의 대각선과 같은 크기, 기울기 및 방향을 가지는 하나의 힘의 영향과 같다. 이것을 힘의 평행사변형의 법칙이라 하며, 그림 2-7(b)에 나타나 있다. 그림 2-7(a)에서 물체의 어떠한 점 A에 작용하는 두 힘 P_1, P_2의 영향은 이 두 힘을 두 변으로 하는 평행사변형의 대각선이 나타내는 벡터 $\overrightarrow{AC}$의 영향과 같다. $\overrightarrow{AC}=R$을 힘 P_1, P_2의 **합력**이라 한다.

(2) 힘의 이동성의 법칙

강체에 작용하는 힘은 그 작용점을 작용선 위의 임의점에 옮겨도 그 영향이 변하지 않는다. 이것을 힘의 이동성의 법칙 또는 힘의 작용선의 법칙이라 한다.

그림 2-3(a)의 강체의 한 점 A에 힘 P가 작용할 경우를 생각해 보자. 이 강체 내에서 힘 P의 작용선 위의 한 점 B에 힘 P와 크기가 같고 방향이 반대인 두 힘을 그림 2-3(b)와 같이 작용시켰을 때, 그 결과는 그림 2-3(a)의 경우와 같다. 그림 2-3(b)에서, A점에 작용하는 힘 P와 B점에서 이와 반대 방향으로 작용하는 힘 P는 서로 비기므로 이 두 힘은 제거할 수 있다. 그 결과가 그림 2-3(c)이다. 그러므로, 그림 2-3(c)의 효과는 그림 2-3(a)의 효과와 같다. 따라서 강체에 작용하는 힘의 영향은, 그 힘의 작용점을 작용선 위의 임의점에 옮겨도 같다는 것을 알 수 있다.

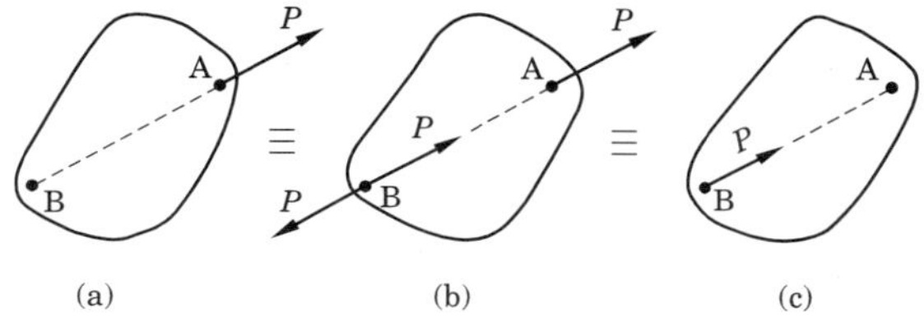

그림 2-3

막대기 AB의 양단에 크기가 같고 방향이 반대인 두 힘 P를 그림 2-4 (a)와 같이 작용시키면, 이 막대기는 압축을 받고 비김 상태에 있게 된다. 힘의 이동성의 법칙에 의하여 A점에 작용하고 있는 힘 P를 그 작용선에 따라 B점으로 옮기고, 또 B점에 작용하는 힘 P를 A점으로 옮기면 그림 2-4 (b)가 된다. 이 때, 막대기는 평형 상태에 있지만 압축이 인장으로 바뀌었다. 다음에, 그림 2-4 (c)와 같이 이 두 힘을 막대기 중심 C까지 이동시키면, 막대기는 평형을 유지하지만, 압축도 인장도 받지 않는다. 이로써, 물체에 작용하는 **힘의 작용점을 이동시키면 힘의 평형 상태는 변하지 않지만 내력은 변화를 일으킨다**는 것을 알 수 있다. 그러므로, 힘의 이동성의 법칙은 물체의 평형조건(비김조건)을 다룰 때에만 사용할 수 있고 내력을 다룰 때에는 사용할 수 없다.

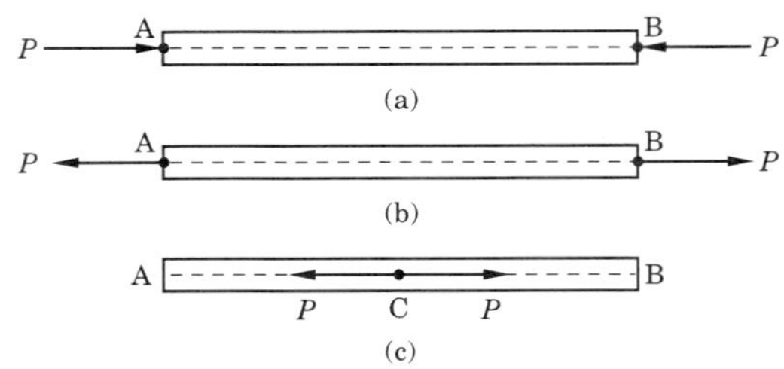

그림 2-4

(3) 작용과 반작용의 법칙

물체 B가 물체 A 위에 놓여 있을 때, 두 물체의 접촉점에는 물체 B가 물체 A에 가한 압력(작용)과 크기가 같고 방향이 반대인 압력(반작용)을 유발한다. 즉, 작용이 있으면 반드시 반작용이 일어나고, 그 크기는 서로 같고 방향은 반대이다. 이것을 **작용과 반작용의 법칙**이라 한다(Newton의 운동 제 3 법칙).

그림 2-5 (a)와 같이 수평면 위에 정지해 있는 구(球)는 지지면에 압력을 미치게 되고(작용), 따라서 그 접촉면에는 이 압력과 크기가 같고 방향이 반대인 힘 R_A(반작용)가 그림 2-5 (b)와 같이 작용한다. 그림 2-6 (a)와 같이 무게 W의 구(球)가 밧줄로 지지되어 매끄러운 수직벽의 A점에 접촉되어 정지해 있을 경우, 이 구는 밧줄 BC를 당기는 동시에 A점에서 벽을 수직으로 누르게 된다(작용). 이 때, 구에는 그림 2-6 (b)에 보인 바와 같이 반작용 S와 R_A가 일어난다.

물체를 자유로이 움직이지 못하게 하는 제한을 **구속**(restraint)이라 한다. 예를 들면, 그림 2-5 (a)의 구는 평면을 따라 자유로이 이동할 수 있으나 연직방향으로는 이동할 수 없다. 즉, 연직방향으로 구속되어 있다. 그림 2-6 (a)의 구는 지면을 포함한 평면 내

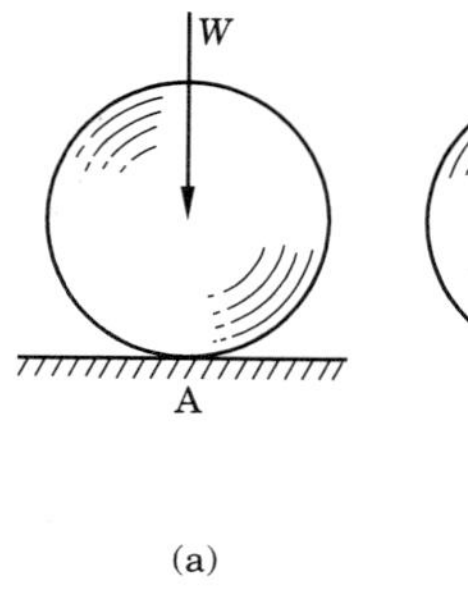

그림 2-5

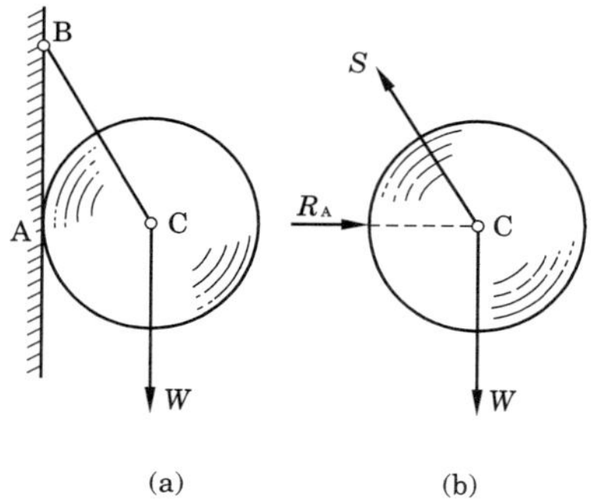

그림 2-6

에서는 움직일 수 없다. 이러한 구속을 받은 물체의 평형을 생각할 때에는 그 물체를 지지하고 있는 물체, 예를 들어 그림 2-6(a)의 밧줄과 수직벽을 제거하고, 대신 이들이 물체에 미치는 반작용으로 바꾸어 놓는다. 이와 같이, 지지하고 있는 물체를 제거하고 물체에 작용하는 모든 힘을 벡터로 나타낸 그림을 **자유물체도**(free body diagram)라 한다. 그림 2-6(b)는 그림 2-6(a)의 자유물체도이다. 정역학의 문제를 해결하는 데에는 자유물체도를 정확하게 그리는 것이 매우 중요하다. 자유물체도를 정확하게 그리기 위해서는 물체에 직접 작용하는 외력은 물론이고, 물체의 자중, 물체 상호간의 접촉반력과 마찰력, 지점반력 등을 알아야 한다.

2.3 힘의 합성과 분해

동일평면에 작용하는 역계(力系)를 **평면역계**라 하고, 동일평면에 있지 않은 역계를 **공간역계**라 한다. 대부분의 구조물은 평면구조물로 분해하여 해석할 수 있으므로, 이 장에서는 평면역계에 대해서만 논의하기로 한다.

물체에 많은 힘이 작용할 때, 이 역계와 동등한 영향을 끼치는 하나의 힘을 구하는 것을 **힘을 합성한다**고 하며, 합성된 힘을 **합력**(resultant force)이라 한다. 하나의 힘을 이것과 동등한 효과를 가지는 2개 이상의 힘으로 나누는 것을 **힘을 분해한다**고 하며, 분해된 힘을 **분력**(component of force)이라 한다.

그림 2-7(a)와 같이 강체의 한 점 A에 작용하는 두 힘 P_1, P_2의 합력 R은 힘의 평행사변형의 법칙에 따라 그림 2-7(b)와 같이 구해진다. 또, 그림 2-7(c)와 같이 힘의 삼각형에 의하여 구할 수도 있다.

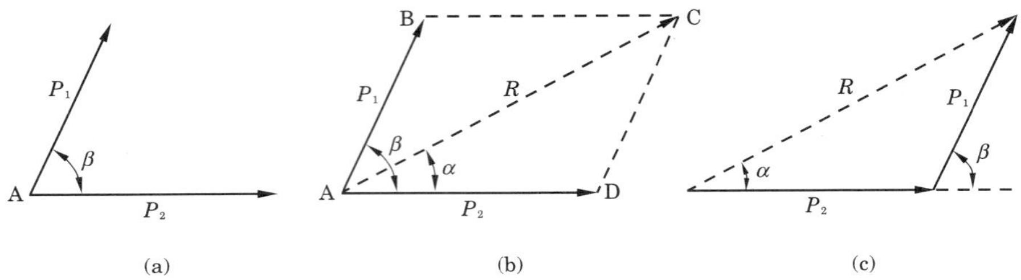

그림 2-7

계산에 의하면, 합력의 크기 R은 그림 2-7(b) 또는 (c)에 cosine의 제2법칙을 적용함으로써

$$\overrightarrow{AC}^2 = \overrightarrow{AB}^2 + \overrightarrow{AD}^2 + 2\overrightarrow{AB}\cdot\overrightarrow{AD}\cos\beta$$

$$\therefore\ R = \sqrt{P_1^2 + P_2^2 + 2P_1P_2\cos\beta} \qquad (2\text{-}7)$$

이고, 방향은

$$\tan\alpha = \frac{P_1\sin\beta}{P_2 + P_1\cos\beta} \qquad (2\text{-}8)$$

이며, 작용점은 A점이다. P_1과 P_2가 직교하여 작용한다면, $\beta = 90°$이므로, 그 합력은

$$R = \sqrt{P_1^2 + P_2^2}$$

$$\tan\alpha = \frac{P_1}{P_2}$$

하나의 힘 R이 주어졌을 때, 이 힘을 주어진 두 방향 AB, AD로 분해할 경우에는 힘의 평행사변형의 법칙을 역(逆)으로 사용하면 된다. 이 경우의 분력은 그림 2-7(b) 또는 (c)에서 sine 법칙을 적용하면

$$\frac{P_1}{\sin\alpha} = \frac{P_2}{\sin(\beta-\alpha)} = \frac{R}{\sin(180°-\beta)}$$

따라서

$$\left.\begin{aligned} P_1 &= \frac{\sin\alpha}{\sin\beta}R \\ P_2 &= \frac{\sin(\beta-\alpha)}{\sin\beta}R \end{aligned}\right\} \qquad (2\text{-}9)$$

$\beta = 90°$일 경우, 즉 서로 직각을 이루는 두 방향으로 분해할 경우의 분력은

$$\left.\begin{aligned} P_1 &= R\sin\alpha \\ P_2 &= R\cos\alpha \end{aligned}\right\} \qquad (2\text{-}10)$$

2. 4 힘의 모멘트

하나의 힘 P에, 임의의 점 O로부터 그 힘까지의 거리 l을 곱한 값을 힘 P의 점 O에 대한 모멘트(moment)라 한다. 즉, 그림 2-8에서 힘 P의 점 O에 대한 모멘트 M은 다음과 같다.

$$M = Pl \quad \cdots\cdots (2\text{-}11)$$

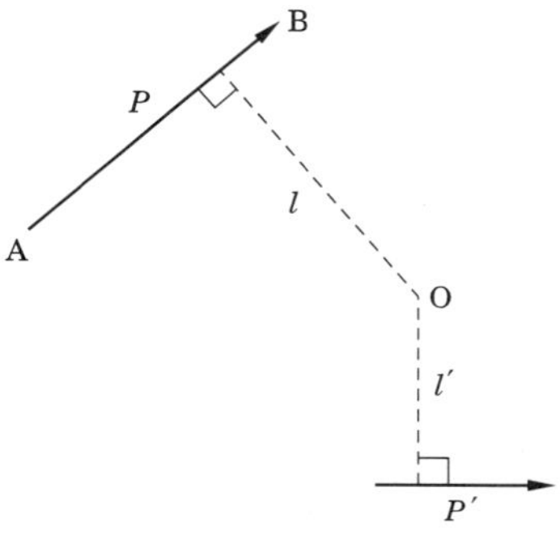

그림 2-8

l을 모멘트의 팔길이(arm length), O를 모멘트의 중심이라 한다. 그림 2-8과 식 (2-11)로부터 알 수 있는 바와 같이, 모멘트는 기하학적으로는 힘을 밑변으로 하고 중심을 꼭지점으로 하는 삼각형 넓이의 2배를 나타낸다. 즉

$$M = Pl = 2(\triangle \text{OAB의 넓이}) \quad \cdots\cdots (2\text{-}12)$$

모멘트는 그 중심에 대해 회전하려는 영향을 나타낸다. 시계바늘 도는 방향으로 회전하려는 모멘트의 부호는 정(+)으로, 그 반대 방향의 모멘트 부호는 부(−)로 약속한다. 즉, 그림 2-8에서 $M = Pl$이고, $M' = -P'l'$ 이다.

팔길이의 단위가 m이고 힘의 단위가 N이면 모멘트의 단위는 N · m로 되고, 팔길이의 단위가 m이고 힘의 단위가 kN이면 모멘트의 단위는 kN · m로 된다. 팔길이의 단위가 mm이고, 힘의 단위가 N이면 모멘트의 단위는 N · mm로 된다.

◖ Varignon의 정리 ◗

한 점 A에 작용하는 두 힘 P_1, P_2의 합력 R을 평행사변형의 법칙에 의하여 나타낸 것

이 그림 2-9이다. 지금, 힘 P_1, P_2의 점 C에 대한 모멘트를 구해 보자. AC에 수선 CF를 세우고, B와 G에서 CF에 내린 수선의 발을 E와 F라고 하면, 식 (2-12)에 의하여

힘 P_1의 점 C에 대한 모멘트 $M_1 = 2$ (△ABC의 넓이) $= \overline{AC} \cdot \overline{CE}$

힘 P_2의 점 C에 대한 모멘트 $M_2 = 2$ (△ACD의 넓이) $= \overline{AC} \cdot \overline{EF}$

힘 R의 점 C에 대한 모멘트 $M = 2$ (△ACG의 넓이) $= \overline{AC} \cdot \overline{CF}$

로 된다. 그런데, 그림 2-9에서 $\overline{CE} + \overline{EF} = \overline{CF}$이므로

$$M_1 + M_2 = \overline{AC}(\overline{CE} + \overline{EF}) = \overline{AC} \cdot \overline{CF} = M$$

$$\therefore\ M_1 + M_2 = M$$

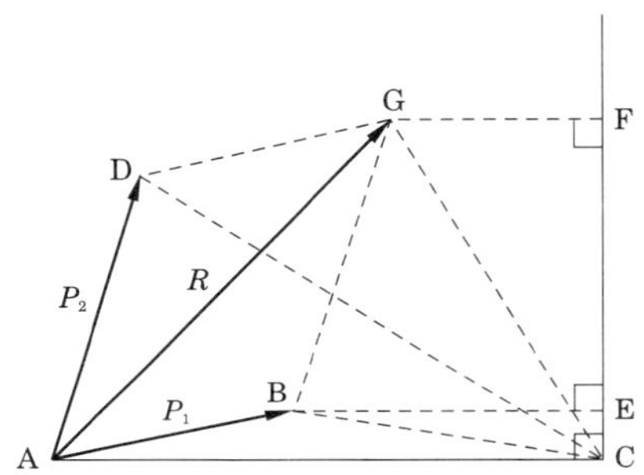

그림 2-9

이것은 힘 P_1 및 P_2의 점 C에 대한 모멘트의 합계가 합력 R의 점 C에 대한 모멘트와 같다는 것을 나타내고 있다. 따라서, 일반적으로 다음과 같이 말할 수 있다. 즉, **많은 힘들의 임의점에 대한 모멘트의 대수합은 합력의 그 점에 대한 모멘트와 같다.** 이것을 모멘트에 관한 Varignon의 정리라 한다.

2.5 우 력

그림 2-10에 보인 바와 같이, 서로 평행한 작용선을 가지며 방향이 반대이고 크기가 같은 두 힘을 **우력**(짝힘, couple of forces)이라 한다.

그림 2-10에서 우력 P 사이의 거리(우력의 팔)를 l이라 하고, 임의점 O에 대한 모멘트를 계산하면 다음과 같다.

$$M = P(l + x) - Px = Pl$$

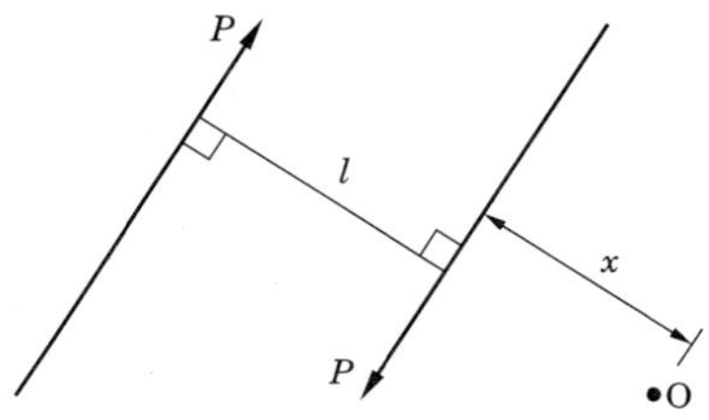

그림 2-10

즉, 우력은 모멘트의 중심을 평면 내의 어느 점에 잡든지 그 모멘트는 Pl이다. 이것을 **우력모멘트**라 하며, 부호는 모멘트의 부호와 같다. 그림 2-10에서 알 수 있는 바와 같이 우력은 그 합력은 0이지만 물체를 회전시키는 작용을 일으킨다.

2.6 힘의 변환

어떠한 물체의 점 A에 힘 P가 그림 2-11 (a)와 같이 작용할 때, 이 힘 P가 점 B에 어떠한 영향을 미치는가를 생각해 보자.

점 B에 크기가 같고 방향이 반대인 두 힘 P를 그림 2-11 (b)와 같이 작용시켜도 힘의 영향에는 변화가 없다. 즉, 그림 2-11 (b)는 그림 2-11 (a)와 등가(等價)이다. 그림 2-11 (b)에서 점 B에 대하여 생각하면, 점 A에 작용하는 힘 P와 점 B에 작용하는 좌향(左向)의 힘 P는 우력을 이루어, 결국 그림 2-11 (c)와 같이 점 B에는 우력모멘트 Pl과 우향(右向)의 힘 P가 작용하는 결과가 된다. 즉, 그림 2-11 (c)는 그림 2-11 (a)와 정역학적으로 등가이다. 따라서, 점 A에 작용하는 힘 P는 점 B에 대해서는 모멘트 Pl과 힘 P의 두 가지 작용을 미치게 된다.

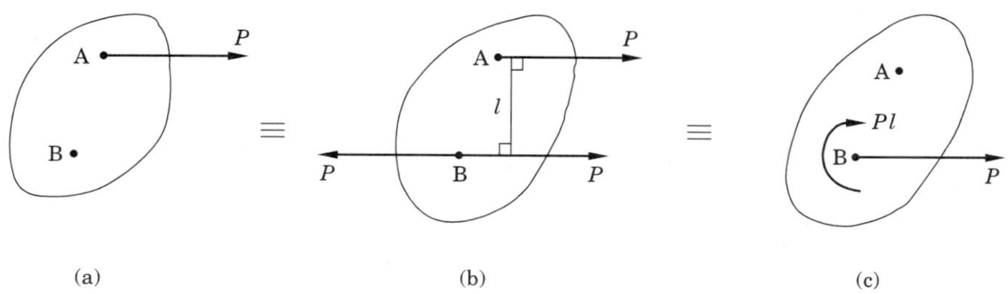

그림 2-11

2.7 많은 힘의 합성

한 평면 내의 여러 곳에 작용하는 많은 힘의 합력은 힘의 다각형(force polygon)과 연력도(連力圖, funicular polygon)를 이용하여 도해적으로 구할 수 있고, 또 다음과 같이 해석적으로 구할 수도 있다.

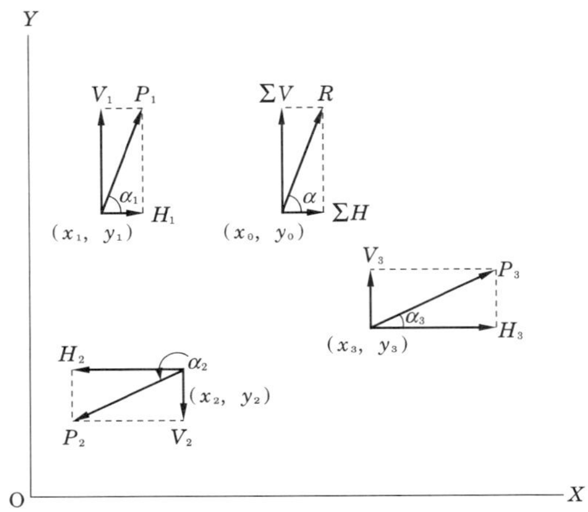

그림 2-12

그림 2-12와 같이, 한 평면 내에 작용하는 힘 P_1, P_2, P_3, ……의 합력 R을 구해 보자. 식 (2-10)에 의하여 각각의 힘의 수평분력 H_1, H_2, H_3, ……와 수직분력 V_1, V_2, V_3, ……가 구해진다. 이 때 우향(右向)의 수평분력은 (+), 좌향(左向)의 수평분력은 (−)로 하고, 상향(上向)의 수직분력은 (+), 하향(下向)의 수직분력은 (−) 부호를 붙인다. 그러면, 모든 수평분력과 수직분력의 대수합은 다음과 같이 된다.

$$\Sigma H = H_1 + H_2 + H_3 + \cdots\cdots$$

$$\Sigma V = V_1 + V_2 + V_3 + \cdots\cdots$$

이것이 그림에 나타나 있다. 따라서, 구하는 합력의 크기와 방향은 다음과 같다.

$$\left.\begin{aligned} R &= \sqrt{(\Sigma H)^2 + (\Sigma V)^2} \\ \tan\alpha &= \frac{\Sigma V}{\Sigma H} \end{aligned}\right\} \quad \cdots\cdots\cdots (2\text{-}13)$$

P_1, P_2, P_3, ……의 작용점의 좌표를 각각 (x_1, y_1), (x_2, y_2), (x_3, y_3), ……, 합력 R의 작

용점을 $(x_0,\ y_0)$이라 하고, 원점 O에 대하여 Varignon의 정리를 적용하면

$$V_1x_1+V_2x_2+V_3x_3+\cdots\cdots=\Sigma(Vx)=(\Sigma V)x_0$$

$$H_1y_1+H_2y_2+H_3y_3+\cdots\cdots=\Sigma(Hy)=(\Sigma H)y_0$$

따라서, R의 작용점은 다음과 같이 된다.

$$\left.\begin{aligned} x_0&=\frac{\Sigma(Vx)}{\Sigma V}\\ y_0&=\frac{\Sigma(Hy)}{\Sigma H}\end{aligned}\right\}\quad\cdots\cdots\cdots\cdots (2\text{-}14)$$

많은 힘이 한 점에 작용할 경우의 합력도 식 (2-13)에 의하여 구할 수 있다.

【예제 2-1】 중력식 옹벽이 그림 2-13(a)와 같은 힘을 받고 있다. 합력 R의 크기, 방향 및 작용선이 기초저면 OA와 만나는 점까지의 거리 x를 구하라(중력식 옹벽이란 옹벽의 자중으로 토압등 외력을 지지하는 옹벽을 말한다. 이때 옹벽의 자중(450**kN**과 200**kN**)도 외력으로 본다).

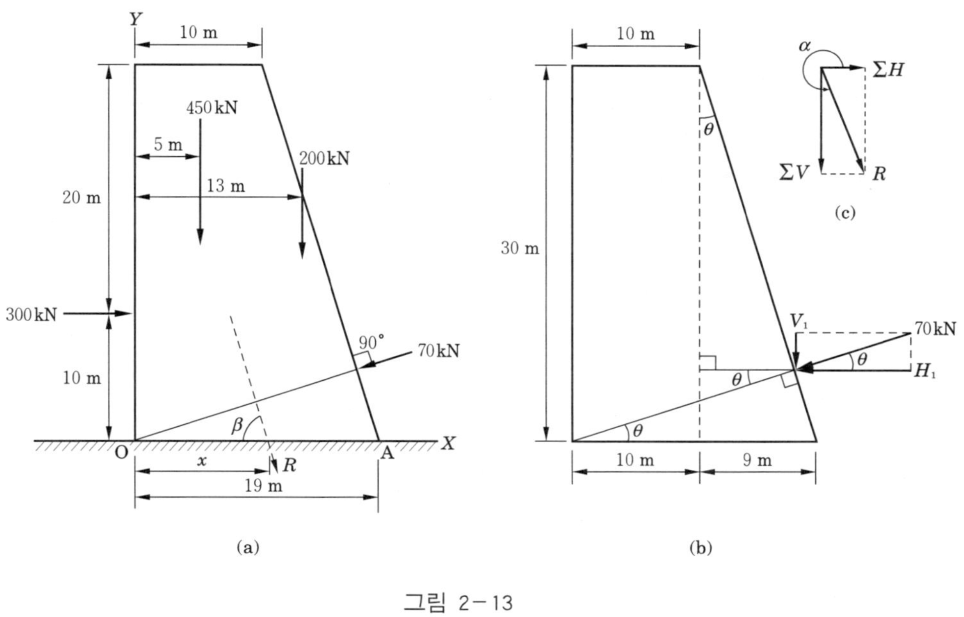

그림 2-13

풀이 힘 70 **kN**의 기울기 θ는 그림 2-13(b)로부터 알 수 있다. 즉

$$\sin\theta=\frac{9}{\sqrt{30^2+9^2}}=\frac{9}{31.3}=0.287$$

$$\cos\theta = \frac{30}{31.3} = 0.958$$

따라서, 70 kN의 수평분력 H_1과 수직분력 V_1은

$$H_1 = 70\cos\theta = 70 \times 0.958 = 67.06 \text{ kN}$$
$$V_1 = 70\sin\theta = 70 \times 0.287 = 20.09 \text{ kN}$$

그러므로

$$\Sigma H = 300 - 67.06 = 232.94 \text{ kN}$$
$$\Sigma V = -450 - 200 - 20.09 = -670.09 \text{ kN}$$

합력 R의 크기는 식 (2-13)에 의하여

$$R = \sqrt{232.94^2 + (-670.09)^2} = 709 \text{ kN}$$

R의 방향은 [그림 2-13 (c)]

$$\tan\alpha = \frac{\Sigma V}{\Sigma H} = \frac{-670.09}{232.94} = -2.877$$
$$\therefore\ \alpha = 289°\,10' = -70°\,50'$$

따라서, 그림 2-13 (a)에서 β는

$$\beta = 70°\,50'$$

그림 2-13 (a)에서 모멘트의 중심을 점 O에 두고 Varignon의 정리를 적용하면 x를 구할 수 있다. 이 때, 70 kN과 ΣH는 점 O에 대하여 모멘트를 일으키지 않는다. 그 이유는 힘의 이동성의 법칙에 의하여 70 kN과 ΣH의 작용선이 점 O를 지나기 때문이다. 따라서

$$300 \times 10 + 450 \times 5 + 200 \times 13 + 70 \times 0 = 670.09 \times x + 232.94 \times 0 \ \ (= \Sigma V \times x + \Sigma H \times 0)$$
$$\therefore\ x = 11.7 \text{ m}$$

2. 8 힘의 평형

많은 힘의 작용을 받고 있는 물체가 이동도 회전도 하지 않을 때, 그 물체에 작용하고 있는 힘들은 비기고 있다고 하며, 그 물체는 평형상태(비김상태)에 있다고 한다.

많은 힘들의 작용을 받고 있는 물체가 평형을 유지하기 위해서는 그 힘들의 합력이 0이어야 한다. 즉, 식 (2-13)의 $R=0$이어야 하고, 따라서 $\Sigma H=0$, $\Sigma V=0$이어야 한다. 이것은 물체를 이동하지 못하게 하는 데 필요한 조건이다. 물체를 회전하지 못하게 하기 위해서는 임의점에 대한 모멘트의 대수합이 0이어야 한다. 우력에서 본 바와 같이, 합력이 0인 경우에도 모멘트가 일어나는 수가 있기 때문이다. 따라서, 물체의 여러 곳에 작용

하는 많은 평면력이 비기기 위해서는 일반적으로 다음의 세 조건이 성립되어야 한다.

$$\left.\begin{array}{l}\Sigma H=0\\ \Sigma V=0\\ \Sigma M=0\end{array}\right\} \qquad (2\text{-}15)$$

이것을 평면역계의 평형(비김, equilibrium)의 세 조건이라고 한다.

【예제 2－2】 보 AB가 그림 2-14 (a)와 같이 하중을 받고 있다. A는 힌지이고 B는 롤러일 때, 지점 A와 B에 일어나는 반력을 구하라.

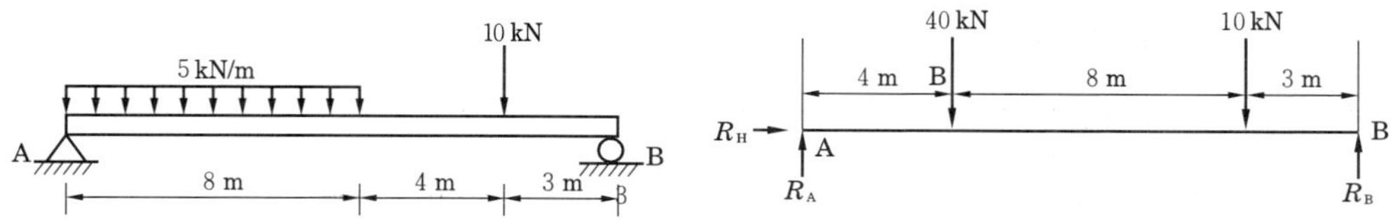

(a) (b)

그림 2－14

풀이 등분포하중의 합력은 5×8＝40 kN이고, 이것이 분포된 길이의 중앙에 작용할 것이므로 그림 2-14 (a)의 자유물체도는 그림 2-14 (b)와 같이 된다. 즉, 지점 A는 힌지이므로 수직반력 R_A와 수평반력 R_H가 일어날 것이고, 지점 B는 롤러이므로 수직반력 R_B만 일어날 것이다. 그러나, 수평방향으로 작용하는 외력이 없으므로 수평반력 R_H는 0이다. 즉

$$\Sigma H = R_H = 0$$

모멘트의 중심을 B에 두고 $\Sigma M=0$을 적용하면

$$\Sigma M_{atB} = R_A \times 15 - 40 \times 11 - 10 \times 3 = 0$$

$$\therefore\ R_A = 31.3\ \text{kN}\ (\uparrow)$$

$\Sigma V=0$에 의하여

$$R_A - 40 - 10 + R_B = 0 \qquad \therefore\ R_B = 18.7\ \text{kN}\ (\uparrow)$$

【예제 2－3】 어떠한 부재 AB가 그림 2-15 (a)와 같이 연직벽 A에 핀으로 연결되고, 또 D에 고정된 강봉 CD에 의하여 지지되고 있을 때, A에 일어나는 반력과 연결봉 CD에 일어나는 힘을 구하라.

풀이 CD에 일어나는 힘을 S라 하면, 이 부재의 자유물체도는 그림 2-15 (b)와 같이 된다. 식 (2-15)에 의하여

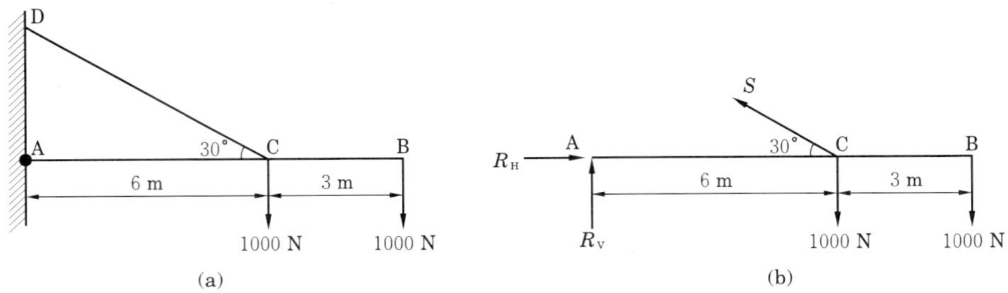

그림 2-15

$$\Sigma H = R_H - S\cos 30° = 0 \quad \cdots\cdots (a)$$
$$\Sigma V = R_V + S\sin 30° - 1000 - 1000 = 0 \quad \cdots\cdots (b)$$

모멘트의 중심을 A에 두고 $\Sigma M = 0$을 적용하면

$$\Sigma M = -S\sin 30° \times 6 + 1000 \times 6 + 1000 \times 9 = 0$$
$$\therefore\ S = 5000\ \mathrm{N} = 5\ \mathrm{kN}\ (\nwarrow)$$

즉, 강봉 CD는 5kN의 인장을 받는다.
위의 S값을 식 (a)와 (b)에 대입하면

$$R_H = 4330\ \mathrm{N} = 4.33\ \mathrm{kN}\ (\rightarrow)$$
$$R_V = -500\ \mathrm{N}\ (\downarrow)$$

R_V의 부호가 부(−)이므로 R_V의 방향은 그림과 반대이다. 즉, R_V는 하향으로 500N이다.

2.9 마 찰

2개의 물체의 표면이 접촉해 있을 때 접촉면에는 활동(滑動)에 대한 저항력이 일어나는데, 이것을 마찰(friction)이라 한다. 무게 W인 블록이 수평면 위에 놓여 있다면, 그 접촉면에는 그림 2-16 (a)와 같이 W와 크기가 같고 방향이 반대인 반력 N이 작용한다. 이 블록을 힘 P로 잡아당기면, 그림 2-16 (b)와 같이 그 접촉면에는 P와 반대 방향으로 마찰력 F가 일어난다.

힘 P가 최대마찰력 F를 초과하는 순간 블록은 활동을 시작한다. 그러나, 일단 활동을 시작하면 마찰저항은 감소하여 얼마 후에는 일정한 값을 유지한다. 이 관계가 그림 2-17에 나타나 있다. 최대마찰력에 도달할 때까지의 마찰을 정지마찰(static friction)이라 하고, 활동을 시작한 순간부터의 마찰을 동마찰(kinetic friction)이라 한다. 마찰력 F는 접

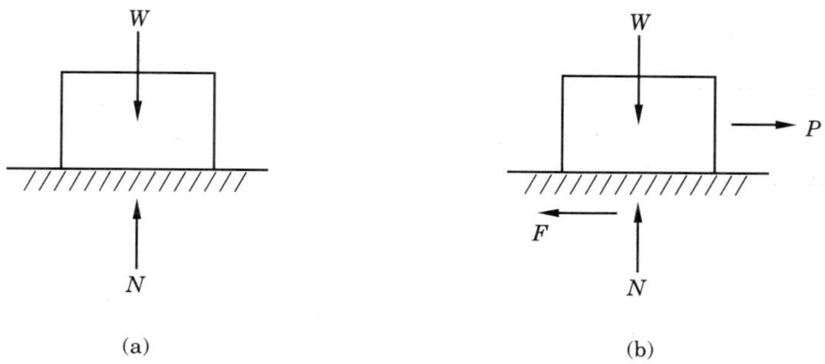

그림 2-16

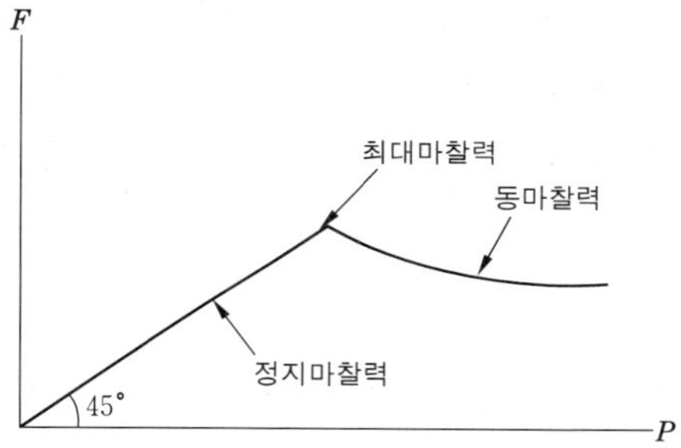

그림 2-17

촉 면적에는 관계가 없고, 접촉면의 성질에 의하여 변한다. 그 크기는 수직력 N, 즉 물체의 무게 W에 비례한다. 즉,

$$F = fN \quad \cdots\cdots (2\text{-}16)$$

f를 마찰계수(coefficient of friction)라 하며, 접촉면의 종류와 성질에 따라 정해진다. 우리가 필요로 하는 것은 최대마찰력이므로, 위의 식의 f는 정지마찰계수이라야 한다. 일반적으로, 마찰계수라고 하면 정지마찰계수를 가리킨다. 암반과 콘크리트 사이의 마찰계수는 0.60 정도이고, 모래나 자갈과 콘크리트 사이의 마찰계수는 0.45~0.55의 범위이다.

그림 2-18에서 N과 F의 합력 R이 N과 이루는 각을 α라 하면

$$\tan\alpha = \frac{F}{N}$$

그런데, 식 (2-16)에 의하여 $\frac{F}{N} = f$이므로 다음 관계가 성립된다.

$$\tan\alpha = f \quad \cdots\cdots (2\text{-}17)$$

그림 2-18에서 F가 최대마찰력일 때, 즉 물체가 활동을 시작하려 할 때의 각 α를 마

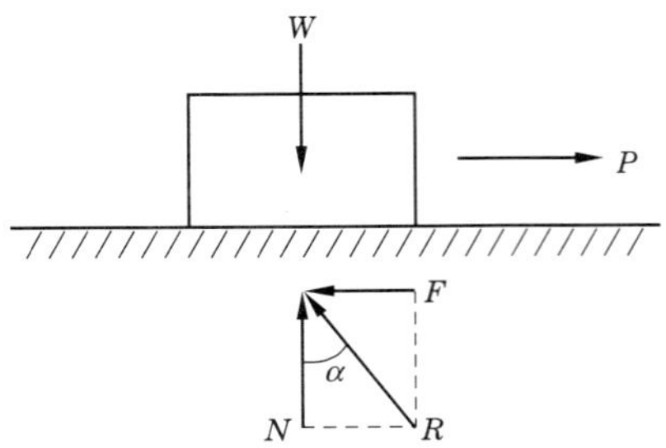

그림 2-18

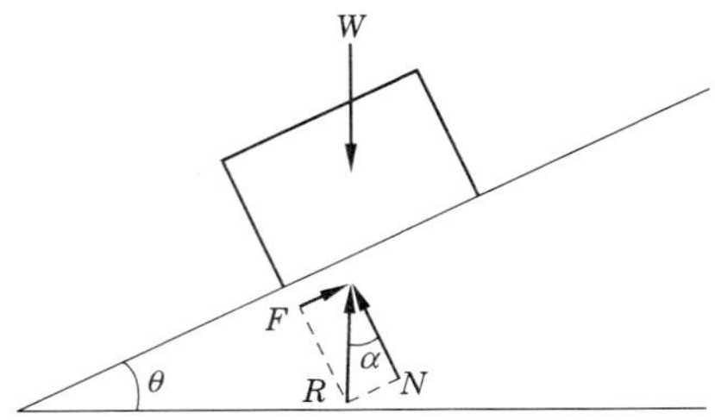

그림 2-19

찰각(friction angle)이라 한다. 마찰각은 시험에 의해 쉽게 구할 수 있다. 즉, 물체를 그림 2-19와 같이 경사진 평판 위에 올려 놓고 이 물체가 움직이려고 하는 순간까지 평판을 기울였을 때, 평판의 경사각 θ가 마찰각이다. 따라서, 그림 2-19에서 $\theta=\alpha$이다.

2. 10 구조물의 지점과 지점반력

구조물은 기초지반 위에 직접 놓이는 경우도 있고, 다른 구조물에 설치되는 경우도 있다. 구조물이 기초지반 위에 직접 놓일 경우에는, 구조물과 지반 사이의 접촉반력과 마찰력에 의해 구조물이 지지된다. 앞절에서 설명한 바와 같이, 한 물체가 다른 물체와 접촉해 있을 때, 그 접촉면에도 접촉반력과 마찰력이 작용한다. 접촉면이 매끄러우면 그림 2-20(a)와 같이 접촉면에 직각으로 접촉반력 N만이 작용한다. 접촉면이 거칠면 접촉반력 N과 마찰력 F가 그림 2-20(b)와 같이 작용한다.

구조물이 다른 구조물에 설치될 경우에는 표 2-1과 같은 구조에 의해 구조물이 지지된다. 이와 같이, 구조물을 지지하기 위하여 설치된 구조 부분을 **받침**이라 하며, 구조역학에서는 이것을 **지점**(支點)이라 한다. 실제의 구조물에 있어서는 지점의 구조와 작용이 복잡하지만, 구조역학에서는 이상화된 다음 세 종류의 지점을 사용한다.

작용과 반작용의 법칙에 의하여, 구조물에 하중이 작용하면 지점에는 반작용이 일어나는데, 이것을 **지점반력**(support reaction) 또는 약해서 **반력**(reaction force)이라 한다.

롤러지점(roller support) : 표 2-1에 보인 바와 같이, 이 지점에서는 구조물은 회전이 자유롭고, 한 방향으로 이동이 가능하나 다른 방향으로는 이동할 수 없게 되어 있다. 그러므로, 이동할 수 없는 방향으로 하나의 반력이 일어나며, 롤러가 위치한 표면에 직각으로 작용한다. 이 지점을 **이동지점**(movable support)이라고도 한다.

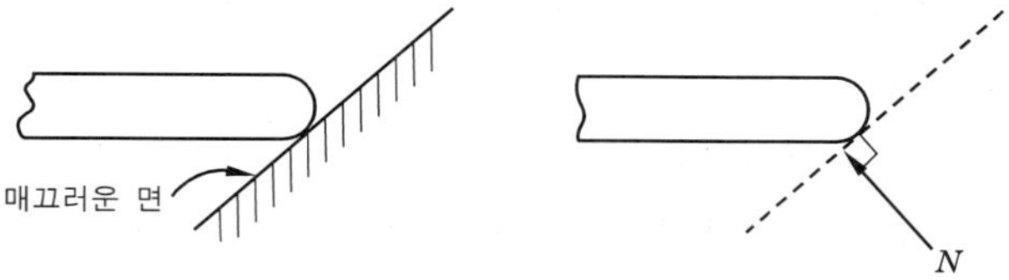

(a)

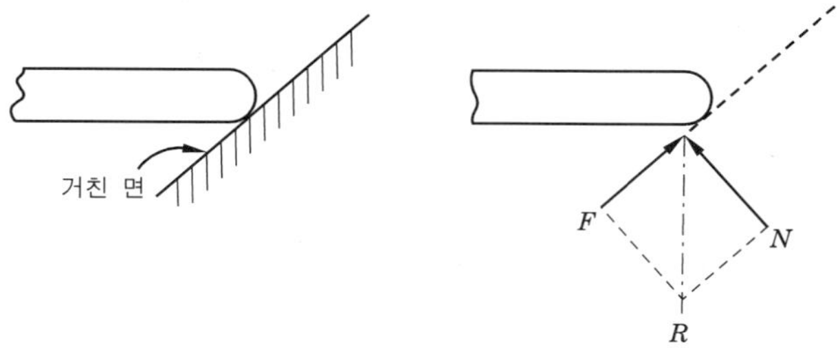

(b)

그림 2-20

표 2-1 **구조물의 지점**

종 류	구 조	표시 방법과 반력	
롤러지점	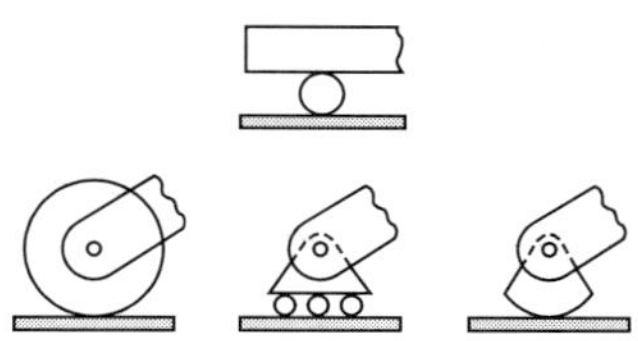	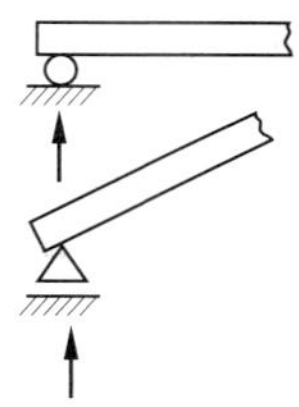	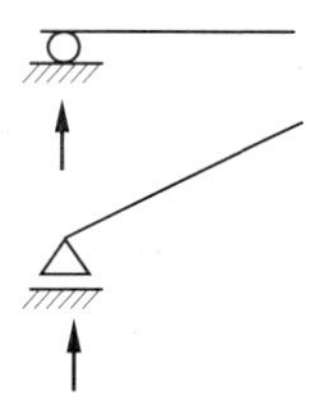
힌지지점	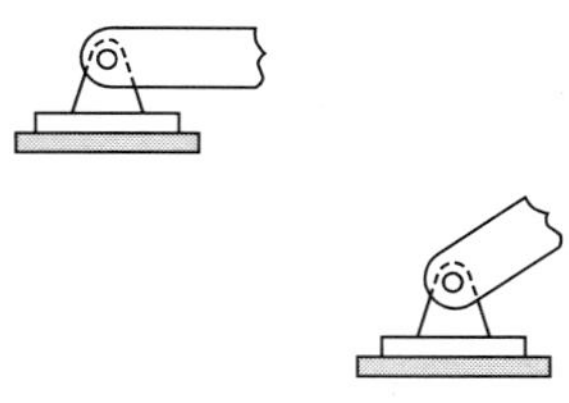	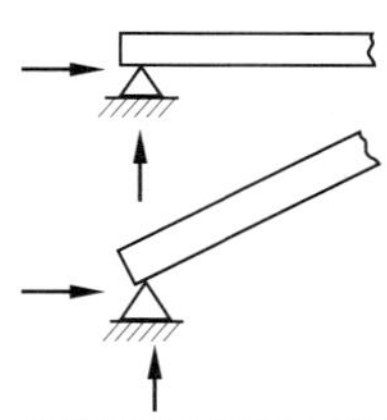	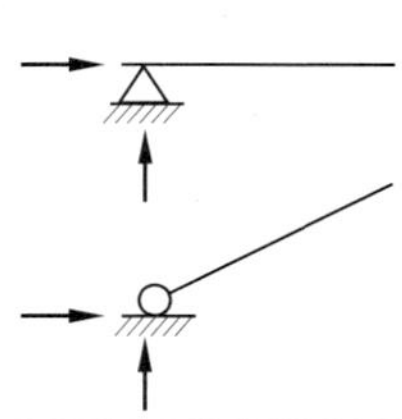
고정지점		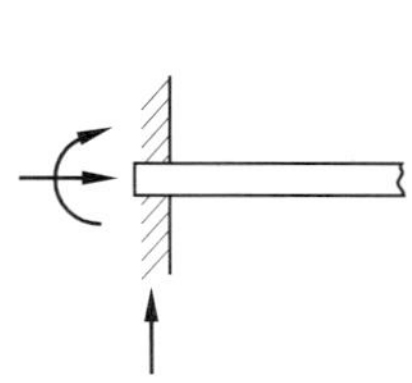	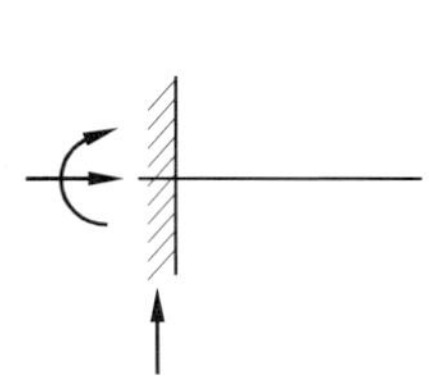

힌지지점(hinged support, pin support) : 이 지점에서는 구조물은 자유롭게 회전할 수 있으나, 어느 방향으로도 이동은 할 수 없게 되어 있다. 그러므로, 이 지점에서는 일반적으로 수직반력과 수평반력이 일어난다. 따라서, 이 지점에 일어나는 실제의 반력의 크기와 방향은 위의 두 반력을 합성하면 알 수 있다. 이 지점을 **회전지점**이라고도 한다.

고정지점(fixed support, built-in support) : 이 지점은 이동도 회전도 할 수 없게 되어 있다. 그러므로, 이 지점에서는 수직반력과 수평반력 외에, 회전에 저항하기 위하여 반력모멘트가 일어난다. 이 지점을 고정단(fixed end)이라고도 하며, 일반적으로 3개의 반력이 일어난다.

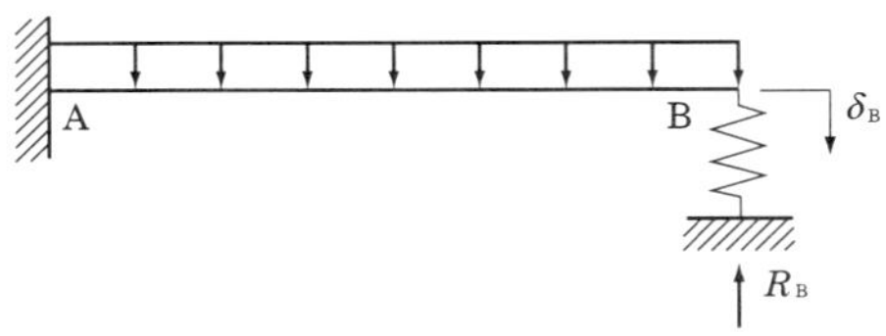

그림 2－21

때로는 구조물이 강(rigid)하지 않은 지점 위에 놓이는 경우도 있다. 이것을 보인 것이 그림 2-21의 지점 B이다. 이러한 지점을 **탄성지점**(elastic support) 또는 **스프링지점**(spring support)이라고 한다. 이 지점은 지지된 방향으로 탄성변위가 일어난다. 스프링에 작용한 힘은 그 변위에 비례하므로 그림 2-21의 탄성지점 B에 일어나는 지점반력 R_B는 다음과 같이 된다.

$$R_B = k\,\delta_B$$

여기서, δ_B는 지점 B에 일어나는 탄성변위이고 k는 비례상수이다. 이 k를 **스프링상수**(spring constant)라고 한다. 스프링상수는 스프링에 작용한 힘과 변위의 비이며, 스프링에 단위변위를 일으키는 힘을 나타낸다.

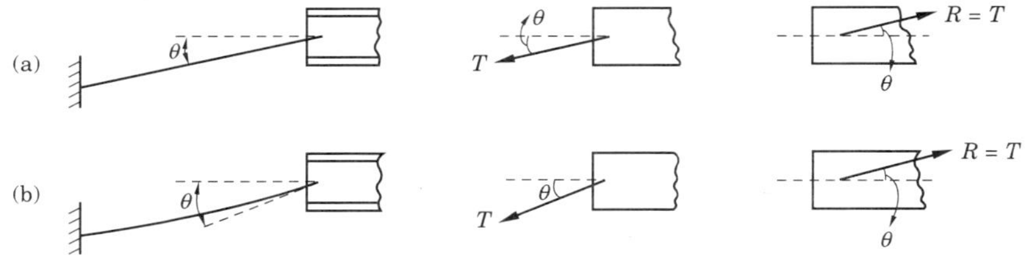

그림 2－22

구조물은 또 그림 2-22와 같이 케이블이나 체인 또는 로프에 의해 지지되기도 한다.

그림 2-22(a)는 케이블의 자중을 무시한 경우이고, 그림 2-22(b)는 자중을 고려한 경우이다. 어느 경우이든 케이블에는 케이블의 방향으로 인장력이 작용한다. 따라서, 케이블의 고정점에는 케이블의 인장력과 크기가 같고 방향이 반대인 반력이 일어난다.

2.11 부재의 접합과 절점

구조물은 하나의 부재만으로 이루어지는 경우도 있지만, 대부분의 구조물은 여러 개의 부재가 결합되어 이루어진다. 이들 부재의 한 끝 또는 양끝은 다른 부재의 한 끝 또는 고정점에 결합된다. 이러한 부재들의 접합점을 **절점**(節點)이라 하는데, 특수한 경우를 제외하고는 부재의 결합에는 다음 세 가지 절점 가운데 하나가 이용된다.

활절(hinged joint) : 그림 2-23(a)와 같이 부재의 단부를 핀 또는 힌지로 연결한 절점으로서 그림 2-23(b)와 같이 나타낸다. 이 절점에서는 부재단의 회전이 자유롭기 때문에 모멘트는 전달되지 않으며, 힘만이 전달된다. 이 절점에서는 부재단의 변위는 서로 같지만 회전각은 같지 않다. 이 절점을 **힌지절점** 또는 **힌지**라고 할 때가 많다.

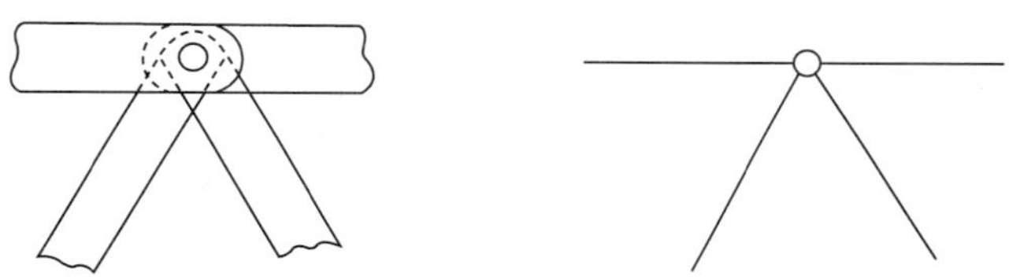

(a) (b)

그림 2-23

강절(rigid joint) : 그림 2-24(a)와 같이 절점에 모인 부재가 일체로 작용하도록 결합된 절점을 말하며, 그림 2-24(b)같이 나타낸다. 따라서, 이 절점에서는 힘과 모멘트가 다 전달되며, 또 각 부재단의 변위는 같고 회전각도 서로 같다. 라멘부재의 연결은 이 절점으로 결합되는 것이 보통이다. 이 때 부재는 절점에서 **강결**(剛結)되었다고 한다.

탄성결합(elastic connection) : 활절과 강절의 중간 정도에 해당하는 절점으로서, 실제의 구조에서는 이러한 경우도 많다. 모멘트는 부분적으로 전달되며, 이론적으로는 회전각에 비례하는 모멘트가 전달된다. 그러나, 모멘트의 전달이 무시할 수 있을 정도이면 활절(힌지절점)로 취급하며, 또 그러한 경우가 많다.

$x-y$ 면 내에 있는 평면 뼈대 구조물에서 절점의 변위는, 활절(힌지절점)의 경우에는

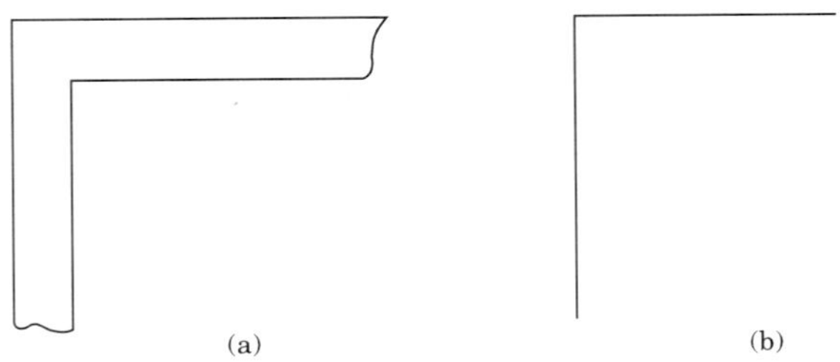

그림 2-24

x, y 방향의 2개의 변위성분으로 정해지지만, 강절의 경우에는 이 밖에 회전변위가 추가된다. 마찬가지로, 절점에 작용하는 단면력도 평면구조의 경우, 힌지절점에는 x, y 방향의 2개의 힘의 성분이 작용하고, 강절점에는 여기에 모멘트가 더 작용한다. 이러한 관계를 보인 것이 그림 2-25이다.

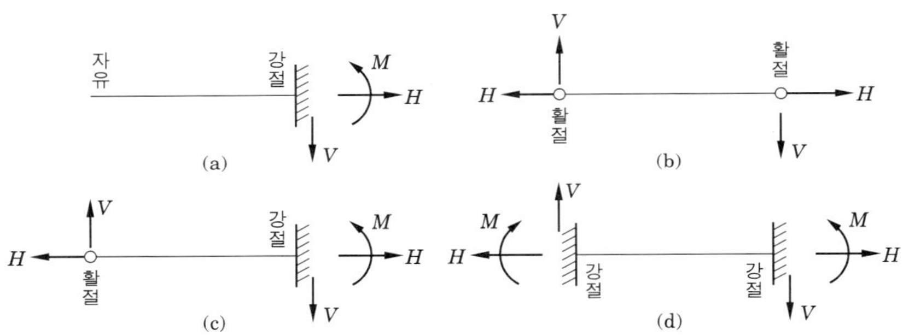

그림 2-25

《 연 습 문 제 》

1 그림 2-26과 같은 교각이 있다. 교각상부 중심에 300 **kN**의 연직력과 150 **kN**의 수평력이 작용하고, 자중은 600 **kN**이다. 합력의 크기와 방향, 합력의 작용선이 기초면 AB와 만나는 점을 구하라.

2 그림 2-27과 같이 무게 5000 **N**의 물체를 밧줄로 매달았을 때 밧줄 AC 및 BC에 일어나는 힘을 구하라.

3 그림 2-28은 도로교의 설계에 쓰이고 있는 트럭하중을 나타낸 것이다. 합력의 크기와 작용선을 구하라.

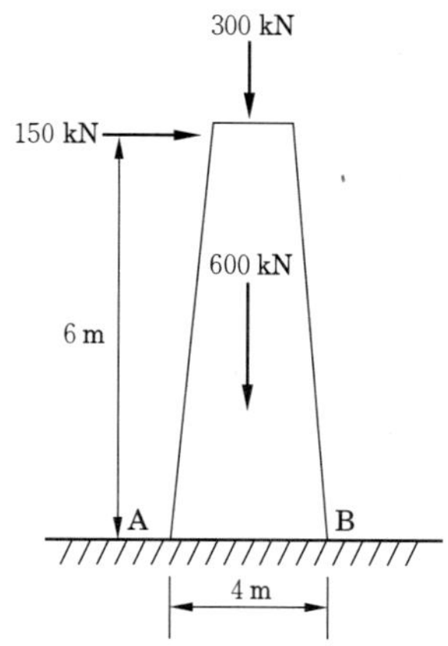

그림 2-26

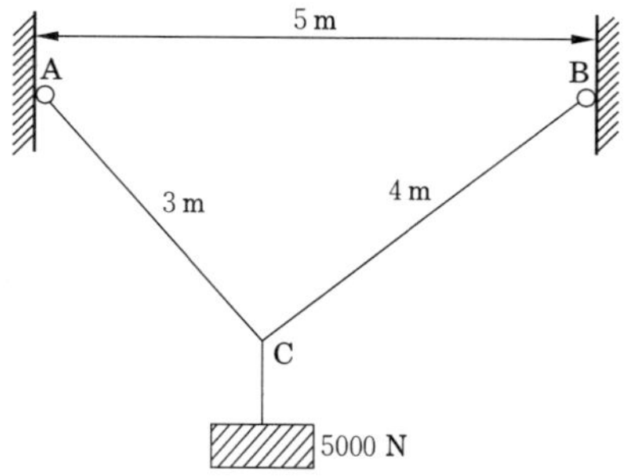

그림 2-27

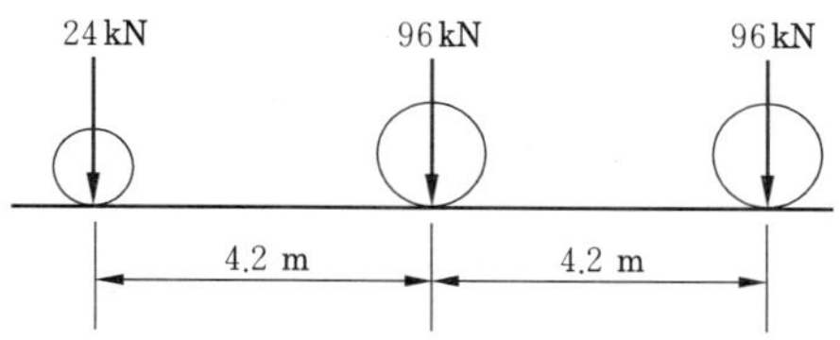

그림 2-28

4 그림 2-29와 같은 힘을 받고 있는 보 AB의 지점반력을 구하라.

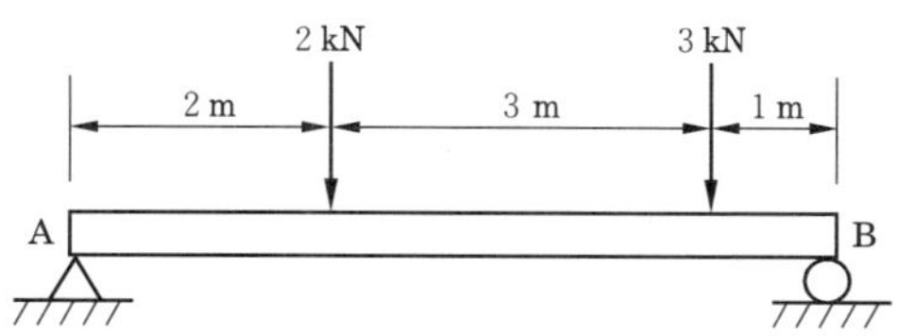

그림 2-29

5 그림 2-30과 같이 한쪽 단부 A가 고정된 보 AB의 지점반력을 구하라.

6 그림 2-31과 같은 콘크리트벽으로 뒷면의 토압을 지지하려고 한다. 토압은 $H=60$ kN/m이고, 콘크리트의 단위중량은 2500 kg/m^{3}이다. 이 벽체가 토압에 의하여 전도되지 않으려면 벽체의 폭 h는 최소 얼마 이상 되어야 하는가? 벽체의 단위 길이(1 m)에 대해서 계산하라. 이 때, 벽체와 기초 사이에 일어나는 마찰력은 얼마인가? 마찰계수는 $f=0.5$이다.

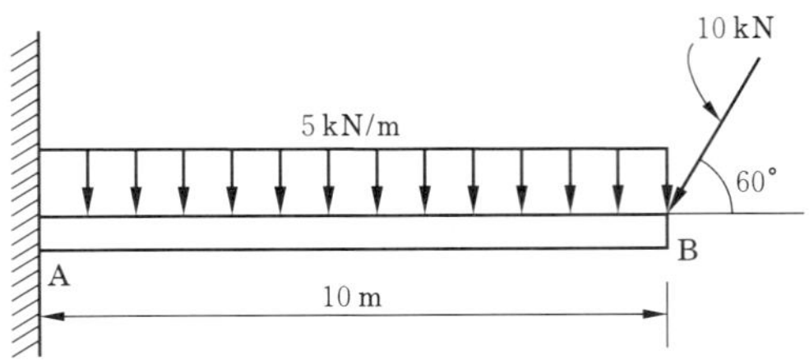

그림 2-30

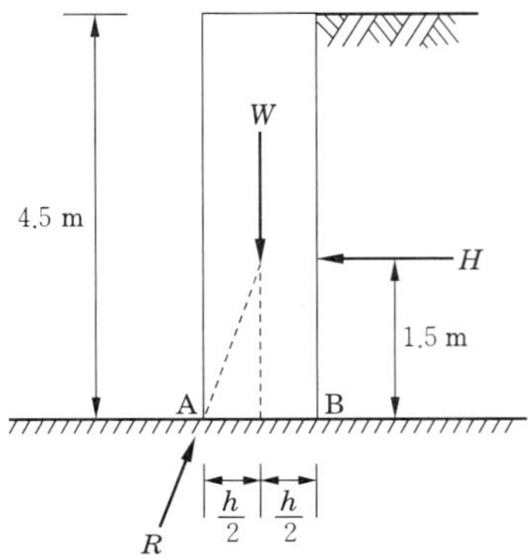

그림 2-31

7 그림 2-32와 같은 힘을 받고 있는 중력식 댐이 있다. 합력의 크기와 방향, 기초상면 AB를 지나는 합력의 작용선의 위치를 구하라.

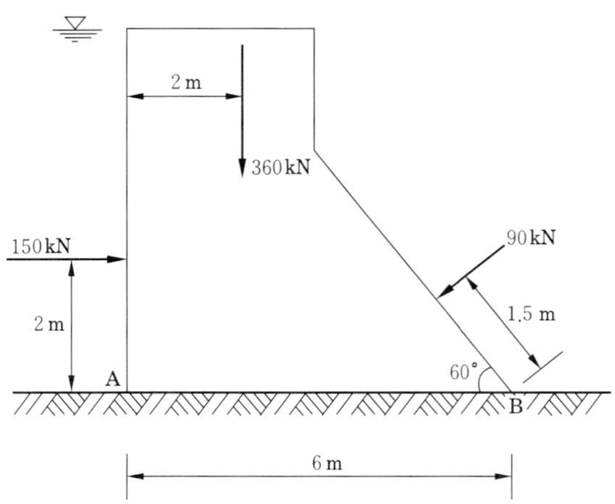

그림 2-32

8 방향이 같고 크기가 다른 두 평행력의 합력은 그 두 힘 사이의 거리를 두 힘의 크기의 역비로 내분하는 점을 지난다는 것을 밝혀라.

9 그림 2-33에서 로프 AC는 강봉 BC와 중량 10 **kN**의 물체를 달고 있다. 강봉의 무게는 2 **kN**이다. 로프 AC와 강봉 BC에 일어나는 힘과, 이 때 B에 일어나는 반력을 구하라. AB = 5 m, BC = 10 m이다(부록 A의 참고 2, 참고 3 참조).

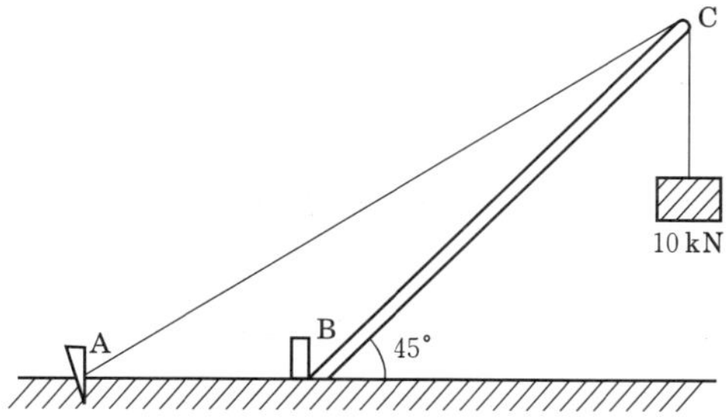

그림 2-33

10 굵기가 균일하고 무게가 70 **kN**인 강재(鋼材)가 있다. 이것을 용량 20 **kN**과 50 **kN**의 두 대의 기중기로 들어올리려고 한다. 용량 20 **kN**의 기중기의 갈고리 위치가 그림 2-34와 같을 때, 용량 50 **kN**의 기중기의 갈고리 위치 x를 구하라(부록 A의 참고 2, 참고 3 참조).

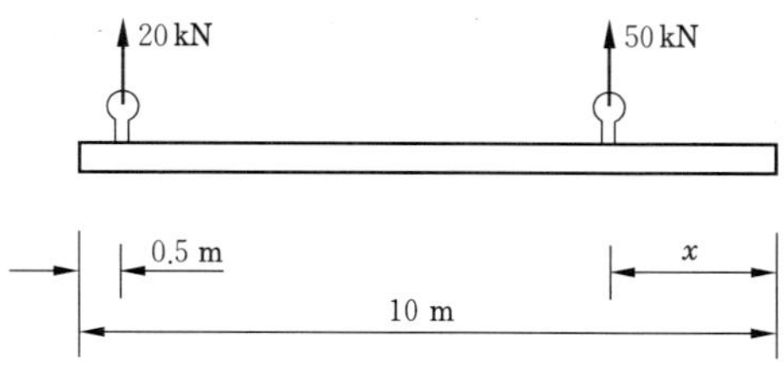

그림 2-34

제 3 장 재료의 역학적 성질

3. 1 재료의 조직구조

구조용 재료는 내부의 조직 구조에 따라 이방성체(異方性體, anisotropic body)와 등방성체(等方性體, isotropic body)로 구분된다.

이방성체라 함은 원자, 분자 등의 물질 구성의 기초를 이루는 입자(粒子)가 기하학적으로 규칙 정연하게 공간적으로 배치되어 공간입자를 이루고 있는 것을 말한다. 원자와 분자의 배열이 방향에 따라 다르기 때문에 이방성체는 방향에 따라 서로 다른 성질(異方性)을 나타낸다. 결정체(結晶體)가 그 대표적인 것이다. 구조재료로 이용되는 금속이나 암석 등은 무수한 결정입자가 잡다하게 집합되어 구성된 다결정체(多結晶體)로서, 그 내부의 개개의 결정입자는 이방성이다.

등방성체는 원자, 분자 등의 구성입자가 불규칙하게 배열되어서 방향에 따른 성질에 차이가 없는 것으로서, 기체, 액체 및 유리와 같은 고체물질이 이에 속한다.

우리가 사용하는 구조재료는 구성 요소의 조직 구조상으로는 이방성체이다. 그러나, 재료는 무수한 미소결정입자가 잡다하게 집합되어 구성된 것이기 때문에, 재료를 전체로 볼 때에는 이방성을 나타내지 않고 등방성에 가까운 성질을 보인다. 이것을 의등방성체(quasi-isotropic body)라 한다. 또 재료를 전체적으로 보면 그 속의 각각의 소부분의 성질은 재료 전체의 성질과 같다고 볼 수 있다. 이것을 등질체(homogeneous body)라 한다.

재료역학이나 구조역학에서는 모든 구조재료를 등방성이고 등질성이라고 본다. 이러한 가정 아래 유도된 이론 결과는 특별한 경우를 제외하고는 실험 결과와 모순되지 않는다.

복합재료인 콘크리트는 그 조직 구조가 매우 복잡하지만, 역학적(力學的)으로는 등방・등질체로 다루어지고 있다. 강재(鋼材)는 등방・등질체이다. 목재(木材)는 섬유의 방향에 따라 역학적 성질이 다르기 때문에 이방성을 고려해야 한다.

3.2 응력과 변형률

부재에 외력이 작용하면 재료 내부에는 외력에 저항하는 힘이 일어나고, 또 얼마간 변형한다. 이를테면, 어떠한 직선부재를 축방향으로 인장하면 내부입자 사이에는 인력(引力)이 일어나면서 그 길이가 얼마간 늘어난다. 반대로, 축방향으로 압축하면 압력이 일어나면서 길이가 얼마간 줄어든다. 이와 같이, 외력이 작용함으로써 재료 내부에 일어나는 힘을 **내력**(內力) 또는 **응력**(應力)이라 한다.

단위면적에 작용하는 응력을 **응력도**(intensity of stress)라 하며, 약해서 **응력**(stress)이라고 할 때가 많다.

그림 3-1(a)와 같이 균일단면의 봉(bar)에 축방향인 장력 P가 작용하면 봉의 임의 단면에는 그림 3-1(b)와 같은 응력이 일어나며, 그 크기는 식 (3-1)과 같이 나타낸다.

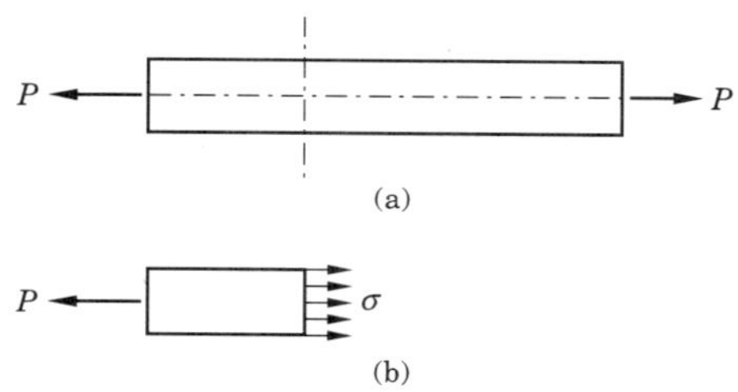

그림 3-1

$$\sigma = \frac{P}{A} \qquad \text{(3-1)}$$

위의 식의 σ를 인장응력(tensile stress)이라고 한다. 여기서 A는 봉의 단면적이다. 따라서, 응력 σ의 단위를 N/mm^2(MPa)로 나타내려면, P의 단위는 N이라야 하고 A의 단위는 mm^2 이라야 한다(부록 표 6 참조). 응력 σ의 단위를 N/m^2(Pa)로 나타내려면, P의 단위는 N이라야 하고, A의 단위는 m^2 이라야 한다.

재료는 외력을 받으면, 변형하여 형상과 치수가 변한다. 이를테면, 어떠한 직선부재를 축방향으로 인장하면 축방향으로는 늘어나고 가로 방향으로는 줄어든다. 반대로, 축방향으로 압축하면 축방향으로는 줄어들고 가로 방향으로는 늘어난다. 변형량과 변형 전의 치수와의 比를 **변형률**(strain), **변형도** 또는 **단위변형**(unit strain)이라 한다.

길이가 l이고, 지름이 d인 직선봉이 축방향인장력 P를 받아서 그림 3-2(b)와 같이 길이가 Δl만큼 늘어나고 지름이 Δd만큼 줄어든다면, 이 봉의 길이 방향의 변형률은

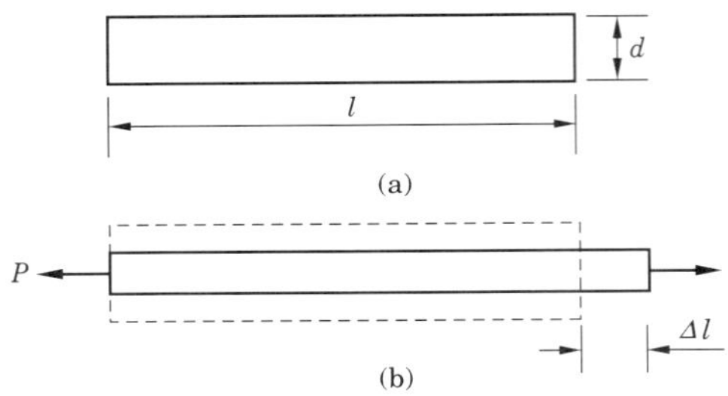

그림 3-2

$$\varepsilon = \frac{\Delta l}{l} \quad \cdots\cdots (3\text{-}2)$$

이고, 가로 방향의 변형률은

$$\beta = \frac{\Delta d}{d} \quad \cdots\cdots (3\text{-}3)$$

이다. 여기서, ε을 세로변형률(longitudinal strain), β를 가로변형률(lateral strain)이라 한다. 가로변형률과 세로변형률의 比를 포아송비(Poisson's ratio)라 하고, 그 역수를 포아송수(Poisson's number)라고 한다.

$$\nu = \frac{\beta}{\varepsilon} = \frac{1}{m} \quad \cdots\cdots (3\text{-}4)$$

위의 식에서 ν가 포아송비이고 m이 푸아송수이다. 많은 실험 결과에 의하면, 탄성한도 이하에서는 포아송비 ν는 재료마다 일정한 값을 나타내는데, Poisson에 의하면 등방·등질재료에서는 $\nu = \frac{1}{4}$ 정도라고 한다. 구조용 강재는 $\nu = \frac{1}{3} \sim \frac{1}{4}$의 범위이고, 콘크리트는 $\nu = 0.15 \sim 0.20$의 범위이다.

3. 3 응력-변형률곡선

그림 3-3은 구조용 강재(연강, mild steel)의 인장시험을 했을 때의 응력과 변형률의 관계를 나타낸 것으로, 가로축에 축방향의 변형률 $\varepsilon (= \frac{\Delta l}{l})$을 잡고, 이에 대응하는 인장응력 $\sigma (= \frac{P}{A})$를 세로축에 잡아서 그린 것이다. 이러한 그림을 **응력-변형률곡선** 또는 **응력-변형도곡선**(stress-strain curve)이라고 한다.

그림은 O에서 A까지는 직선이며, 이 사이에서는 응력과 변형률이 비례함을 보여 주고 있다. 그러나. 점 A를 넘어서면 곡선을 이룬다. 이러한 점 A를 비례한도라 한다. 비례한도 A를 넘어서 하중을 증가시키면, 변형률이 응력보다 훨씬 빨리 증가하여 점 B에 도달하면 하중을 더 증가시키지 않아도 계속 변형한다. 이러한 현상을 그 재료의 항복(yielding)이라 하고, 점 B를 항복점(yield point) 또는 항복강도(yield strength)라고 한다. BC 구간에서 재료는 소성상태로 되었다고 하며, 이 때의 늘음길이는 비례한도 때의 늘음길이의 10~15배 정도에 이른다. 점 C에서 재료는 변형경화(strain harden)되어, 하중의 증가에 대하여 추가적인 저항을 보이기 시작한다. 그리하여 변형과 응력이 모두 증가하여 점 D에서 최대응력에 도달한다. 점 D의 응력을 인장강도라고 한다. 이 점을 넘어서면, 응력은 감소하는데 늘음은 계속되어, 점 E에 이르러 시험편은 파단된다.

인장에 의하여 시험편의 길이가 늘어나는 동안 가로 방향으로는 줄어든다. 따라서, 시험편의 단면적도 감소한다. 이 현상은 C에 이를 때까지는 무시할 수 있을 정도이나, 이 점을 넘어서면 단면적의 감소가 응력의 계산값에 영향을 미치게 된다. 이 영향을 고려하면 실제의 곡선은 CE′와 같이 된다. 이와 같이 감소된 실제의 단면적으로 계산된 응력을 실응력(actual stress)이라 하고, 감소되기 전의 원래의 단면적으로 계산되는 응력을 공칭응력(nominal stress)이라 한다. 그림 3-3(a)는 도식적으로 나타낸 응력-변형률곡선이고, 그림 3-3(b)는 이것을 적당한 비율로 나타낸 것이다. 그림 3-3(b)에서, 직선 부분 OA는 거의 수직선으로 나타난다.

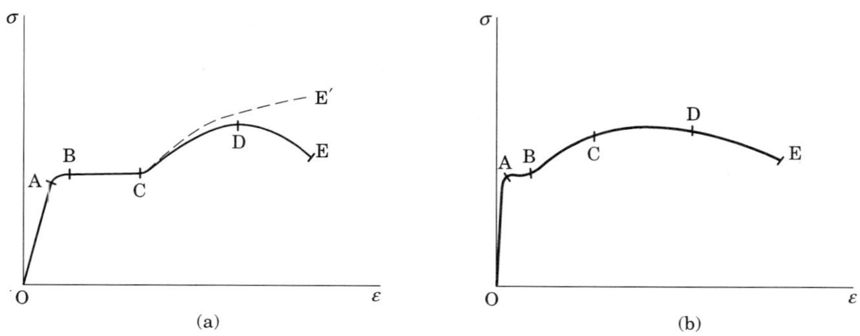

그림 3-3

한편 구조용 강재(연강)는 압축시험을 했을 경우에도, 인장시험의 경우와 거의 비슷한 응력-변형률곡선을 나타낸다. 이것은 구조용 강재의 비례한도, 항복강도 등의 값이 인장의 경우에나 압축의 경우에나 같다는 것을 의미한다.

강(鋼)이나 알루미늄 합금과 같은 재료는 파괴될 때까지 매우 큰 변형률을 나타낸다. 이러한 재료를 연성재료(ductile material)라고 한다. 도자기나 유리 또는 콘크리트와 같은 재료는 비교적 낮은 변형률에서 파괴된다. 이러한 재료를 **취성재료**(brittle material)라고 한다.

3. 4 탄성과 소성

재료는 힘을 받으면 변형하고, 힘을 제거하면 본래의 모양으로 되돌아가는 성질이 있다. 재료의 이러한 성질을 **탄성**(elasticity)이라 한다. 힘을 제거하자마자 즉시, 그리고 완전히 본래의 모양으로 되돌아가는 재료를 **완전탄성체**라 하고, 일부만 회복되는 재료를 **불완전탄성체**라 한다. 그림 3-3으로부터 알 수 있는 바와 같이 강재는 비례한도 이하의 응력에서는 완전탄성체로 볼 수 있다. 그러나, 비례한도보다 큰 응력을 받으면 불완전탄성체로 되어 하중을 제거해도 얼마간의 변형이 남는다. 이러한 변형을 **잔류변형**(residual deformation)이라 한다. 시간이 더 지나면 잔류변형의 일부가 회복되는데, 이러한 현상을 **탄성여효**(elastic after effect)라 한다. 그 후의 잔류변형을 **소성변형**(plastic deformation) 또는 **영구변형**(permanent set)이라 한다. 하중을 가하고 제거하는 일을 충분한 횟수만큼 반복해도 영구변형을 남기지 않는 한도의 응력이 있다. 이와 같이 완전탄성을 나타내는 최대한의 응력을 **탄성한도**(elastic limit)라 한다. 탄성한도는 탄성영역의 상한이다. 강재의 탄성한도는 비례한도와 거의 일치한다.

강재는 탄성한도를 넘어서면 매우 큰 변형을 나타내어 응력과 변형률이 비례하지 않는다는 것을 그림 3-3으로부터 알 수 있다. 재료의 이러한 성질을 **소성**(plasticity)이라 한다. 그림 3-3에서 비례한도(A점)의 윗부분을 **소성영역**이라 하고, 그 아래 부분을 **탄성영역**이라 한다.

3. 5 Hooke의 법칙과 Young 계수

대부분의 구조재료는 응력이 작은 범위 내에서는 탄성적으로 거동하며, 이 범위에서는 응력과 변형률이 선형관계를 나타낸다. 이와 같이 재료가 탄성적으로 거동하고 또 응력과 변형률이 선형관계를 가질 때, 이것을 **선형탄성**(linearly elasticity)이라 한다. 대부분의 구조재료는 크든 작든 이러한 성질을 가지고 있다.

Hooke는 많은 실험을 통하여 **"응력이 일정한 값을 초과하지 않는 범위에서 응력과 변형률의 비는 재료에 따라 일정한 값을 가진다."**는 것을 알아 내었다. 즉, 비례한도 이

하에서 응력은 변형률에 비례한다. 이것을 Hooke의 **법칙** 또는 **탄성법칙**이라 한다. 응력을 σ, 변형률을 ε, 비례상수를 E라고 하면, Hooke의 법칙은 다음 식으로 나타내어진다.

$$\sigma = E\varepsilon \quad \text{즉,} \quad E = \frac{\sigma}{\varepsilon} \qquad \text{(3-5)}$$

위의 식의 E를 **탄성계수**(modulus of elasticity) 또는 Young **계수**(Young's modulus)라 한다. 탄성계수는 선형탄성 영역에서의 응력-변형률곡선의 기울기를 나타내며, 그 값은 재료에 따라 다르다. 식 (3-5)에서 알 수 있는 바와 같이 탄성계수의 단위는 응력의 단위와 같다.

공시체에 세로 방향 진동이나 휨진동을 가해서, 그 고유진동수 또는 공시체 속에 전파되는 음파속도를 측정해서 탄성계수를 구하는 경우도 있다. 이렇게 해서 얻은 탄성계수를 **동탄성계수**라 한다. 이에 대하여, 정적 시험에서 얻은 탄성계수를 **정탄성계수**라 한다. 보통 탄성계수라 하면 정탄성계수를 뜻한다. 일반적으로 설계에서는 공시체의 세로 방향의 정탄성계수인 Young 계수가 사용된다.

3.6 재료의 정적 강도와 피로

외력의 작용에 의하여 재료에 조금이라도 잔류 변형이 남는 상태를 일반적으로 파괴(failure)라 한다. 파괴의 과정에서, 응력의 증가로 재료의 일부분이 다른 부분에 비해 몹시 변형하여 절단, 파열 등의 균열이 생길 때까지의 과정을 **파단**(breaking)이라 한다. 연강(軟鋼)과 같은 연성재료에서는 항복점을 넘으면 매우 큰 잔류 변형을 남기기 때문에, 일반적으로 연강의 파괴는 항복점에서 시작된다고 본다. 콘크리트와 같은 취성재료는 탄성한도를 넘어도 큰 변형을 보이는 일 없이 파괴되기 때문에, 이러한 재료에 대해서는 일반적으로 파단점 또는 파괴점을 파괴의 표준으로 삼는다. 이와 같이 파괴를 일으키는 응력은 그 재료를 사용했을 때의 정적 극한을 나타내므로, 이것을 그 재료의 정적 하중에 대한 실용상의 **극한강도**(ultimate strength)로 본다.

한편, 구조물은 시간에 따라 크기가 변화하는 응력을 받는 일이 많다. 이러한 **반복응력**(repeated stress)을 받는 구조물이나 재료는 그 반복응력이 정적시험에 의한 강도보다 작더라도 반복 횟수를 증가시키면 파괴된다. 이와 같이, 크기가 변하는 응력을 받아서 구조물이나 재료의 저항력이 저하하는 현상을 **피로**(fatigue)라 한다.

제 4 장 단면의 기하학적 성질

4.1 단 면

부재에 외력이 작용하면 그 내부에는 응력이 일어난다. 응력의 상태는 부재의 단면에 따라 변화하는데, 일반적으로 부재축에 직각인 횡단면(cross section)에 일어나는 응력을 생각한다. 따라서, 특별한 경우를 제외하고는 부재의 단면이라고 하면 부재축에 직각인 횡단면을 가리킨다. 구조부재를 설계하기 위해서는 응력의 상태를 정확하게 알아야 하고, 그러기 위해서는 부재 단면의 기하학적 성질을 알아야 한다.

4.2 단면 1 차모멘트와 도심

그림 4-1과 같이 면적이 A인 평면도형에서 미소면적 dA를 생각하고, $y\,dA$를 전체면적에 걸쳐서 모은 것을 그 도형의 X축에 대한 단면1차모멘트(geometrical moment, statical moment of area)라 한다.

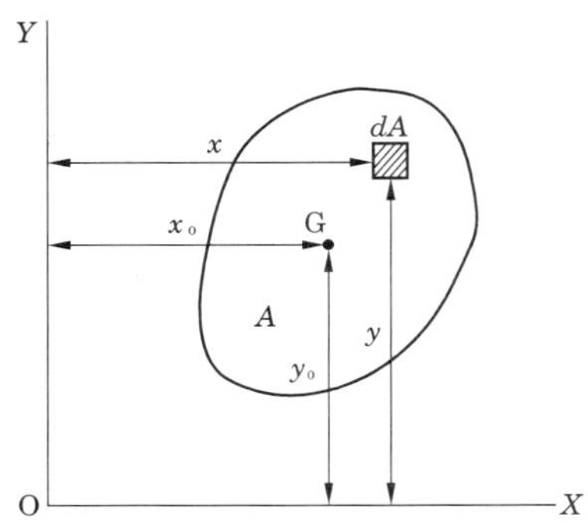

그림 4-1

즉, 도형 A의 X축에 대한 단면1차모멘트를 G_X, Y축에 대한 것을 G_Y라고 하면

$$\left.\begin{aligned} G_X &= \int_{(A)} y\,dA \\ G_Y &= \int_{(A)} x\,dA \end{aligned}\right\} \quad \cdots\cdots (4\text{-}1)$$

위의 식에서 알 수 있는 바와 같이 단면1차모멘트의 단위는 cm^3, m^3 등으로 된다. 도형 A가 일정한 두께를 가지고 있고 중력이 도형에 직각으로 작용한다고 하면, $y\,dA$는 힘 dA의 X축에 대한 모멘트이다. 따라서, $\int_{(A)} y\,dA$는 합성된 모멘트이고, 이것은 합력 A의 X축에 대한 모멘트와 같다. 그런데, 합력 A의 작용점은 도형의 중심 $G(x_0, y_0)$이므로 합력 A의 X축에 대한 모멘트는 Ay_0이고, 따라서 다음 식이 성립된다.

$$\int_{(A)} y\,dA = Ay_0$$

$$\therefore\ y_0 = \frac{\int_{(A)} y\,dA}{A} = \frac{G_X}{A} \quad \cdots\cdots (4\text{-}2)$$

같은 방법으로, Y축에 대해서는 다음과 같이 된다.

$$\therefore\ x_0 = \frac{\int_{(A)} x\,dA}{A} = \frac{G_Y}{A}$$

위의 두 식을 만족하는 점 G가 중심이며, 이것을 평면도형에서는 도심(centroid, center of figure)이라 한다. 도심이란 그 도형의 면적을 힘이라고 생각했을 때 그 합력의 작용점이 되는 것으로, 질량이나 중력과는 관계가 없다. 식 (4-2) 또는 식 (4-2)를 유도한 과정으로부터 다음과 같은 두 가지 사실을 알 수 있다.

① 도형의 도심을 지나는 축에 대한 그 도형의 단면1차모멘트는 영(0)이다.

② 그림 4-2와 같이 면적이 A_1, A_2, ……인 도형들의 각각의 도심을 (x_1, y_1), (x_2, y_2), ……이라 할 때, 이들 전체도형의 도심 $G(x_0, y_0)$는 다음과 같다.

$$\left.\begin{aligned} x_0 &= \frac{A_1 x_1 + A_2 x_2 + \cdots\cdots}{A_1 + A_2 + \cdots\cdots} = \frac{\Sigma Ax}{\Sigma A} \\ y_0 &= \frac{A_1 y_1 + A_2 y_2 + \cdots\cdots}{A_1 + A_2 + \cdots\cdots} = \frac{\Sigma Ay}{\Sigma A} \end{aligned}\right\} \quad \cdots\cdots (4\text{-}3)$$

원의 도심은 그 중심이고, 삼각형의 도심은 세 중선의 교점이며, 정사각형, 직사각형, 평행사변형, 정다각형 등의 도심은 그 대각선의 교점이다. 그러나, 사다리꼴의 도심은 다음 예제와 같이 식 (4-3)으로 얻어진다.

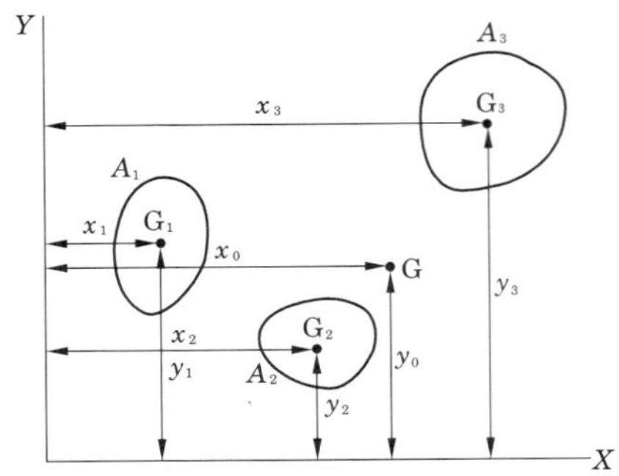

그림 4-2

【예제 4-1】 그림 4-3과 같은 사다리꼴 ABCD의 도심을 구하라.

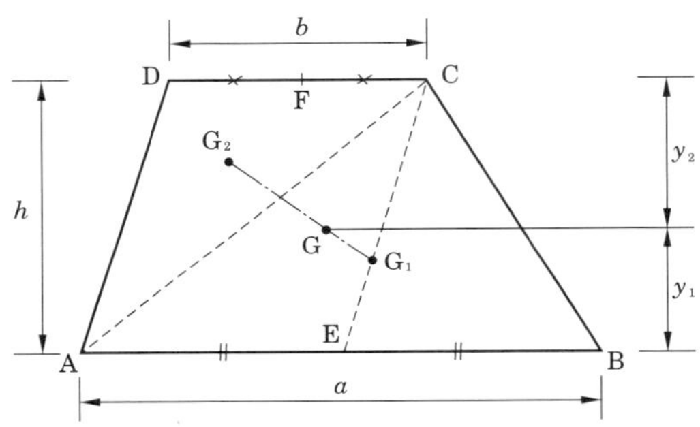

그림 4-3

풀이 대각선 AC를 그어, 사다리꼴 ABCD를 두 삼각형 △ABC와 △ACD로 나누어 식 (4-3)을 적용한다. 따라서 밑변 AB에서 도심 G까지의 거리 y_1은 다음과 같이 된다.

$$y_1 = \frac{\dfrac{ah}{2} \times \dfrac{h}{3} + \dfrac{bh}{2} \times \dfrac{2h}{3}}{\dfrac{a+b}{2}h}$$

$$= \frac{h}{3} \cdot \frac{a+2b}{a+b} \qquad \cdots\cdots (4\text{-}4)$$

【예제 4-2】 그림 4-4와 같은 L형 단면의 도심 G를 구하라.

풀이 그림과 같이 좌표를 잡고 도형을 A_1과 A_2로 구분해서 생각하면, 식 (4-3)에 의하여 다음과 같이 된다.

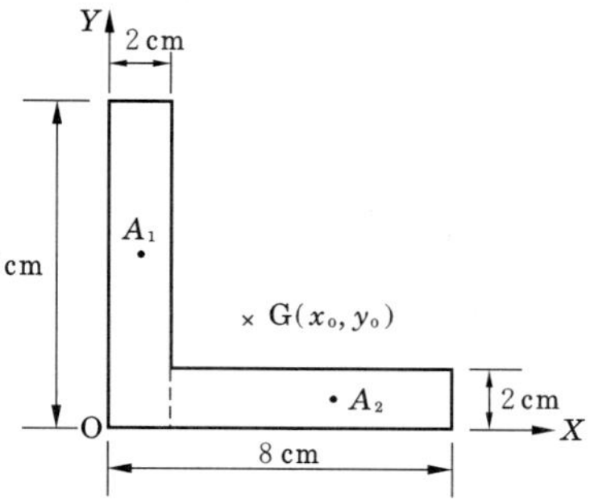

그림 4-4

$$x_0=\frac{(2\times10)\times\dfrac{2}{2}+(6\times2)\times\left(2+\dfrac{6}{2}\right)}{2\times10+6\times2}=2.5\text{ cm}$$

$$y_0=\frac{(2\times10)\times\dfrac{10}{2}+(6\times2)\times\dfrac{2}{2}}{2\times10+6\times2}=3.5\text{ cm}$$

4.3 단면2차모멘트

그림 4-5와 같이 면적 A인 도형에서 미소면적 dA의 Y좌표를 y라고 할 때, 다음 식의 I_X를 도형 A의 X축에 대한 단면2차모멘트(moment of inertia)라 한다.

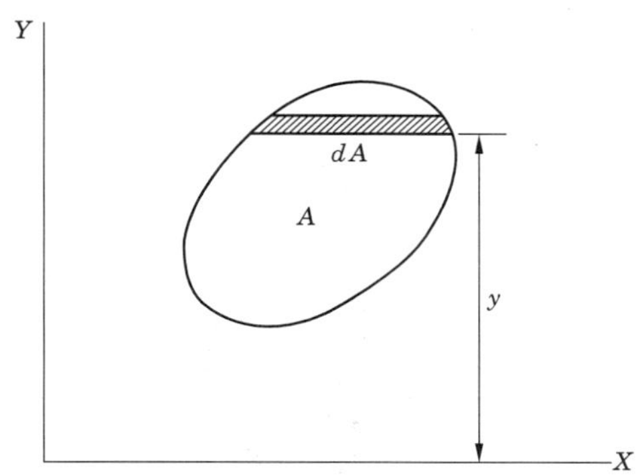

그림 4-5

$$I_X=\int_{(A)} y^2\,dA \qquad (4\text{-}5)$$

도형 A의 Y축에 대한 단면2차모멘트 I_Y는 다음과 같다.

$$I_Y = \int_{(A)} x^2 dA$$

이와 같은 정의로부터 다음 두 가지 성질이 성립됨을 알 수 있다.

① 그림 4-6과 같이 도형이 여러 개 있을 때, 이들 도형의 X축에 대한 단면2차모멘트 I_X는 개개의 도형의 단면2차모멘트의 합과 같다. 즉, 도형 A_1, A_2, A_3, …… 의 X축에 대한 단면2차모멘트를 각각 I_1, I_2, I_3, …… 라 하면, 이들 전체도형의 X축에 대한 단면2차모멘트 I_X는 다음과 같이 된다.

$$I_X = I_1 + I_2 + I_3 + \cdots\cdots \tag{4-6}$$

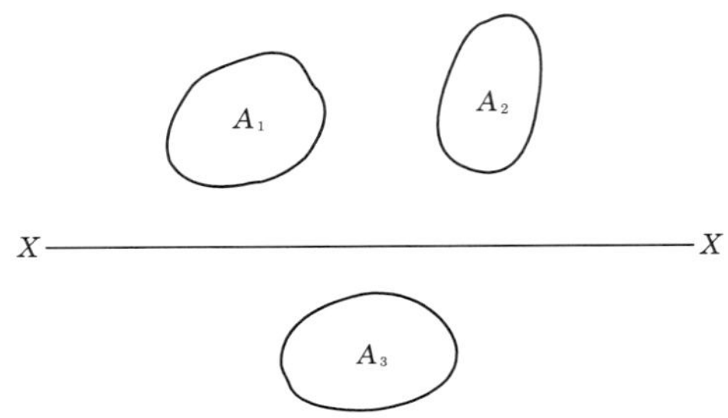

그림 4-6

② 그림 4-7과 같은 속이 빈 도형(빗금칠 부분)의 X축에 대한 단면2차모멘트 I_X는 다음과 같이 된다. 즉, 속 빈 부분을 포함한 전체도형 A의 X축에 대한 단면2차모멘트를 I_A, 속 빈 부분 B의 X축에 대한 단면2차모멘트를 I_B라고 하면, I_X는 다음과 같다.

$$I_X = I_A - I_B \tag{4-7}$$

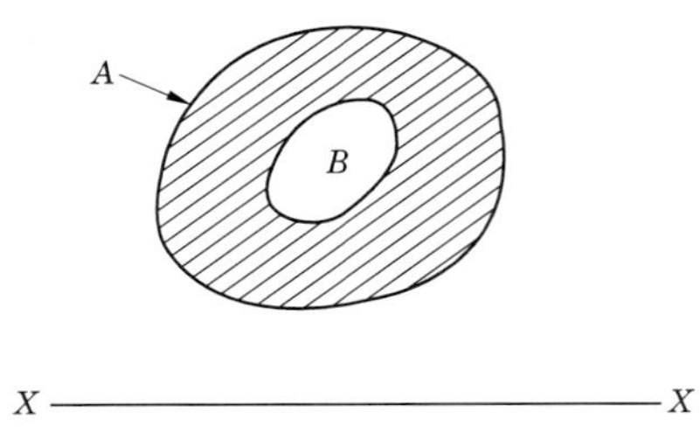

그림 4-7

식 (4-5)에서 알 수 있는 바와 같이, 단면2차모멘트의 단위는 길이의 단위의 4제곱, 즉 mm^4, cm^4, m^4 등으로 된다.

◖ 평행축의 정리 ◗

그림 4-8과 같이 면적 A인 도형의 도심 G를 지나는 축을 X, 이것에 평행하고 y_0만큼 떨어져 있는 다른 축을 x축이라고 할 때, 도형 A의 X 및 x축에 대한 단면2차모멘트를 각각 I_X, I_x라고 하면, 다음 관계가 성립한다.

$$I_x = I_X + y_0^2 A \qquad (4\text{-}8)$$

이것을 단면2차모멘트에 관한 **평행축의 정리**(transfer formula)라 한다. 다음은 이 정리가 성립함을 밝힌 것이다. 그림 4-8에서 $y = y_0 + Y$이므로

$$\begin{aligned} I_x &= \int_{(A)} y^2 dA = \int_{(A)} (y_0 + Y)^2 dA = \int_{(A)} (y_0^2 + 2y_0 Y + Y^2)\, dA \\ &= y_0^2 \int_{(A)} dA + 2y_0 \int_{(A)} Y dA + \int_{(A)} Y^2 dA \\ &= y_0^2 A + 2y_0 \times 0 + I_X \\ &= I_X + y_0^2 A \end{aligned}$$

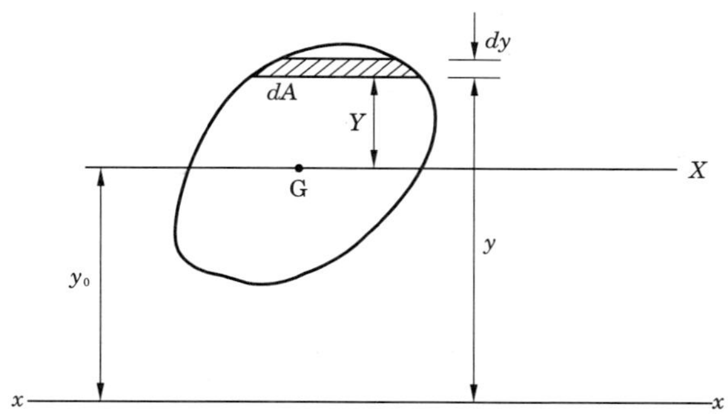

그림 4-8

즉, 식 (4-8)이 성립됨을 알 수 있다. 단면도심을 지나는 축에 대한 단면1차모멘트는 0이므로 $\int_{(A)} Y dA = 0$이다.

【예제 4-3】 그림 4-9와 같은 직사각형 단면의 도심축 X-X에 대한 단면2차모멘트 I_X와 밑변을 지나는 축에 대한 단면2차모멘트 I_x를 구하라.

풀이 X축에 평행한 미소면적 dA를 생각하면 $dA = b\, dy$이므로, 밑변에 평행한 도심축 X-X

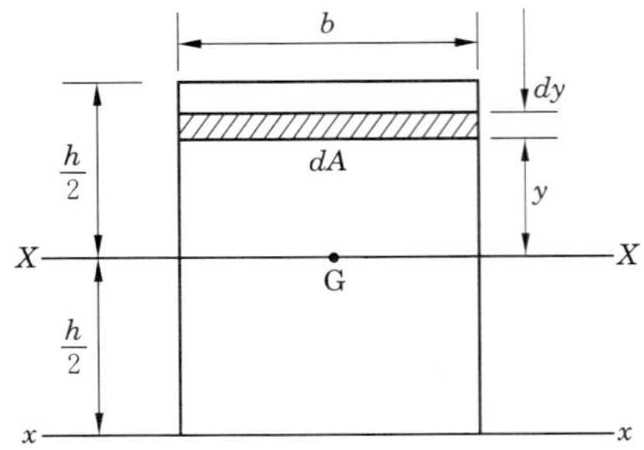

그림 4-9

에 대한 단면2차모멘트는 식 (4-5)로부터

$$I_X = \int_{(A)} y^2 dA = \int_{-\frac{h}{2}}^{\frac{h}{2}} y^2\, b\, dy = b \int_{-\frac{h}{2}}^{\frac{h}{2}} y^2 dy$$

$$= b \left[\frac{y^3}{3} \right]_{-\frac{h}{2}}^{\frac{h}{2}} = \frac{bh^3}{12}$$

밑변에 대한 단면2차모멘트 I_x는 식 (4-8)의 평행축의 정리로부터

$$I_x = I_X + \left(\frac{h}{2} \right)^2 bh = \frac{bh^3}{12} + \frac{h^2}{4} bh = \frac{bh^3}{3}$$

또는

$$I_x = \int_0^h y^2\, b\, dy = b \left[\frac{y^3}{3} \right]_0^h = \frac{bh^3}{3}$$

4. 4 단면계수와 회전반경

그림 4-10과 같이 단면의 도심 G를 지나는 축 $X-X$에 대한 그 도형의 단면2차모멘트를 I_X라 하고, X축에서 단면의 하단까지의 거리를 y_1, 상단까지의 거리를 y_2라고 할 때, 다음 값을 **단면계수**(section modulus)라 한다.

$$\left.\begin{aligned} \text{하단에 대한 단면계수 } Z_1 &= \frac{I_X}{y_1} \\ \text{상단에 대한 단면계수 } Z_2 &= \frac{I_X}{y_2} \end{aligned}\right\} \qquad \cdots\cdots (4\text{-}9)$$

단면계수의 단위는 식 (4-9)로부터 알 수 있는 바와 같이 길이의 단위의 3제곱, 즉

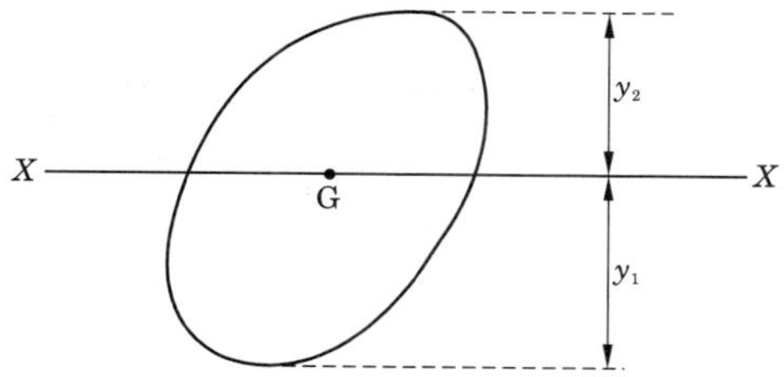

그림 4-10

mm^3, cm^3, m^3 등으로 된다. 이 단면의 면적을 A라고 할 때, 다음 식의 r_X를 X축에 대한 이 단면의 **회전반경**(radius of gyration)이라 한다.

$$r_X = \sqrt{\frac{I_X}{A}} \quad \cdots\cdots \quad (4\text{-}10)$$

단면의 도심을 지나는 축에 대한 단면2차모멘트 가운데 가장 작은 것을 사용하여 계산한 회전반경을 그 단면의 **최소회전반경**이라고 한다.

【예제 4-4】 그림 4-9의 직사각형 단면의 도심축 X에 대한 단면계수와 회전반경을 구하라.

풀이 단면계수 Z는 $y_1 = y_2 = \dfrac{h}{2}$ 이므로, 식 (4-9)로부터

$$Z = Z_1 = Z_2 = \frac{I_X}{y_1} = \frac{bh^3/12}{h/2} = \frac{bh^2}{6}$$

회전반경 r_X는

$$r_X = \sqrt{\frac{I_X}{A}} = \sqrt{\frac{bh^3/12}{bh}} = \frac{h}{2\sqrt{3}} \fallingdotseq 0.29\,h$$

【예제 4-5】 좌우 대칭인 그림 4-11과 같은 T형 단면의 도심 G를 지나는 수평축 X에 대한 단면2차모멘트, 단면계수 및 회전반경을 구하라.

풀이 도심 G는 대칭축 Y위에 있고, 이것이 단면의 상면으로부터 y의 거리에 있다면

$$y = \frac{(160\times 18)\times \dfrac{18}{2} + (35\times 42)\times\left(18+\dfrac{42}{2}\right)}{160\times 18 + 35\times 42} \fallingdotseq 19\text{ cm}$$

단면2차모멘트 I_X는 식 (4-6) 및 식 (4-8)(평행축의 정리)에 의하여

$$I_X = \left[\frac{160\times 18^3}{12} + \left\{(19-18)+\frac{18}{2}\right\}^2 \times (160\times 18)\right] + \left[\frac{35\times 42^3}{12} + \left\{\frac{42}{2} - (19-18)\right\}^2 \times (35\times 42)\right]$$

$$= 1169850\text{ cm}^4$$

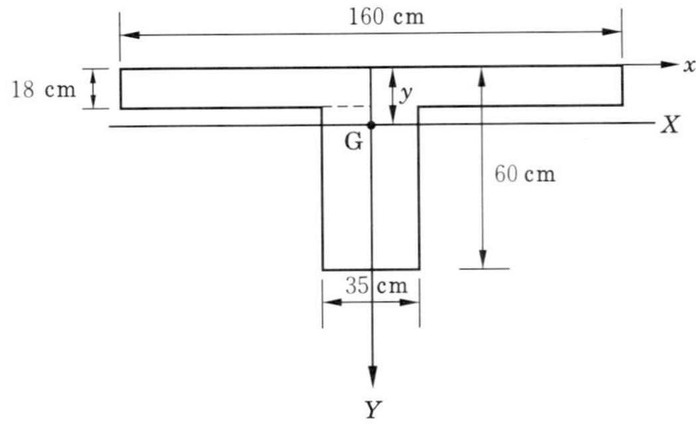

그림 4-11

단면계수는

$$Z_1 = \text{하단에 대한 단면계수} = \frac{I_X}{y_1} = \frac{1169850}{60-19} = 28533\ \mathrm{cm}^3$$

$$Z_2 = \text{상단에 대한 단면계수} = \frac{I_X}{y_2} = \frac{1169850}{19} = 61571\ \mathrm{cm}^3$$

회전반경은

$$r_X = \sqrt{\frac{I_X}{A}} = \sqrt{\frac{1169850}{160 \times 18 + 35 \times 42}} \fallingdotseq 16\ \mathrm{cm}$$

4.5 단면2차극모멘트

그림 4-12와 같이 면적 A인 단면에서 이 단면과 같은 평면 위에 임의점 O를 잡고, O로부터 미소면적 dA까지의 거리를 ρ라 할 때, 다음 식으로 계산되는 I_P를 점 O에 대한 이 단면의 단면2차극모멘트(polar moment of inertia)라 한다.

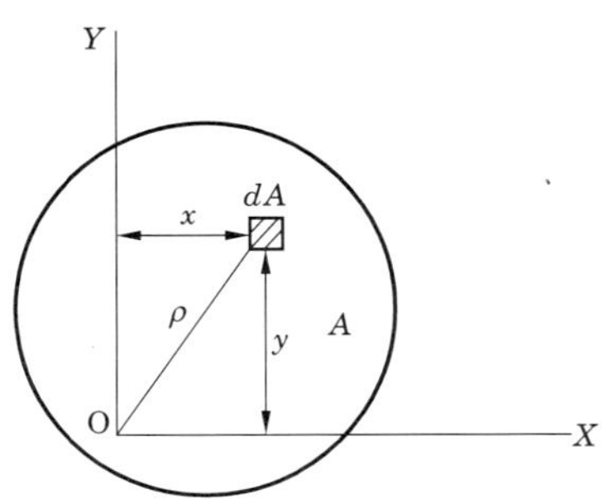

그림 4-12

$$I_P = \int \rho^2 \, dA \quad \cdots\cdots \quad (4\text{-}11)$$

이 때, 점 O를 극(pole)이라 한다. 그림 4-12와 같이 극 O를 원점으로 하는 직교좌표를 생각하면,

$$I_P = \int \rho^2 \, dA = \int (x^2 + y^2) \, dA = \int x^2 \, dA + \int y^2 \, dA$$

$$\therefore \; I_P = I_X + I_Y \quad \cdots\cdots \quad (4\text{-}12)$$

즉, 단면2차극모멘트는 극을 원점으로 하는 두 직교좌표축에 대한 단면2차모멘트의 합과 같다.

【예제 4-6】 반경이 r인 원형단면의 중심축에 대한 단면2차모멘트를 구하라.

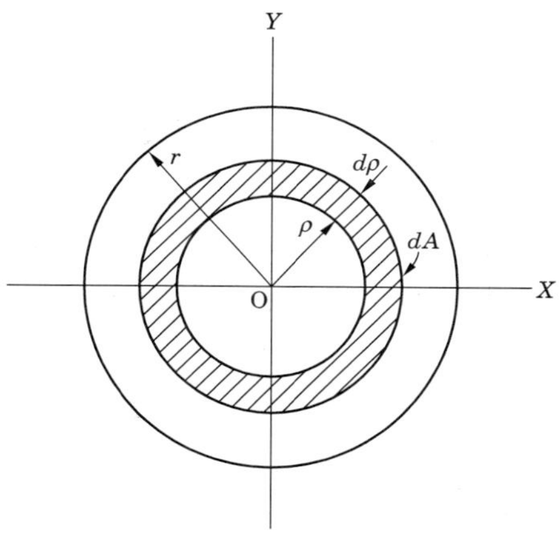

그림 4-13

풀이 원의 중심 O를 극으로 하고 미소면적을 그림 4-13의 빗금칠한 부분과 같이 생각하면

$$dA = 2\pi\rho \, d\rho$$

따라서, 중심 O에 대한 단면2차극모멘트는

$$I_P = \int \rho^2 \, dA$$

$$= \int \rho^2 \times 2\pi\rho \, d\rho = 2\pi \left[\frac{\rho^4}{4} \right]_0^r = \frac{\pi r^4}{2}$$

이 원의 중심축에 대한 단면2차모멘트는 $I_X = I_Y$이므로, 식 (4-12)부터

$$I_P = I_X + I_Y = 2I_X$$

$$\therefore \ I_X = I_Y = \frac{1}{2} I_P = \frac{1}{2} \times \frac{\pi r^4}{2} = \frac{\pi r^4}{4}$$

이 원형단면의 지름을 d라고 하면 $r = \dfrac{d}{2}$이므로

$$I_X = \frac{\pi d^4}{64}$$

단면계수는

$$Z = \frac{\pi d^4/64}{d/2} = \frac{\pi d^3}{32}$$

회전반경은

$$r = \sqrt{\frac{\pi d^4/64}{\pi d^2/4}} = \frac{d}{4}$$

4. 6 단면상승모멘트

그림 4-14에서 면적 A인 단면의 미소면적을 dA, 그 좌표를 $(x,\ y)$라고 할 때, 다음 식의 I_{xy}를 단면 A의 x, y축에 대한 **단면상승모멘트**(product of inertia)라 한다.

$$I_{xy} = \int_{(A)} xy\ dA \quad \cdots\cdots \ (4\text{-}13)$$

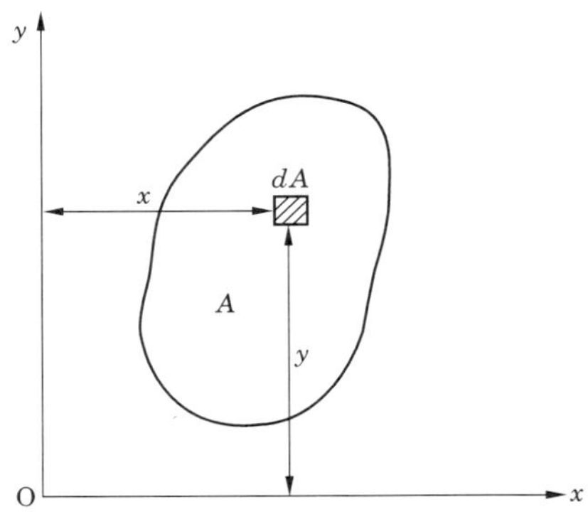

그림 4-14

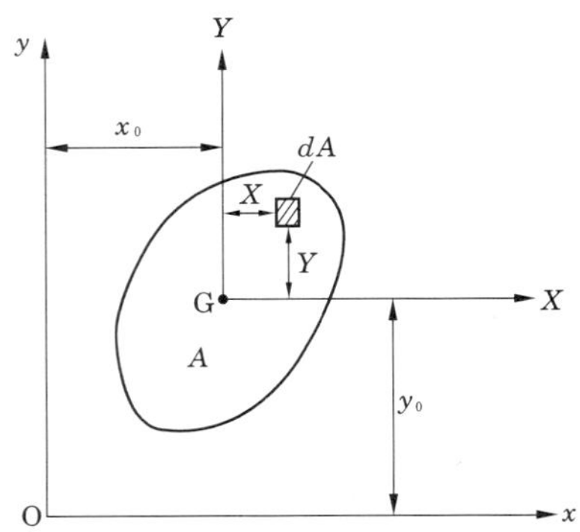

그림 4-15

그림 4-15와 같이 면적 A인 단면의 도심 G를 원점으로 하는 직교좌표 XGY를 생각하고, 이것을 점 O에 평행 이동한 좌표 xOy의 x, y축에 대한 단면 A의 단면상승모멘

트를 생각해 보자. 그림 4-15에서 $x=X+x_0$, $y=Y+y_0$이므로

$$I_{xy}=\int_{(A)} xy\,dA=\int_{(A)}(X+x_0)(Y+y_0)\,dA$$
$$=\int_{(A)}(XY+x_0Y+y_0X+x_0y_0)\,dA$$
$$=\int_{(A)}XY\,dA+x_0\int_{(A)}Y\,dA+y_0\int_{(A)}X\,dA+\int_{(A)}x_0y_0\,dA$$

그런데

$$\int_{(A)}XY\,dA=I_{XY},\quad \int_{(A)}Y\,dA=G_X=0,\quad \int_{(A)}X\,dA=G_Y=0$$
$$\int_{(A)}x_0y_0\,dA=x_0y_0\int_{(A)}dA=x_0y_0A$$

이므로, 이들을 앞의 식에 대입하면 다음 관계가 성립한다.

$$I_{xy}=I_{XY}+x_0y_0A \qquad (4\text{-}14)$$

특히, 도심 G를 지나는 축 가운데 하나, 예컨대 X축이나 Y축이 단면의 대칭축을 겸하고 있을 때에는 $I_{XY}=0$으로 된다. 이것은 단면상승모멘트의 정의로부터도 알 수 있다.

【예제 4－7】 그림 4-16과 같은 L형 단면의 x, y축에 대한 단면상승모멘트를 구하라.

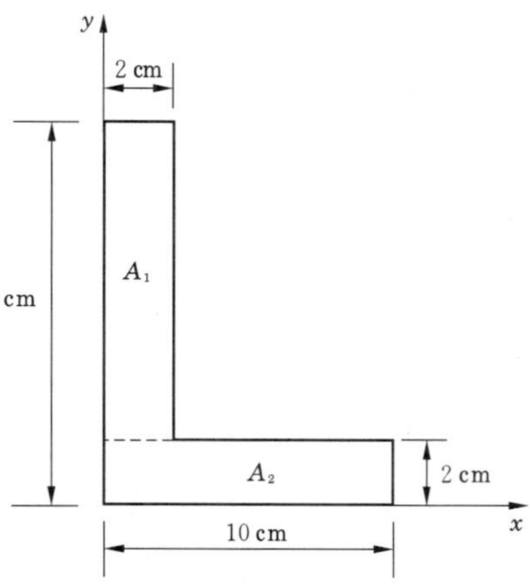

그림 4－16

풀이 A_1 및 A_2의 두 직사각형으로 나누어 생각하고, 식 (4-14)를 적용하면

$$I_{xy}=(A_1\text{의 } I_{xy})+(A_2\text{의 } I_{xy})$$
$$=\left[0+\frac{2}{2}\times\left(2+\frac{14}{2}\right)\times(2\times14)\right]+\left[0+\frac{10}{2}\times\frac{2}{2}\times(10\times2)\right]$$

$= 252 + 100 = 352\ \text{cm}^4$

【예제 4-8】 그림 4-17과 같이 가로 b, 세로 h인 직사각형의 가로, 세로 두 변에 평행한 두 축 x, y에 대한 단면상승모멘트를 계산해 보자.

풀이 식 (4-14)로부터

$$I_{xy} = I_{XY} + xyA = 0 + xybh = xybh$$

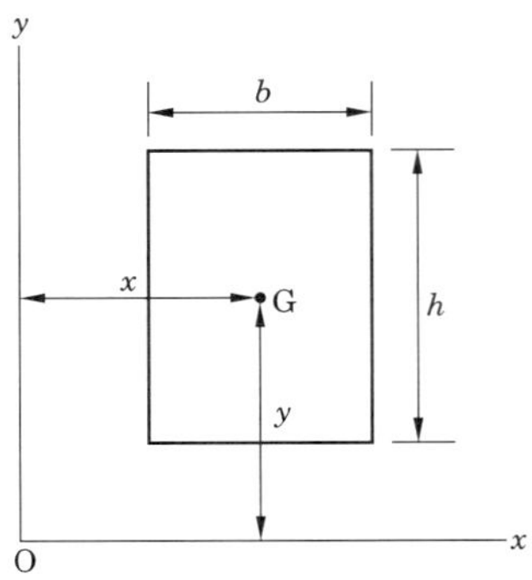

그림 4-17

4. 7 단면의 주축

그림 4-18과 같이 단면의 도심 O를 지나는 직교좌표의 축 X, Y에 대한 단면2차모멘트 I_X, I_Y와 단면상승모멘트 I_{XY}를 알고 있을 때, 이 좌표축을 그림과 같이 원점을 중심으로 θ만큼 회전시켜서 얻은 좌표축 X_1, Y_1에 대한 단면2차모멘트 I_{X_1}, I_{Y_1} 및 단면상승모멘트 $I_{X_1Y_1}$을 구해 보자.

그림에서 미소면적 dA의 X, Y축에 대한 좌표를 $(x,\ y)$, X_1, Y_1축에 대한 좌표를 $(x_1,\ y_1)$이라 하고, dA(점 P로 표시함)에서 X 및 X_1축에 내린 수선의 발을 각각 K, N, K에서 X_1축에 내린 수선의 발을 M, K에서 X_1축에의 평행선이 PN의 연장선과 만난 점을 L이라 하면

$$x_1 = \text{ON} = \text{OM} + \text{MN} = \text{OM} + \text{KL} = \text{OK}\cos\theta + \text{PK}\sin\theta$$
$$= x\cos\theta + y\sin\theta$$
$$y_1 = \text{PN} = \text{PL} - \text{NL} = \text{PL} - \text{KM} = \text{PK}\cos\theta - \text{OK}\sin\theta$$
$$= y\cos\theta - x\sin\theta$$

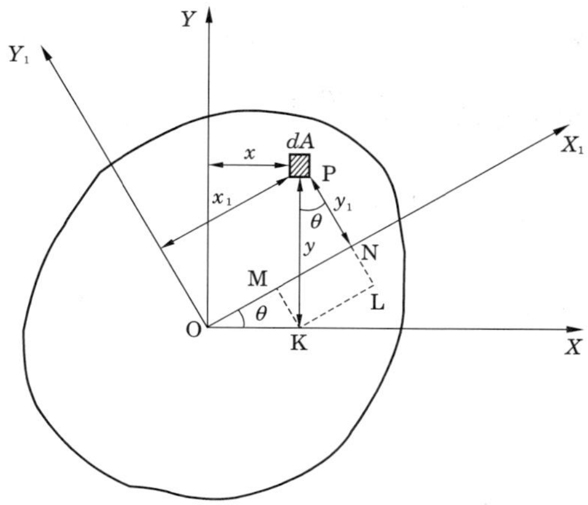

그림 4-18

그러면

$$
\begin{aligned}
I_{X_1} &= \int y_1^2\, dA = \int (y\cos\theta - x\sin\theta)^2\, dA \\
&= \int (y^2\cos^2\theta - 2xy\sin\theta\cos\theta + x^2\sin^2\theta)\, dA \\
&= \cos^2\theta \int y^2\, dA - 2\sin\theta\cos\theta \int xy\, dA + \sin^2\theta \int x^2\, dA \\
&= I_X\cos^2\theta - 2\sin\theta\cos\theta\, I_{XY} + I_Y\sin^2\theta \quad \cdots\cdots \text{(a)} \\
&= \frac{1}{2}(I_X + I_Y) + \frac{1}{2}(I_X - I_Y)\cos 2\theta - I_{XY}\sin 2\theta \quad \cdots\cdots \text{(a}'\text{)}
\end{aligned}
$$

같은 방법으로

$$
\begin{aligned}
I_{Y_1} &= \int x_1^2\, dA = \int (x\cos\theta + y\sin\theta)^2\, dA \\
&= I_Y\cos^2\theta + 2\sin\theta\cos\theta\, I_{XY} + I_X\sin^2\theta \quad \cdots\cdots \text{(b)} \\
&= \frac{1}{2}(I_X + I_Y) - \frac{1}{2}(I_X - I_Y)\cos 2\theta + I_{XY}\sin 2\theta \quad \cdots\cdots \text{(b}'\text{)}
\end{aligned}
$$

식 (a′)와 식 (b′)의 양변을 각각 더하면 다음 관계를 얻는다.

$$I_{X_1} + I_{Y_1} = I_X + I_Y \quad \cdots\cdots \text{(4-15)}$$

위의 식은 도심을 원점으로 하는 직교좌표의 두 축에 대한 단면2차모멘트의 합은 일정함을 보여 주는 것이다(이는 원점이 단면의 도심이 아닐 때도 성립한다). 다음에 X_1, Y_1 축에 대한 단면상승모멘트 $I_{X_1Y_1}$을 구해 보자.

$$I_{X_1Y_1}=\int x_1y_1\,dA=\int(x\cos\theta+y\sin\theta)(y\cos\theta-x\sin\theta)\,dA$$

$$=\cos 2\theta\int xy\,dA+\frac{\sin 2\theta}{2}\int(y^2-x^2)\,dA$$

$$\therefore\ I_{X_1Y_1}=I_{XY}\cos 2\theta+\frac{1}{2}(I_X-I_Y)\sin 2\theta \quad \cdots\cdots \text{(c)}$$

$I_{X_1Y_1}=0$이 되는 축 X_1, Y_1이 있다면, 이 때의 θ는 식 (c)의 우변을 0으로 놓음으로써 다음 관계를 얻는다.

$$\tan 2\theta=\frac{2I_{XY}}{I_Y-I_X} \quad \cdots\cdots \text{(4-16)}$$

$$\therefore\ \theta=\frac{1}{2}\tan^{-1}\frac{2I_{XY}}{I_Y-I_X}+n\frac{\pi}{2}\ (n\text{은 정수}) \quad \cdots\cdots \text{(d)}$$

즉, 식 (4-16)을 만족하는 θ는 2개 있으며, 90°의 차를 가지고 있음을 알 수 있다. 이로부터 $I_{X_1Y_1}=0$이 되는 축 X_1, Y_1이 존재하고, 또 서로 직교함을 알 수 있다. 이와 같이, 단면상승모멘트 $I_{X_1Y_1}=0$이 되는 축 X_1, Y_1을 **단면의 주축**(principal axis)이라 하며, 식 (4-16)으로 결정된다(이 때의 원점은 단면의 도심이다). 한편, I_{X_1}, I_{Y_1} 및 $I_{X_1Y_1}$은 θ의 함수임을 식 (a), (b), (c)로부터 알 수 있다. 즉, 단면2차모멘트 I_{X_1} 및 I_{Y_1}은 좌표축의 회전각 θ의 크기에 따라 변한다. 단면2차모멘트의 극값(極值)을 구하기 위하여 식 (a)를 θ에 관하여 미분하여 0으로 놓으면

$$\frac{dI_{X_1}}{d\theta}=-2I_X\cos\theta\sin\theta-2I_{XY}\cos 2\theta+2I_Y\sin\theta\cos\theta=0 \quad \cdots\cdots \text{(e)}$$

$$\therefore\ \tan 2\theta=\frac{2I_{XY}}{I_Y-I_X}$$

이것은 식 (c)의 우변을 0으로 놓고 얻은 결과와 같다. 즉, 단면의 주축에 대한 단면2차모멘트는 극값을 가진다.

식 (e)를 다시 미분하면

$$\frac{d^2I_{X_1}}{d\theta^2}=-2(I_X-I_Y)\cos 2\theta+4I_{XY}\sin 2\theta$$

$$=2(I_Y-I_X)\cos 2\theta\left(1+\frac{2I_{XY}}{I_Y-I_X}\tan 2\theta\right)$$

주축에 대해서는 식 (4-16)이 성립하므로

$$\frac{d^2I_{X_1}}{d\theta^2}=2(I_Y-I_X)\cos 2\theta(1+\tan^2 2\theta)$$

$$= \frac{2(I_Y - I_X)}{\cos 2\theta} \quad \cdots\cdots \text{(f)}$$

주축을 이루는 각 θ는 $\frac{\pi}{2}$의 차를 가지고 2개 있으므로, $\cos 2\theta$ 는 정(+), 부(−) 2개의 값을 가진다.

그러므로, 식 (f)의 $\frac{d^2 I_{X_1}}{d\theta^2}$이 하나의 θ에 대하여 정(+)이면, 이에 직교하는 θ에 대해서는 부(−)의 값을 가진다. 이것은 주축에 대한 단면2차모멘트 가운데 하나는 최대값이고 다른 하나는 최소값임을 뜻한다.

대칭축에 대한 단면상승모멘트는 0이다. 그러므로, 도심에서 직교하는 2개의 대칭축을 가지는 단면에서는 대칭축이 곧 단면의 주축이다. 그림 4-19는 이러한 단면들의 주축을 보인 것이다. 즉, 그림의 단면들은 어느 것이나 I_X가 최대이고 I_Y는 최소이다.

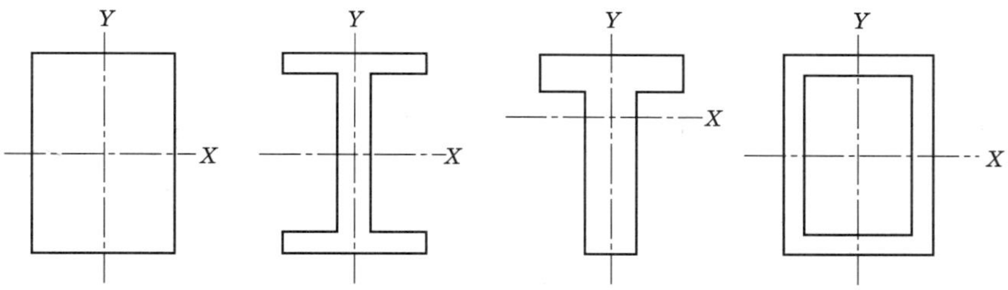

그림 4-19

그림 4-19와 같은 대칭 단면의 보에서는 하중은 단면의 주축에 작용한다. 그러나, 비대칭단면의 보에서는 하중이 단면의 주축에 작용하지 않는다. 단면의 도심을 원점으로 하는 직교좌표는 무수히 많으며, 또 그 좌표축에 대한 단면2차모멘트의 합은 모두 같지만, 그 하나하나의 값은 θ의 변화에 따라 변한다. 그 변화를 알아보기 위하여 X, Y를 주축으로 하면 $I_{XY} = 0$이므로, 식 (a)로부터

$$I_{X_1} = I_X \cos^2\theta + I_Y \sin^2\theta \quad \cdots\cdots \text{(g)}$$

여기서

$$\frac{\cos\theta}{\sqrt{I_{X_1}}} = u, \qquad \frac{\sin\theta}{\sqrt{I_{X_1}}} = v$$

로 놓으면 식 (g)는 다음과 같이 된다.

$$I_X u^2 + I_Y v^2 = 1 \quad \cdots\cdots \text{(h)}$$

위의 식은 타원을 나타내는 식이다. 즉, 도심을 지나는 축에 대한 단면2차모멘트의 변화는 $\frac{1}{\sqrt{I_X}}$을 반 단축, $\frac{1}{\sqrt{I_Y}}$을 반 장축으로 하는 타원을 나타낸다(그림 4-20). 이와 같은 타원을 **관성타원**(ellipse of inertia) 또는 **단면2차타원**이라 한다.

그림 4-21은 L형 단면의 관성타원을 보인 것으로 X_0, Y_0 축이 주축이다. 이 그림에서 좌표축 X, Y를 주축 X_0, Y_0에 일치시키고, 또 반 단축을 $\frac{c}{\sqrt{I_X}}$, 반 장축을 $\frac{c}{\sqrt{I_Y}}$로 하면 다음과 같은 타원이 된다. 여기서 $c=\sqrt{\frac{I_X I_Y}{A}}$이고, A는 단면적이다.

$$I_X x^2 + I_Y y^2 = \frac{I_X I_Y}{A}$$

$$\frac{x^2}{I_Y/A} + \frac{y^2}{I_X/A} = 1 \quad \cdots\cdots \text{(i)}$$

그런데

$$\sqrt{\frac{I_X}{A}} = r_X, \qquad \sqrt{\frac{I_Y}{A}} = r_Y$$

이므로, 식 (i)는 다음과 같이 된다.

$$\frac{x^2}{{r_Y}^2} + \frac{y^2}{{r_X}^2} = 1 \quad \cdots\cdots \text{(4-17)}$$

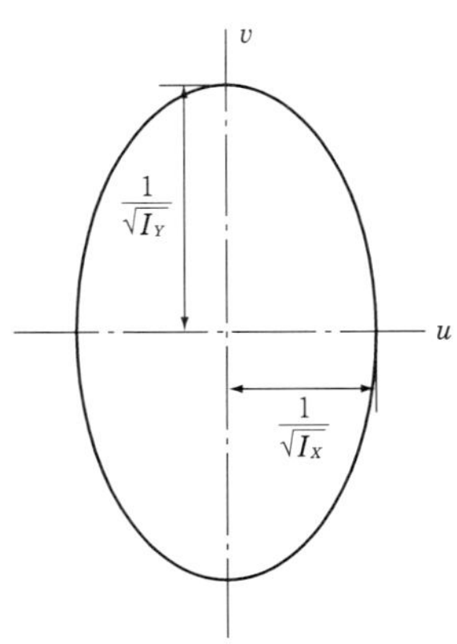

그림 4-20

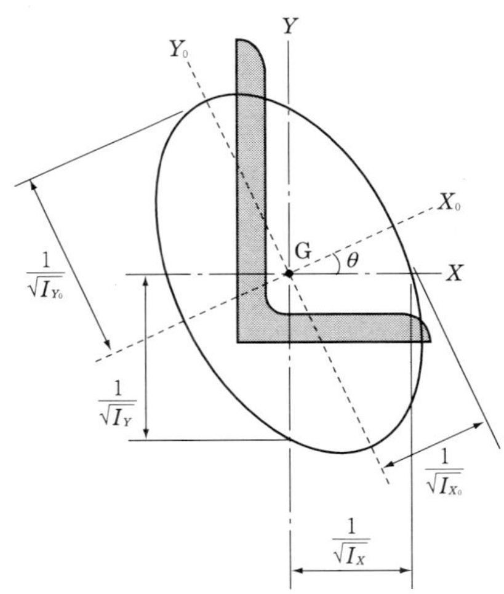

그림 4-21

즉, 그림 4-21과 같은 타원은 식 (4-17)에 의하여 회전반경을 이용해서 그릴 수 있다. 그림 4-22가 그 한 예이다.

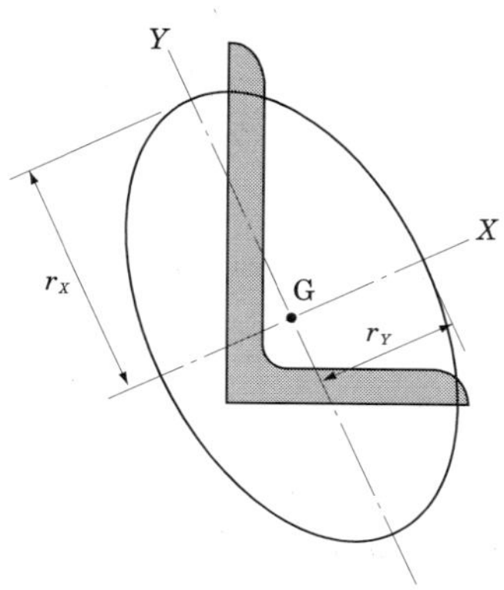

그림 4-22

【예제 4-9】 그림 4-23과 같은 L형 단면의 주축의 위치, 주축에 대한 단면2차모멘트 및 회전반경을 계산하라.

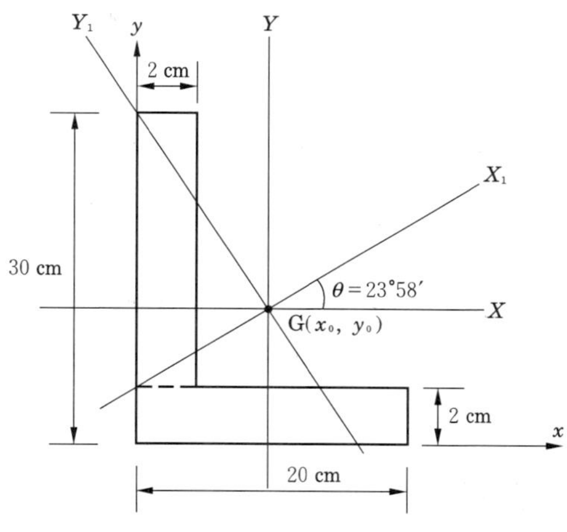

그림 4-23

풀이 도심의 위치는 식 (4-3)으로부터

$$x_0 = \frac{(2\times 28)\times 1 + (20\times 2)\times 10}{2\times 28 + 20\times 2} = 4.75\text{ cm}$$

$$y_0 = \frac{(2\times 28)\times(2+14) + (20\times 2)\times 1}{2\times 28 + 20\times 2} = 9.75\text{ cm}$$

도심축에 대한 단면2차모멘트와 단면상승모멘트는

$$I_X = \left[\frac{2\times 28^3}{12} + (2\times 28)\times\left(\frac{28}{2}+2-9.75\right)^2\right] + \left[\frac{20\times 2^3}{12} + (20\times 2)\times\left(9.75-\frac{2}{2}\right)^2\right]$$

$$= 8924.3\ \mathrm{cm}^4$$

$$I_Y = \left[\frac{28\times 2^3}{12} + (28\times 2)\times(4.75 - \frac{2}{2})^2\right] + \left[\frac{2\times 20^3}{12} + (20\times 2)\times(\frac{20}{2} - 4.75)^2\right]$$

$$= 3241.7\ \mathrm{cm}^4$$

$$I_{XY} = [0 + (2\times 28)\{-(4.75 - \frac{2}{2})\}(\frac{28}{2} + 2 - 9.75)] + [0 + (20\times 2)(\frac{20}{2} - 4.75)\{-(9.75 - \frac{2}{2})\}]$$

$$= -3150\ \mathrm{cm}^4$$

주축의 방향은 식 (4-16)으로부터

$$\tan 2\theta = \frac{2I_{XY}}{I_Y - I_X} = \frac{2(-3150)}{3241.7 - 8924.3} = 1.108$$

$$\therefore\ 2\theta = 47°56' \text{ 또는 } 227°56'$$

$$\therefore\ \theta = 23°58' \text{ 또는 } 113°58'$$

주축에 대한 단면2차모멘트는 식 (a′) 및 식 (b′)로부터

$$I_{X_1} = \frac{1}{2}(I_X + I_Y) + \frac{1}{2}(I_X - I_Y)\cos 2\theta - I_{XY}\sin 2\theta$$

$$= \frac{1}{2}(8924.3 + 3241.7) + \frac{1}{2}(8924.3 - 3241.7)\cos 47°56' - (-3150)\sin 47°56'$$

$$= 10325\ \mathrm{cm}^4$$

$$I_{Y_1} = \frac{1}{2}(I_X + I_Y) - \frac{1}{2}(I_X - I_Y)\cos 2\theta + I_{XY}\sin 2\theta$$

$$= \frac{1}{2}(8924.3 + 3241.7) - \frac{1}{2}(8924.3 - 3241.7)\cos 47°56' + (-3150)\sin 47°56'$$

$$= 1842\ \mathrm{cm}^4$$

위의 $I_{X_1} = 10325\ \mathrm{cm}^4$가 이 단면의 도심을 지나는 축에 대한 단면2차모멘트 가운데 가장 큰 값이고, $I_{Y_1} = 1842\ \mathrm{cm}^4$가 최소값이다.

주축에 대한 회전반경은

$$r_{X_1} = \sqrt{\frac{I_{X_1}}{A}} = \sqrt{\frac{10325}{2\times 28 + 20\times 2}} = 10.4\ \mathrm{cm}$$

$$r_{Y_1} = \sqrt{\frac{I_{Y_1}}{A}} = \sqrt{\frac{1842}{2\times 28 + 20\times 2}} = 4.4\ \mathrm{cm}$$

위의 $r_{Y_1} = 4.4\ \mathrm{cm}$가 이 단면의 최소 회전반경이다.

연 습 문 제

1 지름 400 mm의 원형 단면의 중심을 지나는 축에 대한 단면2차모멘트, 단면계수 및 회전반경을 계산하라.

[2] 밑변이 b, 높이가 h인 삼각형 단면의 밑변에 평행한 도심축에 대한 단면2차모멘트, 단면계수 및 회전반경을 구하라. 또, 밑변에 대한 단면2차모멘트를 구하라.

[3] 가로 200 mm, 세로 300 mm인 직사각형 단면의 가로에 평행한 도심축에 대한 단면2차모멘트, 단면계수 및 회전반경을 계산하라.

[4] 바깥지름 22 mm, 안지름 20 mm의 속이 빈 원형단면의 중심을 지나는 축에 대한 단면2차모멘트와 단면계수를 구하라.

[5] 반지름이 r인 그림 4-24와 같은 원형단면에서 빗금칠한 부분의 X축 및 Y축에 대한 단면2차모멘트를 구하라.

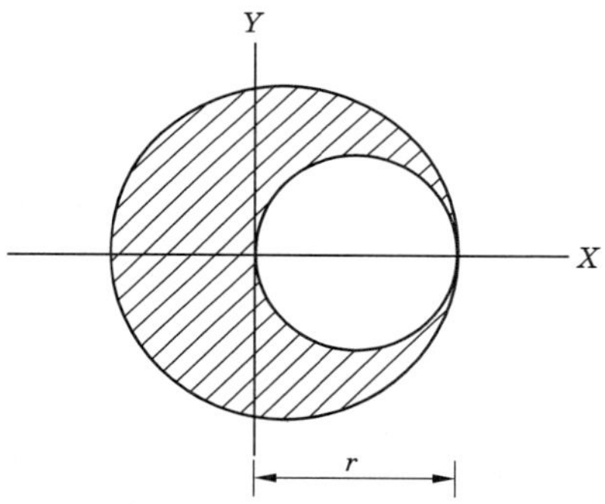

그림 4-24

[6] 그림 4-25와 같은 I형 단면에서 주축에 대한 단면2차모멘트, 단면계수 및 최소 회전반경을 계산하라.

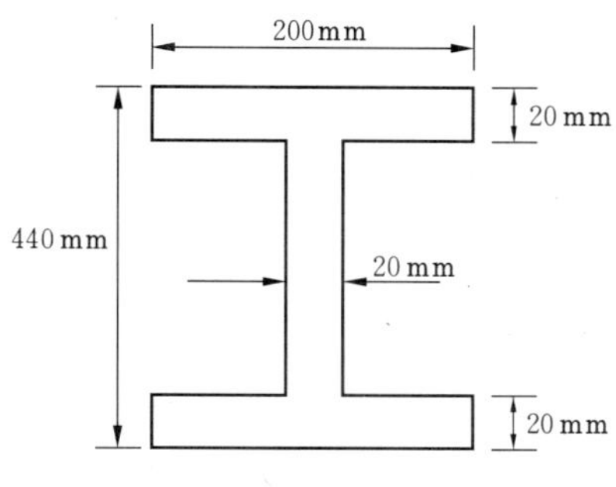

그림 4-25

7 그림 4-26과 같은 T형 단면의 도심축 X 및 이것에 평행한 x축에 대한 단면2차모멘트를 계산하라. 또 이 단면의 단면계수를 구하라.

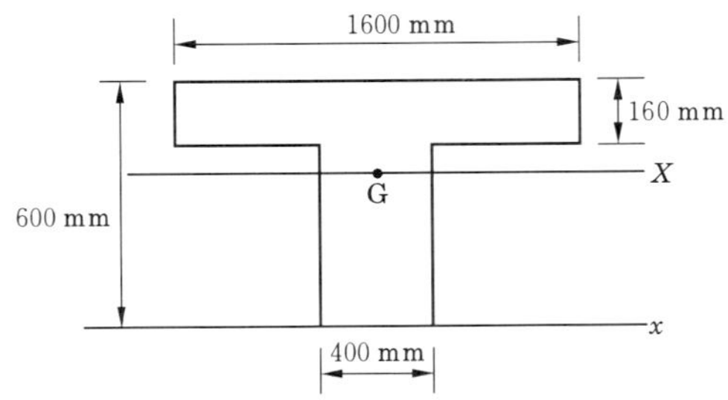

그림 4-26

8 그림 4-27과 같은 단면의 도심을 지나는 축 X에 대한 단면2차모멘트를 계산하라.

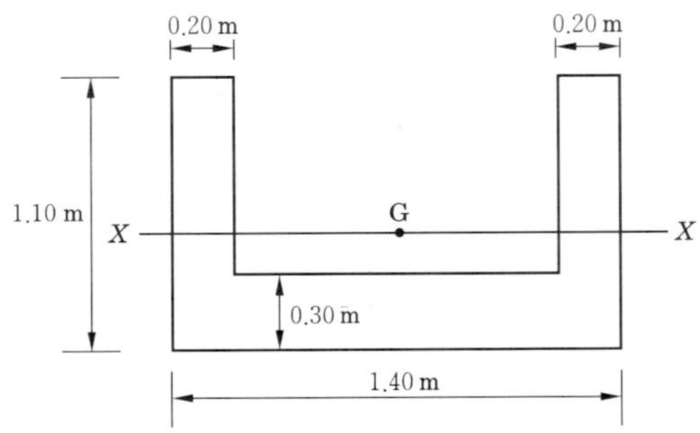

그림 4-27

9 그림 4-28과 같은 L형 단면의 주축의 위치, 주축에 대한 단면2차모멘트 및 최소 회전반경을 계산하라.

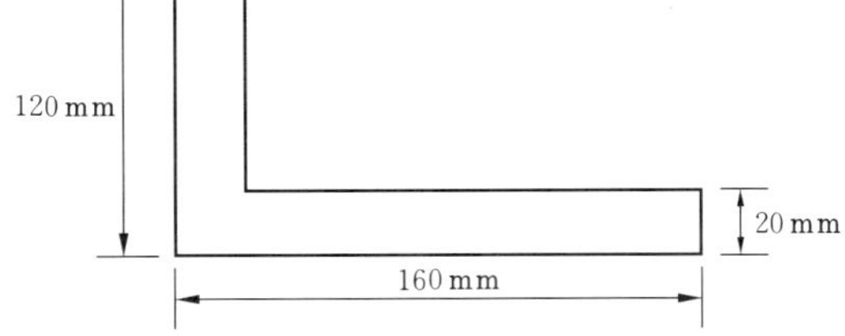

그림 4-28

제 5 장 단면력과 응력

5.1 단 면 력

구조물에 하중이 작용하면 지점에 지점반력이 일어나서 구조물은 평형을 유지한다. 그러므로, 구조해석에 있어서는 지점반력도 외력으로 보아야 한다.

한편, 구조물 또는 구조부재에 외력이 작용하면 그 내부에는 외력에 저항하여 내력이 일어난다. 이 내력을 **응력**이라 한다. 구조부재를 설계하기 위해서는 응력의 상태를 정확하게 알아야 한다. 응력의 상태는 부재의 단면에 따라 변화한다.

그림 5-1 (a)와 같은 부재가 평형 상태에 있다고 하자. 여기서, P_1, P_2, P_3는 하중이고, R_A, R_B는 지점반력이다. 이 부재를 임의의 단면 t-t에 의하여 (A), (B)로 분할하여 생각해 보자.

단면 t-t를 경계로 하여 (A)부분은 (B)부분에 어떠한 힘을 미칠 것이고 [그림 5-1 (b)], (B)부분은 (A)부분에 이와 크기가 같고 방향이 반대인 힘을 미칠 것이다 [그림 5-1 (c)]. 이러한 힘의 작용이 없으면 두 부분은 분리되어 버릴 것이다. 이와 같이, 부재 내부에서 서로 작용하는 힘이 응력이다.

이제, 그림 5-1 (c)와 같이 (B)부분을 따로 떼어내서 생각해 보자. 이 부분을 독립적으로 정지 상태에 있게 하려면, (A)부분으로부터 미쳤던 응력과 같은 크기의 힘을 단면 t-t에 작용시켜야 할 것이다. 이 응력의 분포는 알 수 없지만, 이 응력들을 합성해서 하나의 힘 R로 나타낼 수 있다. 이 R은 (B)부분에 작용하고 있는 외력 P_2, P_3, R_B와 비김으로써 이 부분이 평형 상태에 있게 된다. 이 관계로부터 R을 구할 수 있다. 그런데, (B)부분의 P_2, P_3, R_B는 (A)부분의 P_1, R_A와 비기므로, 결국 R은 (A)부분에 작용하고 있는 외력의 합력과 같다.

R은 일반적으로 단면의 중심을 통과하지 않는다. R과 크기가 같고 방향이 반대인 두 힘 $+R$과 $-R$을 그림 5-1 (d)와 같이 단면 중심에 작용시켜도 원래의 R의 효과에는 변

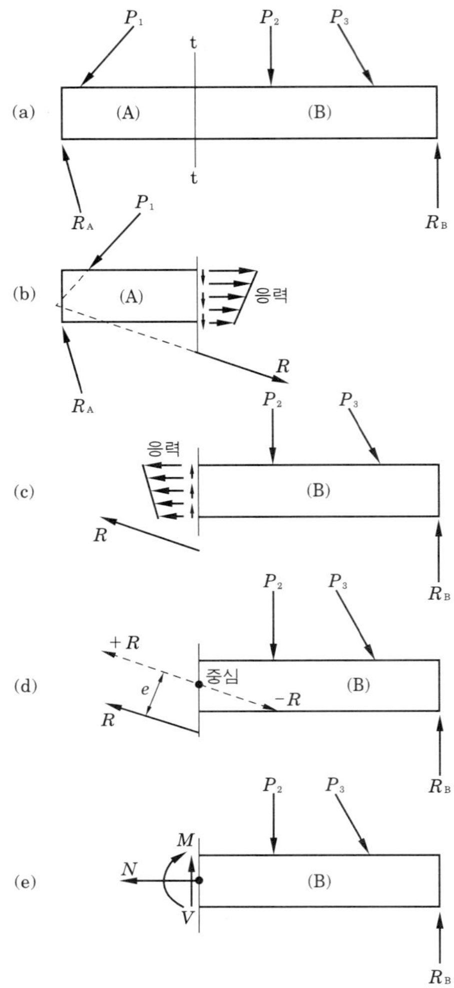

그림 5-1

화가 없다. 이 결과는 단면의 중심에 우력모멘트 $M=Re$와 힘 $+R$을 미치게 한다. 힘 $+R$은 다시, 단면에 평행한 힘 V와 직각인 힘 N으로 분해할 수 있다. 결국, (A) 부분이 (B) 부분에 미치는 영향 R을 M, N, V의 세 힘으로 바꾸어 놓을 수 있다[그림 5-1(e)].

이 세 힘을 **단면력**이라 하며, 각각 다음과 같은 이름으로 불리어진다.

M : 휨모멘트(bending moment)

V : 전단력(shearing force)

N : 축력(축방향력, axial force)

위의 세 힘은 (A)부분이 (B)부분에 미치는 영향이다. 따라서, (B)부분에 대해서는 이 세 힘을 외력으로 보아야 한다. (B)부분이 (A)부분에 미치는 영향은 이들과 크기가 같고 방향은 반대이다.

단면력은 부재의 종류에 따라 다르다. *M*, *V*, *N*의 세 단면력이 다 일어나는 부재도 있고, 2개의 단면력만 일어나는 부재도 있으며, 하나의 단면력만 일어나는 부재도 있다.

예를 들면, 경사진 하중이 실리지 않는 보통의 보(beam)에는 휨모멘트 *M*과 전단력 *V*가 일어난다. 트러스의 부재에는 축력 *N*만이 작용하고, 라멘의 부재에는 세 단면력이 다 일어나며, 편심하중을 받는 기둥에는 휨모멘트 *M*과 축력 *N*이 작용한다. 이와 같이, 부재는 그 종류에 따라 일어나는 단면력이 다르기 때문에, 부재 내부에는 그 단면력에 의한 응력만이 일어나게 된다.

5. 2 축력과 축방향응력

앞의 절에서 설명한 바와 같이 축력(축방향력) *N*은 단면 t-t에 대한 +*R*의 수직분력이다(그림 5-1 참조). +*R*은 *R*과 같고, *R*은 (A)부분에 작용하는 외력 P_1, R_A의 합력이다. 따라서, 축력 *N*은 단면의 왼쪽에 있는 외력들의 그 단면에 수직한 분력의 대수합으로 계산된다. 이 때, 단면의 중심에서 부재를 잡아당기도록 작용하는 축력에는 정(+)의 부호를 붙이고, 반대로 누르는 축력에는 부(−)의 부호를 붙인다. 즉, 축력이 인장일 경우에는 정(+), 압축일 경우에는 부(−)로 약속한다(그림 5-2).

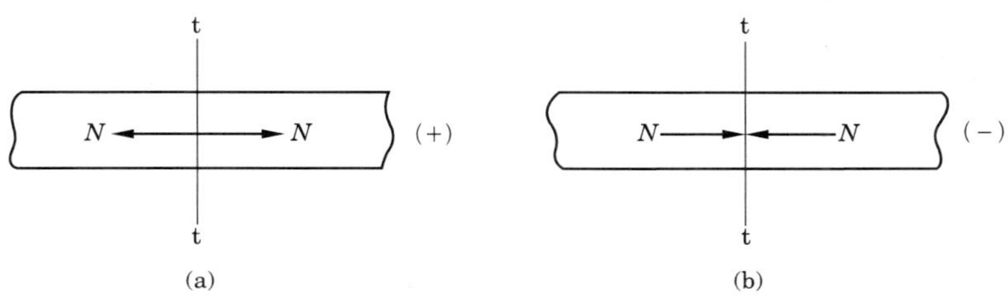

그림 5−2

축력(축방향력)만을 받는 부재의 대표적인 것은 트러스의 부재들이다. 트러스는 그림 5-3(a)와 같이 축방향인장을 받는 부재와, 그림 5-3(b)와 같이 축방향압축을 받는 부재 및 인장과 압축을 교대로 받는 부재들로 이루어진다.

그림 5-3(a)와 같은 부재를 **인장부재**(tension member)라 한다. 이 부재의 임의의 단면에는 축력 *N*에 저항하여 **인장응력**(tensile stress)이 일어난다. 인장응력 σ_t는 다

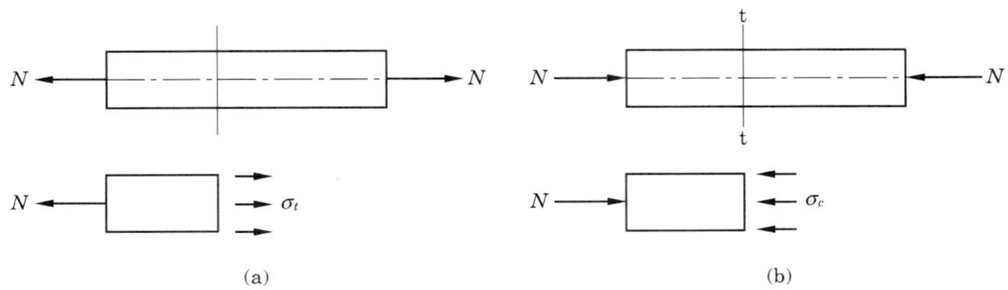

그림 5-3

음 식으로 계산한다.

$$\sigma_t = \frac{N}{A} \quad \cdots\cdots (5\text{-}1)$$

여기서, A는 부재의 단면적이다.

그림 5-3(b)와 같은 부재를 **압축부재**(compression member)라 한다. 이 때, 부재단면에는 압축력 N에 저항하여 **압축응력**(compressive stress)이 일어난다. 단면에 대하여 부재길이가 충분히 짧을 경우에 압축응력 σ_c는 다음 식으로 계산된다.

$$\sigma_c = -\frac{N}{A} \quad \cdots\cdots (5\text{-}2)$$

여기서, A는 부재의 단면적이다. 이러한 압축부재를 **단주**(short column)라고도 한다.

단면에 비하여 부재의 길이가 길 경우에는 좌굴현상으로 인하여 식 (5-2)가 성립되지 않는다. 이러한 압축부재를 **장주**(long column)라 한다.

식 (5-1)의 σ_t 및 식 (5-2)의 σ_c와 같은 축방향응력을 **직응력**(direct stress)이라고 부르는 경우도 있다.

5.3 전단력과 전단응력

그림 5-1(e)에서 힘 $+R$을 단면에 평행한 방향으로 분해한 힘 V를 전단력이라고 한다는 것은 앞에서 설명하였다. 그런데, $+R$은 R과 같고, R은 (A)부분에 작용하는 외력 P_1, R_A의 합력이므로, V는 P_1 및 R_A의 t-t면에 평행한 분력의 대수합과 같다. 그러므로, 전단력 V는 단면의 왼쪽에 작용하는 외력의 단면에 평행한 방향에의 분력의 대수합으로 계산된다. 이 때, 상향의 분력은 정(+)으로, 하향의 분력은 부(−)로 계산한다.

전단력은 단면의 오른쪽에 작용하는 외력으로부터 계산할 수도 있다. 이 경우에는 상향하중은 부(−)로, 하향하중은 정(+)으로 계산해야 한다(그림 5-4 참조). 그 결과는 단면의 왼쪽으로부터 계산한 결과와 같다.

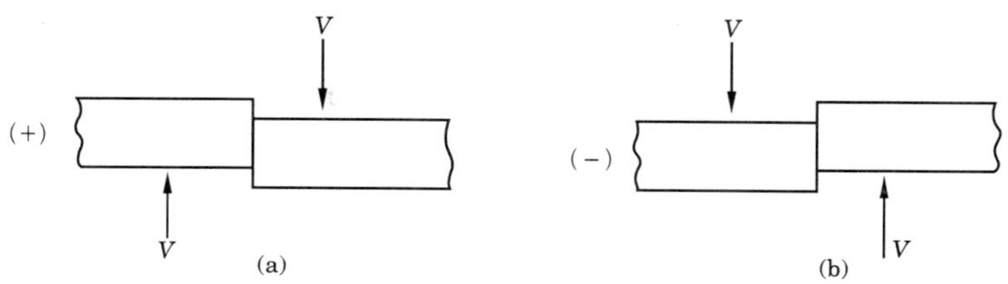

그림 5-4

이상과 같이 계산된 전단력은 단면에 대하여 그림 5-4(a) 또는 (b)와 같은 영향을 미친다. 그림 5-4(a)와 같은 전단력을 정(+)으로, 그림 5-4(b)와 같은 전단력을 부(−)로 약속한다.

전단력의 영향을 알아보기 위하여 그림 5-5(a)와 같은 보를 생각해 보자. 단면 t-t의 전단력 V는 다음과 같다.

$$V = R_A - P_1 \quad \cdots\cdots (5\text{-}3)$$

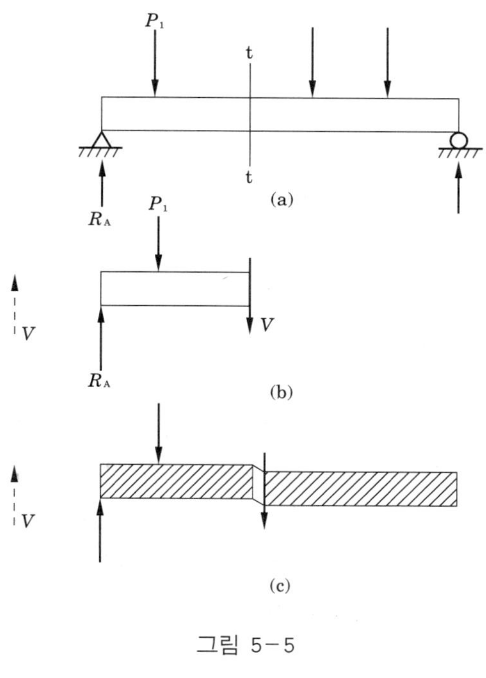

그림 5-5

여기서, V는 단면의 왼쪽에 작용하는 외력의 합력이며, 그림 5-5(b)의 왼쪽에 있는 V가 이것이다. 따라서, 단면에는 이 전단력 V(외력)에 저항하여, 이것과 크기가 같고 방향이 반대인 내력 V가 유발된다[그림 5-5(b)의 오른쪽의 V]. 그림 5-5(b)에 보인 바와 같이, 단면의 왼쪽에 있는 전단력 V는 상향이므로 그 부호는 정(+)이다. 이 때, 단면의 왼쪽 부분은 오른쪽 부분에 대하여 위로 밀어올려지려는 경향이 생긴다. 즉, 그림 5-5(c)와 같이 가까이 접해 있는 두 단면이 부재축에 직각으로 서로 어긋나서, 부재축은 오른쪽 아래로 경사지게 되고, 부재는 전단의 위험에 놓이게 된다. 전단에 의하여 부재 내부에 일어나는 내력을 **전단응력**(shear stress)이라 하며, 7장에 따로 설명되어 있다.

5. 4 휨모멘트와 휨응력

그림 5-1에서 설명한 바와 같이, 휨모멘트 M은 합력 R의 단면 중심에 대한 모멘트이다. 그러므로, 휨모멘트는 단면의 왼쪽에 작용하는 외력들의 그 단면 중심에 대한 모멘트의 대수합과 같다.

즉, 그림 5-1(a) 또는 그림 5-6(a)의 보에서 단면 t-t의 휨모멘트 M은 단면의 왼쪽에 작용하는 외력들의 그 단면 중심에 대한 모멘트의 대수합으로 계산된다. 이 때, 단면에 대하여 시계 방향의 모멘트에는 정(+), 반시계 방향의 모멘트에는 부(−)의 부호를 붙인다. 계산 결과 M의 부호가 정(+)이면 보는 그림 5-6(d)와 같이 아래로 휘고, 휨모멘트의 부호가 부(−)이면 보는 위로 볼록하게 휜다(그림 5-7).

이상은 단면의 왼쪽에 대하여 생각한 것이지만, 단면의 오른쪽에 대하여 계산해도 좋다. 이 경우, 모멘트의 부호는 위의 약속과 반대로 한다. 그러면, 계산 결과는 같다. 즉, 보를 그림 5-6(e)와 같이 휘게 하는 휨모멘트를 정(+), 그림 5-7(a)와 같이 휘게 하는 휨모멘트를 부(−)로 약속한다.

그림 5-6과 같이 부재가 정(+)의 휨모멘트를 받으면 윗부분은 압축되고, 아랫부분은 인장된다. 그림 5-7(a)와 같이 부(−)의 휨모멘트를 받는 부재에서는 윗부분이 인장, 아랫부분이 압축된다. 이 때, 인장도 압축도 받지 않는 면을 **중립면**(neutral surface)이라 하고, 중립면이 부재단면의 도심과 이루는 선을 **중립축**(neutral axis)이라 한다. 부재가 휨을 받으면, 이에 저항하여 부재 내부에는 중립면을 경계로 하여 그림 5-6(f) 또는 그림 5-7(b)와 같이 압축응력과 인장응력이 일어난다. 이러한 응력을 **휨응력**(bending stress)이라 하며, 7장에 따로 설명되어 있다.

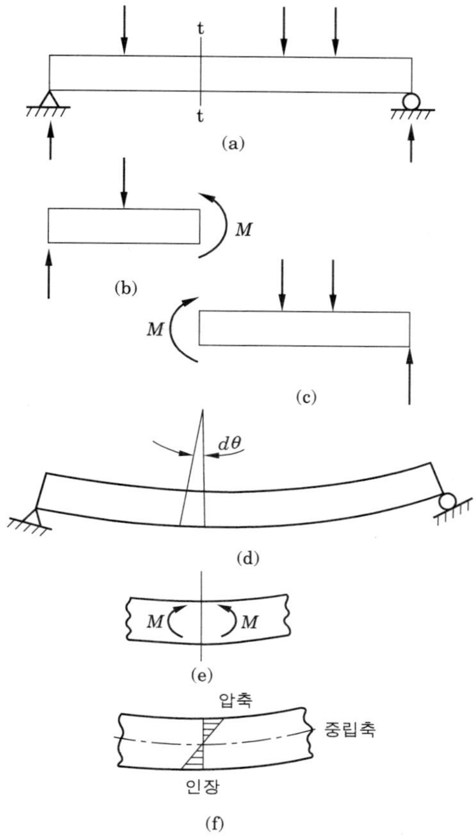

그림 5-6

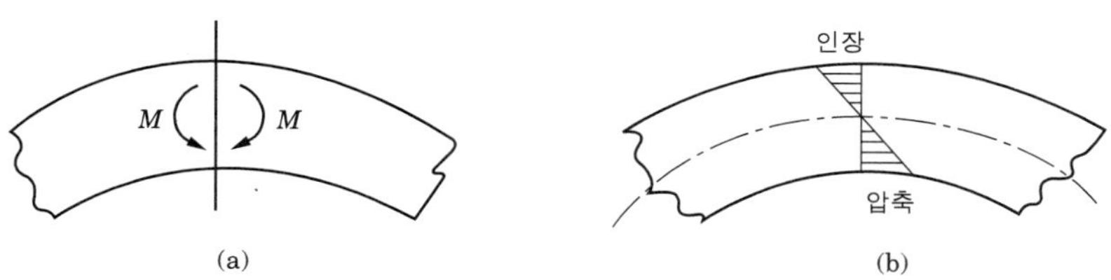

그림 5-7

5.5 그 밖의 응력

보통의 구조부재에서는 위에서 설명한 단면력이 단독으로 또는 조합되어 작용한다. 그러나, 부재에 따라서는 이러한 단면력 외에 비틀림모멘트(twisting moment, torque)

를 받는 경우도 있다. 이 때, 부재에는 **비틀림응력**(torsional stress)이 일어난다. 비틀림(torsion, twist)을 받는 부재는 매우 드물고 또 그 영향이 작기 때문에, 설계에서는 그 영향을 무시하는 것이 보통이다. 그러나 비틀림을 무시할 수 없는 경우에는 설계에 이것을 고려해야 한다.

두 구조물이 서로 접촉해 있을 때, 그 접촉면에 압력이 작용하는 경우가 있다. 이러한 압축력을 **지압력**(bearing pressure) 또는 **지압**이라 하며, 이 때 접촉면(지압면)에 일어나는 응력을 **지압응력**(bearing stress)이라 한다. 예를 들면, 주 거더(main girder)를 지지하고 있는 교각의 윗면에는 지압력이 작용하여 그 접촉면에 지압응력이 일어난다.

부재는 온도가 올라가면 늘어나고 온도가 내려가면 줄어든다. 만약, 부재의 양단이 구속되어 자유롭게 신축할 수 없다면, 온도가 상승할 경우에 그 부재는 압축되어 부재단면에 압축응력이 일어나고, 온도가 하강할 경우에는 인장응력이 일어난다. 이와 같이, 온도의 변화에 의하여 일어나는 응력을 **온도응력**(thermal stress)이라 한다. 예를 들면, 양단이 구속된 직선부재가 Δt의 온도 변화를 받는다면, 그 변형률은 $\varepsilon = \alpha \Delta t$ (α는 팽창계수)이므로, 온도응력은 다음과 같이 된다. 여기서 $\boldsymbol{E}$는 탄성계수이다.

$$\sigma = E\alpha \, \Delta t \qquad (5\text{-}4)$$

온도가 Δt만큼 올라갈 경우에 σ는 압축응력이고, Δt만큼 내려갈 경우에 σ는 인장응력이다. 부정정의 라멘이나 아치를 설계할 때에는 온도응력을 고려해야 한다.

제6장 정 정 보

6. 1 보의 종류

단면에 비하여 길이가 긴 부재가 그 축에 수직으로 하중을 받을 때, 그 부재를 **보**(beam)라 한다. 그러므로, 보의 단면에는 축력은 일어나지 않고 휨모멘트와 전단력만 일어난다. 보통의 보에서는 휨모멘트가 그 설계를 지배한다. 이와 같이 휨에 의해 설계가 지배되는 부재를 **휨부재**(flexural member)라고 한다. 여기서는 단면이 대칭이고 도심축이 직선인 정정보를 다룬다. 여기서 **정정보**(statically determinate beam)란 식 (2-15)의 세 조건만으로 지점반력이 얻어지는 보를 말한다.

그림 6-1은 정정보의 예를 보인 것이다.

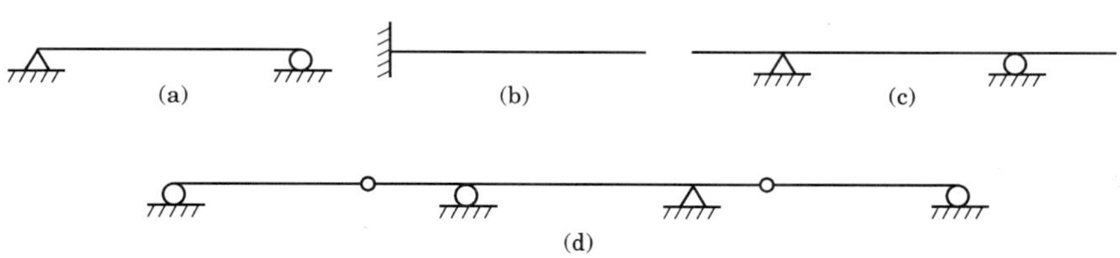

그림 6-1

단순보(simple beam) : 그림 6-1 (a)와 같이 한쪽 끝은 힌지로, 다른 쪽 끝은 롤러로 지지된 보를 말하며 **단순 지지보**라고도 한다.

캔틸레버(cantilever) : 그림 6-1 (b)와 같은 보를 말하며, 고정지점으로 된 끝을 **고정단**(fixed end, built-in end), 지점이 없는 끝을 **자유단**(free end)이라 한다.

내민보(overhanging beam) : 그림 6-1 (c)와 같이 두 점에서 단순지지되고 양쪽 끝 부분이 지점을 넘어 연장된 보를 말하며, 한 쪽에만 연장된 것도 내민보이다.

게르버보(Gerber's beam) : 그림 6-1 (d)와 같이 적당한 수의 내부 힌지를 설치해서 평형의 세 조건[식 (2-15)]만으로 지점반력을 구할 수 있도록 한 보를 말한다.

6. 2 전단력도와 휨모멘트도

구조역학에서는 전단력도와 휨모멘트도의 이해와 작도가 매우 중요하다. 여기서는 전단력도와 휨모멘트도에 대해 설명하기로 한다. 전단력도 또는 휨모멘트도를 그릴 때에는, 먼저 보 아래 적당한 위치에 보의 축에 평행하게 기준선을 긋고, 임의 단면의 전단력 또는 휨모멘트의 값을 기준선을 경계로 해당 단면 아래에 잡는다. 이 때, 정(+)의 전단력은 기준선 위쪽에, 부(−)의 전단력은 기준선 아래쪽에 나타내고, 정(+)의 휨모멘트는 기준선 아래쪽에, 부(−)의 휨모멘트는 기준선 위쪽에 나타내는 것이 보통이다.

(1) 집중하중이 작용하는 경우

그림 6-2(a)와 같이 하나의 집중하중이 작용하는 지간 l인 단순보를 생각해 보자. 이 그림에 보인 바와 같이 이웃한 두 지점 사이의 거리를 지간(경간, span)이라고 한다.

◀ 지점반력 ▶

이 보의 지점에는 그림 6-2(a)와 같이 수직반력 R_A와 R_B가 일어난다. 지점 B에 관하여 $\Sigma M=0$을 적용하면

$$R_A \times l - P \times b + R_B \times 0 = 0$$

$$\therefore\ R_A = \frac{Pb}{l}$$

따라서, R_B는 $\Sigma V=0$에 의하여 다음과 같이 된다.

$$R_A + R_B = P$$

$$\therefore\ R_B = P - R_A = \frac{Pa}{l}$$

◀ 전 단 력 ▶

하중작용점 C의 왼쪽에 있는 임의단면 D의 전단력은 다음과 같다.

$$V_x = R_A = \frac{Pb}{l} \qquad (0 < x < a)$$

하중작용점의 오른쪽에 있는 임의 단면 E의 전단력은 다음과 같이 된다.

$$V_x = R_A - P = -R_B = -\frac{Pa}{l} \qquad (a < x < l)$$

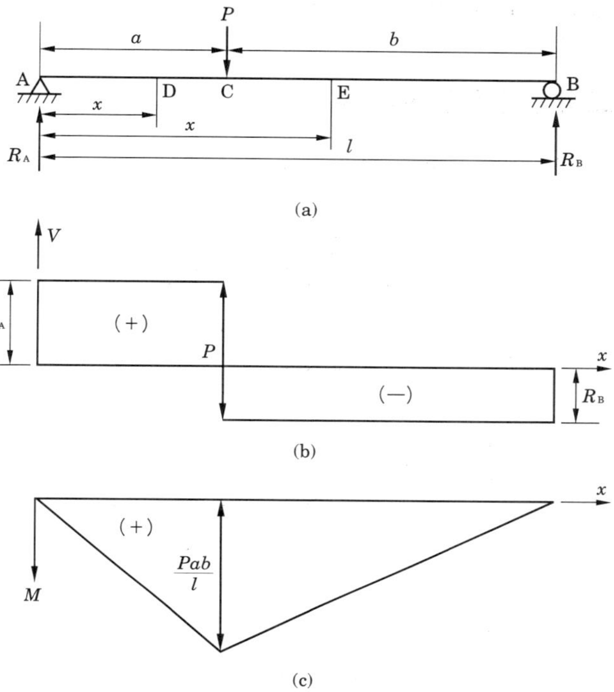

그림 6-2

위의 두 식으로부터 AC 사이의 전단력은 $+R_A$이고, CB 사이의 전단력은 $-R_B$임을 알 수 있다. 이것을 그림으로 나타낸 것이 그림 6-2(b)이다. 이 그림을 전단력도(shearing force diagram)라 하며, V도라고 약칭하기도 한다.

◀ 휨모멘트 ▶

그림 6-2(a)에서 AC 사이의 임의단면 D의 휨모멘트는

$$M_x = R_A x = \frac{Pb}{l} x \qquad (0 < x < a)$$

CB 사이의 임의단면 E의 휨모멘트는

$$M_x = R_A x - P(x-a) = \frac{Pa}{l}(l-x) = R_B(l-x) \qquad (a < x < l)$$

위의 두 식으로부터 휨모멘트는 직선적으로 변하여 $x=a$인 단면 즉, 하중작용점 C에서 최대로 되며, 그 값은 다음과 같다는 것을 알 수 있다.

$$M_{\max} = \frac{Pab}{l}$$

이상을 그림으로 나타낸 것이 그림 6-2(c)로, 이것을 휨모멘트도(bending moment

diagram)라 하며, M도라고 약칭하기도 한다.

(2) 등분포하중이 작용하는 경우

등분포하중 w를 받는, 그림 6-3과 같은 단순보의 전단력과 휨모멘트를 구해 보자.

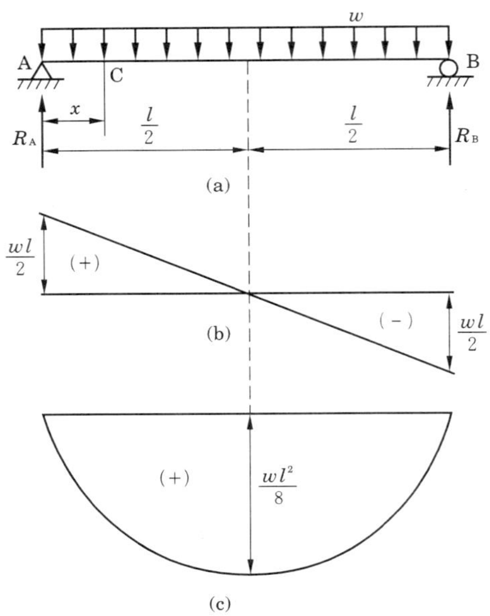

그림 6－3

◀ 지점반력 ▶

보와 하중이 대칭이므로 지점반력은 다음과 같다.

$$R_A = R_B = \frac{1}{2} w l$$

◀ 전 단 력 ▶

임의의 단면 C의 전단력은 다음과 같다.

$$V_x = R_A - wx = w\left(\frac{l}{2} - x\right)$$

이로부터 지점 A에서의 전단력은 $\frac{wl}{2}$이고, 지간 중앙에서의 전단력은 0이며, x에 관하여 1차식이므로 전단력도는 그림 6-3(b)와 같이 된다.

◖ 휨모멘트 ◗

지점 A와 임의단면 C 사이에 작용하고 있는 하중의 합계는 wx이고, wx의 작용점은 AC의 중앙이므로, 임의단면의 휨모멘트는 다음과 같이 된다.

$$M_x = R_A x - wx \times \frac{x}{2} = \frac{w}{2} x(l-x)$$

이로부터 최대휨모멘트는 지간 중앙에서 일어남을 알 수 있으며, 그 값은 위의 식에 $x = \frac{l}{2}$을 대입함으로써 다음과 같이 된다.

$$M_{\max} = \frac{wl^2}{8}$$

따라서, 휨모멘트도는 그림 6-3(c)와 같은 포물선이 된다.

(3) 모멘트하중이 작용하는 경우

그림 6-4(a)와 같이 우력을 받고 있는 단순보의 전단력과 휨모멘트를 구해 보자. 이 보는 그림 6-4(b)와 같이 단면 C에 모멘트 $M(=Pd)$이 작용하고 있는 것과 같다.

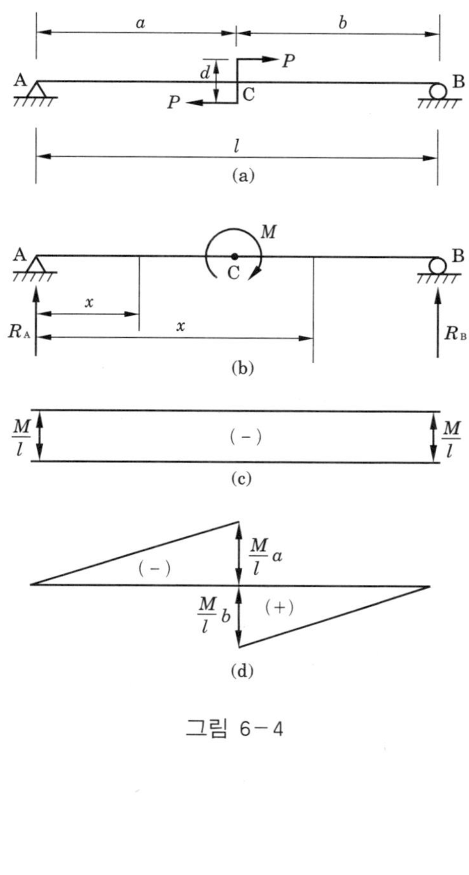

그림 6-4

◖ 지점반력 ◗

모멘트의 중심을 B에 두고 $\Sigma M=0$을 적용하면

$$R_A \times l + M = 0$$

$$\therefore\ R_A = -\frac{M}{l}\ (\downarrow)$$

즉, R_A의 부호가 부(−)이다. 이것은 R_A의 작용 방향이 그림 (b)의 방향과 반대임을 뜻한다. 따라서, R_A의 작용 방향은 연직하향이다. R_B는 $\Sigma V=0$에 의하여 다음과 같다.

$$R_A + R_B = 0$$

$$\therefore\ R_B = -R_A = \frac{M}{l}\ (\uparrow)$$

◖ 전 단 력 ◗

AC 사이의 전단력은

$$V_{A\sim C} = R_A = -\frac{M}{l}$$

CB 사이의 전단력은

$$V_{C\sim B} = -R_B = -\frac{M}{l}$$

따라서, 전단력도는 그림 6-4(c)와 같이 된다.

◖ 휨모멘트 ◗

AC 사이의 임의단면의 휨모멘트는 다음과 같다.

$$M_x = R_A\,x = -\frac{M}{l}x$$

즉, AC 사이에서 휨모멘트는 직선적으로 변한다. 위의 식에 $x=0$을 대입함으로써 지점단면 A의 휨모멘트 $M_A=0$이 얻어지고, $x=a$를 대입함으로써 단면 C의 휨모멘트는 다음과 같이 된다.

$$M_C = -\frac{M}{l}a$$

CB 사이의 임의단면의 휨모멘트는

$$M_x = R_A\,x + M = -\frac{M}{l}x + M = \frac{M}{l}(l-x) = R_B(l-x)$$

단면 C의 휨모멘트는 위의 식에 $x=a$를 대입하면

$$M_C = R_B\, b = \frac{M}{l}\, b$$

이고, $x = l$을 대입하면 지점단면 B의 휨모멘트는 $M_B = 0$이다. 따라서, 휨모멘트도는 그림 6-4(d)와 같이 된다.

6.3 전단력과 휨모멘트의 관계

보의 임의단면에서 하중과 전단력 및 휨모멘트 사이에는 특정한 관계가 있으며, 이것은 전단력도와 휨모멘트도를 작도하는 데 매우 유용하다.

그림 6-5(a)와 같은 보가 여러가지 하중을 받을 때 하중과 전단력 및 휨모멘트의 관계를 알아보기 위해 이 보를 다음과 같이 네 가지 미소부분으로 분류해서 생각해 보자.

① 하중이 실리지 않은 부분

② 분포하중을 받는 부분

③ 집중하중을 받는 부분

④ 모멘트하중을 받는 부분

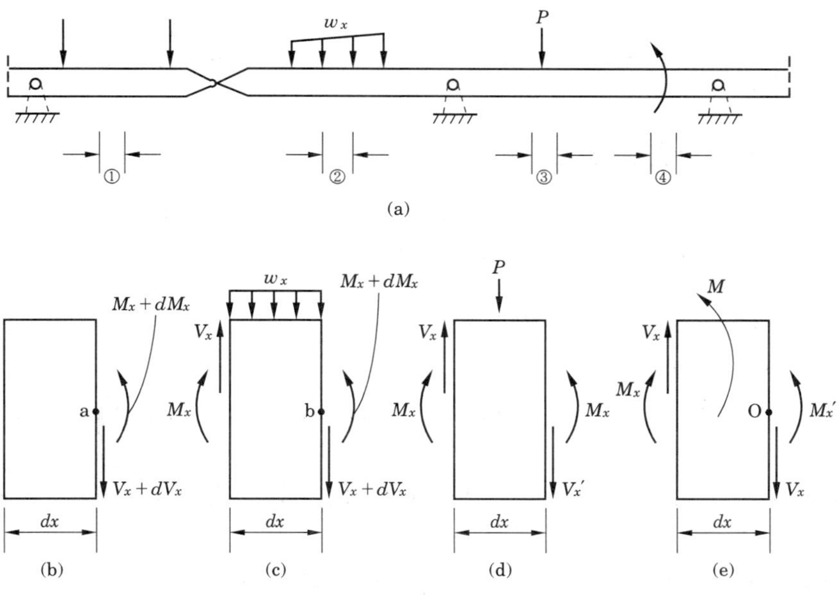

그림 6-5

(1) 하중이 실리지 않은 부분

그림 6-5 (a)에서 2개의 집중하중 사이의 부분 ①이 이 경우에 해당한다. 이 부분을 떼어내어 그림 6-5 (b)와 같이 거리 dx인 두 인접 단면을 생각해 보자. 이 요소의 왼쪽 단면의 전단력과 휨모멘트를 V_x, M_x라 하고, 오른쪽 단면의 것을 $V_x + dV_x$, $M_x + dM_x$라고 하자. 여기서, dV_x와 dM_x는 거리 dx에 따른 전단력과 휨모멘트의 변화이다. x는 왼쪽에서 오른쪽으로 증가한다고 가정한다. 요소는 평형을 이루어야 하므로, $\Sigma V = 0$에 의해

$$V_x - (V_x + dV_x) = 0$$

$$\therefore \ dV_x = 0$$

즉, 이 부분에서는 전단력의 변화가 없다. 그러므로, 하중이 실리지 않은 부분의 전단력은 일정하다[그림 6-2 (b) 참조]. 즉

$$\therefore \ V_x = \text{일정} \quad \cdots\cdots (6\text{-}1)$$

그림 6-5 (b)의 요소에서 점 a에 대하여 $\Sigma M = 0$을 적용하면

$$M_x + V_x\,dx - (M_x + dM_x) = 0$$

이것을 정리하고 식 (6-1)을 이용하면 다음과 같이 된다.

$$\frac{dM_x}{dx} = V_x = \text{일정} \quad \cdots\cdots (6\text{-}2)$$

즉, 하중이 실리지 않은 부분에서 휨모멘트의 변화는 일정하다 [그림 6-2 (c) 참조].

(2) 분포하중을 받는 부분

그림 6-5 (a)의 ②에 해당하는 부분으로, 이것을 그림 6-5 (c)와 같이 떼어내어 거리 dx인 미소요소를 생각하면, $\Sigma V = 0$으로부터

$$V_x - (V_x + dV_x) - w_x\,dx = 0$$

$$dV_x = -w_x\,dx$$

$$\therefore \ \frac{dV_x}{dx} = -w_x \quad \cdots\cdots (6\text{-}3)$$

즉, 분포하중이 실린 부분에서 전단력의 변화는 그 단면에 작용하는 하중강도 w_x에 부(−)의 부호를 붙인 것과 같다.

그림 6-5 (c)의 요소에서 점 b에 대하여 $\Sigma M = 0$을 적용하면

$$M_x + V_x\,dx - w_x\,dx\,\frac{dx}{2} - (M_x + dM_x) = 0$$

$\frac{w_x(dx)^2}{2}$은 다른 항에 비하여 매우 작으므로 이것을 무시하고 정리하면

$$\frac{dM_x}{dx} = V_x \qquad \text{(6-4)}$$

즉, 휨모멘트의 변화는 그 단면에서의 전단력과 같다.

식 (6-4)를 미분하면 다음 결과를 얻는다.

$$\frac{d^2 M_x}{dx^2} = \frac{dV_x}{dx} = -w_x \qquad \text{(6-5)}$$

(3) 집중하중을 받는 부분

그림 6-5(d)는 집중하중 P를 받는 요소를 나타낸 것이다[그림 6-5(a)의 ③의 부분]. 이 때, P는 한 점에 작용하는 것으로 가정한다. 인접한 두 단면의 거리가 무한소(無限小)로 되면 P점의 바로 왼쪽과 오른쪽 단면 사이의 모멘트 변화는 없다. 그러나, 두 단면 사이의 전단력은 P의 크기만큼 갑자기 변한다. 따라서, $\Sigma V = 0$으로부터

$$V_x - P - V_x' = 0$$

$$\therefore\ V_x' = V_x - P \qquad \text{(6-6)}$$

이것은 집중하중의 작용점에서는 전단력에 급격한 변화가 있음을 뜻한다[그림 6-2(b) 참조].

(4) 모멘트하중을 받는 부분

그림 6-5(e)는 모멘트 M을 받는 요소를 나타낸다[그림 6-5(a)의 ④부분]. 이 때, M은 한 점에 작용하는 것으로 가정한다. 두 인접 단면 사이의 거리가 무한소로 되면, M의 바로 왼쪽과 오른쪽 단면 사이의 전단력 변화는 없다[그림 6-4(c) 참조]. 그러나, 두 단면 사이의 모멘트는 M의 크기만큼 갑자기 변화한다[그림 6-4(d) 참조]. 그림 6-5(e)에서 점 O에 대한 모멘트를 취하면

$$M_x - M - M_x' = 0$$

$$\therefore\ M_x' = M_x - M$$

이것은 모멘트하중을 받는 단면에서는 휨모멘트에 급격한 변화가 있음을 뜻한다.

이상으로부터 전단력도와 휨모멘트도에 대하여 다음과 같은 사실을 알 수 있다.

1 전단력도에 관하여

① 하중이 실리지 않은 부분의 전단력도의 기울기는 0이다. 즉, 보의 축에 평행이다.

② 분포하중을 받는 부분에서 전단력도의 기울기는 일정하다. 따라서, 전단력도는 경사직선이다.

③ 집중하중이 작용하는 단면에서의 전단력도는 불연속이고, 그 변화량은 작용하중과 같다.

④ 분포하중이 작용할 때, 거리 dx인 두 단면 사이의 전단력 변화는

$$dV_x = -w_x\,dx$$

이므로, $V_x = -\int w_x\,dx$이다. 따라서, 임의의 두 단면 a, b 사이의 전단력의 차는 다음과 같다.

$$V_b - V_a = -\int_{x_a}^{x_b} w_x\,dx$$

$$= -(\text{a, b 사이의 분포하중의 면적}) \quad \cdots\cdots (6\text{-}7)$$

즉, 두 단면의 전단력의 차는 두 단면 사이의 분포하중의 면적에 부(−)의 부호를 붙인 것과 같다. a, b 사이에 집중하중 ΣP가 더 작용한다면, 식 (6-7)은 다음과 같이 된다.

$$V_b - V_a = -\int_{x_a}^{x_b} w_x\,dx - \Sigma P$$

$$= -(\text{a, b 사이의 분포하중의 면적} + \Sigma P) \quad \cdots\cdots (6\text{-}8)$$

여기서, ΣP는 아래 방향으로 작용한다고 본 것이다. 또한

$$\frac{dM_x}{dx} = V_x$$

이므로, 임의단면의 전단력은 그 단면의 휨모멘트의 1차 도함수와 같다.

2 휨모멘트도에 관하여

① 전단력이 일정한 구간에서 휨모멘트도는 직선이다.

② 전단력이 변화하는 구간에서 휨모멘트도는 곡선이다.

③ 집중하중이 작용하는 단면에서 전단력이 갑자기 변하므로, 그 단면에서 휨모멘트도의 기울기도 갑자기 변한다. 그러한 단면에서 휨모멘트도는 두 개의 다른 기울기를 가진다.

④ 극대 또는 극소휨모멘트는 전단력도가 x축(기준선)과 만나는 점에서 일어난다. 즉, 왼쪽의 정(+)의 전단력이 부(−)로 변하는 점에서 휨모멘트는 극대이고, 반대의 경우는 극소이다. 분포하중을 받는 보에서는 $V_x = 0$인 단면에서 휨모멘트는 극대로 된

다[그림 6-3 및 식 (6-4) 참조].

⑤ 집중하중만을 받을 때, 최대휨모멘트는 집중하중의 작용점 가운데 어느 한 점에서 일어난다[그림 6-7(c) 참조].

⑥ $\dfrac{dM_x}{dx}=V_x$를 참조하면, 거리 dx인 두 단면 사이의 휨모멘트 변화는

$$dM_x = V_x\,dx$$

이므로, $M_x=\int V_x\,dx$이다. 따라서, 임의의 두 단면 a와 b 사이의 휨모멘트도의 세로좌표의 차는

$$\begin{aligned} M_b - M_a &= \int_{x_a}^{x_b} V_x\,dx \\ &= (\text{a, b 사이의 전단력도의 면적}) \end{aligned} \qquad \cdots\cdots (6\text{-}9)$$

즉, 임의의 두 단면의 휨모멘트의 차는 두 단면 사이의 전단력도의 면적과 같다. 한편, 식 (6-9)에서 $M_a=M_b=0$이면 $\int_{x_a}^{x_b} V_x\,dx=0$이다. 즉, 휨모멘트가 0인 두 단면 사이의 전단력도의 면적의 합계는 0이다. 바꾸어 말하면, 이러한 두 단면 사이의 전단력도의 면적은 정(+)의 부분과 부(−)의 부분이 같다[그림 6-2(b) 및 그림 6-3(b) 참조].

a, b 사이에 외력모멘트 ΣM이 있다면 식 (6-9)는 다음과 같이 된다.

$$\begin{aligned} M_b - M_a &= \int_{x_a}^{x_b} V_x\,dx - \Sigma M \\ &= (\text{a, b 사이의 전단력도의 면적}) - \Sigma M \end{aligned} \qquad \cdots\cdots (6\text{-}10)$$

여기서, ΣM은 반시계 방향으로 작용한다고 본 것이다.

【예제 6-1】 그림 6-6(a)와 같은 보의 전단력도와 휨모멘트도를 앞에서 설명한 관계들을 이용하여 그려 보자.

풀이 지점 d에 모멘트의 중심을 두고 $\Sigma M=0$을 적용하면

$$-20\times(5+15)+R_b\times15-10\times15\times\frac{15}{2}-100\times(15-5)+R_d\times0+10\times5\times\frac{5}{2}=0$$

$$\therefore\ R_b = 160\ \text{kN}\ (\uparrow)$$

$\Sigma V=0$에 의하여

$$R_d = 20+100+10\times20-R_b = 160\ \text{kN}\ (\uparrow)$$

따라서, 이 보는 그림 6-6(b)와 같은 상태로 평형을 유지한다.

다음 사항을 고려하여 전단력도를 스케치한 것이 그림 6-6(c)이다.

① a점에서 전단력은 0에서 −20 kN로 된다. 또한, e점에서의 전단력도 0이다. 전단력도는 항상 0에서 출발하여 0에서 끝난다.

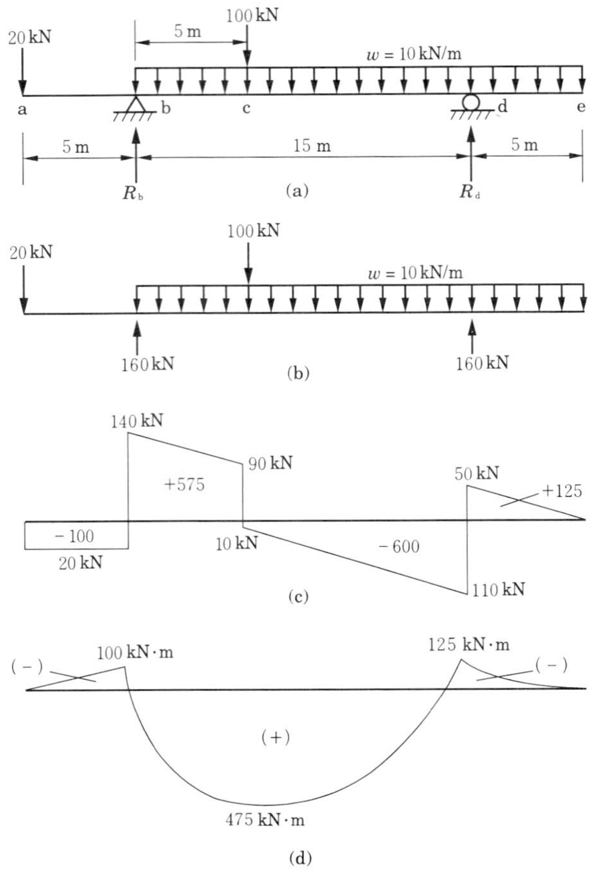

그림 6-6

② ab구간은 재하되지 않았으므로 전단력은 일정하다. 그러므로, 이 구간의 전단력도는 보의 축에 평행한 직선이다.

③ 점 b, c, d는 집중하중에 해당하는 부분이므로 전단력이 갑자기 변화한다. 이들 각 점에서의 전단력의 변화는 그 점에 작용한 하중의 크기와 같다.

④ b에서 c, c에서 d, d에서 e까지의 전단력도는 각각 경사직선이며, 또 이들 세 구간에서

$$\frac{dV}{dx} = -w = -10$$

이므로 동일한 기울기로, 그림 6-6(c)와 같이 오른쪽으로 내려간다.

다음 사항을 고려하여 휨모멘트도를 스케치한 것이 그림 6-6(d)이다.

① a와 e의 휨모멘트는 0이다. a에서 b까지의 사이에는 다음과 같은 관계가 있으므로 휨모멘트도는 경사직선이다.

$$\frac{dM}{dx} = V = -20$$

즉, 그림 6-6(d)에 보인바와 같은 기울기로 오른쪽으로 올라간다.

② b, c, d점에서 전단력도가 기준선과 만나므로 이 단면에서 휨모멘트는 극값을 가진다. b점과 d점에서는 전단력이 (−)에서 (+)로 갑자기 변하므로, 이들 단면에서 휨모멘트는 극소로 된다. c점에서는 전단력이 (+)에서 (−)로 변하므로 최대휨모멘트값을 나타낸다.

③ bc, cd, de 사이에서 전단력도가 오른쪽으로 기울어지므로, 그 부분의 휨모멘트도의 경사는 왼쪽에서 오른쪽으로 가면서 감소한다. 즉, 휨모멘트도가 아래로 오목하다.

④ b, c, d점에서의 휨모멘트도는 그림 6-6(c)의 전단력도에서, 식 (6-9)를 이용하면 얻을 수 있다. 즉,

$$M_b - M_a = -20 \times 5 = -100 \text{ kN}\cdot\text{m}$$

$$M_c - M_b = (140 + 90) \times 5 \times \frac{1}{2} = 575 \text{ kN}\cdot\text{m}$$

$$M_d - M_c = -(10 + 110) \times 10 \times \frac{1}{2} = -600 \text{ kN}\cdot\text{m}$$

$$M_e - M_d = 50 \times 5 \times \frac{1}{2} = 125 \text{ kN}\cdot\text{m}$$

$M_a = M_e = 0$이므로 위의 관계로부터 다음을 얻는다.

$$M_b = -100 + M_a = -100 + 0 = -100 \text{ kN}\cdot\text{m}$$

$$M_c = 575 + M_b = 575 - 100 = 475 \text{ kN}\cdot\text{m}$$

$$M_d = M_e - 125 = 0 - 125 = -125 \text{ kN}\cdot\text{m}$$

그림 6-6(c)에 보인 바와 같이, 전단력도의 전체 면적의 대수합은 0이다. 이것은 a점과 e점의 휨모멘트 차가 0이라는 사실로부터도 알 수 있다.

6.4 단 순 보

(1) 전단력과 휨모멘트

1 집중하중을 받는 경우

그림 6-7(a)와 같은 단순보의 지점반력 및 단면력을 구해 보자.

《 지점반력 》

하중과 지점반력은 평형을 이루어야 하므로 $\Sigma M_{atB} = 0$에 의하여

$$R_A l - P_1 b_1 - P_2 b_2 - P_3 b_3 = 0$$

$$\therefore\ R_A = \frac{1}{l}(P_1 b_1 + P_2 b_2 + P_3 b_3) = \frac{\Sigma Pb}{l}$$

R_B는 $\Sigma M_{atA} = 0$에 의하여

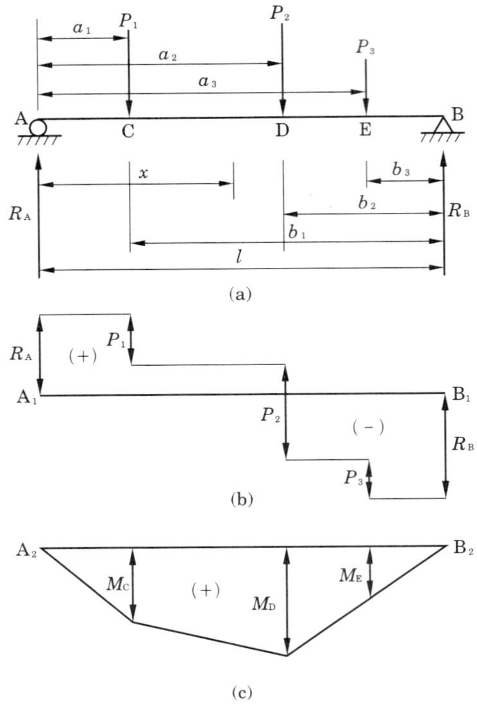

그림 6-7

$$R_B = \frac{1}{l}(P_1 a_1 + P_2 a_2 + P_3 a_3) = \frac{\Sigma Pa}{l}$$

또는 $\Sigma V = 0$에 의하여

$$R_B = \Sigma P - R_A$$

지점반력의 방향은 처음에 임의로 가정하여 계산하고, 그 결과가 (+)이면 처음에 가정한 방향이 맞는 것이고, (−)이면 가정과 반대 방향임을 뜻한다.

《 전 단 력 》

지점 A에서 임의 거리 x만큼 떨어진 단면의 전단력을 V_x라 하면

$$V_x = R_A \qquad (0 \le x \le a_1)$$
$$V_x = R_A - P_1 \qquad (a_1 \le x \le a_2)$$
$$\cdots\cdots\cdots$$
$$V_x = -R_B \qquad (a_3 \le x \le l)$$

그림 6-7(b)와 같이 보의 축 AB에 평행하게 기준선 A_1B_1을 긋고, 위에서 계산한 각 단면의 전단력의 값을 세로 좌표로 잡으면 그림 (b)와 같은 전단력도를 얻는다.

◖ 휨모멘트 ◗

A점에서 임의 거리 x인 단면의 휨모멘트는

$$M_x = R_A x \qquad (0 \le x \le a_1)$$
$$M_x = R_A x - P_1(x - a_1) \qquad (a_1 \le x \le a_2)$$
$$\cdots\cdots\cdots$$
$$M_x = R_A x - \Sigma P(x-a) = R_B(l-x) \qquad (a_3 \le x \le l)$$

위에서 구한 각 단면의 휨모멘트를 기준선 A_2B_2 위에 잡으면 그림 6-7(c)와 같은 휨모멘트도를 얻는다.

② 등변분포하중을 받는 경우

◖ 지점반력 ◗

그림 6-8(a)와 같은 등변분포하중의 합계는 $\dfrac{wl}{2}$이다. 이것이 그 무게 중심에 작용한다고 보고 반력을 계산한다. 모멘트 중심을 지점 B에 두고 $\Sigma M = 0$을 적용하면

$$R_A \times l - \frac{wl}{2} \times \frac{l}{3} = 0 \qquad \therefore\ R_A = \frac{wl}{6}$$

그러므로

$$R_B = \frac{wl}{2} - R_A \qquad \therefore\ R_B = \frac{wl}{3}$$

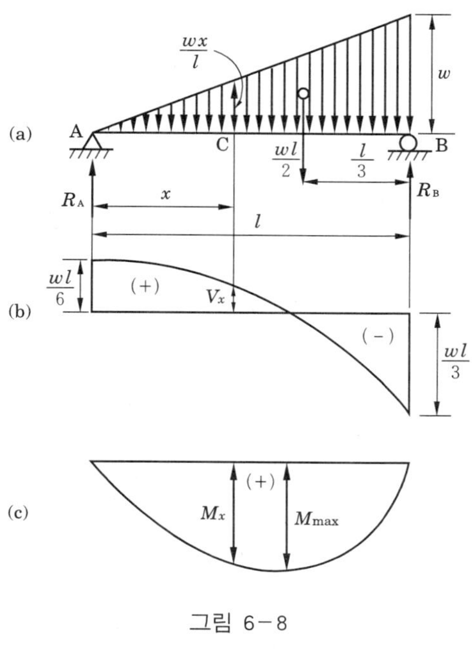

그림 6−8

《 단 면 력 》

지점 A에서 임의 거리 x만큼 떨어진 단면 C의 하중강도 w_x는 비례에 의하여 $w_x=\dfrac{wx}{l}$ 이므로, 단면 C의 왼쪽에 있는 하중의 합력은 $\dfrac{wx^2}{2l}$이다. 따라서, 단면 C의 전단력은 다음과 같다.

$$V_x=R_A-\frac{wx^2}{2l}=\frac{wl}{6}-\frac{wx^2}{2l}$$

위의 식은 x에 관한 2차식이므로 전단력도는 그림 6-8(b)와 같이 된다.

단면 C의 휨모멘트를 M_x라 하면

$$M_x=R_A x-\frac{wx^2}{2l}\times\frac{x}{3}=\frac{wlx}{6}-\frac{wx^3}{6l}$$

따라서 휨모멘트도는 그림 6-8(c)와 같은 3차 포물선이 된다.

최대휨모멘트는 $V_x=0$인 단면에서 일어나며, 그 단면의 위치는

$$V_x=\frac{wl}{6}-\frac{wx^2}{2l}=0 \qquad \therefore\ x=\frac{l}{\sqrt{3}}$$

이것을 위의 M_x에 대입하면 최대휨모멘트는 다음과 같이 된다.

$$M_{\max}=\frac{wl^2}{9\sqrt{3}}$$

③ 지점에 모멘트하중을 받는 경우

《 지점반력 》

그림 6-9(a)와 같이 양쪽 지점에 모멘트 M_A 및 M_B가 작용하는 경우를 생각해 보자.

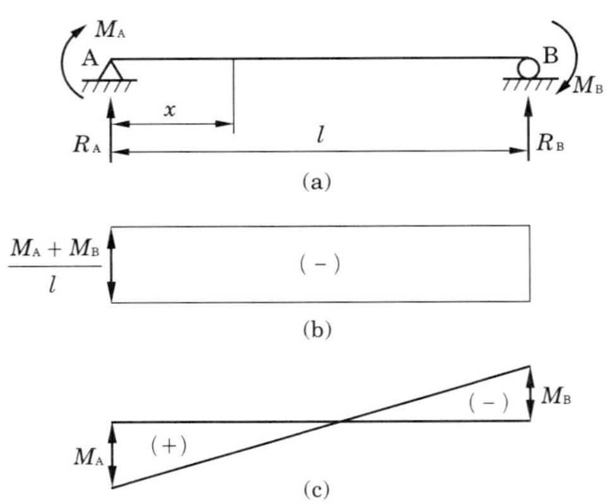

그림 6−9

모멘트의 중심을 지점 B에 두고 $\Sigma M=0$을 사용하면

$$R_A \times l + M_A + M_B = 0$$

$$\therefore\ R_A = -\frac{M_A + M_B}{l}$$

따라서, R_A의 작용 방향은 그림과 반대이다. R_B는 $\Sigma V=0$에 의하여

$$R_B = -R_A = \frac{M_A + M_B}{l}$$

◖ 전 단 력 ◗

지점 A에서 임의 거리 x만큼 떨어진 단면의 전단력 V_x는

$$V_x = R_A = -\frac{M_A + M_B}{l}$$

따라서, 전단력도는 그림 6-9(b)와 같이 된다.

◖ 휨모멘트 ◗

임의 단면의 휨모멘트는

$$M_x = R_A\, x + M_A = -\frac{M_A + M_B}{l}x + M_A$$

지점 A에서의 휨모멘트는 위의 식에 $x=0$을 대입함으로써 M_A로 되고, 지점 B의 휨모멘트는 $x=l$을 대입함으로써 $-M_B$로 된다. 따라서, M도는 그림 6-9(c)와 같다.

④ 간접하중을 받는 경우

그림 6-10에 보인 바와 같이 하중이 주 거더(주형, main girder)에 직접 작용하지 않고 세로보(stringer)와 가로보(cross beam, floor beam)를 통해서 주 거더에 전달되는 경우도 있다. 이 경우 세로보는 가로보 위에서 단순지지 되었다고 본다. 그래서 세로보에 작용한 하중 P는 가로보를 통해서 주 거더에 전달된다.

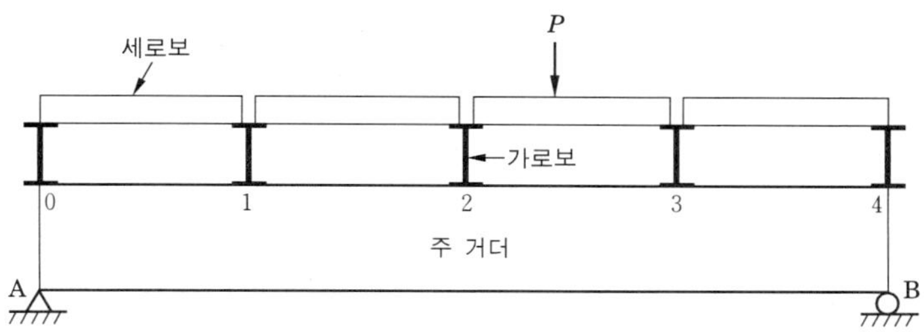

그림 6-10

【예제 6-2】 그림 6-11(a)와 같은 구조물을 예로 들어 주 거더 AB를 해석해 보자.

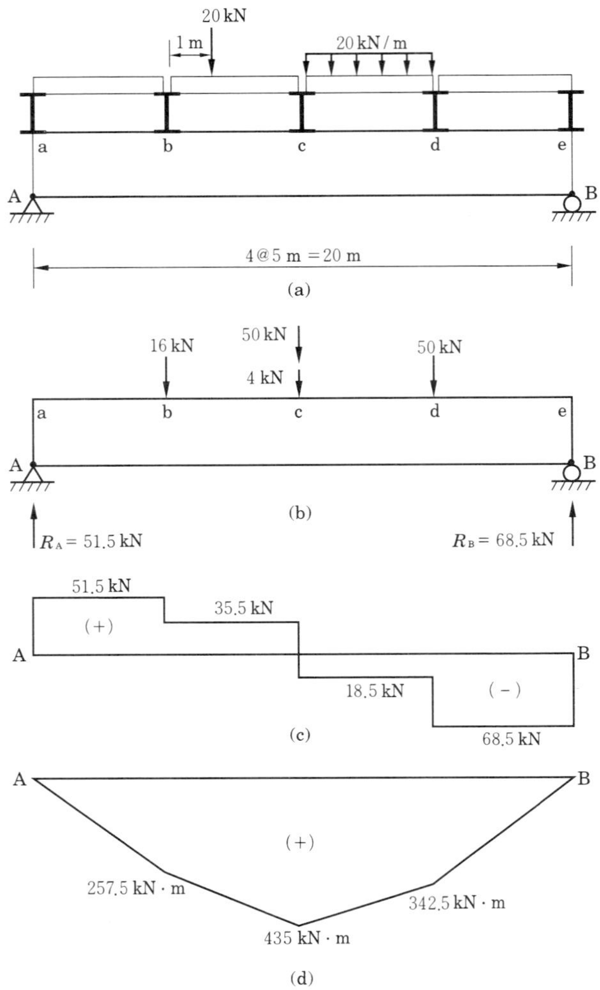

그림 6-11

풀이 20 kN의 집중하중을 받고 있는 세로보를 단순보로 보고 좌우의 반력을 계산하면 각각 16 kN과 4 kN이다. 이것이 가로보 b 및 c를 통하여 주 거더 AB에 그림 (b)와 같이 작용한다. 20 kN/m의 등분포하중을 받고 있는 세로보의 하중도 가로보 c 및 d를 통하여 주 거더에 50 kN씩 그림 (b)와 같이 작용한다. 결국, 그림 (a)와 같은 하중은 주 거더에 대해서는 그림 (b)와 같은 영향을 미친다. 따라서, 주 거더의 지점반력은 그림 (b)로부터 쉽게 얻을 수 있다. 이 지점반력을 그림 (a)로부터 직접 구해도 결과는 같다. 그러나, 주 거더의 전단력과 휨모멘트는 그림 (b)로부터 구해야 한다. 그림 (a)의 하중이 주 거더에는 그림 (b)와 같이 작용하기 때문이다. 이렇게 하여 얻은 V도와 M도가 그림 (c)와 그림 (d)이다.

(2) 영 향 선

구조물의 자중과 같은 사하중(고정하중)은 크기가 일정하며, 또 이동도 하지 않는다. 그러므로, 사하중으로 인한 부재의 단면력은 변하지 않는다. 그러나, 트럭과 같은 활하중은 부재 위를 이동하므로, 활하중의 재하 위치에 따라 단면력이 변한다. 따라서, 부재 단면을 설계할 때에는 활하중이 부재의 어떤 위치에 실렸을 때 그 단면에 최대의 단면력이 일어나는가를 알아야 한다. 그것은 영향선을 그려 보면 알 수 있다.

① 지점반력의 영향선

단위하중 $P=1$이 이동하여 그림 6-12(a)와 같은 위치에 왔다고 하자. 이 때, 지점 A의 반력은

$$R_A=\frac{1\times x'}{l}=\frac{x'}{l}$$

이고, x'의 1차식이므로, R_A는 직선적으로 변하며

$$x'=l \text{ 이면 } R_A=1$$
$$x'=0 \text{ 이면 } R_A=0$$

이다. 이상을 그림으로 나타낸 것이 그림 6-12(b)이다. 이 그림에서 y_A는 기하학적으로 다음과 같이 된다.

$$y_A=\frac{x'}{l}=R_A$$

이것은 단위하중이 그림 (a)의 위치에 왔을 때 지점반력 R_A는 그림 (b)의 종거

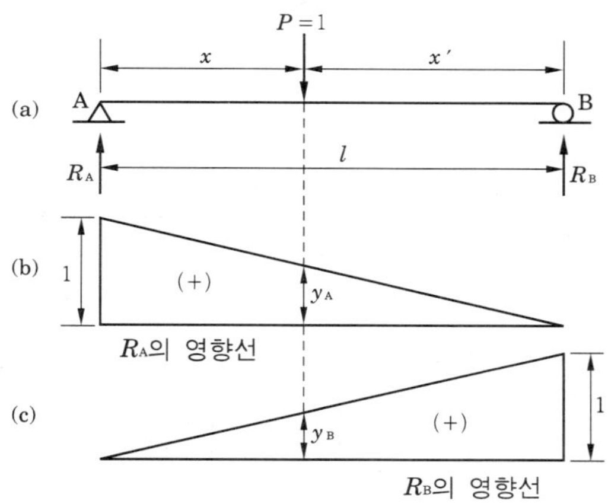

그림 6-12

(ordinate) y_A로 나타내진다는 것을 뜻한다. 이러한 그림 (b)를 R_A의 영향선(influence line) 또는 영향선도(influence diagram)라 한다. R_B의 영향선도 같은 방법으로 얻을 수 있으며, 그림 (c)가 그것이다. 즉, 그림 (c)의 종거 y_B가 이 경우의 R_B를 나타낸다.

실제의 하중으로 인한 지점반력을 영향선을 이용하여 구할 때에는 다음과 같이 한다.

① 크기 P인 하나의 집중하중이 단순보 위를 이동할 때에는 영향선의 종거 y를 P배 함으로써 지점반력을 얻을 수 있다. 즉, 그림 6-12(b) 및 (c)로부터

$$R_A = Py_A$$
$$R_B = Py_B$$

② 그림 6-13과 같이 여러 개의 집중하중이 작용할 때에는 다음과 같이 된다.

$$R_A = P_1 y_1 + P_2 y_2 + P_3 y_3 = \Sigma Py$$

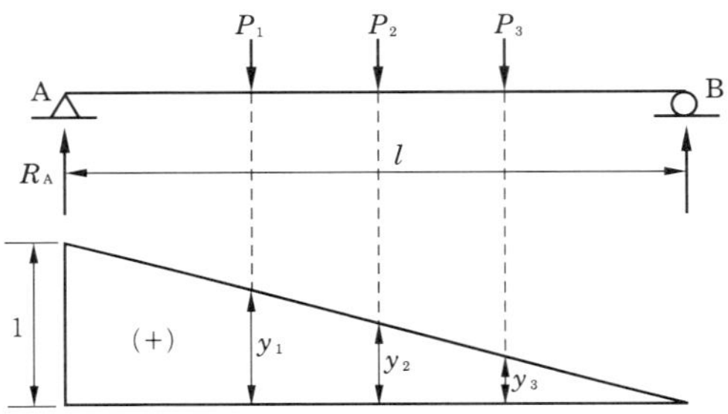

그림 6－13

③ 등분포하중 w가 이동해서 그림 6-14와 같이 실렸을 때 지점반력 R_A는

$$R_A = \int_a^b (w\,dx)y = w\int_a^b y\,dx = wA$$

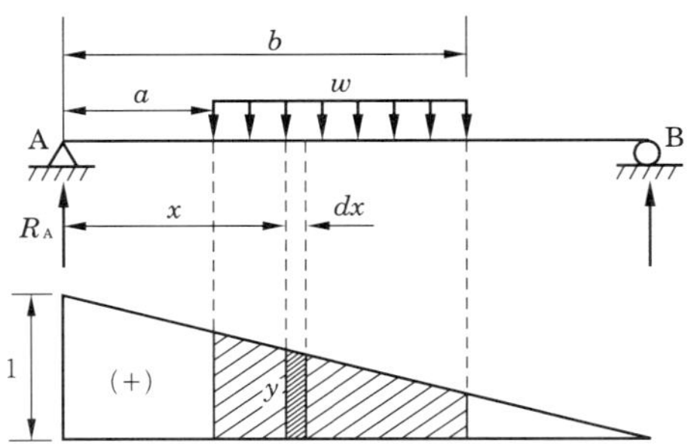

그림 6－14

여기서, $A\left(=\int_a^b y\,dx\right)$는 재하된 구간의 영향선도의 면적이다. 즉, 이 때의 지점반력은 재하 구간의 영향선도의 면적에 하중강도 w를 곱하면 된다.

하나의 집중하중이 보 위를 이동할 경우, 그 하중이 지점 위에 실릴 때 그 지점의 반력이 최대로 된다. 등분포하중이 이동할 경우에는, 등분포하중이 전체 지간에 재하될 때 최대반력이 일어난다.

② 전단력의 영향선

그림 6-15(a)와 같은 보의 임의단면 C에서의 전단력의 영향선을 생각해 보자. 하중이 그림 (a)와 같이 단면 C의 오른쪽에 있을 때 단면 C의 전단력 V_C는 R_A이다. 그러므로, 이 때 V_C의 영향선은 R_A의 영향선과 같다. 하중 $P=1$이 단면 C의 왼쪽에 왔을 때 단면 C의 전단력 V_C는 $-R_B$이다. 그러므로, 이 경우 V_C의 영향선은 R_B의 영향선과 같고, 부호는 (−)이다. 그리고, 하중 $P=1$이 단면 C를 통과할 때 크기 1만큼의 갑작스러운 변화가 일어난다.

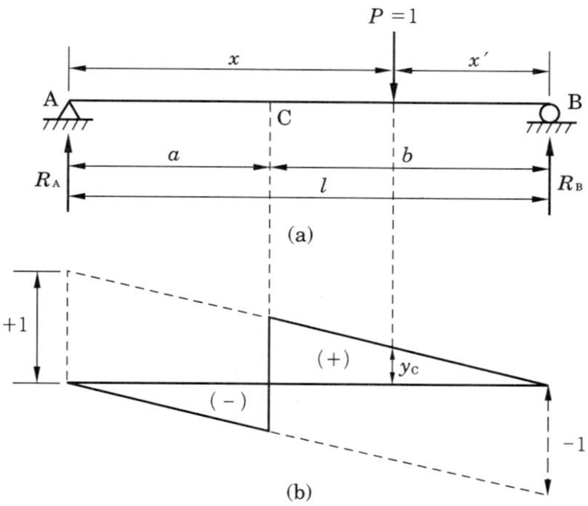

그림 6−15

이상을 그림으로 나타낸 것이 그림 6-15(b)이다. 이 경우, 실선으로 나타난 부분이 단면 C의 전단력의 영향선이며, **V_C-선**이라고도 한다. 즉, 그림 (a)와 같이 재하되었을 때 단면 C의 전단력은 그림 (b)의 종거 y_C이다. 하나의 집중하중 P가 보 위를 이동할 경우, P가 단면 C의 오른쪽에 무한히 접근할 때 V_C는 극대로 된다.

등분포하중 w가 그림 6-16(a)의 보 위를 이동할 경우, 하중이 그림 6-16(c)와 같이 재하되었을 때 단면 C에 최대전단력이 일어나며, 그 값은 $V_C=wA_1$이다. 하중이 그림 6-

16 (d)와 같이 재하되었을 때 단면 C에 최소전단력 $V_C=-wA_2$가 일어난다. 여기서 A_1 및 A_2는 각각 그림 (b)의 전단력의 영향선도에서 정(+) 및 부(−)의 부분의 면적이다.

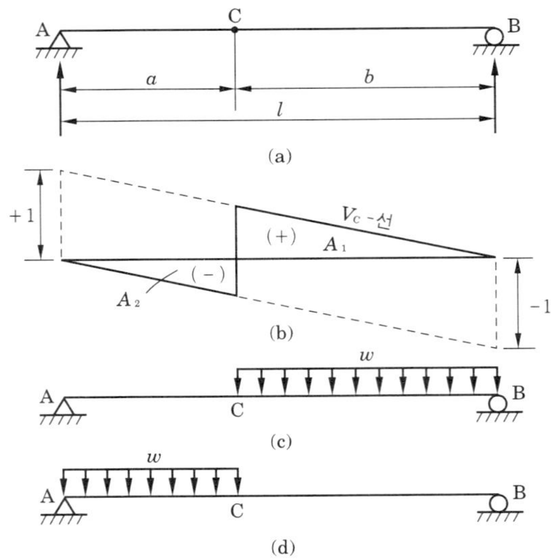

그림 6−16

3 휨모멘트의 영향선

그림 6-17(a)와 같이 단위하중 $P=1$이 이동할 때 단면 C에 일어나는 휨모멘트의 영향선을 생각해 보자.

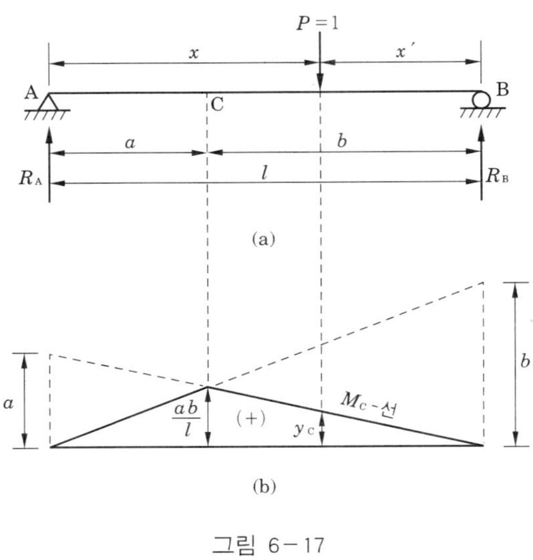

그림 6−17

그림 (a)와 같이 하중 $P=1$이 단면 C의 오른쪽에 있을 때 단면 C의 휨모멘트는 $M_C=R_A\,a$이다. 그러므로, 이 경우 M_C의 영향선은 R_A의 영향선의 종거를 a배 함으로써 얻을 수 있다. $P=1$이 단면 C의 왼쪽으로 이동하면 단면 C의 휨모멘트는 $M_C=R_B b$이다. 따라서, 이 때의 M_C의 영향선은 R_B의 영향선의 종거를 b배 한 것이다. 이를 그림으로 나타낸 것이 그림 6-17 (b)이며, 실선으로 된 삼각형 부분이 단면 C의 휨모멘트의 영향선도이다. 이것을 $\boldsymbol{M_C}$-선이라고도 한다. $P=1$이 그림 (a)와 같이 재하되었을 때 단면 C의 휨모멘트 M_C는 그림 (b)의 종거 y_C이다.

하나의 집중하중 P가 이동할 경우, P가 단면 C에 실릴 때 단면 C의 휨모멘트가 최대로 됨을 그림 6-17 (b)로부터 알 수 있다. 등분포하중이 보 위를 이동할 경우에는 보의 전체 지간에 재하될 때 단면 C의 휨모멘트는 극대로 된다.

④ 간접하중에 대한 영향선

그림 6-18 (a)와 같이 간접하중을 받는 단순보의 영향선은 다음과 같이 된다.

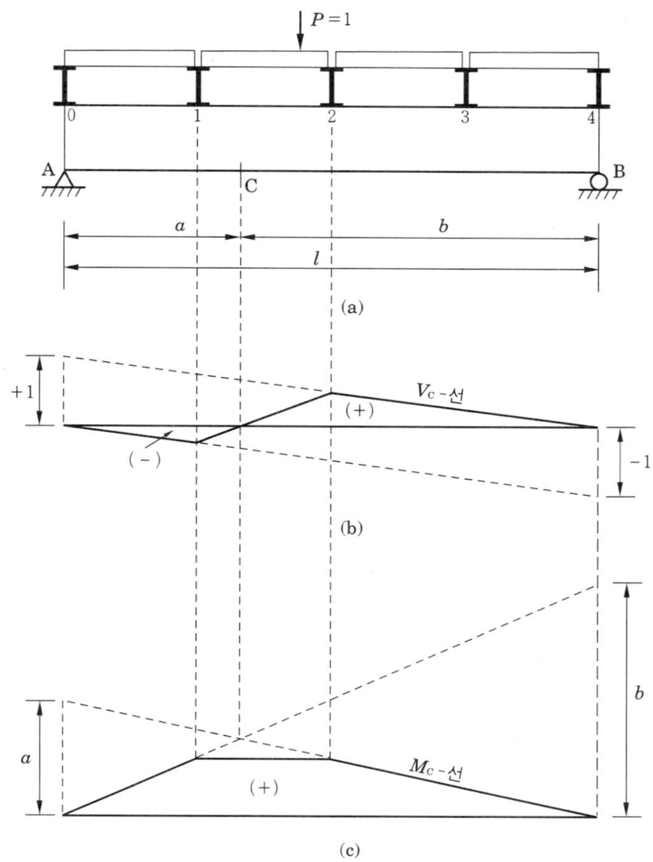

그림 6-18

◖ 지점반력의 영향선 ◗

간접하중을 받는 단순보의 반력은 직접하중을 받는 경우의 반력과 같으므로, 그 영향선은 직접하중의 경우, 즉 그림 6-12와 같다.

◖ 단면력의 영향선 ◗

그림 6-18(a)와 같이 단위하중 $P=1$이 세로보 1-2 위에 있을 때, 주 거더의 단면 C에 있어서의 전단력과 휨모멘트의 영향선을 생각해 보자.

이 부분을 알기 쉽게 나타낸 것이 그림 6-19(a)이다. 이 때, 세로보 1-2에는 $\dfrac{\lambda-\alpha}{\lambda}$와 $\dfrac{\alpha}{\lambda}$의 반력이 일어나고, 이것이 주 거더에 외력으로 전달된다. 이 부분에서 주 거더의 단면력의 영향선이 그림 6-19 (b)와 같이 된다고 가정하면, 영향선의 성질로부터 다음 관계가 성립된다. 즉, 간접하중에 의한 영향은 그로 인한 2개의 직접하중의 영향과 같다. 즉,

$$1\times y=\frac{\lambda-\alpha}{\lambda}\times y_1+\frac{\alpha}{\lambda}\times y_2$$

$$\therefore\ y=(y_2-y_1)\frac{\alpha}{\lambda}+y_1$$

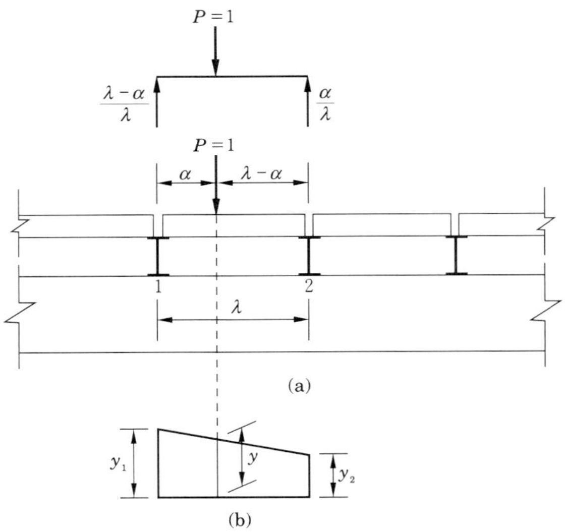

그림 6-19

즉, y는 α의 1차 함수이다. 그러므로, $P=1$의 위치 α의 변화에 따라 격간(格間) 1~2 사이에서 y는 직선을 나타낸다. 격점(格点) 1에서 $\alpha=0$이므로 $y=y_1$이고, 격점 2에서는 $\alpha=\lambda$이므로 $y=y_2$이다. 그러므로, 격간 1~2에서 단면력의 영향선은 그림 6-19(b)와 같이 y_1과 y_2를 연결하는 직선으로 된다. $P=1$이 1~2 이외의 격간에 실릴 때 그림 6-18

(a)의 단면 C에서의 단면력의 영향선은 직접하중의 경우와 같다.

이상의 두 가지 사실을 고려하면, 그림 6-18(a)의 보에서 단면 C의 단면력의 영향선은 직접하중에 대한 영향선을 구한 다음, 단면 C가 속하는 격간의 양쪽 격점의 영향선의 종거를 직선으로 연결하면 된다. 이렇게 하여 얻은 그림 6-18(b)가 단면 C의 전단력의 영향선도이고, 그림 6-18(c)가 단면 C의 휨모멘트의 영향선도이다.

【예제 6-3】 그림 6-20(a)의 보 위에 100 kN의 집중하중과 10 kN/m의 등분포하중이 이동할 때, 단면 C에 일어나는 최대전단력과 최대휨모멘트를 구하라.

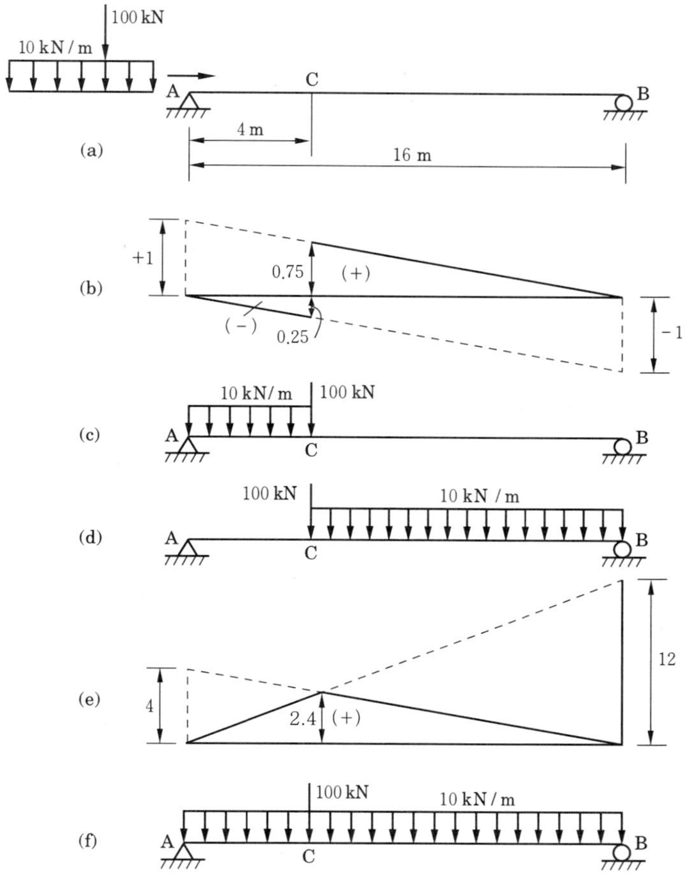

그림 6-20

풀이 이동하중이므로 영향선을 이용하여 계산한다.

◀ 단면 C의 최대전단력 ▶

단면 C의 전단력의 영향선은 그림 6-20 (b)와 같다. 단면 C에 최대전단력이 일어나는 것은 하중이 그림 6-20 (c) 또는 (d)와 같이 재하되었을 때이다. 하중이 그림 6-20 (c)와 같이 재하되었을 때 단면 C의 전단력은 다음과 같다.

$$V_C = -100 \times 0.25 - \left(0.25 \times 4 \times \frac{1}{2}\right) \times 10 = -30\,\mathbf{kN}$$

하중이 그림 6-20 (d)와 같이 재하되었을 때에는 다음과 같다.

$$V_C = 100 \times 0.75 + \left(0.75 \times 12 \times \frac{1}{2}\right) \times 10 = 120\,\mathbf{kN}$$

◀ 단면 C의 최대휨모멘트 ▶

단면 C의 휨모멘트의 영향선은 그림 6-20 (e)와 같다. 그러므로, 단면 C에 최대휨모멘트가 일어나는 것은 하중이 그림 6-20 (f)와 같이 재하되었을 때이며, 그 값은 다음과 같다.

$$M_C = 100 \times 2.4 + \left(2.4 \times 16 \times \frac{1}{2}\right) \times 10 = 432\,\mathbf{kN \cdot m}$$

(3) 최대반력과 최대전단력

① 최대반력

그림 6-21 (a)와 같이 연행하중이 지점 A를 향하여 이동할 때 지점반력 R_A의 변화를 알아보자. 연행하중(travelling load)이란 트럭이나 열차와 같이 차륜하중의 크기 및 간격이 일정한 여러 개의 하중으로 된 이동하중을 말한다. P는 연행하중의 合力이고, p는 P에서 지점 B까지의 거리이며, 그림 6-21 (b)는 R_A의 영향선이다.

지점반력 R_A는 그림 6-21 (a)로부터 다음과 같이 계산된다.

$$R_A = \frac{1}{l} Pp$$

또는 그림 6-21 (b)의 R_A의 영향선으로부터 R_A는 다음과 같이 된다.

$$R_A = P_1 y_1 + P_2 y_2 + P_3 y_3$$

위의 첫번째 식에서 $\frac{1}{l}$은 일정하므로 R_A는 P 및 p에 비례한다. 이들 하중이 지점 A를 향하여 이동할 때 지간 내에 새로 들어오는 하중이 없다면 R_A는 p의 증가에 따라 증가한다. 즉, 이 연행하중이 지점 A에 접근할수록 R_A는 커진다. 이것은 위의 두번째 식과 그림 6-21 (b)의 영향선도로부터도 알 수 있다. 그러므로, P_1이 지점 A 위에 실릴 때 R_A는 극대로 된다. P_1이 지점 A를 벗어나면 R_A는 감소하며, P_2가 지점 A에 실릴 때 R_A는 또 하나의 극대값을 나타낸다. 즉, 하중이 지점 A에 실릴 때마다 R_A는 극대로 되며,

그러한 극대값 가운데 최대의 것이 지점 A의 최대반력이다.

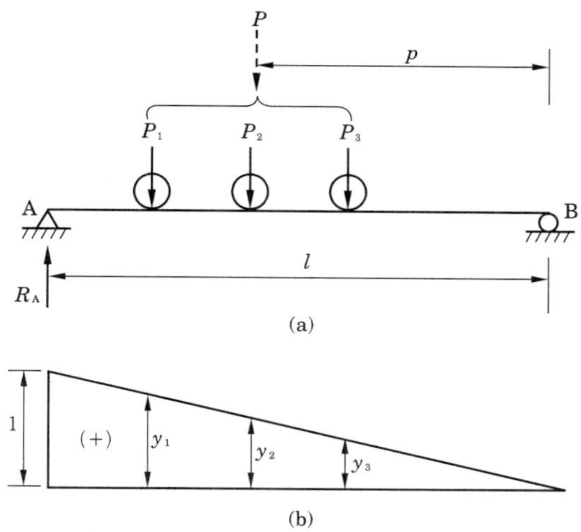

그림 6-21

② 최대전단력

그림 6-22(a)와 같이 합력이 R인 일련의 차륜하중이 통과하는 단순보에서 임의단면 C에 일어나는 최대전단력을 구해 보자. 단면 C의 전단력의 영향선은 그림 6-22(b)와 같다. 이 영향선도로부터 차륜하중이 단면 C에 놓일 때마다 단면 C의 전단력이 극대로 됨을 알 수 있다. 이들 극대값 가운데 최대의 것이 단면 C의 최대전단력이다. 1번 차륜이 단면 C에 놓이도록 그림 6-22(c)와 같이 재하해 보자. 이 때, 단면 C의 전단력 $(V_C)_1$은 지점 A의 반력과 같으므로 다음과 같이 된다.

$$(V_C)_1 = \frac{Rs}{l}$$

하중들이 왼쪽으로 이동하면, 1번 바퀴가 C점을 지나자마자 $(V_C)_1$이 P_1만큼 갑자기 감소할 것이다. 하중들이 왼쪽으로 더 이동하여 그림 6-22(d)와 같이 2번 차륜이 단면 C에 실릴 때 또 하나의 극대전단력이 단면 C에 일어난다. 이 때, 단면 C의 전단력 $(V_C)_2$는 다음과 같다.

$$(V_C)_2 = \frac{R(s+d)}{l} - P_1$$

여기서, d는 1번과 2번 차륜 사이의 간격이다.

$(V_C)_2$와 $(V_C)_1$의 차를 ΔV_C라고 하면

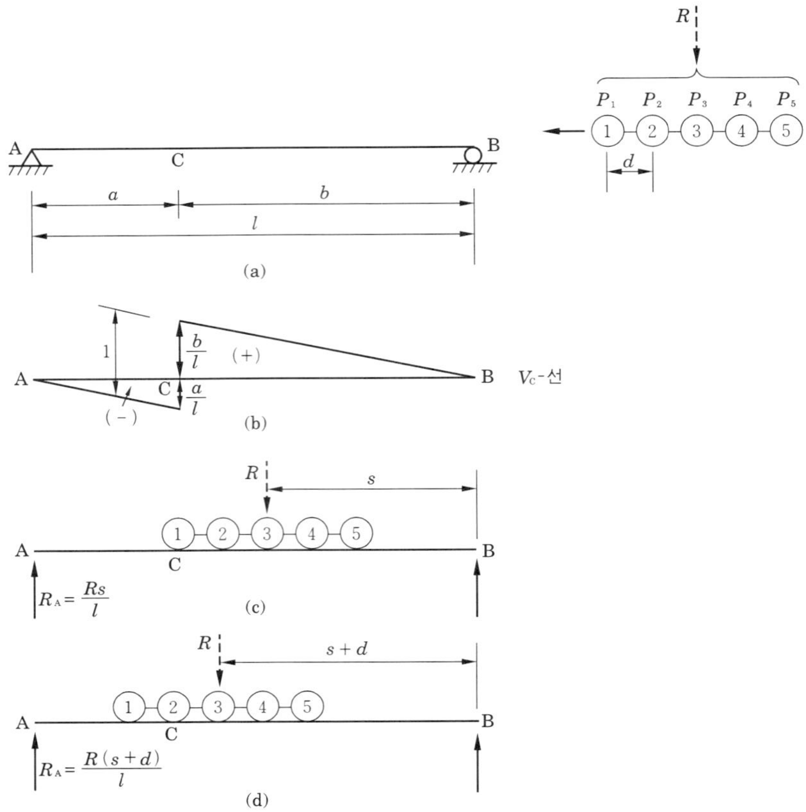

그림 6-22

$$\Delta V_C=(V_C)_2-(V_C)_1=\frac{R(s+d)}{l}-P_1-\frac{Rs}{l}=\frac{Rd}{l}-P_1$$

따라서

$$\left.\begin{aligned}&\frac{Rd}{l}-P_1>0,\ \text{즉}\ \frac{Rd}{l}>P_1\text{이면 }(V_C)_2\text{가 더 크고}\\&\frac{Rd}{l}-P_1<0,\ \text{즉}\ \frac{Rd}{l}<P_1\text{이면 }(V_C)_1\text{이 더 크다.}\end{aligned}\right\}\quad\cdots\cdots(6\text{-}11)$$

이 관계는 지간 내에 새로 들어오거나 나가는 하중이 없을 때 성립한다. 이 경우, 단면 C의 전단력을 최대로 되게 하는 재하 위치는 위의 관계로부터 판별할 수 있다.

【예제 6-4】 그림 6-23과 같은 일련의 차륜하중이 지간 50 m인 단순보 위를 지점 A를 향하여 진행할 때, 지간 중앙 단면에 일어나는 최대전단력을 구하라.

풀이 중앙 단면의 전단력의 영향선은 그림 6-23(a)와 같다.

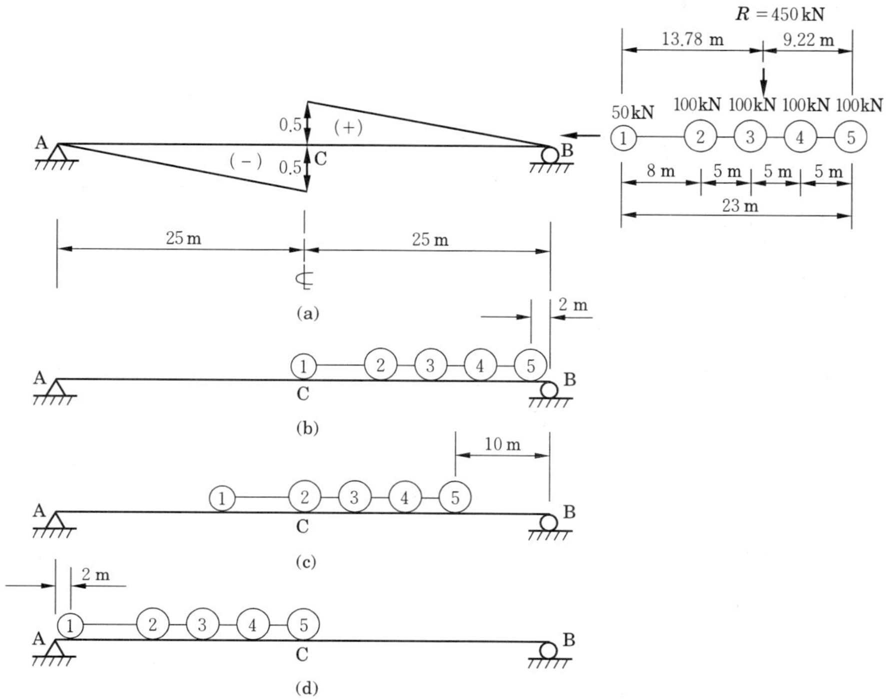

그림 6-23

◀ 정(+)의 최대전단력 ▶

지간 중앙 단면의 정(+)의 최대전단력을 구하기 위해 그림 6-23(**b**)와 같이 재하해 보자. 첫번째 차륜에 대하여 식(6-11)의 관계를 적용하면

$$\frac{Rd}{l} = \frac{(450)(8)}{50} = 72\ \mathbf{kN} > 50\ \mathbf{kN}$$

이것은 첫번째 차륜이 단면 **C**에 실릴 때보다 두번째 차륜이 실릴 때 V_C가 더 크다는 것을 의미한다. 그러므로, 하중을 지점 **A**쪽으로 8 **m** 더 진행시켜 그림 6-23(**c**)와 같이 재하하고 두번째 하중에 대해 식(6-11)을 적용하면

$$\frac{Rd}{l} = \frac{(450)(5)}{50} = 45\ \mathbf{kN} < 100\ \mathbf{kN}$$

이것은 그림 6-23(**c**)와 같이 재하되었을 때의 V_C가 세번째 차륜이 단면 **C**에 왔을 때의 V_C보다 크다는 것을 의미한다. 그러므로, 하중이 그림 6-23(**c**)와 같은 위치에 있을 때 지간 중앙 단면에 최대전단력이 일어나며, 그 값은 다음과 같다.

$$V_C = \frac{(450)(9.22+10)}{50} - 50 = 123\ \mathbf{kN}$$

《 부(−)의 최대전단력 》

중앙 단면에 부(−)의 최대전단력을 일으킬 재하 위치는 그림 6-23(d)와 같다. 이 때의 전단력은

$$V_C = -\frac{(450)(13.78+2)}{50} = -142\ \mathrm{kN}$$

③ 절대최대전단력

앞에서는 단순보의 임의단면에 일어나는 최대전단력에 대해 알아보았다. 여기서는, 단순보에 연행하중이 통과할 때 어느 단면에서 가장 큰 전단력이 일어나는가를 알아보자.

그림 6-24에 보인 바와 같이, 단면 C를 지점 A에 무한히 가깝게 잡으면 단면 C의 전단력의 영향선은 그림 6-24(a)와 같이 되어, 결국 R_A의 영향선과 같게 된다. 이 때, 단면 C의 전단력은 다른 어떤 단면의 전단력보다 크며, 그 값은 지점반력 R_A와 같다. 이러한 전단력을 **절대최대전단력**이라 한다. 즉, 단순보에서 절대최대전단력은 지점에 무한히 가까운 단면에서 일어나며, 그 값은 최대반력이다. 그림 6-24(b)는 지점 B에 무한히 가까운 단면에 대한 것이다.

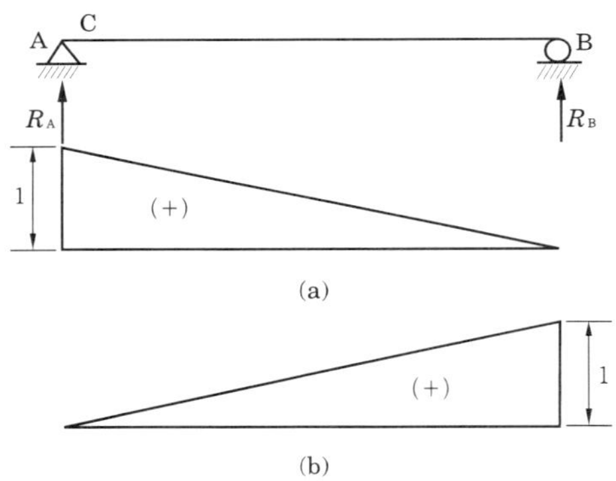

그림 6−24

(4) 최대휨모멘트

그림 6-25(a)와 같이 일련의 집중하중이 단순보 위를 진행할 때 임의단면 C에 최대휨모멘트를 일으킬 하중의 위치를 구해 보자.

우선, M_C에 대한 영향선을 그림 6-25(b)와 같이 그린다. 하중이 그림 (b)와 같은 위치에 왔을 때, 지간 위의 하중을 2개의 그룹으로 나눈다. 길이 a인 왼쪽 부분에 실린 하중들의 합력을 R_1, 길이 b인 오른쪽 부분에 실린 하중들의 합력을 R_2라고 하자. 이러

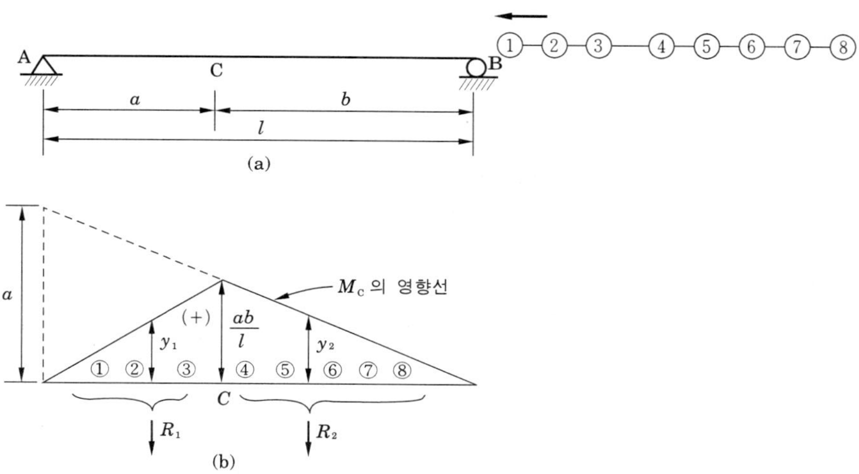

그림 6-25

한 하중 상태에서 C점의 휨모멘트는

$$(M_C)_1 = R_1 y_1 + R_2 y_2$$

이고, 하중들이 왼쪽으로 미소거리 Δx만큼 이동하면 C점의 휨모멘트는

$$(M_C)_2 = R_1\left[y_1 - \left(\frac{b}{l}\right)\Delta x\right] + R_2\left[y_2 + \left(\frac{a}{l}\right)\Delta x\right]$$

이다. 따라서, 휨모멘트의 변화는

$$\Delta M_C = (M_C)_2 - (M_C)_1 = R_2\left(\frac{a}{l}\right)\Delta x - R_1\left(\frac{b}{l}\right)\Delta x$$

ΔM_C의 Δx에 대한 변화율은 다음과 같다.

$$\frac{\Delta M_C}{\Delta x} = \frac{dM_C}{dx} = R_2\left(\frac{a}{l}\right) - R_1\left(\frac{b}{l}\right)$$

그런데, M_C가 최대로 되기 위해서는 $\frac{dM_C}{dx} = 0$이라야 하므로, 하중이 Δx만큼 전진하거나 후퇴할 때, 위의 식의 부호는 정(+)에서 부(−)로, 또는 부(−)에서 정(+)으로 변해야 한다. 이러한 관계로부터 다음과 같은 사실을 알 수 있다.

①

$$R_2\left(\frac{a}{l}\right) > R_1\left(\frac{b}{l}\right), \quad \text{즉} \quad \frac{R_1}{a} < \frac{R_2}{b}$$

일 때, 하중을 왼쪽으로 이동시키면 M_C는 증가한다. 이 때, C점의 최대휨모멘트값을 얻으려면 하중을 왼쪽으로 이동시켜서 R_2 중의 하중 하나가 영향선의 종거가 최대인 점에 오도록 해야 한다. 하중을 왼쪽으로 더 이동시키면 R_1과 R_2의 값이 변한다. 새로운 하중의 배열에 대해 위의 부등호가 바뀌면 더 이상 하중을 이동시킬 필요는 없다.

② 마찬가지로

$$R_2\left(\frac{a}{l}\right) < R_1\left(\frac{b}{l}\right), \quad \text{즉} \quad \frac{R_1}{a} > \frac{R_2}{b}$$

이면 하중들을 오른쪽으로 이동시킬수록 M_C는 커진다. 이 때, 최대 M_C를 얻으려면 R_1 중의 하중 하나를 영향선의 종거가 최대인 점에 오도록 해야 한다. 위의 부등호가 바뀌기 바로 전까지 하중을 오른쪽으로 이동시키면, 그 때 최대휨모멘트를 얻게 된다.

③ 위의 두 경우에서, 하중을 왼쪽으로 이동시키든 오른쪽으로 이동시키든 영향선의 종거가 최대인 점에 하중의 하나가 실려야 휨모멘트값이 최대로 된다.

④ 따라서, C점에서 휨모멘트가 최대로 되기 위해서는 하중의 하나가 영향선의 종거가 최대인 점에 실리고 다음 조건을 만족해야 한다.

㉮ 그 하중이 최대종거의 바로 오른쪽에 있을 때, 즉 R_2에 포함될 때에는

$$\frac{R_1}{a} < \frac{R_2}{b}$$

㉯ 그 하중이 최대종거의 바로 왼쪽에 있을 때, 즉 R_1에 포함될 때에는

$$\frac{R_1}{a} > \frac{R_2}{b}$$

【예제 6-5】 그림 6-26(a)와 같은 연행하중이 통과할 때 보의 중앙 단면 C의 최대휨모멘트를 구하라.

풀이 이 경우, M_C에 대한 영향선은 지간 중앙에서 종거가 최대로 되어 그림 6-26(b)와 같이 된다. 3번 하중이 C점의 바로 오른쪽에 오도록 하면 다음을 얻는다.

$$\frac{R_1}{a} = \frac{150}{25} < \frac{R_2}{b} = \frac{300}{25}$$

또한, 3번 하중이 C점의 바로 왼쪽에 오도록 하면 다음을 얻는다.

$$\frac{R_1}{a} = \frac{250}{25} > \frac{R_2}{b} = \frac{200}{25}$$

그러므로, 그림 6-26(b)와 같이 3번 하중이 단면 C에 오도록 재하되었을 때 C점에서 최대휨모멘트가 일어나며, 그 값은 다음과 같다.

$$M_C = \frac{450 \times 24.22}{50} \times 25 - 50 \times (8+5) - 100 \times 5 = 4299.5 \text{ kN} \cdot \text{m}$$

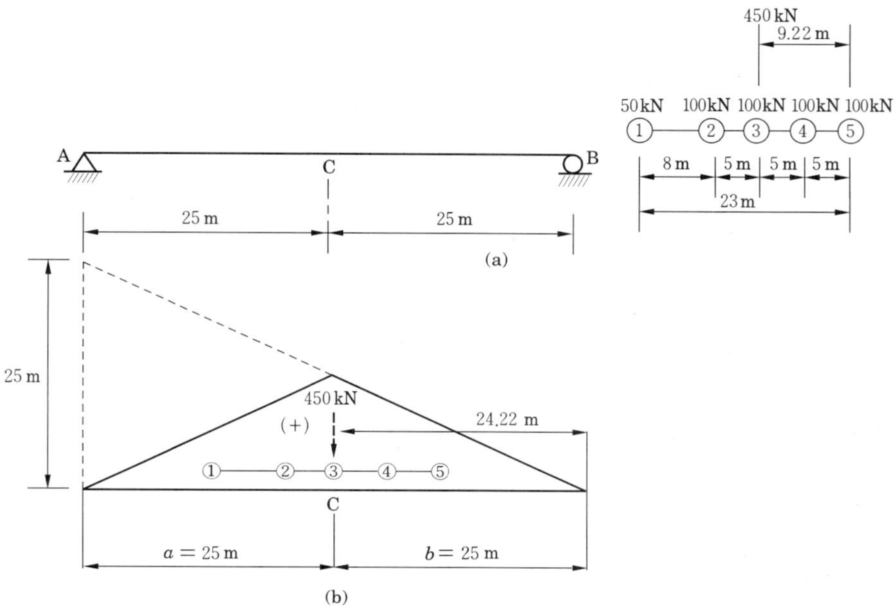

그림 6-26

(5) 절대최대휨모멘트

앞에서는 단순보의 임의단면에 최대휨모멘트가 일어나는 경우를 생각해 보았다. 여기서는 연행하중이 단순보를 통과할 때 어느 단면에서 가장 큰 휨모멘트가 일어나는가를 알아보기로 한다. 이 때 일어나는 가장 큰 휨모멘트를 **절대최대휨모멘트**라 한다. 하나의 집중하중 또는 하나의 등분포하중이 이동할 때, 단순보의 절대최대휨모멘트는 지간 중앙 단면에서 일어난다. 그러나, 연행하중이 이동할 때에는 절대최대휨모멘트가 지간 중앙에서 일어나지 않는다.

그림 6-27과 같은 연행하중이 통과하는 단순보를 생각해 보자. 이 때 절대최대휨모멘트가 어떤 하중 P_x가 실린 단면에서 일어난다고 하자.

하중의 합력을 R, P_x의 왼쪽에 있는 하중의 합력을 R_L, P_x와 R_L 사이의 거리를 c, P_x와 R 사이의 거리를 d, 왼쪽 지점 A에서 P_x까지의 거리를 x라고 하자. 오른쪽 지점 B에 대해 $\Sigma M=0$을 취하면, 왼쪽 지점반력은

$$R_A=\frac{R(l-d-x)}{l}$$

P_x가 실린 단면의 휨모멘트는

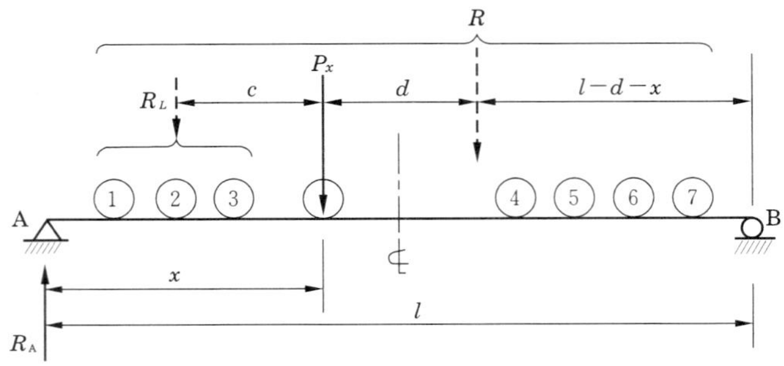

그림 6－27

$$M_x = R_A x - R_L c = \frac{R(l-d-x)}{l} x - R_L c$$

M_x가 최대로 되려면

$$\frac{dM_x}{dx} = 0$$

이라야 하고, 이로부터 다음 관계를 얻는다.

$$x = l - d - x$$

위의 식은 P_x의 작용점으로부터 지점 A까지의 거리와 하중의 합력 R의 작용점으로부터 지점 B까지의 거리가 같다는 것을 나타내고 있다. 이것은 P_x와 R 사이의 거리 d가 보의 중앙 단면에 의하여 2등분 되도록 재하되었을 때, P_x의 작용점에서 절대최대휨모멘트가 일어난다는 것을 의미한다.

단순보에서 절대최대휨모멘트는 보에 실린 하중의 합력에 가장 가까운 하중이 작용하는 단면에서 일어난다.

【예제 6－6】 그림 6-28(a)와 같은 하중이 통과할 때 보의 절대최대휨모멘트를 구하라.

풀이 그림 6-28(a)에서 하중의 합력 R과 3번 하중 사이의 거리는 10－9.22＝0.78 m이다. 이것이 보의 중앙 단면에 의하여 2등분되도록 그림 6-28(b)와 같이 재하되었을 때, 3번 하중의 작용점에서 절대최대휨모멘트가 일어나며, 그 값은 다음과 같다.

$$M = \frac{450 \times 24.61}{50} \times 24.61 - 50 \times (8+5) - 100 \times 5 = 4300.9 \text{ kN} \cdot \text{m}$$

위의 결과를 예제 6-5와 비교해 보자. 같은 지간의 단순보 위를 동일한 연행하중이 통과할 때, 지간 중앙 단면의 최대휨모멘트가 절대최대휨모멘트보다 약간 작다는 것을 알 수 있다.

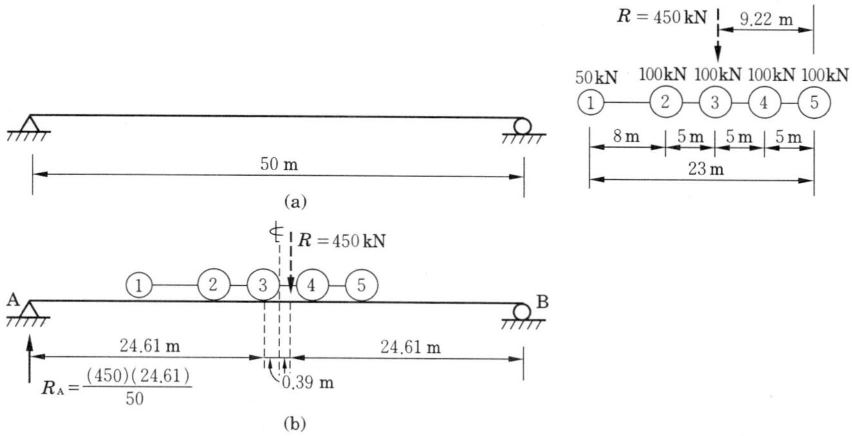

그림 6-28

6. 5 캔틸레버

(1) 전단력과 휨모멘트

① 집중하중을 받을 때

그림 6-29(a)와 같은 경우를 생각해 보자.

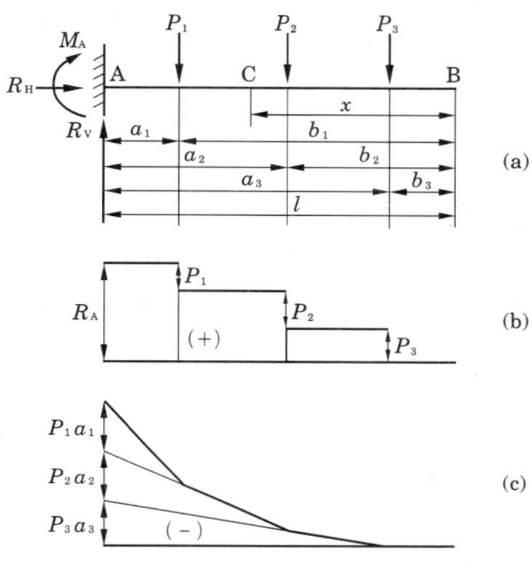

그림 6-29

◀ 지점반력 ▶

캔틸레버의 고정지점에는 일반적으로 수평반력 R_H와 수직반력 R_V 및 반력모멘트 M_A가 일어난다. 그 작용 방향을 그림과 같이 가정한다. 이 보에는 수평하중이 없으므로 수평반력은 일어나지 않는다. 즉, $R_H=0$이다. 수직반력 R_V는 $\Sigma V=0$으로부터

$$R_V=P_1+P_2+P_3=\Sigma P$$

고정지점 A에서 $\Sigma M=0$을 적용하면 반력모멘트 M_A는

$$\begin{aligned}M_A&=-P_1a_1-P_2a_2-P_3a_3\\&=-(P_1a_1+P_2a_2+P_3a_3)=-\Sigma Pa\end{aligned}$$

부(−)의 부호는 M_A의 작용 방향이 그림과 반대임을 뜻한다.

◀ 전 단 력 ▶

자유단 B로부터 임의의 거리 x만큼 떨어진 단면 C의 전단력을 V_x라 하고, 단면의 오른쪽을 생각하면(5장의 5.3절 참조)

$0\le x\le b_3$인 단면에서는 $V_x=0$

$b_3\le x\le b_2$인 단면에서는 $V_x=P_3$

$b_2\le x\le b_1$인 단면에서는 $V_x=P_2+P_3$

$b_1\le x\le l$인 단면에서는 $V_x=P_1+P_2+P_3=R_V$

따라서, 전단력도는 그림 6-29(b)와 같이 된다.

◀ 휨모멘트 ▶

임의단면 C의 휨모멘트를 M_x라 하고, 이 단면의 오른쪽 하중에 대하여 생각하면(5장의 5.4절 참조)

$0\le x\le b_3$인 단면에서는 $M_x=0$

$b_3\le x\le b_2$인 단면에서는 $M_x=-P_3(x-b_3)$

$b_2\le x\le b_1$인 단면에서는 $M_x=-P_3(x-b_3)-P_2(x-b_2)$

$b_1\le x\le l$인 단면에서는 $M_x=-P_3(x-b_3)-P_2(x-b_2)-P_1(x-b_1)$

따라서, 휨모멘트도는 그림 6-29(c)와 같다.

절대값 최대의 휨모멘트는 고정단에서 일어나며, 그 값은 위의 네번째 식에 $x=l$을 대입하면 얻을 수 있다. 즉

$$\begin{aligned}M_{max}&=-P_3(l-b_3)-P_2(l-b_2)-P_1(l-b_1)\\&=-P_3a_3-P_2a_2-P_1a_1=-(P_1a_1+P_2a_2+P_3a_3)\end{aligned}$$

여기서, 부(−)의 부호는 보가 아래로 오목하게 휜다는 것을 뜻한다(그림 5-7 참조). 즉, 보의 중립축을 경계로 하여 아랫부분은 압축되고 윗부분은 인장된다.

② 등분포하중을 받을 때

그림 6-30(a)와 같이 등분포하중을 받고 있을 때를 생각해 보자.

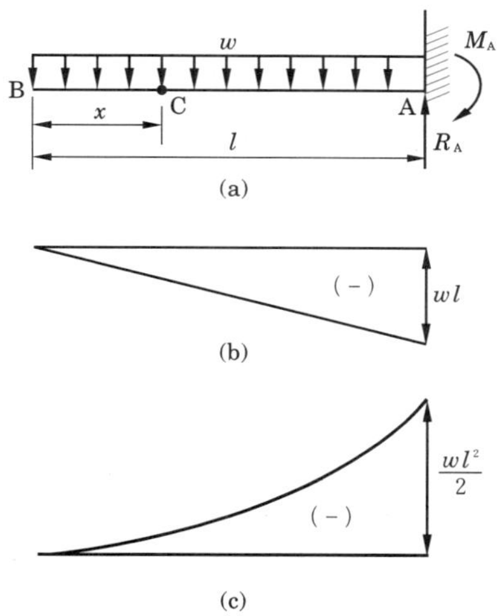

그림 6−30

◖ 지점반력 ◗

$\Sigma V=0$에 의하여 $R_A=wl$

$\Sigma M=0$에 의하여 $M_A=\dfrac{wl^2}{2}$

◖ 전 단 력 ◗

임의단면 C의 전단력은

$$V_x=-wx$$

따라서, 전단력도는 그림 6-30(b)와 같이 된다.

◖ 휨모멘트 ◗

임의단면 C의 휨모멘트는

$$M_x=-\frac{wx^2}{2}$$

최대휨모멘트는 고정단에서 일어나며, 그 값은 위의 식에 $x=l$을 대입하면

$$M_{\max} = -\frac{wl^2}{2}$$

따라서, 휨모멘트도는 그림 6-30(c)와 같은 포물선이 된다.

(2) 영 향 선

◀ 지점반력 ▶

그림 6-31(a)에서 단위하중 $P=1$이 보 위를 이동하여 어떠한 위치에 오더라도 지점반력 R_A는 항상 1이므로, R_A의 영향선은 그림 6-31(b)와 같이 된다.

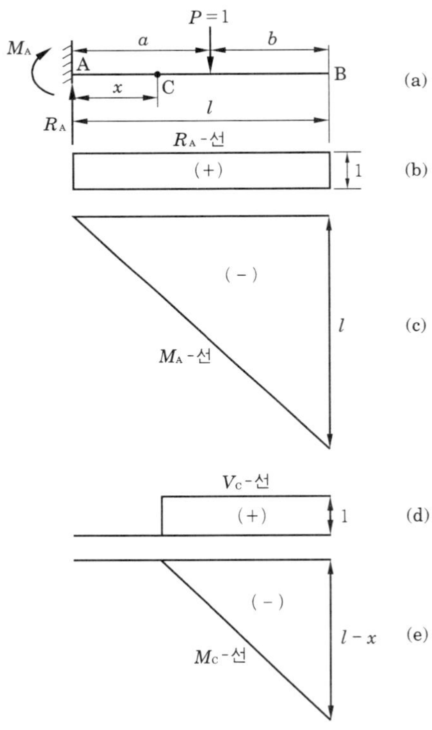

그림 6-31

반력모멘트 M_A는 하중이 그림과 같은 위치에 실린 경우에는

$$M_A = -Pa = -a$$

이고, 변수 a의 변역은 $0 \le a \le l$이므로, M_A의 영향선은 그림 6-31(c)와 같이 된다.

◀ 전 단 력 ▶

임의단면 C에 대하여 생각하면, 하중 $P=1$이 AC 사이에 있을 때는 $V_C=0$이고, BC 사이에 있을 때는 $V_C=1$이므로, 단면 C에 대한 전단력의 영향선은 그림 6-31(d)와 같이 된다.

◀ 휨모멘트 ▶

임의단면 C에 대하여 생각하면, $P=1$이 AC 사이에 있을 때는 $M_C=0$이고, BC 사이에 있을 때는 $M_C=-P(a-x)=-(a-x)$이다. 여기서, 변수 a의 변역은 $x \le a \le l$이므로, 단면 C에 대한 휨모멘트의 영향선은 그림 6-31(e)와 같이 된다.

6.6 내 민 보

(1) 전단력과 휨모멘트

다음 예제를 통하여 살펴보기로 하자.

【예제 6-7】 그림 6-32(a)와 같은 내민보의 V도와 M도를 구해 보자.

풀이

◀ 지점반력 ▶

지점 B에 대하여 $\Sigma M=0$을 적용하면

$$\Sigma M=-20\times(3+12)+R_A\times 12-60\times 4+5\times 6\times\frac{6}{2}=0 \qquad \therefore\ R_A=37.5\text{ kN}$$

R_B는 $\Sigma V=0$으로부터

$$R_B=(20+60+5\times 6)-37.5=72.5\text{ kN}$$

◀ 전 단 력 ▶

$$V_{D\sim E}=0$$
$$V_{E\sim A}=-20\text{ kN}$$
$$V_{A\sim F}=-20+37.5=17.5\text{ kN}$$
$$V_{F\sim B}=-20+37.5-60=-42.5\text{ kN}$$

단면 B의 오른쪽을 생각하면

$$V_B=5\times 6=30\text{ kN}$$
$$V_G=0$$

따라서, V도는 그림 6-32(b)와 같이 된다.

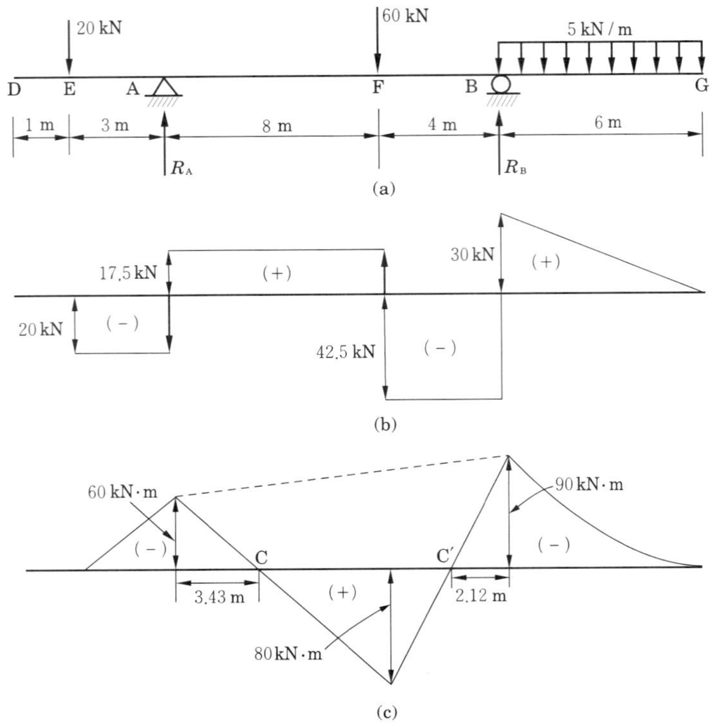

그림 6-32

《 휨모멘트 》

지점 A에서의 휨모멘트는

$$M_A = -20 \times 3 = -60 \text{ kN} \cdot \text{m}$$

60 kN의 작용점에서의 휨모멘트는

$$M_F = -20 \times (3+8) + 37.5 \times 8 = 80 \text{ kN} \cdot \text{m}$$

지점 B의 휨모멘트는

$$M_B = -5 \times 6 \times \frac{6}{2} = -90 \text{ kN} \cdot \text{m}$$

따라서, M도는 그림 6-32(c)와 같이 된다. 이 M도의 점 C와 C′에서 휨모멘트의 부호가 바뀐다. 이러한 점 C, C′를 반곡점(inflection point, I. P.)이라고 한다. 예컨대 반곡점 C의 위치는 지점 A와 하중점 F 사이의 단면의 휨모멘트를 0으로 놓으면 얻을 수 있다. 이 예제의 경우는 AF사이의 M도가 경사직선이므로 비례에 의하여 쉽게 구할 수 있다.

(2) 영 향 선

내민보는 단순보와 캔틸레버로 구성되어 있다고 볼 수 있다. 따라서,

① 단위하중 $P=1$이 중앙부를 지날 때의 지점반력의 영향선은 단순보의 경우와 같다.

② 내민부의 임의단면에 대한 단면력의 영향선은 하중이 내민부에 실릴 때에는 캔틸레버의 경우와 같고, 그 밖의 부분에 실릴 때에는 모두 0이다.

③ 중앙부의 임의단면에 대한 단면력의 영향선은 하중이 중앙부에 실릴 때에는 단순보와 같다.

그러므로, 내민보의 영향선에 대하여 새로 생각해야 할 점은, 하중이 내민부에 실릴 때 지점반력 및 중앙부의 단면력의 영향선이 어떻게 되는가 하는 것이다.

그림 6-33(a)와 같이 내민부에 $P=1$이 작용할 경우를 생각하자. 이 때, 지점반력은

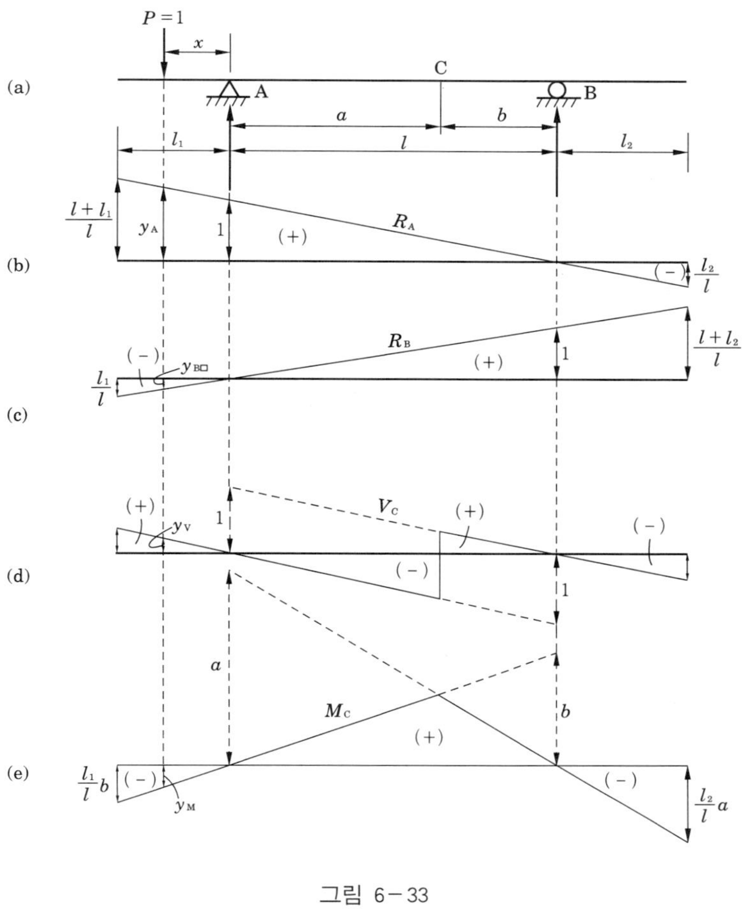

그림 6-33

$$R_A = \frac{l+x}{l} \qquad R_B = -\frac{x}{l}$$

이고, 중앙부의 임의단면 C에서의 전단력과 휨모멘트는 다음과 같다.

$$V_C = \frac{x}{l} \qquad M_C = -\frac{bx}{l}$$

중앙부 AB를 단순보로 보고 R_A, R_B, V_C, M_C의 영향선을 그린 다음 이들을 내민부까지 연장하면, 그림 6-33을 얻는다. 그림에서 $P=1$의 위치의 종거는 각각 다음과 같다.

$$y_A = \frac{l+x}{l} \qquad y_B = -\frac{x}{l}$$

$$y_V = \frac{x}{l} \qquad y_M = -\frac{bx}{l}$$

즉, 이들 종거는 각각 $y_A = R_A$, $y_B = R_B$, $y_V = V_C$, $y_M = M_C$임을 나타내고 있다. 그러므로, 하중이 내민부에 있을 때, 지점반력 및 중앙부 단면의 단면력의 영향선은 중앙부를 단순보로 보고 그린 각각의 영향선을 내민부 끝까지 연장한 것이다.

6.7 게르버보

(1) 전단력과 휨모멘트

n개의 지점을 가지는 연속보에 $(n-2)$개의 힌지를 배치해서 평면역계의 평형조건, 즉 식 (2-15)로 지점반력을 구할 수 있도록 한 보를 게르버보(Gerber's beam)라 한다. 그림 6-34는 게르버보의 몇 가지 예를 보인 것이다.

그림에서 알 수 있는 바와 같이, 게르버보는 내민보와 단순보가 조합된 것이다. 단순보 부분을 현수경간(suspended span), 내민보 부분을 정착경간(anchor span)이라 한다. 게르버보는 그 구조상, 단순보 부분에 실린 하중은 내민보 부분에 영향을 주지만, 내민보 부분에 실린 하중은 단순보 부분에 아무런 영향을 주지 않는다.

다음의 예제로써 살펴보기로 하자.

【예제 6-8】 그림 6-35 (a)와 같은 게르버보의 V도와 M도를 구해보자. G_1 및 G_2는 힌지이다.

풀이 **《 지점반력 》**

그림 6-35 (a)의 게르버보의 양쪽 단순보 부분에 작용하는 하중의 일부는 각각 힌지 G_1 및 G_2

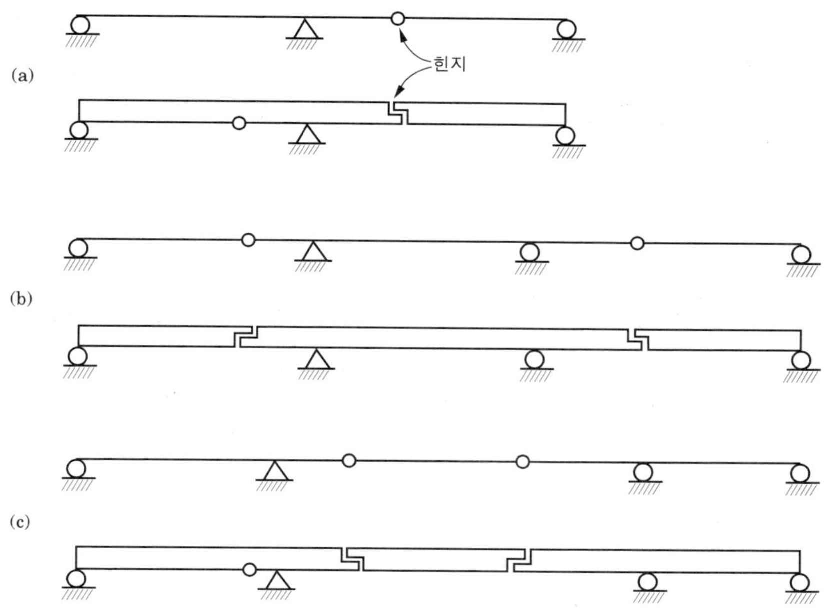

그림 6-34

를 통하여 그림 (b)와 같이 내민보의 양 끝에 전달된다. 그러므로, R_A, R_D는 각각 AG_1과 G_2D를 단순보로 보고 계산하고, R_B, R_C는 G_1BCG_2 부분을 내민보로 보고 계산한다. 그림 (b)와 같이 AG_1 및 G_2D 부분을 단순보로 보면, 그 지점반력은 다음과 같다.

$$R_A = 5\times 6\times \frac{1}{2} = 15\ \mathrm{kN} = R_{G_1}$$

$$R_D = \frac{1}{6}\times 50\times 4 = 33.3\ \mathrm{kN}$$

$$R_{G_2} = \frac{1}{6}\times 50\times 2 = 16.7\ \mathrm{kN}$$

내민보로 볼 수 있는 G_1BCG_2 부분에는 원래 작용하고 있는 하중 외에 힌지를 통하여 $R_{G_1}=15\ \mathrm{kN}$과 $R_{G_2}=16.7\ \mathrm{kN}$이 그림 (b)와 같이 전달된다. 그러므로, 이 내민보의 지점반력은 다음과 같이 된다. 즉, 모멘트의 중심을 C에 두고 $\Sigma M=0$을 적용하면

$$-15\times 14 + R_B\times 10 - 80\times 7 + R_C\times 0 + 30\times 2 + 16.7\times 4 = 0$$

$$\therefore\ R_B = 64.32\ \mathrm{kN}$$

따라서

$$R_C = (15+80+30+16.7) - 64.32 = 77.38\ \mathrm{kN}$$

◀ 전 단 력 ▶

전단력은 그림 6-35(a)로부터 순차적으로 다음과 같이 된다.

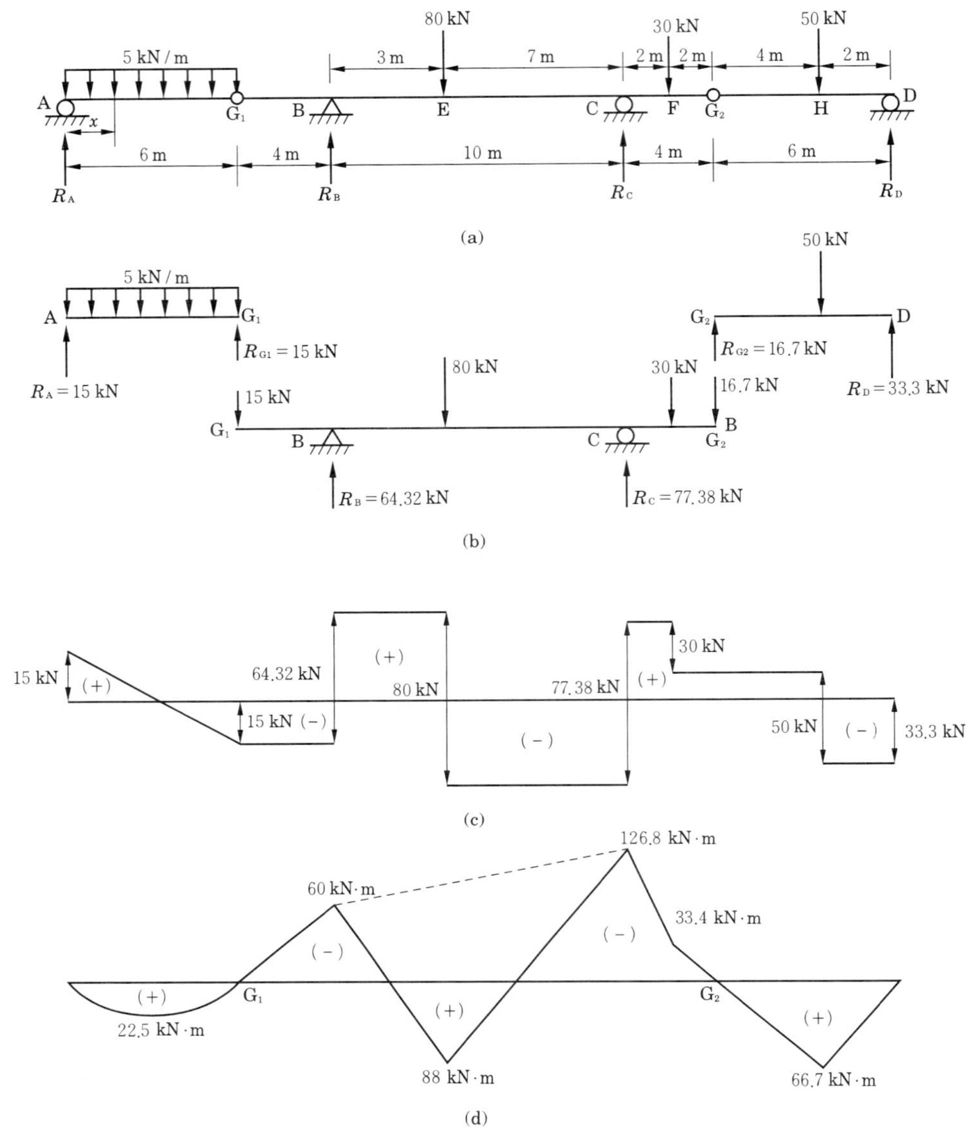

그림 6−35

지점 A에서의 전단력은

$$V_A = R_A = 15\ \text{kN}$$

AG_1 사이의 임의단면의 전단력은

$$V_x = 15 - 5x$$

힌지 G_1에서의 전단력은 위의 식에 $x = 6$ m를 대입하면

$$V_{G_1}=15-5\times6=-15\text{ kN}$$

G_1B 사이의 전단력은

$$V_{G_1\text{-}B}=-15\text{ kN}$$

이하 각 단면의 전단력은 다음과 같다.

$$V_{B\sim E}=-15+64.32=49.32\text{ kN}$$
$$V_{E\sim C}=49.32-80=-30.68\text{ kN}$$
$$V_{C\sim F}=-30.68+77.38=46.7\text{ kN}$$
$$V_{F\sim H}=46.7-30=16.7\text{ kN}$$
$$V_{H\sim D}=16.7-50=-33.3\text{ kN}$$

따라서, 전단력도는 그림 6-35 (c)와 같이 된다. 즉, AG_1 및 G_2D 부분은 단순보로서의 V도와 같고, 나머지 부분은 내민보로서의 V도와 같다.

《 휨모멘트 》

AG_1 부분은 단순보로 보아야 하므로, AG_1의 중앙 단면의 휨모멘트는

$$\frac{1}{8}\times5\times6^2=22.5\text{ kN}\cdot\text{m}$$

G_2D 부분도 단순보로 보아야 하므로, 하중점 H의 휨모멘트는

$$M_H=\frac{50\times2}{6}\times4=66.7\text{ kN}\cdot\text{m}$$

따라서, 이 두 부분의 M도는 그림 6-35 (d)와 같이 된다.

내민보 부분의 각 단면의 휨모멘트는 다음과 같다.

$$M_B=-15\times4=-60\text{ kN}\cdot\text{m}$$
$$M_E=-15\times7+64.32\times3=88\text{ kN}\cdot\text{m}$$
$$M_C=-30\times2-16.7\times4=-126.8\text{ kN}\cdot\text{m}$$
$$M_F=-16.7\times2=-33.4\text{ kN}\cdot\text{m}$$

따라서, M도는 그림 6-35 (d)와 같이 된다.

(2) 영 향 선

게르버보는 내민보 부분(anchor span)과 단순보 부분(suspended span)으로 구성된다. 그리고, 내민보 부분에 실린 하중은 단순보 부분에 영향을 미치지 않지만, 단순보 부분에 실린 하중은 내민보 부분에 영향을 미친다. 그러므로, 게르버보의 영향선에 대해서는 다음과 같이 생각하면 된다.

① $P=1$이 내민보 부분에 실릴 때, 이 부분의 영향선은 내민보의 경우와 같다.

② $P=1$이 단순보 부분에 실릴 때, 이 부분의 영향선은 단순보의 경우와 같다.

③ 따라서, $P=1$이 단순보 부분에 실릴 때 내민보 부분에 어떠한 영향을 미치는가를 생각하면 된다. 이러한 경우의 영향선을 나타낸 것이 그림 6-36과 그림 6-37이다.

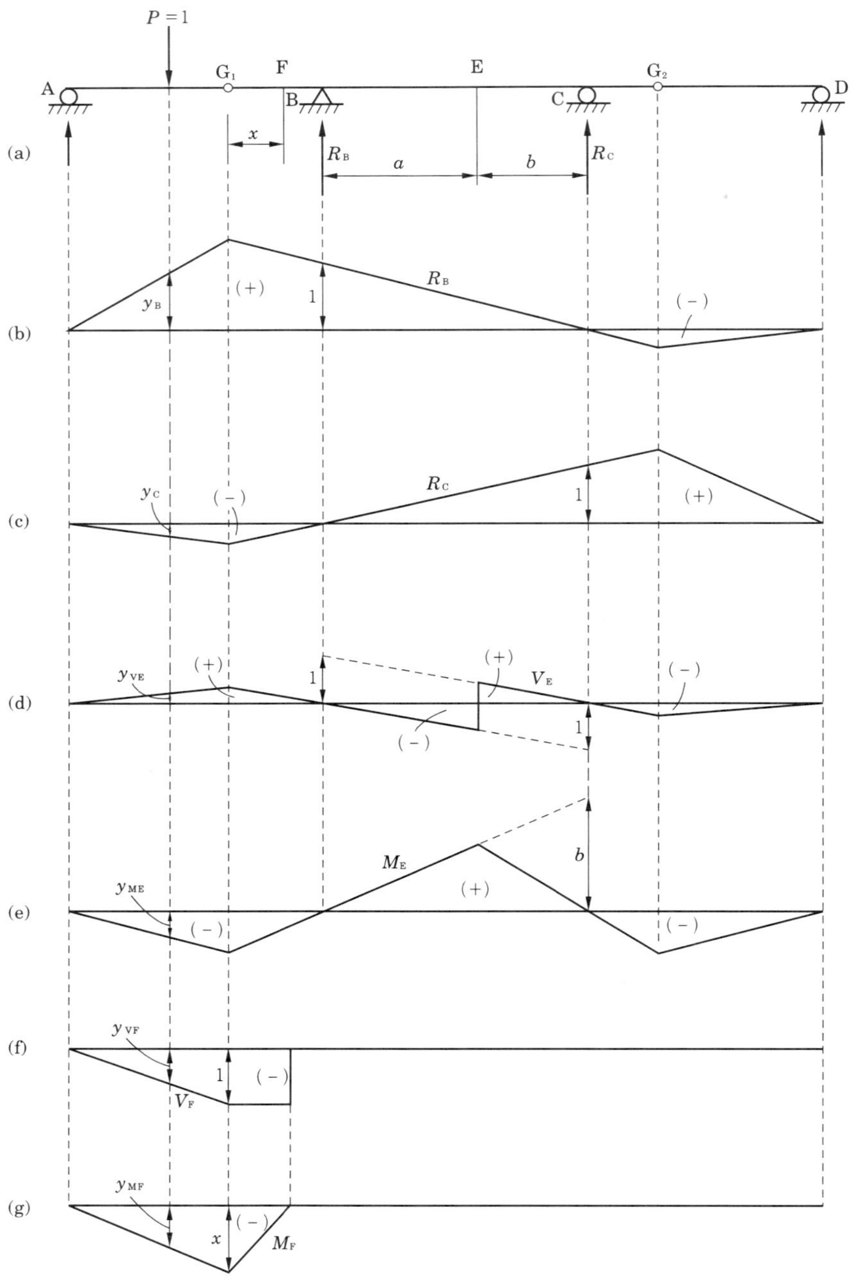

그림 6-36

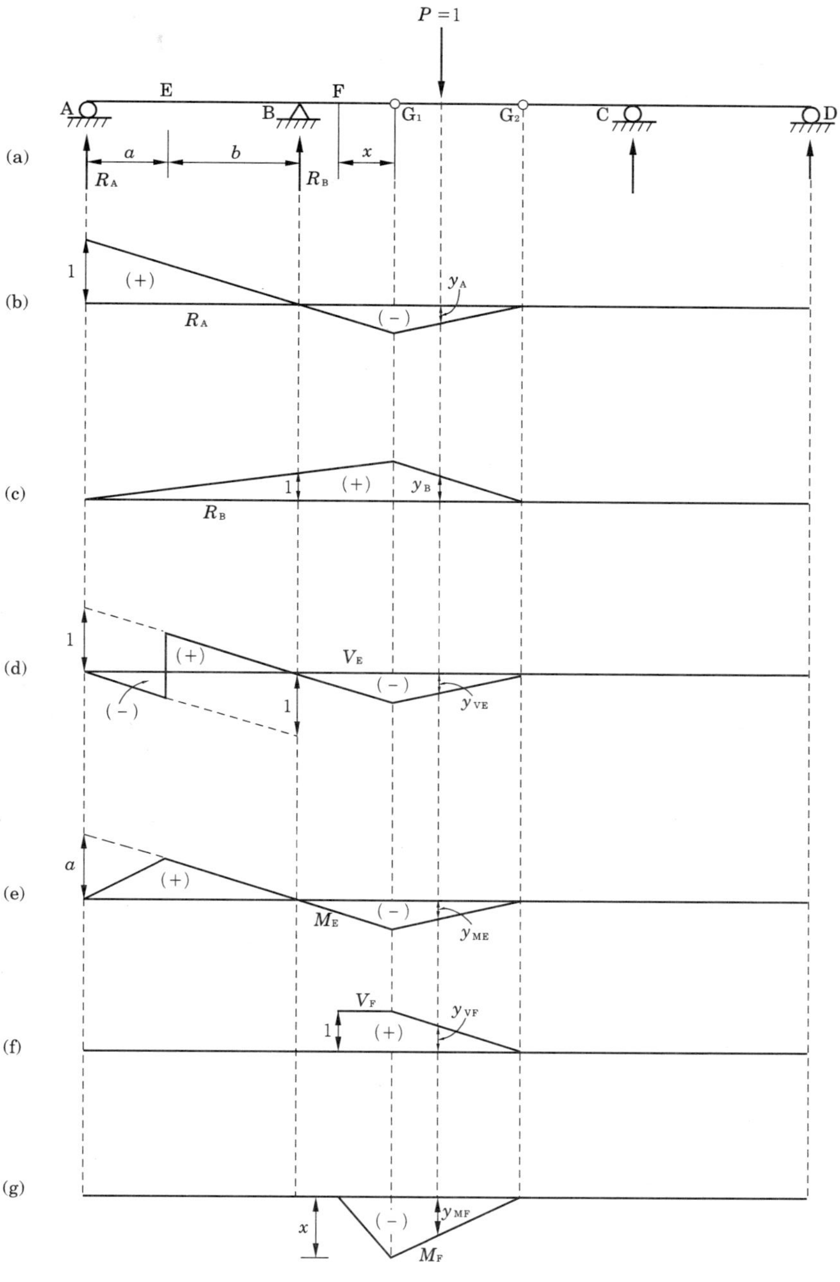

그림 6-37

그림처럼 $P=1$이 단순보 부분에 실렸을 때, 내민보 부분의 지점반력의 영향선은 각각 그림 (b) 및 그림 (c)와 같이 된다. 즉, 이들 네 그림에서 $P=1$이 놓인 위치에서의 종거가 각각의 지점반력을 나타낸다. $P=1$이 단순보 부분에 실렸을 때, 내민보의 중앙지간의 임의단면 E에 일어나는 전단력 V_E와 휨모멘트 M_E의 영향선은 각각 그림 (d) 및 그림 (e)와 같다. 이 때, $P=1$의 작용 위치의 종거 y_{VE}와 y_{ME}가 각각 단면 E에서의 전단력과 휨모멘트를 나타낸다.

그림처럼 $P=1$이 단순보 부분에 실렸을 때, 내민보 부분의 단면 F에 일어나는 전단력과 휨모멘트의 영향선은 각각 그림 (f) 및 그림 (g)와 같이 되며, 이 때 $P=1$의 작용 위치에서의 종거 y_{VF} 및 y_{MF}가 각각 단면 F의 전단력과 휨모멘트를 나타낸다.

◀ 연 습 문 제 ▶

1 그림 6-38의 각 보의 전단력도와 휨모멘트도를 구하라.

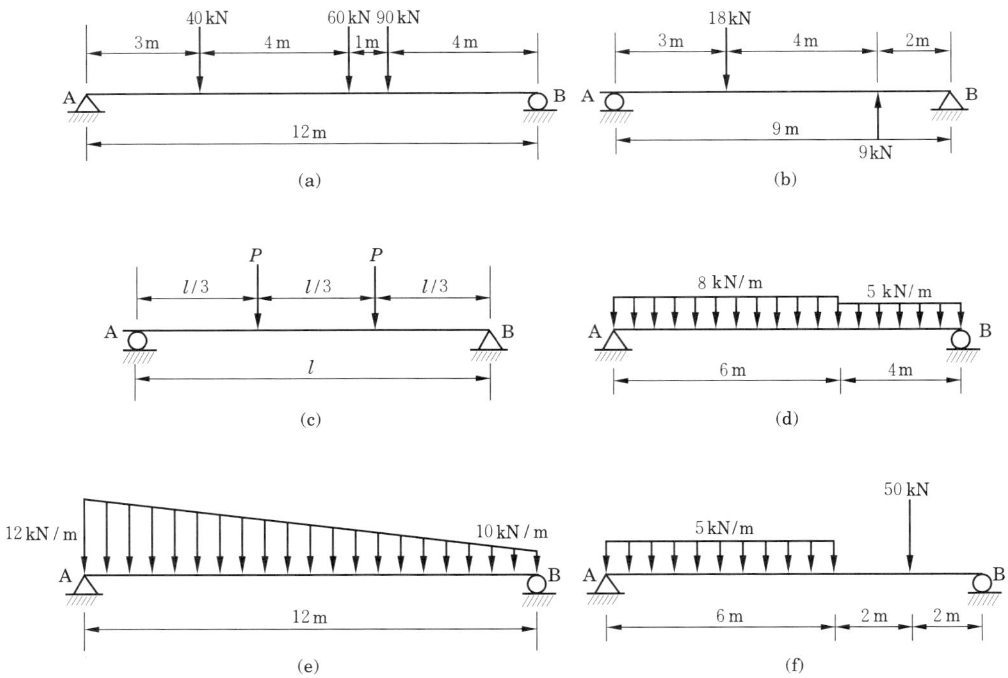

그림 6－38

2 그림 6-39(a)의 보 위를 그림 (b)와 같은 트럭하중이 통과할 때, 이 보에 일어나는 절대최대전단력과 절대최대휨모멘트를 구하라.

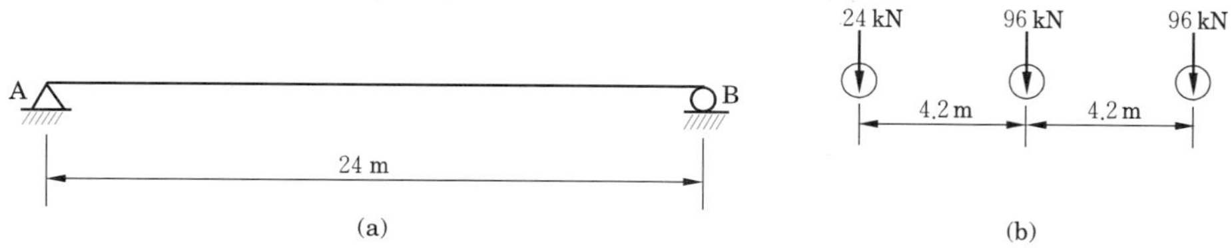

그림 6-39

3 그림 6-40의 각 보의 V도와 M도를 구하라.

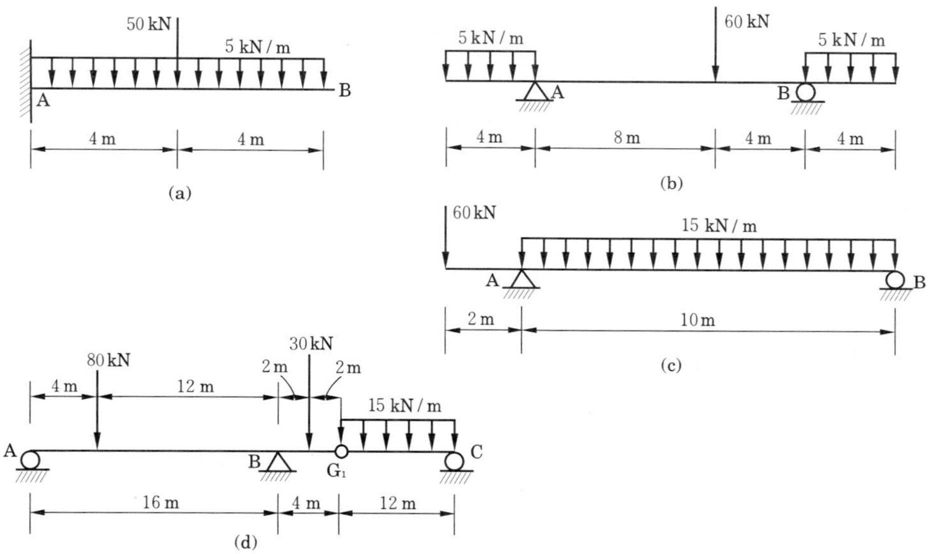

그림 6-40

4 그림 6-41의 보 위를 15 kN/m의 등분포하중이 이동할 때, 지점 B에 일어나는 정(+), 부(−)의 최대반력과 단면 C에 일어나는 정(+), 부(−)의 최대전단력 및 최대휨모멘트를 구하라.

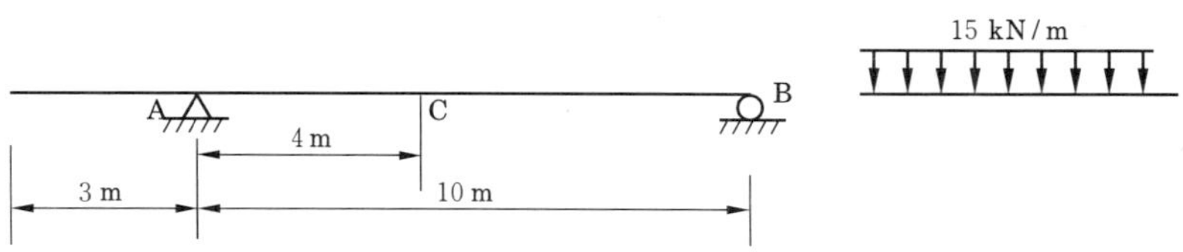

그림 6-41

제 7 장 보의 응력

7. 1 보의 응력

보의 단면에는 휨과 전단이 작용한다. 휨만을 받는다고 생각하고 구한 응력이 휨응력이고, 전단만을 받는다고 생각하고 구한 응력이 전단응력이다. 보에는 두 응력이 함께 작용하므로 그 영향을 고려해야 하지만 실제의 설계계산에서는 이 두 응력을 분리해서 다루고 있다.

(1) 휨 응 력

휨을 받기 전의 부재는 직선이고, 부재축(도심축)은 그림 7-1 (a)의 직선 $x-x$로 나타나 있다. 부재의 단면은 그림 7-1 (b)에 보인 바와 같이 y축에 대하여 대칭인 경우를 생각하고, 하중은 $x-y$ 면에 작용한다고 본다.

dx 만큼 떨어져 있는 두 단면 AB, CD는 하중이 작용하기 전에는 서로 평행이다. 이 부재가 휨을 받으면 그림 7-1 (c)와 같이 휘게 된다. 이 때, 부재의 위쪽은 압축되고 아래쪽은 인장되며, 그 중간에 압축도 인장도 받지 않는 면이 있게 된다. 이러한 면을 중립면(neutral surface)이라 하고, 중립면이 부재단면의 대칭축과 만나서 이루는 선을 중립축(neutral axis)이라 한다.

그림 7-1 (c)의 $n-n$이 중립축이다. 이 부재가 정(+)의 휨모멘트를 받으면 부재는 중립면을 경계로 위쪽은 압축되고 아래쪽은 인장되어, 단면 AB 및 CD는 각각 A′B′ 및 C′D′로 된다. 이 때, 단면 A′B′ 및 C′D′는 여전히 평면이다. 즉, 변형 전에 평면이었던 단면은 변형 후에도 평면을 유지한다. 이것이 Bernoulli의 가정이며, 평면보존의 법칙으로 알려져 있다. 이것은 변형률이 중립축으로부터의 거리에 비례한다는 것을 의미한다.

그림 7-1 (c)에 보인 바와 같이 변형 후의 단면 A′B′, C′D′는 한 점 O에서 만난다.

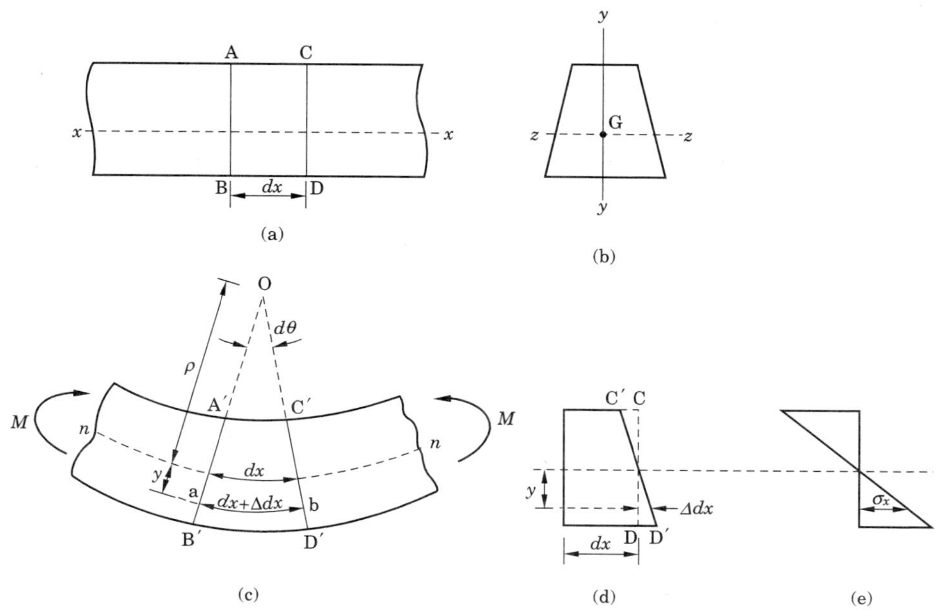

그림 7-1

이 때 두 단면이 이루는 각을 $d\theta$, 곡률반경을 ρ라 하면, 다음 관계가 성립된다.

$$\kappa = \frac{1}{\rho} = \frac{d\theta}{dx} \qquad \text{(7-1)}$$

여기서, κ는 곡률이다. 그림 7-1 (c)에 보인 바와 같이 중립축에서 y만큼 떨어져 있는 곳에서 변형 후의 길이 ab는

$$ab = (\rho + y)\,d\theta = (\rho + y)\frac{dx}{\rho} = dx + \frac{y}{\rho}\,dx$$

그러므로, 이 부분에서 휨에 의하여 늘어난 길이 Δdx는

$$\Delta dx = \left(dx + \frac{y}{\rho}\,dx\right) - dx = \frac{y}{\rho}\,dx$$

따라서, 중립축으로부터 y만큼 떨어져 있는 곳의 변형률 ε_x는

$$\varepsilon_x = \frac{\Delta dx}{dx} = \frac{y}{\rho} = \kappa y \qquad \text{(7-2)}$$

즉, 휨에 의한 단면의 변형률은 중립축으로부터의 거리에 비례한다[그림 7-1 (d)].

부재의 재료가 탄성계수 E를 가지는 탄성체이고, 또 변형이 탄성한계 이내에 있다면, Hooke의 법칙에 의하여 다음의 관계가 성립된다.

$$\sigma_x = E\varepsilon_x = E\kappa y \quad \cdots\cdots (7\text{-}3)$$

위의 식에서 σ_x는 휨만을 받는 부재의 임의단면에서 중립축으로부터 y만큼 떨어져 있는 곳의 응력을 나타낸다. 이 응력 σ_x도 중립축으로부터의 거리 y에 비례하므로, 그 분포는 그림 7-1(e)와 같이 되며, 이것을 더 알기 쉽게 보인 것이 그림 7-2(a)이다.

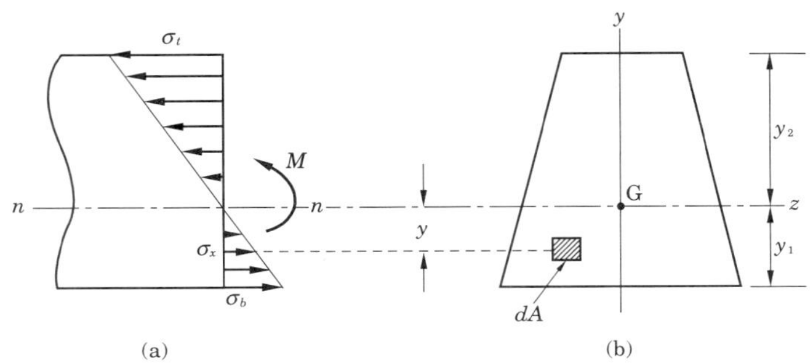

그림 7-2

그림 7-2(b)와 같이 중립면에서 y만큼 떨어진 곳의 미소면적 dA를 생각하면, dA에 작용하는 힘의 크기는 $\sigma_x\, dA$이고, 이것을 단면 전체에 대하여 모으면 $\int \sigma_x\, dA$이다. 그런데, 이 단면에는 축방향의 단면력이 없으므로 $\int \sigma_x\, dA = 0$이어야 한다. 즉,

$$\int \sigma_x\, dA = \int \kappa E y\, dA = \kappa E \int y\, dA = 0$$

여기서, κ와 E는 상수이므로 다음 관계를 얻는다.

$$\int y\, dA = 0$$

이것은 그림 7-2(b)에서 z 축이 단면의 도심을 지난다는 것을 의미한다(4장의 2절 참조). 즉, 휨을 받는 부재의 중립축은 부재축(도심축)과 일치한다. 그림 7-2(b)에서 y 축은 단면의 대칭축이고, z 축은 도심 G를 지나 y 축에 직교하므로 이 두 축은 단면의 주축이다.

그림 7-2에서 미소면적 dA에 작용하는 힘 $\sigma_x\, dA$의 중립축에 대한 모멘트는 $y\sigma_x\, dA$이고, 이것을 단면 전체에 대하여 적분한 값은 외력에 의한 그 단면의 휨모멘트 M과 비겨야 한다. 즉,

$$M = \int y\sigma_x\, dA = \kappa E \int y^2\, dA = \kappa EI$$

$$\therefore\ \kappa = \frac{1}{\rho} = \frac{M}{EI} \quad \cdots\cdots (7\text{-}4)$$

여기서, $I = \int y^2\,dA$ [그림 7-2(b)에서 z 축에 관한 단면2차모멘트]

식 (7-4)를 식 (7-3)에 대입하면

$$\sigma_x = \frac{M}{I}y \quad \cdots\cdots (7\text{-}5)$$

위의 식의 σ_x를 **휨응력**이라 한다. 그림 7-1(c)와 같이 부재가 정(+)의 휨모멘트를 받으면 중립축의 위쪽은 압축되고 아래쪽은 인장되며, 부(−)의 휨을 받을 때에는 반대로 된다. 압축을 받는 쪽을 **압축측**, 인장을 받는 쪽을 **인장측**이라 하며, 압축측에 일어나는 휨응력을 **휨압축응력**이라 하고, 인장측에 일어나는 휨응력을 **휨인장응력**이라 한다. 휨인장응력은 정(+)으로 나타내고, 휨압축응력은 부(−)로 나타내는 것이 보통이다. 식 (7-5)로부터 알 수 있는 바와 같이, 휨응력은 중립면에서 0이고, 부재의 상하연단에서 최대값을 나타낸다. 부재의 상하연단의 휨응력을 **연단응력**(extreme fiber stress)이라 하며, 그 값은 다음과 같다.

$$\left.\begin{aligned}\sigma_b &= \frac{M}{I}y_1 = \frac{M}{Z_1}\\ \sigma_t &= -\frac{M}{I}y_2 = -\frac{M}{Z_2}\end{aligned}\right\} \quad \cdots\cdots (7\text{-}6)$$

여기서,

$Z_1 = \dfrac{I}{y_1}$ (단면하단에 대한 단면계수)

$Z_2 = \dfrac{I}{y_2}$ (단면상단에 대한 단면계수)

위의 식의 σ_b를 **하연응력**이라 하고, σ_t를 **상연응력**이라고 한다. 정(+)의 휨모멘트를 받는 경우이므로, σ_b는 최대 휨인장응력이고 σ_t는 최대 휨압축응력이다.

【예제 7−1】 그림 7-3(a)의 단순보가 그림 (b)와 같은 I형강으로 되어 있다. 이 보 위를 하나의 집중하중 80 kN이 통과할 때, 보에 일어나는 최대휨응력을 계산하라. I형강의 자중은 560 N/m이다.

풀이 집중하중이 지간의 중앙에 왔을 때, 최대휨모멘트가 일어난다. 집중하중에 의한 지간 중앙단면의 휨모멘트는

$$M_L = \frac{Pl}{4} = \frac{80\times 2}{4} = 40\ \mathrm{kN\cdot m} = 40\times 10^3(\mathrm{N})\times 10^3(\mathrm{mm}) = 40\times 10^3\times 10^3\ \mathrm{N\cdot mm}$$

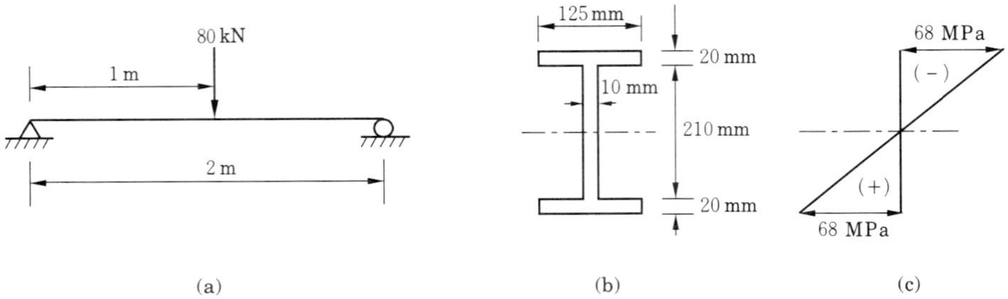

그림 7-3

보의 자중에 의한 지간 중앙단면의 휨모멘트는

$$M_D = \frac{1}{8}wl^2 = \frac{1}{8} \times 560 \times 2^2 = 280\ \mathrm{N \cdot m} = 280 \times 10^3\ \mathrm{N \cdot mm}$$

휨모멘트의 합계는

$$M = 40 \times 10^3 \times 10^3 + 280 \times 10^3 = 40280 \times 10^3\ \mathrm{N \cdot mm}$$

그림 (b)의 I형단면의 도심축에 대한 단면2차모멘트는

$$I = \frac{1}{12}[125 \times (20+210+20)^3 - (125-10) \times 210^3] = 7400 \times 10^4\ \mathrm{mm}^4$$

지간 중앙단면의 연단응력은 식 (7-6)으로부터

$$\sigma = \pm \frac{M}{I}y = \pm \frac{40280 \times 10^3}{7400 \times 10^4} \times \frac{250}{2} = \pm 68\ \mathrm{N/mm^2} = \pm 68\ \mathrm{MPa}$$

즉, 보의 하면에는 68 MPa의 휨인장응력이 일어나고, 상연에는 68 MPa의 휨압축응력이 일어난다. 그림 (c)는 이 응력의 분포를 보인 것이다. (SI 단위계에서는 응력의 단위가 $\mathrm{N/mm^2}$ (MPa)이므로, 이 예제에서 본바와 같이 힘의 단위는 N, 길이의 단위는 mm이라야 한다. 그러나 실제의 계산에서는 kN, m 등으로 계산하고, 필요에 따라 N, mm로 환산하는 것이 편리하다.)

(2) 전단응력

전단작용은 두 가지 경우로 구분할 수 있다. 하나는 직접전단의 경우이고, 다른 하나는 보의 경우이다. 먼저 직접전단에 대하여 논의하고 다음에 보의 경우를 다룬다.

① 직접전단

그림 7-4에 보인 바와 같이, 서로 이웃한 두 단면에 크기가 같고 방향이 반대인 두 힘이 부재축에 직각으로 작용하는 경우가 있다. 이 때, 부재는 전단되려는 경향이 생겨서 그림과 같이 단면에 평행한 응력이 일어난다. 이러한 전단을 **직접전단**(direct shear)

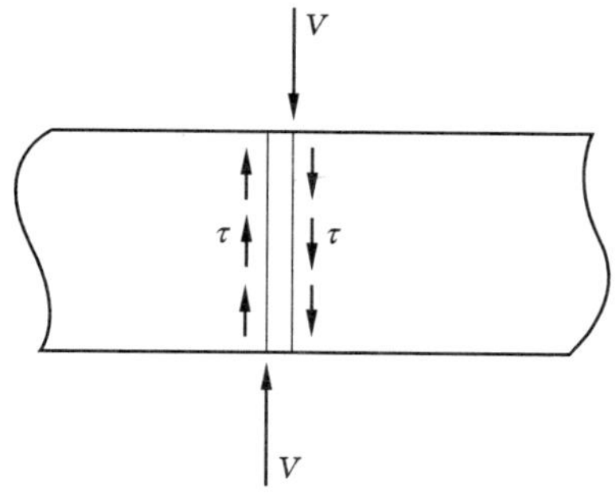

그림 7-4

이라 하고, 이 때 일어나는 응력을 **직접전단응력**이라 한다. 이 응력의 분포는 복잡하여 쉽게 구할 수 없다. 그러므로, 일반적으로 다음과 같이 평균응력으로 나타낸다. 즉,

$$\tau = \frac{V}{A} \qquad \cdots\cdots (7\text{-}7)$$

여기서, τ: 직접전단응력
V: 전단력
A: 부재의 단면적

직접전단을 받는 예로는 볼트이음(bolt joint), 리벳이음(rivet joint), 핀(pin) 연결, 전단연결재(shear connector) 등이 있다. 그림 7-5는 리벳이음의 경우를 보인 것이다. 그림 7-5(a)의 경우를 **단전단**(single shear) 또는 1면전단이라 하고, 그림 7-5(b)의 경우를 **복전단**(double shear) 또는 2면전단이라 한다.

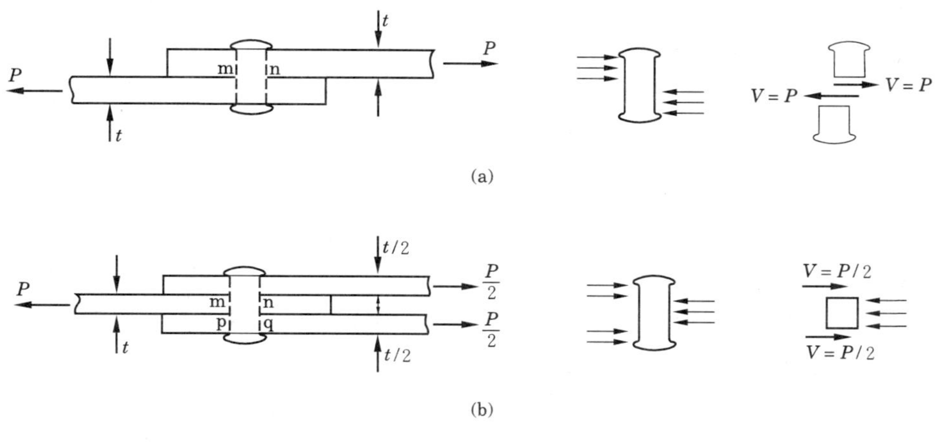

그림 7-5

즉, 그림 (a)의 경우는 리벳의 단면 mn에서 전단을 일으키려 하고, 그림 (b)의 경우는 리벳의 두 단면 mn 및 pq에서 전단되려고 한다. 어느 경우이든 리벳의 단면에 일어나는 전단응력은 식 (7-7)에 의하여 다음과 같이 된다.

단전단의 경우

$$\tau = \frac{V}{A} = \frac{P}{\pi d^2/4}$$

복전단의 경우

$$\tau = \frac{V}{A} = \frac{P/2}{\pi d^2/4}$$

여기서, d : 리벳의 지름

한편 그림 7-5에서 알 수 있는 바와 같이, 하중 P가 작용하면 이어댄 부재들이 리벳의 측면을 누르게 된다. 이러한 작용을 지압(bearing)이라 하며, 지압에 의하여 리벳 측면에 일어나는 응력을 지압응력(bearing stress)이라 한다. 그 값은 다음과 같다.

$$\sigma_b = \frac{P}{dt} \qquad \cdots\cdots (7\text{-}8)$$

여기서, σ_b : 지압응력
d : 리벳의 지름
t : 이어댄 부재의 두께

2 순수전단

그림 7-6 (a)와 같은 정육면체 요소를 생각하고, 이 요소에 전단응력만이 작용한다고 가정하자. 이 요소가 평형을 유지하려면 각 면에 작용하는 전단응력은 그림 7-6 (a)와 같이 작용해야 한다. 즉, 이들 전단응력은 크기가 같고 방향이 반대이며, 서로 직교하는 평면 위에 있다. 바꾸어 말하면, 직교평면에 작용하는 전단응력은 크기가 같고, 그 방향은 평면의 교선(交線)쪽이거나 멀어지는 쪽이다. 그림 7-6 (a)와 같이 전단응력만을 받는 요소를 순수전단(pure shear) 상태에 있다고 한다.

다음에, 순수전단 상태에 있는 요소의 변형에 대해 생각해 보자. 그림 7-6 (a)의 요소의 면 ABDC는 전단응력이 작용하기 전에는 정사각형이던 것이 순수전단을 받게 되면 그림 7-6 (b)와 같이 일그러진다. 즉, 변 AC 및 BD는 각 γ만큼 오른쪽으로 편기하여 A′C 및 B′D로 된다. 각 γ는 전단에 의한 요소의 단위변형량으로서, 이것을 전단변형률(shear strain)이라 한다.

탄성한도 이내에서 전단응력 τ와 전단변형률 γ는 비례할 것이므로 전단에 대하여

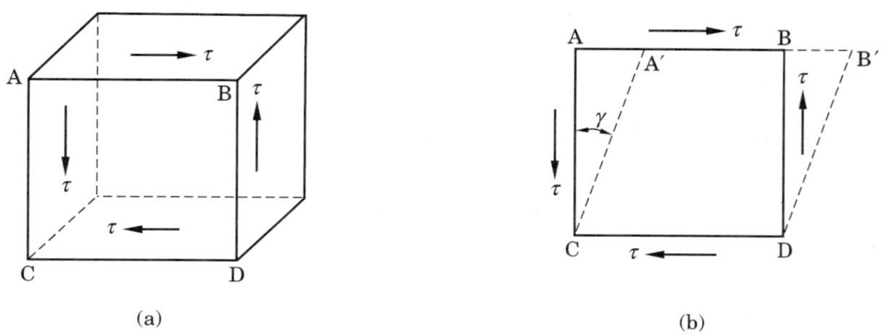

그림 7-6

Hooke의 법칙을 적용하면 다음 관계가 성립된다.

$$\tau = G\gamma \quad \text{또는} \quad G = \frac{\tau}{\gamma} \qquad (7\text{-}9)$$

위의 G를 전단탄성계수(shear modulus of elasticity)라고 하며, 동일 재료에서 G와 E(탄성계수) 사이에는 다음 관계가 있다.

$$G = \frac{E}{2(1+\nu)} \qquad (7\text{-}10)$$

여기서, ν : 포아송비(Poisson's ratio)

다음에, 그림 7-7(a)와 같은 순수전단 상태에 있는 정사각형 요소에서 경사 평면 pq에 일어나는 수직응력 σ_θ와 전단응력 τ_θ를 조사해 보자.

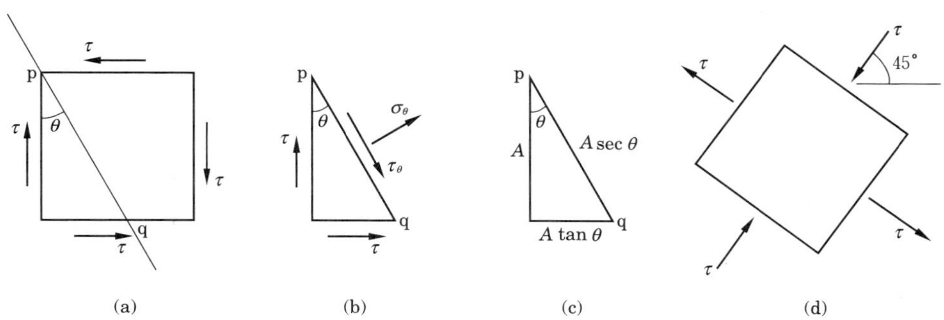

그림 7-7

정사각형 요소가 단위두께로 되어 있다고 생각하고, 그 한 면의 면적을 A라고 하면, 경사 평면 pq에 의하여 잘리는 삼각형 요소의 각 면의 면적은 그림 7-7(c)와 같이 된다. 그림 7-7(b)의 삼각형 요소가 평형 상태에 있다면 pq면에 수직으로 작용하는 분력

들의 대수합과 pq면에 평행하게 작용하는 분력들의 대수합은 각각 0이라야 한다. 즉,

$$\sigma_\theta A \sec\theta + A\tau\sin\theta + A\tan\theta\times\tau\cos\theta = 0$$
$$\tau_\theta A \sec\theta - A\tau\cos\theta + A\tan\theta\times\tau\sin\theta = 0$$

위의 두 식을 정리하면($A \fallingdotseq 0$, $2\sin\theta\cos\theta = \sin 2\theta$이므로)

$$\sigma_\theta = -\tau\sin 2\theta \quad \cdots\cdots \text{(a)}$$
$$\tau_\theta = \tau(\cos^2\theta - \sin^2\theta) \quad \cdots\cdots \text{(b)}$$

식 (a)로부터, $\theta = 45°$ 및 $135°$일 때 σ_θ는 극값을 가지고 직교하며, 이 때 $\tau_\theta = 0$임을 알 수 있다. 즉,

$\theta = 45°$일 때 $\sigma_\theta = -\tau$ (압축), $\tau_\theta = 0$

$\theta = 135°$일 때 $\sigma_\theta = +\tau$ (인장), $\tau_\theta = 0$

이 때의 응력 상태가 그림 7-7(d)에 나타나 있다.

이상으로부터, 그림 7-7(a)와 같은 순수전단 상태는 그림 7-7(d)와 같은 응력 상태와 동등하다는 것을 알 수 있다.

3 보의 전단응력

그림 7-8(a)와 같이 직사각형 단면으로 된 보의 임의단면에 전단력 V가 작용하는 경우를 생각해 보자. 이 단면에 전단력 V가 작용하면 요소 mn에는 전단응력 τ가 그림 7-8(a)와 같이 수직방향으로 일어날 것이다. 즉, 전단응력 τ가 전단력 V에 평행하게 일어나고, 그 크기는 단면 폭에 균일하게 분포한다고 본다. 따라서, 앞에서 논의한 바에 의하여 요소 mn의 상면에는 그림 7-8(b)에 보인 바와 같이, 같은 크기의 전단응력 τ가

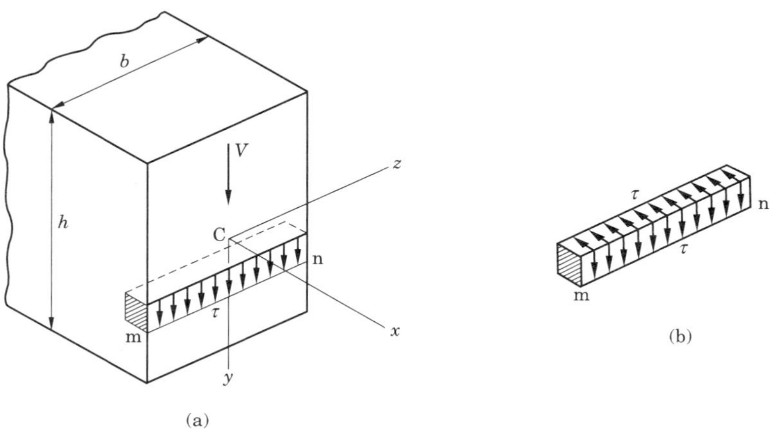

그림 7-8

수평방향으로도 작용하게 된다.

즉, 보 안의 수평면에는 수평전단응력이 작용하고, 수직단면에는 수직전단응력이 작용하며, 그 크기는 같고 방향은 반대이다.

보에 수평전단응력이 존재한다는 것은 다음과 같은 사실로부터도 알 수 있다.

그림 7-9(a)와 같이 높이가 h인 직사각형 단면의 보 2개를 포개어 단순 지지해 놓고, 중앙에 집중하중을 작용시켜 보자. 두 보의 접촉면 사이에 마찰이 없다면 두 보는 각각 독립적으로 휘어, 각 보의 상부는 압축, 하부는 인장을 받아 그림 7-9(b)와 같은 상태가 될 것이다. 즉, 위에 있는 보의 하면은 아래에 있는 보의 상면에서 미끄러진다. 만일, 두 보 대신에 높이가 $2h$인 하나의 보로 바꾸어 놓는다면, 그림 7-9(b)의 미끄러짐을 방지할 만큼의 수평전단응력이 보의 중립면에 작용해야 할 것이다. 이로부터 보에는 수평전단응력이 작용함을 알 수 있다. 결국, 보 단면의 임의점에는 같은 크기의 수직전단응력과 수평전단응력이 존재한다.

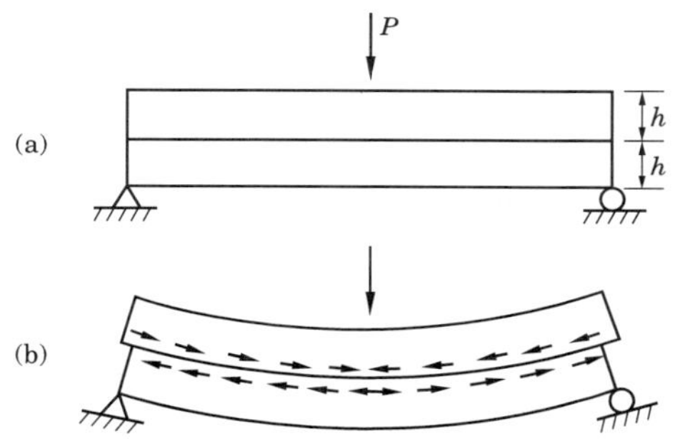

그림 7-9

그림 7-10(b)와 같은 직사각형 단면에서 임의의 점의 수평전단응력을 계산해 보자. 그림 7-10(a)와 같이 dx만큼 떨어진 두 단면 mn, m_1n_1 사이에서 중립축으로부터 y_1거리에 있는 수평면 pp_1에 작용하는 수평전단응력을 τ라 하자. 단면 mn의 휨모멘트를 M이라 하면, 단면 m_1n_1의 휨모멘트는 $M+dM$으로 될 것이다. 이들로 인한 휨응력의 분포가 그림 7-10(a)에 나타나 있다.

미소면적 dA에 작용하는 수직력은

$$\sigma_x \, dA = \frac{M}{I} y \, dA$$

이므로, pn면에 작용하는 수직력의 합계는 $\int_{y_1}^{\frac{h}{2}} \frac{M}{I} y \; dA$이고, p_1n_1면에 작용하는 수직력의 합계는 $\int_{y_1}^{\frac{h}{2}} \frac{M+dM}{I} y \; dA$이다.

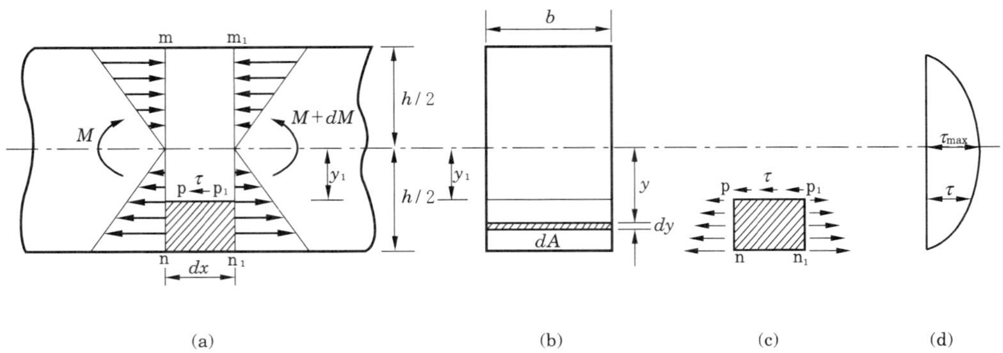

그림 7-10

한편, pp_1 면에 작용하는 수평전단력은 다음과 같다.

$$\tau b\,dx$$

요소 pnn_1p_1의 자유물체[그림 7-10(c)]가 평형을 유지하기 위해서는 다음 관계를 만족해야 한다.

$$\tau b\,dx = \int_{y_1}^{\frac{h}{2}} \frac{M+dM}{I} y \; dA - \int_{y_1}^{\frac{h}{2}} \frac{M}{I} y \; dA$$

$$\therefore \; \tau = \frac{dM}{dx} \; \frac{1}{Ib} \int_{y_1}^{\frac{h}{2}} y \; dA = \frac{VQ}{Ib} \qquad \cdots\cdots (7\text{-}11)$$

여기서,

$$V = \frac{dM}{dx}$$

$$Q = \int_{y_1}^{\frac{h}{2}} y \; dA$$

즉, V는 전단응력을 구하려는 단면의 전단력이고, Q는 전단응력을 구하려는 임의 높이 y_1 아래에 있는 단면의 중립축에 대한 단면1차모멘트이다. I는 중립축에 대한 단면2차모멘트이고, b는 전단응력을 구하려는 임의 높이 y_1에서의 단면의 폭이다. 그러므로, 식 (7-11)은 어떠한 단면의 보에도 적용할 수 있다.

식 (7-11)을 보면, τ는 Q에 따라 변화함을 알 수 있다. 그림 7-10(b)의 직사각형 단면에서 τ의 변화를 알아보기 위하여 Q를 계산하면

$$Q = \int_{y_1}^{\frac{h}{2}} y \, dA = \int_{y_1}^{\frac{h}{2}} yb \; dy = \frac{b}{2}\left(\frac{h^2}{4} - y_1^2\right)$$

이것을 식 (7-11)에 대입하면

$$\tau = \frac{V}{2I}\left(\frac{h^2}{4} - y_1^2\right) \quad \cdots\cdots (7\text{-}12)$$

즉, τ는 y_1의 변화에 따라 포물선으로 변화한다. 위의 식에서 $y_1 = \pm\frac{h}{2}$ 이면

$$\tau = 0$$

즉, 보의 상면 및 하면에서 전단응력은 0이다.

$y_1 = 0$이면 τ는 최대로 되며, 그 값은

$$\tau_{\max} = \frac{Vh^2}{8I} = \frac{3}{2}\cdot\frac{V}{bh} = \frac{3}{2}\cdot\frac{V}{A} \quad \cdots\cdots (7\text{-}13)$$

즉, 직사각형 단면 보의 전단응력은 중립축에서 최대로 되며, 그 값은 평균전단응력의 1.5배이고, 그 분포는 그림 7-10 (d)와 같은 포물선으로 된다. 일반적으로, 보에서 전단응력은 중립축에서 최대로 되고, 보의 상하면에서는 0이다.

【예제 7-2】 그림 7-11 (a)와 같은 I형 단면으로 된 보의 전단응력의 분포를 구하라.

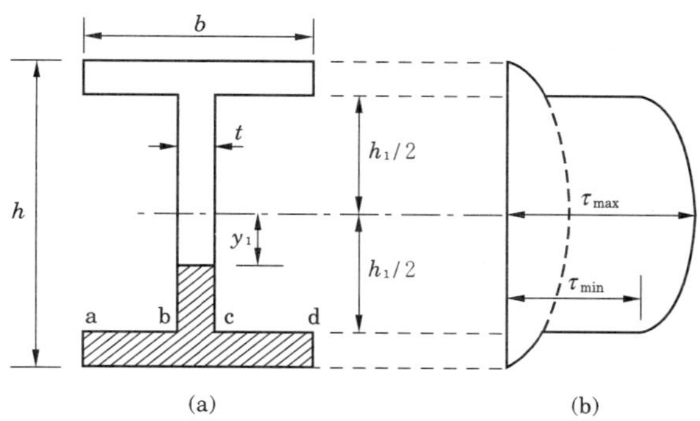

그림 7-11

풀이 그림 7-11 (a)에서 도심축으로부터 y_1만큼 아래에 있는 부분(빗금 칠한 부분)의 중립축에 대한 단면1차모멘트는

$$Q = b\left(\frac{h}{2} - \frac{h_1}{2}\right)\left(\frac{h_1}{2} + \frac{h/2 - h_1/2}{2}\right) + t\left(\frac{h_1}{2} - y_1\right)\left(y_1 + \frac{h_1/2 - y_1}{2}\right)$$

$$= \frac{b}{2}\left(\frac{h^2}{4} - \frac{h_1^2}{4}\right) + \frac{t}{2}\left(\frac{h_1^2}{4} - y_1^2\right)$$

따라서, 중립축에서 y_1만큼 떨어진 거리에 있는 복부(web)의 전단응력 τ는 식 (7-11)에 의하여

$$\tau = \frac{V}{It}\left[\frac{b}{2}\left(\frac{h^2}{4} - \frac{h_1^2}{4}\right) + \frac{t}{2}\left(\frac{h_1^2}{4} - y_1^2\right)\right] \quad \cdots\cdots (7\text{-}14)$$

즉, 복부의 전단응력은 y_1의 변화에 따라 포물선 형태로 변한다. 최대전단응력은 중립축에서 일어나며, 그 값은 위의 식에 $y_1=0$을 대입하여 구한다.

$$\tau_{max} = \frac{V}{It}\left[\frac{b}{8}(h^2 - h_1^2) + \frac{t}{8}h_1^2\right] \quad \cdots\cdots (7\text{-}15)$$

복부와 플랜지(flange)의 접합부 bc에 일어나는 전단응력은 식 (7-14)에 $y_1 = \pm\frac{h_1}{2}$을 대입하면 얻어지며, 이것이 복부에서의 최소전단응력이다.

$$\tau_{min} = \frac{V}{It} \cdot \frac{b}{8}(h^2 - h_1^2) \quad \cdots\cdots (7\text{-}16)$$

다음에, 플랜지에서의 전단응력을 생각해 보자. 플랜지와 복부의 접합부 bc에서의 전단응력은 식 (7-16)으로 계산되지만, 자유면 ab와 cd에서의 전단응력은 0이어야 한다. 그러므로, 플랜지와 복부의 접합부에서의 실제의 전단응력의 변화는 간단하게 얻을 수 없다. 특히, b점 및 c점 부분에 응력집중이 일어난다는 점에 유의해야 한다.

이 I형 단면의 상하면에서는 $Q=0$이므로 전단응력도 0이다. 따라서, I형 단면의 전단응력의 분포는 그림 7-11(b)와 같은 모양이 된다.

이상으로부터, I형 단면에 대하여 다음과 같은 사실을 알 수 있다.

① 대부분의 전단력을 복부가 받으며, 플랜지가 받는 전단력은 극히 작다.

② τ_{max}와 τ_{min}의 차는 크지 않으므로, 복부에서의 전단응력의 분포는 거의 균일하다고 볼 수 있다.

③ 따라서, 복부의 최대전단응력을 근사적으로 $\tau_{max} = \frac{V}{th_1}$로 보아도 좋다.

④ 플랜지는 휨에 대하여 유리하다.

【예제 7-3】 예제 7-1의 보에서 최대전단응력을 구하라. 또, 복부와 플랜지의 접합부의 전단응력을 계산하라.

풀이 먼저, 최대전단력 V를 구해야 한다. 단순보에서 최대전단력은 지점반력이다. 보의 자중에 의한 지점반력은

$$V_D = R_A = \frac{1}{2}wl = \frac{1}{2} \times 560 \times 2 = 560\text{ N}$$

하나의 집중하중이 보 위를 이동하므로, 최대반력은 하중이 지점 위에 실릴 때 일어난다. 그러므로, 활하중에 의한 최대전단력은

$$V_L = R_A = 80\text{ kN} = 80000\text{ N}$$

따라서 이 보의 최대전단력은

$$V = 560 + 80000 = 80560\ \mathbf{N}$$

그림 7-3(b)의 단면의 중립축에 대한 단면1차모멘트는

$$Q = 125 \times 20 \times \left(\frac{20}{2} + \frac{210}{2}\right) + 10 \times \frac{210}{2} \times \left(\frac{210}{2} \times \frac{1}{2}\right) = 342625\ \mathbf{mm}^3$$

단면2차모멘트는 예제 7-1로부터 $I = 7400 \times 10^4\ \mathbf{mm}^4$이고, 복부의 폭은 10 mm이므로, 중립축에 일어나는 최대전단응력은 식 (7-11)에 의하여 다음과 같다.

$$\tau_{\max} = \frac{VQ}{It} = \frac{80560 \times 342625}{(7400 \times 10^4) \times 10} = 37.3\ \mathbf{N/mm}^2\ (37.3\ \mathbf{MPa})$$

이 값은 식 (7-15)로부터도 얻을 수 있다.

다음에, 복부와 플랜지의 접합부의 전단응력을 계산해 보자. 중립축에 대한 플랜지의 단면1차모멘트는

$$Q = 125 \times 20 \times \left(\frac{20}{2} + \frac{210}{2}\right) = 287500\ \mathbf{mm}^3$$

따라서, 복부와 플랜지의 접합부에서 전단응력은 식 (7-11)로부터

$$\tau_{\min} = \frac{80560 \times 287500}{(7400 \times 10^4) \times 10} = 31.3\ \mathbf{N/mm}^2\ (31.3\ \mathbf{MPa})$$

이 값은 식 (7-16)으로부터도 얻을 수 있다.

(3) 주 응 력

그림 7-12(a)의 보에서 단면 t-t의 임의점 D에서의 응력을 생각해 보자. 이 단면이 휨만을 받는다고 생각하면 점 D에서의 휨응력은 $\sigma = \frac{M}{I}y$이고, 그 분포는 그림 7-12(b)와 같다. 이 단면에 작용하는 전단력만을 생각하면, 점 D에서의 전단응력은 $\tau = \frac{VQ}{Ib}$이고, 그 분포는 그림 7-12(c)와 같다.

이들 응력 σ와 τ는 휨과 전단을 따로따로 생각했을 때 부재축에 직각인 단면에 일어나는 응력이다. 그러나, 실제로 보의 단면에는 이들 응력이 동시에 작용한다.

이 관계를 알기 쉽게 나타낸 것이 그림 7-13(a)이다. 즉, 그림 7-12(a)의 보의 임의점 D에서의 응력 상태를 그림 7-13(a)와 같이 나타낼 수 있다. 따라서, 점 D의 임의 방향의 단면에는 σ와 τ의 동시 작용으로 인한 응력이 일어날 것이다. 이 관계를 보인 것이 그림 7-13(b)이다. 즉, 점 D를 지나는 단면이 그림 7-12(d)와 같이 경사졌을 때, σ와 τ의 동시 작용으로 인하여 경사 단면 위의 점 D에는 수직응력 σ_θ와 접선응력 τ_θ가 일어날 것이다. σ_θ는 경사단면에 수직으로 작용하는 응력이므로 수직응력(normal stress)이라 하고, τ_θ는 경사단면의 접선방향으로 작용하는 응력이므로 접선응력(tangential stress)이라 하며, 그 성질이 전단응력과 같기 때문에 전단응력이라고 한

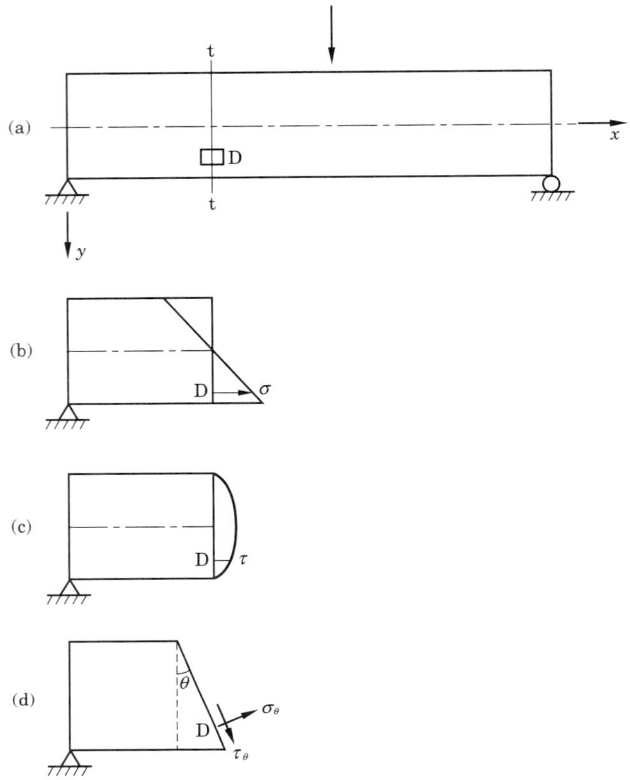

그림 7-12

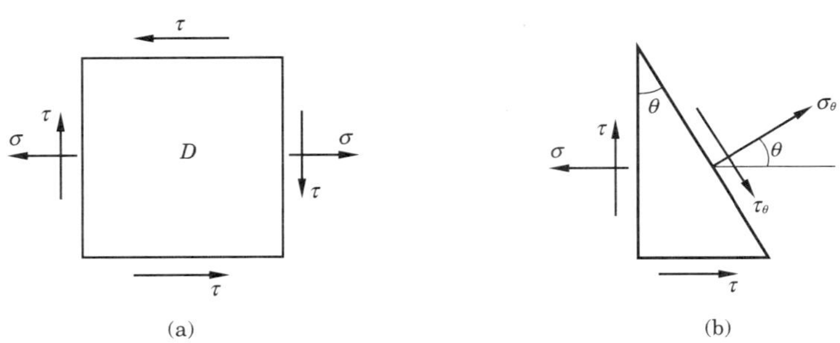

그림 7-13

다. 그림 7-13(b)의 삼각형 요소의 세 면의 면적은 그림 7-7(c)와 같으므로, 이 삼각형 요소에 대하여 수평 및 수직방향의 평형을 생각하면

$$\Sigma H = (\sigma_\theta \cos\theta) \times \frac{A}{\cos\theta} + (\tau_\theta \sin\theta) \times \frac{A}{\cos\theta} - \sigma A + \tau A \tan\theta = 0$$

$$\Sigma V = (\sigma_\theta \sin\theta) \times \frac{A}{\cos\theta} - (\tau_\theta \cos\theta) \times \frac{A}{\cos\theta} + \tau A = 0$$

이 두 식을 정리하면($A \fallingdotseq 0$이므로)

$$\sigma_\theta + \tau_\theta \tan\theta - \sigma + \tau \tan\theta = 0$$

$$\sigma_\theta \tan\theta - \tau_\theta + \tau = 0$$

위의 두 식을 σ_θ와 τ_θ에 대하여 연립시켜 풀면

$$\sigma_\theta = \sigma \cos^2\theta - 2\tau \sin\theta \cos\theta$$

$$\tau_\theta = \sigma \sin\theta \cos\theta + \tau(\cos^2\theta - \sin^2\theta)$$

그런데

$$2\cos^2\theta = 1 + \cos 2\theta,\ \ 2\sin^2\theta = 1 - \cos 2\theta,\ \ \sin 2\theta = 2\sin\theta \cos\theta$$

이므로, σ_θ와 τ_θ는 다음과 같이 된다.

$$\sigma_\theta = \frac{\sigma}{2} + \frac{\sigma}{2}\cos 2\theta - \tau \sin 2\theta \quad \cdots\cdots (7\text{-}17)$$

$$\tau_\theta = \frac{\sigma}{2}\sin 2\theta + \tau \cos 2\theta \quad \cdots\cdots (7\text{-}18)$$

즉, 경사 단면에 일어나는 수직응력 σ_θ와 전단응력 τ_θ가 구해졌으며, 이 응력들은 θ의 함수이다. σ_θ의 극값을 얻기 위하여 식 (7-17)을 θ에 관하여 미분하여 0으로 놓으면

$$\frac{d\sigma_\theta}{d\theta} = -\sigma \sin 2\theta - 2\tau \cos 2\theta = 0$$

$$\therefore\ \tan 2\theta = -\frac{2\tau}{\sigma} \quad \cdots\cdots (7\text{-}19)$$

θ는 0에서 2π까지 변하므로, 식 (7-19)를 만족하는 2θ는 π의 차를 가지고 2개 있다. 따라서, θ는 $\frac{\pi}{2}$의 차를 가지고 2개가 존재한다. 결국, σ_θ가 극값으로 되는 면은 2개 있고, 직교한다. 이 두 면 가운데 하나의 면에 작용하는 σ_θ는 최대이고, 다른 면에 작용하는 σ_θ는 최소이다. 이러한 응력을 **주응력**(principal stress)이라 하고, 주응력이 작용하는 면을 **주응력면** 또는 **주면**(principal plane)이라 한다. 또한, 식 (7-19)는 식 (7-18)을 0으로 놓고 얻은 것과 같다. 즉, 주면에서의 전단응력은 0이다.

식 (7-19)를 식 (7-17)에 대입하면 주응력을 얻을 수 있다. 그런데, 식 (7-19)로부터 기하학적으로 다음 관계를 얻는다.

$$\cos 2\theta = \pm \frac{\sigma}{\sqrt{\sigma^2 + 4\tau^2}}$$

$$\sin 2\theta = \mp \frac{2\tau}{\sqrt{\sigma^2 + 4\tau^2}}$$

이들을 식 (7-17)에 대입하면 보의 주응력은 다음과 같이 된다.

$$\left.\begin{matrix}\sigma_1 \\ \sigma_2\end{matrix}\right\} = \frac{\sigma}{2} \pm \sqrt{\left(\frac{\sigma}{2}\right)^2 + \tau^2} \quad \cdots\cdots (7\text{-}20)$$

여기서, σ_1은 최대응력(주 인장응력)이고, σ_2는 최소응력(주 압축응력)이다. 이 응력이 그림 7-14 (c)에 나타나 있다.

경사 단면에 일어나는 전단응력 τ_θ의 극값을 얻기 위하여 식 (7-18)을 θ에 관하여 미분하여 0으로 놓으면

$$\tan 2\theta = \frac{\sigma}{2\tau} \quad \cdots\cdots (7\text{-}21)$$

즉, τ_θ가 극값으로 되는 면도 2개이며, 직교한다. τ_θ의 극값은 식 (7-21)의 관계를 식 (7-18)에 대입하면 구해진다.

$$\left.\begin{matrix}\tau_1 \\ \tau_2\end{matrix}\right\} = \pm \sqrt{\left(\frac{\sigma}{2}\right)^2 + \tau^2} \quad \cdots\cdots (7\text{-}22)$$

τ_1, τ_2를 **주전단응력**이라 한다. 이 전단응력들이 그림 7-14 (d)에 나타나 있다. 또, 최대전단응력 $\tau_{\max}$은 식 (7-20)과 식 (7-22)에 의하여 다음과 같이 된다.

$$\tau_{\max} = \tau_1 = \frac{\sigma_1 - \sigma_2}{2} \quad \cdots\cdots (7\text{-}23)$$

한편, 식 (7-19)의 $\tan 2\theta$와 식 (7-21)의 $\tan 2\theta$를 곱하면 -1이다. 즉, 식 (7-19)의 2θ의 면과 식 (7-21)의 2θ의 면은 직교한다. 따라서, 식 (7-19)의 θ의 면과 식 (7-21)의 θ의 면은 $\frac{\pi}{4}$의 각을 이룬다. 그러므로, σ_θ가 극값으로 되는 면(주응력면)과 τ_θ가 극값으로 되는 면(주전단응력면)은 45°의 각을 이룬다.

그림 7-14 (a)에서 점 A 및 E는 각각 보의 상면 및 하면의 점이고, 점 B 및 D는 각각 압축측 및 인장측의 점이며, 점 C는 중립축의 점이다. 각 점의 휨응력과 전단응력이 그림 7-14 (b)에 나타나 있고, 주응력은 그림 7-14 (c)에, 주전단응력은 그림 7-14 (d)에 나타나 있다.

점 E에서 주인장응력은 $\sigma_1 = \sigma$이고, 주압축응력은 $\sigma_2 = 0$이며, $\theta = 0$임을 식 (7-20)과 식 (7-19)로부터 알 수 있다. 따라서, 보의 하면에서는 주인장응력만이 그림 7-14 (c)와 같이 작용한다. 인장측의 임의점 D에서는 식 (7-20)으로 계산되는 주인장응력 σ_1과 주

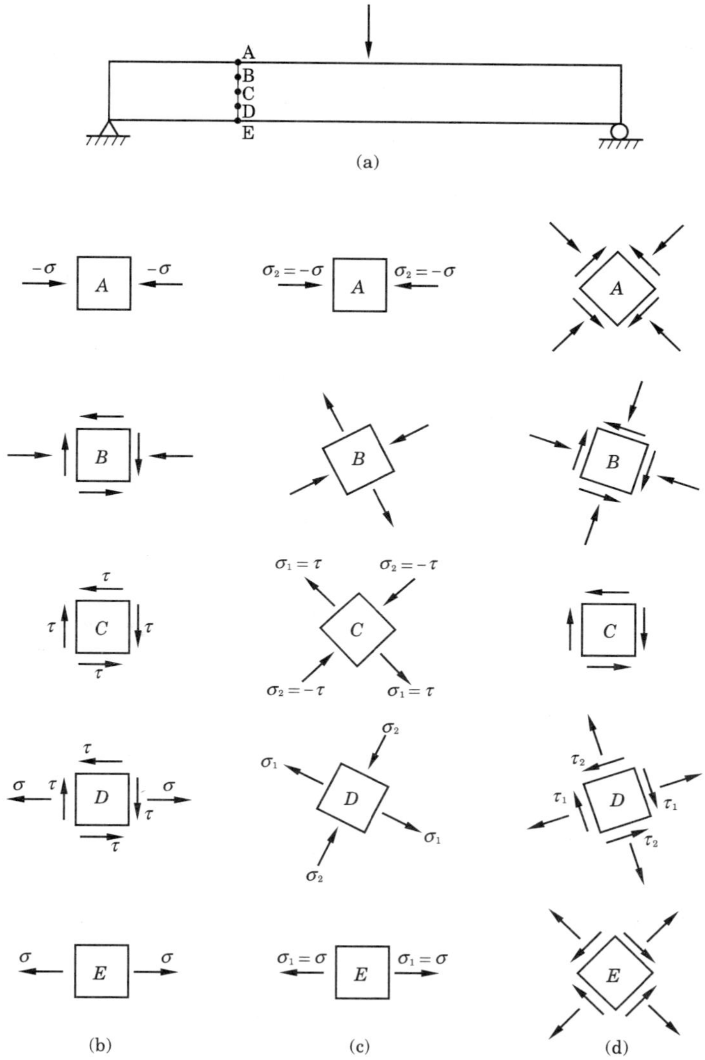

그림 7-14

압축응력 σ_2가 그림과 같이 작용하며, 식 (7-19)로 계산되는 θ의 기울기를 가진다. 이들은 중립축에 접근함에 따라 더 기울어져서, 점 C(중립축) 에서는

$$\sigma_1=\tau, \qquad \theta=-45°$$

$$\sigma_2=-\tau, \qquad \theta=45°$$

로 된다[그림 7-14(c)의 점 C]. 압축측에 이르면 주인장응력은 수직에 가까워지며, 압축측 표면에 이르러서는 주압축응력 $\sigma_2(=-\sigma)$만이 작용하여 그림 7-14(c)의 점 A의 응

력 상태로 된다.

그림 7-15(a)는 직사각형 단면의 단순보에 등분포하중이 작용할 때 단면의 각 점에 일어나는 주응력의 작용방향(기울기)을 나타낸 것이다. 실선은 주인장응력의 작용방향을 나타내고, 파선은 주압축응력의 작용방향을 나타낸다. 이 두 곡선은 교점에서 서로 직교한다. 이러한 곡선을 **주응력선**(principal stress line) 또는 **주응력궤적**(principal stress trajectory)이라 한다.

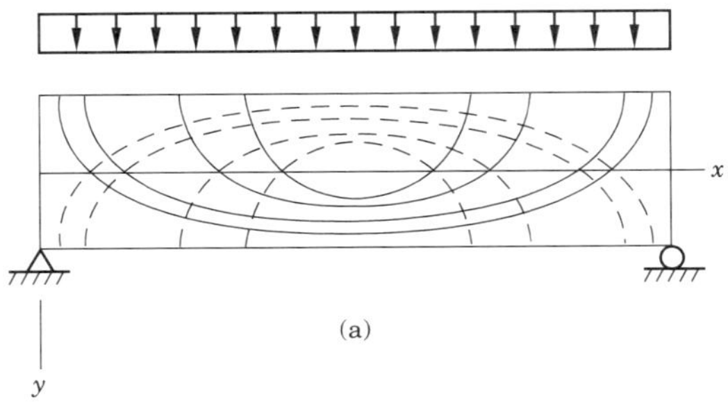

(a)

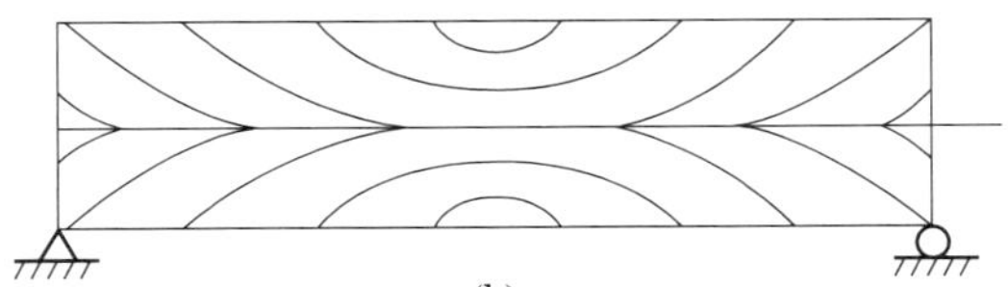

(b)

그림 7-15

그림 7-14(d)는 각 점의 주전단응력의 작용을 보인 것이고, 그림 7-15(b)는 등분포하중이 작용하는 직사각형 단면의 단순보의 각 점에 일어나는 주전단응력의 작용방향을 나타낸 것이다. 그림 7-15(a)의 주응력선과 그림 (b)의 주전단응력선은 서로 45°를 이룬다.

직사각형 단면의 보와 같이 전단응력이 연속적으로 변하여 중립축에서 최대값을 가지는 경우에는 단면의 상단 또는 하단의 휨응력(연단응력)이 갑자기 그 단면의 최대응력으로 된다. 그러나 I형 단면과 같이 플랜지와 복부의 경계에서 전단응력이 갑자기 변하는 경우에는 그 경계면에 일어나는 주응력이 그 단면의 연단응력보다 큰 값으로 되는 경우도 있다.

【예제 7-4】 예제 7-1에서 활하중이 지간 중앙에 실릴 때, 지간 중앙 단면의 하부 플랜지와 복부의 접합부에 일어나는 주응력을 구하라.

풀이 활하중이 지간 중앙에 실릴 때, 지간 중앙 단면의 하면에 일어나는 휨응력은 68 MPa이므로(예제 7-1 참조), 하부 플랜지와 복부의 접합부의 휨응력은 다음과 같이 된다.

$$\sigma = 68 \times \frac{210/2}{250/2} = 57\,\mathrm{MPa}$$

집중하중 80 **kN**이 지간 중앙에 실릴 때, 지간 중앙 단면의 전단력은 $V = 40\,\mathbf{kN}$이다. 그림 7-3 (b)의 단면에서 플랜지 부분의 중립축에 대한 단면1차모멘트는 $Q = 287500\,\mathbf{mm}^3$(예제 7-3 참조)이고, $I = 7400 \times 10^4\,\mathbf{mm}^4$(예제 7-1 참조)이다. 따라서, 하부 플랜지와 복부의 접합부에 일어나는 전단응력은

$$\tau = \frac{VQ}{It} = \frac{40000 \times 287500}{(7400 \times 10^4) \times 10} = 15.5\,\mathrm{N/mm^2}\ (15.5\,\mathrm{MPa})$$

그러므로, 하부 플랜지와 복부의 접합부에 일어나는 주응력은 식 (7-20)에 의하여

$$\left.\begin{matrix}\sigma_1\\ \sigma_2\end{matrix}\right\} = \frac{57}{2} \pm \sqrt{\left(\frac{57}{2}\right)^2 + 15.5^2} = \left\{\begin{matrix}61\,\mathrm{MPa}\ (\text{인장})\\ -4\,\mathrm{MPa}\ (\text{압축})\end{matrix}\right.$$

주응력면이 보의 축과 이루는 각은 식 (7-19)로부터 다음과 같이 된다.

$$\tan 2\theta = -\frac{2\tau}{\sigma} = -\frac{2 \times 15.5}{57} = -0.544$$

$$\therefore\ 2\theta = -28°32',\ \text{즉}\ \theta = 14°16'$$

이상을 **Mohr**의 원으로 풀어 보자. 하부 플랜지와 복부의 접합부에서의 응력 상태는 그림 7-16(a)와 같다.

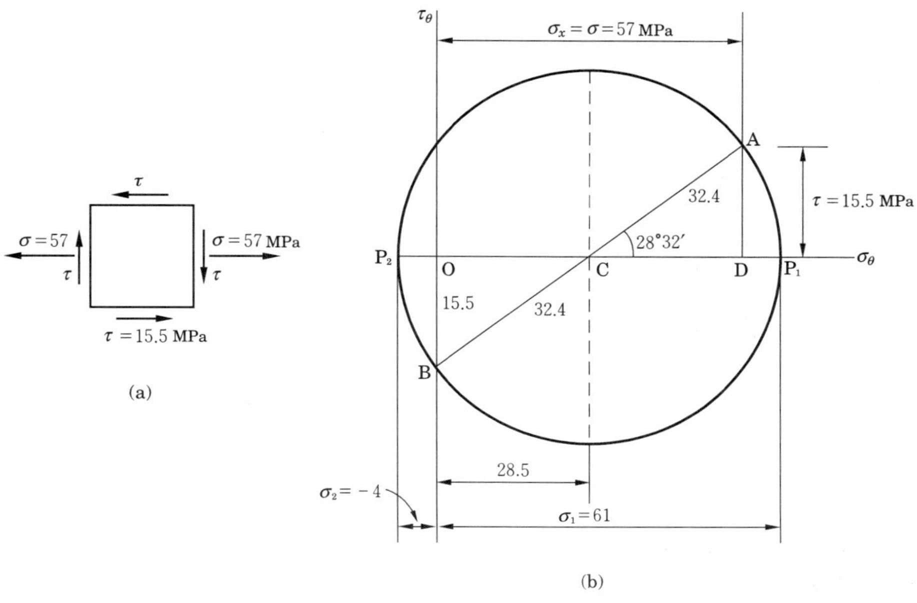

그림 7-16

그림 7-16(b)와 같이 O를 원점으로 하고, σ_θ, τ_θ의 직교좌표를 잡으면 Mohr의 원의 중심 C는

$$OC = \frac{\sigma_x + \sigma_y}{2} = \frac{\sigma_x + 0}{2} = \frac{\sigma}{2} = \frac{57}{2} = 28.5\,\text{MPa}$$

이다. $OD = \sigma_x = \sigma = 57\,\text{MPa}$로 되도록 점 D를 잡고, $AD = \tau = 15.5\,\text{MPa}$가 되도록 D에서 σ_θ축에 수선을 세워 A를 정한다. 점 A는 Mohr의 원주상의 점이다. $\sigma_y = 0$이므로, $OB = \tau = -15.5\,\text{MPa}$가 되도록 B를 정하면 점 B도 Mohr의 원주상의 점이 된다. 따라서, Mohr의 원의 반지름은 $\sqrt{28.5^2 + 15.5^2} = 32.4\,\text{MPa}$이다. C를 중심으로 32.4 MPa를 반경으로 한 원을 그린다. 이것이 Mohr의 원이며, 이 원이 σ_θ축과 만난 점을 각각 P_1, P_2라고 하면, OP_1과 OP_2가 구하고자 하는 주응력이다. 즉,

$OP_1 = \sigma_1 = 61\,\text{MPa}$ (주 인장응력)
$OP_2 = \sigma_2 = -4\,\text{MPa}$ (주 압축응력)

(4) 보의 설계

이상에서 본 바와 같이, 보의 축에 직각인 단면에 휨응력과 전단응력이 작용하며, 두 응력의 조합 작용에 의하여 주응력이 일어난다. 지간이 매우 짧은 I형 단면의 보가 큰 집중하중을 받을 때, 플랜지와 복부의 접합부에 일어나는 주응력이 연단응력보다 큰 경우가 있다. 그러나, 보통의 보에서는 연단응력이 주응력보다 크다. 그러므로, 보를 설계할 때에는 연단응력에 의하여 단면을 정하고, 그 단면이 전단에 대하여 안전한가를 검사하는 것이 보통이다. 그러나, 실제로는 보의 단면을 미리 가정하고, 휨응력과 전단응력을 계산하여 이들을 각각의 허용응력과 비교한다. 허용응력을 초과하면 단면을 수정한다.

단면의 형상은 여러가지가 있으나, 단면계수를 생각하면 다음과 같은 사실을 알 수 있다. 직사각형 단면은 높이가 클수록 유리하다. 경제적인 설계를 위해서는 단면의 대부분이 중립축으로부터 멀리 떨어진 곳에 있는 것이 유리하다. 이러한 이유로 보에는 I형 단면이나 T형 단면이 많이 쓰이고, 긴 지간의 보에는 박스(box) 단면이 쓰인다.

7.2 휨과 축력의 합성작용

그림 7-17(a)와 같이 캔틸레버의 자유단에 힘 P가 작용할 때, 이 보의 임의단면에 일어나는 단면력을 생각해 보자. 힘 P는 보의 축에서 경사져 있고, 단면의 도심에 작용한다.

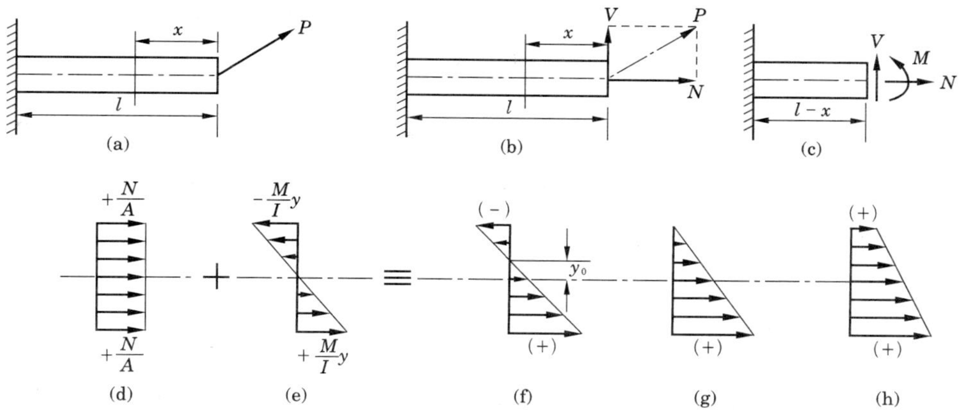

그림 7-17

힘 P는 그림 7-17 (b)와 같이 N과 V로 분해할 수 있다. 따라서, 보의 임의단면에는 그림 7-17 (c)와 같이 축력(축방향력) N, 휨모멘트 $M(=Vx)$ 및 전단력 V가 일어난다. 전단응력은 수직응력과 그 성질이 다르기 때문에 따로 생각하는 것이 보통이다. 그러므로, 단면에 일어나는 수직응력은 축력 N에 의한 응력 $\frac{N}{A}$과 휨모멘트 M에 의한 응력 $\frac{M}{I}y$를 합성하여 구한다. 즉, 휨과 축력의 조합작용으로 인한 응력은 다음 식으로 계산한다.

$$\sigma = \frac{N}{A} + \frac{M}{I}y \quad \cdots\cdots (7\text{-}24)$$

인장을 정(+), 압축을 부(−)로 약속하면, 이 보의 상연응력 σ_t 및 하연응력 σ_b 는 각각 다음과 같이 된다.

$$\left.\begin{aligned} \sigma_t &= \frac{N}{A} - \frac{M}{I}y \\ \sigma_b &= \frac{N}{A} + \frac{M}{I}y \end{aligned}\right\} \quad \cdots\cdots (7\text{-}25)$$

이 응력의 분포는 그림 7-17의 (f), (g), (h) 가운데 하나가 된다. 응력이 그림 (f)와 같이 분포할 때의 중립축의 위치는 식 (7-24)에서 $\sigma = 0$으로 놓으면 얻을 수 있다. 즉,

$$y_0 = -\frac{IN}{AM} \quad \cdots\cdots (7\text{-}26)$$

응력의 분포가 그림 (g)와 같은 경우에 중립축은 보의 상면에 있고, 응력의 분포가 그림 (h)와 같은 경우에 중립축은 부재 밖에 있게 된다. 축력이 압축일 경우에는 부호가 인장의 경우와 반대로 될 뿐, 결과는 같다. 휨과 축력을 함께 받는 부재의 예로는 라멘의 부재, 아치리브, 기둥 등이 있다.

7. 3 휨과 비틀림의 합성작용

구조부재 가운데에는 휨과 함께 비틀림을 받는 경우도 있다. 예를 들면, 교량의 외측 주거더라든지, 슬래브의 테두리보 등이 그러하다. 이러한 부재들을 해석하고 설계할 때에는 비틀림의 영향을 고려해야 한다. 그러기 위해서는 비틀림응력의 성질을 알아 두어야 한다.

(1) 비틀림응력

그림 7-18(a)와 같이 원형단면의 부재가 양단에 작용하는 우력 T에 의하여 비틀리는 경우를 생각해 보자. 이 우력모멘트 T를 **비틀림모멘트**(torsional moment, torque)라 하며, 이렇게 비틀림모멘트만을 받고 있는 상태를 **순수비틀림**(pure torsion) 상태에 있다고 한다. 이 때, 부재는 비틀린 후에도 원형단면을 유지하며, 반지름은 직선을 유지한다. 또, 비틀림각이 작으면 부재의 길이와 단면의 반지름은 변하지 않는다.

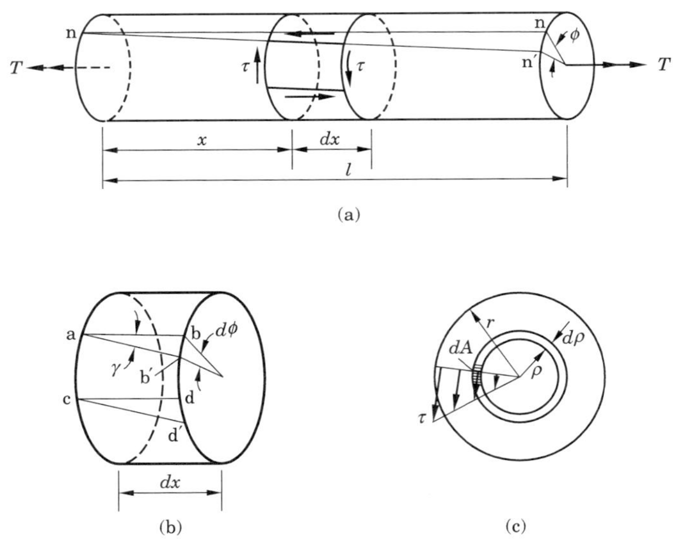

그림 7-18

이 부재가 비틀림을 받으면 그림 7-18(a)와 같이 ϕ만큼 회전하여 nn은 nn′로 될 것이다. 따라서, dx만큼 떨어진 두 단면 사이의 표면의 정사각형 요소는 비틀려서 마름모꼴로 될 것이다. 그림 7-18(b)에 보인 것처럼, 변형 전에 정사각형이던 요소 abdc는 비틀림을 받은 후에는 ab′d′c로 변형한다. 그리고, 이 요소는 순수전단 상태에 있게 되고,

그 전단변형률 γ는 각 bac의 감소량과 같다. γ는 그림 7-18(b)를 참고하면 다음과 같다.

$$\gamma = \tan\gamma = \frac{\mathrm{bb'}}{\mathrm{ab}}$$

한 단면의 다른 단면에 대한 회전각이 $d\phi$이고 단면의 반지름이 r이므로 $\mathrm{bb'} = rd\phi$이고, $\mathrm{ab} = dx$이므로 γ는 다음과 같이 된다.

$$\gamma = r\frac{d\phi}{dx} \qquad \text{(a)}$$

여기서, $\dfrac{d\phi}{dx}$는 단위 길이의 비틀림각을 나타내며, 순수비틀림에 있어서는 부재의 전 길이에 대하여 일정한 값을 가진다. 따라서, 이것을 기호 θ로 나타내면 $\dfrac{d\phi}{dx} = \theta = \dfrac{\phi}{l}$로 되어 식 (a)는 다음과 같이 된다.

$$\gamma = r\theta = r\frac{\phi}{l} \qquad \text{(7-27)}$$

이러한 전단변형률을 일으키는 전단응력 τ는 다음과 같다[식 (7-9) 참조].

$$\tau = G\gamma = Gr\theta \qquad \text{(7-28)}$$

이 τ는 부재의 표면에 일어나는 전단응력이고, 그 방향은 그림 7-18(a)와 같다.

다음에, 부재의 내부에 일어나는 응력을 생각해 보자. 단면의 반지름은 비틀림을 받는 동안 직선을 유지하며, 또 동일한 각도만큼 회전하므로, 그림 7-18(c)와 같은 반지름 ρ인 내부원통의 표면에 대해서도 앞의 논의가 그대로 적용될 수 있다. 그러므로, 반지름 ρ인 곳에서의 전단변형률과 전단응력은 각각 다음과 같다.

$$\gamma = \rho\theta$$
$$\tau = G\rho\theta \qquad \text{(7-29)}$$

즉, 순수비틀림을 받는 부재의 전단변형률과 전단응력은 그 축의 중심으로부터 반지름 방향의 거리 ρ에 비례하며, 그 최대값은 부재의 표면에서 일어난다. 전단응력의 이러한 관계가 그림 7-18(c)에 나타나 있다. 이러한 응력을 **비틀림응력**(torsional stress)이라고 하며, 그 성질이 전단응력과 같다는 것에 유의해야 한다.

직교하는 평면 위에는 같은 크기의 전단응력이 존재한다[7.1절의 (2) 전단응력 참조]. 그러므로, 지금의 경우, 부재의 축방향에도 단면의 전단응력과 같은 크기의 전단응력이 일어난다. 이 관계를 보인 것이 그림 7-19이다.

한편, 부재의 표면 위의 순수전단 상태는 45°만큼 회전된 요소에 같은 크기의 인장응력과 압축응력이 작용하는 상태와 동등하다 [7.1절 (2)의 ❷ 참조]. 그러므로, 부재의 축선과

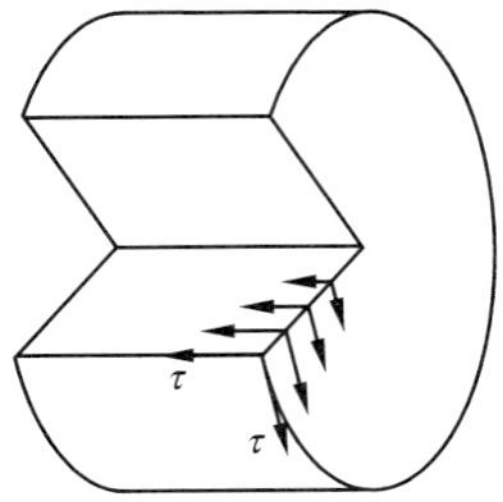

그림 7-19

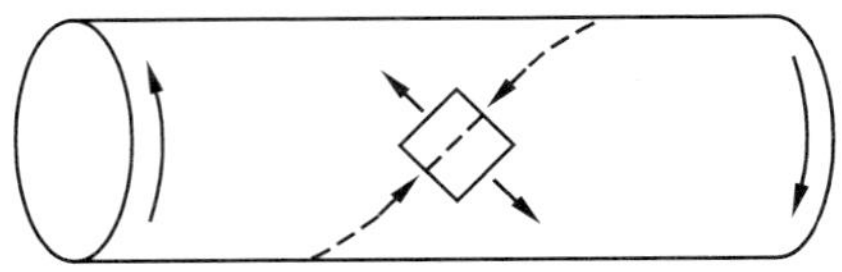

그림 7-20

45°의 각을 이루는 정사각형 요소는 그림 7-20과 같은 응력을 받게 된다. 따라서 인장에 약한 재료로 된 부재가 비틀림을 받는다면, 그 부재는 부재축에 대하여 45° 경사진 나선(spiral line)을 따라 인장으로 파손될 것이다.

다음에 비틀림모멘트 T와 비틀림각 θ의 관계를 구해 보자. 그림 7-18(c)에 보인 바와 같이, 부재의 중심으로부터 ρ의 거리에 있는 미소면적 dA에 작용하는 비틀림응력(전단응력)을 τ라 하면, dA에 작용하는 전단력은 $\tau\, dA$이고, 이 힘의 부재축에 대한 모멘트는 $\tau\rho\, dA$이다. 여기에 식 (7-29)를 대입하면 그 모멘트는 $G\theta\rho^2\, dA$로 된다. 전체 비틀림모멘트 T는 이 요소의 모멘트를 전체 단면에 대하여 적분한 값과 같다. 즉,

$$T = \int G\theta\rho^2\, dA = G\theta\int\rho^2\, dA = G\theta J \quad \cdots\cdots (7\text{-}30)$$

여기서, $J = \int\rho^2\, dA$(단면2차극모멘트)이므로,

$$\theta = \frac{T}{GJ} \quad \cdots\cdots (7\text{-}31)$$

위의 θ는 부재의 단위 길이의 비틀림각이다. 따라서, 전체 비틀림각 ϕ는 θl이 되므로 다음 관계가 성립된다.

$$\phi = \frac{Tl}{GJ} \quad \cdots\cdots (7\text{-}32)$$

위의 식의 GJ를 비틀림강성(torsional rigidity)이라 한다.

식 (7-31)의 θ를 식 (7-28)에 대입하면, 반지름 r인 원형 단면 부재가 비틀림모멘트 T를 받을 때의 최대비틀림응력을 얻는다.

$$\tau_{\max} = \frac{T}{J}r \quad \cdots\cdots (7\text{-}33)$$

단면의 중심으로부터 임의 거리 ρ의 점에서의 비틀림응력은 다음과 같다.

$$\tau = \frac{T}{J}\rho \quad \cdots\cdots (7\text{-}34)$$

이상으로부터 다음과 같은 사실을 알 수 있다. 즉, 비틀림을 받는 원형 단면의 부재에 일어나는 비틀림응력은 단면의 중심에서 0이고, 중심으로부터의 거리에 비례하여 증대하며, 부재의 표면에서 최대로 된다. 그러므로, 부재의 중심부는 매우 작은 응력을 받게 된다. 따라서, 재료의 절약과 자중의 감소를 위하여 속이 빈 원형 단면을 사용하는 것이 유리하다. 그래서, 비틀림을 받는 부재에는 속이 빈 원형 단면이나 박스(box) 단면이 주로 쓰인다.

(2) 휨과 비틀림의 합성작용

구조부재 가운데에는 휨과 비틀림을 동시에 받는 경우가 있다. 이런 경우의 예로 그림 7-21과 같이 연직하중 P와 비틀림모멘트 T를 받고 있는 원형 단면의 캔틸레버를 생각해 보자. 이 보의 길이를 l이라 하면, 고정지점에서 x의 거리에 있는 임의단면에는 다음과 같은 단면력이 일어난다.

휨모멘트 : $M = P(l - x)$

전 단 력 : $V = P$

비틀림모멘트 : T

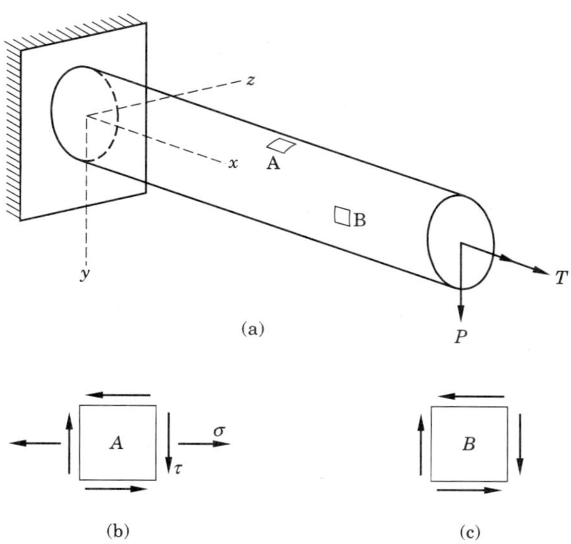

그림 7-21

여기서, 휨모멘트 M의 부호는 부(−)이지만 절대값을 취하기 위하여 정(+)으로 한다. 먼저, 보 상면의 응력 상태를 알아보기 위하여 보 상면의 사각형 요소 A를 생각해 보자. 이 요소는 휨모멘트 M에 의한 휨응력 $\sigma = \frac{M}{I} y$와, 비틀림모멘트 T에 의한 비틀림응력 $\tau = \frac{T}{J} \rho$를 받아서 그림 7-21(b)와 같은 응력 상태로 된다(보의 상면에서는 전단력 V에 의한 전단응력은 0이라는 점에 주의해야 한다.).

따라서, 요소 A에서의 주응력 및 최대전단응력은 식(7-20) 및 식(7-23)에 의해 다음과 같이 된다.

$$\left.\begin{matrix}\sigma_1 \\ \sigma_2\end{matrix}\right\} = \frac{\sigma}{2} \pm \sqrt{\left(\frac{\sigma}{2}\right)^2 + \tau^2} \quad \cdots\cdots (7\text{-}35)$$

$$\tau_{\max} = \frac{\sigma_1 - \sigma_2}{2} = \sqrt{\left(\frac{\sigma}{2}\right)^2 + \tau^2} \quad \cdots\cdots (7\text{-}36)$$

다음에, 보의 중립면과 만나는 측면요소 B를 생각해 보자. 이 요소에서는 휨응력은 $\sigma = 0$이고, $\frac{VQ}{Ib}$로 계산되는 V에 의한 전단응력과 $\frac{T}{J}\rho$로 계산되는 T에 의한 비틀림응력이 조합되어 그림 7-21(c)와 같은 순수전단 상태로 된다. 따라서, 이 요소에서의 주응력은 보의 축과 45°의 경사를 가지고 작용하면서 서로 직각을 이루며, 하나는 인장, 다른 하나는 압축이 된다.

7.4 비대칭휨

이제까지는 대칭단면에 작용하는 1방향 휨 즉, 1축휨(uniaxial bending)에 대한 것을 다루어 왔다.

그러나, 때에 따라서는 구조부재가 비대칭휨을 받는 경우가 있다. 예를 들면, 대칭단면의 부재가 편기된 하중을 받음으로써 2방향 휨 즉, 2축휨(biaxial bending)을 받는 경우가 있고, 또는 보의 단면 자체가 비대칭이어서 비대칭휨을 받는 경우도 있다. 여기서는 이러한 비대칭휨을 받는 경우에 대하여 논의한다.

(1) 2축휨

대칭단면으로 된 캔틸레버에서, 그림 7-22와 같이 편기된 하중 P가 단면의 도심 C에 작용하는 경우를 생각해 보자.

하중 P는 y방향의 분력 $P\cos\theta$와 z방향의 분력 $P\sin\theta$로 분해할 수 있다. 따라서,

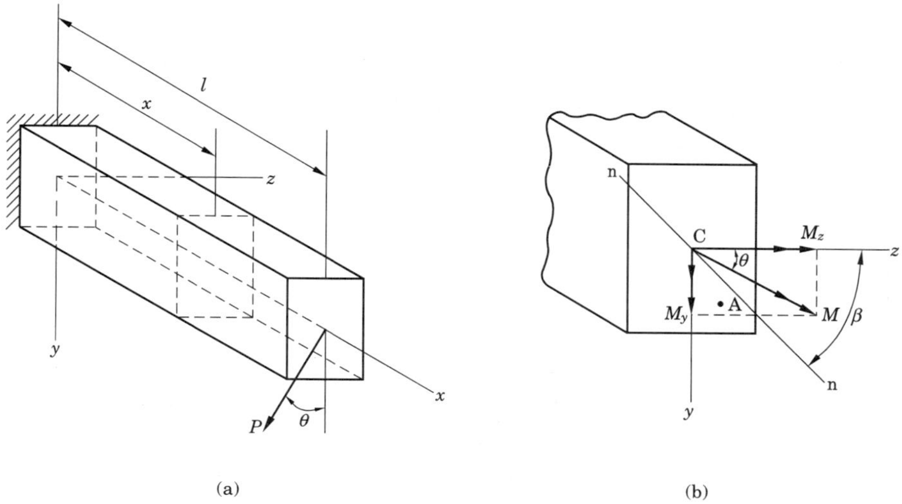

그림 7-22

보에 일어나는 응력과 처짐은 두 분력에 의한 결과를 겹침의 원리에 의하여 합성하면 된다. 고정지점으로부터 x만큼 떨어진 단면에는 다음과 같은 두 방향의 휨모멘트가 일어난다.

$$M_z = (P\cos\theta)(l - x)$$
$$M_y = (P\sin\theta)(l - x)$$

여기서, M_z는 z축 둘레의 휨모멘트이고, M_y는 y축 둘레의 휨모멘트이다. 또, M_z, M_y는 대칭단면 내에 작용하는 휨모멘트이므로, 이들에 의한 휨응력은 식 (7-5)에 의하여 각각 $\dfrac{M_z}{I_z}y$, $\dfrac{M_y}{I_y}z$로 된다. 따라서, 단면 내의 임의점 A(y, z)에서의 수직응력은 다음과 같다.

$$\sigma_x = \frac{M_y}{I_y}z - \frac{M_z}{I_z}y \qquad (7\text{-}37)$$

여기서 I_y 및 I_z는 각각 y축 및 z축에 대한 단면2차모멘트이다.

최대응력은 중립축으로부터 가장 멀리 떨어져 있는 점에서 일어나며, 중립축은 식 (7-37)에서 $\sigma_x = 0$으로 놓으면 얻을 수 있다.

(2) 비대칭단면 보의 휨

앞의 절에서는 비대칭의 휨만을 생각하고 전단력은 생각하지 않았다. 그 결과, 2축휨을 받는 경우로 된 것이다. 여기서는 비대칭단면이 휨과 함께 전단을 받는 경우를 생각해 보기로 한다.

그림 7-23과 같이 비대칭단면으로 된 캔틸레버를 생각해 보자. 자유단에 하중 P가 y 축에 평행하게 연직방향으로 작용한다. z 축이 대칭축이므로 y 축과 z 축은 단면의 주축이고, C는 단면의 도심이다.

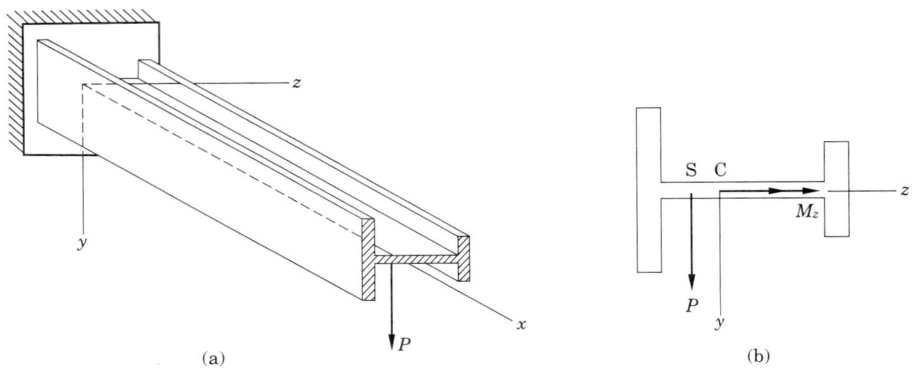

그림 7-23

이 때, 하중 P는 그림 7-23(b)와 같이 z 축 둘레의 휨모멘트 M_z와 y 방향의 전단력 $V_y(=P)$를 일으킬 것이다. 전단력의 합력은 z 축 위의 어떠한 점 S를 통과하는 작용선 위에 있으며, 비대칭단면에서는 점 S는 도심 C와 일치하지 않는다. 이 점 S를 단면의 전단중심(shear center)이라 한다. 하중 P가 전단중심을 통과하지 않으면 비틀림 작용이 일어나서 보는 비틀리게 된다. 즉, 비대칭단면의 보에 하중이 작용하면 휨과 비틀림의 조합 작용이 일어난다.

다음에, 그림 7-23(b)와 같은 단면의 전단중심을 구해 보자. 이 단면을 그림 7-24와 같이 2개의 플랜지와 1개의 복부로 구분하여, 3개의 직사각형으로 이루어진 것으로 보자. 이 세 부분은 모두 xy 평면 내에서 휘므로, 휨으로 인한 곡률은 동일하다. 그러므로, 다음 관계가 성립한다[식 (7-4) 참조].

$$\frac{M_1}{EI_1}=\frac{M_2}{EI_2}=\frac{M_3}{EI_3}$$

여기서, M_1, M_2, M_3은 그림 7-24의 ①, ②, ③부분이 받는 휨모멘트이고, I_1, I_2, I_3은 z 축에 대한 각 부분의 단면2차모멘트이다. I_3은 I_1과 I_2에 비하여 매우 작으므로 이를 무시한다. 즉, 모든 하중은 2개의 플랜지가 지지하는 것으로 본다. 그러면,

$$\frac{M_1}{I_1}=\frac{M_2}{I_2}$$

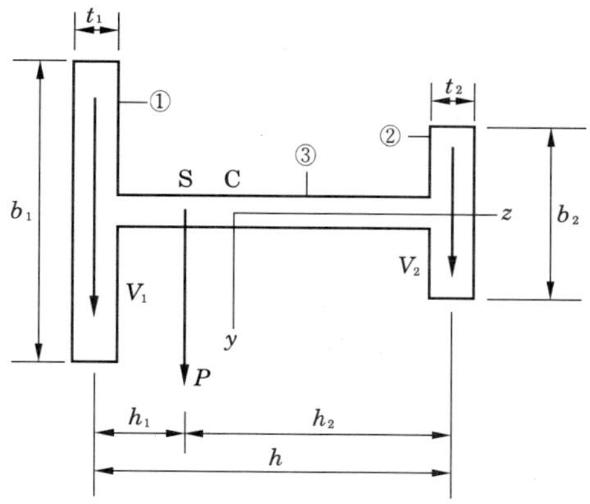

그림 7-24

여기에 $M_1+M_2=M_z$의 관계를 이용하면

$$M_1=\frac{I_1}{I_1+I_2}M_z$$

$$M_2=\frac{I_2}{I_1+I_2}M_z$$

두 플랜지가 받는 전단력 V_1, V_2도 같은 방법에 의하여 다음과 같이 된다. 여기서, $V=V_1+V_2$이다.

$$\left.\begin{aligned} V_1&=\frac{I_1}{I_1+I_2}V \\ V_2&=\frac{I_2}{I_1+I_2}V \end{aligned}\right\} \quad \cdots\cdots \text{(a)}$$

그림 7-24에서 플랜지 중심간 거리를 h, 전단중심 S로부터 각 플랜지 중심까지의 거리를 h_1, h_2라 하고, 점 S에 대한 모멘트의 합계를 0으로 놓으면

$$V_1h_1-V_2h_2=0$$

여기에 식 (a)를 대입하여 정리하면 다음과 같이 된다.

$$\frac{h_1}{h_2}=\frac{I_2}{I_1} \quad \cdots\cdots \text{(7-38)}$$

위의 식을 이용하면 전단중심 S의 위치를 구할 수 있다. 직사각형이나 원형과 같이 2개의 대칭축을 가지는 보의 단면의 전단중심은 단면의 도심과 일치한다.

속이 차 있는 단면(solid section)이나 속이 비어 있는 단면(closed hollow section)의 전단중심은 도심 근처에 있다. 이러한 단면은 비틀림강도가 크기 때문에, 하중이 도

심이나 도심 가까이 작용하면 비틀림의 영향을 무시해도 좋다. 그러나, I형이나 L형과 같이 두께가 얇은 열린 단면은 비틀림에 매우 약하므로, 이러한 단면에 대해서는 전단중심을 찾아내어, 하중이 전단중심을 통과하지 않을 경우에는 비틀림의 영향을 고려해야 한다.

연 습 문 제

1 200 mm × 300 mm의 직사각형 단면으로 된 단순보가 있다. 지간은 12 m이고, 보의 단위중량은 25 kN/m^{3}이다. 자중에 의하여 보에 일어나는 최대휨응력과 최대전단응력을 구하라.

2 앞의 문제의 보에 하나의 집중하중 60 kN이 이동할 때, 보에 일어나는 최대휨응력과 최대전단응력을 구하라.

3 휨모멘트 $M = 25$ kN·m와 전단력 $V = 24$ kN을 직사각형 단면으로 지지하려고 한다. 단면의 폭을 150 mm로 한다면, 단면의 높이는 얼마로 해야 하겠는가? 허용휨응력은 9 MPa이고, 허용전단응력은 1.2 MPa이다.

4 그림 7-25와 같은 I형 단면이 지지할 수 있는 휨모멘트(저항모멘트)를 구하라. 허용휨응력은 140 MPa이다.

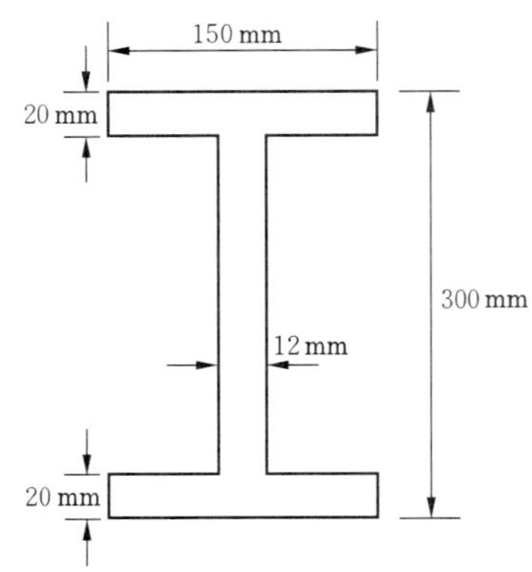

그림 7-25

5 그림 7-26(b)와 같은 단면으로 된 그림 7-26 (a)와 같은 보가 있다. 이 보에 일어나는 최대의 휨인장응력과 휨압축응력을 구하라.

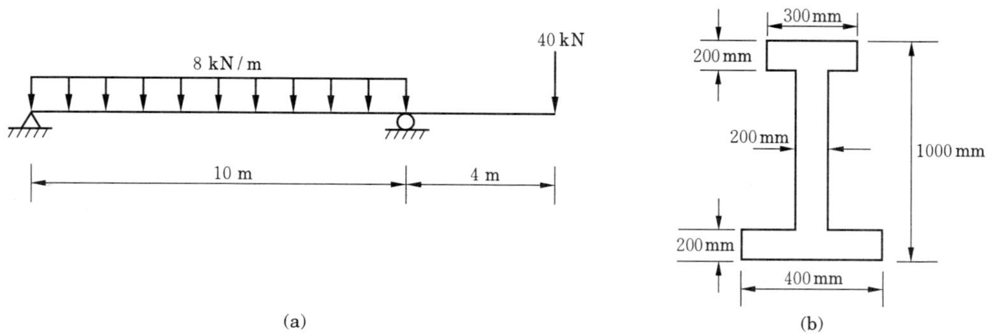

그림 7-26

6 그림 7-25와 같은 I형 단면에 휨모멘트 M=98 **kN·m**와 전단력 V=120 **kN**이 작용할 때, 휨응력과 전단응력을 구하라. 또, 플랜지와 복부의 경계면에 일어나는 주응력을 구하라.

제 8 장 정정라멘, 정정아치 및 케이블

8. 1 정정라멘

2개 이상의 직선부재를 강절(rigid joint)로 연결하여 만든 뼈대 구조물을 라멘(rigid frame, Rahmen)이라 한다. 강절은 부재 사이의 각이 변하지 않도록 한 절점을 말한다. 철근콘크리트로 된 라멘교, 암거, 고층 건물 등은 라멘 구조의 대표적인 것들이다. 이와 같이 실제로 쓰이는 라멘 구조는 부정정라멘이지만, 라멘부재의 단면력을 알아보기 위하여 여기서는 정정라멘만을 다루기로 한다.

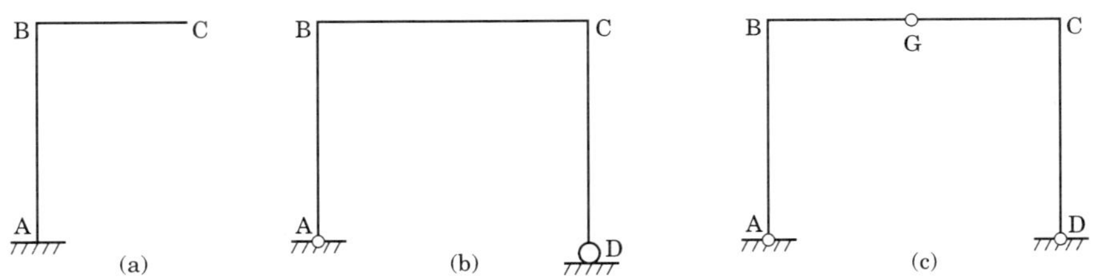

그림 8-1

그림 8-1은 정정라멘의 예를 보인 것이다. 그림 8-1(a)는 2개의 부재가 절점 B에서 강결(剛結)된 라멘으로서, 고정지점 A에 의하여 지지되어 있다. 그림 8-1(b)는 회전지점 A와 이동지점 D로 지지된 라멘으로서, 절점 B와 C는 강절이다. 그림 8-1(c)는 2개의 회전지점으로 지지된 라멘으로서, 수평부재의 중앙에 힌지(hinge)를 배치하여 정정구조로 한 것이다. 이들 라멘은 모두 정역학의 평형조건식[식 (2-15)]으로 지점반력을 구할 수 있기 때문에, 부재의 단면력도 결정할 수 있다.

라멘부재의 단면에는 휨모멘트와 전단력 외에 축력(축방향력)이 일어난다는 것을 다음 예제를 통하여 알아보기로 한다.

【예제 8−1】 그림 8-2(a)와 같은 라멘의 각 부재에 일어나는 단면력을 구하라.

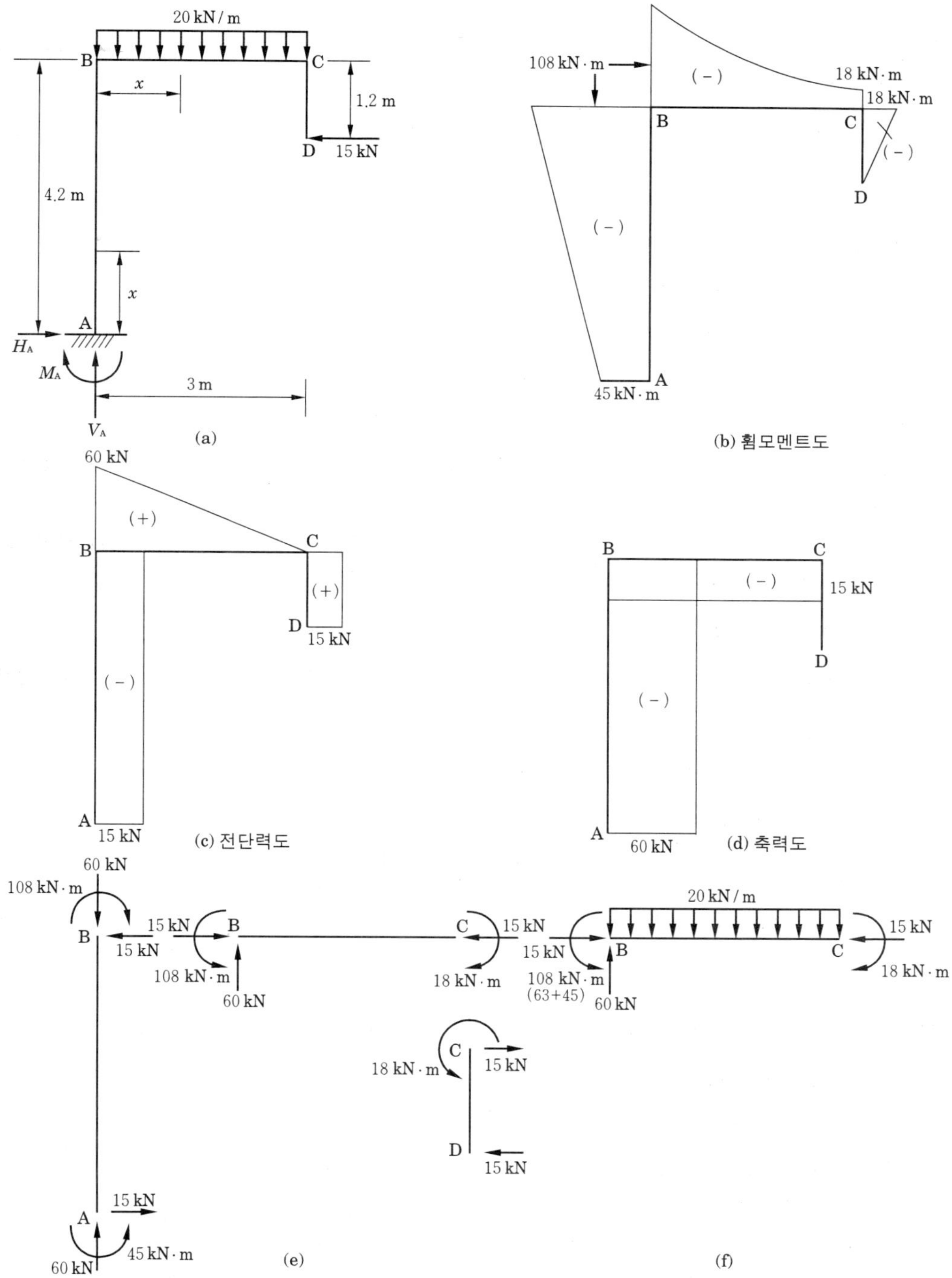

그림 8−2

풀이 먼저 지점반력을 구해야 한다. 고정지점이므로 3개의 반력이 일어날 것이며, 그 작용 방향을 그림과 같이 가정한다.

◖ 지점반력 ◗

그림 8-2(a)에서 지점 A에 대하여 $\Sigma M = 0$을 적용하면

$$M_A + (20 \times 3) \times \frac{3}{2} - 15(4.2 - 1.2) = 0$$

$$\therefore\ M_A = -45\ \text{kN} \cdot \text{m}$$

즉, M_A의 작용 방향은 그림과 반대이다.

다음에 $\Sigma V = 0$ 및 $\Sigma H = 0$을 적용하면

$$\Sigma V = V_A - 20 \times 3 = 0 \qquad \therefore\ V_A = 60\ \text{kN}\ (\uparrow)$$

$$\Sigma H = H_A - 15 = 0 \qquad \therefore\ H_A = 15\ \text{kN}\ (\rightarrow)$$

◖ 휨모멘트 ◗

라멘에 있어서의 휨모멘트의 부호는 보의 경우에 준한다. 즉, 부재를 라멘 안쪽으로 휘게 하는 휨모멘트를 정(+)으로 한다.

① 부재 AB의 휨모멘트 : 부재 AB를 B를 중심으로 하여 바깥쪽으로 90° 회전시켜 보와 같이 생각하면, A로부터 x의 거리에 있는 임의단면의 휨모멘트는 다음과 같다.

$$M_x = M_A - H_A\, x = -45 - 15\, x$$

위의 식에 $x = 0$ 및 $x = 4.2\,\text{m}$를 대입하면, 각각 지점 A 및 절점 B의 휨모멘트를 얻을 수 있다.

$$M_{atA} = -45\ \text{kN} \cdot \text{m}$$

$$M_B = -45 - 15 \times 4.2 = -108\ \text{kN} \cdot \text{m}$$

이것이 그림 8-2(b)에 나타나 있으며, 부재 AB는 라멘 바깥쪽으로 휜다.

② 부재 BC의 휨모멘트 : 부재 BC의 임의단면의 휨모멘트는 다음과 같이 된다.

$$M_x = M_A + V_A\, x - H_A \times 4.2 - (20 \times x) \times \frac{x}{2}$$

$$= -45 + 60x - 15 \times 4.2 - 10x^2 = (-108 + 60x - 10x^2)\ \text{kN} \cdot \text{m}$$

위의 식에 $x = 0$ 및 $x = 3\,\text{m}$를 대입하면, 각각 절점 B 및 C의 휨모멘트를 얻을 수 있다.

$$M_B = -108\ \text{kN} \cdot \text{m}$$

$$M_C = -108 + 60 \times 3 - 10 \times 3^2 = -18\ \text{kN} \cdot \text{m}$$

BC 부재의 휨모멘트도가 그림 8-2(b)에 나타나 있다.

BC 부재의 단면력은 그림 8-2(f)와 같이 생각하고 계산해도 좋다. 부재 AB에 작용하는 힘들을 절점 B에 작용하는 힘으로 변환시키고, 부재 CD에 작용하는 힘들은 절점 C에 작용하는 힘으로 변환해서 생각한다. 즉, 부재 AB의 A에 작용하는 $H_A = 15\,\text{kN}$은 부재 BC의 B에 대하여

는 15 kN의 축력과 −63 kN·m(−15 kN×4.2 m)의 모멘트를 미치게 되고, 여기에 $M_A=-45$ kN·m와 $V_A=60$ kN(힘의 이동성법칙)을 고려하면 부재 BC의 B는 그림 (f)의 상태로 된다. 같은 방법으로 부재 BC의 C는 그림 (f)와 같이 된다. 따라서 부재 BC의 단면력은 그림 (f)로부터 구해도 된다.

③ 부재 CD의 휨모멘트 : C를 고점지점으로 하는 캔틸레버이므로, 절점 C 및 D에서의 휨모멘트는 다음과 같다.

$$M_C=-15\times 1.2=-18\ \text{kN}\cdot\text{m}$$
$$M_D=0$$

따라서, 이 라멘의 힘모멘트도는 그림 8-2(b)와 같이 된다.

◀ 전단력 ▶

부재 AB의 전단력 : $V_{A\sim B}=-H_A=-15$ kN

부재 BC의 전단력 : $V_x=V_A-20x=60-20x$

$\therefore\ V_B=60$ kN, $\quad V_C=0$

부재 CD의 전단력 : $V_{C\sim D}=15$ kN

따라서, 전단력도는 그림 8-2(c)와 같이 된다.

◀ 축 력 ▶

부재 AB의 축력 : $N_{A\sim B}=-V_A=-60$ kN (압축)

부재 BC의 축력 : 그림 8-2(f)를 참조하면

$\therefore\ N_{B\sim C}=-15$ kN (압축)

부재 CD의 축력 : $N_{C\sim D}=0$

따라서, 축력도(axial force diagram)는 그림 8-2(d)와 같이 된다.

이상으로부터 각 부재끝에는 모멘트, 전단력, 축력이 그림 8-2(e)와 같이 작용함을 알 수 있다. 부재단부에 일어나는 이러한 모멘트와 전단력을 재단모멘트 또는 단모멘트(end moment), 재단전단력 또는 단전단력(end shear)이라고 한다.

8.2 정정아치

(1) 아치의 종류

그림 8-3과 같이 곡선부재로 된 구조물을 아치(arch)라 한다. 그림 8-3(a)는 석재나 벽돌을 쌓아서 만든 아치로서, 옛부터 많이 사용되어 온 것이다. 그림 8-3(b) 이하의 아치는 철근콘크리트나 강재(鋼材)로 만들어지는 것으로, 교량 등에 사용된다.

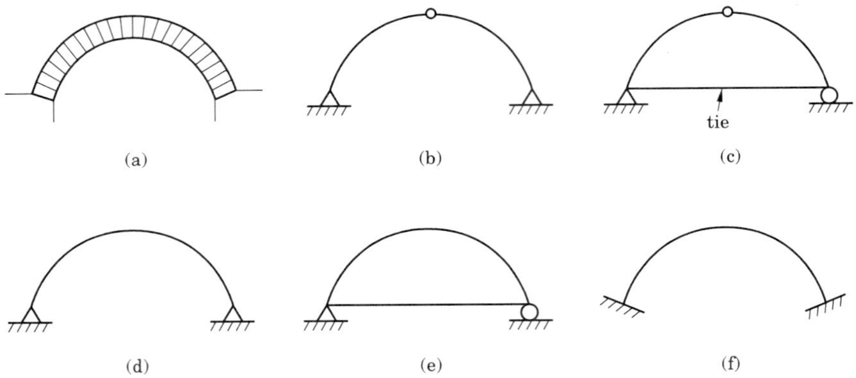

그림 8-3

그림 8-3 (**a**)는 아치 단면에 휨모멘트가 일어나지 않도록 설계되지만, 그림 8-3 (**b**) 이하의 아치는 휨모멘트가 일어나더라도 지장이 없도록 설계된다. 그림 8-3 (**a**)와 같은 아치를 강성(剛性)아치라 하며, 그림 8-3 (**b**) 이하의 아치를 탄성아치라 한다.

그림 8-3 (**b**)를 **3활절아치(three hinged arch)**, 그림 8-3 (**c**)를 타이(**tie**)를 가지는 3활절아치라 하며, 이들은 모두 정정이다. 그림 8-3 (**d**)를 **2활절아치(two hinged arch)**, 그림 8-3 (**e**)를 타이를 가지는 2활절아치라 하고, 그림 8-3 (**f**)를 **고정아치(fixed arch)**라 하며, 이들은 모두 부정정이다. 그림 8-3 (**c**), 그림 8-3 (**e**)와 같이 타이를 가지는 아치를 **타이드 아치(tied arch)**라고도 한다.

그림 8-4는 고정아치의 각 부의 명칭을 보인 것이다.

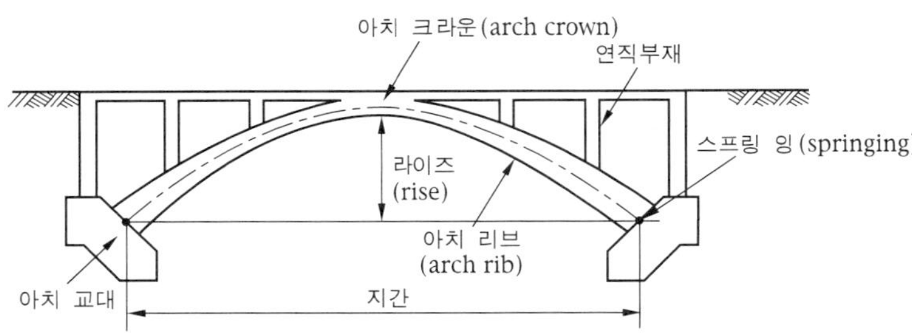

그림 8-4

그림 8-3 (**a**)와 같은 강성아치에서는 하중과 반력의 합력선이 아치 단면의 중앙 $\frac{1}{3}$ 안에 들도록 해야 한다. 즉, 그림 8-5에 보인 바와 같이 연력도의 **극사선(polar ray)** 2, 3, 4, 5, 6 등이 그 부분의 아치 단면의 중앙 $\frac{1}{3}$ 안에 들도록 해야 한다. 그러면 아치 단면에는 압축력만이 작용하게 되고, 인장은 일어나지 않는다.

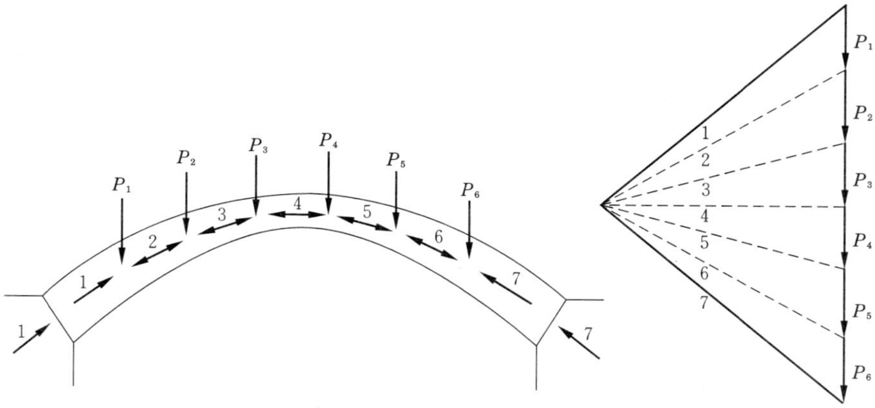

그림 8-5

아치 리브(arch rib)의 단면도심을 연결한 선을 **아치축선**이라 하며, 아치 리브 단면에서 외력의 합력의 작용점을 연결한 선을 아치의 **압력선**(thrust line)이라 한다. 아치축선을 압력선에 일치시키면 아치 리브에는 축방향압축만이 작용하고 휨모멘트는 일어나지 않는다.

압력선은 하중의 상태에 따라 변하며, 사하중이 활화중보다 작을수록 아치축선을 압력선에 일치시키기가 어렵다. 아치를 설계할 때에는, 압력선을 아치축선에 일치시킴으로써 아치에 작용하는 하중을 아치 리브의 압축력으로 지지하도록 한다. 이것이 아치 구조의 특징이다.

(2) 3활절아치

그림 8-6과 같은 3활절아치의 지점반력과 단면력을 구해 보자.

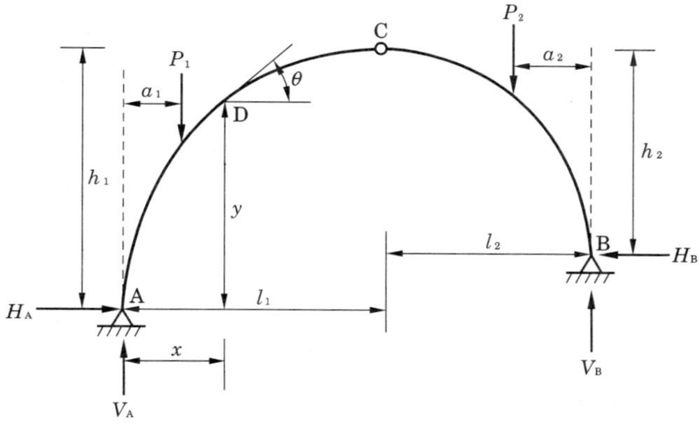

그림 8-6

◖ 지점반력 ◗

지점 A 및 B가 힌지이므로, 지점반력을 그림과 같이 수평 및 수직으로 분해하여 생각한다. 정역학의 평형조건에 의하여

$$\Sigma H = H_A - H_B = 0 \quad \cdots\cdots (a)$$

$$\Sigma V = V_A + V_B - P_1 - P_2 = 0 \quad \cdots\cdots (b)$$

그림 8-6에서 C는 힌지이므로 C에서는 모멘트가 일어나지 않는다. 그러므로, C의 왼쪽에 있는 힘들의 C에 대한 모멘트의 합계는 0이어야 한다. 즉,

$$\Sigma M_C = V_A l_1 - H_A h_1 - P_1(l_1 - a_1) = 0 \quad \cdots\cdots (c)$$

C의 오른쪽에 있는 힘들의 C에 대한 모멘트의 대수합도 0이어야 하므로

$$\Sigma M_C = -V_B l_2 + H_B h_2 + P_2(l_2 - a_2) = 0 \quad \cdots\cdots (d)$$

위의 네 식으로부터 지점반력 V_A, V_B, H_A, H_B를 얻는다.

◖ 단면력 ◗

하나의 보기로, 아치 리브의 임의단면 D에 일어나는 단면력을 구해 보자. 그림 8-6과 같이 지점 A를 원점으로 하는 직교좌표를 생각하고, 점 D의 좌표를 (x, y), 점 D에서 아치축선에 그은 접선이 x축과 이루는 각을 θ라고 하면, D에서의 단면력은 다음과 같이 된다.

단면 D의 휨모멘트는

$$M_D = V_A x - H_A y - P_1(x - a_1)$$

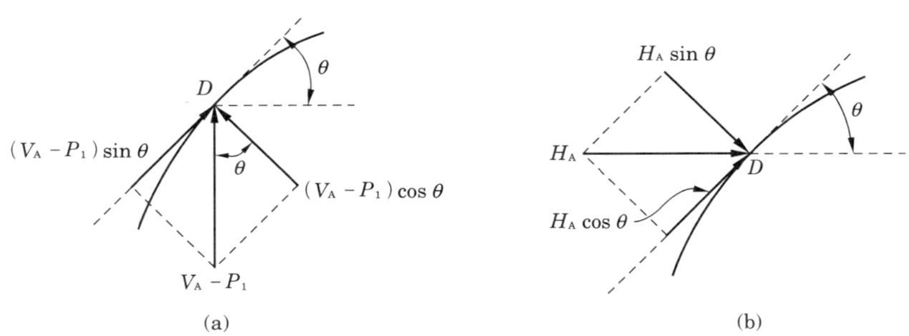

그림 8-7

단면 D의 전단력은 점 D의 왼쪽에 있는 힘들이, 점 D에서 아치축선에 수직으로 영향을 미치는 힘들의 대수합이므로 다음과 같이 된다(그림 8-7 참조).

$$V_D = (V_A - P_1)\cos\theta - H_A \sin\theta$$

단면 D에 일어나는 축력은 다음과 같이 되며, 압축력이다(그림 8-7 참조).

$$N_D = -(V_A - P_1)\sin\theta - H_A \cos\theta$$

【예제 8-2】 아치축선이 포물선인 3활절아치가 그림 8-8과 같이 등분포하중을 받고 있을 때, 지점반력과 단면력을 구하라.

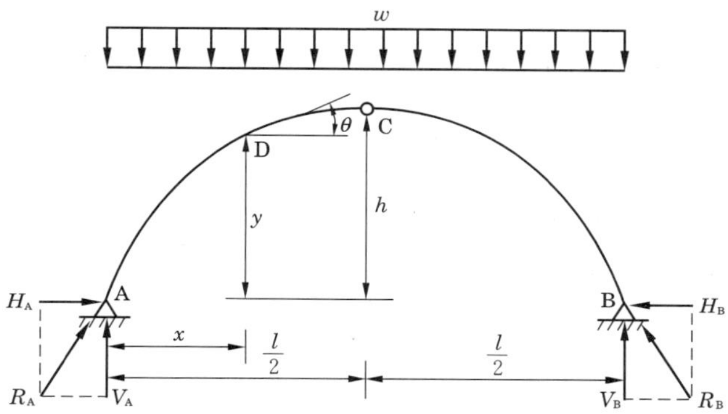

그림 8-8

풀이

◀ 지점반력 ▶

$\Sigma V = 0$에 의하여 $V_A = V_B = \frac{wl}{2}$, $\Sigma H = 0$에 의하여 $H_A = H_B$, 아치 크라운(arch crown) C가 힌지이므로, C의 왼쪽에 있는 힘들의 C에 대한 모멘트의 대수합은 0이다. 즉,

$$\Sigma M_C = V_A \times \frac{l}{2} - H_A \times h - w \times \frac{l}{2} \times \frac{l}{4} = 0$$

$$\therefore\ H_A = H_B = \frac{wl^2}{8h}$$

실제의 지점반력 R_A 및 R_B의 크기와 방향은 이들 수직반력과 수평반력을 합성함으로써 얻을 수 있다.

◀ 휨모멘트 ▶

임의단면 D의 휨모멘트는

$$M_x = V_A x - H_A y - wx \times \frac{x}{2} = \frac{wl}{2}x - \frac{wl^2}{8h}y - \frac{w}{2}x^2$$

$$= w\left(\frac{l-x}{2}x - \frac{l^2}{8h}y\right) \quad \cdots\cdots\cdots\cdots (a)$$

아치축선이 포물선이므로 그림 8-8로부터 다음 관계를 얻는다.

$$y = \frac{4h}{l^2} x(l - x) \quad \cdots\cdots (b)$$

식 (b)를 식 (a)에 대입하면

$$M_x = 0$$

즉, 포물선아치가 등분포하중을 받으면 휨모멘트는 일어나지 않는다.

◖ 전단력 ◗

임의단면 D의 전단력은

$$V_x = (V_A - wx)\cos\theta - H_A \sin\theta = \left(\frac{wl}{2} - wx\right)\cos\theta - \frac{wl^2}{8h}\sin\theta$$

$$= w\left[\left(\frac{l}{2} - x\right) - \frac{l^2}{8h}\tan\theta\right]\cos\theta \quad \cdots\cdots (c)$$

아치축선이 포물선이므로, 임의단면 D에서 아치축선의 기울기는 식 (b)를 미분함으로써

$$\tan\theta = \frac{dy}{dx} = \frac{8h}{l^2}\left(\frac{l}{2} - x\right) \quad \cdots\cdots (d)$$

식 (d)를 식 (c)에 대입하면

$$V_x = 0$$

즉, 전단력도 일어나지 않는다.

◖ 축　력 ◗

임의단면 D의 축력은

$$N_x = -(V_A - wx)\sin\theta - H_A\cos\theta = -\left(\frac{wl}{2} - wx\right)\sin\theta - \frac{wl^2}{8h}\cos\theta$$

$$= -\frac{wl^2}{8h}\left[\frac{8h}{l^2}\left(\frac{l}{2} - x\right)\sin\theta + \cos\theta\right] \quad \cdots\cdots (e)$$

식 (d)를 식 (e)에 대입하면

$$N_x = -\frac{wl^2}{8h}(\tan\theta\sin\theta + \cos\theta)$$

$$= -\frac{wl^2}{8h}\sec\theta = -H_A\sec\theta \quad \cdots\cdots (f)$$

결국, 포물선아치가 등분포하중을 받는 경우에는 아치 리브에 축방향압축력만이 작용한다.

(3) 타이를 가지는 아치

그림 8-9와 같이 A는 회전지점, B는 이동지점이고, 아치 크라운 C가 힌지로 되어 있으며, 양 지점을 하나의 부재로 연결한 아치를 생각해 보자. 양 지점을 연결한 부재 AB

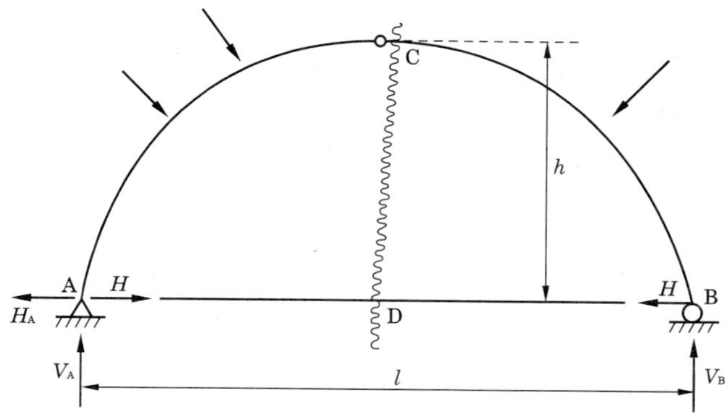

그림 8-9

를 타이(tie)라 하며, 타이를 가지는 아치를 타이드 아치(tied arch)라 한다.

앞에서 본 바와 같이, 타이를 가지지 않는 아치에서는 양 지점에 수평반력이 일어난다. 그러나, 타이드 아치에서는 수평반력이 타이에 의하여 상쇄되기 때문에, 지점에 수평반력이 전달되지 않는 장점이 있다. 그러므로, 타이드 아치의 지점은 그림 8-9와 같이 단순지지로 된다.

◀ 지점반력 ▶

지점 B에 모멘트의 중심을 두고 $\Sigma M = 0$을 적용하면

$$\Sigma M_B = V_A l + M_B = 0$$

$$\therefore \ V_A = -\frac{M_B}{l}$$

여기서, M_B는 아치에 작용하는 하중들의 지점 B에 대한 모멘트의 대수합이다. 모멘트의 중심을 지점 A에 두고 $\Sigma M = 0$을 사용하면

$$\Sigma M_A = -V_B l + M_A = 0$$

$$\therefore \ V_B = \frac{M_A}{l}$$

여기서, M_A는 아치에 작용하는 하중들의 지점 A에 대한 모멘트의 대수합이다. 수평반력 H_A는 $\Sigma H = 0$에 의하여 다음과 같다.

H_A = 하중들의 수평분력의 대수합

즉, 하중의 크기와 작용점을 알면 정역학의 평형조건에 의하여 지점반력들을 위와 같은 방법으로 구할 수 있다.

《 단면력 》

지점반력이 구해지면, 단면력은 앞 절에서와 같은 방법으로 얻을 수 있다.

다음에 타이부재 AB에 일어나는 힘을 구해 보자. 양단이 힌지로 되어 있으므로, 타이 AB는 축력 H만을 일으킬 것이다. 아치를 그림 8-9와 같이 C를 지나는 임의단면 CD로 잘랐다고 가정하면, 이 아치가 본래의 모양을 유지하기 위해서는 잘린 곳 D에서 H가 외력으로 작용해야 할 것이다. 절단면 CD의 왼쪽에 있는 힘들의 C에 대한 모멘트를 취하면

$$\Sigma M_C = -Hh + M_C = 0$$

$$\therefore \ H = \frac{M_C}{h}$$

여기서, M_C는 절단면 CD의 왼쪽에 있는 외력들의 C에 대한 모멘트의 대수합이다. 타이의 부재력을 구하는 이 방법은 트러스 해법 중의 하나인 Ritter의 방법이다.

8.3 케 이 블

케이블(cable)이란 로프(rope), 와이어(wire), 체인(chain) 등과 같이 휨이나 압축에는 저항하지 못하고 축방향인장만을 지지하는 구조를 말하며, 현수교의 케이블, 사장교의 케이블, 케이블카의 색도 등이 그 대표적인 예이다. 아치는 주로 아치 리브의 압축력으로 연직방향의 하중을 지지하는 구조인 데 비하여, 케이블은 케이블의 인장력으로 연직하중을 지지하는 구조이다.

그림 8-10 (a)와 같이 연직방향의 집중하중을 받는 케이블을 생각해 보자. 케이블의 자중은 하중에 비하여 무시할 수 있다고 생각한다. 케이블의 양단은 고정되어 있으며, 이들 지점 A, B에는 반력 R_A, R_B가 그림과 같이 일어날 것이다. 이들 반력을 그림과 같이 연직 및 수평성분으로 분해하여 생각한다. 케이블은 휘어지기 때문에, 하중의 작용위치에 따라 인장력만이 일어나도록 그 형상이 변한다.

그림 8-10 (a)의 케이블에서 $\overline{A①}$ 부분의 인장력 T_{A1}의 크기는 반력 R_A와 같고, 그 기울기는 R_A의 방향과 일치해야 한다. 하중 P_1의 작용점 ①에서 $\overline{A①}$ 부분의 케이블의 인장력 T_{A1}과 외력 P_1 및 $\overline{①②}$ 부분의 케이블의 인장력 T_{12}의 세 힘은 비겨야 한다. 이러한 이론을 차례로 케이블 전체에 적용하면, 반력, 케이블장력(張力) 및 하중은 그림 8-10 (b)와 같은 상태에 있음을 알 수 있다. 즉, 그림 8-10 (b)와 같이 힘의 다각형을 그림으로써 지점반력과 케이블의 인장력 H를 도해적으로 쉽게 구할 수 있다.

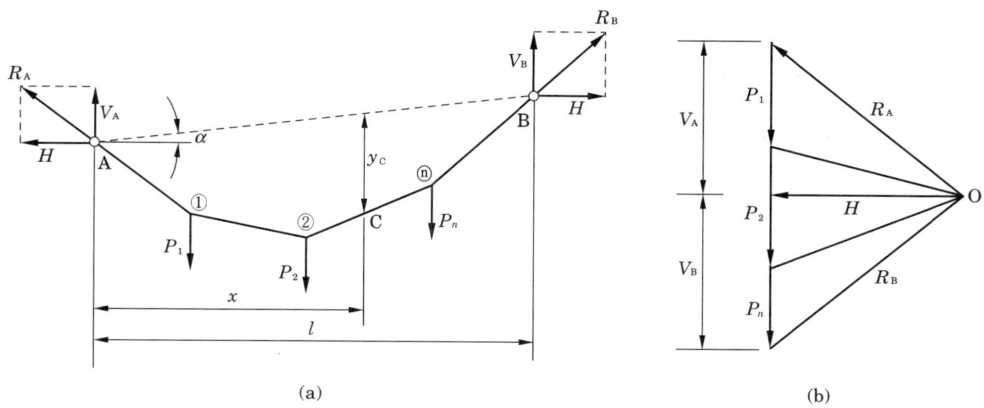

그림 8-10

이상을 계산으로 알아보면 다음과 같다.

그림 8-10 (a)에서 $\Sigma H=0$을 적용하면 양 지점에서의 수평반력은 다음과 같다.

$$H_A = H_B = H$$

즉, 지점 A 및 B에서의 수평반력은 서로 같고 방향은 반대이며, 그 크기는 케이블장력의 수평분력 H와 같다. 케이블장력의 수평분력 H는 케이블의 어느 단면에서나 동일하다[그림 8-10 (b) 참조].

다음에, 그림 8-10 (a)에서 모멘트의 중심을 지점 B에 두고 $\Sigma M=0$을 적용하면

$$H(l \tan\alpha) + V_A l - \sum_{i=1}^{n} P_i (l - x_i) = 0$$

$$\therefore\ V_A = \frac{1}{l} \sum_{i=1}^{n} P_i (l - x_i) - H \tan\alpha \quad \cdots\cdots (8\text{-}1)$$

여기서, x_i는 지점 A로부터 i 번째의 하중 P_i까지의 거리이고, 따라서 Σ항은 케이블에 작용하는 하중 P_1, P_2, …, P_n의 지점 B에 대한 모멘트의 합계이다.

지점 A로부터 x만큼 떨어져 있는 케이블의 임의단면 C가 지점 A, B를 연결한 현 AB에서 y_C 거리에 있다고 하자. 케이블은 모멘트에는 저항하지 못하므로, 단면 C의 왼쪽에 있는 모든 외력들의 C에 대한 모멘트의 합계는 0이어야 한다. 즉,

$$M_C = -H(y_C - x\tan\alpha) + V_A x - M_P = 0$$

여기서, M_P는 단면 C의 왼쪽에 작용하는 하중들의 C에 대한 모멘트의 합계이다. 위의 식에 식 (8-1)을 대입하고 H에 관하여 정리하면

$$H = \frac{1}{y_C}\left[\frac{x}{l}\sum_{i=1}^{n} P_i (l - x_i) - M_P\right] \quad \cdots\cdots (8\text{-}2)$$

또는

$$Hy_C = \frac{x}{l}\sum_{i=1}^{n} P_i(l - x_i) - M_P \quad \cdots\cdots (8\text{-}3)$$

식 (8-3)의 우변은 l을 지간으로 하는 단순보가 동일한 하중을 받을 때, 지점 A로부터 거리 x에 있는 단면에 일어나는 휨모멘트이다. 이로부터 다음과 같은 사실을 알 수 있다. 즉, 연직하중을 받는 케이블의 임의단면에서 케이블장력의 수평분력 H와 그 단면에서 케이블의 현까지의 연직거리 y_C를 곱한 값은 그 하중들이 케이블과 동일한 지간을 가지는 단순보에 실릴 때 그 단면에 일어나는 휨모멘트와 같다. 이것을 케이블에 관한 일반정리라고 하며, 임의의 연직하중에 대하여 케이블의 현이 수평이든 경사이든 성립한다.

따라서, 그림 8-10 (a)의 케이블과 동일한 하중을 받는 동일한 지간의 단순보에서의 임의단면의 휨모멘트를 M_{ox}라 하면, 식 (8-2) 또는 식 (8-3)으로부터 다음을 얻는다.

$$H = \frac{M_{ox}}{y_C} \quad \text{또는} \quad y_C = \frac{M_{ox}}{H} \quad \cdots\cdots (8\text{-}4)$$

임의단면에서의 케이블장력의 연직분력을 V라고 하면, 케이블의 인장력 T는 다음과 같다.

$$T = \sqrt{H^2 + V^2} \quad \cdots\cdots (8\text{-}5)$$

H를 알면, 식 (8-4)에 의하여 케이블의 형상이 결정된다. 이 경우처럼 H가 일정한 값일 경우에는 케이블의 형상은 단순보의 휨모멘트도(圖)와 닮은꼴이 된다. 따라서, 연직방향의 집중하중을 받는 케이블의 형상은 절선(折線)으로 되고, 분포하중을 받는 케이블의 형상은 곡선으로 된다.

【예제 8-3】 그림 8-11과 같은 케이블의 지점반력과 최대장력을 구하라. 케이블현은 수평이고, 케이블현에서 하중점 D까지의 연직거리는 $y_D = 10\,\text{m}$이다.

풀이 이 케이블과 동일한 지간을 가지고 동일한 하중을 받는 단순보의 왼쪽 지점의 반력은

$$R_A = (120 \times 50 + 200 \times 40 + 50 \times 20) \times \frac{1}{60} = 250\ \text{kN}$$

이 단순보의 D점의 휨모멘트는

$$M_D = 250 \times 20 - 120 \times 10 = 3800\ \text{kN} \cdot \text{m}$$

그러므로, 케이블의 일반정리로부터 [식 (8-3) 및 식 (8-4) 참조]

$$Hy_D = M_D$$

즉

$$H \times 10 = 3800$$

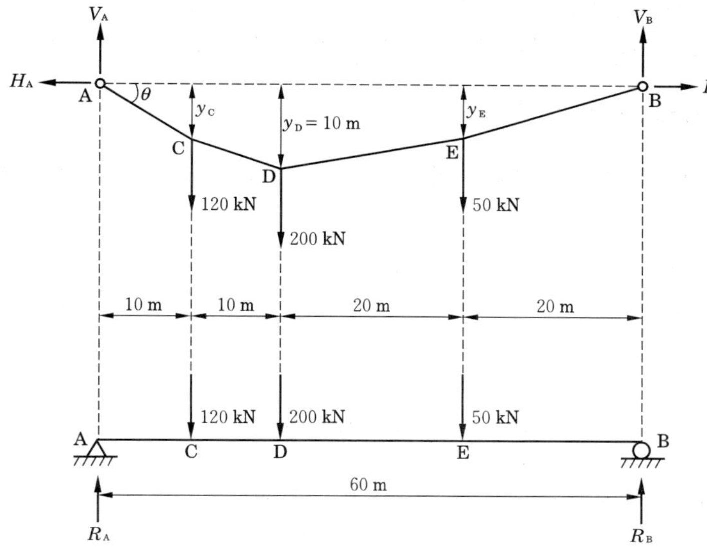

그림 8-11

$$\therefore\ H = 380\ \text{kN}$$

케이블장력의 수평분력은 380 kN이며, 양 지점에서의 수평반력은 다음과 같다.

$$H_A = H_B = H = 380\ \text{kN}$$

하중점 C에서 케이블현까지의 연직거리 y_C를 구하기 위하여 점 C에 대하여 일반정리를 적용하면 다음과 같이 된다.

$$Hy_C = M_C$$

즉

$$380 \times y_C = 250 \times 10$$
$$\therefore\ y_C = 6.58\ \text{m}$$

그림 8-11에서 케이블의 AC 부분의 길이는

$$\overline{AC} = \sqrt{10^2 + 6.58^2} = 11.97\ \text{m}$$

케이블장력의 수평분력이 H=380 kN이므로 AC 부분의 케이블장력 T는 다음과 같다.

$$T = \frac{H}{\cos\theta} = \frac{380}{\dfrac{10}{11.97}} = 454.86\ \text{kN}$$

이것이 이 케이블의 최대장력이다. 왜냐하면, 케이블장력의 수평분력 H=380 kN이 전 케이블에 걸쳐서 일정하므로, 최대장력은 연직분력이 가장 큰 구간, 즉 케이블의 경사가 가장 급한 구간에서 일어나기 때문이다. 이 구간이 그림 8-11의 AC 부분임을 알 수 있다.

지점 A에서의 연직반력 V_A는 AC 부분의 케이블장력의 연직성분이므로 다음과 같다.

$$V_A = H \tan\theta = 380 \times \frac{6.58}{10} = 250\ \mathrm{kN}$$

V_A는 그림 8-11에서 지점 B에 대하여 $\Sigma M = 0$을 적용해도 얻을 수 있다. 지점 B의 연직반력은 다음과 같다.

$$V_B = (120 + 200 + 50) - 250 = 120\ \mathrm{kN}$$

《 연 습 문 제 》

1 그림 8-12의 각 라멘의 휨모멘트도, 축력도 및 전단력도를 구하라.

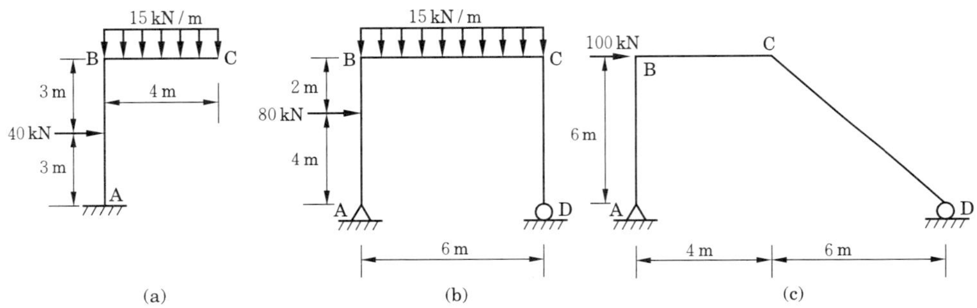

그림 8-12

2 그림 8-13은 3활절아치이다. 지점반력을 구하라.

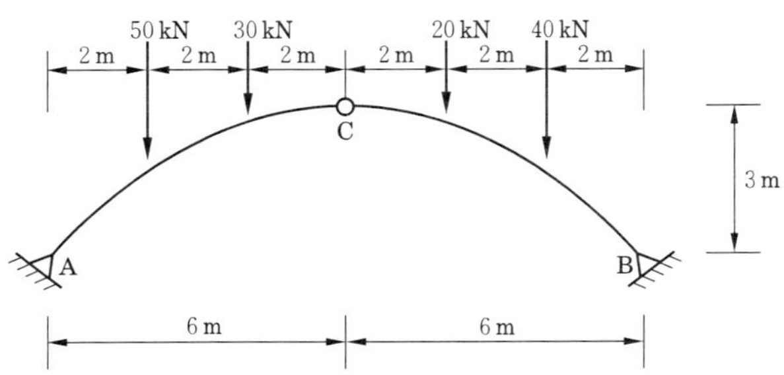

그림 8-13

3 그림 8-14의 케이블의 지점반력, 현 AB에서 D까지의 거리 y_D 및 케이블의 최대 장력을 구하라.

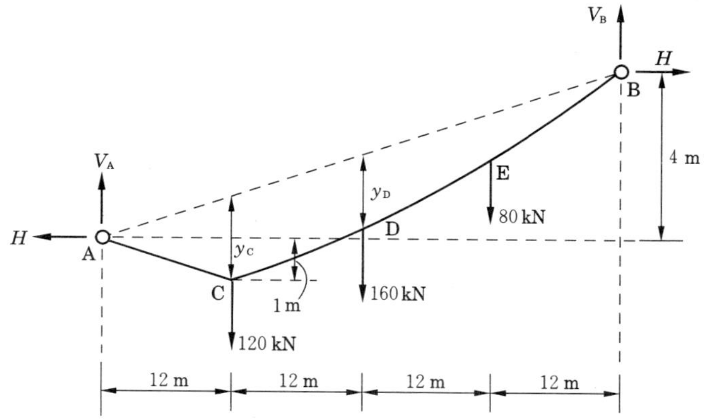

그림 8-14

제 9 장 정정보의 처짐

9.1 서 론

그림 9-1의 보 AB 위의 한 점 C를 생각해 보자. 이 보에 하중이 실리면 보는 AC′B와 같이 휘어서 C는 C′로 자리를 옮길 것이다. 이 때, C는 C′로 변위했다고 하며, 변위의 크기 $\overline{CC'}$를 C의 **변위**(displacement)라 한다. C가 변위하는 방향은 엄밀하게는 수직이 아니지만, 실제의 보에서는 변형이 작기 때문에 이것을 수직으로 보아도 좋다. 이러한 뜻에서, C의 수직변위 y를 점 C에 있어서의 보의 **처짐**(deflection)이라 한다. 이와 같이, 보의 처짐은 항상 보의 축에 수직으로 일어난다고 가정하므로, 보의 지간은 변형 전이나 변형 후나 변하지 않는다고 본다. 또, 보의 이러한 변형은 탄성한도 이하의 변형이므로, 하중을 제거하면 보는 완전히 원형으로 되돌아간다. 이러한 변형을 **탄성변형**이라 한다.

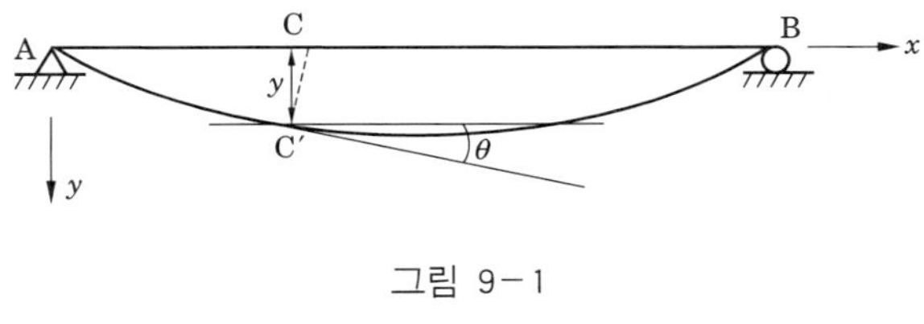

그림 9－1

보가 탄성변형하여 그 축이 나타내는 곡선 AC′B를 보의 **탄성곡선**(elastic curve) 또는 **처짐곡선**(deflection curve)이라 한다. 탄성곡선 위의 한 점에서 그 곡선에 그은 접선이 변형 전의 보의 축선과 이루는 각 θ를 그 점에 있어서의 **탄성곡선의 기울기**(slope) 또는 **처짐각**(deflection angle)이라 한다. 처짐 y는 하향으로 일어나는 것을 정(+)으로 하고, 처짐곡선의 기울기 θ는 시계 방향으로 측정되는 것을 정(+)으로 약속한다.

보가 그 기능을 다하기 위해서는 작용하중에 대하여 안전해야 하고, 또 큰 변형이 일어나서는 안 된다.

9. 2 탄성곡선의 미분방정식

그림 9-1과 같이, 지점 A를 원점으로 하는 직교좌표를 잡고, 탄성곡선 AC′B의 식을 유도해 보자. 그러기 위하여, 그림 9-2 (a)와 같이 미소거리 dx만큼 떨어져 있는 이 보의 두 단면 ab, cd를 생각한다.

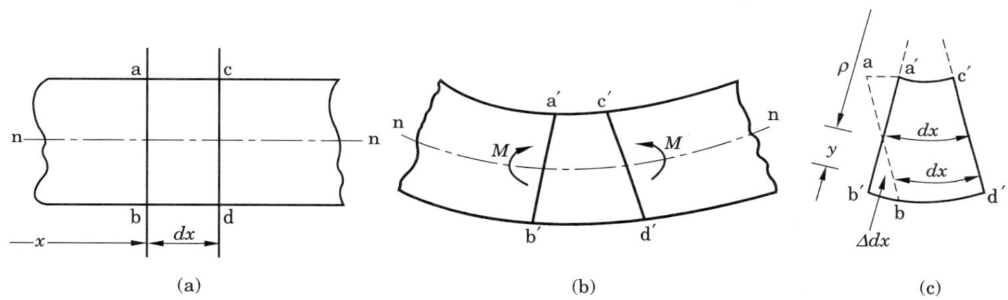

그림 9-2

단면 ab에 작용하는 휨모멘트를 M이라 하면, dx만큼 떨어져 있는 단면 cd의 휨모멘트도 M으로 볼 수 있다. 따라서, 변형 전에 평행이던 두 단면은 변형 후에는 그림 9-2 (b)와 같이 될 것이다. 즉, 중립축 nn을 경계로 위쪽은 압축되고 아래쪽은 인장되어, a′b′d′c′와 같이 된다. 이 부분을 따로 떼어 낸 것이 그림 9-2 (c)이다. 즉, 중립축은 곡률반경 ρ를 가지는 곡선을 이루며, 중립축으로부터 y만큼 떨어진 곳에서는 Δdx만큼의 인장변형률이 일어날 것이다. 그림 9-2 (c)에서 닮음비를 이용하면

$$\frac{\Delta dx}{dx} = \frac{y}{\rho}$$

그런데, $\dfrac{\Delta dx}{dx} = \varepsilon$이고, $\varepsilon = \dfrac{\sigma}{E}$, $\sigma = \dfrac{M}{I}y$이므로 위의 식으로부터 다음 관계를 얻는다.

$$\frac{1}{\rho} = \frac{M}{EI} \quad \cdots\cdots (9\text{-}1)$$

위의 관계는 제7장에서 유도된 식 (7-4)와 같다. 여기서 E는 보 재료의 탄성계수이고, I는 생각하는 단면의 단면2차모멘트이다. 한편 곡률은 미분학에 의하여 다음과 같다.

$$\frac{1}{\rho} = \pm \frac{\dfrac{d^2y}{dx^2}}{\left\{1+\left(\dfrac{dy}{dx}\right)^2\right\}^{\frac{3}{2}}} \quad \cdots\cdots \text{(a)}$$

그런데, $\dfrac{dy}{dx} = \tan\theta$ 이고, 또 실제의 보에서 θ는 매우 작으므로 $\dfrac{dy}{dx}$는 매우 작은 값이다. 그러므로, 식 (a)의 분모의 $\left(\dfrac{dy}{dx}\right)^2$은 1에 비하여 매우 작다. 이것을 무시하면 곡률은 다음과 같이 된다.

$$\frac{1}{\rho} = \pm \frac{d^2y}{dx^2} \quad \cdots\cdots \text{(b)}$$

따라서, 식 (9-1)과 식 (b)로부터 다음 식을 얻는다.

$$\frac{d^2y}{dx^2} = \pm \frac{M}{EI} \quad \cdots\cdots \text{(c)}$$

좌표축을 그림 9-1과 같이 잡으면, $+M$에 대하여 보는 아래로 쳐지지만, $\dfrac{d^2y}{dx^2} < 0$으로 되어 식 (c)의 우변은 (−)부호를 가진다. $-M$에 대하여 보는 위로 솟지만, $\dfrac{d^2y}{dx^2} > 0$으로 되어 역시 (−)부호를 가지게 된다. 따라서, 식 (c)는 다음과 같이 된다.

$$\frac{d^2y}{dx^2} = -\frac{M}{EI} \quad \cdots\cdots \text{(9-2)}$$

이것이 좌표축을 그림 9-1과 같이 잡았을 때의 보의 처짐곡선의 식이며, 이것을 **탄성곡선의 미분방정식**이라 한다. 위의 식은 휨모멘트 M에 의하여 일어나는 보의 처짐의 식이다. 그러나, 보에는 전단력도 작용하므로, 보의 실제의 처짐은 휨모멘트와 전단력의 조합작용으로 일어난다. 보통의 보에서 전단력에 의한 처짐은 휨모멘트에 의한 처짐에 비하여 매우 작다. 그러므로, 보통의 보에서는 전단력의 영향은 무시하고 휨모멘트에 의한 처짐만을 계산하는 것이 일반적이다.

식 (9-2)의 미분방정식을 풀면 보의 처짐 y와 처짐곡선의 기울기 θ를 얻을 수 있다. θ는 일반적으로 작으므로 $\dfrac{dy}{dx} = \tan\theta \fallingdotseq \theta$이다. 따라서, 식 (9-2)를 한 번 적분하면 θ를 얻고, 두 번 적분하면 y를 얻는다. 즉,

$$\left.\begin{aligned} \theta &= \frac{dy}{dx} = -\int \frac{M}{EI}\,dx + C_1 \\ y &= -\iint \frac{M}{EI}\,dx\,dx + C_1 x + C_2 \end{aligned}\right\} \quad \cdots\cdots \text{(9-3)}$$

여기서, C_1과 C_2는 적분상수이다. 이와 같이 탄성곡선의 미분방정식을 이용하여 처짐

과 처짐각을 구하는 방법을 **적분법**(integration method)이라고 한다.

한편, 식 (9-1)로부터 다음 관계를 얻는다.

$$M = \frac{1}{\rho} EI$$

보의 한 점에 있어서의 곡률 또는 곡률반경이 주어졌을 경우, M은 EI에 비례함을 위의 식은 나타내고 있다. 이것은 보를 동일한 곡률로 휘게 하려면, EI가 큰 보일수록 보다 큰 M을 작용시켜야 한다는 것을 뜻한다. 바꾸어 말하면, EI가 클수록 잘 휘어지지 않는다. 즉, 처짐이 덜 일어난다. 이러한 뜻에서 EI를 **휨강성**(flexural rigidity)이라고 한다.

【예제 9-1】 등분포하중이 실린 그림 9-3과 같은 단순보의 처짐과 처짐각을 구하라. 보의 전 길이에 걸쳐 EI는 일정하다.

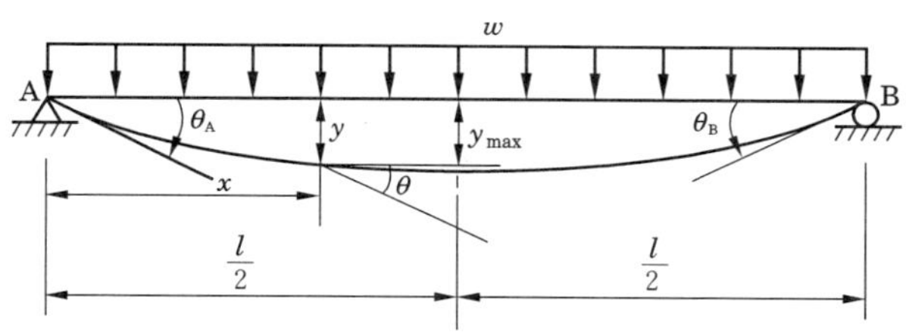

그림 9-3

풀이 지점 A에서 x만큼 떨어진 단면의 처짐각 θ와 처짐 y를 계산해 보자.

임의 단면의 휨모멘트는

$$M = \frac{wl}{2} x - \frac{w}{2} x^2$$

이것을 식 (9-2)에 대입하면

$$\frac{d^2 y}{dx^2} = -\frac{1}{EI}\left(\frac{wl}{2} x - \frac{w}{2} x^2\right)$$

이것을 적분하면

$$\frac{dy}{dx} = \theta = -\int \frac{1}{EI}\left(\frac{wl}{2} x - \frac{w}{2} x^2\right) dx + C_1$$

$$= -\frac{w}{EI}\left(\frac{l}{4} x^2 - \frac{1}{6} x^3\right) + C_1 \quad \cdots\cdots ①$$

위의 식을 적분하면

$$y = -\frac{w}{EI}\left(\frac{l}{12} x^3 - \frac{1}{24} x^4\right) + C_1 x + C_2 \quad \cdots\cdots ②$$

경계조건을 생각하면

지점 A($x=0$)에서는 $y=0$ $\therefore\ C_2=0$

지점 B($x=l$)에서는 $y=0$ $\therefore\ C_1=\dfrac{wl^3}{24EI}$

이들을 식 ①과 ②에 대입하여 정리하면

$$\theta=\frac{wl^3}{24EI}\left[1-6\left(\frac{x}{l}\right)^2+4\left(\frac{x}{l}\right)^3\right] \quad \cdots\cdots ③$$

$$y=\frac{wl^4}{24EI}\left[\frac{x}{l}-2\left(\frac{x}{l}\right)^3+\left(\frac{x}{l}\right)^4\right] \quad \cdots\cdots ④$$

즉, 임의점의 처짐각 θ와 처짐 y가 구해졌다. 지점 A 및 B에 있어서의 탄성곡선의 기울기 θ_A 및 θ_B는 식 ③에 $x=0$ 및 $x=l$을 각각 대입하면 다음과 같다.

$$\left.\begin{aligned}\theta_A&=\frac{wl^3}{24EI}\\ \theta_B&=-\frac{wl^3}{24EI}\end{aligned}\right\} \quad \cdots\cdots (9\text{-}4)$$

최대저침은 보의 중앙에서 일어나므로, 식 ④에 $x=\dfrac{l}{2}$을 대입하면 최대처짐은

$$y_{max}=\frac{5wl^4}{384EI} \quad \cdots\cdots (9\text{-}5)$$

9. 3 모멘트면적법

(1) 모멘트면적법의 제 1 정리

처음에 직선이던 보가 하중을 받으면 그림 9-4 (a)와 같이 변형한다. 이 때, dx만큼 떨어져 있는 중립축 위의 두 점 1과 2는 1′ 및 2′로 자리를 옮길 것이다. 이 부분을 확대하여 나타낸 것이 그림 9-4 (b)이다. 그림 9-5 (a)는 이러한 보의 임의구간 CD의 탄성곡선 C′D′를 나타낸 것이다. C′ 및 D′에서 탄성곡선에 그은 접선이 이루는 각이 θ이다.

그림 9-5 (b)는 CD 구간의 휨모멘트도(M도)이다. 그림 9-5 (c)는 M도의 각 점에서의 종거를 보의 그 점의 EI로 나누어서 얻은 것이며, 이것을 $\dfrac{M}{EI}$도라 한다.

그림 9-4 (b)에 보인 바와 같이, 보의 상면은 압축되고 하면은 인장되어, 중립축 1′2′는 중심각 $d\theta$, 곡률반경 ρ를 가지는 원호를 이룬다. 이 때, 점 1′ 및 2′에서 이 원호에

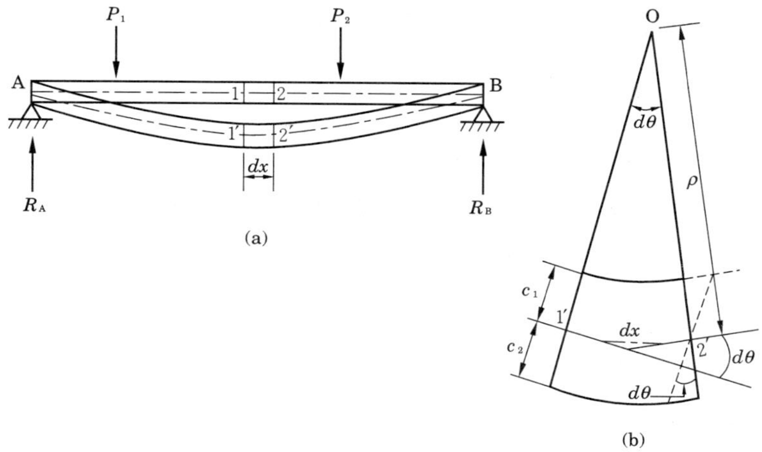

그림 9-4

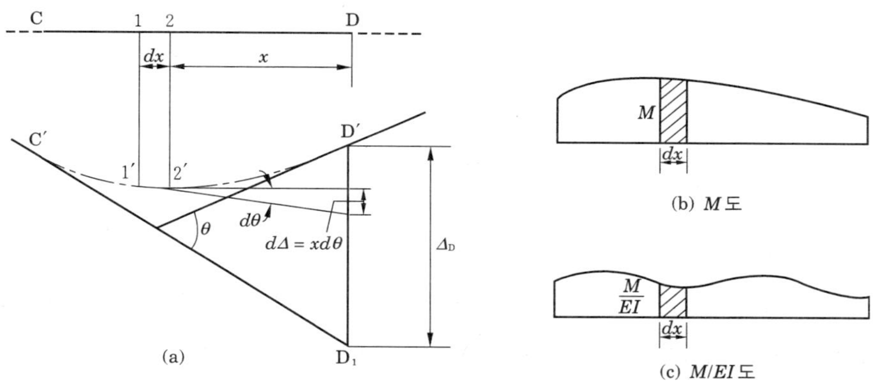

그림 9-5

그은 접선이 이루는 각은 $d\theta$로 된다. 이 관계가 그림 9-5(a)에도 나타나 있다.

그림 9-4(b)로부터 다음 관계를 얻는다.

$$d\theta = \frac{dx}{\rho} \quad \cdots\cdots \text{(a)}$$

위의 식에 식 (9-1)을 대입하면

$$d\theta = \frac{M}{EI}dx \quad \cdots\cdots \text{(b)}$$

따라서 그림 9-5(a)에 보인 바와 같이 탄성곡선 위의 임의의 두 점 C′ 및 D′에서 탄성곡선에 그은 접선이 이루는 각 θ는 식 (b)의 $d\theta$를 점 C에서 D까지 적분하면 된다.

즉,

$$\theta=\int_C^D d\theta=\int_C^D \frac{M}{EI}dx \quad \cdots\cdots (9\text{-}6)$$

식 (9-6)의 우변은 CD 구간의 $\frac{M}{EI}$도의 면적을 나타낸다. 이로부터 다음과 같은 사실을 알 수 있다. 즉, **탄성곡선 위의 임의의 두 점에서 그은 접선이 이루는 각은 그 두 점 사이의 $\frac{M}{EI}$도의 넓이와 같다.** 이것을 **모멘트면적법의 제1정리**라 한다.

(2) 모멘트면적법의 제2정리

그림 9-5(a)에 나타나 있는 바와 같이, C′에서의 접선이 D′에서 변형 전의 보에 내린 수선과 만난 점을 D_1이라 하고, $D'D_1=\varDelta_D$로 놓자. 탄성곡선 위의 두 점 1′ 및 2′에서 그은 두 접선이 $D'D_1$을 자르는 길이는

$$d\varDelta=x\,d\theta$$

여기에 식 (b)를 대입하여 적분하면 $\varDelta_D$를 얻는다.

$$D'D_1=\varDelta_D=\int_C^D d\varDelta=\int_C^D \frac{M}{EI}x\,dx \quad \cdots\cdots (9\text{-}7)$$

위의 식의 우변은 CD 구간의 $\frac{M}{EI}$도의 점 D에 대한 단면1차모멘트를 나타내고 있다. 따라서, 다음과 같이 말할 수 있다. 즉, **탄성곡선 위의 임의의 두 점에서의 접선이 그 한 점에서 원래의 보에 내린 수선을 자르는 길이는 그 두 점 사이의 $\frac{M}{EI}$도의 그 수선에 대한 단면1차모멘트와 같다.** 이것을 **모멘트면적법의 제2정리**라 한다.

위의 두 정리를 이용하면 보의 처짐과 처짐각을 기하학적으로 쉽게 구할 수 있다.

【예제 9-2】 그림 9-6(a)와 같은 보의 양 지점에서의 처짐곡선의 기울기와 최대처짐을 구하라. EI는 일정하다.

풀이

◀ 지점에서의 처짐각 ▶

지점 A에서의 처짐곡선의 기울기 θ_A는 A에서의 접선이 지간 중앙점 C에서의 접선 CA′와 이루는 각 ADA′와 같다. 따라서, θ_A는 모멘트면적법의 제1정리에 의하여 AC 구간의 $\frac{M}{EI}$도의 넓이와 같다. 이 보와 같이 EI가 일정한 경우에는 $\frac{M}{EI}$도 대신에 M도를 사용하여 계산하고, 그 결과를 EI로 나누면 편리하다. 이 보의 M도는 그림 9-6(b)와 같으므로 θ는 다음과 같이 계산된다.

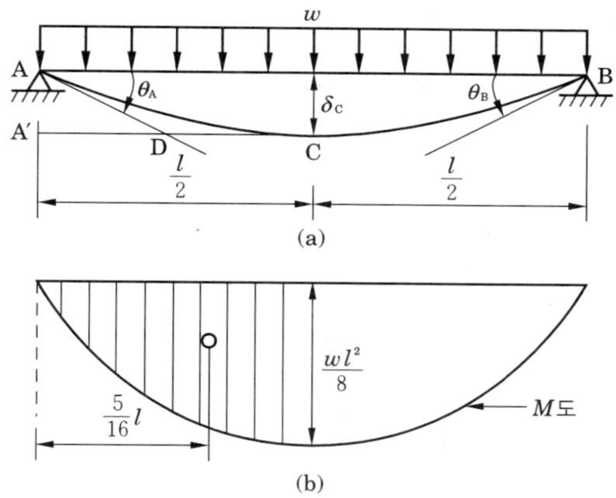

그림 9-6

$$\theta_A = \left(\frac{wl^2}{8} \times \frac{l}{2} \right) \times \frac{2}{3} \times \frac{1}{EI} = \frac{wl^3}{24EI}$$

θ_B는 시계 방향과 반대이므로

$$\theta_B = -\frac{wl^3}{24EI}$$

결과는 예제 9-1에서 구한 것과 같다.

◖ 최대처짐 ◗

최대처짐 δ_C는 그림 9-6(a)에서 $\overline{AA'}$와 같다. $\overline{AA'}$는 모멘트면적법의 제2정리에 의하여 $\overline{AC}$ 구간의 $\dfrac{M}{EI}$도의 $\overline{AA'}$ 선에 대한 단면1차모멘트와 같으므로, 그림 9-6(b)의 M도를 사용하여 계산하고 나중에 EI로 나눈다. AC 사이의 M도의 도심은 A로부터 $\dfrac{5}{16}l$에 있으므로

$$\delta_C = \overline{AA'} = \left(\frac{wl^2}{8} \times \frac{l}{2} \right) \times \frac{2}{3} \times \frac{5}{16} l \times \frac{1}{EI} = \frac{5wl^4}{384EI}$$

【예제 9-3】 그림 9-7(a)와 같은 변단면의 캔틸레버에서 자유단의 처짐과 처짐곡선의 기울기를 계산하라. $E = 2.0 \times 10^5$ MPa(2.0×10^5 N/mm²)이고, $I_1 = 18000 \times 10^4$ mm⁴, $I_2 = 12000 \times 10^4$ mm⁴이다.

풀이 이 보처럼 I가 일정하지 않은 경우에는 $\dfrac{M}{EI}$도 대신에 다음과 같이 수정된 M도를 사용하여 계산하는 것이 편리하다. 즉, 작은 값의 I를 표준으로 하여 모든 I를 비로 나타내고, M도의 종거를 그 단면의 I의 비로 나누어서 M도를 수정한다. 수정된 M도를 사용하여 계산하고, 그 결과를 EI로 나누면 된다. 이 때 EI의 I는 표준으로 한 I이다.

이 예제의 보에서는 $I_1 = 1.5I_2$, 즉 $I_2 : I_1 = 1 : 1.5$이다. 따라서, 그림 9-7(b)의 M도의 종거를 해당 단면의 I의 비로 나누면 그림 9-7(c)와 같은 수정된 M도를 얻는다. 즉, 그림 9-7(b)는

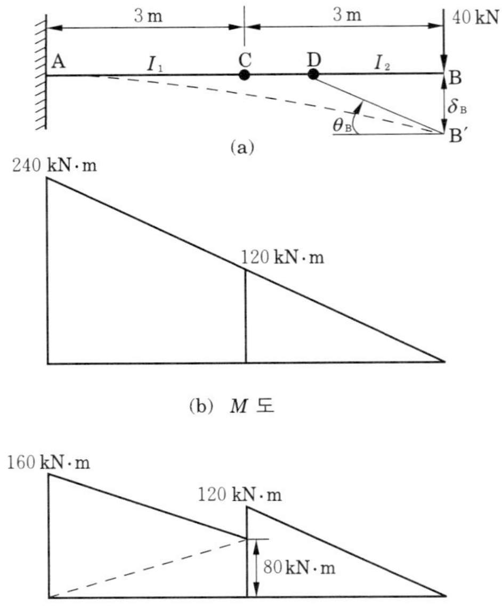

(b) M 도

(c) I의 변화를 고려한 M도

그림 9-7

보가 일정한 I로 되어 있다고 보았을 때의 M도이고, 그림 9-7 (c)는 I의 변화를 고려한 M도이다. 바꾸어 말해서 그림 9-7 (c)는 I_2를 표준으로 한 M도이다.

자유단 B에서의 탄성곡선의 기울기 θ_B는 A에서의 접선과 B에서의 접선이 이루는 각 B′DB와 같다. 따라서, θ_B는 모멘트면적법의 제1정리에 의하여 다음과 같다. 그림 9-7 (c)를 참고하면

$$\theta_B = \angle B'DB = \left(160\times3\times\frac{1}{2} + 80\times3\times\frac{1}{2} + 120\times3\times\frac{1}{2}\right)\times\frac{1}{EI_2}$$
$$= \frac{540(\mathbf{kN\cdot m^2})}{EI_2} = \frac{540\times10^3(\mathbf{N})\times(10^3)^2(\mathbf{mm^2})}{2.0\times10^5(\mathbf{N/mm^2})\times12000\times10^4(\mathbf{mm^4})}$$
$$= 0.0225\ \mathbf{rad} = 0.0225\times\frac{180°}{\pi} = 1.29° = 1°17'$$

자유단 B의 처짐 δ_B는 모멘트면적법의 제2정리에 의하여

$$\delta_B = \left[\left(160\times3\times\frac{1}{2}\right)\times\left(3\times\frac{2}{3}+3\right)+\left(80\times3\times\frac{1}{2}\right)\times\left(3\times\frac{1}{3}+3\right)+\left(120\times3\times\frac{1}{2}\right)\times\left(3\times\frac{2}{3}\right)\right]\times\frac{1}{EI_2}$$
$$= \frac{2040(\mathbf{kN\cdot m^3})}{EI_2} = \frac{2040\times10^3(\mathbf{N})\times(10^3)^3(\mathbf{mm^3})}{2.0\times10^5(\mathbf{N/mm^2})\times12000\times10^4(\mathbf{mm^4})} = 85\,\mathbf{mm}$$

【예제 9-4】 그림 9-8 (a)와 같은 내민보의 자유단의 처짐각과 처짐을 구하라. $E = 2.1\times10^5$ MPa이고, $I = 11500\times10^4$ mm^{4}이며, 보의 전 길이에 걸쳐 일정하다.

풀이 이 보를 해석하면 전단력도는 그림 9-8 (b), 휨모멘트도는 그림 9-8 (c)와 같이 된다. 그

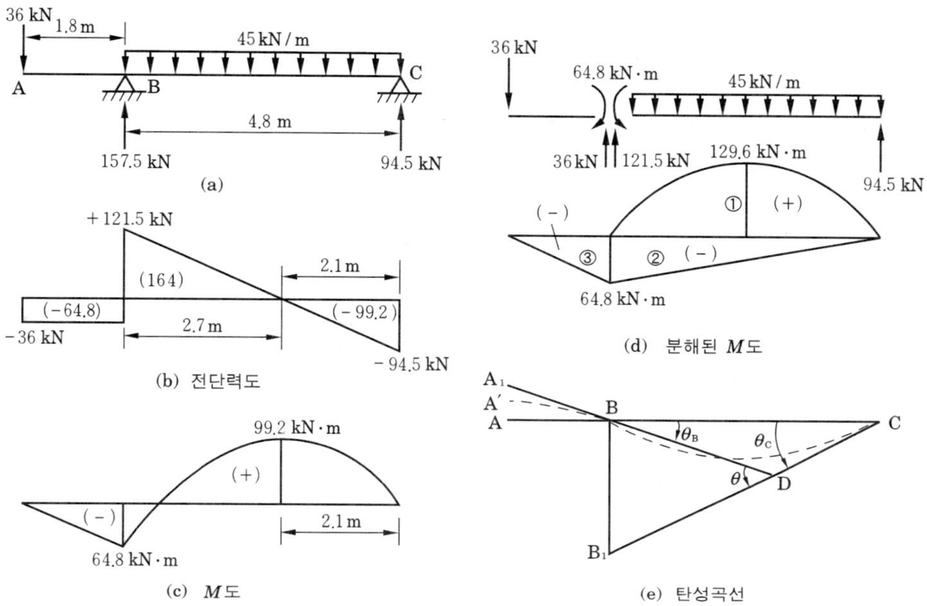

그림 9-8

러나, 이 보의 BC 부분은 등분포하중을 받는 단순보와 지점모멘트 64.8 kN·m를 받는 단순보의 합성으로 볼 수 있으므로, 이 보의 *M*도는 그림 9-8(d)와 같이 나타낼 수 있다. *EI*가 일정하므로, 그림 9-8(d)의 *M*도를 사용하여 계산하고 그 결과를 *EI*로 나눈다. 이 보의 탄성곡선을 그림 9-8(e)의 파선과 같이 가정하고, C에서의 탄성곡선의 접선이 B에서 내린 수선과 만난 점을 B_1, B에서의 접선 A_1B가 CB_1과 만난 점을 D라고 하자.

그림 9-8(e)의 BB_1은 그림 9-8(d)의 *M*도에 모멘트면적법의 제2정리를 적용하면

$$BB_1 = \left[\left(129.6 \times 4.8 \times \frac{2}{3}\right) \times \frac{4.8}{2} - \left(64.8 \times 4.8 \times \frac{1}{2}\right) \times \frac{4.8}{3}\right] \times \frac{1}{EI}$$
$$= \frac{746.5(\mathrm{kN \cdot m^3})}{EI}$$

따라서, C에서의 탄성곡선의 기울기 θ_C는 다음과 같이 된다.

$$\theta_C \fallingdotseq \tan\theta_C$$
$$= \frac{BB_1}{BC} = \frac{746.5}{EI} \times \frac{1}{4.8} = \frac{155.5(\mathrm{kN \cdot m^2})}{EI} \text{(반시계 방향)}$$

그림 9-8(e)의 θ는 모멘트면적법의 제1정리에 의하여

$$\theta = \left(129.6 \times 4.8 \times \frac{2}{3} - 64.8 \times 4.8 \times \frac{1}{2}\right) \times \frac{1}{EI} = \frac{259.2(\mathrm{kN \cdot m^2})}{EI}$$

따라서, 그림 9-8(e)로부터

$$\theta_B = \theta - \theta_C$$
$$= \frac{259.2}{EI} - \frac{155.5}{EI} = \frac{103.7(\mathbf{kN \cdot m^2})}{EI} \text{ (시계 방향)}$$

그림 9-9는 주어진 보의 AB 부분의 탄성곡선을 확대하여 나타낸 것이다. 탄성곡선의 A′에서의 접선 A′E와 B에서의 접선 A_1B가 이루는 각 A′EF는 모멘트면적법의 제1정리에 의하여

$$\angle A'EF = \left(64.8 \times 1.8 \times \frac{1}{2}\right) \times \frac{1}{EI} = \frac{58.3(\mathbf{kN \cdot m^2})}{EI}$$

AB에 평행하게 그은 A′F가 A′E와 이루는 각 θ_A는 그림 9-9로부터

$$\theta_A = \theta_B - \angle A'EF = \frac{103.7}{EI} - \frac{58.3}{EI} = \frac{45.4(\mathbf{kN \cdot m^2})}{EI}$$
$$= \frac{45.4 \times 10^3 \times (10^3)^2}{2.1 \times 10^5 \times 11500 \times 10^4} = 0.00188\ \mathbf{rad} = 0.1077° = 6'28'' \text{ (시계 방향)}$$

이것이 자유단 A에서의 처짐곡선의 기울기이다.

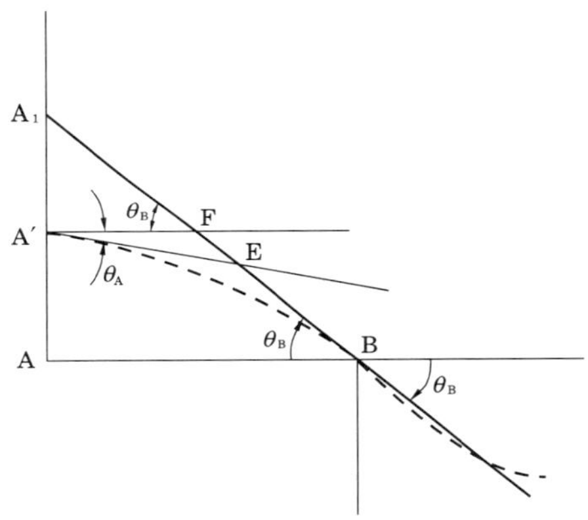

그림 9-9

그림 9-8(e) 또는 그림 9-9에서 A_1A'는 모멘트면적법의 제2정리에 의하여

$$A_1A' = \left(64.8 \times 1.8 \times \frac{1}{2}\right) \times 1.8 \times \frac{2}{3} \times \frac{1}{EI} = \frac{70(\mathbf{kN \cdot m^3})}{EI}$$

AA_1은 그림 9-9로부터

$$AA_1 = AB \tan\theta_B \fallingdotseq AB\theta_B$$
$$= 1.8 \times \frac{103.7}{EI} = \frac{186.7(\mathbf{kN \cdot m^3})}{EI}$$

따라서, 자유단 A의 처짐 δ_A는

$$\delta_A = AA' = AA_1 - A_1A'$$

$$= \frac{186.7}{EI} - \frac{70}{EI} = \frac{116.7(\mathbf{kN \cdot m^3})}{EI}$$

$$= \frac{116.7 \times 10^3 \times (10^3)^3}{2.1 \times 10^5 \times 11500 \times 10^4} = 4.8 \text{ mm}$$

즉, 자유단 A는 위로 약 4.8 mm 솟는다.

9. 4 겹침의 원리

제6장에서 본 바와 같이, 여러 개의 하중이 실린 보의 지점반력은 그들 하중을 하나씩 따로따로 실었을 때의 지점반력을 합한 것과 같다. 이 관계는 휨모멘트와 전단력에 대해서도 성립하며, 구조물의 변형에도 성립한다. 즉, 여러 개의 하중이 실린 보의 처짐은 그들 하중을 하나씩 따로 실었을 때의 처짐을 합한 것과 같다. 처짐각도 마찬가지이다.

따라서 다음과 같은 사실이 성립함을 알 수 있다. 즉, "여러 개의 하중으로 인하여 구조물에 일어나는 어떠한 정역학적 양은 그들 하중이 하나씩 따로 실렸을 때 일어나는 양을 합한 것과 같다."

이것을 겹침의 원리(중첩의 원리, principle of superposition) 또는 겹침의 법칙(중첩의 법칙, law of superposition)이라고 한다. 이 원리는 탄성한도 이하의 외력이 작용하여 구조물이 Hooke의 법칙에 따를 때, 즉 외력과 변형이 선형관계에 있을 때만 성립한다. 또, 이 원리는 구조물이 정정이든 부정정이든 성립한다. 그러나, 이 원리가 성립하지 않는 특별한 경우도 있다. 예를 들면, 휨과 압축을 받는 경우가 그러하다.

여러 종류의 하중이 실린 구조물의 처짐이나 처짐각을 구할 경우에는 이 원리를 이용하는 것이 편리하다.

9. 5 탄성하중법

그림 9-10(b)는 그림 9-10(a)와 같은 단순보의 $\frac{M}{EI}$도이고, 그림 9-10(c)는 탄성곡선이다. 탄성곡선의 A에서의 접선이 B에서의 수선을 자르는 길이 Δ_B는 모멘트면적법의 제2정리에 의하여

$$\Delta_B = \int_A^B \frac{M}{EI} x' \, dx \quad \cdots\cdots \text{(a)}$$

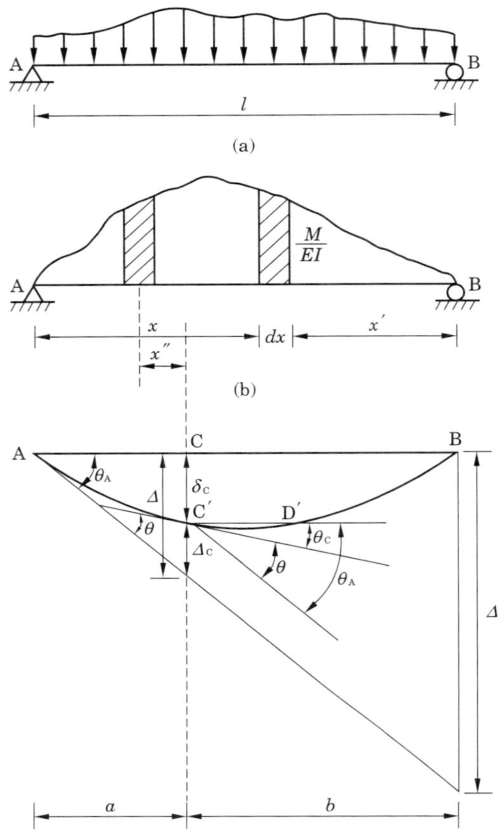

그림 9-10

따라서

$$\theta_A \fallingdotseq \tan\theta_A = \frac{\Delta_B}{l} = \frac{1}{l}\int_A^B \frac{M}{EI}x'\,dx \quad \cdots\cdots (b)$$

식 (b)의 우변은 $\frac{M}{EI}$도를 하중으로 한 그림 9-10(b)와 같은 단순보의 지점 A에서의 반력이다. 이것은 그림 9-10(a)의 단순보의 지점 A에서의 처짐각 θ_A가 $\frac{M}{EI}$도를 하중으로 한 그림 9-10(b) 보의 A에서의 지점반력과 같다는 것을 나타내고 있다.

그림 9-10(c)에서 A 및 C′에서의 두 접선이 이루는 각 θ는 모멘트면적법의 제1정리에 의하여

$$\theta = \int_A^C \frac{M}{EI}\,dx \quad \cdots\cdots (c)$$

따라서, C′에서의 탄성곡선의 기울기, 즉 C′에서의 처짐각 θ_C는

$$\theta_C = \theta_A - \theta = \frac{1}{l}\int_A^B \frac{M}{EI} x' \, dx - \int_A^C \frac{M}{EI} dx \quad \cdots\cdots (d)$$

식 (d)의 우변은 그림 9-10(b)의 보에서 C의 전단력을 나타낸다.

그림 9-10(c)에서, C′에 세운 수선이 A에서의 접선으로 잘리는 길이 Δ_C는 모멘트면적법의 제2정리에 의하여

$$\Delta_C = \int_A^C \frac{M}{EI} x'' \, dx \quad \cdots\cdots (e)$$

또한, 그림 9-10(c)에서

$$\Delta = a \tan\theta_A \fallingdotseq a\theta_A$$

따라서, C에서의 처짐 δ_C는 다음과 같이 된다.

$$\delta_C = \Delta - \Delta_C = a\theta_A - \int_A^C \frac{M}{EI} x'' \, dx \quad \cdots\cdots (f)$$

식 (f)는 그림 9-10(b)의 보에서 C의 휨모멘트를 나타내고 있다[식 (b) 참조].

이상으로부터 다음과 같은 결론을 얻을 수 있다.

① 단순보에서 $\frac{M}{EI}$도를 하중으로 한 가상보[그림 9-10(b)]의 전단력[식 (d)]은 주어진 단순보의 그 점에서의 처짐각이다.

② 단순보에서 $\frac{M}{EI}$도를 하중으로 한 가상보[그림 9-10(b)]의 휨모멘트[식 (f)]는 주어진 보의 그 점에서의 처짐이다.

이것을 **처짐에 관한 Mohr의 정리**라 한다. $\frac{M}{EI}$을 **탄성하중**(elastic load)이라 하며, 이 정리를 이용하여 처짐을 구하는 방법을 **탄성하중법**이라고 한다. 이 방법을 그대로 적용할 수 있는 것은 단순보의 경우뿐이다.

【예제 9-5】 그림 9-11(a)와 같은 단순보의 지점에서의 처짐각과 최대처짐을 구하라. EI는 일정하다(예제 9-1, 예제 9-2 참조).

풀이 이 보의 $\frac{M}{EI}$도가 그림 9-11(b)이다. 이 탄성하중이 실린 그림 9-11(b)의 보에서 지점 A′의 전단력, 즉 지점반력 R_A'가 그림 9-11(a) 보의 지점 A에서의 처짐각이다.

$$\theta_A = R_A' = \left(\frac{wl^2}{8EI} \times \frac{l}{2}\right) \times \frac{2}{3} = \frac{wl^3}{24EI}$$

지점 B에서의 처짐각은 반시계 방향이므로

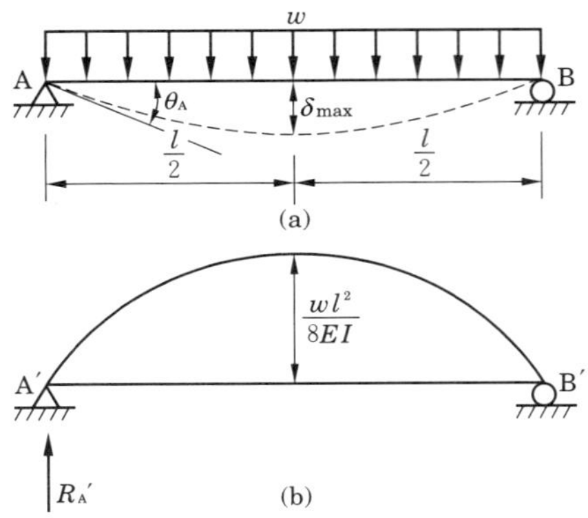

그림 9－11

$$\theta_B = -\frac{wl^3}{24EI}$$

최대처짐은 지간 중앙에서 일어나며, 그 크기는 그림 9-11 (b)의 가상의 보에서 지간 중앙의 휨모멘트이다.

$$\delta_{max} = R_A' \times \frac{l}{2} - \left(\frac{wl^2}{8EI} \times \frac{l}{2} \times \frac{2}{3}\right) \times \left(\frac{l}{2} \times \frac{3}{8}\right)$$
$$= \frac{wl^3}{24EI} \times \frac{l}{2} - \frac{wl^4}{128EI} = \frac{5wl^4}{384EI}$$

【예제 9－6】 그림 9-12 (a)의 보의 최대처짐을 계산하라. $E = 2.1 \times 10^5$ MPa, $I = 15000 \times 10^4$ mm^{4}이다.

풀이 이 보의 $\frac{M}{EI}$도는 그림 9-12 (b)와 같다. 최대처짐은 그림 9-12 (a)에서 두 하중점의 중간의 어떠한 점 C에서 일어날 것이다. 그리고, 최대처짐은 탄성하중이 실린 그림 9-12 (b)의 가상보에 일어나는 최대휨모멘트이다. 그림 9-12 (b)의 보에서 최대휨모멘트가 일어나는 점을 C′라 하면, C′에서 전단력은 0이라야 한다.
C′에서의 전단력은 그림 9-12 (b)를 참고하면

$$\frac{302}{EI} - \frac{160}{EI} \times 0.6 \times \frac{1}{2} - \frac{160}{EI}x - \left(\frac{280-160}{1.8EI}x\right) \times x \times \frac{1}{2} = 0$$
$$\therefore\ x = 1.26\ \mathrm{m}$$

이 관계가 그림 9-12 (c)의 전단력도에 나타나 있다. 즉, 이 보의 최대처짐은 200 kN의 하중 작용점으로부터 1.26 m의 거리에 있는 C 점에서 일어난다. 따라서, 최대처짐은 그림 (b)의 C′에서의 휨모멘트이다.

$$\delta_{max} = \delta_C = \frac{302}{EI} \times (0.6 + 1.26) - \left(\frac{160}{EI} \times 0.6 \times \frac{1}{2}\right) \times \left(0.6 \times \frac{1}{3} + 1.26\right) - \frac{160}{EI} \times 1.26 \times \frac{1.26}{2}$$

$$-\left(\frac{280-160}{1.8EI}\times 1.26\times 1.26\times\frac{1}{2}\right)\times\frac{1.26}{3}$$

$$=\frac{342.4(\mathbf{kN\cdot m^3})}{EI}=\frac{342.4\times 10^3\times(10^3)^3}{2.1\times 10^5\times 15000\times 10^4}=10.9\ \mathbf{mm}$$

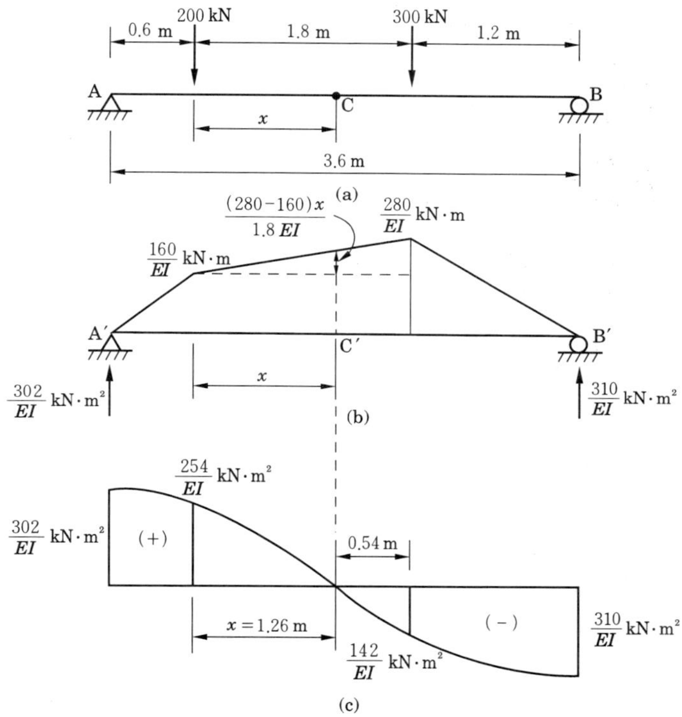

그림 9-12

9. 6 공액보의 방법

탄성곡선에 관한 Mohr의 정리는 다음과 같은 방법으로도 얻을 수 있다. 식 (6-3) 및 식 (6-4)로부터

$$\frac{dV}{dx}=-w$$

$$\frac{dM}{dx}=V$$

이로부터

$$V = -\int w\, dx + C_1 \quad \cdots\cdots\cdots\cdots\cdots \text{(a)}$$

$$M = -\iint w\, dx\, dx + C_1 x + C_2 \quad \cdots\cdots\cdots\cdots\cdots \text{(b)}$$

여기서 C_1, C_2는 적분상수이다. 적분상수의 혼동을 피하기 위하여 식 (9-3)의 적분상수를 D_1, D_2로 놓고, 여기에 다시 옮겨 놓으면

$$\theta = -\int \frac{M}{EI} dx + D_1 \quad \cdots\cdots\cdots\cdots\cdots \text{(c)}$$

$$y = -\iint \frac{M}{EI} dx\, dx + D_1 x + D_2 \quad \cdots\cdots\cdots\cdots\cdots \text{(d)}$$

식 (a) 및 (b)에 w 대신 $\dfrac{M}{EI}$을 대입하면

$$\overline{V} = -\int \frac{M}{EI} dx + C_1 \quad \cdots\cdots\cdots\cdots\cdots \text{(e)}$$

$$\overline{M} = -\iint \frac{M}{EI} dx\, dx + C_1 x + C_2 \quad \cdots\cdots\cdots\cdots\cdots \text{(f)}$$

위의 식들을 비교하면, $\dfrac{M}{EI}$을 하중으로 하는 가상보(假想보)의 전단력 및 휨모멘트가 주어진 실제보의 처짐각 및 처짐이라는 것을 알 수 있다. 즉, 9. 5절에서 설명한 Mohr의 정리가 얻어진 것이다.

다음에, 적분상수를 구하기 위한 경계 조건을 생각해 보자.

◀ 단순보의 경우 ▶

식 (a)와 (b)에서 적분상수 C_1 및 C_2는 $x=0$ 및 $x=l$에서 $M=0$이라는 조건으로부터 얻을 수 있고, 식 (c)와 (d)에서는 $x=0$ 및 $x=l$에서 $y=0$이라는 조건으로부터 적분상수 D_1 및 D_2를 얻을 수 있다. 즉, V와 M의 적분상수 C_1, C_2를 구하는 조건과 θ와 y의 적분상수 D_1, D_2를 구하는 조건은 같다. 그리고, 그 경계 조건은 양 지점에 대한 것이다. 이는 탄성하중 $\dfrac{M}{EI}$을 재하한 가상보의 지지 조건이 w를 재하한 실제의 보의 지지 조건과 같다는 것을 의미한다. 즉, 단순보에서는 가상보도 단순지지이어야 한다. 이러한 가상보를 공액보(conjugate beam)라 한다. 예를 들면, 그림 9-11 (a)의 보의 공액보는 그림 9-11 (b)이다.

◀ 캔틸레버의 경우 ▶

캔틸레버에 있어서는 식 (a), (b)의 적분상수 C_1 및 C_2는 $x=l$에서 $V=0$, $M=0$이라는 조건으로부터 구할 수 있다. 그러나, 식 (c), (d)의 적분상수 D_1 및 D_2는 $x=0$에서

$\theta=0$, $y=0$이라는 조건으로부터 얻는다. 즉, 캔틸레버에서는 V, M의 적분상수 C_1 및 C_2는 자유단에 대한 경계 조건으로부터 구하고, θ와 y의 적분상수 D_1 및 D_2는 고정단에 대한 경계 조건으로부터 얻는다. 따라서, 캔틸레버에 Mohr의 정리를 적용하기 위해서는 탄성하중 $\dfrac{M}{EI}$을 재하한 가상보의 고정단과 자유단을 실제보의 그것과 반대로 하여야 한다. 이것이 그림 9-13에 나타나 있다. 즉, 그림 9-13(a)의 캔틸레버의 공액보는 그림 9-13(b)이다. EI가 일정한 그림 9-13(a)의 캔틸레버에서 자유단 B에서의 처짐각 θ_B와 처짐 δ_B를 구해 보자. 그림 9-13(b)의 공액보에 Mohr의 정리를 적용하면

$$\begin{aligned}\theta_B &= \text{공액보의 B}'\text{에서의 전단력}\\ &= \text{공액보의 B}'\text{에서의 지점반력}\\ &= \frac{wl^2}{2EI}\times l\times\frac{1}{3}=\frac{wl^3}{6EI}\end{aligned} \qquad (9\text{-}8)$$

$$\begin{aligned}\delta_B &= \text{공액보의 B}'\text{에서의 휨모멘트}\\ &= \left(\frac{wl^2}{2EI}\times l\times\frac{1}{3}\right)\times\frac{3}{4}l=\frac{wl^4}{8EI}\end{aligned} \qquad (9\text{-}9)$$

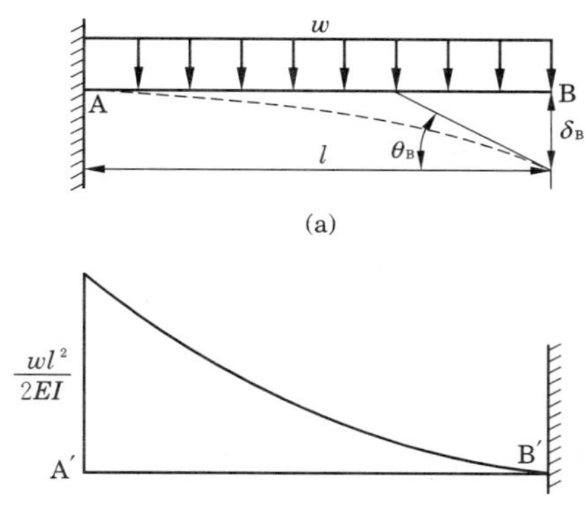

그림 9-13

연속보와 같이 중간지점을 가지는 보나 게르버보와 같이 중간힌지를 가지는 보에서는, 중간지점은 힌지로, 중간힌지는 중간지점으로 바꾸어 놓으면 Mohr의 정리를 적용할 수 있는 공액보를 얻을 수 있다.

이상을 종합하면, 주어진 실제보의 공액보는 그 길이는 서로 같게 하고, 지점이나 연결부는 다음과 같이 바꾸면 된다.

실 제 보	공 액 보
단순지지단	단순지지단
자 유 단	고 정 단
고 정 단	자 유 단
중간지점	중간힌지
중간힌지	중간지점

그림 9-14는 실제의 보와 공액보를 보인 것이다. 그림 9-14(f) 및 (g)의 공액보는 불안정이지만, 탄성하중의 작용 아래서는 평형을 유지한다.

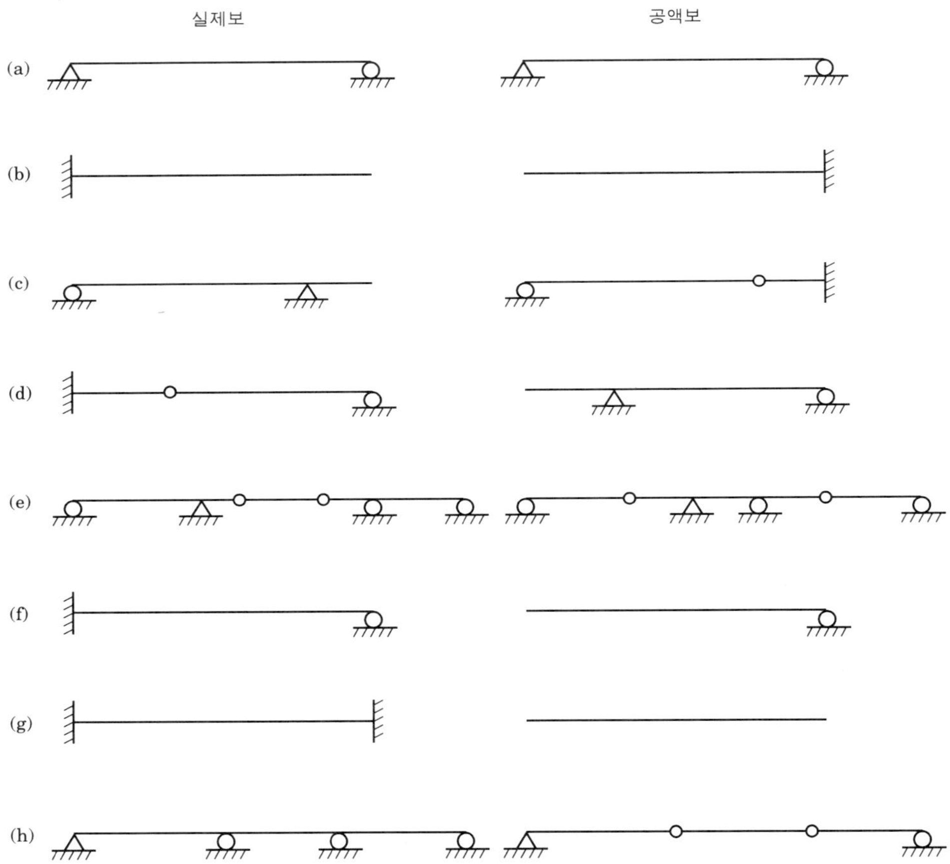

그림 9-14

결국, 공액보란 탄성하중을 재하한 가상보의 전단력과 휨모멘트가 곧 실제보의 처짐각과 처짐이 되도록 지점 조건을 조절한 보이다. 공액보에 재하한 탄성하중이 정(+)이면 하향의 하중이고, 부(−)이면 상향으로 작용하는 하중으로 보아야 한다. 공액보를 이용하여 처짐과 처짐각을 구하는 방법을 **공액보의 방법**(conjugate beam method)이라 한다. 공액보의 방법은 정정보뿐 아니라 부정정보의 처짐과 처짐각을 구하는 데에도 사용된다.

【예제 9−7】 그림 9-15 (a)와 같이 지점에 모멘트가 작용하는 단순보가 있다. 지점에서의 탄성곡선의 기울기를 구하라. EI는 일정하다.

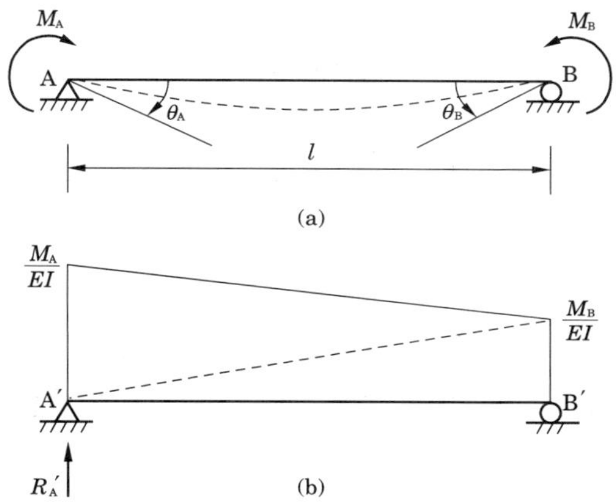

그림 9−15

풀이 이 보의 공액보는 그림 9-15(b)와 같다. 대각선에 의하여 $\dfrac{M}{EI}$도를 2개의 삼각형으로 분할하여 계산한다. 지점 A에서의 탄성곡선의 기울기 θ_A는 공액보의 A′에서의 전단력(지점반력)이므로

$$\theta_A = R_A'$$

$$= \left[\left(\frac{M_A}{EI} \times l \times \frac{1}{2}\right) \times \frac{2}{3} l + \left(\frac{M_B}{EI} \times l \times \frac{1}{2}\right) \times \frac{l}{3}\right] \times \frac{1}{l}$$

$$\therefore \ \theta_A = \frac{l}{6EI}(2M_A + M_B) \ (\text{시계 방향})$$

같은 방법으로 .... (9-10)

$$\theta_B = -\frac{l}{6EI}(M_A + 2M_B) \ (\text{반시계 방향})$$

위의 식으로부터 M_A 및 M_B를 구하면

$$\left.\begin{aligned} M_A &= \frac{2EI}{l}(2\theta_A + \theta_B) \\ M_B &= -\frac{2EI}{l}(\theta_A + 2\theta_B) \end{aligned}\right\} \quad \cdots\cdots (9\text{-}11)$$

【예제 9−8】 그림 9-16 (a)의 보에서 중앙단면의 처짐을 구하라. $E=2.1\times10^5\ \mathrm{N/mm^2}$ 이고, $I_1=64\times10^6\ \mathrm{mm^4}$, $I_2=96\times10^6\ \mathrm{mm^4}$이다.

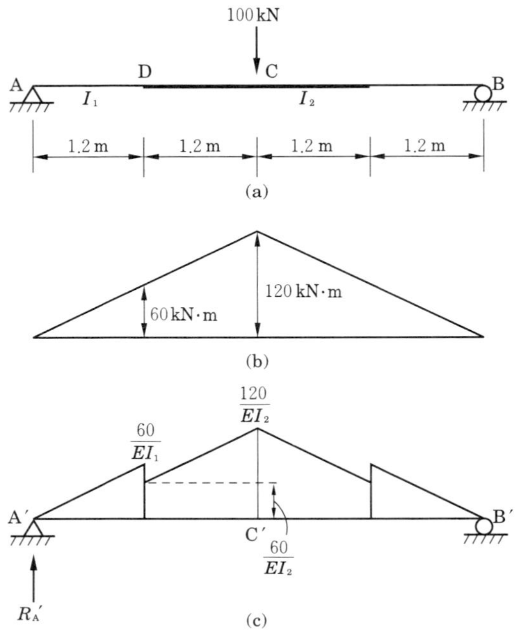

그림 9−16

풀이 이 보의 M도는 그림 9-16 (b)와 같다. EI의 값을 사용하여 $\dfrac{M}{EI}$도를 그리는 것은 번거로우므로, 변단면을 가지는 이러한 보의 $\dfrac{M}{EI}$도는 I의 비를 사용하거나(예제 9-3 참조), 또는 그림 9-16 (c)와 같이 그려서 계산하고 나중에 EI값을 대입하는 것이 편리하다. 단면 D를 경계로 하여 $I_1<I_2$이므로, $\dfrac{M}{EI}$이 D 점에서 갑자기 작아져서 $\dfrac{M}{EI}$도는 그림 9-16 (c)와 같이 되는데, 이것이 이 보의 공액보이다. 보와 하중이 대칭이므로 왼쪽 반만 생각한다.

공액보의 지점반력 R_A'는

$$R_A'=\left(\frac{60}{EI_1}\times1.2\times\frac{1}{2}\right)+\left(\frac{60}{EI_2}\times1.2\right)+\left(\frac{120}{EI_2}-\frac{60}{EI_2}\right)\times1.2\times\frac{1}{2}$$
$$=\frac{36(\mathrm{kN\cdot m^2})}{EI_1}+\frac{108(\mathrm{kN\cdot m^2})}{EI_2}$$

중앙 단면 C의 처짐 δ_C는 공액보의 C′에서의 휨모멘트이므로

$$\delta_C=M_C'=\left(\frac{36}{EI_1}+\frac{108}{EI_2}\right)\times2.4-\left(\frac{60}{EI_1}\times1.2\times\frac{1}{2}\right)\times\left(1.2\times\frac{1}{3}+1.2\right)-\left(\frac{60}{EI_2}\times1.2\right)\times\frac{1.2}{2}$$

$$-\left(\frac{120}{EI_2}-\frac{60}{EI_2}\right)\times 1.2\times\frac{1}{2}\times\frac{1.2}{3}$$

$$=\frac{28.8(\mathbf{kN\cdot m^3})}{EI_1}+\frac{201.6(\mathbf{kN\cdot m^3})}{EI_2}$$

$$=\frac{28.8\times 10^3\times(10^3)^3}{2.1\times 10^5\times 64\times 10^6}+\frac{201.6\times 10^3\times(10^3)^3}{2.1\times 10^5\times 96\times 10^6}$$

$$=2.1+10.0=12.1\ \mathbf{mm}$$

【예제 9-9】 그림 9-17(a)와 같은 내민보의 지점 B에서의 처짐곡선의 기울기 및 자유단 A의 처짐과 처짐각을 계산하라. $E=2.1\times 10^5$ MPa이고, $I=11500\times 10^4\,\mathrm{mm}^4$이다.

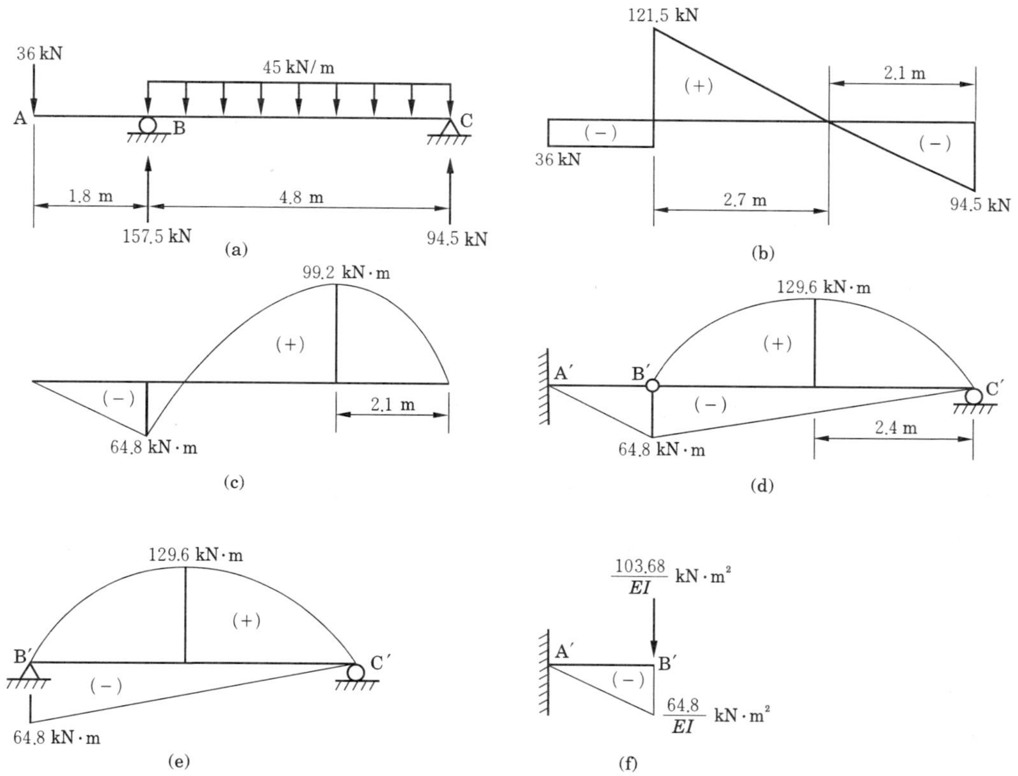

그림 9-17

풀이 이 보의 전단력도는 그림 9-17(b), 휨모멘트도는 그림 9-17(c)와 같이 된다. M도는 그림 9-17(d)와 같이 분해하여 생각하는 것이 편리하다. 따라서, 이 보의 공액보는 그림 9-17(d)와 같은 게르버보로 되므로, 게르버보의 해법을 적용하면 이 공액보의 각 단면의 전단력과 휨모멘트를 구할 수 있다. 그러기 위하여 이 공액보를 그림 9-17(e) 및 그림 9-17(f)와 같이 단순보 부분과 캔틸레버 부분으로 나누어 생각한다. EI가 일정하므로 계산 결과를 나중에 EI로 나눈다. 이 보의 처짐곡선의 지점 B에서의 기울기 θ_B는 그림 9-17(d)의 보에서 힌지 B′의 전 단력이고, 그것은 곧 그림 9-17(e)의 보에서 B′의 지점반력이다. 따라서,

$$\theta_B = R_B' = \left(129.6\times4.8\times\frac{2}{3}\times\frac{1}{2}\right)\frac{1}{EI} - \left[\left(64.8\times4.8\times\frac{1}{2}\right)\times\left(\frac{2}{3}\times4.8\right)\times\frac{1}{4.8}\right]\frac{1}{EI}$$
$$= \frac{103.68(\mathbf{kN\cdot m^2})}{EI} = \frac{103.68\times10^3\times(10^3)^2}{2.1\times10^5\times11500\times10^4}$$
$$= 0.0043\,\mathrm{rad} = 14.8' \text{ (시계 방향)}$$

그림 9-17(e)의 단순보 부분에서 B′의 지점반력 $\frac{103.68}{EI}$ kN · m²은 정(+)이므로 상향이고, 이것이 힌지 B′를 통하여 그림 9-17(f)와 같이 캔틸레버부에 전달된다. 따라서, 자유단 A에서 처짐곡선의 기울기 θ_A는 그림 9-17(f)의 공액보에서 A′의 전단력이다. 그러므로,

$$\theta_A = R_A' = \frac{103.68}{EI} - \frac{64.8}{EI}\times1.8\times\frac{1}{2}$$
$$= \frac{45.4(\mathbf{kN\cdot m^2})}{EI} = \frac{45.4\times10^3\times(10^3)^2}{2.1\times10^5\times11500\times10^4}$$
$$= 0.00188\,\mathrm{rad} \text{ (시계 방향)}$$

자유단 A의 처짐 δ_A는 그림 9-17(f)의 보에서 A′의 휨모멘트이다. 즉,

$$\delta_A = M_A' = -\frac{103.68}{EI}\times1.8 + \left(\frac{64.8}{EI}\times1.8\times\frac{1}{2}\right)\times\left(1.8\times\frac{2}{3}\right)$$
$$= -\frac{116.64(\mathbf{kN\cdot m^3})}{EI} = -\frac{116.64\times10^3\times(10^3)^3}{2.1\times10^5\times11500\times10^4}$$
$$= -4.8\,\mathrm{mm} \text{ (위로 솟는다)}$$

이 예제는 예제 9-4에서 모멘트면적법을 사용하여 계산하였으며, 같은 결과를 얻었다.

9.7 가상일의 방법

(1) 외력일과 내력일

① 외력일

어떠한 물체에 힘 P가 작용하여 그 물체가 힘의 방향으로 ds만큼 이동했다면, 힘 P는

$$W = P\,ds \quad \cdots\cdots\cdots \text{(a)}$$

의 일(work)을 했다고 한다. 따라서, 물체가 최초의 위치 s_1로부터 s_2의 위치로 이동하

였을 때, 힘 P가 한 일은 다음과 같다.

$$W=\int_{s_1}^{s_2} P\,ds \quad \cdots\cdots \text{(b)}$$

구조물에 외력이 작용하면 구조물은 변형하여 외력의 작용점이 이동한다. 그러므로, 외력은 어떤 양의 일을 하는데, 이러한 일을 **외력일**(**external work**)이라 한다.

실제의 구조물에서 하중은 0으로부터 서서히 증가하여 P에 이른다. 따라서, 변위도 0으로부터 서서히 δ에 이른다. 겹침의 원리가 성립되는 동안, 즉 탄성한도 이내에서는 변위가 힘에 비례하므로, 하중 F와 변위 δ는 그림 9-18의 OA와 같은 선형관계를 이룬다. 따라서, 하중이 0에서 P에 이르는 동안에 한 일의 양은 다음과 같다.

$$W=\int_0^{\delta} F\,ds=\int_0^{\delta}\left(\frac{Ps}{\delta}\right)ds=\frac{1}{2}P\delta \quad \cdots\cdots \text{(9-12)}$$

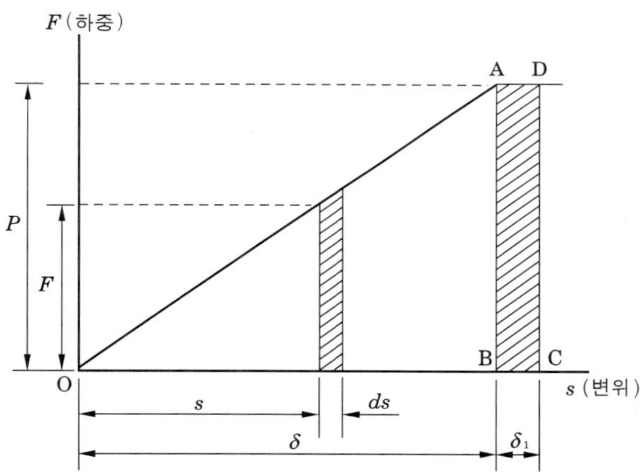

그림 9-18

즉, P가 한 외력일의 양은 그림 9-18의 △OAB의 넓이와 같다.

P가 작용하고 있는 이러한 상태에서 P 이외의 다른 원인에 의하여 P의 방향으로 변위 δ_1이 더 일어난다면, P는 $P\delta_1$ 만큼의 일을 부가적으로 더 하게 된다. 이 일의 양이 그림 9-18의 사각형 ABCD의 넓이이다. 따라서, 이 경우에 P가 한 일의 총량은 다음과 같다.

$$W=\frac{1}{2}P\delta+P\delta_1$$

그림 9-15(a)와 같이 부재단에 작용하는 모멘트 M에 의하여 부재가 θ만큼 회전하였을 때 M이 한 일은 위와 같은 방법에 의하여 다음과 같이 된다.

$$W = \frac{1}{2} M\theta \quad \cdots\cdots \quad (9\text{-}13)$$

식 (9-12) 및 식 (9-13)으로 나타내지는 외력일은 결국 외력 P 및 M의 위치에너지(potential energy)이다.

② 내력일

구조물에 외력이 작용하면 응력이 일어난다. 이 때, 응력이 한 일을 **내력일**(internal work)이라 한다. 내력일은 외력으로 인한 변형에 저항하기 위하여 부재가 지니고 있는 에너지이므로, 이것을 **탄성변형에너지**(elastic strain energy) 또는 **변형에너지**(strain energy)라고 할 때가 많다.

◀ 휨모멘트에 의한 변형에너지 ▶

보에 작용하는 하중도 0으로부터 서서히 증가하여 재하된다. 하중과 보의 처짐이 선형 관계를 유지하는 동안은 모든 외력일을 탄성에너지로 전환시킬 수 있다. 지금, 보의 미소요소가 지니는 변형에너지를 dW라고 하자. 전단력의 영향을 무시하고 그림 9-2(b) 및 그림 9-4(b)를 참조하면, dW는 식 (9-13)에 의하여 다음과 같이 된다.

$$dW = \frac{1}{2} M\, d\theta \quad \cdots\cdots \quad (c)$$

9. 3절의 식 (b) $\left(d\theta = \dfrac{M}{EI}\, dx\right)$를 위의 식에 대입하면

$$dW = \frac{M^2}{2EI}\, dx \quad \cdots\cdots \quad (d)$$

따라서, 지간 l인 보가 지니는 휨변형률에너지는 다음과 같다.

$$W = \int_0^l \frac{M^2}{2EI}\, dx \quad \cdots\cdots \quad (9\text{-}14)$$

보에는 휨모멘트 외에 전단력도 작용하므로, 보는 전단력에 의한 변형에너지도 지니게 된다. 그러나, 전단력에 의한 보의 변형은 휨에 의한 변형에 비하여 매우 작기 때문에 무시하는 것이 보통이다.

◀ 축력에 의한 변형에너지 ▶

단면적이 A이고, 길이가 l인 직선부재가 축력 N에 의하여 그 길이가 δ만큼 늘어났거나 줄어들었다면, 그 응력은 $\sigma = \dfrac{N}{A}$이고 변형률은 $\varepsilon = \dfrac{\delta}{l}$이다. 그러므로

$$\delta = \varepsilon l = \frac{\sigma}{E} l = \frac{N}{AE} l$$

따라서, 이 부재의 변형에너지는 식 (9-12)에 의하여 다음과 같이 된다.

$$W=\frac{N^2 l}{2EA} \qquad \cdots\cdots (9\text{-}15)$$

트러스는 이러한 직선부재들로 되어 있으므로, 트러스 전체가 지나는 총탄성변형에너지는 다음과 같이 된다.

$$W=\Sigma\frac{N^2 l}{2EA} \qquad \cdots\cdots (9\text{-}16)$$

이상에서 설명한 변형에너지 역시 위치에너지이다. 에너지에 관한 원리들을 이용하여 구조물을 해석하거나 변위를 구하는 것을 **에너지방법(energy method)**이라 한다. 이하에서는 에너지방법에 의하여 변위를 구하는 방법을 다룬다.

③ 에너지보존의 법칙

탄성체에 외력이 작용하여 변형할 때 열이 발생한다. 이 열로 인한 에너지의 손실은 무시할 수 있을 정도로 적기 때문에, 이것을 무시하면 탄성체의 내력일(W_i)과 외력일(W_e)은 에너지보존의 법칙에 의하여 서로 같아야 한다. 즉,

$$W_e=W_i \qquad \cdots\cdots (9\text{-}17)$$

이 원리를 이용하면 특별한 경우의 보의 처짐을 구할 수 있다.

【예제 9-10】 그림 9-19와 같이 집중하중이 작용하는 캔틸레버의 자유단의 처짐을 구해보자.

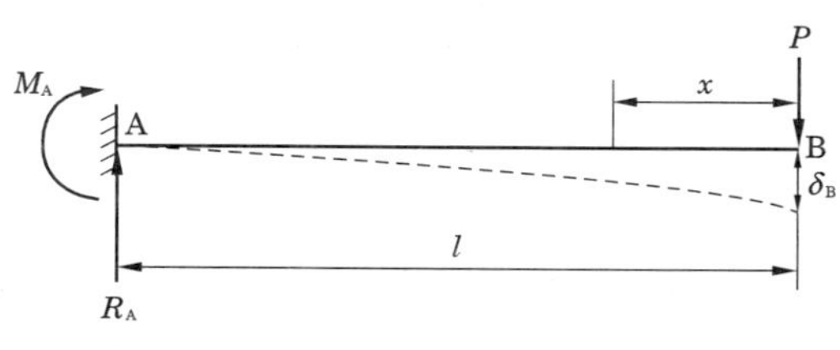

그림 9-19

풀이 집중하중 P에 의하여 지점반력 $R_A=P$, $M_A=-Pl$이 일어난다. 따라서, 이 보에는 3개의 외력 P, R_A, M_A가 작용한다. 그러나, A는 고정지점이므로 R_A 및 M_A가 한 외력일은 0이고, P가 한 외력일은 식 (9-12)에 의하여 $\frac{1}{2}P\delta_B$이다. 따라서, 이 보의 외력일의 총량은 다음과 같다.

$$W_e=\frac{1}{2}P\delta_B$$

임의단면의 휨모멘트는 $M=-Px$이므로, 전단력의 영향을 무시하고 또 EI가 일정하다면, 이 보의 변형에너지는 식 (9-14)에 의하여 다음과 같다.

$$W_i=\int_0^l \frac{M^2}{2EI}dx=\int_0^l \frac{(-Px)^2}{2EI}dx=\frac{P^2l^3}{6EI}$$

따라서, 식 (9-17)에 의하여 자유단의 처짐 δ_B는 다음과 같이 된다.

$$\delta_B=\frac{Pl^3}{3EI}$$

이 방법은 하나의 집중하중이 작용할 경우, 그 작용점의 하중작용방향의 변위를 구할 때에만 사용할 수 있다. 2개 이상의 집중하중이 동시에 작용할 경우에는 미지의 변위가 2개 이상이므로 식 (9-17)만으로는 풀 수 없기 때문이다. 그러므로, 이 방법은 일반적인 방법이라고 할 수 없다.

(2) 가상일의 원리

① 가상변위와 가상일

하중 P의 작용 아래서 평형을 유지하고 있는 단순보 AB(그림 9-20)를 생각해 보자.

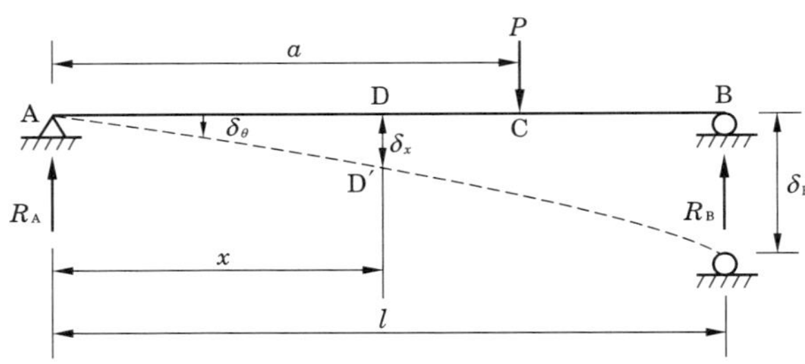

그림 9－20

이 보가 하중 P와 아무런 관계도 없는 다른 원인에 의하여 그림 9-20과 같이 A를 중심으로 미소각 δ_θ만큼 회전하였다면, 보의 임의점 D는 D′로 이동하여 $DD'=\delta_x=x\delta_\theta$만큼 변위할 것이다. 이와 같이, 구조물에 작용하는 외력과 직접 관계가 없는 미소변위 δ_x를 가상변위(virtual displacement)라 한다.

그림 9-20의 보에 이러한 가상변위를 주면 하중점 C와 지점 B도 가상변위를 한다. 점 C와 B에는 하중 P와 반력 R_B가 작용하고 있으므로, P와 R_B는 각각 점 C와 점 B의 가상변위에 대하여 일을 할 것이다. 이 경우의 일은, 이들 힘과 아무런 관계가 없는 변위에 대해서 하는 일이다. 이러한 일을 가상일(virtual work)이라 한다. 즉, 가상일은

실제의 하중이 가상변위에 대하여 하는 일이다. 이러한 가상일을 **외적 가상일**(external virtual work)이라 한다.

한편, 구조물이 외력의 작용을 받아서 평형 상태에 있으면, 그 구조물의 내부에는 외력과 비기기 위하여 내력이 일어난다. 이 구조물에 가상변위를 주면 구조물의 각 점은 이에 상응하는 가상변위를 일으키며, 이 때 내력은 그 점의 가상변위에 대하여 일을 할 것이다. 즉, 내력도 그 내력과 아무런 관계가 없는 가상변위에 대하여 일을 한다. 이러한 가상일을 **내적 가상일**(internal virtual work)이라 한다.

이상에서는 실제 외력과 실제 내력이 가상변위에 대하여 하는 가상일을 생각하였다. 이번에는 가상하중과 가상내력이 하는 일을 생각해 보기로 하자. 실제의 하중으로 인한 변위에 대하여 이 변위와 아무런 관계가 없는 가상하중이 한 일도 가상일이다. 마찬가지로, 실제의 내력으로 인한 구조물 내의 변위에 대하여 이 변위와 아무런 관계가 없는 가상내력이 하는 일도 가상일이다. 이러한 가상일을 **상보가상일**(complementary virtual work)이라 하여, 실제의 하중과 내력이 한 가상일과 구별하기도 한다. 구조물의 변형을 구하는데 가상일이 이용된다.

② 가상일의 원리

하나의 질점(質點)이 많은 힘의 작용 아래서 평형 상태에 있다고 하자. 이 힘들의 합력을 R이라 하고, 임의의 직교좌표축 x, y, z에 대한 R의 분력을 각각 R_x, R_y, R_z라고 하면, $R=0$이므로

$$R_x=0,\quad R_y=0,\quad R_z=0$$

이어야 한다. 지금, 이 질점이 이 상태에서 δ의 가상변위를 하였다 하고, x, y, z 축에 대한 δ의 성분을 각각 δ_x, δ_y, δ_z라고 하면, 다음 관계가 성립한다.

$$R_x\delta_x+R_y\delta_y+R_z\delta_z=0 \qquad \text{(9-18)}$$

위의 식의 좌변은 가상일을 나타내고 있다. 즉, 식 (9-18)은 **평형 상태에 있는 어떤 질점이 가상변위를 할 때, 이 질점에 작용하는 힘이 한 가상일의 합계는 0이라는 것**을 나타내고 있다. 이것을 **가상일의 원리**(principle of virtual work) 또는 **가상변위의 원리**라고 한다.

물체는 질점의 집합으로 볼 수 있으므로, 평형 상태에 있는 모든 물체에 대하여 이 원리가 성립한다. 이 때, 각 질점의 가상변위에 대하여 그 물체의 성질에 따른 물리적, 기하학적 조건을 만족시킬 필요가 있다. 따라서, 탄성체에 이 원리를 적용할 경우에는 탄성변형에 수반하는 질점의 변위를 가상변위로 잡아야 한다. 이 원리를 이용하면 구조

물의 미지력(未知力)을 구할 수 있다.

【예제 9-11】 그림 9-20의 보의 지점반력을 구해 보자.

풀이 그림 9-20과 같이 보 AB가 A를 중심으로 δ_θ만큼 가상(각)변위를 했다면, 각 외력의 작용점의 가상변위는 다음과 같다.

지점 A의 가상변위 $\delta_A = 0$
하중점 C의 가상변위 $\delta_C = a\delta_\theta$
지점 B의 가상변위 $\delta_B = l\delta_\theta$

따라서, 식 (9-18)로부터

$$R_A \times 0 + P \times a\delta_\theta - R_B \times l\delta_\theta = 0$$

$$\therefore\ R_B = \frac{Pa}{l}$$

R_B의 가상일이 부(−)로 된 이유는, R_B가 상향인 데 대하여 작용점 B의 가상변위는 하향이기 때문이다. R_A도 같은 방법으로 구할 수 있다.

③ 구조물에 대한 가상일의 원리

많은 외력을 받고 있는 구조물이 평형 상태에 있는 경우를 생각해 보자. 이 때, 구조물에는 내력(응력)이 일어난다. 이 구조물에 가상변위를 주면 외력과 내력은 평형을 유지한 채로 변위하므로 가상일을 하게 된다. 따라서, 이 구조물에도 가상일의 원리가 성립한다. 외적 가상일을 W_e, 내적 가상일을 W_i라 하면, 이 구조물의 가상일의 원리는 다음과 같이 된다.

$$W_e + W_i = 0 \quad \cdots\cdots (9\text{-}19)$$

위의 식을 알기 쉽게 고쳐 보자. 그러기 위하여 그림 9-21과 같은 구조물에 대해 생각해 보자.

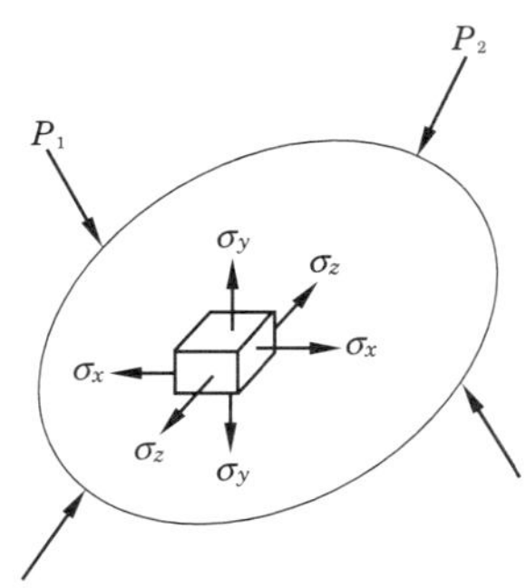

그림 9-21

전단응력의 영향을 무시하면 구조물의 직육면체 미소요소에는 수직응력 σ_x, σ_y, σ_z가 작용한다. σ_x, σ_y, σ_z는 요소에 대하여 외력으로 볼 수 있으므로, 구조물에 가상변위를 주면 요소에는 $\bar{\varepsilon}_x$, $\bar{\varepsilon}_y$ 및 $\bar{\varepsilon}_z$의 가상변위가 일어날 것이다. 따라서, 요소에 있어서의 외적 가상일은 다음과 같이 된다.

$$dW_e = (\sigma_x \bar{\varepsilon}_x + \sigma_y \bar{\varepsilon}_y + \sigma_z \bar{\varepsilon}_z)\, dV$$

여기서, dV는 직육면체 요소의 부피이다. 요소의 내적 가상일을 dW_i라 하면 식 (9-19)에 의하여 $dW_e + dW_i = 0$이라야 하므로

$$dW_i = -dW_e = -(\sigma_x \bar{\varepsilon}_x + \sigma_y \bar{\varepsilon}_y + \sigma_z \bar{\varepsilon}_z)\, dV$$

이것을 구조물 전체에 대하여 적분하면, 구조물의 내적 가상일의 총량은 다음과 같이 된다.

$$W_i = -\int (\sigma_x \bar{\varepsilon}_x + \sigma_y \bar{\varepsilon}_y + \sigma_z \bar{\varepsilon}_z)\, dV$$

다음에, 이 구조물에 대한 외력의 가상일을 생각해 보자. 그림 9-21의 구조물에 가상변위를 주었을 때, 임의의 실제하중 P의 작용점의 하중작용방향으로의 변위성분을 $\bar{\delta}$라고 하면, 이 구조물의 외적 가상일의 합계는 다음과 같다.

$$W_e = \Sigma P \bar{\delta}$$

따라서, 식 (9-19)에 의하여 다음 관계가 얻어진다.

$$\Sigma P \bar{\delta} = \int (\sigma_x \bar{\varepsilon}_x + \sigma_y \bar{\varepsilon}_y + \sigma_z \bar{\varepsilon}_z)\, dV$$

보통의 구조물에서는 $\sigma_y = 0$, $\sigma_z = 0$이므로, $\sigma_x = \sigma$, $\bar{\varepsilon}_x = \bar{\varepsilon}$로 놓으면 위의 식은 다음과 같이 된다.

$$\Sigma P \bar{\delta} = \int \sigma \bar{\varepsilon}\, dV \quad \cdots\cdots (9\text{-}20)$$

위의 식에서 σ는 실제의 하중 P에 의하여 구조물에 일어나는 실제의 응력이며, 가상변위 $\bar{\delta}$ 및 $\bar{\varepsilon}$와는 아무런 관계가 없다. 즉, P, σ와 $\bar{\delta}$, $\bar{\varepsilon}$는 서로 독립된 양이다. 그러므로, 위의 식에 P, σ 대신 가상하중 $\bar{P}$ 및 $\bar{P}$에 의한 가상응력 $\bar{\sigma}$로 바꾸어 놓고, 또 $\bar{\delta}$, $\bar{\varepsilon}$ 대신 실제의 변위 δ 및 ε으로 바꾸어 놓아도 좋다. 즉, 실제의 하중 및 응력이 가상변위에 한 일을 가상하중 및 응력이 실제변위에 한 일로 바꾸어 놓는다. 그러면, 식 (9-20)은 다음과 같이 된다.

$$\Sigma \bar{P} \delta = \int \bar{\sigma} \varepsilon\, dV \quad \cdots\cdots (9\text{-}21)$$

이 식이 구조물에 있어서의 가상일의 식이다. 이 식을 이용하면 모든 구조물의 변위를 구할 수 있으며, 특히 트러스의 변위를 구하는 데 편리하다. 또한, 이 식으로 온도에 의한 변위를 구할 수 있을 뿐 아니라, 부정정구조물의 해석에도 이용된다.

(3) 단위하중법

가상일의 원리, 즉 식 (9-21)을 보의 경우에 적용해 보자. 전단력의 영향은 무시하고 휨모멘트만을 생각한다.

가상하중 $\overline{P}$ 에 의한 휨모멘트를 m이라 하면, 가상내력(응력) $\bar{\sigma}$는 다음과 같다.

$$\bar{\sigma}=\frac{m}{I}y$$

실제의 하중에 의한 휨모멘트 M으로 인한 보의 변형률 ε은

$$\varepsilon=\frac{\sigma}{E}=\frac{M}{EI}y$$

요소의 부피 dV는

$$dV=dA\ dx$$

이들을 식 (9-21)에 대입하면

$$\begin{aligned}\Sigma\overline{P}\delta&=\int_l\int_A\left(\frac{m}{I}y\right)\left(\frac{M}{EI}y\right)dA\ dx\\&=\int_0^l\frac{Mm}{EI^2}\,dx\int_A y^2\,dA\end{aligned}$$

$\int_A y^2\,dA=I$ 이므로

$$\Sigma\overline{P}\delta=\int_0^l\frac{Mm}{EI}\,dx \qquad \text{(9-22)}$$

가상하중을 $\overline{P}=1$로 하고, 이 가상하중 $\overline{P}=1$을 변위를 구하려는 점에만 작용시키면 위의 식은 다음과 같이 된다.

$$1\delta=\int_0^l\frac{Mm}{EI}\,dx \qquad \text{(9-23)}$$

여기서, m은 단위하중 1에 의한 휨모멘트이다. 이 식을 이용하면 보의 처짐을 쉽게 구할 수 있다. 가상하중으로 $\overline{P}$ 대신 가상모멘트 $\overline{M}$를 생각하면 같은 방법에 의하여 다음 식을 얻는다.

$$\Sigma \overline{M}\theta = \int_0^l \frac{Mm}{EI}\,dx \quad \cdots\cdots (9\text{-}24)$$

가상모멘트를 $\overline{M}=1$로 하고, 이것을 변위를 구하려는 점에 작용시키면

$$1\theta = \int_0^l \frac{Mm}{EI}\,dx \quad \cdots\cdots (9\text{-}25)$$

여기서, m은 단위모멘트 1에 의한 휨모멘트이다. 위의 식은 탄성곡선의 기울기 즉, 처짐각을 구하는 데 이용된다.

식 (9-23) 및 식 (9-25)로 변위를 구하는 방법을 **단위하중법**(unit load method)이라 한다. 이는 가상하중으로 1이라는 단위하중 또는 단위모멘트를 사용하기 때문에 붙여진 이름이며, 기본적으로는 가상일의 원리에 의한 것이므로 이 방법을 **가상일의 방법**(method of virtual work)이라고도 한다.

【예제 9－12】 그림 9-22(a)의 보의 최대처짐과 지점에서의 처짐각을 구하라. EI는 일정하다(예제 9-1, 9-2 및 예제 9-5 참조).

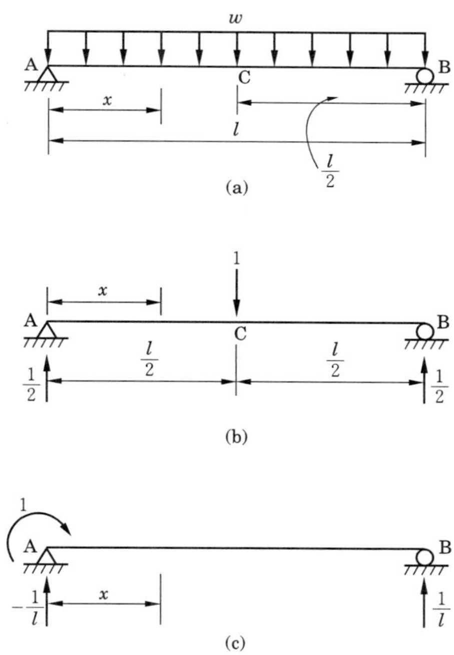

그림 9－22

풀이 최대처짐은 보의 중앙 C에서 일어난다. 그러므로, 그림 9-22(b)와 같이 단위하중(가상하중)을 C에 작용시켜야 한다. 이 때, 지점반력은 각각 $\frac{1}{2}$이므로 그림 (b)의 보의 임의단면의 휨

모멘트는

$$m = \frac{1}{2}x$$

주어진 보[그림 (a)]의 임의단면 휨모멘트는

$$M = \frac{wl}{2}x - \frac{w}{2}x^2$$

따라서, 이 보의 중앙점의 처짐은 식 (9-23)으로부터

$$1\delta_C = 2\int_0^{\frac{l}{2}} \frac{1}{EI}\left(\frac{wl}{2}x - \frac{w}{2}x^2\right)\frac{x}{2}\ dx = \frac{5wl^4}{384EI}$$

$$\therefore\ \delta_C = \delta_{max} = \frac{5wl^4}{384EI}$$

계산 결과의 부호가 (+)이므로, 이것은 처짐 δ_C의 방향이 단위하중의 작용 방향과 같다는 것을 의미한다.

지점 A의 처짐각을 구하기 위해서는 그림 9-22(c)와 같이 단위모멘트(가상하중)를 지점 A에 작용시켜야 한다. 이 때, 지점 A 및 B의 반력은 각각 $-\frac{1}{l}$, $+\frac{1}{l}$이므로, 그림 (c)의 보의 임의단면의 휨모멘트는

$$m = 1 - \frac{x}{l}$$

따라서, 이 보의 지점 A에서의 처짐각 θ_A는 식 (9-25)에 의하여

$$1\theta_A = \int_0^l \frac{1}{EI}\left(\frac{wl}{2}x - \frac{w}{2}x^2\right)\left(1 - \frac{x}{l}\right)dx = \frac{wl^3}{24EI}$$

$$\therefore\ \theta_A = \frac{wl^3}{24EI}$$

결과의 부호가 (+)이므로 θ_A의 방향은 단위모멘트의 방향과 같다. 즉, 시계 방향이다.

【예제 9-13】 그림 9-23(a)와 같은 캔틸레버의 자유단에 일어나는 탄성곡선의 기울기와 처짐을 구하라. $E = 2.0 \times 10^5$ MPa이고, $I_1 = 18000 \times 10^4\ \text{mm}^4$, $I_2 = 12000 \times 10^4\ \text{mm}^4$이다(예제 9-3 참조).

풀이 이 보의 임의단면의 휨모멘트는

$$M = -40x\ \text{kN}\cdot\text{m}$$

자유단에 단위하중을 작용시킨 그림 9-23(b)의 보의 휨모멘트는

$$m = -x$$

따라서, 주어진 보[그림 (a)]의 자유단의 처짐은 식 (9-23)에 의하여

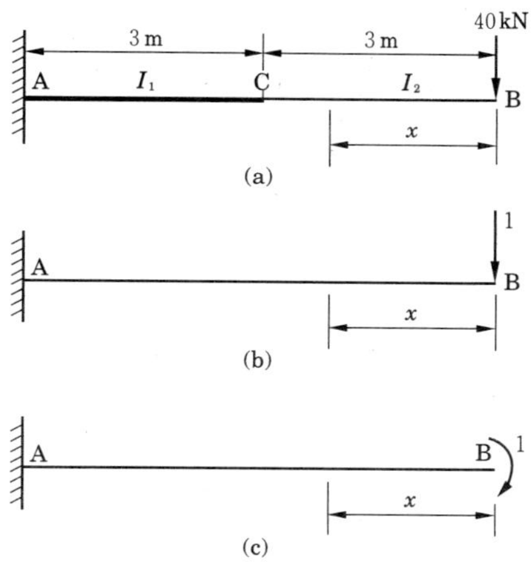

그림 9-23

$$1\delta_B = \int \frac{Mm}{EI}\,dx$$
$$= \int_0^3 \left(\frac{1}{EI_2}\right)(-40x)(-x)\,dx + \int_3^6 \left(\frac{1}{EI_1}\right)(-40x)(-x)\,dx$$

$I_1 = 1.5I_2$이므로, 계산을 편하게 하기 위하여 양 변에 EI_2를 곱하면

$$EI_2\,\delta_B = \int_0^3 40x^2\,dx + \int_3^6 \frac{1}{1.5} \times 40x^2\,dx = 2040\ \mathrm{kN \cdot m^3}$$
$$\therefore\ \delta_B = \frac{2040(\mathrm{kN \cdot m^3})}{EI_2} = \frac{2040 \times 10^3 \times (10^3)^3}{2.0 \times 10^5 \times 12000 \times 10^4} = 85\ \mathrm{mm}$$

자유단에 단위모멘트를 작용시킨 그림 9-23(c)의 보에서 임의단면의 휨모멘트는

$$m = -1$$

주어진 보의 자유단에서 처짐곡선의 기울기 θ_B는 식 (9-25)에 의하여

$$1\theta_B = \int \frac{Mm}{EI}\,dx = \int_0^3 \left(\frac{1}{EI_2}\right)(-40x)(-1)\,dx + \int_3^6 \left(\frac{1}{EI_1}\right)(-40x)(-1)\,dx$$
$$EI_2\,\theta_B = \int_0^3 40x\ dx + \int_3^6 \left(\frac{1}{1.5}\right) 40x\ dx = 540\ \mathrm{kN \cdot m^2}$$
$$\therefore\ \theta_B = \frac{540(\mathrm{kN \cdot m^2})}{EI_2} = \frac{540 \times 10^3 \times (10^3)^2}{2.0 \times 10^5 \times 12000 \times 10^4} = 0.0225\ \mathrm{rad}$$

【예제 9-14】 그림 9-24의 보에서 자유단 A의 처짐과 처짐각을 구하라. $E = 2.1 \times 10^5$ MPa이고, $I = 11500 \times 10^4\ \mathrm{mm^4}$이다(예제 9-4, 예제 9-9 참조).

풀이 주어진 보의 휨모멘트는

AB 사이에서 $M = -36x$ kN·m

CB 사이에서 $M = \left(94.5x - \frac{45}{2}x^2\right)$ kN·m

자유단의 처짐 δ_A와 처짐각 θ_A를 구해야 하므로, 단위하중을 그림 9-24(b) 및 (c)와 같이 각각 자유단 A에 작용시켜야 한다.

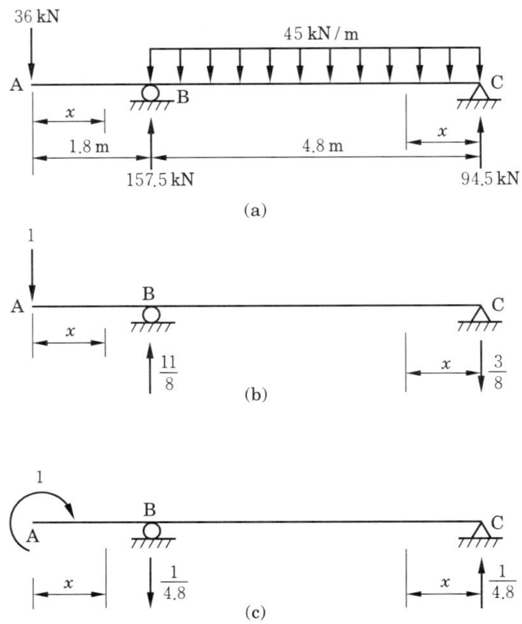

그림 9-24

그림 9-24(b)에서 임의단면의 휨모멘트는

AB 사이에서 $m = -x$

CB 사이에서 $m = -\frac{3}{8}x$

그림 9-24(c)에서 임의단면의 휨모멘트는

AB 사이에서 $m = 1$

CB 사이에서 $m = \frac{1}{4.8}x$

따라서, 주어진 보의 A에서의 처짐은 식 (9-23)으로부터

$$EI\delta_A = \int Mm\,dx$$

$$= \int_0^{1.8}(-36x)(-x)\,dx + \int_0^{4.8}\left(94.5x - \frac{45}{2}x^2\right)\left(-\frac{3}{8}x\right)dx = -116.6\ \text{kN}\cdot\text{m}^3$$

$$\therefore\ \delta_A = -\frac{116.6(\mathbf{kN\cdot m^3})}{EI} = \frac{-116.6\times 10^3\times(10^3)^3}{2.1\times 10^5\times 11500\times 10^4} = -4.8\,\mathbf{mm}$$

결과의 부호(−)는 처짐의 방향이 단위하중의 방향과 반대임을 뜻한다. 즉, 자유단 A는 위로 4.8 mm 솟는다.

주어진 보의 처짐곡선의 A에서의 기울기 θ_A는 식 (9-25)로부터

$$EI\theta_A = \int Mm\,dx$$

$$= \int_0^{1.8}(-36x)(1)\,dx + \int_0^{4.8}\left(94.5x - \frac{45}{2}x^2\right)\left(\frac{x}{4.8}\right)dx = 45.4\,\mathbf{kN\cdot m^2}$$

$$\therefore\ \theta_A = \frac{45.4(\mathbf{kN\cdot m^2})}{EI} = \frac{45.4\times 10^3\times(10^3)^2}{2.1\times 10^5\times 11500\times 10^4} = 0.00188\,\mathbf{rad}\ (\text{시계 방향})$$

9. 8 Castigliano의 정리에 의한 방법

외력을 받아 평형 상태에 있는 구조물의 온도가 일정하고 지점의 침하가 없으며 그 거동이 Hooke의 법칙에 따른다면 다음 관계가 성립한다.

"구조물의 탄성변형에너지를 임의의 외력으로 편미분한 값은 그 힘의 작용점의 힘의 작용선 방향의 변위와 같다." 이것을 Castigliano의 제 2 정리(Castigliano's second theorem)라 하며, 구조물의 변위를 구하는 데 유효하게 쓰인다.

구조물의 변형에너지를 W, 임의의 외력을 P_k, P_k의 작용점의 작용선 방향의 변위를 δ_k라 하면 Castigliano의 제 2 정리는 다음과 같이 나타내어진다.

$$\frac{\partial W}{\partial P_k} = \delta_k \qquad \cdots\cdots (9\text{-}26)$$

이 정리를 그림 9-25의 보에 대하여 설명해 보자.

힘 P_j에 의한 이 보의 임의단면 C의 휨모멘트를 M_j, P_k에 의한 단면 C의 휨모멘트를 M_k라 하면, 이 보의 단면 C의 휨모멘트 M은 다음과 같다.

$$M = M_j + M_k$$

다음에, P_j의 작용점 j에 단위하중을 작용시켰을 때의 단면 C의 휨모멘트를 m_j, P_k의 작용점 k에 단위하중이 작용했을 때의 단면 C의 휨모멘트를 m_k라 하면

$$M_j = P_j m_j$$

$$M_k = P_k m_k$$

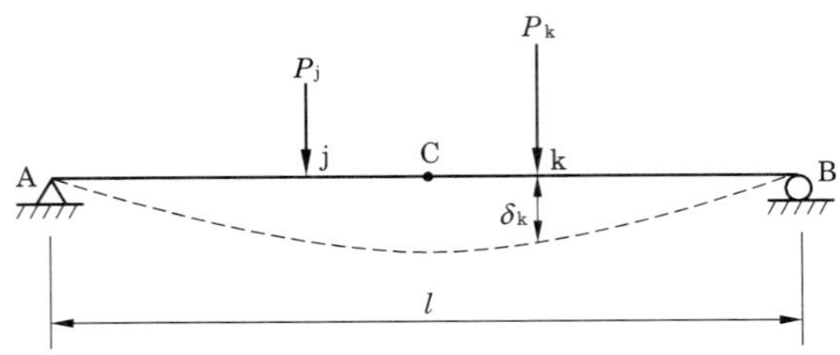

그림 9-25

이므로, M은 다음과 같이 된다.

$$M = P_j m_j + P_k m_k$$

M을 P_k에 관해 편미분하면

$$\frac{\partial M}{\partial P_k} = m_k$$

전단력의 영향을 무시하면 이 보의 탄성변형에너지는 다음과 같다[식 (9-14) 참조].

$$W = \int_0^l \frac{M^2}{2EI} dx$$

이것을 P_k에 관하여 편미분하면

$$\begin{aligned} \frac{\partial W}{\partial P_k} &= \frac{\partial}{\partial P_k} \int_0^l \frac{M^2}{2EI} dx \\ &= \int_0^l \frac{M(\partial M/\partial P_k)}{EI} dx \\ &= \int_0^l \frac{M m_k}{EI} dx \end{aligned}$$

식 (9-23)을 참고하면 위의 마지막 식은 외력 P_k의 작용점 k의 처짐을 나타낸다. 즉,

$$\int_0^l \frac{M m_k}{EI} dx = \delta_k$$

그러므로

$$\frac{\partial W}{\partial P_k} = \delta_k \quad \cdots\cdots (9\text{-}26)$$

즉, Castigliano의 제2정리가 유도된 것이다.

따라서, 보에 대해서는 이 정리를 다음과 같이 나타낼 수 있다.

$$\delta_k = \frac{\partial W}{\partial P_k} = \int_0^l \frac{M}{EI} \frac{\partial M}{\partial P_k} dx \quad \cdots\cdots (9\text{-}27)$$

하중이 모멘트인 경우에도 식 (9-26)은 성립한다. 즉, P_k 대신 모멘트 M_k를 생각함으로써 그 작용점의 회전각 θ_k를 얻을 수 있다. 즉,

$$\frac{\partial W}{\partial M_k} = \theta_k = \int_0^l \frac{M}{EI}\frac{\partial M}{\partial M_k}dx \qquad \text{(9-28)}$$

이 정리는 모든 구조물의 변위를 구하는 데 이용될 수 있으며, 특히 라멘의 변위를 구하는데 유용하다. 그러나, 온도변화나 지점침하로 인한 변위를 구하는 데에는 이용할 수 없다. 하중이 작용하지 않는 점의 변위를 구할 필요가 있을 때에는 그 점에 가상하중을 작용시켜야 한다.

【예제 9－15】 그림 9-26(a)와 같은 캔틸레버의 자유단의 처짐과 처짐각을 구하라. EI는 일정하다.

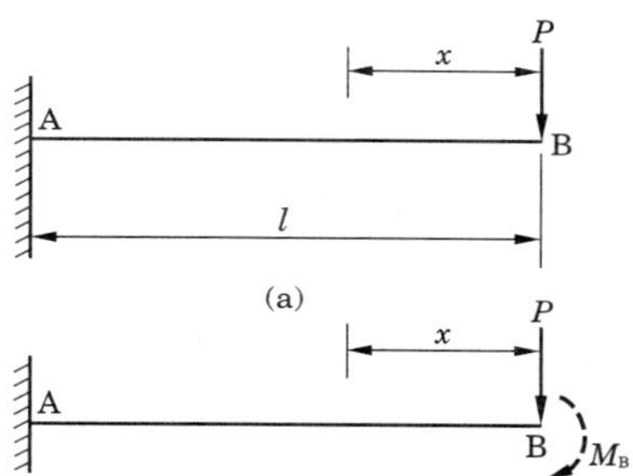

그림 9－26

풀이 이 보[그림 9-26(a)]의 임의단면의 휨모멘트는

$$M = -Px$$

$$\therefore \ \frac{\partial M}{\partial P} = -x$$

자유단 B의 처짐 δ_B는 식 (9-27)에 의하여

$$\delta_B = \int_0^l \frac{M}{EI}\frac{\partial M}{\partial P}dx$$

$$= \int_0^l \left(\frac{-Px}{EI}\right)(-x)\,dx$$

$$= \frac{Pl^3}{3EI} \ \text{(하향)}$$

자유단의 처짐각 θ_B를 구하기 위해서는 그림 9-26(b)와 같이 가상의 모멘트 M_B를 B에 작용시킨다. 이 보의 임의단면의 휨모멘트는

$$M = -Px - M_B$$

$$\therefore \ \frac{\partial M}{\partial M_B} = -1$$

따라서, θ_B는 식 (9-28)에 의하여 다음과 같이 된다.

$$\theta_B = \int_0^l \frac{M}{EI} \frac{\partial M}{\partial M_B} dx$$

$$= \frac{1}{EI} \int_0^l (-Px - M_B)(-1) dx$$

$$= \frac{Pl^2}{2EI} \ (\text{시계 방향})$$

【예제 9－16】 그림 9-27의 보에서 하중작용점의 처짐을 구하라. $E = 2.1 \times 10^5$ MPa, $I_1 = 64 \times 10^6\,\text{mm}^4$, $I_2 = 96 \times 10^6\,\text{mm}^4$이다(예제 9-8 참조).

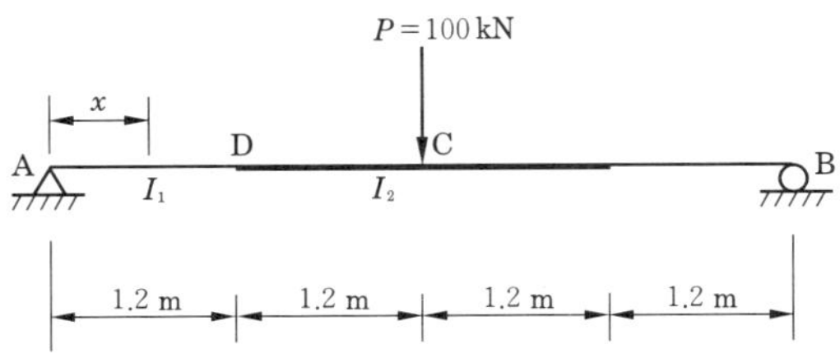

그림 9－27

풀이 대칭이므로 왼쪽 반만 생각한다.

임의단면의 휨모멘트는

$$M = \frac{P}{2} x = 50x$$

$$\frac{\partial M}{\partial P} = \frac{x}{2}$$

하중작용점의 처짐 δ_C는 식 (9-27)에 의하여

$$\delta_C = \int \frac{M}{EI} \frac{\partial M}{\partial P} dx = 2\left[\int_0^{1.2} \left(\frac{50x}{EI_1}\right)\left(\frac{x}{2}\right) dx + \int_{1.2}^{2.4} \left(\frac{50x}{EI_2}\right)\left(\frac{x}{2}\right) dx\right]$$

$I_2 = 1.5I_1$이므로 양 변에 EI_1을 곱하면

$$EI_1\delta_C = 2\left[\int_0^{1.2} \frac{50}{2} x^2 dx + \frac{1}{1.5} \int_{1.2}^{2.4} \frac{50}{2} x^2 dx\right] = 163.2\ \text{kN} \cdot \text{m}^3$$

$$\therefore \ \delta_C = \frac{163.2(\text{kN} \cdot \text{m}^3)}{EI_1} = \frac{163.2 \times 10^3 \times (10^3)^3}{2.1 \times 10^5 \times 64 \times 10^6} = 12.1\ \text{mm}$$

9. 9 처짐에 있어서의 전단력의 영향

보에는 휨모멘트와 함께 전단력이 작용한다. 그러므로, 보의 처짐은 실제로는 이 두 단면력의 조합작용에 의하여 일어난다. 그러나 이제까지는 전단력에 의한 처짐이 휨모멘트에 의한 처짐에 비하여 매우 작다는 전제 아래 휨모멘트만에 의한 처짐을 생각하였다. 여기서는 전단력이 처짐에 미치는 영향을 살펴보기로 한다.

보의 전단응력은 중립축으로부터의 거리에 비례하지 않으므로, 변형 전에 평면이던 단면은 전단에 의한 변형 후에는 그림 9-28(a)와 같이 곡면으로 된다. 즉, 그림 9-28(a)는 전단력만에 의한 보의 처짐을 나타낸다. 전단응력은 중립축에서 최대이므로, 단면도심에 있는 요소를 생각하면, 이 요소의 연직방향의 두 변은 그림 9-28(b)에 보인 것처럼 연직을 유지한 채로 상대적인 활동(滑動)만을 일으킨다고 볼 수 있다. 지점으로부터 x 거리에 있는 단면에서 보의 축선의 처짐을 y_1이라 하면, 이 점으로부터 dx만큼 떨어진 단면에서의 처짐은 y_1+dy_1로 된다. 따라서, 이 단면의 처짐곡선의 기울기는 $\dfrac{dy_1}{dx}$이고, 이것은 요소의 전단변형률을 나타낸다. 즉, $\dfrac{dy_1}{dx}=\gamma$이다. 따라서, 전단만에 의한 보의 처짐곡선의 기울기는 중립축에서의 전단변형률과 같다고 할 수 있다.

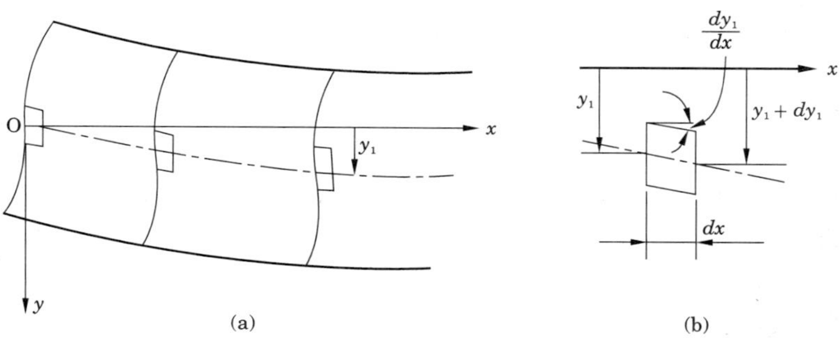

그림 9-28

이상을 식으로 나타내면

$$\frac{dy_1}{dx}=\gamma=\frac{\tau}{G}=k\frac{V}{GA} \qquad \text{(a)}$$

여기서, γ : 전단변형률, G : 전단탄성계수, $\tau=\dfrac{V}{A}$ (최대전단응력)

V : 전단력, A : 단면적, k : 최대전단응력에 대한 계수

식 (a)를 미분하면

$$\frac{d^2y_1}{dx^2}=\frac{k}{GA}\frac{dV}{dx}=-\frac{k}{GA}w$$

여기에 휨에 의한 곡률을 더하면

$$\frac{d^2y}{dx^2}=-\frac{M}{EI}-\frac{kw}{GA}=-\frac{1}{EI}\left(M+\frac{kEI}{GA}w\right) \quad \cdots\cdots (9\text{-}29)$$

이것이 휨과 전단의 조합작용에 의한 탄성곡선의 식이다.

【예제 9-17】 등분포하중 w를 받는 단순보의 최대처짐을 구해 보자. 지간은 l이고 EI는 일정하다.

풀이 공액보의 방법으로 전단에 의한 처짐을 구해 보자. 전단력에 의한 탄성하중은 식 (9-29)의 우변의 둘째 항, 즉 $\frac{1}{EI}\left(\frac{kEI}{GA}w\right)$이다. 이것은 상수이므로 공액보에 등분포하중으로 작용한다. 이 공액보의 최대휨모멘트는 중앙 단면에서 일어나며, 그 값은

$$\delta_V=\frac{1}{8}\cdot\frac{1}{EI}\left(\frac{kEI}{GA}w\right)l^2=\frac{l^2}{8EI}\left(\frac{kEI}{GA}w\right)$$

위의 값이 전단력에 의한 최대처짐이다. 이 보의 휨에 의한 최대처짐은

$$\delta_M=\frac{5wl^4}{384EI}$$

최대처짐은 위의 두 처짐의 합계이므로 다음과 같이 된다.

$$\delta=\delta_M+\delta_V=\frac{5wl^4}{384EI}\left(1+\frac{48}{5}\cdot\frac{kEI}{GAl^2}\right) \quad \cdots\cdots (9\text{-}30)$$

하나의 예로 $b\times h$인 직사각형 단면의 보를 생각해 보자. $I=\frac{bh^3}{12}$, $A=bh$, $k=1.5$이고, $\frac{E}{G}=2.6$으로 보면 식 (9-30)은 다음과 같이 된다.

$$\delta=\frac{5wl^4}{384EI}\left(1+3.12\frac{h^2}{l^2}\right) \quad \cdots\cdots (9\text{-}31)$$

$\frac{h}{l}=\frac{1}{10}$인 경우, 전단력에 의한 처짐의 증가는 3% 정도임을 위의 식으로부터 알 수 있다. $\frac{h}{l}$가 감소함에 따라, 전단력으로 인한 처짐은 더욱 급속히 감소한다. 이로써, 보의 처짐을 계산할 때 전단력을 무시하는 까닭을 이해할 수 있으며, 또 그것이 실용적임을 알 수 있다.

《 연 습 문 제 》

[1] 그림 9-29(a) 및 (b)의 각 캔틸레버의 자유단의 처짐과 처짐각을 모멘트면적법으

로 구하라. EI는 일정하다.

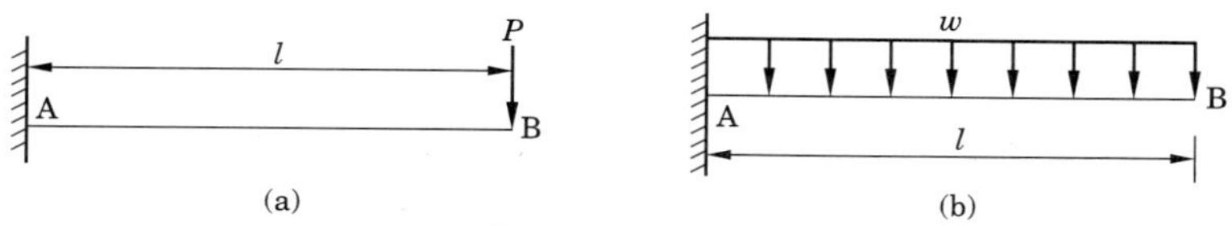

그림 9-29

2 그림 9-30의 캔틸레버의 자유단의 처짐과 처짐각을 계산하라. $l=6$ m, $P=30$ kN, $w=5$ kN/m, $E=2.3\times10^4$ MPa, $I=1.2\times10^8$ mm^{4}이다.

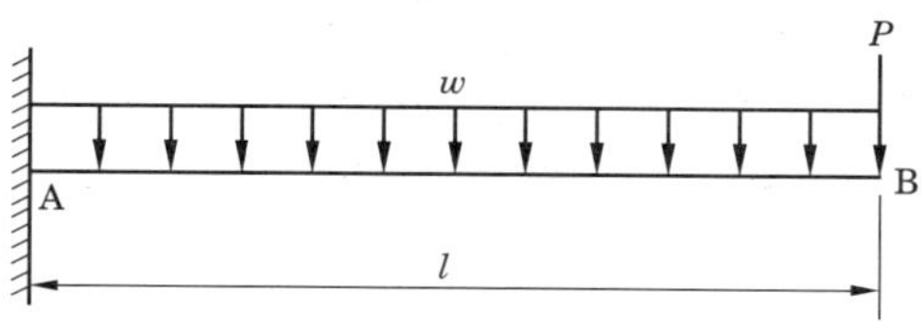

그림 9-30

3 그림 9-31의 각 캔틸레버의 자유단 B 및 하중점 C에서의 처짐과 처짐각을 모멘트면적법으로 계산하라. $E=2.5\times10^4$ MPa, $I=90000\times10^4$ mm^{4}이다.

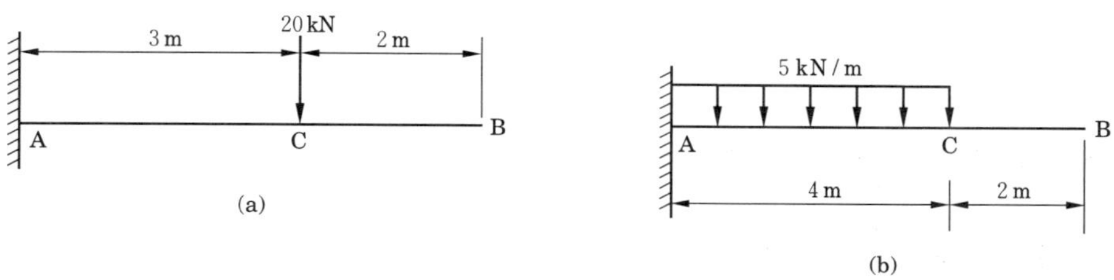

그림 9-31

4 그림 9-32의 내민보에서 자유단 C의 처짐과 처짐각을 모멘트면적법으로 구하라. $E=2.0\times10^5$ MPa, $I=8000\times10^4$ mm^{4}이다.

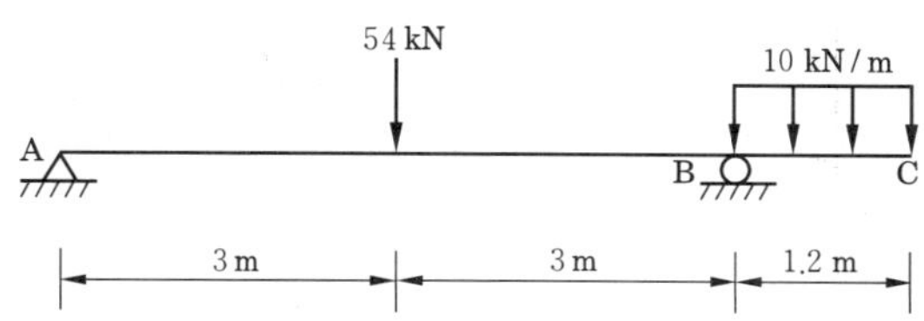

그림 9-32

5 그림 9-33의 보에서 하중점의 처짐과 지점에서의 처짐각을 공액보의 방법으로 구하라. EI는 일정하다.

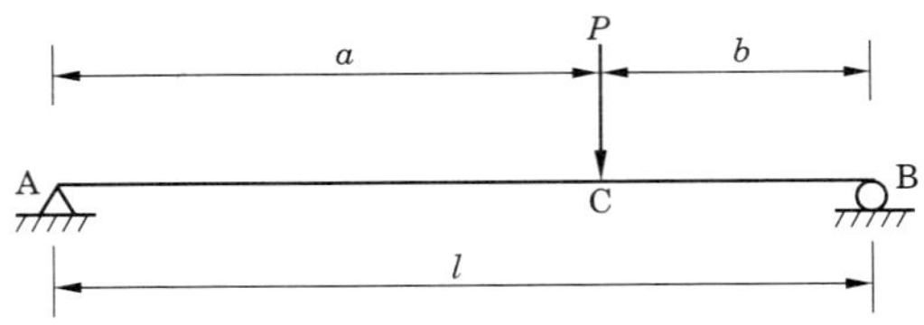

그림 9-33

6 그림 9-34의 보에서 하중점의 처짐을 공액보의 방법으로 계산하라. $E=2.0\times10^5$ MPa, $I_1=7800\times10^4\,\text{mm}^4$, $I_2=11700\times10^4\,\text{mm}^4$이다. 이 보의 단면이 보의 전체 길이에 걸쳐 일정한 단면 I_2로 되어 있다면 하중점의 처짐은 얼마나 될까?

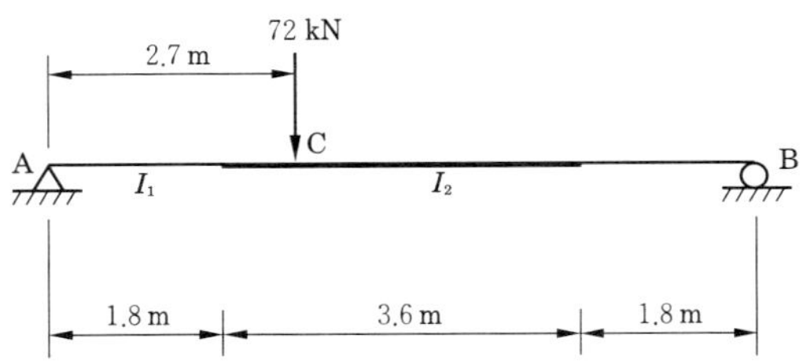

그림 9-34

7 문제 3을 단위하중법으로 계산하라.

8 문제 6을 단위하중법으로 계산하라.

9 2개의 캔틸레버 AC, BC를 힌지 C로 연결한 그림 9-35와 같은 보가 있다. C에 하중 P가 작용할 때, 보 AC와 BC가 부담하는 하중을 구하라. 또, C에 일어나는 처짐을 구하라. EI는 일정하다.

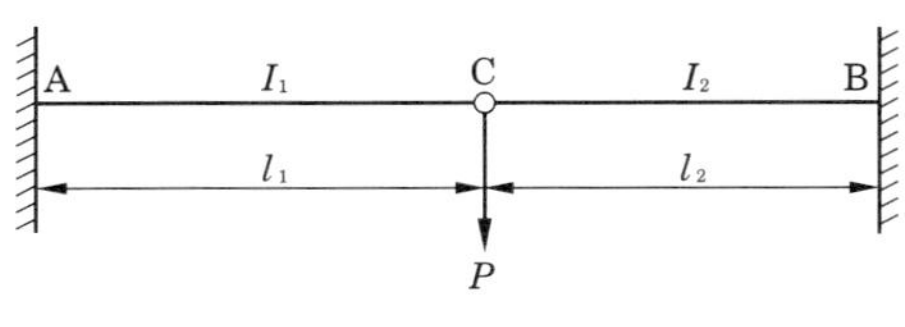

그림 9-35

10 그림 9-36과 같은 내민보가 있다. 양쪽의 자유단의 처짐을 중앙단면의 처짐과 같도록 하려 할 때, 내민 부분의 길이 x를 구하라. EI는 일정하다.

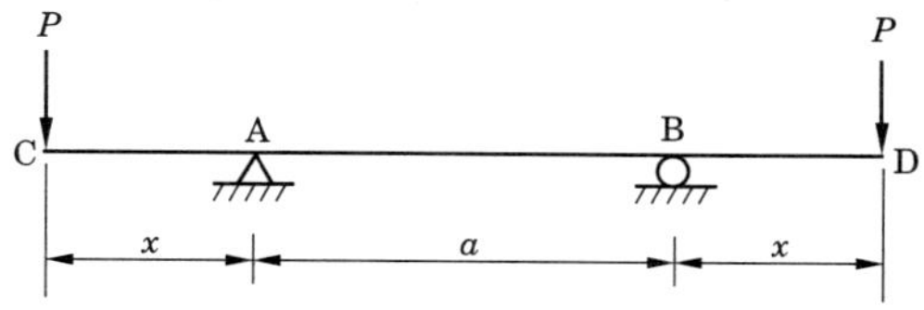

그림 9-36

제 10 장 부정정보

10. 1 정정과 부정정

제6장에서는 평형의 세 조건 $\Sigma H=0$, $\Sigma V=0$, $\Sigma M=0$에 의하여 보의 지점반력을 구하였고, 따라서 모든 단면력을 얻을 수 있었다. 이러한 보를 **정정보**(statically determinate beam)라 하며, 일반적으로 평형의 세 조건만으로 해석이 가능한 구조물을 **정정구조물**이라 한다.

그러나, 그림 10-1의 보들에는 4개 이상의 지점반력이 일어나므로 평형의 세 조건만으로는 지점반력을 구할 수 없다. 그러므로 이들 보의 단면력도 구할 수 없다. 이러한 보들을 **부정정보**(statically indeterminate beam)라 한다. 일반적으로, 평형의 세 조건만으로 해석할 수 없는 구조물을 **부정정구조물**이라 한다.

부정정보의 지점반력을 결정하기 위해서는 지점반력의 수에서 평형조건식의 수를 뺀 수만큼의 다른 조건이 더 필요하다. 이와 같이, 지점반력을 구하는 데 더 요구되는 조건의 수를 보의 **부정정차수**(degree of redundancy)라 한다.

1단고정 타단지지의 보 : 그림 10-1 (a)와 같이 한쪽 단(端)이 고정되고, 다른 쪽 단이 이동지점으로 된 보를 말하며, 그림에 보인 바와 같이 이 보에는 4개의 지점반력이 일어난다. 지점반력을 구하기 위해서는 평형의 세 조건 외에 또 하나의 조건이 필요하다. 즉, 이 보는 1차 부정정이다.

고정보 : 그림 10-1 (b)와 같이 양단이 고정지점으로 된 보를 고정보(fixed beam)라 한다. 고정보는 일반적으로 3차의 부정정이다. 하중이 보의 축에 수직으로 작용할 경우, 지간에 비하여 처짐이 매우 작고, 또 보의 길이의 변화를 무시한다면, 양단의 수평반력은 일어나지 않는다고 볼 수 있다. 따라서, 고정보는 실용상으로는 2차의 부정정으로 볼 수 있다.

연속보 : 그림 10-1 (**c**), (**d**) 및 (**e**)와 같이 하나의 보를 3개 이상의 지점으로 지지한 보를 연속보(**continuous beam**)라 한다. 교량에서 연속보는 그림에 보인 바와 같이 보의 신축을 조절하기 위하여 회전지점을 연속보의 중앙에 가까운 위치에 두는 것이 보통이다. 그림 10-1 (**c**)와 같은 2경간 연속보는 1차의 부정정이고, 그림 10-1 (**d**)의 3경간 연속보는 2차 부정정이며, 그림 10-1 (**e**)와 같은 4경간 연속보는 3차의 부정정보이다. 일반적으로 **n**개의 지점으로 지지된 연속보는 (**n**−2)차의 부정정이다.

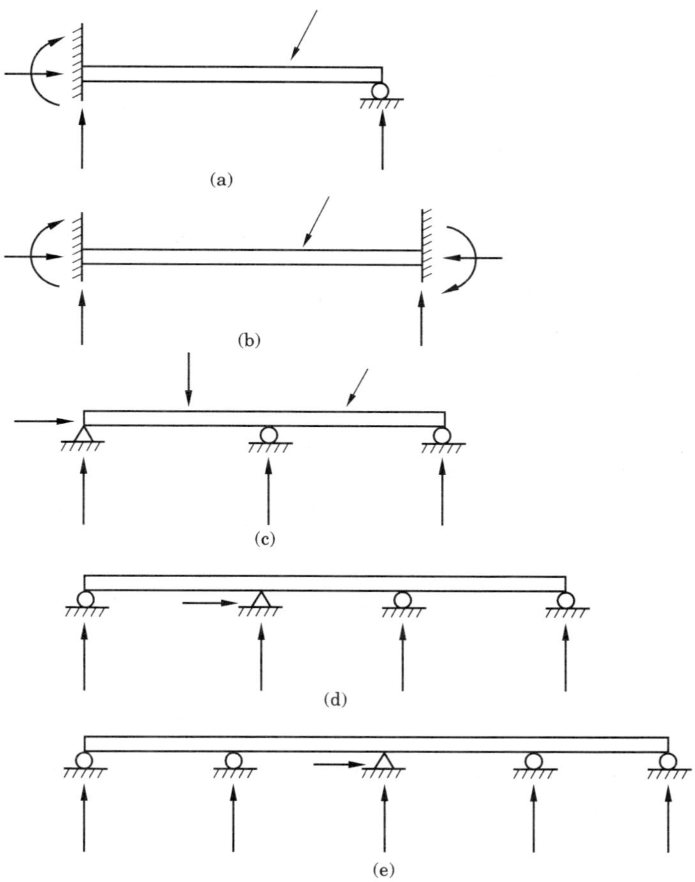

그림 10−1

6장 및 8장에서 본 바와 같이, 정정구조물은 부재의 단면 치수를 알지 못하는 상태에서도 해석이 가능하였다. 그러나, 부정정구조물은 부재의 단면 치수를 알아야만 해석이 가능하다. 즉, 부정정구조물은 부재의 단면2차모멘트 I와 부재의 탄성계수 E를 알아야만 해석할 수 있다. 따라서, 부정정구조물의 설계는 정정구조물에 비하여 더 많은 시간과 노력이 든다. 그런데도 실제의 구조물에 부정정구조물을 택하는 이유는 정정구조물에 비하여 재료가 절약되고, 강성(剛性)이 크며, 외관도 좋기 때문이다. 그러나, 지점침하의 영향을 크게 받는 결점이 있다.

10. 2 부정정보의 해석

(1) 변형일치의 방법

등분포하중 w를 받는, 그림 10-2 (a)와 같은 보를 생각해 보자. 하중이 보의 축에 수직이므로 고정지점 A에는 수직반력과 모멘트반력이 일어나고, 수평반력은 일어나지 않는다. 이동지점 B에는 수직반력만이 일어난다. 즉, 이 보에는 그림과 같이 3개의 지점반력이 일어난다. 그런데, 이 보는 평형의 세 조건 가운데 $\Sigma H=0$은 만족된 상태이므로, 3개의 지점반력을 구하기 위하여 사용할 수 있는 평형조건은 $\Sigma V=0$, $\Sigma M=0$의 2개이다. 따라서, 이 보는 여전히 1차의 부정정이므로, 이 보의 지점반력을 구하기 위해서는 다른 조건이 하나 더 필요하다.

방법 ①

그림 10-2 (a)의 보에서 지점 B를 제거하고 반력 R_B를 하중으로 생각하면, 이 보는 그림 10-2 (b)와 같은 캔틸레버로 된다. 따라서, 그림 10-2 (a)의 보는 그림 10-2 (c)와 같은 캔틸레버와 그림 10-2 (d)와 같은 캔틸레버가 합성된 것으로 볼 수 있다. 그러므로, 그림 10-2 (c)와 그림 10-2 (d)의 자유단의 처짐을 각각 δ_B', δ_B''라고 하면, 다음 관계가 성립해야 한다.

$$\delta_B=\delta_B'+\delta_B''=0 \quad\cdots\cdots (10\text{-}1)$$

이 보의 E와 I가 일정하다면 이들 두 보의 자유단의 처짐은 모멘트면적법에 의하여 각각 다음과 같다.

$$\delta_B'=\frac{wl^4}{8EI}, \qquad \delta_B''=-\frac{R_B l^3}{3EI}$$

이들을 식 (10-1)에 대입하면

$$\frac{wl^4}{8EI}-\frac{R_B l^3}{3EI}=0$$

$$\therefore\ R_B=\frac{3}{8}wl \quad\cdots\cdots (10\text{-}2)$$

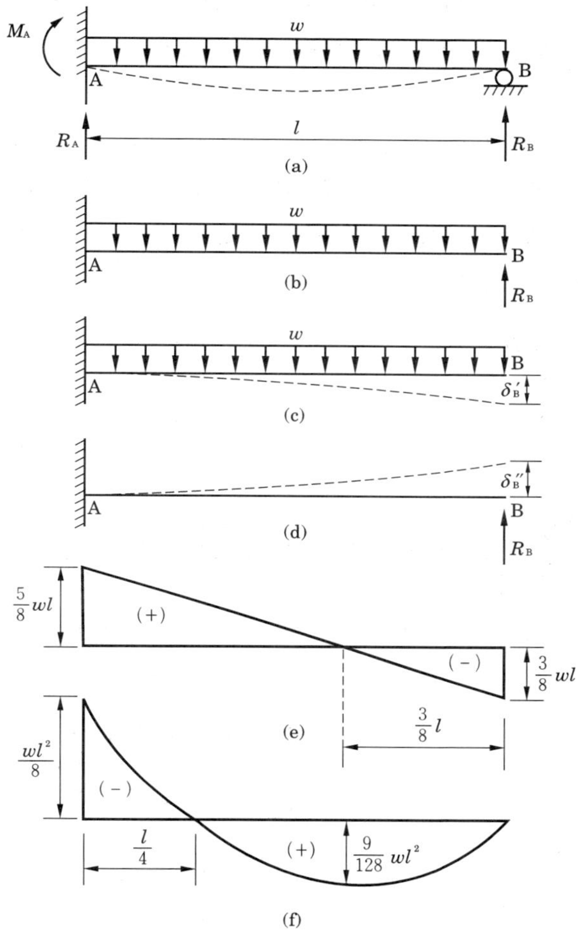

그림 10-2

즉, 지점반력 R_B가 구해졌다. R_B가 결정되면 나머지 반력과 전단력, 휨모멘트를 구하는 일은 모두 정정문제로 된다. 따라서, R_A는 $\Sigma V=0$에 의하여

$$R_A=\frac{5}{8}wl \quad \cdots\cdots (10\text{-}3)$$

그림 10-2(a)의 보에서 지점 A에 대하여 $\Sigma M=0$을 적용하면, 반력모멘트는

$$M_A=-\frac{1}{8}wl^2 \quad \cdots\cdots (10\text{-}4)$$

여기서, 부호(−)는 M_A의 방향이 그림 10-2(a)와 반대임을 뜻한다.

이상으로 이 보의 지점반력이 모두 구해졌으므로, 전단력도와 휨모멘트도는 각각 그

림 10-2(e) 및 (f)와 같이 된다. 이 보의 임의단면의 처짐 및 처짐각은 그림 10-2(c)의 보와 그림 10-2(d)의 보의 처짐 및 처짐각을 각각 더하면 얻을 수 있다.

방법 ②

앞에서 한 것처럼 지점 B를 제거하면 캔틸레버로 된다. 이 캔틸레버의 자유단 B에 그림 10-3(d)와 같이 단위하중을 작용시켰을 때 B점의 처짐을 δ_{BB}라 하면, 그림 10-3(c)와 같이 R_B가 작용할 때의 B의 처짐은 $\delta_{BB} R_B$이다. 그림 10-3(b)의 B점의 처짐을 δ_B'라 하면 다음 관계가 성립한다.

$$\delta_B = \delta_B' + \delta_{BB} R_B = 0 \qquad \cdots\cdots (10\text{-}5)$$

$$\therefore \ R_B = -\frac{\delta_B'}{\delta_{BB}}$$

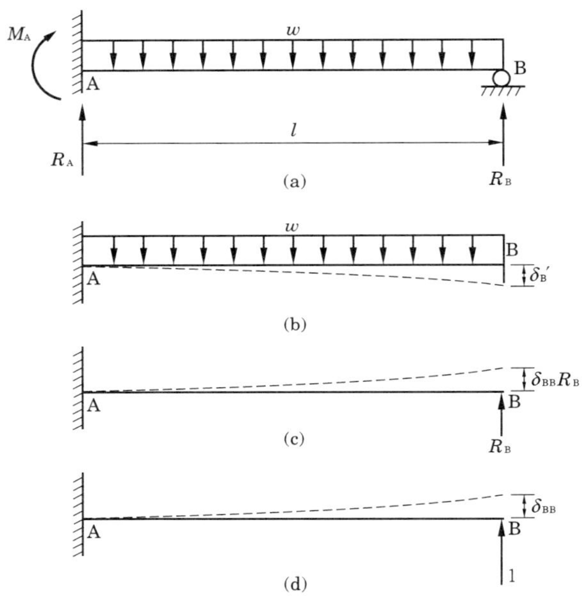

그림 10-3

그런데

$$\delta_B' = \frac{wl^4}{8EI}, \qquad \delta_{BB} = -\frac{1 \times l^3}{3EI}$$

이므로, 이들을 식 (10-5)에 대입하면

$$R_B = \frac{3}{8} wl$$

즉, 방법 ①과 같은 결과를 얻는다.

이상과 같이 부정정보를 해석하는 방법을 **변형일치의 방법**(method of consistent deformation)이라 한다. 이 경우, R_B를 **부정정력**(statically indeterminate force) 또는 **여력**(redundant force)이라 하고, 여력을 제거한 그림 10-2 (c) 또는 그림 10-3 (b)와 같은 정정보를 **정정기본계** 또는 **기본계**(primary system, primary structure)라 하며, 식 (10-1) 또는 식 (10-5)와 같은 조건을 **변형의 적합조건**(compatibility condition of deformation)이라 한다.

이 방법은 그림 10-3 (c)의 보의 탄성곡선과 그림 10-3 (d)의 보의 탄성곡선을 겹치면 그림 10-3 (a)의 보의 탄성곡선이 얻어진다는 이론, 즉 겹침의 원리에 근거를 두고 있다. 따라서, 변형일치의 방법을 **겹침의 방법**(superposition-equation method)이라고도 하며, 식 (10-5)를 **겹침방정식**(superposition-equation)이라 한다. 또한, 이 방법의 창안자의 이름을 따서 Maxwell-Mohr의 **방법**이라고도 한다. 이 방법은 부정정보뿐 아니라 부정정 트러스, 부정정라멘에도 적용할 수 있다.

방법 ③

앞에서 다룬 보는 M_A를 여력으로 하여 해석할 수도 있다. 지점 A의 고정을 풀고 M_A를 외력으로 보면, 이 보는 그림 10-4 (b)와 같이 된다. 즉, M_A를 여력으로 하면 정정기본계는 그림 10-4 (b)와 같은 단순보로 된다. 따라서, 그림 10-4 (b)의 보는 그림 10-4 (c)의 보와 그림 10-4 (d)의 보를 겹친 것으로 볼 수 있다. 주어진 보의 지점 A가 고정이므로, 이 경우의 변형의 적합조건은 다음과 같다.

$$\theta_A = \theta_A' + \theta_A'' = 0$$

그런데, 그림 10-4 (c)의 보 및 그림 10-4 (d)의 보에서 지점 A의 처짐각은 공액보의 방법에 의하여 각각 다음과 같다.

$$\theta_A' = \frac{wl^3}{24EI}, \quad \theta_A'' = \frac{M_A l}{3EI}$$

이들을 변형의 적합조건식에 대입하면

$$\frac{wl^3}{24EI} + \frac{M_A l}{3EI} = 0$$

$$\therefore \; M_A = -\frac{wl^2}{8}$$

부호(−)는 M_A의 작용 방향이 그림과 반대임을 뜻한다. 결과는 앞의 방법과 같다. 이 경우에도, 그림 10-4 (d)의 보의 지점 A에 단위모멘트를 작용시켜서 해석할 수도 있다.

일반적으로, 캔틸레버를 정정기본계로 할 경우보다 단순보를 기본계로 할 경우가 더 편리하고, 또 어떤 하중 상태에도 사용할 수 있다.

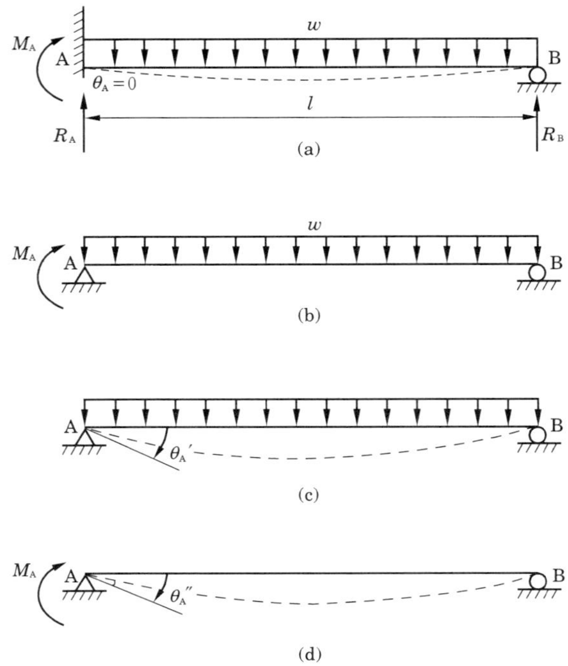

그림 10-4

【예제 10-1】 그림 10-5(a)와 같은 보의 M도, V도 및 하중점 C의 처짐을 구하라. $E = 2.1 \times 10^5$ MPa, $I = 250000 \times 10^4$ mm^{4}이다.

풀이 M_A를 여력으로 하면, 이 보는 그림 10-5(b)의 보와 그림 10-5(d)의 보를 겹친 것이 된다. 그림 10-5(b)의 보에서 A점의 처짐각 θ_A'는 그림 10-5(c)의 공액보의 지점반력 R_A'와 같다. 즉,

$$\theta_A' = R_A' = \left[\left(\frac{720}{EI} \times 12 \times \frac{1}{2}\right) \times \left(\frac{12}{3} + 9\right) + \left(\frac{720}{EI} \times 9 \times \frac{1}{2}\right) \times \frac{2}{3} \times 9\right] \times \frac{1}{21}$$
$$= \frac{3600(\mathrm{kN \cdot m^2})}{EI}$$

그림 10-5(d)의 보에서 A점의 처짐각 θ_A''는 그림 10-5(e)의 공액보의 반력 R_A''이다. 즉,

$$\theta_A'' = R_A'' = \left(\frac{M_A}{EI} \times 21 \times \frac{1}{2}\right) \times \frac{2}{3} \times 21 \times \frac{1}{21}$$
$$= \frac{7M_A(\mathrm{kN \cdot m^2})}{EI}$$

그림 10-5 (a)의 지점 A는 고정이므로 처짐각은 $\theta_A = 0$이다. 따라서,

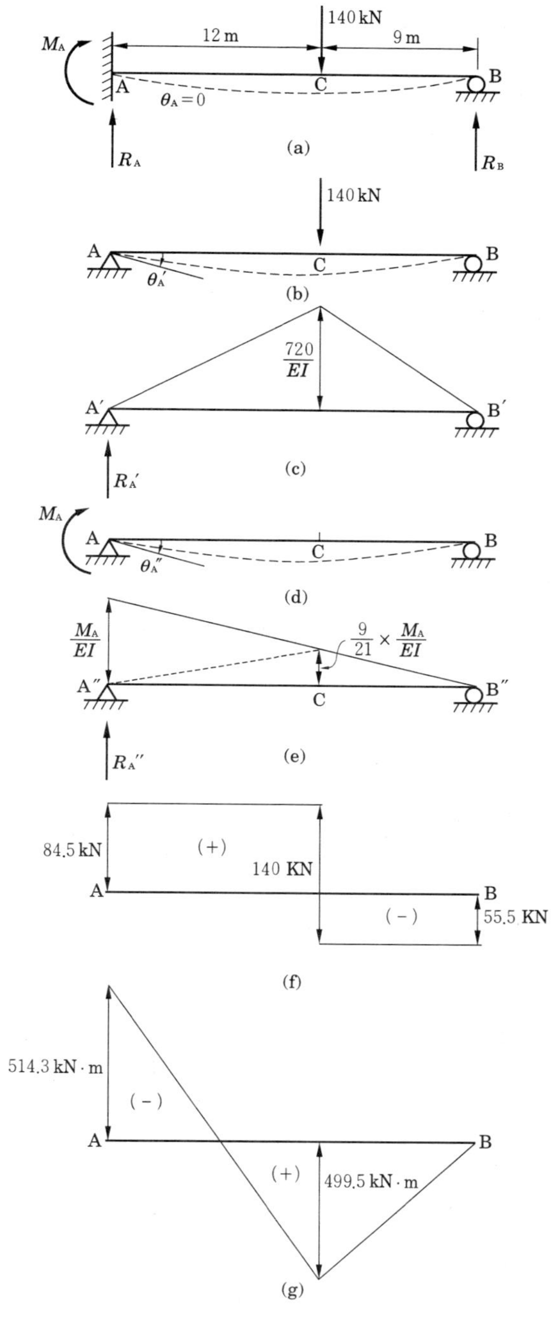

그림 10-5

$$\theta_A = \theta_A' + \theta_A'' = \frac{3600}{EI} + \frac{7M_A}{EI} = 0$$

$$\therefore\ M_A = -\frac{3600}{7} = -514.3\,\mathbf{kN \cdot m}\ (\curvearrowright)$$

그림 10-5(a)에서 지점 A에 대하여 $\Sigma M=0$을 적용하면

$$-514.3+140\times 12-R_B\times 21=0 \qquad \therefore\ R_B=55.5\,\mathbf{kN}\ (\uparrow)$$

$\Sigma V=0$에 의하여

$$R_A=140-55.5=84.5\,\mathbf{kN}\ (\uparrow)$$

따라서, V도 및 M도는 각각 그림 10-5(f) 및 (g)와 같이 된다.

하중점 C의 처짐은 그림 10-5(b)와 그림 10-5(d)의 두 보의 C점의 처짐을 합한 것이다. 그림 10-5(b)의 보에서 C점의 처짐 δ_C'는 그림 10-5(c)의 공액보에서 C점의 휨모멘트이다.

$$\delta_C' = \frac{3600}{EI}\times 12-\left(\frac{720}{EI}\times 12\times\frac{1}{2}\right)\times\frac{1}{3}\times 12=\frac{25920(\mathbf{kN\cdot m^3})}{EI}$$

그림 10-5(d)의 보에서 C점의 처짐 δ_C''는 그림 10-5(e)의 공액보를 참고하면

$$\delta_C'' = \frac{7M_A}{EI}\times 12-\left(\frac{M_A}{EI}\times 12\times\frac{1}{2}\right)\times\frac{2}{3}\times 12-\left(\frac{9}{21}\times\frac{M_A}{EI}\times 12\times\frac{1}{2}\right)\times\frac{1}{3}\times 12$$
$$=\frac{180M_A}{7EI}=\frac{180(-514.3)}{7EI}=-\frac{13225(\mathbf{kN\cdot m^3})}{EI}$$

따라서, 하중점 C의 처짐은 다음과 같다.

$$\delta_C=\delta_C'+\delta_C''=\frac{25920}{EI}-\frac{13225}{EI}$$
$$=\frac{12695(\mathbf{kN\cdot m^3})}{EI}=\frac{12695\times 10^3\times(10^3)^3}{2.1\times 10^5\times 250000\times 10^4}=24\,\mathrm{mm}$$

【예제 10-2】 그림 10-6(a)와 같이 집중하중을 받는 고정보를 해석해 보자.

풀이 수평력이 작용하지 않으므로 이 보는 2차의 부정정이다. 지점반력은 그림과 같이 작용한다고 가정한다.

M_A, M_B를 여력으로 하면, 그림 10-6(a)의 보는 그림 10-6(b)와 그림 10-6(c)의 보를 합성한 것으로 볼 수 있다. 따라서, 변형의 적합조건은 다음과 같다.

$$\theta_A=\theta_A'+\theta_A''=0$$
$$\theta_B=\theta_B'+\theta_B''=0$$

이 보의 EI가 일정하다면 공액보의 방법에 의하여

$$\theta_A'=\frac{Pab}{6EIl}(l+b), \qquad \theta_B'=-\frac{Pab}{6EIl}(l+a)$$
$$\theta_A''=\frac{l}{6EI}(2M_A+M_B), \qquad \theta_B''=-\frac{l}{6EI}(M_A+2M_B)$$

이들을 적합조건식에 대입하면

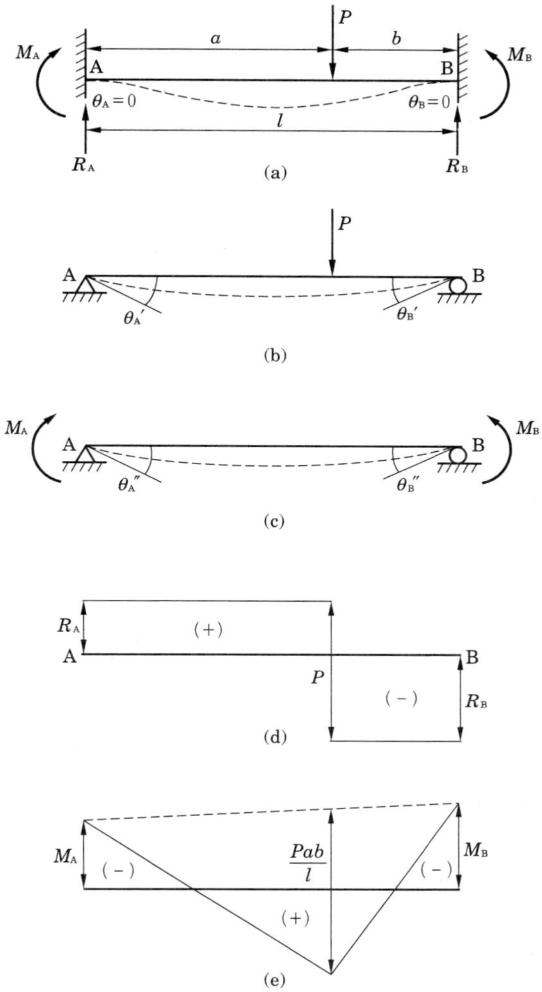

그림 10−6

$$\frac{Pab}{6EIl}(l+b)+\frac{l}{6EI}(2M_A+M_B)=0$$

$$-\frac{Pab}{6EIl}(l+a)-\frac{l}{6EI}(M_A+2M_B)=0$$

위의 두 식을 연립시켜 풀면

$$\left.\begin{aligned} M_A &= -\frac{Pab^2}{l^2} \\ M_B &= -\frac{Pa^2b}{l^2} \end{aligned}\right\} \quad \cdots\cdots (10\text{-}6)$$

부호(−)가 붙어 있으므로 M_A 및 M_B의 작용 방향은 그림과 반대이다.

M_A, M_B가 구해졌으므로 나머지 일은 정정문제로 된다. 즉, R_A 및 R_B는 그림 10-6 (a)에 $\Sigma M=0$을 적용하여 구할 수도 있고, 또 그림 10-6 (b) 및 그림 10-6 (c)의 보의 반력들을 각각 더함으로써 얻을 수도 있다. 따라서, 이 보의 V도 및 M도는 각각 그림 10-6 (d) 및 (e)와 같이 된다. V도 및 M도는 그림 10-6 (a)의 보에서 직접 구할 수도 있고, 또 그림 10-6 (b) 및 그림 10-6 (c)의 보의 V도 및 M도를 각각 겹침으로써 구할 수도 있다. 마찬가지로, 이 보의 처짐도 그림 10-6 (b)의 보와 그림 10-6 (c)의 처짐을 각각 더하면 얻을 수 있다.

【예제 10-3】 그림 10-7 (a)와 같이 등분포하중을 받는 고정보를 해석해 보자. EI는 일정하다.

풀이 지점반력은 그림과 같이 작용한다고 가정한다. 보와 하중이 대칭이므로 $M_A=M_B$이고, 이것을 M으로 놓자.

M_A 및 M_B를 여력으로 보면, 주어진 보는 그림 10-7 (b)의 보와 그림 10-7 (c)의 보를 합성한 것이다. 그림 10-7 (b) 및 그림 10-7 (c)의 각 보의 $\dfrac{M}{EI}$도가 그림 10-7 (d)에 나타나 있다. 고정보의 공액보는 지점이 없는 선분이므로[그림 9-14 (g) 참조], 그림 10-7 (d)는 그림 10-7 (a)의 보의 공액보이다. 이 공액보는 지점이 없으므로 A′에서의 반력(전단력)은 0이다. 이것은 주어진 보의 A에서의 처짐각 $\theta_A=0$과 일치한다. 이 관계로부터 M_A, M_B를 구할 수 있다. 그림 10-7 (d)의 공액보에서 A′의 반력이 0으로 되기 위해서는 이 공액보에 작용하는 탄성하중의 합이 0이어야 한다. 즉, $+\dfrac{M}{EI}$도의 넓이와 $-\dfrac{M}{EI}$도의 넓이가 같아야 한다. 즉,

$$\frac{wl^2}{8EI}\times l\times\frac{2}{3}=\frac{M}{EI}\times l$$

$$\therefore\ M=\frac{wl^2}{12}=M_A=M_B \qquad \cdots\cdots (10\text{-}7)$$

이것은 그림 10-7 (b) 및 (c)를 참고하여

$$\theta_A=\theta_A{}'+\theta_A{}''=0$$

으로부터도 얻을 수 있다. 이 보의 V도와 M도는 각각 그림 10-7 (e) 및 (f)와 같이 된다.

다음에, 이 보의 최대처짐을 구해 보자. 최대처짐은 지간 중앙에 일어나며, 그 값은 그림 10-7 (d)의 공액보의 중앙점의 휨모멘트이다. $+\dfrac{M}{EI}$도는 하향의 탄성하중이고, $-\dfrac{M}{EI}$도는 상향으로 작용하는 탄성하중이므로, 최대처짐은 다음과 같이 된다.

$$\begin{aligned}\delta_{\max}&=-\left(\frac{wl^2}{8EI}\times\frac{l}{2}\times\frac{2}{3}\right)\times\frac{3}{8}\times\frac{l}{2}+\left(\frac{M}{EI}\times\frac{l}{2}\right)\times\frac{l}{4}\\&=-\frac{wl^4}{128EI}+\frac{wl^2}{12EI}\times\frac{l}{2}\times\frac{l}{4}=-\frac{wl^4}{128EI}+\frac{wl^4}{96EI}\\&=\frac{wl^4}{384EI}\end{aligned}$$

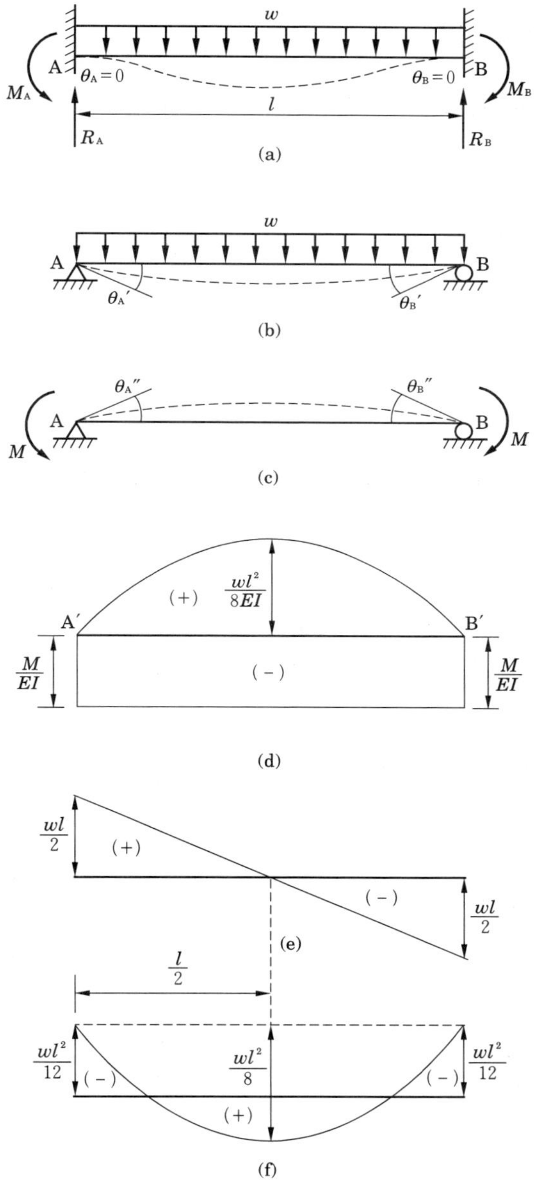

그림 10−7

참고 부정정보에 여러 개의 집중하중이 작용하거나, 집중하중과 분포하중이 함께 작용하는 경우에는 각각의 하중을 단독으로 작용시켜서 얻은 결과를 합하면 된다.

(2) 최소일의 방법

제9장에서 설명한 Castigliano의 제2정리, 즉 식 (9-26)을 여기에 다시 써 보자.

$$\frac{\partial W}{\partial P_k} = \delta_k \quad \cdots\cdots\cdots \quad (9\text{-}26)$$

위의 식은 지점침하가 없고 온도가 일정한 구조물에서 성립한다. 만약, P_k가 구조물의 지점에 작용하는 반력이라면 그 지점은 변위를 하지 않으므로 위의 식은 다음과 같이 된다.

$$\frac{\partial W}{\partial P_k} = 0 \quad \cdots\cdots\cdots \quad (10\text{-}8)$$

이것을 보에 적용해 보자. 전단력을 무시하면 보의 탄성변형에너지는 식 (9-14)로부터

$$W = \int_0^l \frac{M^2}{2EI} dx$$

위의 식을 일을 하지 않는 힘 P_k로 편미분하면

$$\frac{\partial W}{\partial P_k} = \int_0^l \frac{M}{EI} \frac{\partial M}{\partial P_k} dx = 0 \quad \cdots\cdots\cdots \quad (10\text{-}9)$$

위의 식은 식 (9-27)에 식 (10-8)을 대입해도 얻을 수 있다. 한편, 식 (9-27)을 P_k로 편미분하면

$$\frac{\partial^2 W}{\partial P_k^2} = \int_0^l \frac{1}{EI} \left(\frac{\partial M}{\partial P_k}\right)^2 dx > 0$$

이것은 식 (10-9)가 성립할 때 W가 극소임을 뜻한다. 즉, 변위하지 않는 점에 작용하는 힘은 탄성변형에너지 W를 최소로 되게 한다. 그래서, 식 (10-8)을 **최소일의 정리**(theorem of least work)라고 한다. 보에서 전단력을 무시하면, 최소일의 정리는 식 (10-9)와 같이 된다. 이 정리를 이용하면 모든 부정정구조물을 해석할 수 있으며, 특히 부정정트러스의 해석에 효과적이다. 이 정리를 이용하여 부정정구조물을 해석하는 방법을 **최소일의 방법**(method of least work)이라 한다.

【예제 10-4】 그림 10-8의 보를 최소일의 방법으로 해석해 보자. EI는 일정하다.

풀이 이 보의 임의단면의 휨모멘트는

$$M = R_B x - \frac{w}{2} x^2$$

$$\therefore \frac{\partial M}{\partial R_B} = x$$

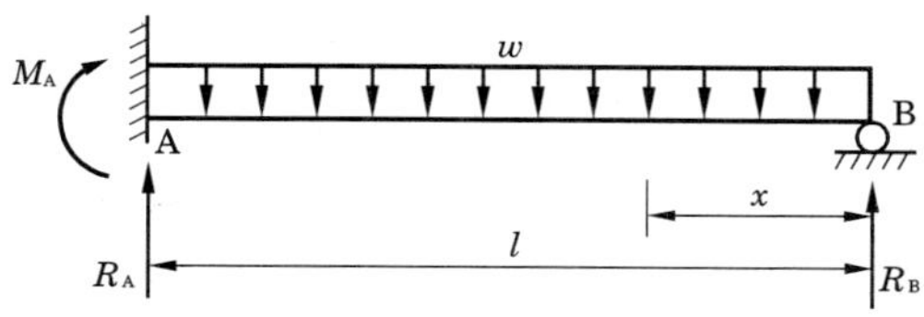

그림 10-8

지점 B는 변위하지 않으므로, 최소일의 정리에 의하여 $\frac{\partial W}{\partial R_B}=0$이다.

따라서, 식 (10-9)에 의하여

$$\frac{\partial W}{\partial R_B}=\int_0^l \frac{M}{EI}\frac{\partial M}{\partial R_B}dx$$
$$=\int_0^l \frac{1}{EI}\left(R_B x-\frac{w}{2}x^2\right)x\ dx$$
$$=\frac{1}{EI}\left(\frac{R_B}{3}l^3-\frac{w}{8}l^4\right)=0$$

EI가 일정하고 또 $EI \fallingdotseq 0$이므로

$$\frac{R_B}{3}l^3-\frac{w}{8}l^4=0$$
$$\therefore\ R_B=\frac{3}{8}wl$$

나머지 반력은 정역학에 의하여 구할 수 있으며, V도와 M도도 얻을 수 있다.

이 보는 그림 10-4(b)와 같이, M_A를 여력으로 하고, 최소일의 정리를 적용하여 풀 수도 있다.

【예제 10-5】 그림 10-9의 연속보를 해석해 보자. E는 일정하고, 단면2차모멘트는 AB 부분은 I이고, BC 부분은 $2I$이다.

풀이 이 연속보는 1차의 부정정이다. 지점 B의 반력 R_B를 여력으로 하면, 정정기본계는 그림 10-9(b)와 같이 된다.

그림 10-9(b)에서 지점 C에 대하여 $\Sigma M=0$을 적용하면

$$R_A\times 40-(10\times 20)\times 30+R_B\times 20-200\times 10=0$$
$$\therefore\ R_A=200-\frac{R_B}{2}$$

같은 방법에 의하여

$$R_C=200-\frac{R_B}{2}$$

즉, R_A와 R_C가 R_B로 표시되었다. 따라서, 각 단면의 휨모멘트는 x를 그림과 같이 잡으면 다음과 같이 된다.

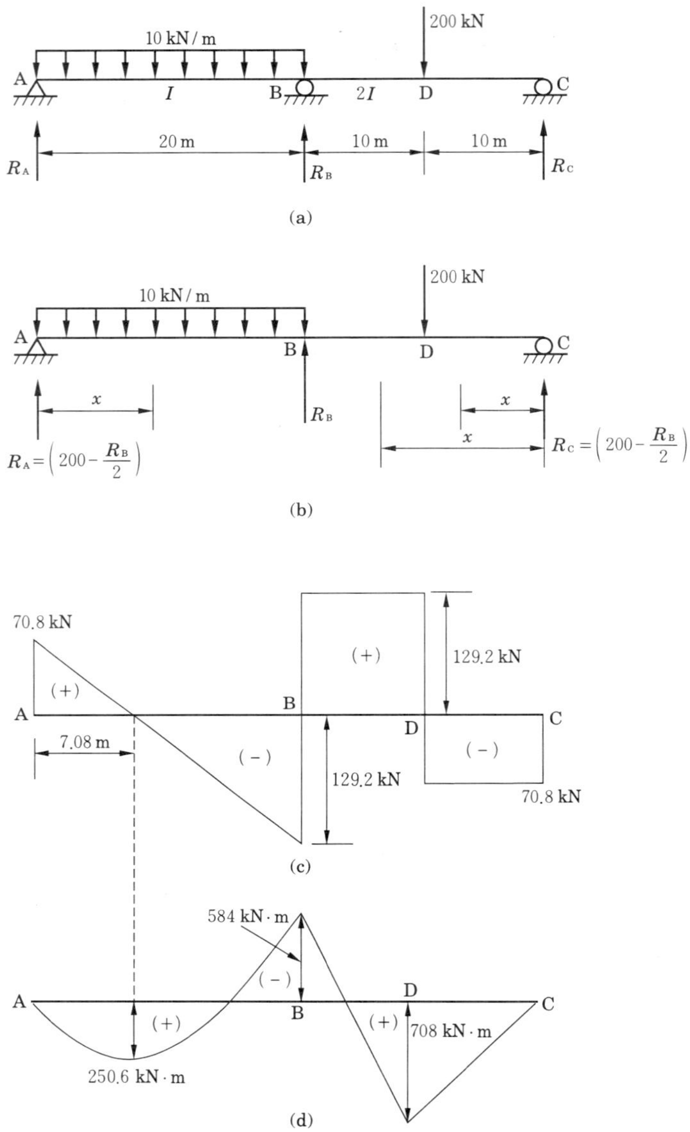

그림 10-9

AB 사이에서

$$M = \left(200 - \frac{R_B}{2}\right)x - 10 \times \frac{x^2}{2}$$

$$\frac{\partial M}{\partial R_B} = -\frac{x}{2}$$

DB 사이에서 단면의 오른쪽을 생각하면

$$M=\left(200-\frac{R_B}{2}\right)x-200(x-10)=-\frac{R_B}{2}x+2000$$

$$\frac{\partial M}{\partial R_B}=-\frac{x}{2}$$

CD 사이에서

$$M=\left(200-\frac{R_B}{2}\right)x$$

$$\frac{\partial M}{\partial R_B}=-\frac{x}{2}$$

지점 B에는 변위가 일어날 수 없다. 따라서 R_B가 한 일은 0이라야 하므로, 식 (10-9)로부터

$$\frac{\partial W}{\partial R_B}=\int\frac{M}{EI}\frac{\partial M}{\partial R_B}\,dx$$

$$=\int_A^B\frac{M}{EI}\frac{\partial M}{\partial R_B}\,dx+\int_D^B\frac{M}{E(2I)}\frac{\partial M}{\partial R_B}\,dx+\int_C^D\frac{M}{E(2I)}\frac{\partial M}{\partial R_B}\,dx=0$$

여기에 앞에서 구한 값들을 넣으면

$$\frac{1}{EI}\int_0^{20}\left(200x-\frac{R_B}{2}x-\frac{10x^2}{2}\right)\left(-\frac{x}{2}\right)dx+\frac{1}{2EI}\int_{10}^{20}\left(-\frac{R_B}{2}x+2000\right)\left(-\frac{x}{2}\right)dx$$

$$+\frac{1}{2EI}\int_0^{10}\left(200x-\frac{R_B}{2}x\right)\left(-\frac{x}{2}\right)dx=0$$

$$\therefore\ R_B=258.4\ \mathrm{kN}(\uparrow)$$

따라서

$$R_A=R_C=200-\frac{R_B}{2}$$

$$=200-\frac{258.4}{2}=70.8\ \mathrm{kN}(\uparrow)$$

AB 사이의 임의단면의 전단력은

$$V_x=(70.8-10x)\ \mathrm{kN}$$

이 사이에서 전단력이 0으로 되는 위치는

$$70.8-10x=0$$

$$\therefore\ x=7.08\ \mathrm{m}$$

AB 사이의 임의단면의 휨모멘트는

$$M_x=(70.8x-10\times\frac{x^2}{2})\ \mathrm{kN\cdot m}$$

따라서 AB 사이에서 (+)의 최대모멘트는

$$M_{x\,max} = 70.8 \times 7.08 - \frac{10}{2}(7.08)^2 = 250.6\ \mathbf{kN \cdot m}$$

지점 B의 휨모멘트는

$$M_B = 70.8 \times 20 - (10 \times 20) \times \frac{20}{2} = -584\ \mathbf{kN \cdot m}$$

이와 같이, 연속보의 중간지점에는 일반적으로 부(−)의 휨모멘트가 일어난다. 이 M_B와 같이 연속보의 중간지점에 일어나는 휨모멘트를 **지점모멘트**라 한다. 이 보의 V도 및 M도가 그림 10-9(**c**) 및 (**d**)에 나타나 있다.

(3) 3연모멘트의 방법

그림 10-10(**a**)와 같은 연속보를 생각해 보자. 이 보의 E는 일정하고, I와 l은 그림에 나타나 있다. 이 보에 하중이 작용하면 보는 그림 10-10(**b**)와 같이 탄성변형할 것이다. 연속보이므로 탄성곡선은 지점 m에서 연속이다. 따라서, 탄성곡선의 m점에서의 접선이 변형 전의 부재축과 이루는 각은 서로 같아야 한다. 즉,

$$\theta_{ml} = \theta_{mr} \quad \cdots\cdots\cdots (a)$$

연속보의 중간지점에는 지점모멘트가 일어나므로, 이 보의 각 지점에는 M_{m-1}, M_m 및 M_{m+1}의 지점모멘트가 일어날 것이다. 이 보를 각 지점에서 절단하여 생각해 보자. 그러면 그림 10-10(**a**)의 연속보는 원래의 하중을 받는 그림 10-10(**c**)와 같은 두 개의 단순보와 지점모멘트가 작용하는 그림 10-10(**d**)와 같은 두 개의 단순보를 합성한 것으로 볼 수 있다. 바꾸어 말하면, 이 연속보의 탄성곡선은 그림 10-10(**c**)의 탄성곡선과 그림 10-10(**d**)의 탄성곡선을 겹친 것과 같다. 따라서, 지간 l_m 및 l_{m+1}을 각각 단순보로 보고, 원래의 하중에 의한 지점 m의 처짐각을 각각 θ'_{ml}, θ'_{mr} [그림 10-10(**c**)], 지점모멘트에 의한 지점 m의 처짐각을 각각 θ''_{ml}, θ''_{mr}[그림 10-10(**d**)]이라고 하면, 이 연속보의 지점 m에서의 탄성곡선의 기울기, 즉 처짐각 θ_{ml} 및 θ_{mr}은 다음과 같이 된다.

$$\left.\begin{aligned} \theta_{ml} &= \theta'_{ml} + \theta''_{ml} \\ \theta_{mr} &= \theta'_{mr} + \theta''_{mr} \end{aligned}\right\} \quad \cdots\cdots\cdots (b)$$

만약, 이 연속보의 각 지점이 δ_{m-1}, δ_m 및 δ_{m+1}만큼 각각 침하했다면, 그림 10-10(**b**)에 보인 바와 같이 지간 l_m 및 l_{m+1}은 지점 m에서 각각 β_{ml} 및 β_{mr}만큼 회전을 일으킬 것이다. 따라서 θ_{ml} 및 θ_{mr}은 지점침하로 인한 회전각 β_{ml}과 β_{mr}이 추가되어 다음과 같이 된다.

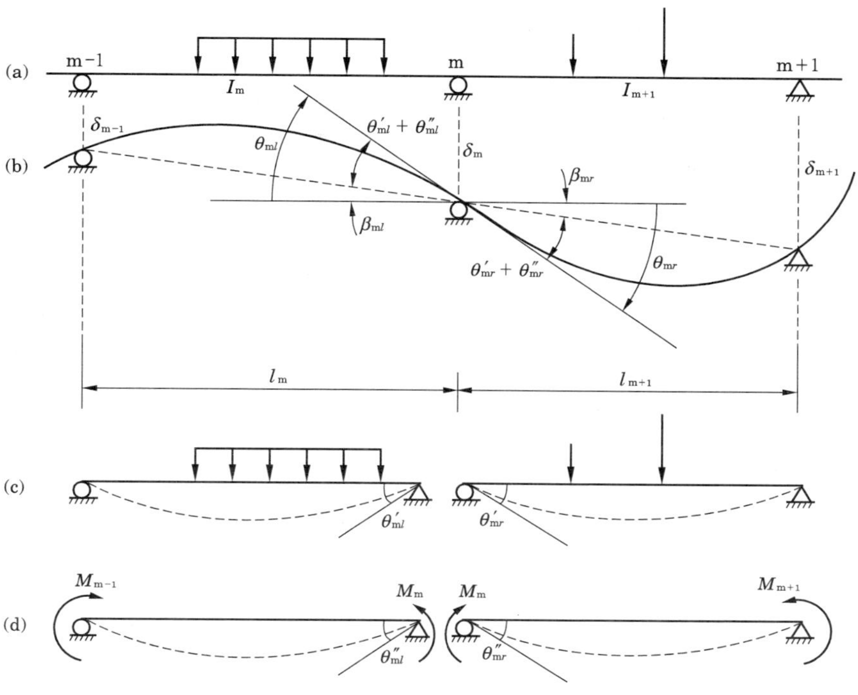

그림 10-10

$$\left.\begin{aligned}\theta_{ml} &= (\theta'_{ml}+\theta''_{ml})+\beta_{ml}\\ \theta_{mr} &= (\theta'_{mr}+\theta''_{mr})+\beta_{mr}\end{aligned}\right\}\quad\cdots\cdots\cdots\cdots\cdots\cdots\quad(c)$$

지점침하 δ는 지간 l에 비하여 매우 작으므로, 지점침하로 인한 회전각은 다음과 같이 계산된다.

$$\left.\begin{aligned}\beta_{ml} &\fallingdotseq \tan\beta_{ml}=\frac{\delta_m-\delta_{m-1}}{l_m}\\ \beta_{mr} &\fallingdotseq \tan\beta_{mr}=\frac{\delta_{m+1}-\delta_m}{l_{m+1}}\end{aligned}\right\}\quad\cdots\cdots\cdots\cdots\cdots\cdots\quad(d)$$

θ'_{ml} 및 θ'_{mr}은 하중을 알면 구할 수 있고, θ''_{ml} 및 θ''_{mr}은 공액보 방법에 의하여 다음과 같이 된다[식 (9-10) 참조].

$$\left.\begin{aligned}\theta''_{ml} &= -\frac{l_m}{6EI_m}(M_{m-1}+2M_m)\\ \theta''_{mr} &= \frac{l_{m+1}}{6EI_{m+1}}(2M_m+M_{m+1})\end{aligned}\right\}\quad\cdots\cdots\cdots\cdots\cdots\cdots\quad(e)$$

식 (c)와 식 (e)를 식 (a)에 대입하면 다음 관계를 얻는다.

$$\frac{l_{\mathrm{m}}}{I_{\mathrm{m}}}M_{\mathrm{m-1}}+2\left(\frac{l_{\mathrm{m}}}{I_{\mathrm{m}}}+\frac{l_{\mathrm{m+1}}}{I_{\mathrm{m+1}}}\right)M_{\mathrm{m}}+\frac{l_{\mathrm{m+1}}}{I_{\mathrm{m+1}}}M_{\mathrm{m+1}}$$

$$=6E(\theta'_{\mathrm{m}l}-\theta'_{\mathrm{m}r})+6E(\beta_{\mathrm{m}l}-\beta_{\mathrm{m}r}) \qquad \cdots\cdots (10\text{-}10)$$

이 식을 3연모멘트방정식(three moment equation) 또는 3연모멘트식이라 하며, 이 식을 이용하여 부정정구조물을 해석하는 방법을 3연모멘트의 방법이라 한다.

식 (10-10)으로 지점모멘트가 구해지면 지점반력은 정역학적으로 구할 수 있다. 예컨대 그림 10-10(a)에서 지점 m의 반력 R_{m}은 그 양쪽의 경간을 그림 10-10(c) 및 (d)와 같이 단순보로 보고, 주어진 하중에 의한 지점 m의 반력과 지점모멘트에 의한 지점 m의 반력들을 겹침의 원리에 따라 더하면 얻어진다.

【예제 10-6】 그림 10-9(a)(예제 10-5)의 보를 3연모멘트의 방법으로 풀어 보자.

풀이 지점의 침하가 없으므로 이 보의 3연모멘트방정식은 다음과 같이 된다.

$$\frac{20}{I}M_{\mathrm{A}}+2\left(\frac{20}{I}+\frac{20}{2I}\right)M_{\mathrm{B}}+\frac{20}{2I}M_{\mathrm{C}}=6E(\theta'_{\mathrm{B}l}-\theta'_{\mathrm{B}r})$$

지점 A는 힌지이고 지점 C는 롤러이므로 $M_{\mathrm{A}}=M_{\mathrm{C}}=0$이다. 지간 AB 및 BC를 각각 단순보로 보면, 지점 B에 일어나는 처짐각은 공액보 방법에 의하여 각각 다음과 같다.

$$\theta'_{\mathrm{B}l}=-\frac{wl^3}{24EI}=-\frac{10\times20^3}{24EI}$$

$$\theta'_{\mathrm{B}r}=\frac{Pl^2}{16E(2I)}=\frac{200\times20^2}{32EI}$$

따라서, 3연모멘트식은 다음과 같이 된다.

$$2\left(\frac{20}{I}+\frac{20}{2I}\right)M_{\mathrm{B}}=6E\left(-\frac{10\times20^3}{24EI}-\frac{200\times20^2}{32EI}\right)$$

이로부터

$$M_{\mathrm{B}}=-584\ \mathrm{kN\cdot m}$$

다음에 지점반력을 구해 보자. 그림 10-9(a)에서 지점반력 R_{A}는 경간 AB를 단순보로 보았을 때, 주어진 하중에 의한 지점 A의 반력과 지점모멘트 M_{B}가 작용할 때의 지점 A의 반력(6장 6. 4절 (1) ③ 참조)을 더하면 된다. 즉

$$R_{\mathrm{A}}=(10\times20)\times\frac{1}{2}-\frac{0-(-584)}{20}=70.8\ \mathrm{kN}$$

같은 방법으로

$$R_{\mathrm{B}}=(10\times20)\times\frac{1}{2}+200\times\frac{1}{2}+\frac{0-(-584)}{20}-\frac{-584-0}{20}=258.4\ \mathrm{kN}$$

따라서 $\Sigma V=0$에 의하여

$$R_C = 10 \times 20 + 200 - 70.8 - 258.4 = 70.8\ \mathbf{kN}$$

즉, 결과는 예제 10-5와 같다.

【예제 10-7】 그림 10-11(a)와 같은 연속보의 V도와 M도를 구하라. E와 I는 전경간에 걸쳐 일정하고, 지점의 침하는 없다.

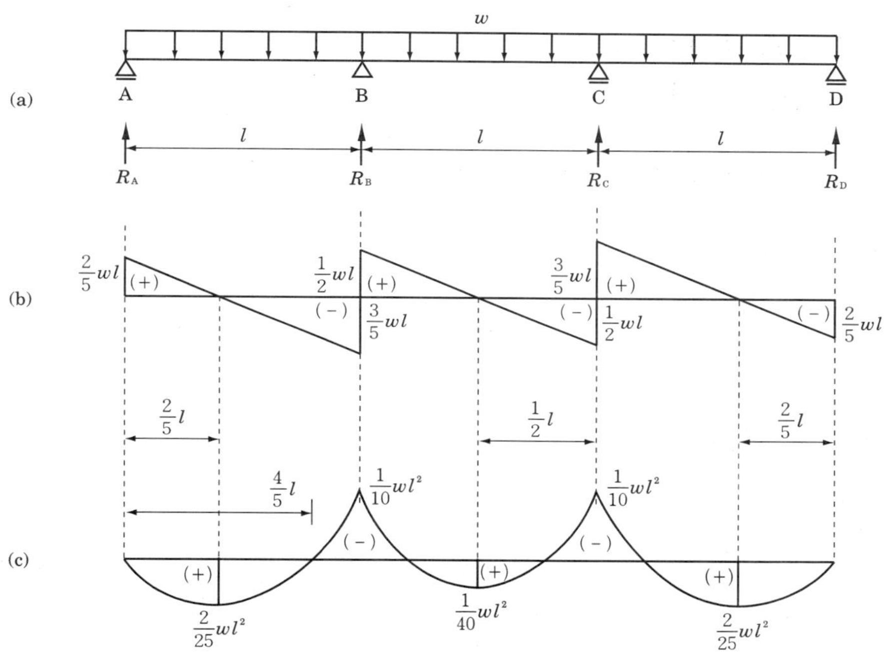

그림 10-11

풀이 지점의 침하가 없으므로, 지점 A, B 및 C에 대한 3연모멘트방정식은

$$\frac{l}{I}M_A + 2\left(\frac{l}{I} + \frac{l}{I}\right)M_B + \frac{l}{I}M_C = 6E\,(\theta'_{Bl} - \theta'_{Br})$$

지점 A 및 D는 이동지점이므로 $M_A = M_D = 0$이고, 보와 하중이 대칭이므로 $M_B = M_C$이다. $M_B = M_C = M$으로 놓고, 또

$$\theta'_{Bl} = -\frac{wl^3}{24EI}, \quad \theta'_{Br} = \frac{wl^3}{24EI}$$

이므로, 이들을 위의 3연모멘트방정식에 대입하면

$$M = M_B = M_C = -\frac{1}{10}wl^2$$

다음에 지점반력을 계산해 보자. 지점반력은 앞의 예제와 같은 방법으로 계산할 수 있지만,

다음과 같이 계산할 수도 있다. 즉 $M_B = -\frac{1}{10}wl^2$은 그림 10-11 (a)에서 계산되는 지점 B의 휨 모멘트와 같아야 하므로

$$M_B = R_A l - wl \times \frac{l}{2} = -\frac{1}{10}wl^2$$

$$\therefore\ R_A = \frac{2}{5}wl = R_D$$

$\Sigma V = 0$에 의하여

$$R_A + R_B + R_C + R_D = 3wl$$

$$\therefore\ R_B = R_C = \frac{11}{10}wl$$

따라서 V도는 그림 10-11 (b)와 같이 되고, M도는 그림 10-11 (c)와 같이 된다.

10. 3 부정정보의 영향선

(1) 상반정리

① Betti의 정리

그림 10-12 (a)의 보의 임의점 a에 하중 P_a가 작용했을 때 a점의 처짐을 δ_{aa}, 다른 임의점 b의 처짐을 δ_{ba}라고 하자. 이 때, P_a가 한 일은 $\frac{1}{2}P_a\delta_{aa}$이다.

이 상태에서 그림 10-12 (b)와 같이 b점에 하중 P_b를 작용시키면 b점에는 δ_{bb}의 처짐이, a점에서는 δ_{ab}의 처짐이 일어난다. 이 때, P_b가 한 일은 $\frac{1}{2}P_b\delta_{bb}$이고, P_a가 한 일은 $P_a\delta_{ab}$이다. 지점의 침하가 없다면 지점반력이 한 일은 0이므로, 이 보의 외력일의 총량 W_{ab}는 다음과 같이 된다.

$$W_{ab} = \frac{1}{2}P_a\delta_{aa} + P_a\delta_{ab} + \frac{1}{2}P_b\delta_{bb} \quad \cdots\cdots \text{(a)}$$

재하 순서를 바꾸어, 먼저 P_b를 작용시키고[그림 10-12 (c)] 나중에 P_a를 작용시킬 경우[그림 10-12 (d)], 외력일의 총량 W_{ba}도 같은 방법에 의하여 다음과 같이 된다.

$$W_{ba} = \frac{1}{2}P_b\delta_{bb} + P_b\delta_{ba} + \frac{1}{2}P_a\delta_{aa} \quad \cdots\cdots \text{(b)}$$

두 재하 상태의 최종적인 탄성곡선은 같다. 즉, 재하 순서에 관계없이 일의 총량은 같아야 한다. 즉

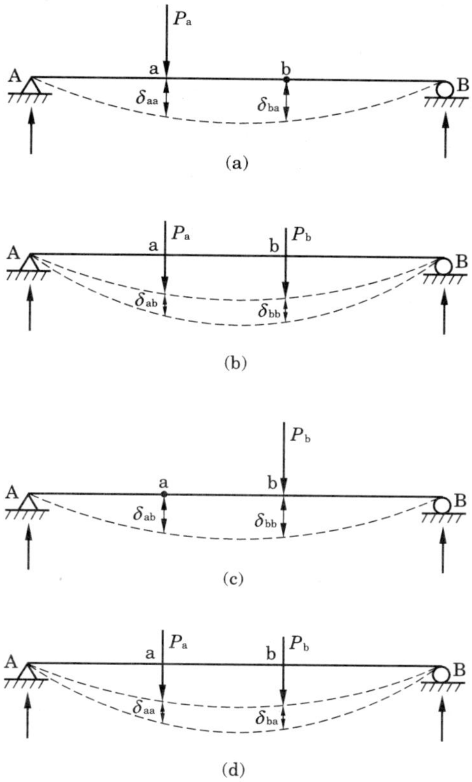

그림 10-12

$$W_{ab} = W_{ba} \quad \cdots\cdots \quad (10\text{-}11)$$

이로부터 다음 관계가 얻어진다.

$$P_a \delta_{ab} = P_b \delta_{ba} \quad \cdots\cdots \quad (10\text{-}12)$$

즉, 그림 10-12 (a)와 같이 a점에 작용하는 하중 P_a에 의하여 b점이 δ_{ba}만큼 처지고, 그림 10-12 (c)와 같이 b점에 작용하는 하중 P_b에 의하여 a점이 δ_{ab}만큼 처졌다면, $P_a \delta_{ab} = P_b \delta_{ba}$의 관계가 있다는 것을 뜻한다. 이 때, P_a와 P_b는 서로 독립이고 δ_{ab}와 δ_{ba}도 서로 독립이다. 위의 식 (10-12)의 관계를 Betti의 정리(Betti's theorem)라 한다. P_a와 P_b가 각각 역계(力系)를 이룰 경우, Betti의 정리는 다음과 같이 된다.

$$\Sigma P_a \delta_{ab} = \Sigma P_b \delta_{ba} \quad \cdots\cdots \quad (10\text{-}13)$$

Betti의 정리는, 구조물의 온도가 일정하고 지점의 침하가 없다면 모든 구조물에서 성립하며, 하중이 모멘트인 경우에도 성립한다. 즉, 회전변위에도 적용된다.

이상에서, 변위 δ에 붙인 2개의 첨자(suffix)에는 다음과 같은 약속이 되어 있음을 주의해야 한다. 즉, 앞의 첨자는 변위를 일으킨 점, 뒤의 첨자는 하중이 작용한 점을 나타낸다. 따라서, δ_{ab}는 점 b에 작용한 하중에 의하여 점 a에 일어난 변위를 나타내며, δ_{aa}는 점 a에 작용한 하중에 의하여 점 a가 그 하중 방향으로 일으킨 변위를 나타낸다. 일반적으로, δ_{ij}는 점 j에 작용한 하중에 의한 점 i의 변위를 나타낸다.

② 상반처짐의 정리

그림 10-13(a)의 보에서 b점의 처짐 δ_{ba}는 식 (9-23)에 의하여 다음과 같이 된다.

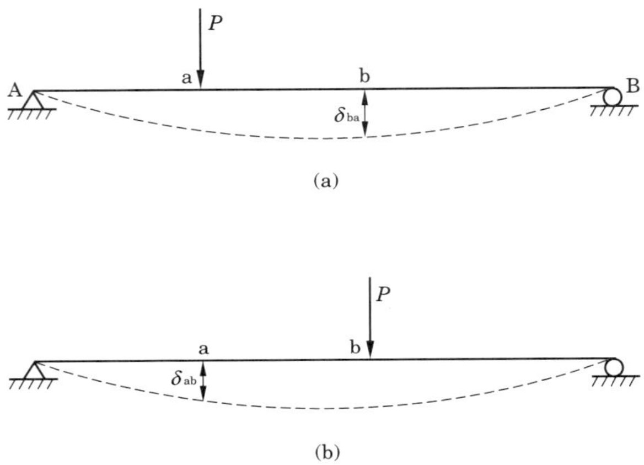

그림 10-13

$$\delta_{ba} = \int \frac{M_a m_b}{EI}\, dx \quad \cdots\cdots (c)$$

여기서, M_a : a점에 작용하는 하중 P에 의한 임의단면의 휨모멘트

m_b : 처짐을 구하려는 점 b에 단위하중을 작용시켰을 때의 임의단면의 휨모멘트

그림 10-13(b)의 보에서 a점의 처짐 δ_{ab}도 같은 방법에 의하여

$$\delta_{ab} = \int \frac{M_b m_a}{EI}\, dx \quad \cdots\cdots (d)$$

여기서 M_b : b점에 작용하는 하중 P에 의한 임의단면의 휨모멘트

m_a : 처짐을 구하려는 점 a에 단위하중을 작용시켰을 때의 임의단면의 휨모멘트

그런데, $M_a = Pm_a$, $M_b = Pm_b$이므로, 이들을 식 (c) 및 (d)에 대입하면

$$\delta_{ba} = \int \frac{(Pm_a)m_b}{EI}\, dx \quad \cdots\cdots (e)$$

$$\delta_{ab}=\int\frac{(Pm_b)m_a}{EI}dx \quad \cdots\cdots (f)$$

이로부터 다음 관계를 얻는다.

$$\delta_{ba}=\delta_{ab} \quad \cdots\cdots (10\text{-}14)$$

즉, a점에 작용하는 하중 P에 의한 b점의 처짐은 b점에 하중 P를 작용시켰을 때의 a점의 처짐과 같다. 이것을 상반처짐의 정리(**theorem of reciprocal deflections**) 또는 Maxwell의 정리라 한다.

식 (e) 및 (f)에서 $P=1$이면

$$\delta_{ba}=\delta_{ab}=\int\frac{m_a m_b}{EI}dx \quad \cdots\cdots (10\text{-}15)$$

이 관계가 그림 10-14(a)에 나타나 있다.

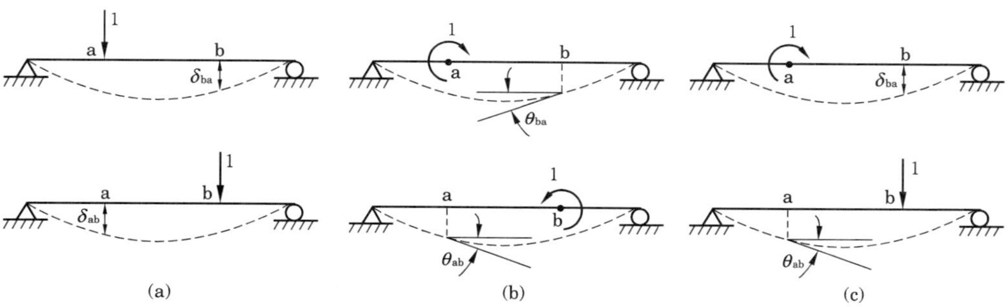

그림 10-14

Maxwell의 정리는 회전변위에 대해서도 성립한다. 즉, 그림 10-14(**b**)에서

$$\theta_{ba}=\theta_{ab} \quad \cdots\cdots (10\text{-}16)$$

이다. 즉, **a**점에 단위모멘트가 작용할 때의 **b**점의 탄성곡선의 기울기는 **b**점에 단위모멘트가 작용할 때의 **a**점의 기울기와 같다.

그림 10-14(**c**)에서는

$$\delta_{ba}=\theta_{ab} \quad \cdots\cdots (10\text{-}17)$$

이다. 즉, **a**점에 작용하는 단위모멘트에 의한 **b**점의 처짐(길이의 단위)은 **b**점에 단위하중이 작용할 때의 **a**점의 처짐각(**radian**)과 그 수치가 같다. 식 (10-16) 및 식 (10-17)도 식 (10-14)와 같은 방법으로 유도된다. **Maxwell**의 정리는 재료가 **Hooke**의 법칙에 따르는 한, 모든 구조물에서 성립한다.

식 (10-12)에서 $P_a = P_b = 1$로 놓으면 식 (10-14)를 얻을 수 있다. 즉, Maxwell의 정리는 Betti의 정리의 특별한 경우이다. 그러나, 일반성에 있어서는 두 정리는 동등하다. 따라서, 이 두 정리를 총칭하여 **상반정리**(reciprocal theorem)라 한다. 이 정리는 부정정 구조물의 해석과 영향선 해석에 매우 유용하게 쓰인다.

(2) Müller-Breslau의 정리

그림 10-15(a)와 같은 연속보의 임의점 P에 단위하중이 작용할 때, 지점 B의 반력 R_B를 구해 보자. 지점 B를 제거하면, 이 보는 단순보로 되어 그림 10-15(b)의 파선과 같은 처짐곡선을 이루고, 점 B는 δ_{BP}만큼 처질 것이다. 다음에, 그림 10-15(c)와 같이 점 B에 단위하중을 작용시키면 점 B와 점 P에는 각각 δ_{BB} 및 δ_{PB}만큼 상향의 처짐이 일어날 것이다. 따라서, 그림 10-15(d)와 같이 점 B에 R_B를 작용시키면 점 B의 상향처짐은 $R_B \delta_{BB}$로 된다. 따라서, 변위의 적합조건에 의하여 다음 관계가 성립한다.

$$\delta_{BP} - R_B \delta_{BB} = 0$$

$$\therefore \; R_B = \frac{\delta_{BP}}{\delta_{BB}} \quad \cdots\cdots \text{(a)}$$

그런데, 상반정리에 의하여[그림 10-15(b)와 그림 10-15(c) 참조]

$$\delta_{BP} = \delta_{PB}$$

이므로, 식 (a)는 다음과 같이 된다.

$$R_B = \frac{\delta_{PB}}{\delta_{BB}} \quad \cdots\cdots \text{(10-18)}$$

δ_{BB} 및 δ_{PB}는 그림 10-15(c)에 공액보 방법을 적용하면 구할 수 있다. 한편, 그림 10-15(c)의 처짐곡선의 각 종거(ordinate)를 δ_{BB}로 나눈 값으로 나타내면 그림 10-15(e)의 파선과 같은 곡선을 얻는다. 이 곡선이 R_B의 영향선이다. 왜냐 하면, 이 곡선의 P점의 종거 $\dfrac{\delta_{PB}}{\delta_{BB}}$가 단위하중이 P점에 작용할 때의 R_B를 나타내기 때문이다. 그림 10-15 (a)에서 단위하중이 이동하여 지점 B 위에 실리면 $R_B = 1$이고, 이것이 그림 10-15(e)의 B점의 종거로 나타나 있다.

이러한 방법은 휨모멘트나 전단력에도 적용할 수 있으므로, 다음과 같은 사실을 알 수 있다. 즉, **반력, 휨모멘트 및 전단력에 대한 영향선의 종거는 그 구조물에서 반력, 휨모멘트 또는 전단력에 대응하는 구속을 해제하고, 그 점에 단위하중을 작용시켜서 얻는 처짐곡선의 종거를 단위하중 작용점의 처짐으로 나눈 값과 같다.** 이것을 영향선에 관한

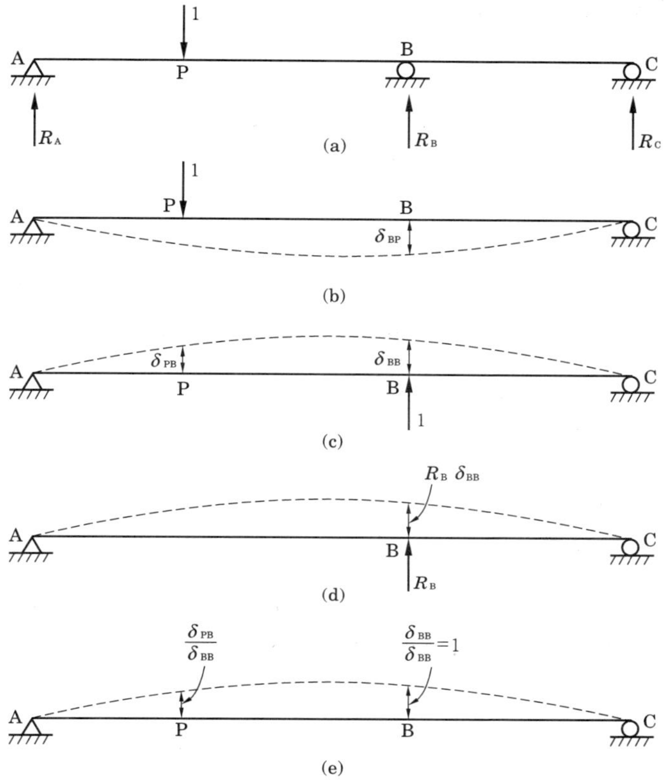

그림 10-15

Müller-Breslau의 정리라 하며, 모든 형태의 구조물에 적용된다.

(3) 영향선의 모양

Müller-Breslau의 정리를 이용하면 부정정구조물의 영향선을 개략적으로 그릴 수 있다.

① 지점반력의 영향선

지점의 구속을 해제하고, 반력의 방향으로 단위변위가 일어나도록 하중을 작용시켰을 때 생기는 처짐곡선이 그 지점의 반력의 영향선이다[그림 10-15(**e**) 참조].

그림 10-16 (**a**)의 연속보에서 R_A의 영향선은 그림 10-16 (**b**)의 파선(破線, **dashed line**)과 같은 곡선이 된다. 그림 10-17 (**a**)의 고정보에서 지점 **A**의 모멘트반력 M_A의 영향선은 그림 10-17 (**b**)와 같이 된다. 즉, 고정지점 **A**를 힌지로 바꾸고 단위회전변위가

일어나도록 모멘트를 작용시켜서 얻는 곡선이 M_A의 영향선이다.

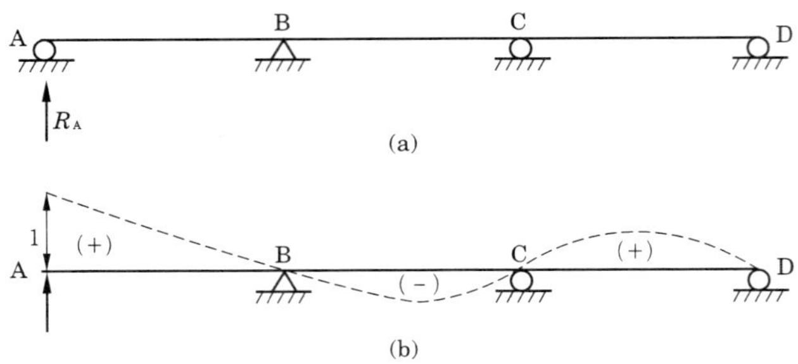

그림 10−16

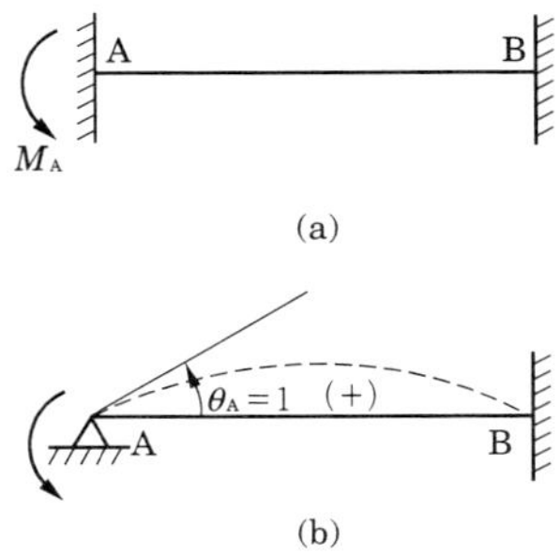

그림 10−17

② 휨모멘트의 영향선

영향선을 구하려는 단면을 절단하고, 그 단면에 크기가 같고 방향이 반대인 한 쌍의 모멘트를 작용시켜서 단면의 양쪽이 단위의 상대회전변위를 이루도록 한다. 그 결과 얻어지는 처짐곡선이 그 단면의 휨모멘트의 영향선이다.

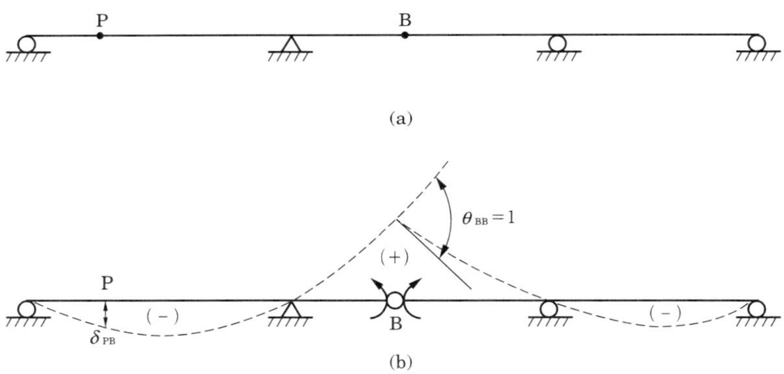

그림 10−18

예를 들면, 그림 10-18(a)의 연속보에서 중앙 지간의 임의단면 B에서의 휨모멘트의 영향선은 그림 10-18(b)의 파선과 같이 된다. 위의 관계는 다음과 같이 설명할 수도 있다. 보를 B점에서 절단하고 힌지를 넣는다. 그림 10-18(b)와 같이 힌지 B에 한 쌍의 단위모멘트를 작용시킨다. 이 때, 처짐곡선의 B에서의 상대회전변위가 θ_{BB}이고, 임의점 P에서의 처짐이 δ_{PB}이면, 단위하중이 P점에 작용할 때의 단면 B의 휨모멘트는 식 (10-18)과 같은 방법에 의하여 다음과 같이 된다.

$$M_B = \frac{\delta_{PB}}{\theta_{BB}} \quad \cdots\cdots (10\text{-}19)$$

따라서, $\theta_{BB} = 1$ 이면

$$M_B = \delta_{PB}$$

즉, 앞에서 말한 결과를 얻는다.

③ 전단력의 영향선

영향선을 구하려는 단면를 절단하고, 그 단면에 크기가 같고 방향이 반대인 한 쌍의 전단력을 작용시켜서 단면의 양쪽에 단위의 상대처짐이 일어나도록 한다. 이 때 얻어지는 처짐곡선이 그 단면의 전단력의 영향선이다.

예를 들면, 그림 10-19(a)의 보에서 임의단면 C에 대한 전단력의 영향선은 그림 10-19(b)의 파선과 같다.

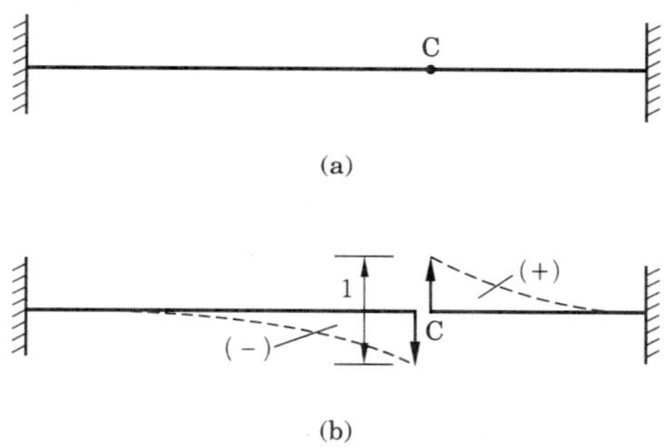

그림 10-19

이상과 같은 방법에 의하여 고차의 부정정구조물의 영향선의 개략적인 모양을 그려 놓으면, 설계할 때 하중의 재하 방법을 결정하는 데 편리하다. 그림 10-20은 4경간 연속보에서 몇 가지 대표적인 영향선을 보인 것이다.

【예제 10-8】 그림 10-21(a)의 보에서 지점반력 R_B의 영향선을 구하라. E와 I는 일정하다.

풀이 지점 B를 제거하고 그림 10-21(b)와 같이 B점에 단위하중을 반력 방향으로 작용시킨다. 이 보의 공액보가 그림 10-21(c)이다. 임의점 P의 처짐 δ_{PB}는 그림 10-21(c)의 공액보에서 P점의 휨모멘트이므로

$$\delta_{PB} = -\frac{l^2}{4EI} \times x + \frac{x}{2EI} \times x \times \frac{1}{2} \times \frac{x}{3} = -\frac{3l^2 x - x^3}{12EI} \quad (0 \le x \le l)$$

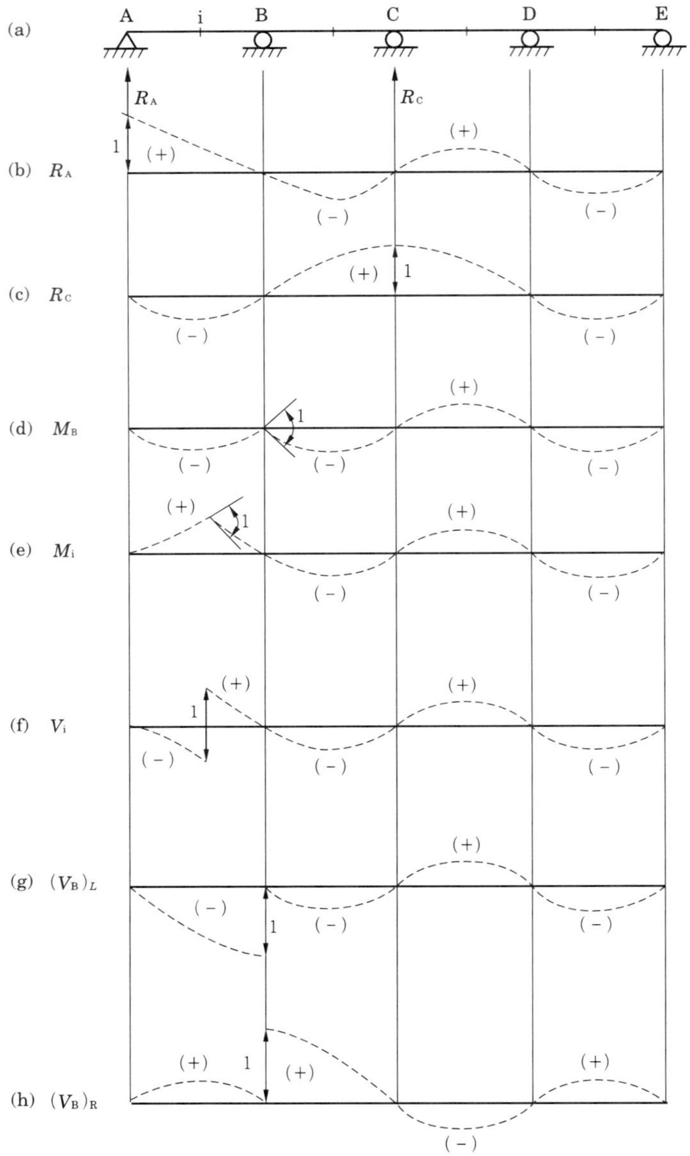

그림 10-20

위의 식에 $x=l$을 대입하면 B점의 처짐을 얻는다.

$$\delta_{BB}=-\frac{l^3}{6EI}$$

따라서, 그림 10-21(a)와 같이 단위하중이 임의점 P에 작용할 때의 지점반력 R_B는 다음과 같다[식 (10-18) 참조].

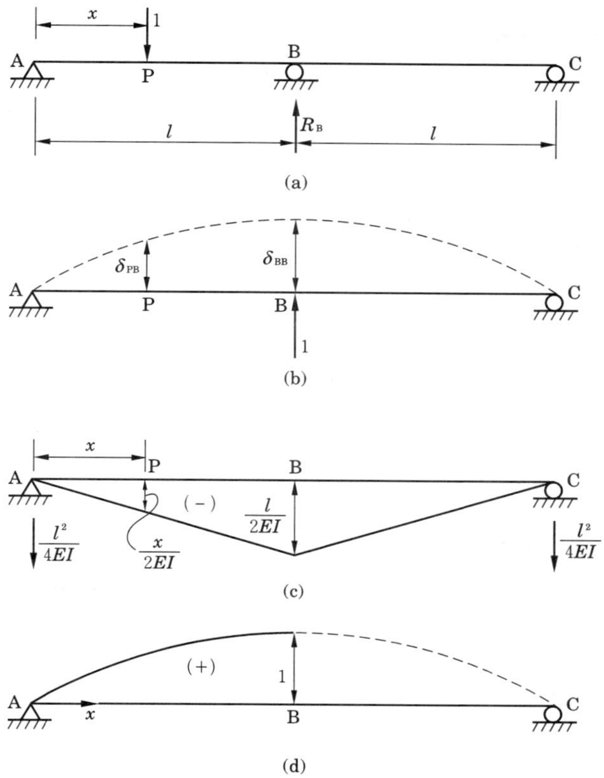

그림 10-21

$$R_B = \frac{\delta_{PB}}{\delta_{BB}} = \frac{3l^2 x - x^3}{2l^3} \quad \cdots\cdots (a)$$

위의 식은 단위하중이 지간 AB$(0 \leq x \leq l)$에 실릴 때의 R_B의 변화를 나타낸다. 즉, R_B의 영향선의 식이며 3차 곡선을 나타낸다. 이것을 보인 것이 그림 10-21 (d)의 실선이다. 보가 대칭이므로 BC 지간에서도 같다.

【예제 10-9】 앞의 예제의 보에서 중간지점 B의 휨모멘트의 영향선을 구하라.

풀이 임의점 P에 단위하중이 작용할 때 지점 B의 반력 R_B는 앞의 예제에서 식 (a)와 같이 구해졌으므로 반력 R_A는 다음과 같이 된다[그림 10-22 (a)].

$$\Sigma M_{atC} = R_A \times 2l - 1 \times (2l - x) + \left(\frac{3l^2 x - x^3}{2l^3} \right) \times l = 0$$

$$\therefore \ R_A = \frac{4l^3 - 5l^2 x + x^3}{4l^3}$$

따라서, 지점 B의 휨모멘트는

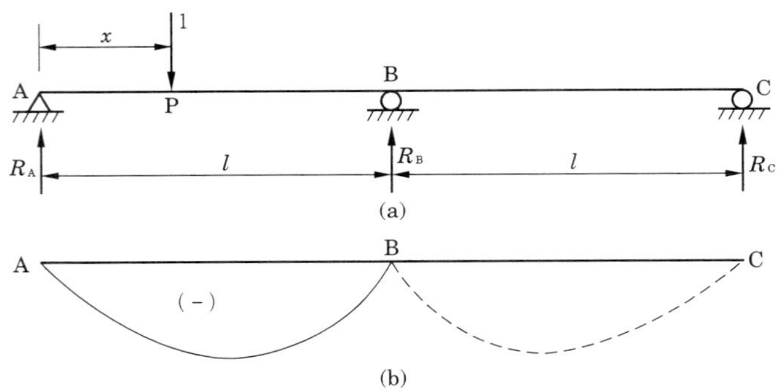

그림 10-22

$$M_B = R_A \times l - 1 \times (l - x) = -\frac{x(l^2 - x^2)}{4l^2}$$

위의 식은 단위하중이 AB 지간($0 \le x \le l$)에 실릴 때의 M_B의 변화를 나타낸다. 즉, 이 식이 AB 지간에서 M_B의 영향선의 식이며, 이것을 보인 것이 그림 10-22(b)의 실선이다. 보가 지점 B에 대하여 대칭이므로 BC 지간에서도 같다.

【예제 10-10】 그림 10-23(a)의 보에서 지간 AB의 중앙 단면 i의 휨모멘트 M_i의 영향선을 구하라. E와 I는 일정하다.

풀이 단면 i에 힌지를 넣어 모멘트에 저항하는 능력을 제거하고, 그림 10-23(b)와 같이 힌지의 양쪽에 단위모멘트를 작용시켜서 상대회전각 θ_{ii}가 일어나도록 한다. 그림 10-23(b)의 보의 공액보와 탄성하중은 그림 10-23(c)와 같이 된다. EI는 계산의 최종 단계에서 소거되므로, $EI=1$로 놓으면 탄성하중은 그림 10-23(c)의 보의 M도로 된다. 공액보의 지점반력은 그림 10-23(c)에서

$$\Sigma M_{atA} = 0 : -R_C \times 20 - R_i \times 5 + (2 \times 20) \times \frac{1}{2} \times 10 = 0$$

$$\Sigma M_{atC} = 0 : -R_A \times 20 + R_i \times 15 - \left(2 \times 20 \times \frac{1}{2}\right) \times 10 = 0$$

$$M_B = 0 : R_C \times 10 - \left(2 \times 10 \times \frac{1}{2}\right) \times \frac{1}{3} \times 10 = 0$$

이들 세 식을 연립시켜서 풀면

$$R_A = 10, \quad R_C = 3.33, \quad R_i = 26.67$$

따라서, 공액보 그림 (c)에서 i점의 휨모멘트는 다음과 같으며, 이것이 그림 10-23(b)의 보에서 i점의 처짐 δ_{ii}이다.

$$\delta_{ii} = -R_A \times 5 - \left(1 \times 5 \times \frac{1}{2}\right) \times 5 \times \frac{1}{3}$$

$$= -10\times 5 - \left(1\times 5\times \frac{1}{2}\right)\times \frac{5}{3} = -54.2 \text{ (상향)}$$

이것이 그림 10-23(**d**)에 나타나 있다. 보의 전 길이를 10등분하여 2**m**마다 계산한 그림 10-23(**b**)의 보의 처짐들이 그림 10-23(**d**)에 나타나 있다.

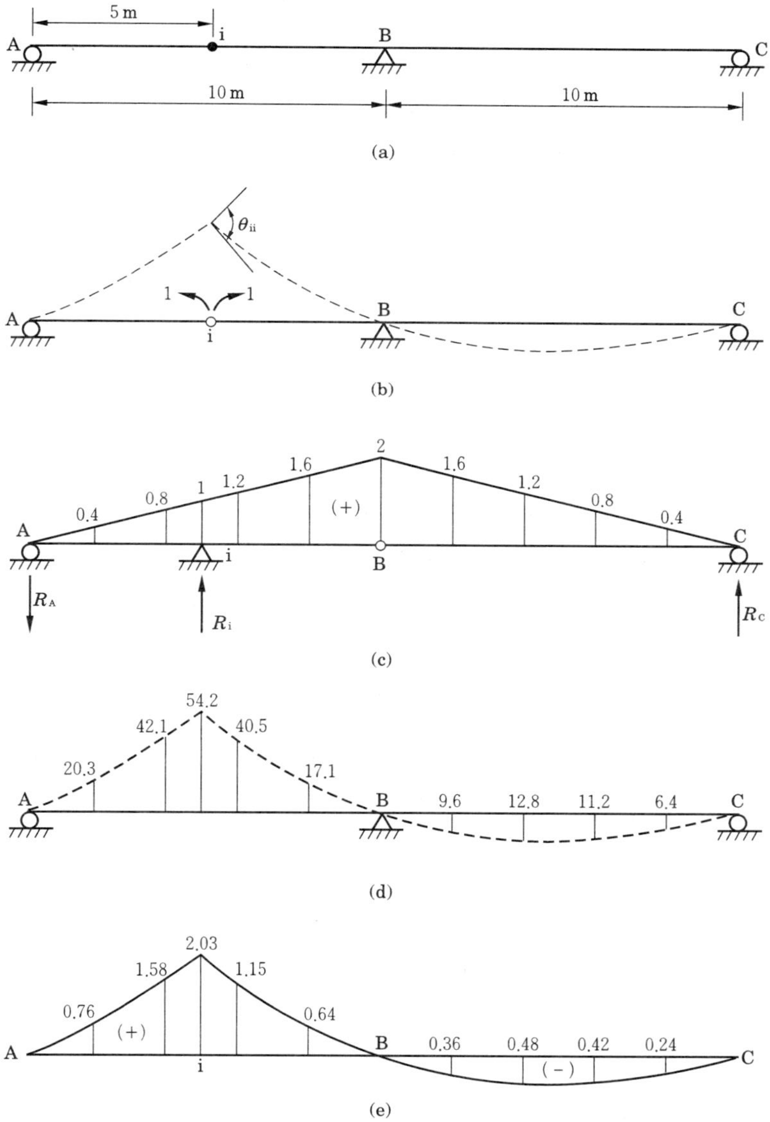

그림 10-23

한편 R_i는 공액보[그림 10-23(**c**)]의 단면 i의 왼쪽과 오른쪽의 전단력의 차이고, 그 크기는

그림 10-23 (b)의 보의 처짐곡선이 i점에서 이루는 상대회전변위 θ_{ii}와 같다. 즉,

$$\theta_{ii} = R_i = 26.67$$

그런데, Müller−Breslau의 정리에 의하면 $\theta_{ii} = 1$일 때의 그림 10-23 (b)의 보의 처짐곡선이 i 단면의 휨모멘트의 영향선이므로, 그림 10-23 (d)의 각 종거를 26.67로 나누어야 한다 [식 (10-19) 참조]. 그 결과가 그림 10-23 (e)이며, 이것이 주어진 보의 단면 i의 휨모멘트 M_i의 영향선이다.

【예제 10−11】 그림 10-24 (a)의 연속보에서 R_A, R_B, R_C, M_1, M_B, M_4의 영향선을 구하라. E와 I는 일정하다.

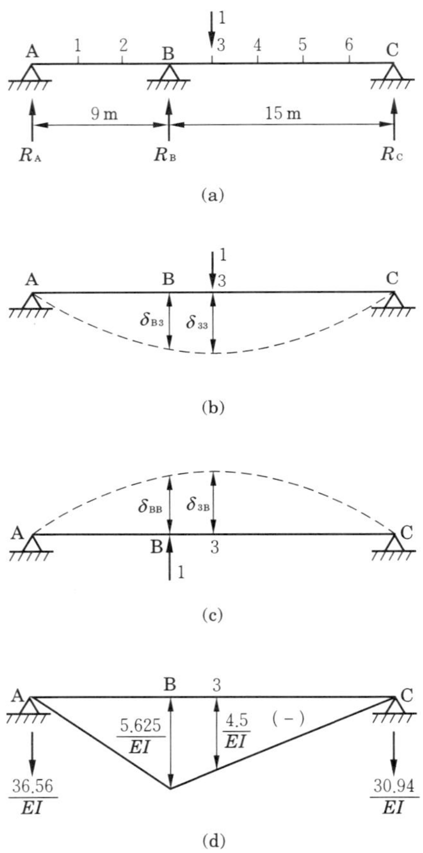

그림 10−24

풀이 이 보를 8등분하여 3 m 간격으로 계산해 보자. 먼저, 그림 10-24 (a)와 같이 단위하중이 점 3에 작용할 때 R_A, R_B, R_C, M_1, M_B, M_4의 영향선의 종거를 계산해 보자. 그러기 위해서는

그림 10-24(a)의 보의 지점반력을 구해야 한다. R_B를 여력으로 잡고, 그림 10-24(b) 및 (c)를 참고하면 [식 (10-18) 참조]

$$R_B = \frac{\delta_{B3}}{\delta_{BB}} = \frac{\delta_{3B}}{\delta_{BB}}$$

그림 10-24(c)의 보의 공액보는 그림 10-24(d)와 같이 되므로, 공액보 방법에 의하여

$$\delta_{BB} = -\frac{36.56}{EI} \times 9 + \frac{5.625}{EI} \times 9 \times \frac{1}{2} \times \frac{9}{3} = -\frac{253.12}{EI}$$

$$\delta_{3B} = -\frac{30.94}{EI} \times 12 + \frac{4.5}{EI} \times 12 \times \frac{1}{2} \times \frac{12}{3} = -\frac{263.28}{EI}$$

$$\therefore\ R_B = \frac{\delta_{3B}}{\delta_{BB}} = 1.04\ (\uparrow)$$

그림 10-24(a)의 경우의 R_B가 구해졌으므로, 이 보의 R_A 및 R_C는 평형 조건에 의하여 다음과 같이 된다.

$$R_A = -0.15\ (\downarrow)$$

$$R_C = 0.11\ (\uparrow)$$

따라서, 그림 10-24(a)에서

$$M_1 = R_A \times 3 = -0.15 \times 3 = -0.45$$

$$M_B = R_A \times 9 = -0.15 \times 9 = -1.35$$

$$M_4 = R_C \times 9 = 0.11 \times 9 = 0.99$$

즉, 주어진 보의 점 3에 단위하중이 작용할 때의 지점반력과 점 1, B, 4의 휨모멘트가 구해졌으며, 이들 값이 해당 단면의 단면력에 대한 영향선의 종거이다. 단위하중을 점 3 이외의 모든 등분점에 차례로 작용시켜서 위와 같은 계산을 되풀이하면 표 10-1의 결과를 얻는다. 이들 값을 플롯하여 원활하게 연결하면 그림 10-25와 같이 각 영향선을 얻는다.

표 10-1

하중의 위치	$R_B = \frac{\delta_{PB}}{\delta_{BB}}$	R_A	R_C	M_1	M_B	M_4
A	0	+1	0	0	0	0
1	+0.422	+0.611	−0.033	+1.833	−0.5	−0.3
2	+0.778	+0.264	−0.042	+0.792	−0.624	−0.375
B	+1	0	0	0	0	0
3	+1.04	−0.15	+0.11	−0.45	−1.35	+0.99
4	+0.92	−0.20	+0.28	−0.60	−1.80	+2.52
5	+0.680	−0.175	+0.495	−0.525	−1.575	+1.455
6	+0.36	−0.10	+0.74	−0.3	−0.9	+0.66
C	0	0	+1	0	0	0

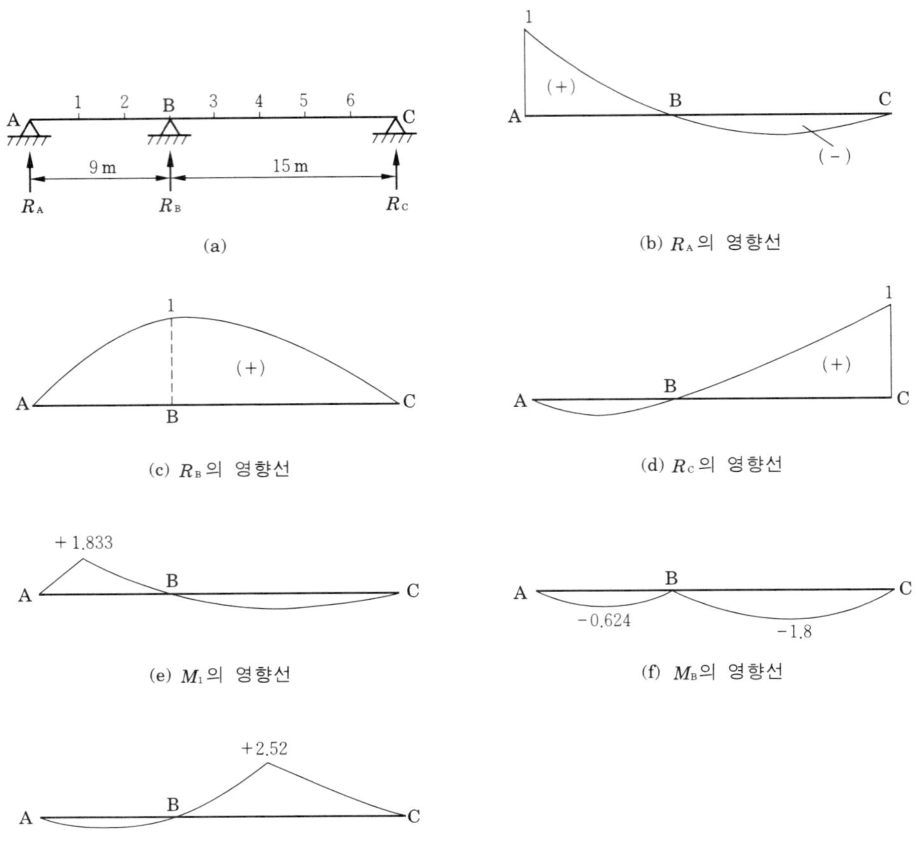

(a)　(b) R_A의 영향선　(c) R_B의 영향선　(d) R_C의 영향선　(e) M_1의 영향선　(f) M_B의 영향선　(g) M_4의 영향선

그림 10−25

【예제 10−12】 그림 10-26(a)의 보에서 R_A, R_B, M_1, M_B 및 M_4의 영향선을 구하라. E와 I는 일정하다.

풀이 그림 10-26(a)와 같이 이 보를 10등분하고, 단위하중이 점 3에 작용할 경우를 생각해 보자. 먼저, 지점반력을 구해야 하는데, 이 보는 2차의 부정정이므로 2개의 적합조건이 필요하다. R_B와 R_C를 여력으로 잡으면 정정기본계는 그림 10-26(b)와 같이 된다. 따라서, 그림 10-26(c), (d) 및 (e)를 참고하면, 다음의 두 적합조건식을 얻는다.

$$R_B\delta_{BB}+R_C\delta_{BC}=\delta_{B3}$$
$$R_B\delta_{CB}+R_C\delta_{CC}=\delta_{C3}$$

그런데, 상반정리와 대칭의 조건에 의하여

$$\delta_{CC}=\delta_{BB}$$

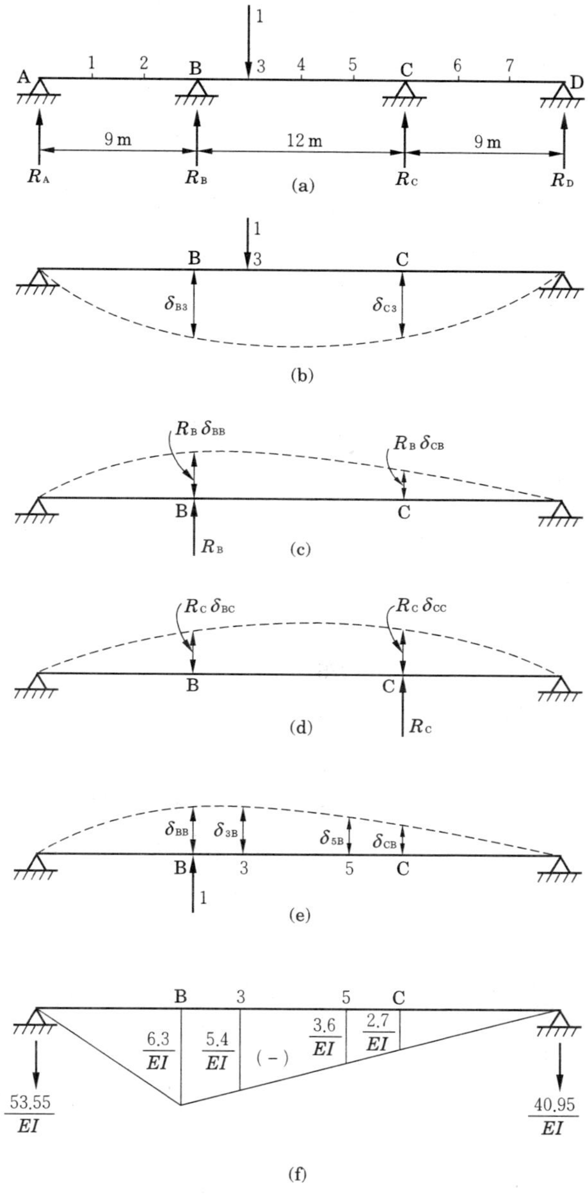

그림 10-26

$$\delta_{BC} = \delta_{CB}$$

$$\delta_{B3} = \delta_{3B}$$

$$\delta_{C3} = \delta_{3C} = \delta_{5B}$$

이들은 그림 10-26(e)의 보의 공액보인 그림 10-26(f)에서 다음과 같이 구해진다.

$$\delta_{CC}=\delta_{BB}=-\frac{53.55}{EI}\times 9+\left(\frac{6.3}{EI}\times 9\times\frac{1}{2}\right)\times 3=-\frac{396.9}{EI}$$

$$\delta_{BC}=\delta_{CB}=-\frac{40.95}{EI}\times 9+\left(\frac{2.7}{EI}\times 9\times\frac{1}{2}\right)\times 3=-\frac{332.1}{EI}$$

$$\delta_{B3}=\delta_{3B}=-\frac{40.95}{EI}\times 18+\left(\frac{5.4}{EI}\times 18\times\frac{1}{2}\right)\times 6=-\frac{445.5}{EI}$$

$$\delta_{C3}=\delta_{5B}=-\frac{40.95}{EI}\times 12+\left(\frac{3.6}{EI}\times 12\times\frac{1}{2}\right)\times 4=-\frac{405}{EI}$$

이들을 적합조건식에 대입하고, 연립시켜 풀면

$$R_B=0.8958\ (\uparrow)$$
$$R_C=0.2708\ (\uparrow)$$

그림 10-26(a)의 보의 R_B, R_C가 구해졌으므로, R_A 및 R_D는 정역학적으로

$$R_A=-0.1083\ (\downarrow)$$
$$R_D=-0.0583\ (\downarrow)$$

따라서, 그림 10-26(a)의 보에서

$$M_1=R_A\times 3=-0.1083\times 3=-0.325$$
$$M_B=R_A\times 9=-0.1083\times 9=-0.975$$
$$M_4=R_A\times 15+R_B\times 6-1\times 3$$
$$=-0.1083\times 15+0.8958\times 6-1\times 3=+0.75$$

이상은 단위하중이 점 3에 작용할 때의 값이다. 단위하중을 각 등분점에 차례로 작용시켜서 위와 같은 계산을 한 결과가 표 10-2에 나타나 있다. 이들을 그림으로 보인 것이 그림 10-27이다.

표 10-2

하중의 위치	R_A	R_B	M_1	M_B	M_4
A	+1.000	0	0	0	0
1	+0.598	+0.469	+1.794	−0.624	−0.222
2	+0.247	+0.836	+0.741	−0.777	−0.279
B	0	+1.000	0	0	0
3	−0.108	+0.896	−0.325	−0.975	+0.750
4	−0.111	+0.611	−0.333	−0.999	+2.000
5	−0.058	+0.271	−0.174	−0.525	+0.75
C	0	0	0	0	0
6	+0.025	−0.103	−0.075	+0.222	−0.279
7	+0.020	−0.086	−0.060	+0.177	−0.222
D	0	0	0	0	0

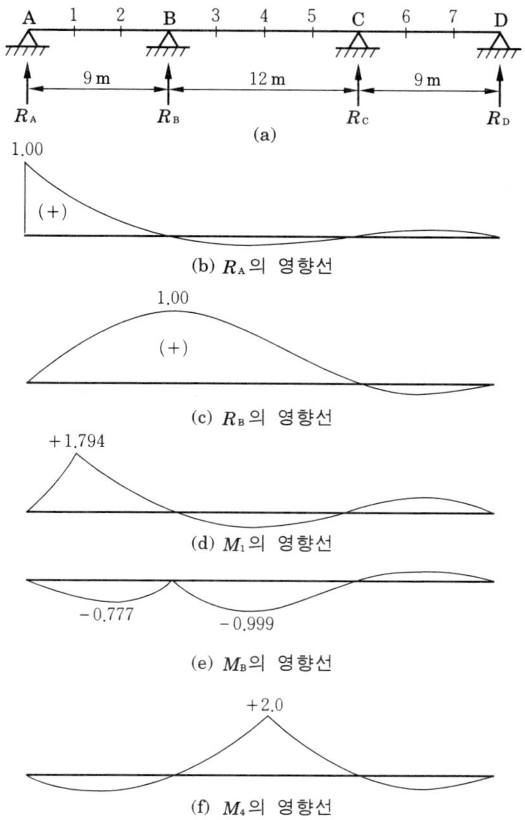

그림 10-27

이들 영향선을 이용하면 최대반력이나 최대휨모멘트를 얻기 위한 재하 위치를 바로 알 수 있다. 예를 들면, 등분포하중에 의하여 지점 B에 최대부모멘트가 일어나도록 하려면, 인접한 두 지간 AB 및 BC에는 만재하고, 지간 CD에는 재하하지 않아야 한다.

《 연 습 문 제 》

1 그림 10-28의 보를 변형일치의 방법으로 해석하고, M도와 V도를 구하라. EI는 일정하다.

2 그림 10-29의 보의 V도와 M도를 구하라. 또, 집중하중의 작용점에서의 처짐을 구하라. $E = 2.5 \times 10^4$ MPa, $I = 120000 \times 10^4$ mm^{4}이다.

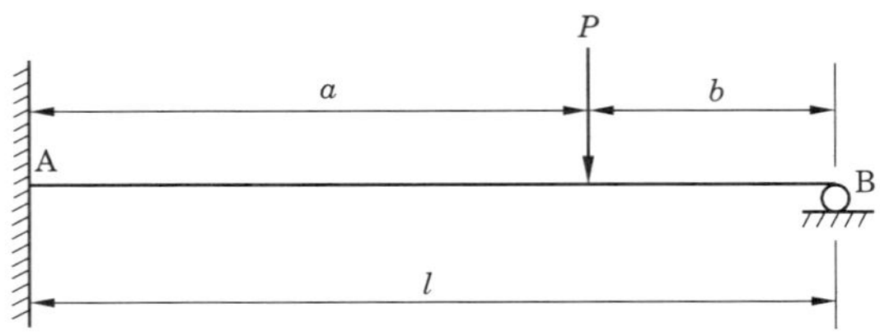

그림 10-28

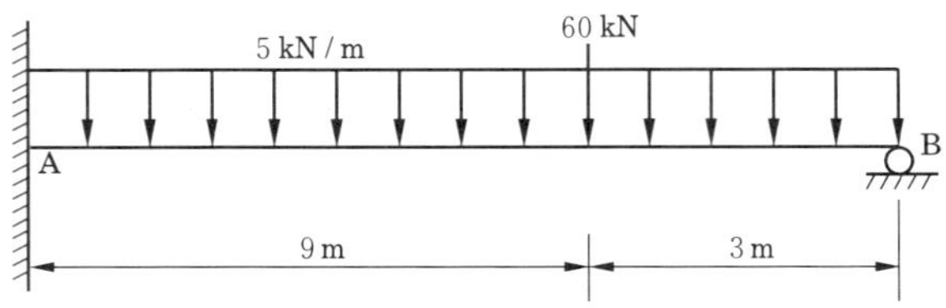

그림 10-29

[3] 그림 10-30의 보의 *V*도 및 *M*도, 최대처짐을 구하라. *EI*는 일정하다.

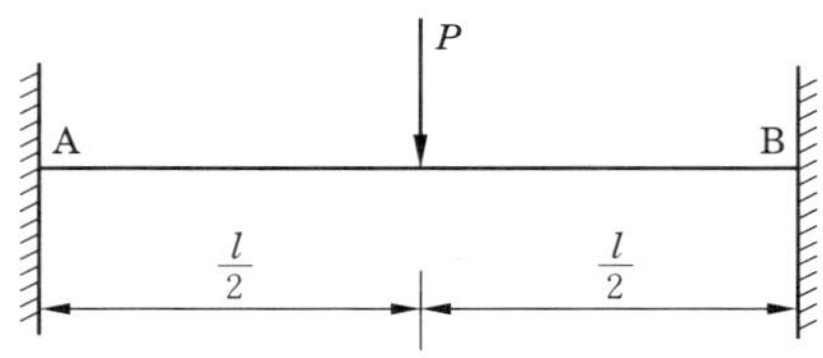

그림 10-30

[4] 그림 10-31의 보의 *V*도 및 *M*도를 구하라. *EI*는 일정하다.

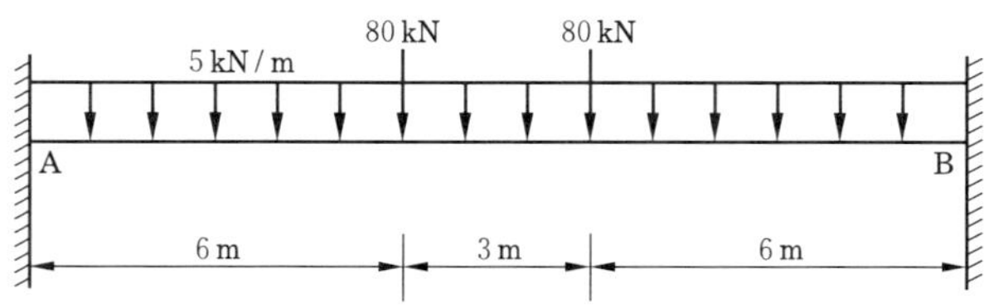

그림 10-31

[5] 그림 10-28의 보를 최소일의 방법으로 해석하여라.

[6] 그림 10-32의 보의 *V*도 및 *M*도를 구하라. *EI*는 일정하다.

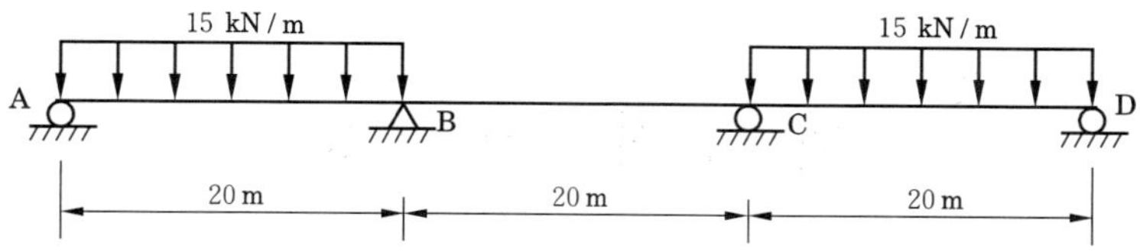

그림 10－32

7 그림 10-33의 보에서 다음을 구하여라.

(1) 지점반력의 영향선

(2) 지간 AB의 중앙, 지간 BC의 중앙 및 지점 B의 휨모멘트의 영향선

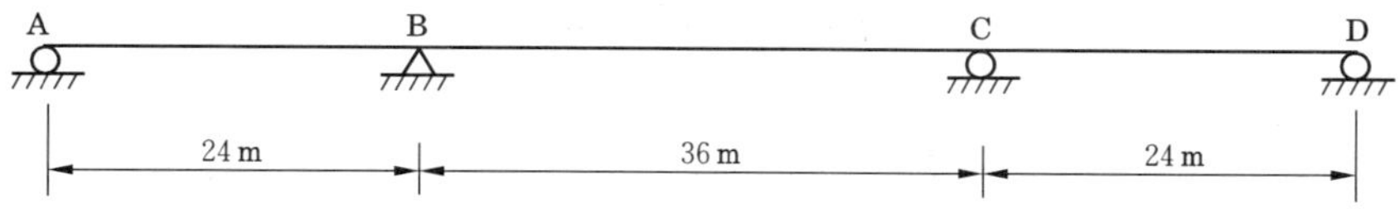

그림 10－33

8 그림 10-33의 보 위를 하나의 집중하중 80 kN과 등분포하중 10 kN/m가 통과한다. 앞에서 구한 영향선을 이용하여 다음을 구하라.

(1) 지점 B의 최대반력

(2) 지점 B의 최대휨모멘트

(3) 지간 BC의 중앙 단면의 최대휨모멘트

제 11 장 기 둥

11. 1 서 론

축방향압축력을 받는 부재를 **기둥**(column) 또는 **압축부재**(compression member)라고 한다. 그림 11-1과 같이 부재 단면의 도심을 지나는 축선을 따라 압축하중을 받는 부재를 **중심축하중을 받는 기둥**이라 하고, 그림 11-3(a)와 같이 단면의 도심을 벗어나서 압축하중을 받는 부재를 **편심하중을 받는 기둥**이라고 한다.

길이에 비하여 단면이 큰 기둥에 압축력 P가 작용할 경우, 기둥은 압축되어, P의 증가와 더불어 압축변형이 커져서 결국에는 재료의 극한강도에 도달하여 기둥은 압축파괴를 일으킨다. 이러한 기둥을 **단주**(short column)라 한다.

기둥이 가늘고 긴 경우에는, 축방향압축력 P가 작은 동안은 단주와 같이 거동하지만, P가 어떤 한계값 이상이 되면, 단면의 압축응력이 극한강도 이하라도 기둥은 안정(安定)을 잃고 갑자기 큰 처짐을 일으켜서 사용할 수 없게 된다. 이러한 현상을 **좌굴**(buckling)이라 하며, 좌굴 현상을 일으키는 부재를 **장주**(long column)라 한다.

11. 2 중심축하중을 받는 단주

그림 11-1(a)와 같이 단주가 중심축하중 P를 받으면 부재축에 직각인 단면 mn에는 다음 식으로 계산되는 균일한 압축응력 σ가 그림 11-1(b)와 같이 일어난다.

$$\sigma = \frac{P}{A} \qquad \cdots\cdots (11\text{-}1)$$

여기서, A는 단면 mn의 단면적이고, 압축을 정(+)으로 하였다[이 장에서는 압축을 정

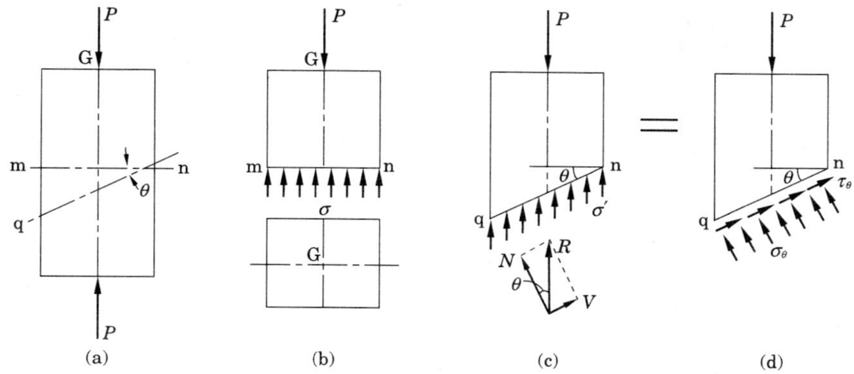

그림 11-1

(+)으로, 인장을 부(−)로 약속한다]. 식 (11-1)의 σ가 재료의 허용압축응력 σ_a를 넘지 않으면 이 단주는 안전하다.

다음에, 단면 mn과 θ의 기울기를 가지는 경사 단면 qn에 일어나는 응력을 생각해 보자. 이 부재의 축방향변형률은 일정하므로, 경사 단면 qn에는 그림 11-1 (c)와 같이 응력 σ'가 균일하게 분포하며, 이 응력들은 하중 P와 평형을 유지한다. 그러므로, 단면 qn에 분포된 응력의 합력 R의 크기는 P와 같다. 이 힘 R은 그림 11-1 (c)와 같이 경사 단면 qn에 대하여 수직방향의 분력 N과 접선방향의 분력 V로 분해할 수 있다. 이들 분력의 크기는 다음과 같다.

$$N = R\cos\theta = P\cos\theta$$
$$V = R\sin\theta = P\sin\theta$$

경사 단면 qn의 단면적을 A'라고 하면 $A' = \dfrac{A}{\cos\theta}$이므로, N 및 V에 대응하는 응력은 각각 다음과 같다.

$$\sigma_\theta = \frac{N}{A'} = \frac{P}{A}\cos^2\theta = \sigma\cos^2\theta \quad \cdots\cdots (11\text{-}2)$$

$$\tau_\theta = \frac{V}{A'} = \frac{P}{A}\sin\theta\cos\theta = \frac{\sigma}{2}\sin 2\theta \quad \cdots\cdots (11\text{-}3)$$

이 두 응력은 경사 단면 qn에 그림 11-1 (d)와 같이 작용한다. σ_θ를 경사 단면에 작용하는 **법선응력**(normal stress) 또는 **수직응력**이라 하고, τ_θ를 경사단면에 작용하는 **접선응력**(tangential stress) 또는 **전단응력**이라고 한다. 식 (11-2)의 수직응력 σ_θ는 θ가 감소할수록 증대하여 $\theta=0$에서 최대값으로 되며, 그 값은

$$\sigma_{max} = \sigma = \frac{P}{A}$$

이고, 이 때의 전단응력은 식 (11-3)에 $\theta=0$을 대입함으로써 $\tau_\theta=0$이다. 식 (11-3)의 전단응력 τ_θ는 $\theta=0$ 및 $\theta=\frac{\pi}{2}$일 때 0이고, $\theta=\frac{\pi}{4}$일 때 최대값이 되며, 그 값은 다음과 같다.

$$\tau_{max} = \frac{\sigma}{2} \quad \cdots\cdots (11\text{-}4)$$

즉, 최대전단응력은 최대수직응력의 $\frac{1}{2}$이다. 이것은 압축에 대해서보다도 전단에 대하여 약한 재료로 된 압축부재의 강도를 지배하는 원인이 된다. 그림 11-2는 그러한 예를 보인 것이다. 그림 11-2 (a)는 짧은 나무토막이 축방향압축을 받았을 때 전단에 의하여 45° 경사면에 따라 파단된 것을 보인 것이고, 그림 11-2 (b)는 원주형 공시체의 콘크리트를 압축시험했을 때 전단에 의해 45°의 경사면을 따라 원뿔 모양으로 파괴된 것을 보인 것이다.

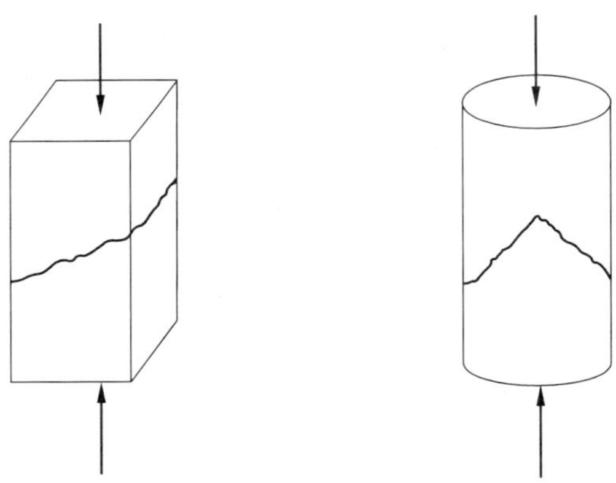

(a) (b)

그림 11-2

11. 3 편심하중을 받는 단주

(1) 압축과 1축휨을 받는 경우

그림 11-3 (a)와 같은 단주에서, 단면의 도심 G에서 e만큼 떨어진 점 K에 압축하중 P가 작용하는 경우를 생각해 보자. 이러한 하중 P를 편심하중(eccentric load)이라 하

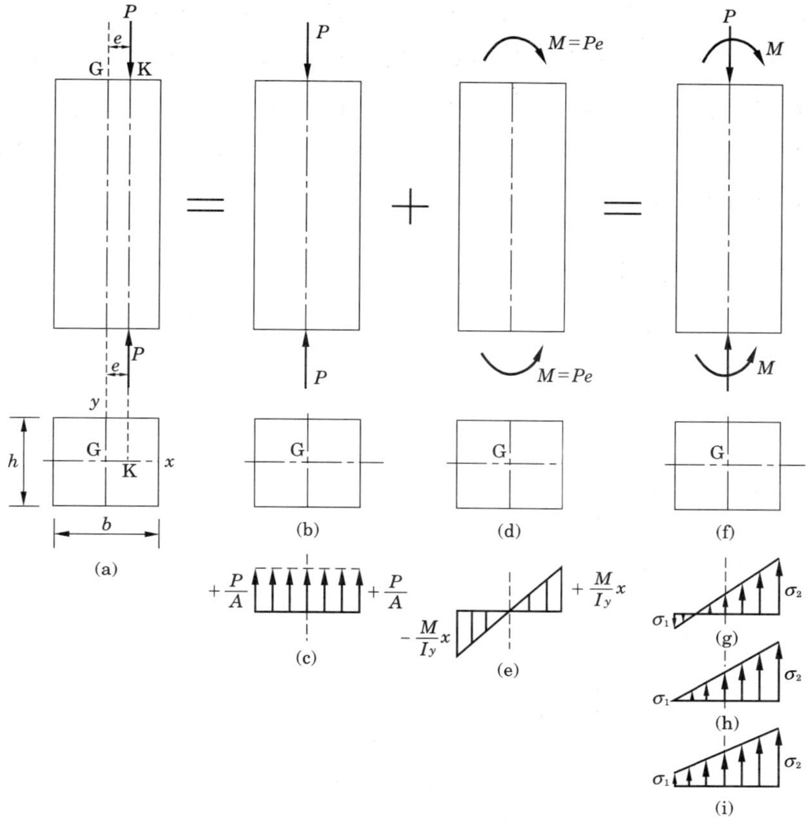

그림 11-3

고, e를 편심거리(eccentric distance)라 한다. 여기서 x, y는 단면의 주축이고, 하중의 작용점 K는 주축 x 위에 있다.

이 편심하중은 단면의 도심 G에 대하여 축방향압축 P [그림 11-3 (b)]와 휨모멘트 $M=Pe$ [그림 11-3 (d)]를 미친다 (제2장 6절 참조). 즉, 그림 11-3 (a)와 같이 편심하중을 받는 단주는 그림 11-3 (f)와 같이 단면의 도심에 압축과 휨을 받는 단주로 바꾸어 놓을 수 있다. 그래서 이러한 부재를 **압축과 휨을 받는 부재**라고도 한다. 이 경우의 휨은 주축 y에 대하여 일어나는 1축휨(uniaxial bending)이므로 기둥 단면에 일어나는 응력은 다음과 같이 된다 (제7장 2절 참조).

$$\left.\begin{aligned} \sigma_1 &= \frac{P}{A} - \frac{Pe}{I_y}x = \frac{P}{A}\left(1 - \frac{e}{r_y^{\,2}}x\right) \\ \sigma_2 &= \frac{P}{A} + \frac{Pe}{I_y}x = \frac{P}{A}\left(1 + \frac{e}{r_y^{\,2}}x\right) \end{aligned}\right\} \quad \cdots\cdots (11\text{-}5)$$

여기서, A는 기둥의 단면적이고, I_y 및 r_y는 주축 y에 대한 단면2차모멘트 및 회전반경이다. $\frac{P}{A}$는 축방향압축응력이고, $\frac{Pe}{I_y}x$는 편심모멘트 Pe에 의한 휨응력이다. 그러므로, σ_1, σ_2의 분포는 그림 11-3(c)와 그림 11-3(e)를 포개면 얻을 수 있다. 즉, 그림 11-3(g), (h), (i) 중의 하나가 된다. 그림 11-3(a)의 기둥 단면의 왼쪽 변 및 오른쪽 변에 대한 단면계수를 각각 Z_1, Z_2라 하면, 식 (11-5)는 다음과 같이 된다.

$$\left.\begin{aligned} \sigma_1 &= \frac{P}{A} - \frac{Pe}{Z_1} \\ \sigma_2 &= \frac{P}{A} + \frac{Pe}{Z_2} \end{aligned}\right\} \cdots\cdots (11\text{-}6)$$

여기서

$$k_1 = \frac{Z_1}{A}, \quad k_2 = \frac{Z_2}{A} \cdots\cdots (11\text{-}7)$$

로 놓으면 식 (11-6)은 다음과 같이 된다.

$$\left.\begin{aligned} \sigma_1 &= \frac{P}{Z_1}(k_1 - e) \\ \sigma_2 &= \frac{P}{Z_2}(k_2 + e) \end{aligned}\right\} \cdots\cdots (11\text{-}8)$$

위의 식의 k_1 및 k_2를 핵거리(core distence)라고 한다. 그림 11-3(a)의 직사각형 단면에서 주축 x 방향의 핵거리는 다음과 같다.

$$k_1 = k_2 = \frac{Z}{A} = \frac{\frac{hb^2}{6}}{bh} = \frac{b}{6}$$

식 (11-8)로부터 다음과 같은 사실을 알 수 있다.

① $e > k_1$ 이면 $\sigma_1 < 0$

즉, P의 편심거리 e가 핵거리 k_1보다 크면, σ_1은 인장응력으로 되어 단면의 응력분포는 그림 11-3(g)와 같이 된다. 이 때, 중립축은 $\sigma_1 = 0$으로 놓으면 얻을 수 있다.

② $e = k_1$ 이면 $\sigma_1 = 0$

즉, 이 경우에는 $\sigma_1 = 0$으로 되고, σ_2는 최대로 되어 그림 11-3(h)와 같은 응력분포로 된다. 이 때, 중립축은 단면의 좌변에 있다.

③ $e < k_1$ 이면 $\sigma_1 > 0$

즉, 이 경우에는 σ_1도 압축응력이 되어 응력분포는 그림 11-3(i)와 같이 된다. 이 때, 중립축은 단면 밖에 있다.

이상으로부터 알 수 있는 바와 같이, 단면에 인장응력이 일어나지 않기 위해서는 편심거리 e가 $e \le k_1$이라야 하고, 그 한계는 $e = k_1$이다. 이러한 한계를 나타내는 점을 **핵점**(core point)이라 하고, 핵점을 연결해서 얻는 도형을 **단면의 핵**(core, Kern)이라 한다.

그림 11-4는 직사각형 단면의 핵을 보인 것이고, 그림 11-5는 원형 단면의 핵을 보인 것이다.

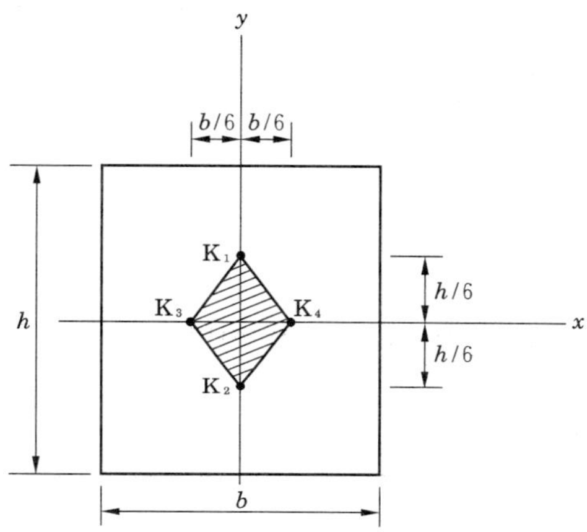

그림 11－4

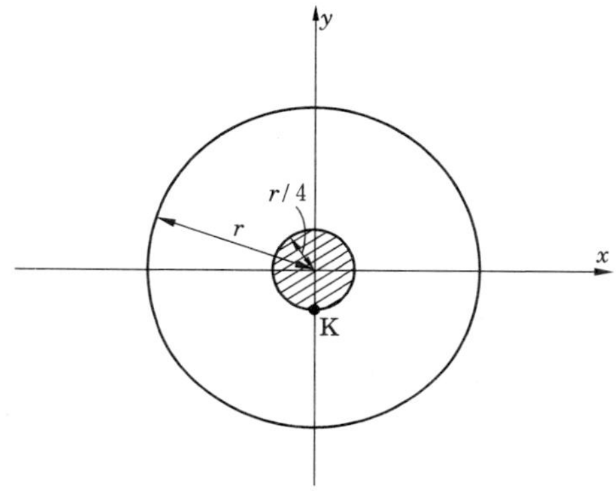

그림 11－5

【예제 11－1】 그림 11-6과 같은 직사각형 단면의 단주가 편심압축하중 $P = 900$ kN을 받을 때, 단면에 일어나는 응력과 중립축을 구하라. 하중 P는 150 mm의 편심으로 주축 x-x 위의 점 K에 작용하고 있다.

풀이 이 단면의 주축 x 방향의 핵거리는

$$k_1 = k_2 = \frac{b}{6} = \frac{600}{6} = 100\ \text{mm} < 150\ \text{mm}$$

즉, $e > k_1$이므로 좌변 AB에는 인장응력이 일어난다. 단면의 응력은 식 (11-5)로부터

$$\sigma_1 = \frac{900 \times 10^3 (\text{N})}{600 \times 300} - \frac{900 \times 10^3 \times 150}{(300 \times 600^3)/12} \times \frac{600}{2} = 5 - 7.5 = -2.5\ \text{N/mm}^2 (-2.5\ \text{MPa})\ (\text{인장})$$

$$\sigma_2 = 5 + 7.5 = 12.5\ \text{N/mm}^2 (12.5\ \text{MPa})\ (\text{압축})$$

중립축의 위치 x_0은 응력이 0인 곳이므로

$$\sigma = \frac{900 \times 10^3}{600 \times 300} - \frac{900 \times 10^3 \times 150}{(300 \times 600^3)/12} x_0 = 0$$

$$\therefore\ x_0 = 200\ \text{mm}$$

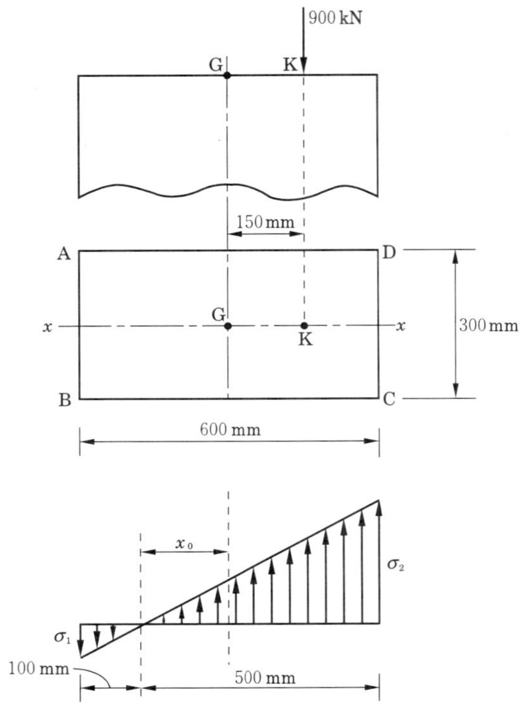

그림 11-6

(2) 압축과 2축휨을 받는 경우

편심하중이 단면의 주축을 벗어나서 작용하는 경우도 있다. 그림 11-7과 같이 편심하중 P가 단면의 두 주축 x 및 y에 대하여 각각 편심거리 e_y 및 e_x를 가지고 점 K에 작용하는 경우를 생각해 보자. 이 편심하중 P는 단면도심 G에 대하여 축방향압축 P와 함께 $M_y = Pe_x$ 및 $M_x = Pe_y$의 2방향 휨모멘트를 미친다. 즉, 이 부재는 압축과 함께 2축휨(biaxial bending)을 받는다. 따라서 단면의 임의점 Q$(x,\ y)$에 일어나는 응력은 다음과 같이 된다.

$$\sigma = \frac{P}{A} + \frac{Pe_x}{I_y}x + \frac{Pe_y}{I_x}y = \frac{P}{A}\left(1 + \frac{e_x}{{r_y}^2}x + \frac{e_y}{{r_x}^2}y\right) \quad \cdots\cdots (11\text{-}9)$$

여기서, A는 부재의 단면적이고, I_x, I_y 및 r_x, r_y는 각각 주축 x, y에 대한 단면2차모멘트 및 회전반경이다.

이상에서 본 바와 같이, 편심압축을 받는 부재는 축방향압축과 휨을 받는 부재로 해석한다. 그래서, 이러한 부재를 휨과 압축을 받는 부재라고 하는 경우가 많다. 라멘의

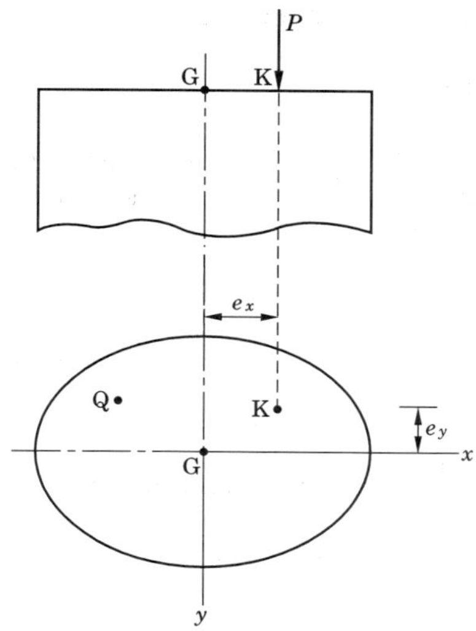

그림 11-7

부재와 아치의 리브는 이러한 부재의 대표적인 것이다.

【예제 11-2】 그림 11-8(a)와 같이 편심하중을 받는 부재가 있다. 단면은 직사각형이고, 압축하중 $P=900$ **kN**이 점 K에 작용한다. 단면 mn에 일어나는 응력을 구하라. x, y는 단면의 주축이다.

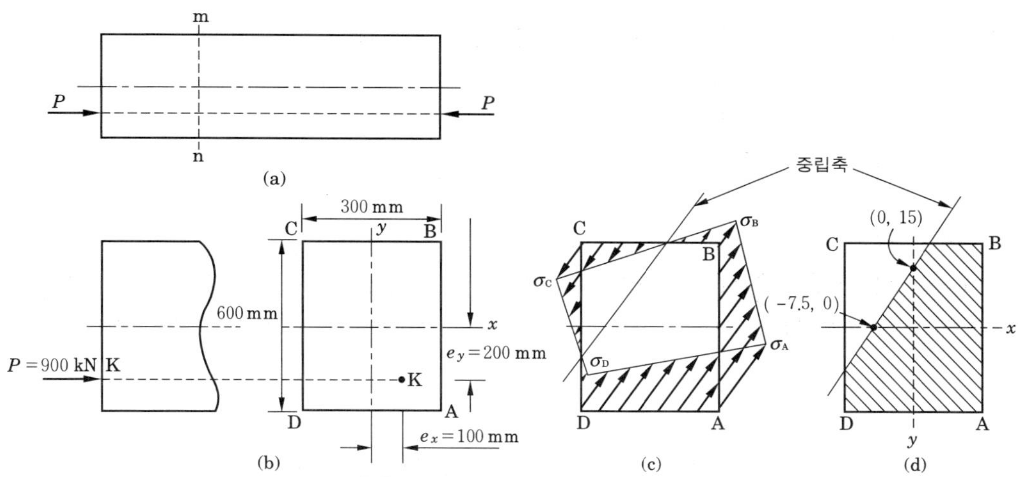

그림 11-8

풀이 이 부재는 압축과 2축휨을 받는 경우이므로 식 (11-9)로 응력을 계산한다.

$e_x = 10\,\text{cm} = 100\,\text{mm}$, $e_y = -20\,\text{cm} = -200\,\text{mm}$이므로

$$\sigma = \frac{P}{A} + \frac{Pe_x}{I_y}x + \frac{Pe_y}{I_x}y$$
$$= \frac{900\times10^3}{600\times300} + \frac{900\times10^3\times100}{600\times300^3/12}\times x + \frac{900\times10^3\times(-200)}{300\times600^3/12}\times y$$
$$= 5 + \frac{1}{15}x - \frac{1}{30}y$$

점 A에서의 응력은 $x = \frac{300}{2} = 150\,\text{mm}$, $y = -\frac{600}{2} = -300\,\text{mm}$를 위의 식에 대입함으로써 다음과 같이 된다.

$$\sigma_A = 5 + \frac{1}{15}\times150 - \frac{1}{30}\times(-300) = 25\,\text{N/mm}^2 \text{ (압축)}$$

단면의 모서리점 B, C, D의 응력들도 같은 방법으로

$$\sigma_B = 5 + \frac{1}{15}\times150 - \frac{1}{30}\times300 = 5\,\text{N/mm}^2 \text{ (압축)}$$

$$\sigma_C = 5 + \frac{1}{15}\times(-150) - \frac{1}{30}\times300 = -15\,\text{N/mm}^2 \text{ (인장)}$$

$$\sigma_D = 5 + \frac{1}{15}\times(-150) - \frac{1}{30}\times(-300) = 5\,\text{N/mm}^2 \text{ (압축)}$$

이들 응력의 분포가 그림 11-8(c)에 나타나 있다. 중립축의 위치는 식 (11-9)에서 $\sigma = 0$으로 놓으면 구할 수 있다.

$$1 + \frac{e_x}{r_y^2}x + \frac{e_y}{r_x^2}y = 0$$

여기서, $e_x = 100\,\text{mm}$, $e_y = -200\,\text{mm}$, $r_y^2 = \frac{I_y}{A} = \frac{600\times300^3/12}{300\times600} = 7500\,\text{mm}^2$,

$$r_x^2 = \frac{I_x}{A} = \frac{300\times600^3/12}{300\times600} = 30000\,\text{mm}^2\text{이므로}$$

$$1 + \frac{1}{75}x - \frac{1}{150}y = 0 \qquad \therefore\ y = 2x + 150$$

즉, 중립축은 직선이다.

$x = 0$이면 $y = 150\,\text{mm}\,(15\,\text{cm})$이고, $y = 0$이면 $x = -75\,\text{mm}\,(7.5\,\text{cm})$이므로, 중립축은 그림 11-8(d)와 같이 되며, 빗금 칠한 부분이 압축이고, 빗금 칠하지 않은 부분은 인장을 받는다.

11. 4 중력식 구조물의 안정

옹벽, 교대, 댐 등과 같이 자중에 의하여 안정을 유지하는 구조물을 중력식 구조물이라 한다. 이러한 구조물은 수평 또는 수평에 가까운 하중(토압 또는 수압)을 받는 경우

가 많다. 이 때, 그 하중을 구조물의 자중으로 저항한다. 그러므로, 이러한 중력식 구조물이 안정(安定)을 유지하기 위해서는 다음의 세 가지 조건이 만족되어야 한다.

(1) 전도에 대한 안정

그림 11-9와 같은 중력식 구조물은 하중 P에 의하여 앞으로 넘어지려는 경향이 있는데, 이것을 **전도**(over-turning)라 한다. 전도는 외력 P와 자중 W의 합력 R의 작용선이 기초 저면 AB를 통과하는 위치에 따라 결정된다. 그림 11-9(a)와 같이 합력 R의 작용선이 기초 저면 AB를 통과하면, R의 점 A에 대한 모멘트는 시계 방향으로 작용하여 전도되지 않는다. 그러나, 그림 11-9(b)와 같이 R의 작용선이 기초 저면 AB의 밖으로 나가면 R의 점 A에 대한 모멘트는 반시계 방향이 되어 구조물은 전도하게 된다. 따라서, 이러한 구조물이 전도에 대하여 안정하기 위해서는 합력 R의 작용선이 기초 저면의 중앙 가까이 통과하는 것이 좋다. 그러기 위해서는 자중 W를 크게 하여 합력 R의 작용선이 수직에 가까워지도록 하거나, 그림 11-9(c)와 같이 기초 저면의 폭을 넓혀야 한다.

설계에서는 저항모멘트가 전도모멘트에 대하여 필요한 안전률을 가지도록 하는 동시에 합력 R의 작용선이 기초 저면의 중앙 $\frac{1}{3}$ 안에 들도록 요구하고 있다. 즉,

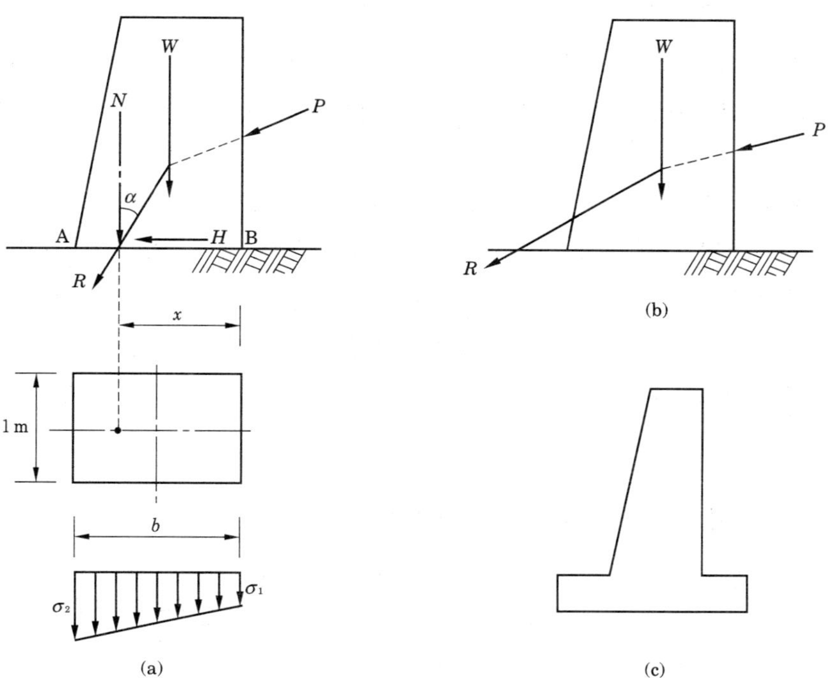

그림 11-9

$$x < \frac{2}{3}b \quad \cdots\cdots (11\text{-}10)$$

전도모멘트는 구조물에 작용하는 수평력의 점 A에 대한 모멘트로 계산되고, 저항모멘트는 구조물의 자중의 점 A에 대한 모멘트로 계산된다.

(2) 활동에 대한 안정

중력식구조물에 작용하는 수평력은 기초 지반과의 접촉면에서 구조물을 활동(sliding)시키려는 작용을 한다. 그림 11-9에서 활동을 일으키려는 힘은 R의 수평분력 H이고, 활동을 저지하려는 힘은 기초 저면에 작용하는 마찰력이다. 마찰력은 R의 연직분력 N에 의하여 얻어지며, 그 값은 fN이다(제2장 2.9절 참조). f는 구조물 저면과 기초면 사이의 마찰계수이다. 따라서, 구조물이 활동하지 않으려면 다음 조건이 만족되어야 한다.

$$fN > H \quad \cdots\cdots (11\text{-}11)$$

마찰계수는 $f > \tan\alpha$ [식 (2-17) 참조]이어야 하므로, α를 작게 하여 R을 수직에 가까워지도록 하면 활동의 위험은 적어진다.

(3) 침하에 대한 안정

R의 연직분력 N은 기초 저면 AB에 분포하여 작용한다. 즉, N은 기초 저면에 편심압축력으로 작용한다. N에 의한 기초 저면의 압력은 식 (11-5) 또는 식 (11-6)으로 계산한다.

중력식구조물은 단위 길이(1 m)에 대하여 설계하는 것이 일반적이므로, 기초 저면은 그림 11-9 (a)와 같은 직사각형으로 된다. 그러므로, N의 작용점은 이 직사각형 단면의 핵 안에 있어야 한다. 즉, R의 작용선이 기초 저면의 중앙 $\frac{1}{3}$ 안에 있어야 한다. 그러면 기초저면에는 그림 (a)와 같이 압축응력만이 작용하게 된다. 이 때, 식 (11-5)로 계산되는 최대압축응력 σ_{max}가 기초 지반의 허용지지력 σ_a보다 작아야 한다. 즉,

$$\sigma_{max} < \sigma_a \quad \cdots\cdots (11\text{-}12)$$

이 관계를 만족하면 구조물은 침하하지 않는다.

【예제 11－3】 그림 11-10 (a)와 같이 외력 P를 받고 있는 콘크리트옹벽의 안정을 검사하라. 콘크리트의 단위중량은 23 kN/m^{3}이고, 콘크리트와 기초 지반과의 마찰계수는 $f=0.5$이며, 기초 지반의 허용 지지력은 210 kN/m^{2}이다.

풀이 옹벽의 길이 1 m에 대하여 계산한다. 옹벽의 자중을 그림과 같이 분할하여 생각하면

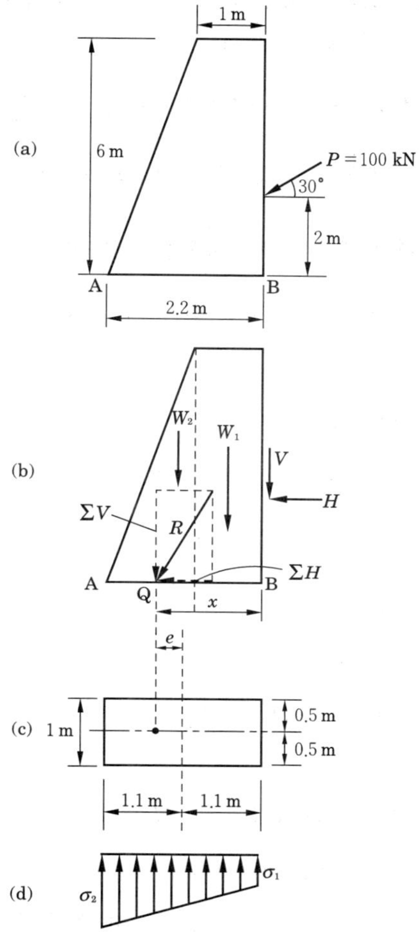

그림 11－10

$$W_1 = (1 \times 6 \times 1) \times 23 = 138\ \mathbf{kN}$$

$$W_2 = \left(1.2 \times 6 \times \frac{1}{2} \times 1\right) \times 23 = 83\ \mathbf{kN}$$

P의 연직 및 수평분력은 각각

$$V = 100 \times \sin 30° = 50\ \mathbf{kN}$$

$$H = 100 \times \cos 30° = 87\ \mathbf{kN}$$

연직력 및 수평력의 합계는 각각

$$\Sigma V = 83 + 138 + 50 = 271\ \mathrm{kN}$$

$$\Sigma H = H = 87\ \mathrm{kN}$$

① 전도에 대한 검사 : 합력 R의 작용선이 기초 저면의 점 Q를 통과한다고 보고, 점 B에 대한 모멘트를 계산하면 Varignon의 정리에 의하여

$$W_2 \times \left(1+\frac{1.2}{3}\right)+W_1 \times \frac{1}{2}+V \times 0+H \times 2=(\Sigma V) \times x+(\Sigma H) \times 0$$

$$83 \times \left(1+\frac{1.2}{3}\right)+138 \times \frac{1}{2}+50 \times 0+87 \times 2=271 \times x+87 \times 0$$

$$\therefore\ x=\frac{359.2}{271}=1.33\ \mathrm{m}<1.47\ \mathrm{m}\left(=\frac{2}{3} b=\frac{2}{3} \times 2.2\ \mathrm{m}\right)$$

즉, 합력 R의 작용선은 기초 저면의 중앙 $\frac{1}{3}$ 안에 있다. 점 A에 모멘트의 중심을 두고 전도모멘트를 계산하면

$$H \times 2=87 \times 2=174\ \mathrm{kN \cdot m}$$

점 A에 모멘트의 중심을 두고 저항모멘트를 계산하면

$$W_2 \times \left(1.2 \times \frac{2}{3}\right)+W_1 \times \left(1.2+\frac{1}{2}\right)+V \times 2.2$$

$$=83 \times \left(1.2 \times \frac{2}{3}\right)+138 \times \left(1.2+\frac{1}{2}\right)+50 \times 2.2$$

$$=411\ \mathrm{kN \cdot m}>174\ \mathrm{kN \cdot m}$$

따라서 이 옹벽은 전도에 대하여 안전하다.

② 활동에 대한 검사

$$fN=f\ \Sigma V=0.5 \times 271=135.5\ \mathrm{kN}>87\ \mathrm{kN}$$

즉, $f\ \Sigma V>\Sigma H$이므로 활동에 대해서도 안전하다.

③ 침하에 대한 검사 : R의 작용선이 점 B에서 1.33 m 되는 점을 지나므로 ΣV의 편심거리는

$$e=1.33-\frac{1}{2} \times 2.2=0.23\ \mathrm{m}<0.37\ \mathrm{m}\left(=\frac{2.2}{6}\right)$$

따라서 기초지반에는 압축응력만 일어나며, 그 최대값은 식 (11-6)으로부터

$$\sigma_{\max}=\sigma_2=\frac{271}{1 \times 2.2}+\frac{271 \times 0.23}{1 \times 2.2^2/6}=123+77=200\ \mathrm{kN/m^2}<210\ \mathrm{kN/m^2}$$

즉, 최대압력이 기초 지반의 허용 지지력을 초과하지 않으므로 침하에 대해서도 안전하다.

11. 5 중심축하중을 받는 장주

가늘고 길며 곧은 부재가 단면의 도심축에 따라 압축력 P를 받을 경우, P가 차차 커져서 어떠한 값 P_{cr}에 도달하면, 단면의 압축응력이 재료의 극한강도 이하인 경우라도

부재는 안정을 잃고 갑자기 큰 처짐을 일으키면서 파괴된다. 이러한 현상을 좌굴이라 하고, 좌굴을 일으키는 하중 P_{cr}을 **좌굴하중**(buckling load) 또는 **임계하중**(critical load)이라 하며, 좌굴을 일으키는 부재를 **장주**라 한다.

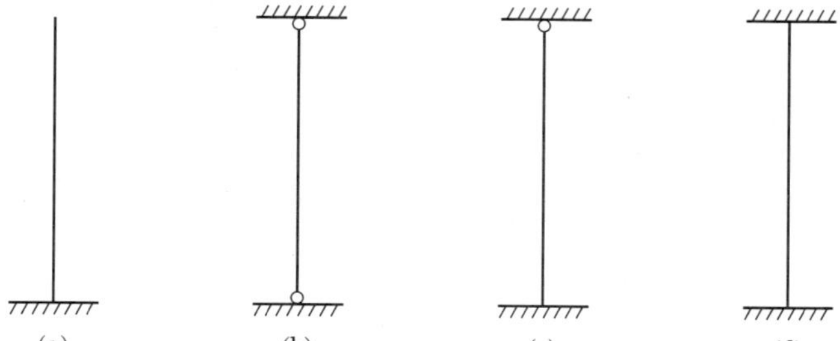

그림 11-11

기둥, 즉 압축부재는 양단의 지지방법에 따라 그림 11-11과 같은 4종류로 구분된다.

① 1단고정 타단 자유인 기둥

② 양단힌지인 기둥

③ 1단고정 타단힌지인 기둥

④ 양단고정인 기둥

(1) Euler의 장주공식

장주가 좌굴을 일으키려는 좌굴하중, 즉 기둥이 약간 휜 상태에서 그대로 유지될 수 있는 한도의 하중을 **Euler**는 다음과 같이 주고 있다.

1 1단고정 타단자유인 기둥

이 기둥이 그림 11-12(a)와 같이 축방향압축 P를 받으면 그림 (b)와 같이 좌굴할 것이다. 이 때, 기둥의 하단으로부터 x만큼 떨어진 곳의 휨모멘트는

$$M = -P(\delta - y)$$

따라서, 그림 (b)의 처짐곡선의 미분방정식은 다음과 같다[식 (9-2) 참조]. 이 때, 기둥 상단의 처짐 δ는 I가 최소로 되는 주축의 방향으로 일어난다.

$$EI\frac{d^2y}{dx^2} = EIy'' = -M = P(\delta - y) \quad \cdots\cdots (a)$$

여기서

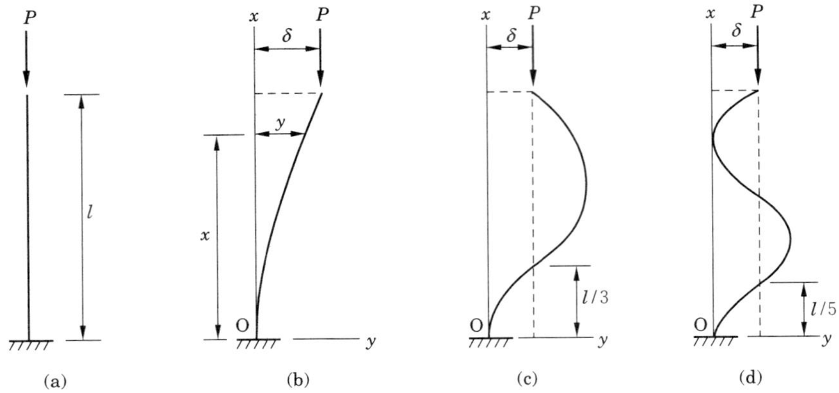

그림 11-12

$$\frac{P}{EI} = k^2 \qquad \text{(b)}$$

으로 놓으면 식 (a)는 다음과 같이 된다.

$$y'' + k^2 y = k^2 \delta$$

이 방정식의 일반해는 다음과 같다.

$$y = C_1 \sin kx + C_2 \cos kx + \delta \qquad \text{(c)}$$

위의 식을 미분하면

$$\frac{dy}{dx} = y' = C_1 k \cos kx - C_2 k \sin kx \qquad \text{(d)}$$

기둥의 고정단에서는 $x = 0$이고, $y = y' = 0$이므로, 이 경계 조건을 식 (c) 및 식 (d)에 대입하면 적분상수 C_1 및 C_2는 다음과 같이 된다.

$$C_1 = 0$$
$$C_2 = -\delta$$

이들을 식 (c)에 대입하면 다음과 같은 탄성곡선의 식을 얻는다.

$$y = \delta(1 - \cos kx) \qquad \text{(e)}$$

기둥의 자유단에서는 $x = l$, $y = \delta$이므로, 이 관계를 식 (e)에 대입하면

$$\delta \cos kl = 0 \qquad \text{(f)}$$

즉, $\delta = 0$이거나, $\cos kl = 0$이어야 한다. $\delta = 0$은 좌굴이 일어나지 않는 경우이고, $\cos kl = 0$은 좌굴하여 처짐 δ가 일어나는 경우이다. 여기서는 좌굴이 일어날 경우를 생각해야

하므로, $\cos kl=0$으로부터 다음 관계가 얻어진다.

$$kl=n\frac{\pi}{2}\,(n=1,\ 3,\ 5,\ \cdots\cdots) \qquad \text{(g)}$$

식 (g)를 만족하는 P 가운데서 가장 작은 값이 필요한데, 이 값이 임계하중 P_{cr}이므로, $n=1$로 하여 $kl=\frac{\pi}{2}$를 식 (b)에 대입하면 좌굴하중 P_{cr}은 다음과 같이 된다.

$$P_{cr}=\frac{\pi^2 EI}{4l^2}=\frac{\pi^2 EI}{(2l)^2} \qquad \text{(11-13)}$$

이 경우를 나타낸 것이 그림 11-12(b)이고, 그림 (c), (d)는 각각 $n=3$ 및 $n=5$일 때의 좌굴곡선을 나타낸 것으로, 어느 경우이든 cosine 곡선을 이룬다. 실용을 위하여 좌굴을 일으키려는 임계하중이 필요한데, 이것이 식 (11-13)의 P_{cr}이다.

② 양단 힌지인 기둥

양단이 힌지로 된 장주의 좌굴곡선은 그림 11-13과 같이 되어, 중앙점의 접선을 생각하면, 이 기둥의 절반은 그림 11-12(b)와 동일하다. 그러므로, 이 경우의 좌굴하중은 식 (11-13)의 l 대신에 $\frac{l}{2}$을 대입함으로써 얻을 수 있다. 즉,

$$P_{cr}=\frac{\pi^2 EI}{l^2} \qquad \text{(11-14)}$$

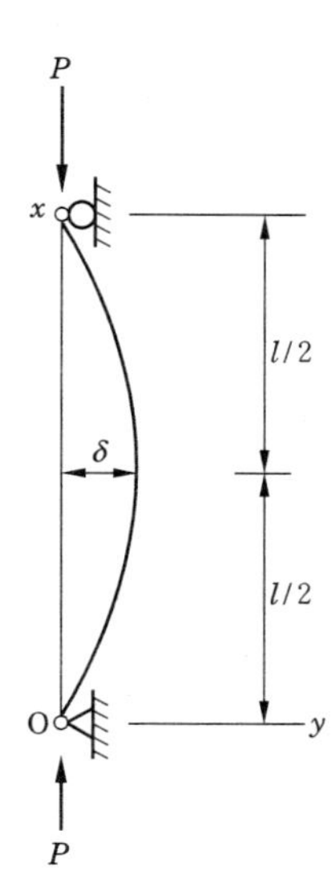

그림 11-13

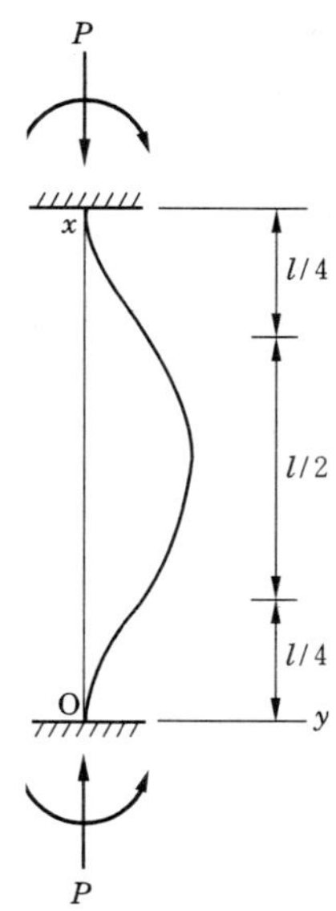

그림 11-14

③ 양단고정인 기둥

양단이 고정된 장주가 P를 받아서 좌굴하는 동안 양단에는 반력모멘트가 유발되며, 좌굴곡선은 그림 11-14와 같이 단부로부터 $\frac{l}{4}$되는 점에 변곡점을 가지는 cosine 곡선이 된다. 그리고, 고정지점으로부터 $\frac{l}{4}$구간의 처짐곡선이 그림 11-12(b)와 같으므로, 식 (11-13)의 l 대신에 $\frac{l}{4}$을 대입하면 좌굴하중은 다음과 같이 된다. 즉,

$$P_{cr} = \frac{\pi^2 EI}{\left(\frac{l}{2}\right)^2} \qquad \cdots\cdots (11-15)$$

④ 1단고정 타단 힌지인 기둥

이러한 장주가 축방향압축력 P에 의하여 좌굴을 일으키면, 그림 11-15와 같이 고정지점에는 수평반력과 반력모멘트가 일어나고, 회전지점에는 수평반력이 일어난다. 정역학의 평형조건에 의하여 두 수평반력은 크기가 같고 방향은 반대이며, 반력모멘트 M은 우력모멘트 Rl과 같다.

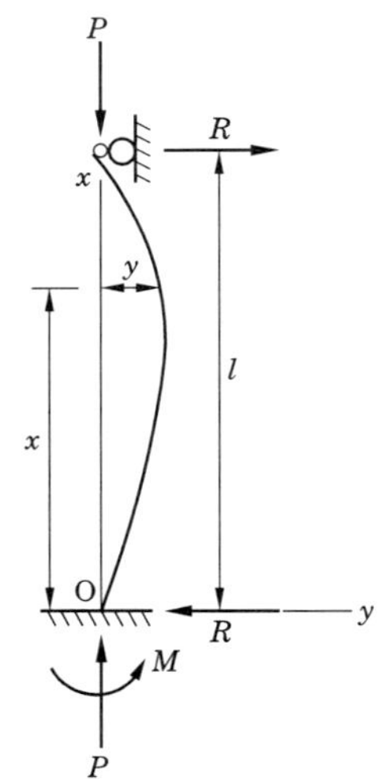

그림 11-15

이 장주의 좌굴곡선이 그림 11-15와 같다면, 하단으로부터 x의 거리에 있는 점의 휨모멘트는

$$M = Py - R(l - x)$$

이고, 처짐곡선의 미분방정식은 다음과 같다[식 (9-2) 참조].

$$EI\frac{d^2y}{dx^2}=EIy''=-Py+R(l-x)$$

이 방정식의 일반해는

$$y=C_1\sin kx+C_2\cos kx+\frac{R(l-x)}{P} \qquad \text{(a)}$$

여기서,

$$k^2=\frac{P}{EI} \qquad \text{(b)}$$

그런데, 고정지점에서는

$$x=0,\quad y=0$$
$$x=0,\quad y'=0$$

이고, 힌지지점에서는

$$x=l,\quad y=0$$

이다. 이 관계를 식 (a)에 대입하면 다음 관계를 얻는다.

$$\left.\begin{aligned}&C_2+\frac{Rl}{P}=0\\&C_1k-\frac{R}{P}=0\\&C_1\cos kl+C_2\sin kl=0\end{aligned}\right\} \qquad \text{(c)}$$

$C_1=C_2=\mathrm{R}=0$이면 식 (c)는 만족되며, 이 때 좌굴은 일어나지 않는다. 좌굴이 일어나는 것은 C_1, C_2, R이 전부 0이 아닌 경우이므로, 식 (c)의 처음 두 식으로부터 C_1과 C_2를 구하여 이들을 식 (c)에 세번째 식에 대입하면 된다.

그 결과는 다음과 같다.

$$kl=\tan kl \qquad \text{(d)}$$

위의 관계가 이 기둥의 좌굴조건이다. 이 관계를 만족하는 kl의 값은 무수히 많지만, 최소값이 공학적 의미를 가진다. 0이 아닌 kl의 최소값을 시산법으로 구하면 $kl=4.493$이다. 이 값을 식 (b)에 대입하면, 좌굴하중은 다음과 같이 된다.

$$P_{cr}=\frac{20.19EI}{l^2}\fallingdotseq\frac{2\pi^2EI}{l^2}\fallingdotseq\frac{\pi^2EI}{(0.7l)^2} \qquad \text{(11-16)}$$

이상으로 네 가지 기둥의 좌굴하중이 구해졌다. 이렇게 이상화된 탄성기둥의 임계하중 P_{cr}을 Euler하중이라고도 한다.

좌굴하중 P_{cr}은 기둥의 치수와 재료의 탄성계수에 의하여 결정된다. 즉, 좌굴하중은 휨강성 EI에 비례하고, 기둥 길이 l의 제곱에 반비례한다. 좌굴하중은 재료의 강도와는 관계가 없으므로, 장주의 좌굴하중은 고강도 재료를 사용해도 증가되지 않는다. 그러나, 단면2차모멘트 I를 크게 하면 좌굴하중을 증대시킬 수 있다.

(2) 세장비와 압축응력

좌굴하중 P_{cr}을 기둥의 단면적 A로 나누어서 얻은 응력을 **좌굴응력**(buckling stress) 또는 **임계응력**(critical stress)이라 한다. 그림 11-13과 같은 양단힌지 기둥의 좌굴응력 σ_{cr}은 다음과 같다.

$$\sigma_{cr} = \frac{P_{cr}}{A} = \frac{\pi^2 EI}{Al^2} = \frac{\pi^2 E}{\left(\frac{l}{r}\right)^2} \qquad (11\text{-}17)$$

여기서, r은 단면의 최소회전반경이다. 기둥은 단면2차모멘트가 최소인 주축의 방향으로 좌굴하기 때문이다. $\frac{l}{r}$을 **세장비**(slenderness ratio)라 하며, 좌굴하중이나 좌굴응력은 세장비의 제곱에 반비례한다.

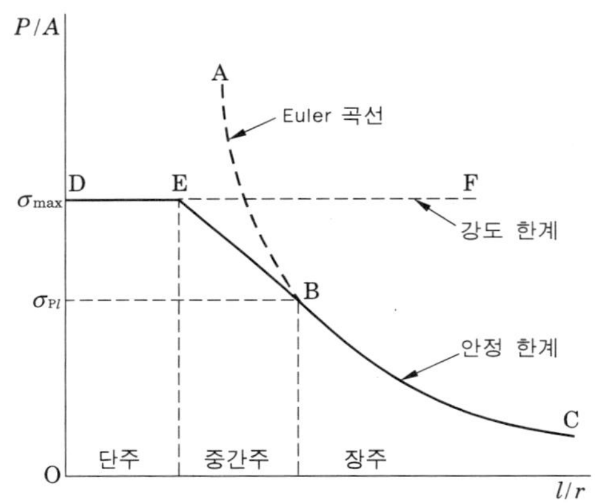

그림 11-16

그림 11-16은 양단힌지 기둥의 세장비와 압축응력과의 관계를 보인 것이다. 곡선 ABC는 식 (11-17)을 나타낸 것인데, 이것을 **Euler 곡선**이라 한다. 이 곡선은 σ_{cr}이 기둥재료의 비례한도 σ_{Pl}보다 작은 BC 영역에서만 타당하다. 왜냐하면, 식 (11-17) 및 식 (11-14)는 탄성이론에 의해 유도된 것이므로 비례한도 이상에서는 성립되지 않으며, 실험 결과와도 맞지 않기 때문이다. Euler의 공식을 적용할 수 있는 $\frac{l}{r}$의 하한값은 식

(11-17)에서 $\sigma_{cr}=\sigma_{Pl}$로 놓고 $\dfrac{l}{r}$을 구하면 얻을 수 있다. $\sigma_{Pl}=250$ MPa, $E=2.1\times10^5$ MPa인 구조용 강재의 경우, 그림 11-16의 점 B에 해당하는 $\dfrac{l}{r}$의 값은 91이다.

$\dfrac{l}{r}<91$인 강재 기둥의 압축응력은 좌굴이 일어나기 전에 비례한도에 도달한다. 이러한 경우에는 Euler의 공식이 적용되지 않는다. $\dfrac{l}{r}>91$이면 기둥은 좌굴에 의해 파괴되며, Euler의 공식을 사용할 수 있다.

세장비가 매우 작은 경우, 즉 단주는 재료 자체의 파손으로 기둥이 파괴된다. 이것이 그림 11-16의 DE 구간이다. 장주로 보기에는 세장비가 너무 작고, 단주로 취급하기에는 세장비가 너무 큰 중간 영역이 있다. 이것이 그림 11-16의 EB 영역이다.

(3) 기둥의 유효길이

식 (11-13)~식 (11-16)의 Euler의 식들을 하나의 식으로 나타낼 수 있다. 즉,

$$P_{cr}=n\frac{\pi^2EI}{l^2} \qquad \text{(11-18)}$$

여기서, n은 단부조건에 따라 표 11-1과 같이 취하면 된다. 좌굴응력도 다음과 같이 하나의 식으로 나타낼 수 있다.

$$\sigma_{cr}=n\frac{\pi^2E}{\left(\dfrac{l}{r}\right)^2} \qquad \text{(11-19)}$$

기둥의 길이, 단면 및 재료가 동일한 경우에는 단부의 지지조건에 따른 좌굴하중의 크기의 비는 1 : 4 : 8 : 16임을 알 수 있다.

표 11-1 **기둥의 유효길이 계수 k의 값**

단부 지지조건	n	k
(a) 1단고정 타단자유	0.25	2
(b) 양단힌지	1	1
(c) 1단고정 타단힌지	2	0.7
(d) 양단고정	4	0.5

또, 식 (11-13)~식 (11-16)의 네 식을 다음과 같이 하나의 식으로 일반화할 수 있다.

$$P_{cr}=\frac{\pi^2EI}{(kl)^2} \qquad \text{(11-20)}$$

여기서, k는 단부조건에 따라 표 11-1과 같이 취하면 된다. 좌굴응력도 다음과 같이 하

나의 식으로 일반화된다.

$$\sigma_{cr} = \frac{\pi^2 E}{\left(\frac{kl}{r}\right)^2} \quad \cdots\cdots (11\text{-}21)$$

여기서, kl을 기둥의 유효길이라 하고, k를 유효길이계수라 한다.

【예제 11－4】 길이가 6 m이고, 단면이 20 cm×30 cm인 압축부재가 있다. 이 부재의 세장비를 구하라.

풀이 이 단면의 최소의 단면2차모멘트는

$$I = \frac{30 \times 20^3}{12} = 20000\ \text{cm}^4$$

따라서, 최소회전반경은

$$r = \sqrt{\frac{I}{A}} = \sqrt{\frac{20000}{20 \times 30}} = 5.8\ \text{cm}$$

그러므로 이 부재의 세장비는

$$\frac{l}{r} = \frac{600}{5.8} = 103$$

【예제 11－5】 길이 4 m의 I형 강(150×125 @ 36.22 kg)을 양단힌지의 압축부재로 사용할 경우의 좌굴하중을 구하라. 단면적은 $A = 40.15\ \text{cm}^2$, $I_x = 1780\ \text{cm}^4$, $I_y = 395\ \text{cm}^4$이고, 회전반경은 $r_x = 6.21\ \text{cm}$, $r_y = 2.92\ \text{cm}$이며, 탄성계수는 $E = 2.1 \times 10^5\ \text{MPa}$이다.

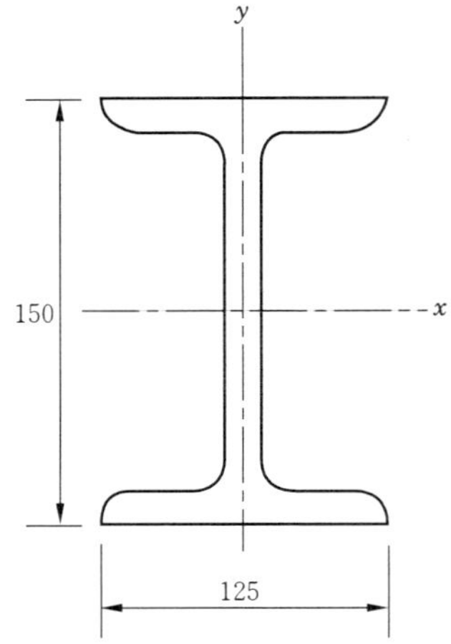

그림 11－17

풀이 x, y가 주축이고, $r_x > r_y$이므로 최소회전반경은 r_y이다. 그러므로, 세장비는

$$\frac{l}{r_y} = \frac{400}{2.92} = 137 > 91$$

세장비가 비교적 크므로, 이 부재의 안정은 좌굴로 지배될 것이다. 좌굴은 단면2차모멘트가 최소로 되는 주축 y에 직각 방향으로 일어날 것이므로, 좌굴하중은 최소 단면2차모멘트 I_y를 사용하여 계산해야 한다. 양단힌지이므로 좌굴하중은 식 (11-14)로부터

$$P_{cr} = \frac{\pi^2 EI}{l^2} = \frac{3.14^2 \times 2.1 \times 10^5 \times 395 \times 10^4 (\mathrm{N/mm^2})}{(4 \times 10^3)^2 (\mathrm{mm^2})} = 511000\ \mathrm{N}$$

좌굴응력은

$$\sigma_{cr} = \frac{P_{cr}}{A} = \frac{511000(\mathrm{N})}{40.15 \times 10^2 (\mathrm{mm^2})} = 127\ \mathrm{N/mm^2}\ (127\ \mathrm{MPa})$$

11. 6 편심하중을 받는 장주

그림 11-18과 같이 양단이 힌지로 지지된 장주가 편심압축을 받는 경우, 즉 휨과 축방향압축을 받는 경우를 생각해 보자.

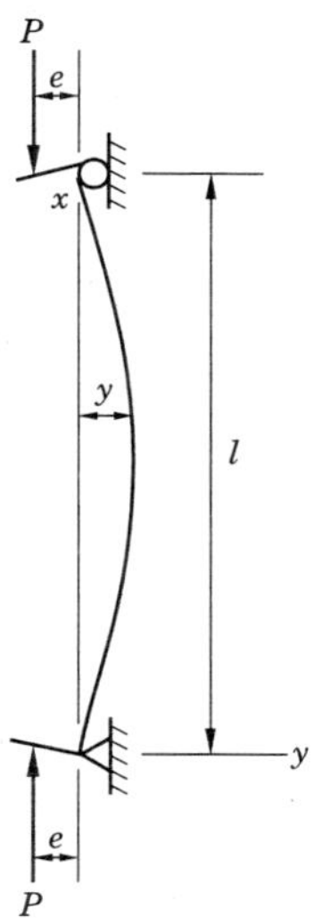

그림 11－18

기둥의 하단으로부터 x만큼 떨어진 곳의 처짐을 y라 하면, 그 점의 휨모멘트는

$$M = P(e + y) \quad \cdots\cdots \quad (a)$$

이 좌굴곡선의 방정식은

$$EIy'' = -M = -P(e + y) \quad \cdots\cdots \quad (b)$$

여기서

$$k^2 = \frac{P}{EI} \quad \cdots\cdots \quad (11\text{-}22)$$

로 놓으면, 식 (b)는 다음과 같이 된다.

$$y'' + k^2 y = -k^2 e \quad \cdots\cdots \quad (c)$$

식 (c)의 특수해가 $-e$이므로 일반해는 다음과 같다.

$$y = C_1 \sin kx + C_2 \cos kx - e \quad \cdots\cdots \quad (d)$$

$x = 0$에서 $y = 0$이고, $x = l$에서 $y = 0$이므로, 이 관계를 식 (d)에 대입하면 적분상수 C_1, C_2는 다음과 같다.

$$C_2 = e$$
$$C_1 = \frac{e(1 - \cos kl)}{\sin kl} = e \tan \frac{kl}{2}$$

따라서, 좌굴곡선은 다음과 같다.

$$y = e\left(\tan \frac{kl}{2} \sin kx + \cos kx - 1\right) \quad \cdots\cdots \quad (e)$$

기둥 중앙부의 처짐은 위의 식에 $x = \dfrac{l}{2}$을 대입함으로써

$$\delta = e\left(\sec \frac{kl}{2} - 1\right) \quad \cdots\cdots \quad (11\text{-}23)$$

식 (11-22)와 식 (11-23)으로부터 하중 P와 처짐 δ 사이에는 비례 관계가 성립하지 않는다는 것을 알 수 있다. 그러므로, 이 경우 처짐이 작고 재료가 탄성한도 내에 있더라도 겹침의 법칙을 사용할 수 없다. 만약, 양단에 모멘트 Pe만이 작용한다고 가정하면, 이 때의 처짐은 보통의 방법으로 구할 수 있고, 또 처짐이 작으면 처짐을 고려하지 않고 휨모멘트를 구할 수 있다. 이러한 상태에 축하중이 추가되면, Pe에 의해 이미 일어난 처짐 때문에 축력 P는 압축작용 외에 휨작용도 유발한다. P에 의한 이러한 휨작용은 추가적인 처짐을 일으키게 되고, 이 추가적인 처짐은 다시 휨모멘트에 영향을 미치게 된다. 그러므로, 이러한 경우의 휨모멘트는 처짐을 고려하지 않고서는 구할 수 없으며,

따라서 축하중과 처짐 사이에는 비선형의 관계가 있음을 알 수 있다. 그림 11-18이 이러한 경우를 보인 것이다.

휨과 축하중을 받는 그림 (11-18)과 같은 부재에서 최대휨모멘트는 부재 중앙에서 일어나며, 그 값은 다음과 같다.

$$M_{\max}=P(e+\delta)=Pe\sec\frac{kl}{2} \qquad (11\text{-}24)$$

P의 증대에 따라 휨모멘트는 비선형으로 증가하며, P가 좌굴하중 P_{cr}에 접근하면 매우 큰 값이 된다. 기둥의 최대압축응력은 다음 식으로 계산한다.

$$\sigma_{\max}=\frac{P}{A}+\frac{M_{\max}}{Z}=\frac{P}{A}+\frac{Pe}{Z}\sec\frac{kl}{2} \qquad (11\text{-}25)$$

여기서, Z는 단면계수이다. $Z=\frac{I}{c}$, $r=\sqrt{\frac{I}{A}}$를 사용하면 식 (11-25)는

$$\sigma_{\max}=\frac{P}{A}\left(1+\frac{ec}{r^2}\sec\frac{kl}{2}\right)$$

로 되고, 여기에 식 (11-22)의 관계를 대입하면 다음과 같이 된다.

$$\sigma_{\max}=\frac{P}{A}\left[1+\frac{ec}{r^2}\sec\left(\frac{l}{2r}\sqrt{\frac{P}{EA}}\right)\right] \qquad (11\text{-}26)$$

이 응력이 편심압축을 받는 장주의 최대압축응력이다.

《 연 습 문 제 》

1 그림 11-19와 같은 단주의 단면응력을 구하라.

2 그림 11-20과 같이 축방향압축 $P=500\,\mathrm{kN}$과 휨모멘트 $M=30\,\mathrm{kN\cdot m}$를 받는 부재의 단면응력을 구하라.

3 그림 11-21과 같은 단면의 점 Q에 압축력 $P=900\,\mathrm{kN}$이 작용할 때 단면의 응력을 구하라.

4 그림 11-22와 같은 T형 단면에서 상하(上下)의 핵점을 구하라.

5 그림 11-23과 같이 토압을 받는 콘크리트옹벽의 안정을 검사하라. 콘크리트의 단

위중량은 23 kN/m^3, 기초 지반의 허용지지력은 200 kN/m^2, 마찰계수는 $f=0.5$이다.

6 길이가 3 m이고, 바깥지름 20 cm, 두께 1 cm인 강관(鋼管)의 세장비를 구하라.

7 그림 11-11과 같이 단부조건이 서로 다른 네 기둥의 좌굴하중이 서로 똑같이 될 때의 기둥길이를 비교하라. 재료와 단면은 전부 동일하다.

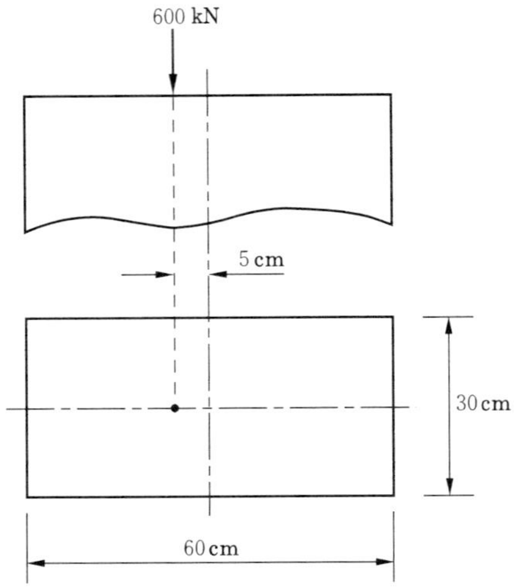

그림 11-19

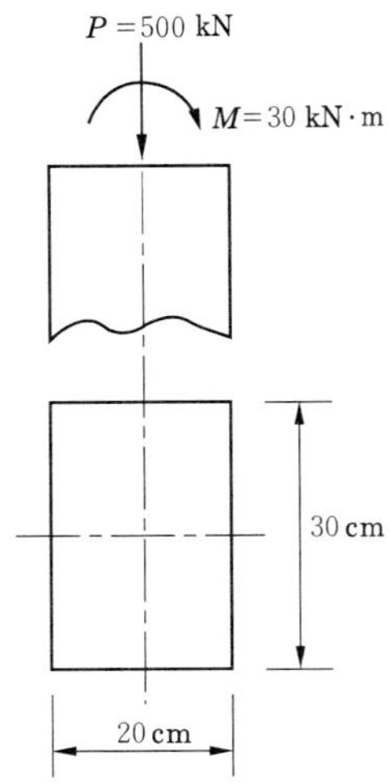

그림 11-20

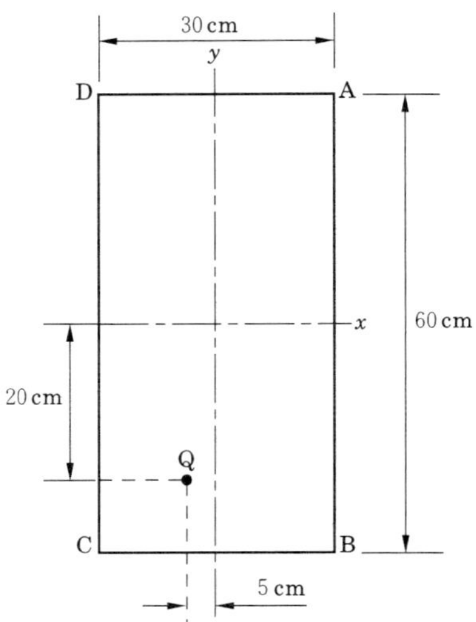

그림 11-21

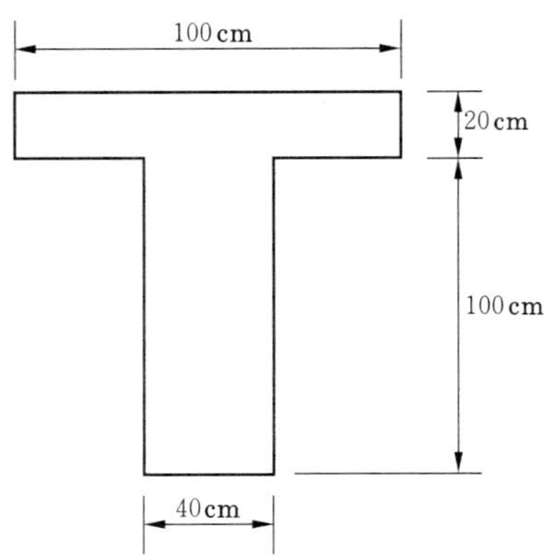

그림 11-22

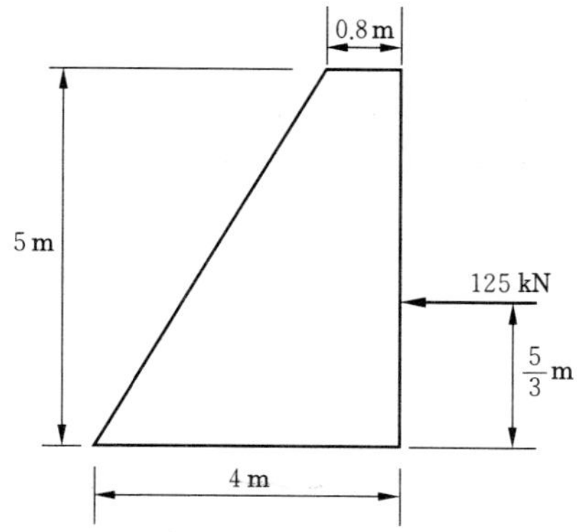

그림 11-23

8 지름이 d인 원형단면의 기둥과 바깥지름 D, 안지름 d인 원관 단면의 기둥이 있다. 두 기둥의 좌굴하중을 같게 하려면 d와 D의 비를 얼마로 해야 하는가? 기둥의 길이와 재료는 동일하다.

제 12 장 정정트러스

12.1 서 론

(1) 트러스

트러스(truss)란 2개 이상의 직선부재의 양단을 마찰이 없는 힌지(hinge) 또는 핀(pin)으로 연결해서 만든 뼈대구조물(frame, framework)을 말한다. 실제로 사용되는 트러스는 입체트러스(space truss)이지만, 대개의 입체트러스는 평면트러스(planar truss)로 분해해서 해석할 수 있다. 예컨대 교량의 트러스와 건물의 지붕트러스는 평면트러스로 분해해서 해석할 수 있다. 그러나, 송전탑과 같은 트러스는 입체트러스로 해석해야 한다.

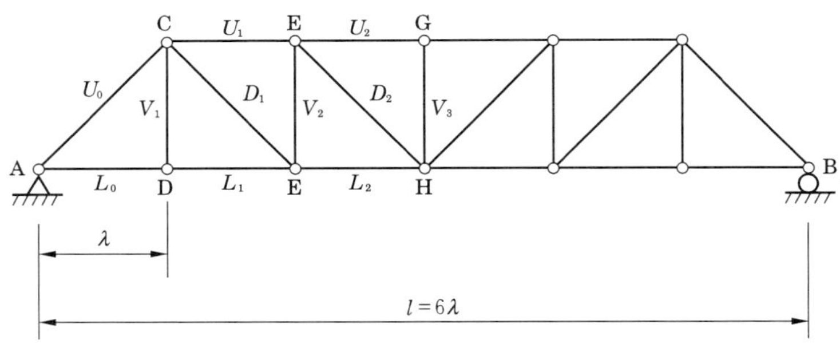

그림 12-1

트러스를 구성하는 개개의 직선재를 **부재**(member)라 하고, 부재와 부재의 연결점을 **격점**(panel point) 또는 **절점**이라 한다. 트러스의 절점은 힌지로 되어 있다고 생각한다. 따라서, 트러스의 부재는 절점에서 자유롭게 회전할 수 있다고 생각한다.

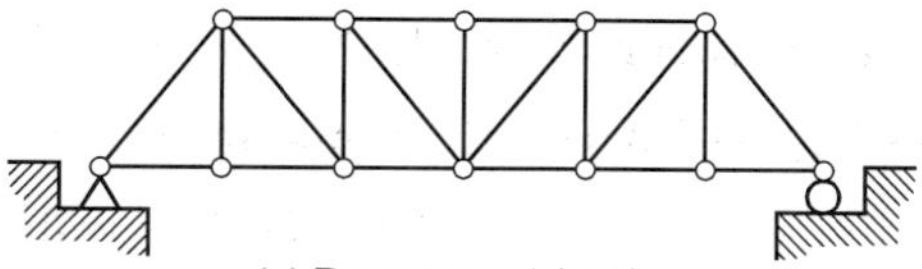

(a) Pratt truss (하로식)

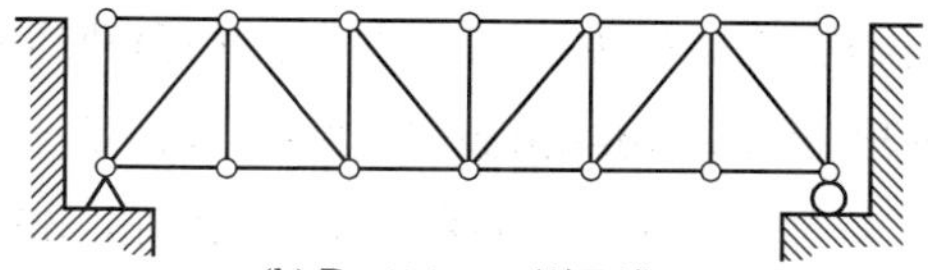

(b) Pratt truss (상로식)

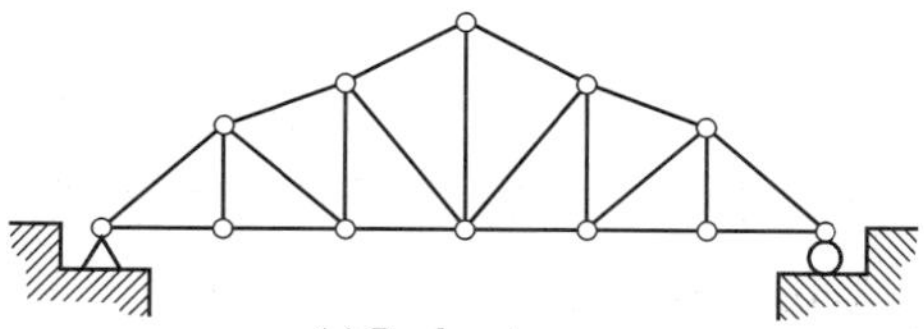

(c) Parker truss

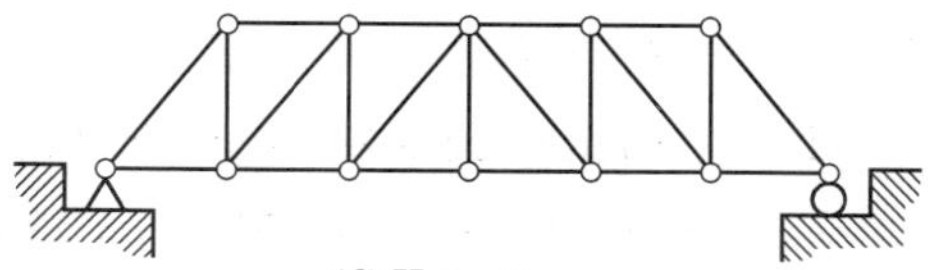

(d) Howe truss

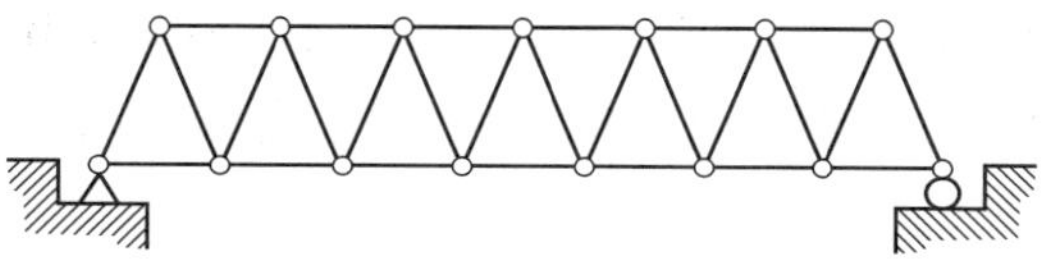

(e) Warren truss

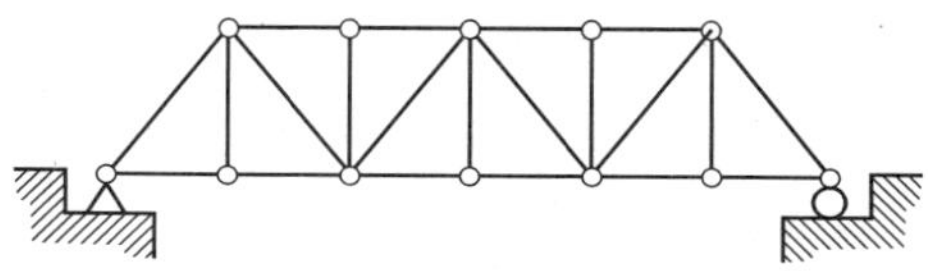

(f) Warren truss

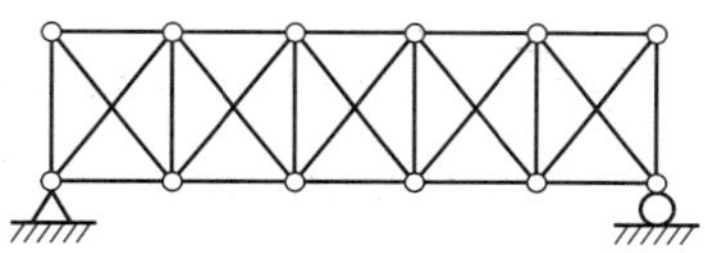

(g) double Warren truss

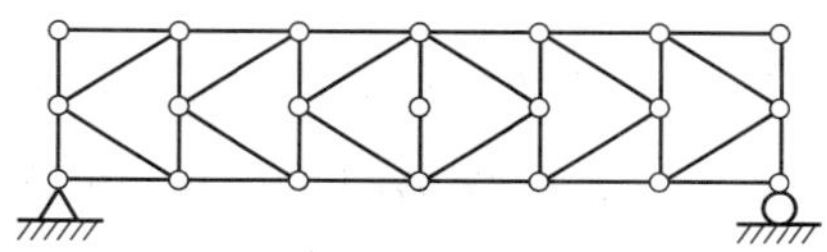

(h) K truss

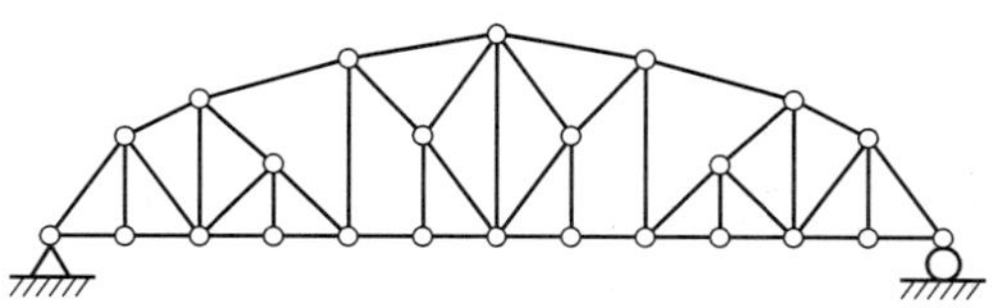

(i) Pettit truss

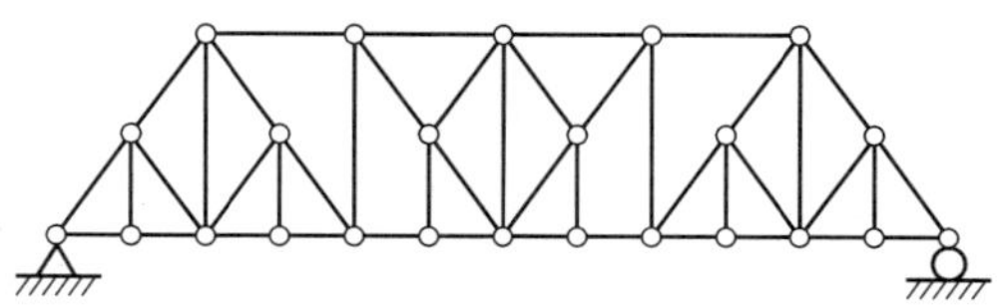

(j) Baltimore truss

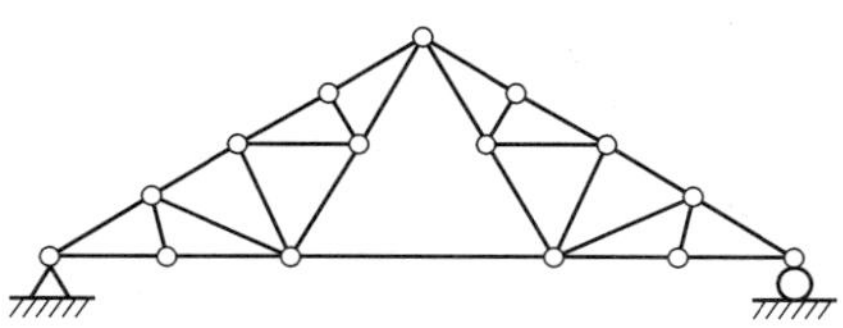

(k) Fink truss

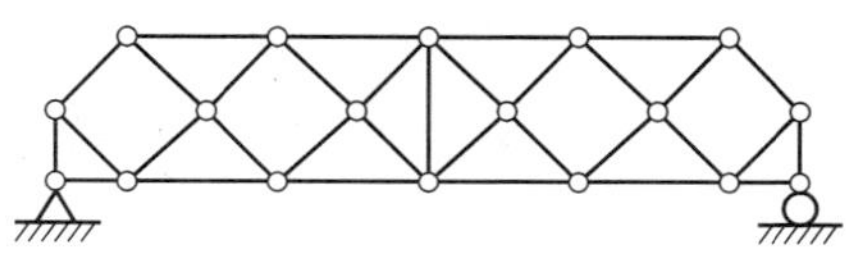

(l) Rhombic truss

그림 12-2

그림 12-1은 평면트러스를 보인 것이다. U_1, U_2와 같은 부재를 **상현재**(upper chord member), L_0, L_1과 같은 부재를 **하현재**(lower chord member)라 하며, 이들을 총칭해서 **현재**(chord member)라 한다. V_1, V_2와 같은 부재를 **수직재**(vertical member), D_1, D_2와 같은 부재를 **사재**(diagonal member)라 하며, 이들을 총칭해서 **복부재**(web member)라 한다. 지간 방향의 두 절점 사이를 **격간**(panel)이라 하고, 그 길이 λ를 **격간길이**(panel length)라 한다.

그림 12-2는 여러가지 형식의 트러스를 보인 것이다. 트러스교에 가장 보편적으로 쓰이는 트러스는 Pratt truss와 Warren truss이다. 그림 12-2 (a), (b)와 같이 상하의 현재가 평행한 트러스를 **평행현트러스**(parallel chord truss)라 하고, 그림 12-2 (c), (i)와 같은 트러스를 **경사현트러스** 또는 **곡현트러스**(curved chord truss)라 한다.

상하의 현재 가운데 노면시설물을 직접 지지하는 현재를 **재하현**(loaded chord)이라 한다. 그림 12-2 (a)와 같이 하현재가 재하현으로 된 트러스를 **하로트러스**(through truss)라 하고, 그림 12-2 (b)와 같이 상현재가 재하현으로 된 트러스를 **상로트러스**(deck truss)라 한다.

(2) 트러스교의 구성

그림 12-3은 트러스교의 구성을 알기 쉽게 보인 것이다. 평행한 두 연직면에 나란히 서 있는 2개의 트러스 ABCDE……와 A′B′C′D′E′……를 **주 트러스**(main truss)라 한다. 주 트러스는 연직하중에는 강하지만 수평하중에 대해서는 저항능력이 거의 없다. 교량이 풍하중과 같은 수평하중에 견딜 수 있도록 하기 위하여 AA′, BB′, CC′와 같은 스

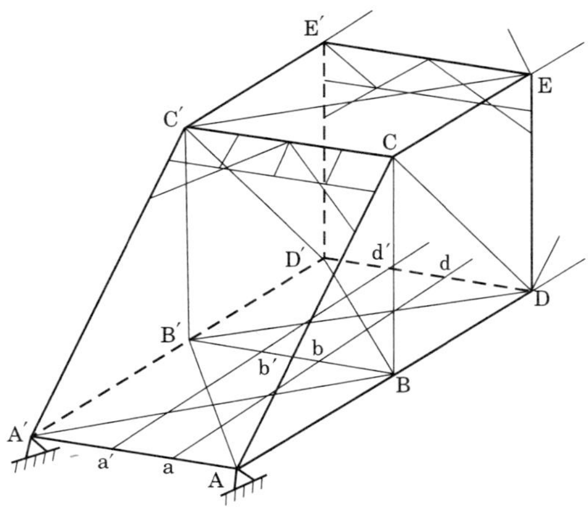

그림 12-3

트럿(strut)과 AB′, A′B, B′D, C′E와 같은 수평사재로 두 주 트러스를 연결해 준다. 그러면, 상부에 있는 스트럿과 수평사재는 주 트러스의 상현재와 함께 하나의 평면트러스를 형성하고, 하부에 있는 스트럿과 수평사재는 주 트러스의 하현재와 함께 또 하나의 평면트러스를 형성한다. 이들을 각각 **상부 수평브레이싱**(upper lateral bracing), **하부 수평브레이싱**(lower lateral bracing)이라 한다.

2개의 주 트러스와 상하의 수평브레이싱만으로는 교량의 형상을 제대로 유지하기가 어려우므로, 그림 12-3에서와 같이 직사각형 DEE′D′ 안의 상부에 있는 것과 같은 트러스를 설치한다. 이러한 트러스를 **수직브레이싱**(sway bracing)이라 하며, 이들 가운데 교량의 양 단부에 있는 것을 **단부수직브레이싱**(end sway bracing), 중간에 있는 것을 **중간수직브레이싱**(intermediate sway bracing)이라 한다. 하로트러스교에서는 단부 수직브레이싱을 **교문브레이싱**(portal bracing)이라고 한다.

그림 12-3과 같은 하로트러스교에서 주 트러스의 하현격점에 작용하는 수평하중은 하부 수평브레이싱에 의해 지점으로 전달되고, 상현격점에 작용하는 수평하중은 상부 수평브레이싱과 교문브레이싱을 통해 지점으로 전달된다.

차량 등의 교통하중을 직접 지지하는 노면시설은 **바닥판**(floor)과 바닥판을 받치는 **바닥틀**(floor system)로 이루어진다. 바닥틀은 주 트러스의 서로 마주 보는 재하현격점에 연결되는 **가로보**(floor beam) AA′, BB′, DD′들과 가로보에 지지되는 **세로보**(stringer) ab, a′b′, bd, b′d′들로 짜여지며, 가로보는 그 곳에 있어야 할 스트럿의 구실을 겸하게 된다. 이와 같이, 모든 연직하중은 바닥판과 바닥틀을 통해 간접의 집중하중으로 주 트러스의 재하현격점에 작용하게 된다.

(3) 1차응력과 2차응력

트러스는 계산을 간편하게 하기 위해 다음과 같은 가정하에서 해석한다.

① 부재들은 전혀 마찰이 없는 핀으로 연결되어 있다.

② 부재 양단의 핀 중심을 연결한 직선은 부재축과 일치한다.

③ 모든 외력은 트러스와 동일 평면 내에서 격점에 집중하중으로 작용한다. 부재의 중간에 걸리는 하중은 분해해서 부재 양단의 절점에 작용시킨다.

④ 하중작용으로 인한 트러스의 변형은 무시한다.

⑤ 부재의 자중은 무시한다.

이러한 가정에 부합되는 트러스를 이상화한 트러스(ideal truss)라 하며, 실제의 트러스를 이와 같이 이상화하여 해석한다. 위와 같은 가정 아래 트러스를 해석하면 각 부재에는 축력만이 일어난다. 이 축력을 트러스의 **부재응력** 또는 **부재력**이라 하며, 다음에 설명하는 2차응력에 대하여 이것을 **1차응력**(primary stress)이라 한다.

옛날 트러스의 절점(격점)은 실제로 핀 구조로 되어 있었다. 그렇다 하더라도 다소의 마찰은 있게 된다. 근래의 트러스의 절점은 리벳, 볼트 또는 용접으로 되어 있어서 마찰이 있게 마련이다. 이러한 절점은 힌지라기보다 강절에 가까우므로, 부재단에는 얼마간의 모멘트가 일어난다. 또, 부재 양단의 힌지 중심을 연결한 직선이 부재축과 일치하지 않을 경우에는 편심모멘트가 일어난다. 또한, 부재의 자중을 생각하면 휨도 일어난다. 모든 외력이 절점에만 작용하도록 짜여진 트러스라 하더라도 어느 정도의 편심은 피할 수 없으며, 하중이 작용하면 트러스는 약간의 변형을 일으키게 마련이다. 이러한 영향들 때문에 실제의 트러스부재에는 축력 외에 휨응력이 부가적으로 일어난다. 이와 같이 부가적으로 일어나는 휨응력을 **2차응력**(secondary stress)이라 한다. 2차응력은 1차응력에 비하여 매우 작기 때문에, 설계할 때에는 1차응력만을 생각하고 2차응력은 따로 검토하는 것이 보통이다.

(4) 트러스의 외적 정정 및 부정정

트러스는 기초 지반 또는 다른 구조물 위에 설치되는데, 이 때 트러스가 이동하거나 회전을 일으켜서는 안 된다. 이것을 트러스의 **외적 안정**이라 한다.

트러스를 외적으로 안정시키기 위해서는 단순보의 경우처럼 1개의 회전지점(힌지)과 1개의 이동지점(롤러)으로 지지하면 된다. 즉 그림 12-4와 같이 지지하는 것이다.

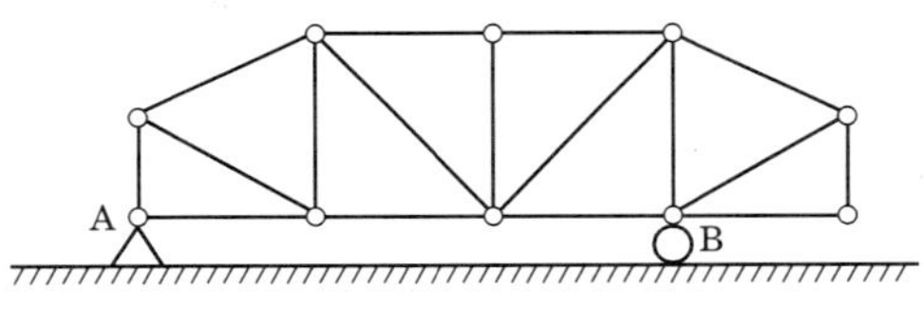

그림 12-4

따라서 이 트러스의 지점반력은 정역학의 평형조건만으로 구할 수 있다. 이러한 트러스를 **외적 정정**이라 한다.

일반적으로, 외적으로 안정인 트러스에 있어서 반력수를 r이라 할 때

$$r = 3$$

이면 외적으로 정정이다. 외적으로 안정인 트러스에 있어서

$$r > 3$$

이면, 평형조건식만으로는 지점반력을 구할 수 없다. 이러한 트러스를 **외적 부정정**이라 한다. r <3이면 트러스는 외적으로 불안정이다.

(5) 트러스의 구성과 분류

① 단순트러스

그림 12-5의 트러스들은 외적으로 안정이고 정정이다. 그러나, 그림 12-5(a)의 트러스는 외력을 받으면 원래의 형상을 유지하지 못하고 파선의 모양으로 허물어진다. 그림 12-5(b)의 트러스에는 그러한 일이 일어나지 않는다. 즉, 이 삼각형 트러스는 그 꼭지점 C에 어떠한 평면역계가 작용하더라도 그 형상이 허물어지지 않는다. 이러한 트러스를 **내적 안정**이라 하고, 그림 12-5(a)와 같은 트러스를 **내적 불안정**이라 한다. 이 트러스를 내적으로 안정시키려면 대각선 방향으로 하나의 부재를 더 배치해야 한다. 이상으로부터, 내적으로 안정된 트러스의 기본은 삼각형 트러스임을 알 수 있다.

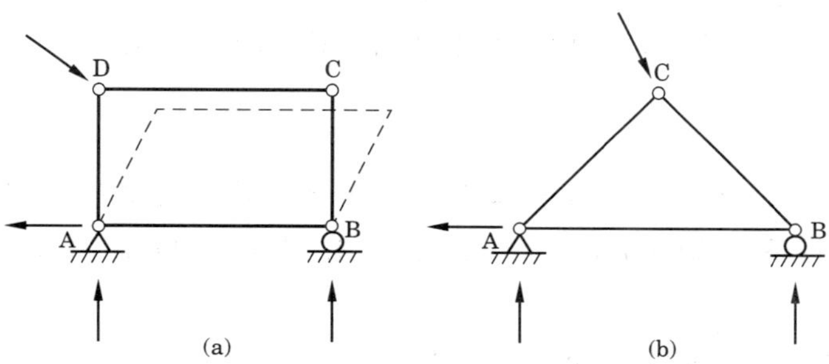

그림 12-5

이제, 그림 12-6과 같이 삼각형 트러스 ABC가 평면 위에 고정되어 있다고 생각하자. 그림에서 절점 B 및 C에 부재 BD, CD를 잇대고 서로 핀으로 연결하여 절점 D를 만들면 ABCD의 트러스를 얻게 되는데, 이것 역시 내적으로 안정이다. 여기에 부재 BE, DE를 잇대고 절점 E를 만들면 내적 안정인 트러스 ABCDE를 얻는다.

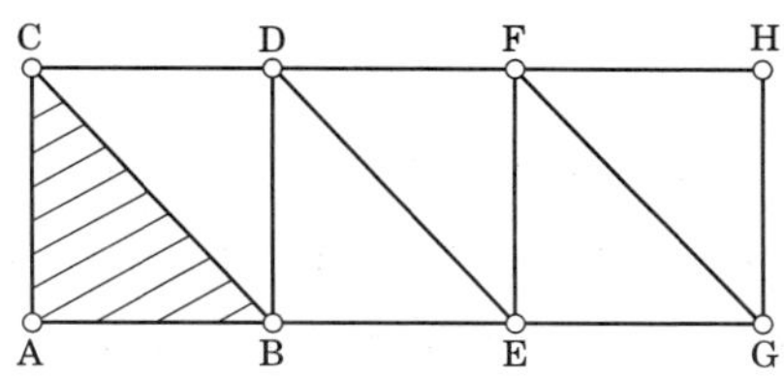

그림 12-6

이러한 일을 거듭해 나가면 여러가지 형상의 내적 안정트러스를 만들 수 있다. 이렇게 해서 얻는 트러스를 **단순트러스**(simple truss)라 한다. 여기서 단순트러스란 회전지점과 이동지점으로 지지된 단순지지의 트러스라는 뜻이 아니고, 합성트러스 또는 복합트러스와 대비해서 붙여진 이름이다.

단순트러스는 가장 기본적인 내적 안정트러스이며 실용적으로 중요하다. 그림 12-2 (a)~(f)는 그 안의 임의 삼각형으로부터 시작하여 위와 같은 방법으로 구성된 것이며, 이들은 모두 단순트러스이다. 이들 트러스는 힘의 평형조건식만으로 모든 부재의 응력을 계산할 수 있다. 이러한 트러스를 **내적 정정**이라 한다.

② 합성트러스

2개 이상의 단순트러스를 서로 평행하지도 않고 한 점에서 만나지도 않는 3개의 링크로 연결하면 새로운 내적 안정 및 정정트러스를 얻는데, 이러한 트러스를 **합성트러스**(compound truss)라 한다. 그림 12-2의 (j)와 (k)가 합성트러스이다.

특히, 그림 12-2(j)의 트러스는 6격간의 Pratt truss를 모체로 하여 각 격간을 2등분하여 12격간으로 만든 트러스로, 이것을 **분할격간트러스**라 한다.

③ 복합트러스

단순트러스나 합성트러스가 아닌데도 내적으로 안정하고 정정한 트러스가 있는데, 이러한 트러스를 **복합트러스**(complex truss)라 한다. 그림 12-14(a)의 트러스가 이것이다.

(6) 트러스의 내적 정정 및 부정정

m개의 부재와 j개의 격점을 가진, 내적으로 안정 및 정정인 트러스가 그림 12-4와 같이 외적으로 정정하게 지지된다면 3개의 지점반력이 일어난다. 그러므로, 이 트러스의 미지력은 (m+3)개이다. 한편, 트러스에 실리는 하중과 반력은 격점에만 작용하므로, 격점마다 자유물체도를 생각하면 모두 2j개의 평형방정식을 얻는다. 따라서, 미지력의 수는 다음 관계로부터 구할 수 있다.

$$m+3=2j$$

$$\therefore\ m=2j-3 \qquad \cdots\cdots (12\text{-}1)$$

외적으로 안정 및 정정이고 내적으로 안정인 트러스가 위의 관계를 만족하면 내적으로 정정임을 뜻한다. 즉, 평형조건식만으로 부재력을 구할 수 있다. 그러나, 위의 식을 만족하는 트러스가 내적으로 불안정한 경우도 있다. 그러므로, 식 (12-1)은 내적으로 정정이기 위한 필요조건이지 충분조건은 아니다.

외적으로 안정 및 정정이고 내적으로 안정인 트러스에 있어서

$$m > 2j-3 \qquad \cdots\cdots (12\text{-}2)$$

이면 평형조건식만으로는 부재력을 구할 수 없다. 그러므로, 이 트러스는 내적으로 부정정이다. 만일

$$m < 2j-3 \qquad \cdots\cdots (12\text{-}3)$$

이면 트러스는 내적으로 불안정이다.

일반적으로, 반력수를 r 이라 할 때, 트러스 전체적으로는 다음과 같다.

$$\left.\begin{array}{l} m+r=2j \text{ 이면 정정} \\ m+r>2j \text{ 이면 부정정} \\ m+r<2j \text{ 이면 불안정} \end{array}\right\} \qquad \cdots\cdots (12\text{-}4)$$

12. 2 트러스의 해석방법

트러스의 부재력을 구하는 방법은 아래와 같이 여러가지 방법이 있다.

① 절점법
- 도해적 방법 — Cremona의 방법(Maxwell의 방법)
- 대수적 방법
  - 일반적 방법
  - 특수방법
    - 인장계수법
    - 지표내력법

② 단면법
- Culmann의 방법(전단력법)
- Ritter의 방법(모멘트법)

③ 부재치환법(Henneberg의 방법)

④ 가상변위법

절점법(method of joints)은 절점을 도려 내어 자유물체도로 생각할 때 절점에 작용하는 외력과 내력은 서로 비겨야 한다는 이론에 근거를 둔 것이며, 이것을 **격점법**이라고도 한다. 한 점에 작용하는 많은 힘들이 비기기 위해서는, 도해적으로는 그 힘들의 힘의 다각형이 폐합되어야 하고, 대수적으로는 $\Sigma H=0$, $\Sigma V=0$이어야 한다. 전자의 조건에 따르는 것이 도해적 방법인데, 이것은 Cremona의 방법 또는 Maxwell의 방법으로 알려져 있다. 후자의 조건에 따르는 것이 일반적 방법이며, 보통 절점법이라고 하면 이

방법을 말한다. 절점법의 특수한 방법이라고 할 수 있는 인장계수법(method of tension coefficients)은 불규칙한 형상의 트러스나 입체트러스에 유용한 방법이며, 평면트러스에도 적용할 수 있다. 지표내력법(method of index stresses)도 절점법에 속하는 특수 방법의 하나로서 평행현트러스에 적용하면 편리하다.

단면법(method of sections)은 미지의 부재력이 3개 이하로 되도록 트러스를 절단하여 양분하고, 그 한 쪽을 자유물체도로 하여 힘의 평형의 세 조건으로 부재력을 구하는 방법이다. 현재의 내력을 구하는 데에는 Ritter의 방법이 편하고, 복부재의 내력을 구하는 데에는 Culmann의 방법이 편리하다.

부재치환법(method of substitute member)은 복합트러스에 쓰이는 방법으로, Henneberg의 방법이라고도 한다.

또한, 트러스의 부재력을 구하는 데에도 가상일의 원리를 이용할 수 있는데, 이 방법이 가상변위법(method of virtual displacement)이다.

평면트러스에서 가장 보편적인 방법은 절점법과 단면법이며, 또 이 두 방법을 적절히 병용하는 것이 편리하다.

(1) 단순트러스의 해석

① 절점법

그림 12-7(a)와 같은 트러스의 부재력을 절점법으로 구해 보자.

이 트러스는 단순지지이므로 외적으로 안정 및 정정이다. 또, 부재수는 $m=9$이고 절점수는 $j=6$이므로

$$m+3=2j$$

이다. 따라서, 이 트러스는 내적으로도 안정 및 정정이므로, 평형조건만으로 지점반력과 부재력을 구할 수 있다.

《 지점반력 》

트러스 전체를 자유물체도로 보고 평형조건식을 적용하면 지점반력이 구해진다. 지점 B에 $\Sigma M=0$을 적용하면

$$\Sigma M_{atB}=R_A\times 18-30\times 12-90\times 12-120\times 6=0$$

$$\therefore\ R_A=120\ \mathrm{kN}\ (\uparrow)$$

$\Sigma V=0$에 의하여

$$R_B=30+90+120-R_A=120\ \mathrm{kN}\ (\uparrow)$$

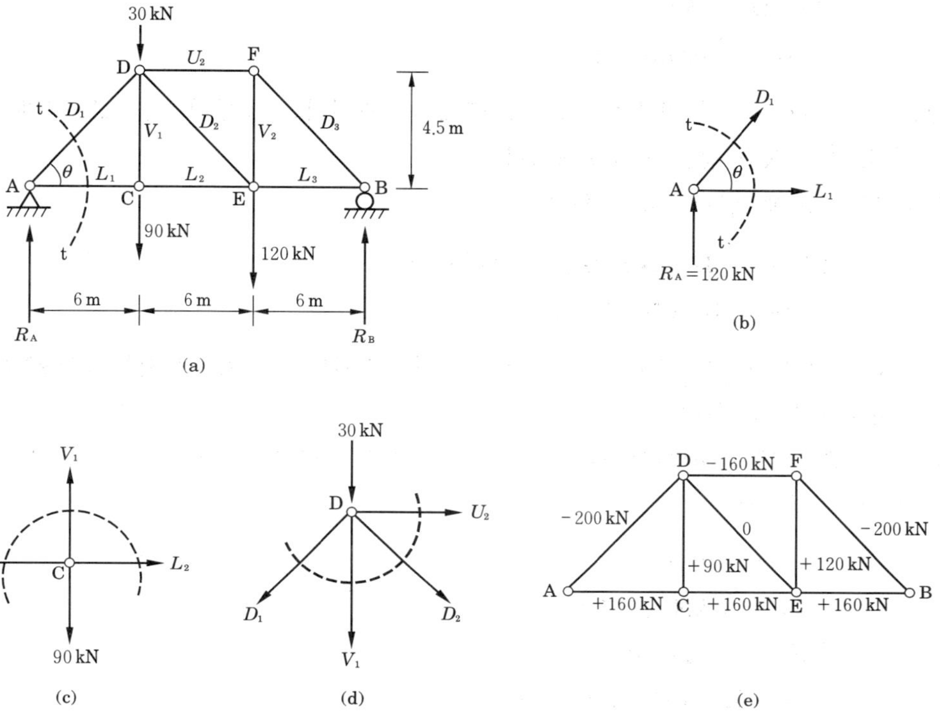

그림 12−7

◖ 부재력 ◗

트러스의 각 부재력을 그림 12-7 (a)와 같이 L_1, D_1, V_1, U_2 등의 기호로 나타내자. 그림 12-7 (a)에서 절점 A를 단면 t-t로 도려 내면 그림 12-7 (b)와 같이 된다. 즉, 절점 A에서 만난 두 부재 AC, AD의 부재력 L_1 및 D_1을 각각 인장력으로 가정하면, 절점 A의 자유물체도는 그림 12-7 (b)와 같이 된다. 이 트러스가 그림 12-7 (a)의 상태에서 평형을 유지한다면, 그림 12-7 (b)의 자유물체도도 평형을 유지해야 하므로, 그림 12-7 (b)에서 $\Sigma H = 0$, $\Sigma V = 0$이 성립해야 한다. $R_A = 120$ kN을 알고 있으므로 $\Sigma V = 0$을 적용하면

$$\Sigma V = 120 + D_1 \sin\theta = 0$$

그림 12-7 (a)에서

$$\sin\theta = \frac{4.5}{\sqrt{6^2 + 4.5^2}} = 0.6$$

$$\cos\theta = \frac{6}{\sqrt{6^2 + 4.5^2}} = 0.8$$

이므로,

$$120 + D_1 \times 0.6 = 0$$

$$\therefore\ D_1 = -200\ \text{kN}\ (\text{압축})$$

부호(−)는 D_1의 작용 방향이 그림 12-7(b)와 반대임을 뜻한다. 즉, AD 부재는 축방향 압축력 200 kN을 받는 압축부재이다.

그림 12-7(b)에 $\Sigma H = 0$을 적용하면

$$\Sigma H = L_1 + D_1 \cos\theta = L_1 + (-200) \times 0.8 = 0$$

$$\therefore\ L_1 = +160\ \text{kN}\ (\text{인장})$$

(+)는 L_1의 작용방향이 그림 12-7(b)와 같다는 뜻이다. 즉, AC 부재는 160 kN의 축방향인장력을 받는 인장부재이다.

다음에, 그림 12-7(a)에서 격점 C를 도려 내면 그림 12-7(c)와 같은 자유물체도를 얻는다. 이 그림에서

$$\Sigma V = V_1 - 90 = 0$$

$$\therefore\ V_1 = 90\ \text{kN}\ (\text{인장})$$

$$\Sigma H = -L_1 + L_2 = 0$$

$$\therefore\ L_2 = L_1 = 160\ \text{kN}\ (\text{인장})$$

절점 D를 생각하면 그림 12-7(d)와 같이 되어

$$\Sigma V = -30 - V_1 - D_1 \sin\theta - D_2 \sin\theta = 0$$

$$-30 - 90 - (-200) \times 0.6 - D_2 \times 0.6 = 0$$

$$\therefore\ D_2 = 0$$

$$\Sigma H = U_2 + D_2 \cos\theta - D_1 \cos\theta = 0$$

$$U_2 + 0 - (-200) \times 0.8 = 0$$

$$\therefore\ U_2 = -160\ \text{kN}\ (\text{압축})$$

이러한 방법을 나머지 절점 E, F, B에 차례로 적용해 가면 모든 부재력을 얻을 수 있으며, 그 결과가 그림 12-7(e)에 나타나 있다. 마지막으로 취하는 절점에서는 계산 결과를 검산하는 것이 된다. 이러한 방법으로 부재력을 구하는 것이 절점법이다. 어느 절점부터 시작하든 상관 없으나, 반드시 미지의 부재력이 2개 이하인 절점을 골라 가면서 계산해야 한다.

② 단면법

그림 12-7(a)의 트러스를 단면법으로 계산해 보자. 이 트러스를 그림 12-8(a)와 같이 임의단면 t-t로 양분하면 그림 12-8(b) 및 (c)와 같이 된다. 단면 t-t로 잘린 부재들

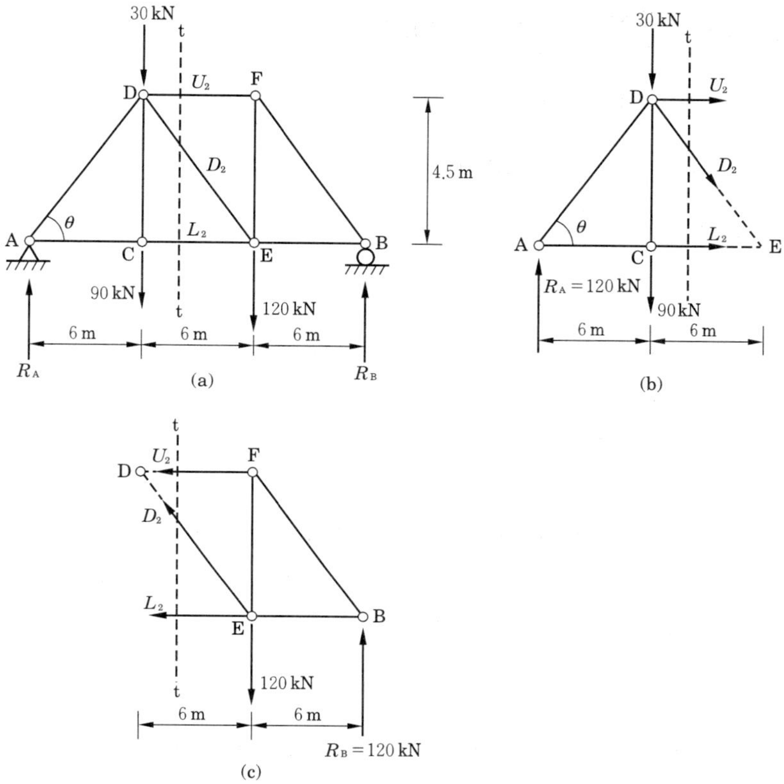

그림 12-8

의 응력 U_2, D_2 및 L_2를 모두 인장력으로 가정하면, 단면 t-t의 왼쪽 부분은 그림 12-8(b)와 같이 되고, 오른쪽 부분은 그림 12-8(c)와 같이 된다. 주어진 트러스가 평형을 유지한다면 그림 12-8(b)의 자유물체도도 평형을 유지해야 한다. 바꾸어 말하면, 그림 12-8(b)에서 단면 t-t의 왼쪽에 작용하는 외력과 단면 t-t로 잘린 부재 내력은 서로 비겨야 한다. 즉, 평형의 세 조건이 만족되어야 한다. CE 부재와 DE 부재의 교점 즉, 격점 E에 대하여 $\Sigma M = 0$을 적용하면

$$\Sigma M_{atE} = 120 \times 12 - 30 \times 6 - 90 \times 6 + U_2 \times 4.5 = 0$$

$$\therefore\ U_2 = -\frac{120 \times 12 - 30 \times 6 - 90 \times 6}{4.5} = -\frac{720}{4.5} = -160\ \text{kN}\ (\text{압축})$$

부호(−)는 U_2의 작용 방향이 가정과 반대임을 뜻한다. 즉, 부재 DF는 축방향압축력 160 kN을 받는 압축부재이다. 그림 12-8(b)에서 절점 D에 대하여 $\Sigma M = 0$을 적용하면

$$\Sigma M_{atD} = 120 \times 6 - L_2 \times 4.5 = 0$$

$$\therefore\ L_2=\frac{120\times 6}{4.5}=\frac{720}{4.5}=160\,\mathrm{kN}\ (\text{인장})$$

그림 12-8(b)에서 $\Sigma V=0$을 적용하면

$$\Sigma V=120-30-90-D_2\sin\theta=0$$

$$\therefore\ D_2=\frac{120-30-90}{0.6}=0$$

이러한 방법으로 부재력을 구하는 것이 단면법이다. 위에서 상현재의 부재력 U_2를 구할 때의 분자 $(120\times 12-30\times 6-90\times 6)$은 트러스를 보라고 생각했을 때 절점 E의 휨모멘트와 같다. 하현재의 부재력 L_2를 구할 때의 분자 (120×6)은 트러스를 보라고 생각했을 때 절점 C의 휨모멘트이다. 즉, 현재의 부재력은 트러스를 보라고 생각했을 때 그 현재를 밑변으로 하는 삼각형의 꼭지점에 대한 휨모멘트를 그 삼각형의 높이로 나눈 값이다. 그래서 이 방법을 **모멘트법**이라 하며, 창안자의 이름을 따서 Ritter의 **방법**이라고도 한다.

Ritter의 방법은 평행현트러스의 현재의 부재력을 구할 때 편리하다. 이 때, 모멘트의 중심은 부재력을 구하려는 현재를 밑변으로 하는 삼각형의 꼭지점에 두면 계산이 간편하다.

사재 DE의 부재력 D_2를 구할 때의 분자 $(120-30-90)$은 트러스를 보라고 생각했을 때 단면 t-t의 전단력이다. 그래서 이 단면법을 **전단력법**이라 하며, Culmann의 **방법**이라고도 한다. 전단력법은 복부재의 부재력을 구할 때 편리하다.

단면 t-t의 오른쪽 부분의 자유물체도인 그림 12-8(c)를 이용해도 같은 결과를 얻는다. 이상에서 본 바와 같이, 단면법을 사용하면 어떠한 특정 부재의 응력을 바로 구할 수 있다.

그림 12-8(a)에서 부재 AC와 AD를 지나는 단면으로 트러스를 양분하면 그 왼쪽 부분은 그림 12-9와 같이 된다.

부재 AC의 부재력 L_1은 그림 12-9에서 절점 D에 대하여 $\Sigma M=0$을 적용하면

$$\Sigma M_{atD}=120\times 6-L_1\times 4.5=0$$

$$\therefore\ L_1=\frac{120\times 6}{4.5}=160\,\mathrm{kN}\ (\text{인장})$$

단면 t-t에 대하여 $\Sigma V=0$을 적용하면

$$\Sigma V=120+D_1\sin\theta=0$$

$$\therefore\ D_1=-\frac{120}{\sin\theta}=-\frac{120}{0.6}=-200\,\mathrm{kN}\ (\text{압축})$$

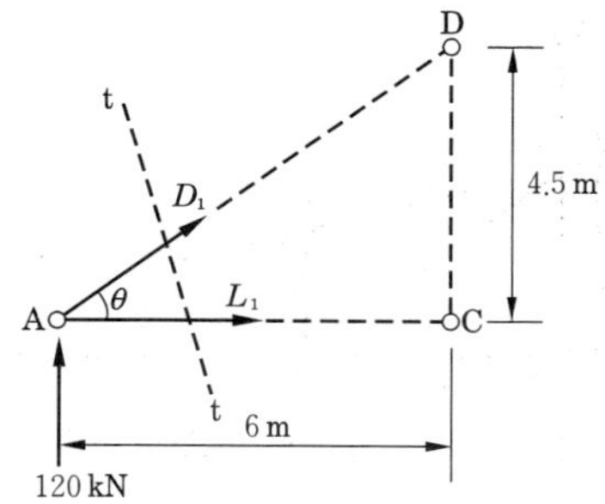

그림 12-9

수직부재 CD의 부재력 V_1을 구하기 위하여 그림 12-10과 같이 단면 t-t로 트러스를 양분한다.

단면 t-t의 왼쪽에 대하여 $\Sigma V=0$을 적용하면

$$\Sigma V = 120 - 90 + D_1 \sin\theta + V_1 = 0$$

$$120 - 90 + (-200) \times 0.6 + V_1 = 0$$

$$\therefore\ V_1 = -90\ \mathrm{kN}\ \text{(압축)}$$

V_1은 절점법으로 구하는 것이 간편함을 알 수 있다.

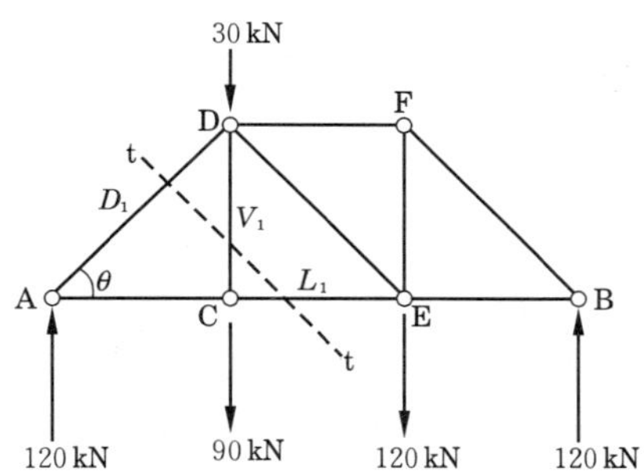

그림 12-10

나머지 부재의 응력들도 이러한 방법으로 구할 수 있다. 일반적으로, 절점법과 단면법을 적절히 섞어 쓰면 계산을 간편하게 할 수 있다.

【예제 12-1】 그림 12-11(a)의 트러스의 부재력을 구하라.

풀이 단순지지이므로 지점반력은 그림과 같이 3개이다. 즉, r=3이므로 이 트러스는 외적으로 안정 및 정정이며, m=11, j=7이므로 m+3=2j이다. 따라서, 이 트러스는 내적으로 안정 및 정정이다.

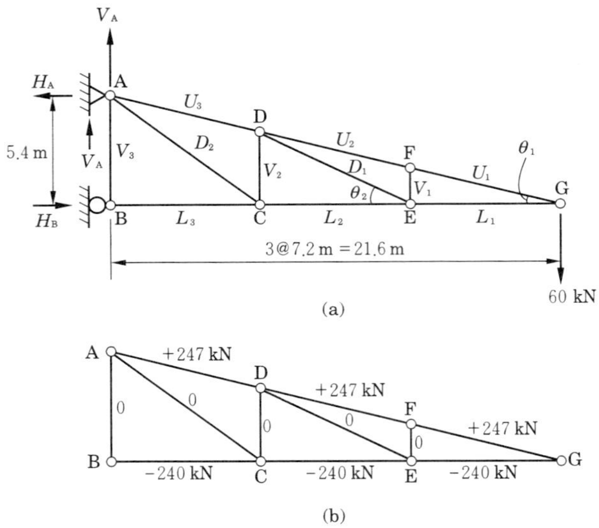

그림 12−11

◖ 지점반력 ◗

$$\Sigma M_{atA} = -H_B \times 5.4 + 60 \times 21.6 = 0$$

$$\therefore\ H_B = 240\ \text{kN}\ (\rightarrow)$$

$$\Sigma H = H_B - H_A = 0$$

$$\therefore\ H_A = H_B = 240\ \text{kN}\ (\leftarrow)$$

$$\Sigma V = V_A - 60 = 0$$

$$\therefore\ V_A = 60\ \text{kN}\ (\uparrow)$$

◖ 부재력 ◗

각 부재의 부재력을 그림과 같은 기호로 나타내고 절점법을 사용한다.

그림(a)에서 삼각형의 닮음비에 의하여 $EF = \dfrac{7.2}{21.6} \times 5.4 = 1.8\,\text{m}$ 이므로

$$\sin\theta_1 = \frac{1.8}{\sqrt{7.2^2 + 1.8^2}} = 0.243 \qquad \cos\theta_1 = \frac{7.2}{\sqrt{7.2^2 + 1.8^2}} = 0.970$$

절점 G에서

$$\Sigma V = -60 + U_1 \sin\theta_1 = 0$$

$$\therefore\ U_1 = \frac{60}{\sin\theta_1} = \frac{60}{0.243} = 247\ \text{kN}\ (\text{인장})$$

$$\Sigma H = -L_1 - U_1 \cos\theta_1 = 0$$

$$-L_1 - 247 \times 0.970 = 0$$

$$\therefore\ L_1 = -240\ \text{kN}\ (\text{압축})$$

절점 F에서

$$\Sigma H = U_1 \cos\theta_1 - U_2 \cos\theta_1 = 0$$
$$\therefore\ U_2 = U_1 = 247\ \text{kN}\ \ (\text{인장})$$
$$\Sigma V = -V_1 - U_1 \sin\theta_1 + U_2 \sin\theta_1 = 0$$
$$\therefore\ V_1 = 0$$

절점 E에서

$$\Sigma V = V_1 + D_1 \sin\theta_2 = 0$$
$$0 + D_1 \sin\theta_2 = 0$$
$$\therefore\ D_1 = 0$$
$$\Sigma H = L_1 - L_2 + D_1 \cos\theta_2 = 0$$
$$L_1 - L_2 + 0 \times \cos\theta_2 = 0$$
$$\therefore\ L_2 = L_1 = -240\ \text{kN}\ \ (\text{압축})$$

미지의 부재력이 2개인 절점에 차례로 절점법을 적용하면 나머지 부재력을 모두 구할 수 있다. 그 결과가 그림 12-11(b)에 나타나 있다. 이로부터 다음과 같은 사실을 알 수 있다. 즉, 하중이 실리지 않은 절점에서 2개의 부재가 동일직선 위에 있으면 세번째 부재의 응력은 0이다.

【예제 12-2】 그림 12-12(a)와 같은 경사현트러스에서 하현재 CE의 부재력 L, 상현재 DF의 부재력 U 및 사재 DE의 부재력 D를 구하라.

풀이 이 트러스는 외적으로 안정 및 정정이고, 내적으로도 안정 및 정정이다.

◀ 지점반력 ▶

$$\Sigma M_{atB} = R_A \times 60 - 280 \times (7.5 \times 5) - 400 \times 7.5 \times (4+3+2+1) = 0$$
$$\therefore\ R_A = 675\ \text{kN}\ (\uparrow)$$
$$R_B = 280 + 400 \times 4 - 675 = 1205\ \text{kN}\ (\uparrow)$$

◀ 부재력 ▶

부재 CE, DE, DF를 지나서 단면 t-t로 트러스를 양분했을 때 왼쪽 부분의 자유물체도[그림 12-12(b)]에서 점 D에 대하여 $\Sigma M = 0$을 적용하면

$$\Sigma M_{atD} = 675 \times 15 - L \times 9 = 0$$
$$\therefore\ L = 1125\ \text{kN}\ \ (\text{인장})$$

다음에, DF 부재의 부재력 U를 수평분력 U_H와 연직분력 U_V로 분해하고, 그림 12-12(c)에서 E점에 대하여 $\Sigma M = 0$을 적용하면

$$\Sigma M_{atE} = 675 \times 7.5 \times 3 + U_H \times 9.9 = 0$$
$$\therefore\ U_H = -1534\ \text{kN}\ \ (\text{압축})$$

상현재 DF가 수평과 이루는 각을 α라고 하면

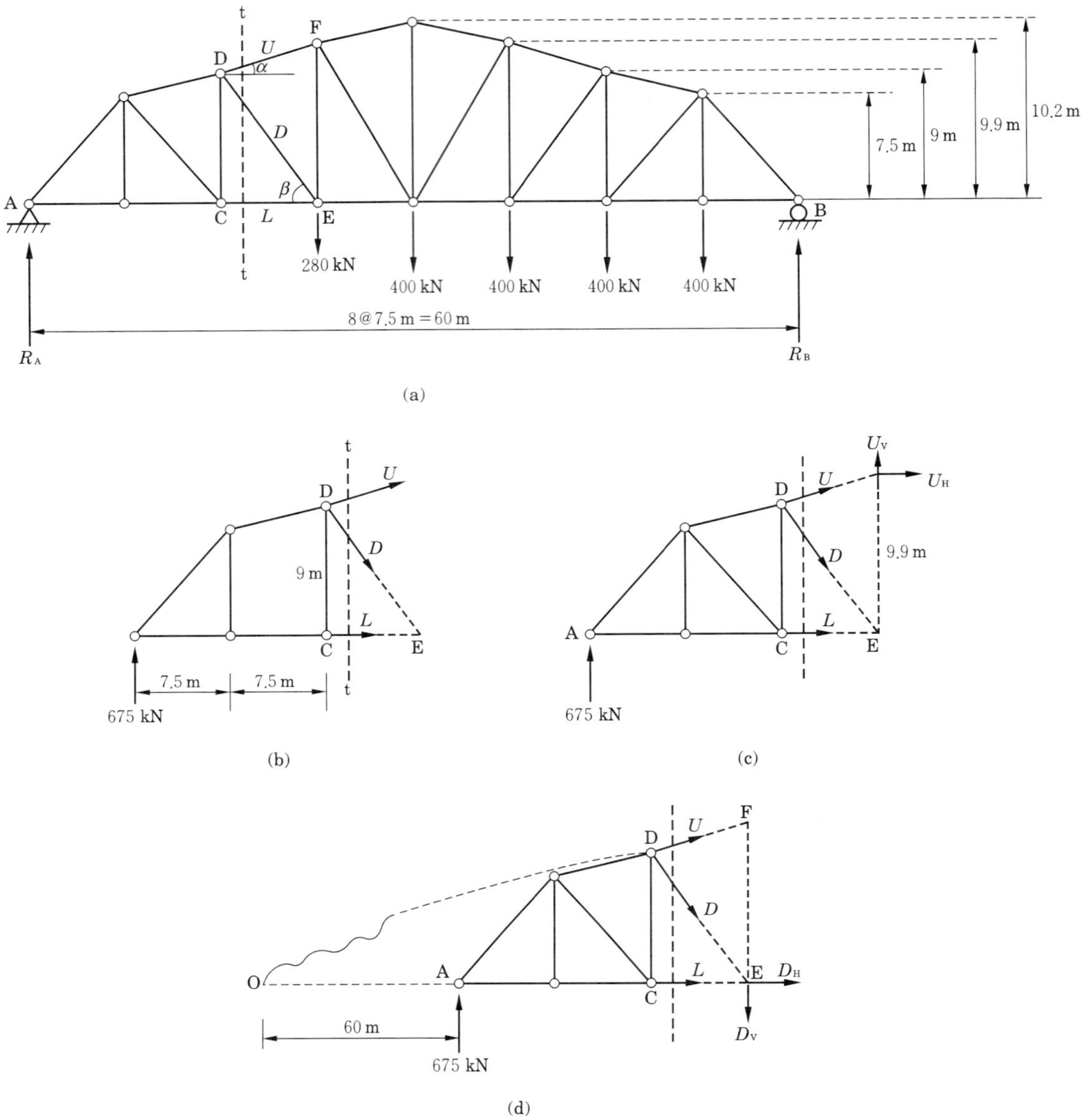

그림 12-12

$$\cos\alpha = \frac{7.5}{\sqrt{7.5^2 + (9.9-9)^2}} = 0.993$$

따라서, 부재 DF의 부재력 U는 다음과 같다.

$$U = \frac{U_H}{\cos\alpha} = \frac{-1534}{0.993} = -1545\ \mathbf{kN}\ \text{(압축)}$$

사재 DE의 부재력 D의 연직분력을 D_V, 수평분력을 D_H라고 하자. 그림 12-12(d)에서 부재 DF의 연장선이 부재 CE의 연장선과 만나는 점 O는 지점 A에서 왼쪽으로 60 m의 거리에 있다. 따라서, 그림 12-12(d)에서 점 O에 대하여 $\Sigma M=0$을 적용하면

$$\Sigma M_{atO} = -675\times 60 + D_V \times (60+7.5\times 3) = 0$$

$$\therefore\ D_V = 491\ \mathrm{kN}\ (\text{인장})$$

부재 DE가 수평과 이루는 각을 β라고 하면

$$\sin\beta = \frac{9}{\sqrt{7.5^2+9^2}} = 0.768$$

사재 DE의 부재력 D는 다음과 같다.

$$D = \frac{D_V}{\sin\beta} = \frac{491}{0.768} = 639\ \mathrm{kN}\ (\text{인장})$$

【예제 12-3】 그림 12-13(a)의 K트러스에서 현재의 부재력 L, U와 사재의 부재력 D_1, D_2를 구하라.

풀이 이 트러스는 외적 및 내적으로 안정이고 정정이다.

◀ 지점반력 ▶

$$\Sigma M_{atB} = R_A\times 36 - 60\times 6\times 4 - 180\times 6\times 3 = 0$$

$$\therefore\ R_A = 130\ \mathrm{kN}\ (\uparrow)$$

$$R_B = 60+180-130 = 110\ \mathrm{kN}\ (\uparrow)$$

◀ 부재력 ▶

그림 12-13(b)와 같이 단면 t-t로 4개의 부재를 자르고 절점 F에 대하여 $\Sigma M=0$을 적용하면

$$\Sigma M_{atF} = 130\times 6\times 2 - L\times 9 = 0$$

$$\therefore\ L = 173\ \mathrm{kN}\ (\text{인장})$$

절점 C에 대하여 $\Sigma M=0$을 적용하면

$$\Sigma M_{atC} = 130\times 6\times 2 + U\times 9 = 0$$

$$\therefore\ U = -173\ \mathrm{kN}\ (\text{압축})$$

이것은 그림 12-13(b)에서 $\Sigma H=0$을 적용해도 얻을 수 있다.

다음에 절점 E에 대한 자유물체도인 그림 12-13(c)에서 절점 E에 대하여 절점법을 적용하면

$$\Sigma H = D_1\cos\alpha + D_2\cos\alpha = 0$$

$$\therefore\ D_1 = -D_2$$

즉, 사재 DE와 EG의 부재력은 크기는 같고 방향은 반대이다. 이 트러스를 그림 12-13(d)와 같이 양분하고, 왼쪽 부분에 대하여 $\Sigma V=0$을 적용하면

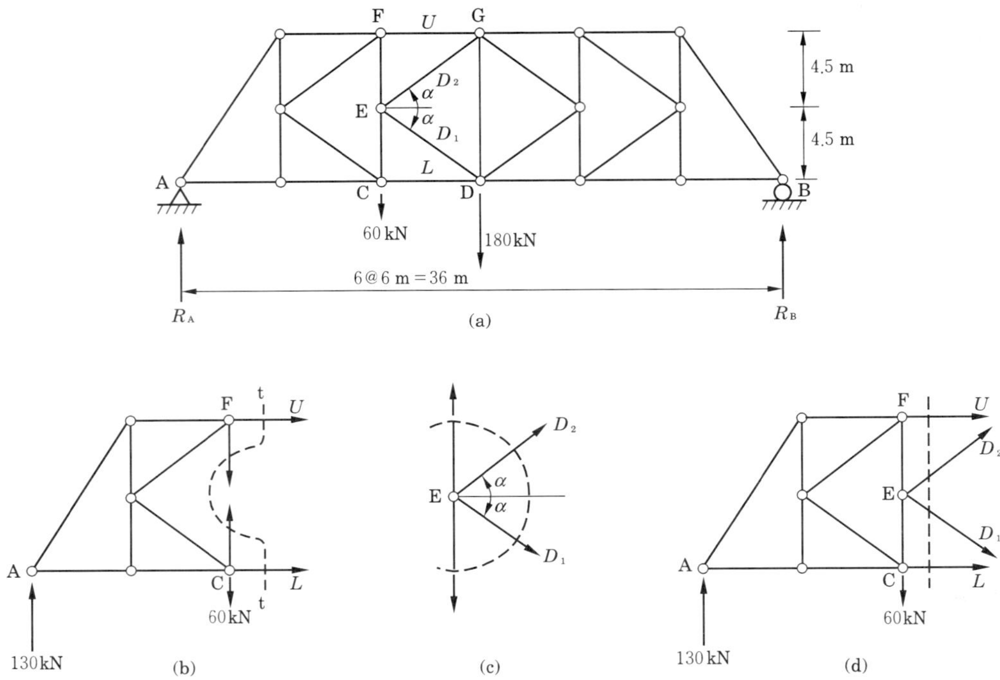

그림 12-13

$$\Sigma V = 130 - 60 - D_1 \sin\alpha + D_2 \sin\alpha = 0$$

여기에 $D_2 = -D_1$ 를 대입하면

$$D_1 = \frac{70}{2\sin\alpha}$$

그런데

$$\sin\alpha = \frac{4.5}{\sqrt{6^2 + 4.5^2}} = 0.6$$

$$\therefore\ D_1 = \frac{70}{2 \times 0.6} = 58\ \text{kN}\ \text{(인장)}$$

$$D_2 = -D_1 = -58\ \text{kN}\ \text{(압축)}$$

이 트러스의 모든 부재력을 구하려면 절점 A를 출발점으로 하여 절점법과 단면법을 적절히 사용하면 된다.

(2) 합성트러스의 해석

단순트러스의 부재력은 절점법만으로 구할 수도 있고, 단면법만으로도 구할 수 있다.

또, 두 방법을 혼용함으로써 구할 수도 있는데, 이것이 더 편리하다. 그러나, 합성트러스의 부재력은 절점법만으로는 구할 수 없는 경우가 종종 있다. 이러한 합성트러스에는 절점법과 단면법을 적절히 이용하면 모든 부재력을 구할 수 있다.

(3) 복합트러스의 해석

복합트러스의 부재력을 구할 때, 절점법과 단면법을 적용할 수 없는 경우가 종종 있다. 예를 들어, 그림 12-14(a)와 같은 트러스를 생각해 보자. 이 트러스는 단순트러스도 아니고 합성트러스도 아닌 복합트러스이다. 또, 이 트러스는 부재수 m=11, 절점수 j=7, 반력수 r=3으로써, m+3=2j가 성립하므로 전체적으로는 안정 및 정정이다. 그러나, 이 트러스에서는 지점반력은 구할 수 있지만, 부재력은 절점법이나 단면법으로 구할 수 없다. 이론상으로는 j개의 절점에서 얻어지는 2j개의 평형방정식을 연립시켜서 풀면 되지만, 이것을 손으로 푼다는 것은 불가능하다.

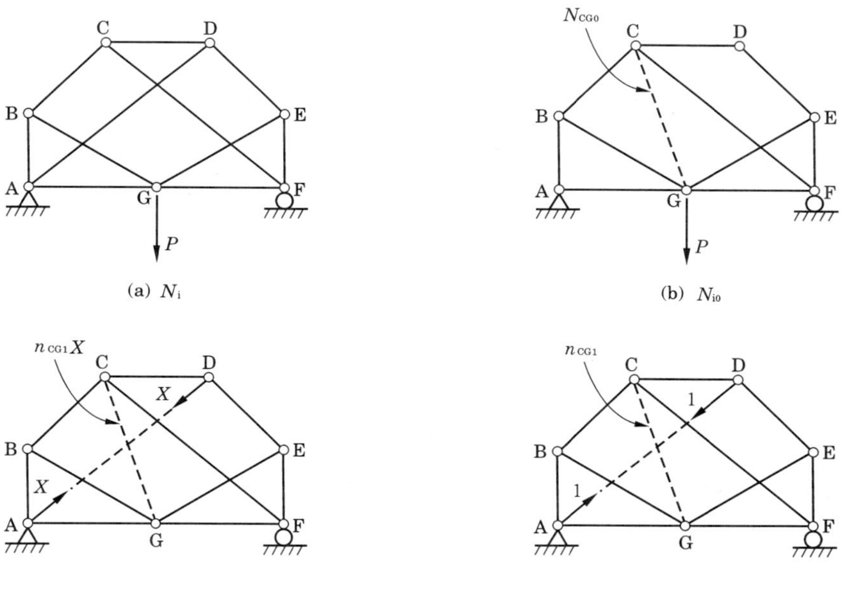

(a) N_i (b) N_{i0} (c) $n_{i1}X$ (d) n_{i1}

그림 12-14

따라서, 이러한 경우에는 다음과 같이 생각한다. 그림 12-14(a)에서 부재 AD를 제거하고, 그 대신 부재 CG를 추가한다. 그러면 그림 12-14(b)와 같은 단순트러스를 얻는다. 이 트러스는 절점법에 의하여 모든 부재력을 구할 수 있다. 그 결과 얻어지는 임의 부재의 부재력을 N_{i0}이라고 하자. 이 때, CG 부재의 부재력은 N_{CG0}이다.

다음에, 그림 12-14 (d)와 같이 절점 A와 D에 단위하중을 작용시키고, 그 결과 얻어지는 임의부재의 부재력을 n_{i1}, CG 부재의 부재력을 n_{CG1}이라고 하자. 그러면, 그림 12-14 (c)와 같이 절점 A와 D에 힘 X를 작용시킬 경우, 임의부재의 부재력은 $n_{i1}X$이고, CG 부재의 부재력은 $n_{CG1}X$이다.

그림 12-14 (a)의 트러스의 부재력은 그림 12-14 (b)와 (c)를 겹침으로써 얻을 수 있다. 따라서, 그림 12-14 (a)의 트러스의 임의부재의 부재력 N_i는 다음과 같이 된다.

$$N_i = N_{i0} + n_{i1}X \quad \cdots\cdots (12\text{-}5)$$

또한, 가상부재 CG의 부재력 N_{CG}는

$$N_{CG} = N_{CG0} + n_{CG1}X \quad \cdots\cdots (12\text{-}6)$$

그런데, 실제의 트러스에는 부재 CG가 존재하지 않으므로 $N_{CG}=0$이다. 즉,

$$N_{CG0} + n_{CG1}X = 0$$

$$\therefore\ X = -\frac{N_{CG0}}{n_{CG1}} \quad \cdots\cdots (12\text{-}7)$$

n_{CG1}은 그림 12-14 (d)에서 얻어지고, N_{CG0}은 그림 12-14 (b)에서 얻어지므로 X가 결정된다. 따라서, 식 (12-5)로 주어진 트러스의 모든 부재력을 구할 수 있다. 이 방법을 **부재치환법**이라 한다.

12. 3 트러스의 영향선

앞에서 다룬 트러스의 해법들은 트러스에 고정하중이 실릴 때의 부재력을 구하는 방법이다. 그러나, 트러스교와 같이 이동하중이 통과하는 트러스의 부재력을 구하는 데에는 영향선을 이용하는 것이 효과적이다. 아래에 단순트러스의 지점반력과 부재력의 영향선을 다루기로 한다.

(1) 지점반력의 영향선

트러스의 지점반력은 그 트러스를 단순보로 보았을 때의 지점반력과 같다. 따라서, 트러스의 지점반력의 영향선은 단순보의 지점반력의 영향선과 같다.

(2) 부재력의 영향선(평행현트러스)

상하의 현재가 평행한, 그림 12-15와 같은 Warren truss의 각 부재력의 영향선을 구해 보자.

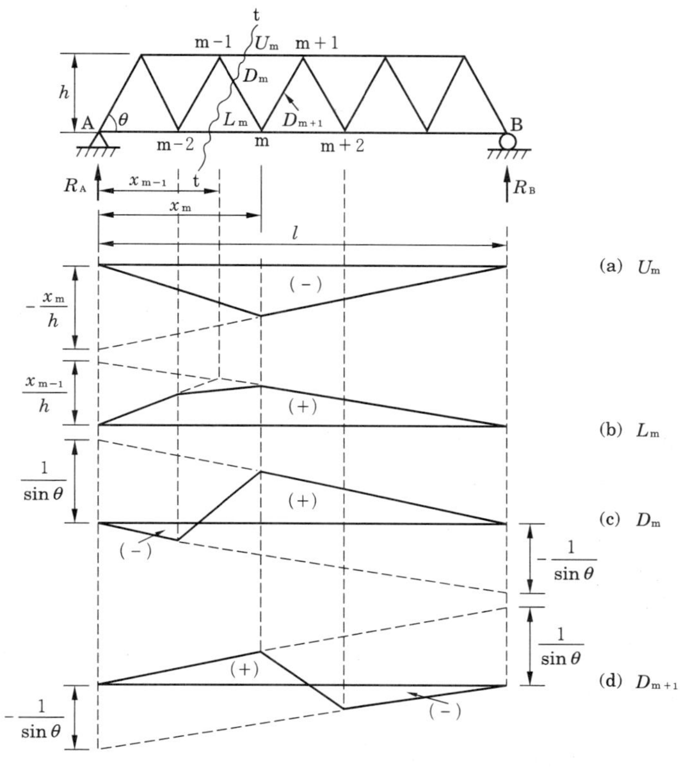

그림 12-15

① 상현재의 영향선

트러스에 단위하중 P=1이 실렸을 때, 상현재의 부재력 U_m을 구해 보자. 단면 t-t의 왼쪽 부분에 대하여 모멘트법을 적용하면

$$\Sigma M_{atm} = M_m + U_m h = 0$$

$$\therefore\ U_m = -\frac{M_m}{h}$$

여기서, M_m은 단면 t-t의 왼쪽 부분에 작용하는 외력의 절점 m에 대한 모멘트이고, 이것은 트러스를 단순보로 보았을 때의 단위하중에 의한 m점의 휨모멘트와 같다. 따라서,

U_m의 영향선은 트러스를 단순보로 보았을 때의 m점에 대한 휨모멘트의 영향선의 종거에 $\left(-\frac{1}{h}\right)$을 곱한 것이 되며, 이것이 그림 12-15(a)에 나타나 있다. 하중이 어느 위치에 있든 영향선의 종거가 부(−)이므로, 상현재 U_m은 항상 압축을 받는다. 다른 상현재의 영향선도 같은 방법으로 구할 수 있다.

② 하현재의 영향선

하현재의 부재력 L_m은, 단면 t-t의 왼쪽 부분에 있어서 절점 (m−1)에 대하여 $\Sigma M = 0$을 적용하면

$$\Sigma M_{at(m-1)} = M_{m-1} - L_m h = 0$$

$$\therefore \; L_m = \frac{M_{m-1}}{h}$$

여기서, M_{m-1}은 단면 t-t의 왼쪽 부분에 작용하는 외력의 절점 (m−1)에 대한 모멘트이고, 이것은 트러스를 단순보로 보았을 때의 (m−1)점에 대한 휨모멘트와 같다. 따라서, L_m의 영향선은 단순보의 (m−1)점에 대한 휨모멘트의 영향선의 종거를 $\frac{1}{h}$배 한 것이 된다. 그런데, 이 트러스는 하로트러스이므로 하중이 절점 (m−2)와 m 사이에 있을 때는 하현재 L_m은 간접하중을 받는 부재로 되어, 이 부분의 영향선은 그림 12-15(b)와 같이 직선으로 된다(6장 6. 4절 (2)의 ④ 참조).

③ 사재의 영향선

단위하중이 실렸을 때 사재의 부재력 D_m을 구해 보자. 단면 t-t의 왼쪽 부분에 대하여 전단력법을 적용하면

$$\Sigma V = V_{(m-2)m} - D_m \sin\theta = 0$$

$$\therefore \; D_m = \frac{1}{\sin\theta} V_{(m-2)m}$$

여기서, $V_{(m-2)m}$은 단면 t-t의 왼쪽 부분에 작용하는 외력의 대수합이고, 이것은 트러스를 단순보로 보았을 때, 단면 t-t의 전단력과 같다. 따라서, D_m의 영향선은 단순보의 단면 t-t에 대한 전단력의 영향선의 종거를 $\sin\theta$로 나눈 것이 되며, 이것이 그림 12-15(c)에 나타나 있다. 그런데, 이 경우도 절점 (m−2)와 m 사이는 간접하중으로 되므로, 이 부분의 영향선은 그림 12-15(c)와 같이 직선으로 연결해야 한다(6장 6. 4절 (2)의 ④ 참조). 그림 12-15(c)에서 알 수 있는 바와 같이, 사재 D_m은 하중이 단면 t-t의 오른쪽에 실릴 때에는 인장을 받고, 왼쪽에 실릴 때에는 압축을 받는다.

사재 D_{m+1}의 영향선도 위와 같은 방법에 의하여 다음과 같이 된다. 절점 m과

$(m+2)$사이의 하현재 및 D_{m+1}, U_m을 지나는 단면으로 트러스를 양분하고 왼쪽 부분을 생각하면

$$\Sigma V = V_{m(m+2)} + D_{m+1} \sin\theta = 0$$

$$\therefore \ D_{m+1} = -\frac{1}{\sin\theta} V_{m(m+2)}$$

여기서, $V_{m(m+2)}$는 생각하는 단면의 왼쪽 부분의 전단력이다. 따라서, D_{m+1}의 영향선은 그림 12-15(d)와 같이 된다.

④ 수직재의 영향선

다음에 수직재가 있는 평행현트러스를 생각해 보자.

① Warren truss의 수직재

먼저, 그림 12-16(a)와 같이 수직재를 가지는 Warren truss에서 수직재 V_m의 영향선을 생각해 보자.

(a)

(b) V_m (하현재하)

(c) V_{m+1} (상현재하)

(d) D_{m+1}

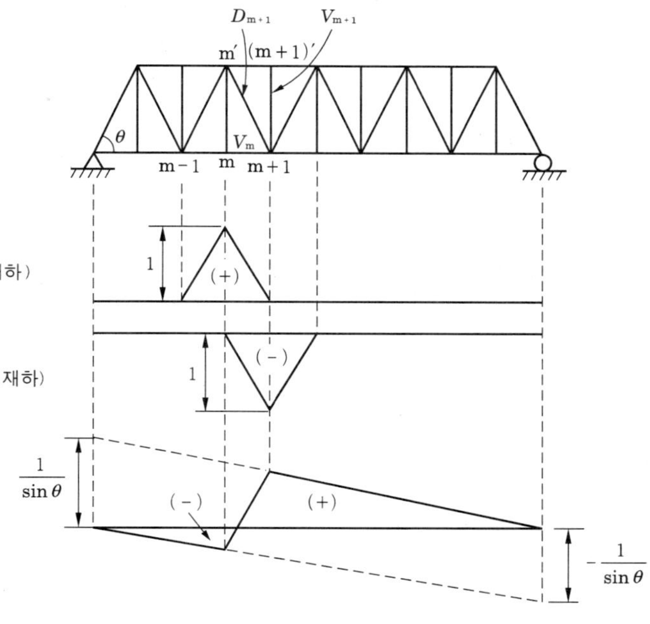

그림 12-16

㉮ 하현재하의 경우 : 그림과 같은 하로트러스에서는 재하현은 하현이다. 하중이 절점 $(m-1)$과 $(m+1)$ 사이에 실릴 때, 절점 m에 대하여 절점법을 적용하면

$$\Sigma V = V_m$$

따라서, 수직재 V_m의 영향선은 그림 12-16(b)와 같이 된다.

㉯ 상현재하의 경우 : 이 트러스가 상로트러스로 되어 상현재하가 될 경우에는 V_m과 같은 수직재에는 부재력이 일어나지 않지만, V_{m+1}과 같은 수직재에는 부재력이 일어나며, 그 영향선은 그림 12-16(c)와 같이 된다.

결국, 이러한 수직재들은 수직재가 속하는 격간에 작용하는 하중만을 부담하는 현수재(hanger) 또는 스트럿(strut)의 구실을 한다. 이 트러스의 현재와 사재의 영향선은 앞에서와 같은 방법으로 얻는다. 그림 12-16(d)는 사재 D_{m+1}의 영향선이다.

② Pratt truss의 수직재

이번에는 그림 12-17(a)와 같은 Pratt truss의 수직부재 V_m의 영향선을 생각해 보자. 단면 t-t의 왼쪽 부분에 대하여 전단력법을 적용하면 다음과 같이 된다.

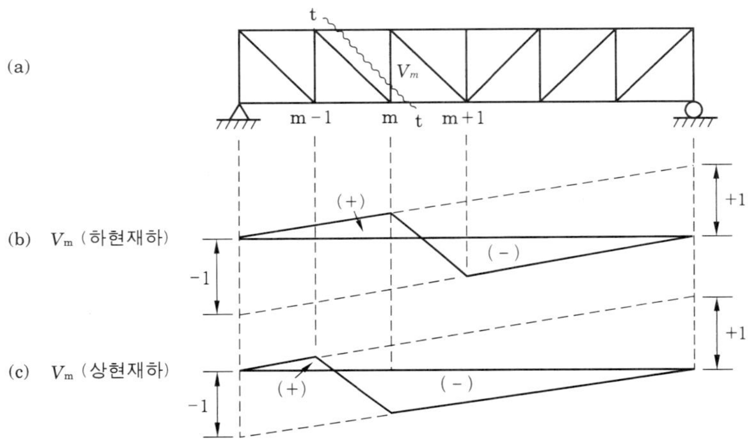

그림 12-17

㉮ 하현재하의 경우

$$\Sigma V = V_{m(m+1)} + V_m = 0$$
$$\therefore\ V_m = -V_{m(m+1)}$$

여기서, $V_{m(m+1)}$은 단면 t-t의 왼쪽 부분에 작용하는 외력의 대수합이고, 이것은 트러스를 단순보로 보았을 때의 단면 t-t의 전단력과 같다. 따라서, V_m의 영향선은 단순보의 단면 t-t에 대한 전단력의 영향선과 같다. 그런데, 절점 m과 (m+1) 사이에서는 간접하중으로 되므로, 이 부분은 직선이다. 결국, 하현재하의 경우 V_m의 영향선은 그림 12-17(b)와 같이 된다.

㉯ 상현재하의 경우 : 상현재하의 경우도 같은 방법에 의하여 다음과 같이 된다.

$$V_m = -V_{(m-1)m}$$

여기서, $V_{(m-1)m}$은 단면 t-t의 왼쪽 부분의 전단력이다. 따라서, V_m의 영향선은 그림 12-17(c)와 같이 된다. 결국, **Pratt truss**의 수직재는 **Warren truss**의 수직재와는 달리, 트러스를 보로 보았을 때의 전단력을 부담한다. 이 트러스의 현재와 사재의 영향선은 앞에서와 같은 방법으로 구할 수 있다.

(3) 부재력의 영향선(경사현트러스)

그림 12-18(a)와 같은 경사현트러스의 부재력의 영향선도 평행현트러스의 경우와 같은 방법으로 구할 수 있다.

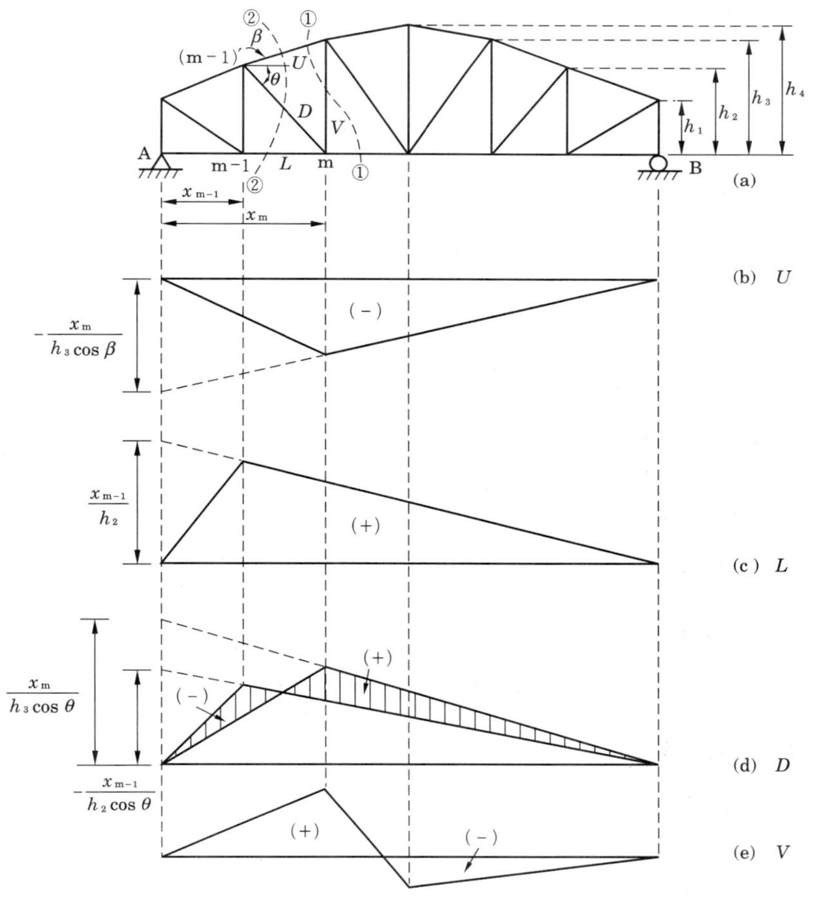

그림 12−18

① 상현재의 영향선

그림 12-18(a)에서 단면 ①-①의 왼쪽 부분의 평형을 생각하면

$$\Sigma M_{atm} = M_m + (U\cos\beta) \times h_3 = 0$$

$$\therefore\ U = -\frac{M_m}{h_3\cos\beta}$$

여기서, M_m은 단면 ①-①의 왼쪽에 작용하는 외력의 절점 m에 대한 모멘트이다. 따라서, 상현재 U의 영향선은 그림 12-18(b)와 같이 된다.

② 하현재의 영향선

단면 ②-②의 왼쪽 부분의 평형을 생각하면

$$\Sigma M_{at(m-1)'} = M_{(m-1)'} - L \times h_2 = 0$$

$$\therefore\ L = \frac{M_{(m-1)'}}{h_2}$$

여기서, $M_{(m-1)'}$은 단면 ②-②의 왼쪽에 작용하는 외력의 절점$(m-1)'$에 대한 모멘트이다. 따라서, L의 영향선은 그림 12-18(c)와 같이 된다.

③ 사재의 영향선

단면 ②-②의 왼쪽 부분에 대하여 $\Sigma H=0$을 적용하면

$$\Sigma H = U\cos\beta + D\cos\theta + L = 0$$

$$-\frac{M_m}{h_3\cos\beta}\cos\beta + D\cos\theta + \frac{M_{(m-1)'}}{h_2} = 0$$

$$\therefore\ D = \frac{M_m}{h_3\cos\theta} - \frac{M_{(m-1)'}}{h_2\cos\theta}$$

따라서, 사재 D의 영향선은 위의 식의 제1항의 그림과 제2항의 그림을 포개면 얻을 수 있다. 그림 12-18(d)가 그것이다.

④ 수직재의 영향선

단면 ①-①의 왼쪽 부분에 대하여 $\Sigma V=0$을 적용하면

$$\Sigma V = V_m + V + U\sin\beta = 0$$

$$\therefore\ V = -V_m - \left(-\frac{M_m}{h_3\cos\beta}\right)\sin\beta$$

$$= -V_m + \frac{M_m}{h_3\cot\beta}$$

여기서, V_m은 단면 ①-①의 왼쪽에 작용하는 외력의 대수합, 즉 전단력이다. 따라서, 수직재 V의 영향선은 위 식의 제1항(단순보의 전단력의 영향선)의 그림과 제2항의 그림을 겹치면 얻을 수 있다. 그림 12-18(e)가 그것이다.

【예제 12-4】 그림 12-19(a)의 트러스에 다음 하중들이 통과할 때 부재 U, L, D 및 V에 일어나는 최대응력(부재력)을 구하라. 사하중(자중) $w_d = 6.8$ kN/m, 등분포활하중 $w_l = 9.5$ kN/m, 집중하중(활하중) P=80 kN이고 충격계수 i=0.217이다.

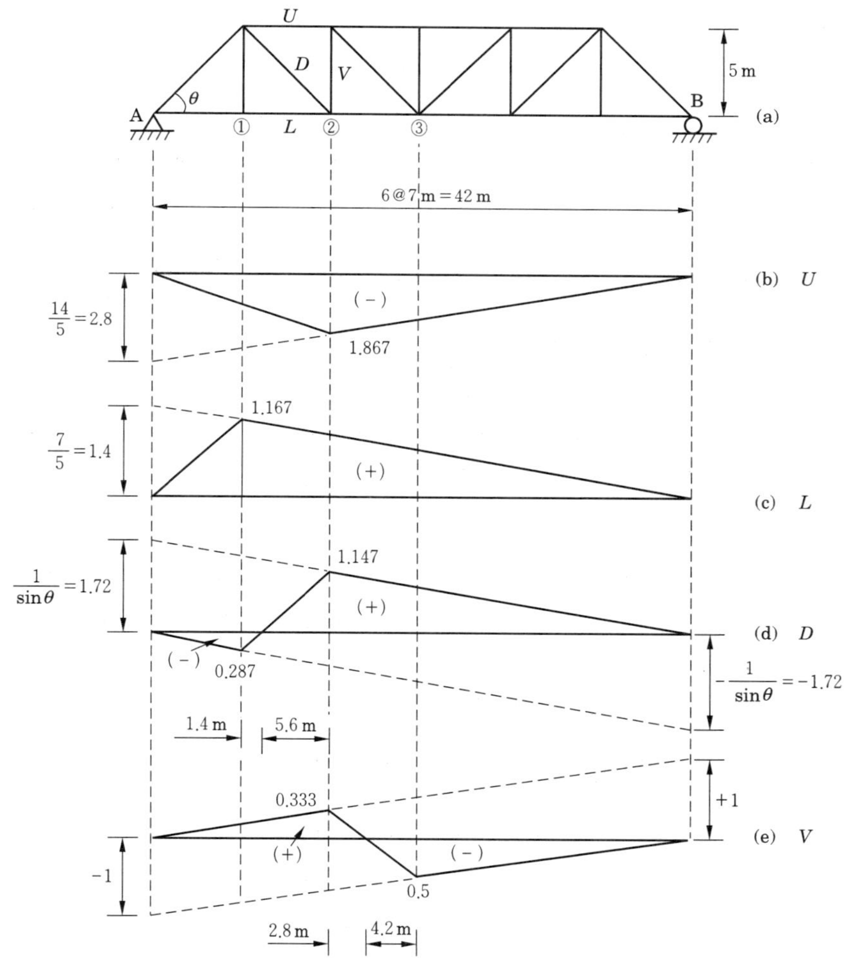

그림 12-19

풀이 이동하중이므로 영향선을 이용하여 계산한다. 각 부재의 영향선은 그림과 같다. 사하중은 전체 지간에 재하하고, 활하중은 영향선의 정(+)의 구간 또는 부(−)의 구간에만 재하한다. 이 때, 집중하중은 정(+) 또는 부(−)의 최대 종거의 위치에 싣는다.

상현재 U의 부재력 : 그림 12-19 (**b**)의 영향선으로 보아 집중하중은 격점 ②에 오도록 싣고 등분포활하중은 전체 지간에 재하한다.

이들의 계산은 다음과 같다.

$$\begin{aligned}
&\text{사하중(자중)} : 6.8\times\left(-1.867\times 42\times \frac{1}{2}\right)=-266.6\ \mathbf{kN}\\
&\text{등분포활하중} : 9.5\times\left(-1.867\times 42\times \frac{1}{2}\right)=-372.5\ \mathbf{kN}\\
&\text{집중활하중} : \quad +80\times(-1.867)=-149.4\ \mathbf{kN}\\
&\text{충격} : 0.217\times(-372.5-149.4)=-113.3\ \mathbf{kN}\\
\hline
&\qquad\qquad\text{합계}=-902\ \mathbf{kN}
\end{aligned}$$

즉, 상현재 U는 최대 902 **kN**의 압축력을 받는다.

하현재 L의 부재력 : 그림 12-19 (**c**)의 영향선으로 보아 집중하중은 격점 ①에 실리고 등분포활하중은 전체 지간에 실릴 때 L의 부재력은 최대로 된다.

$$\begin{aligned}
&\text{사하중} : 6.8\times\left(1.167\times 42\times \frac{1}{2}\right)=+166.6\ \mathbf{kN}\\
&\text{등분포활하중} : 9.5\times\left(1.167\times 42\times \frac{1}{2}\right)=+232.8\ \mathbf{kN}\\
&\text{집중활하중} : \quad +80\times 1.167= +93.4\ \mathbf{kN}\\
&\text{충격} : 0.217\times(232.8+93.4)= +70.8\ \mathbf{kN}\\
\hline
&\qquad\qquad\text{합계}=+563.6\ \mathbf{kN}
\end{aligned}$$

즉, 하현재 L은 최대 564 **kN**의 인장력을 받는다.

사재 D의 부재력 : 그림 12-19 (**d**)의 영향선으로 보아 등분포활하중은 영향선의 정(+)의 구간에만 싣고 집중하중은 격점 ②에 싣는다. 사하중은 전체 지간에 작용하므로

$$\begin{aligned}
&\text{사하중} : 6.8\times\left(1.147\times 33.6\times \frac{1}{2}\right)= +131.0\ \mathbf{kN}\\
&\qquad\quad 6.8\times\left(-0.287\times 8.4\times \frac{1}{2}\right)= -8.2\ \mathbf{kN}\\
&\text{등분포활하중} : 9.5\times\left(1.147\times 33.6\times \frac{1}{2}\right)=+183.1\ \mathbf{kN}\\
&\text{집중활하중} : \quad +80\times 1.147= +91.8\ \mathbf{kN}\\
&\text{충격} : 0.217\times(183.1+91.8)= +59.7\ \mathbf{kN}\\
\hline
&\qquad\qquad\text{합계}=+457.4\ \mathbf{kN}
\end{aligned}$$

즉, 등분포활하중이 지점 B에서 33.6 **m** 되는 곳까지 실릴 때, 사재 D는 457 **kN**의 인장을 받는다.

등분포활하중이 지점 A에서 8.4 **m** 되는 곳까지만 실릴 때에는

$$
\begin{aligned}
&\text{사 하 중}: 6.8\times\left(1.147\times33.6\times\frac{1}{2}\right)=+131.0\ \mathbf{kN}\\
&\qquad 6.8\times\left(-0.287\times8.4\times\frac{1}{2}\right)=-8.2\ \mathbf{kN}\\
&\text{등분포활하중}: 9.5\times\left(-0.287\times8.4\times\frac{1}{2}\right)=-11.5\ \mathbf{kN}\\
&\text{집중활하중}: +80\times(-0.287)=-23.0\ \mathbf{kN}\\
&\text{충 격}: 0.217\times(-11.5-23.0)=-7.5\ \mathbf{kN}\\
&\hline
&\text{합계}=+80.8\ \mathbf{kN}
\end{aligned}
$$

이 경우에는 81 **kN**의 인장을 받는다. 즉, 사재 D는 어느 경우이든 인장을 받는다.

수직재 V의 부재력 : 등분포하중이 지점 B에서 25.2 **m** 되는 곳까지만 실릴 때에는[그림 12-19(e) 참조].

$$
\begin{aligned}
&\text{사 하 중}: 6.8\times\left(-0.5\times25.2\times\frac{1}{2}\right)=-42.8\ \mathbf{kN}\\
&\qquad 6.8\times\left(0.333\times16.8\times\frac{1}{2}\right)=+19.0\ \mathbf{kN}\\
&\text{등분포활하중}: 9.5\times\left(-0.5\times25.2\times\frac{1}{2}\right)=-59.9\ \mathbf{kN}\\
&\text{집중활하중}: +80\times(-0.5)=-40\ \mathbf{kN}\\
&\text{충 격}: 0.217\times(-59.9-40)=-21.7\ \mathbf{kN}\\
&\hline
&\text{합계}=-145.4\ \mathbf{kN}
\end{aligned}
$$

즉, 145 **kN**의 압축을 받는다. 등분포활하중이 지점 A에서 16.8 **m** 되는 곳까지만 실릴 때에는

$$
\begin{aligned}
&\text{사 하 중}: 6.8\times\left(-0.5\times25.2\times\frac{1}{2}\right)=-42.8\ \mathbf{kN}\\
&\qquad 6.8\times\left(0.333\times16.8\times\frac{1}{2}\right)=+19.0\ \mathbf{kN}\\
&\text{등분포활하중}: 9.5\times\left(0.333\times16.8\times\frac{1}{2}\right)=+26.6\ \mathbf{kN}\\
&\text{집중활하중}: +80\times0.333=+26.6\ \mathbf{kN}\\
&\text{충 격}: 0.217\times(26.6+26.6)=+11.5\ \mathbf{kN}\\
&\hline
&\text{합계}=+40.9\ \mathbf{kN}
\end{aligned}
$$

이 경우에는 약 41 **kN**의 인장을 받는다. 즉, 이 수직재 V는 활하중이 지점 B로부터 지점 A를 향하여 진행하는 동안 최대 145 **kN**의 압축을 받다가, 최대 41 **kN**의 인장을 받는다. 이와 같이 인장과 압축을 번갈아 받는 부재를 교번응력(alternating stress)을 받는 부재라고 한다. 이러한 부재는 인장과 압축 양쪽에 대하여 모두 안전하도록 설계해야 한다.

12. 4 트러스의 처짐

트러스의 처짐, 즉 격점의 변위를 구하는 방법에는 여러가지가 있다. 도해적으로는 Williot의 변위도나 Williot-Mohr의 변위도를 이용하는 방법이 있고, 해석적으로는 가상일의 원리를 이용하는 방법 또는 Castigliano의 정리를 이용하는 방법 등이 있다. 여기서는 트러스에 가장 일반적으로 쓰이는 가상일의 방법에 대하여 설명하기로 한다.

제9장 7절에서 유도한 가상일의 식 (9-21)을 여기에 다시 적어 보자.

$$\Sigma \bar{P}\delta = \int \bar{\sigma}\varepsilon \, dV$$

이 가상일의 원리를 트러스에 적용해 보자. 그러기 위하여 단면적이 A이고 길이가 l 인 하나의 부재를 생각하면, 이 부재는 축력만을 받으므로 위 식의 우변은 다음과 같이 된다.

$$\int \bar{\sigma}\varepsilon \, dV = \int_l \int_A \bar{\sigma}\varepsilon \, dA \, dx = \bar{\sigma}\varepsilon \, Al \quad \cdots\cdots \text{(a)}$$

실제의 하중에 의하여 이 부재에 일어나는 축력을 N, 탄성계수를 E라 하면, 이 부재의 실제의 변형률 ε은

$$\varepsilon = \frac{\sigma}{E} = \frac{N}{EA} \quad \cdots\cdots \text{(b)}$$

가상하중 $\bar{P}$에 의하여 이 부재에 일어나는 축력을 u라고 하면, 이 부재의 가상응력 $\bar{\sigma}$는

$$\bar{\sigma} = \frac{u}{A} \quad \cdots\cdots \text{(c)}$$

이들을 식 (a)에 대입하고 트러스 전체를 생각하면 식 (9-21)은 다음과 같이 된다.

$$\Sigma \bar{P}\delta = \Sigma \frac{Nul}{EA} \quad \cdots\cdots \text{(12-8)}$$

가상하중을 $\bar{P}=1$로 하고 변위를 구하려는 격점에만 작용시킨다면 위의 식은 다음과 같이 된다.

$$1\,\delta = \Sigma \frac{Nul}{EA} \quad \cdots\cdots \text{(12-9)}$$

트러스의 변위는 온도의 변화에 의해서도 일어난다. 온도의 변화를 t, 부재의 선팽창계수를 α라 하면

$$\varepsilon = \alpha t \quad \cdots\cdots \text{(d)}$$

식 (c)와 식 (d)를 식 (a)에 대입하고 트러스 전체에 대하여 모으면

$$1\delta = \Sigma u\alpha tl \quad \cdots\cdots (12\text{-}10)$$

이것이 온도 변화로 인한 트러스의 변위이다. 따라서, 하중작용에 온도 변화의 영향까지를 생각하면 트러스의 변위는 다음과 같이 된다.

$$1\delta = \Sigma\left(\frac{N}{EA} + \alpha t\right)ul \quad \cdots\cdots (12\text{-}11)$$

위의 식들을 사용하여 트러스의 변위를 구하는 것을 가상일의 방법 또는 단위하중법이라 한다. 이 방법을 이용하면 트러스의 격점의 변위뿐만 아니라, 두 격점의 상대변위, 부재의 회전각, 두 부재의 상대 각변위 등도 구할 수 있다.

【예제 12-5】 그림 12-20 (a)의 트러스에서 격점 C의 연직변위(처짐)를 구하라. 각 부재의 단면적은 표 12-1에 나타나 있으며, 탄성계수는 $E = 2.1 \times 10^5$ MPa 이다.

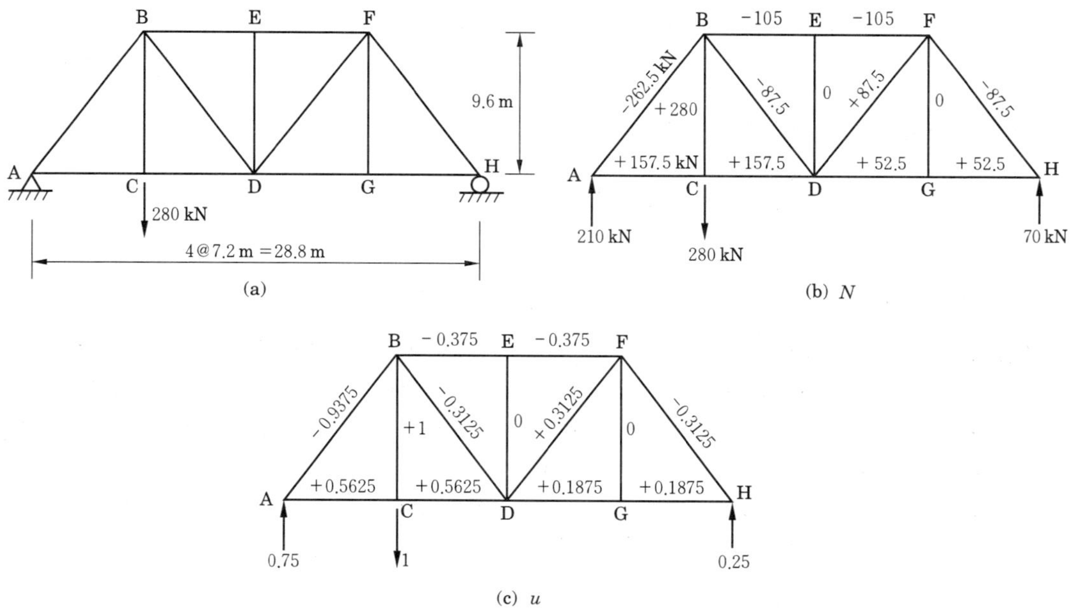

그림 12-20

풀이 먼저, 이 트러스의 각 부재력 N을 구해야 한다. 그 결과가 그림 12-20 (b)와 표 12-1에 나타나 있다. 다음에, 연직변위를 구해야 할 격점 C에 단위하중을 연직방향으로 작용시키고

각 부재력 u를 구한다. 그 결과가 그림 12-20(c)와 표 12-1에 나타나 있다.

이들을 식 (12-9)에 대입하여 계산해야 한다. 계산 결과가 표 12-1에 나타나 있다.

표 12-1

부 재	길 이 l(mm)	단면적 $A(mm^2)$	부재력 N (단위 N)	u	$\frac{Nul}{A}$ (N/mm)
AC	7,200	15,000	+157,500	+0.5625	+42,525
CD	7,200	15,000	+157,500	+0.5625	+42,525
DG	7,200	15,000	+52,500	+0.1875	+4,725
GH	7,200	15,000	+52,500	+0.1875	+4,725
BE	7,200	15,000	−105,000	−0.375	+18,900
EF	7,200	15,000	−105,000	−0.375	+18,900
AB	12,000	26,000	−262,500	−0.9375	+113,580
BD	12,000	26,000	−87,500	−0.3125	+12,620
DF	12,000	26,000	+87,500	+0.3125	+12,620
FH	12,000	26,000	−87,500	−0.3125	+12,620
BC	9,600	15,000	+280,000	+1	+179,200
DE	9,600	15,000	0	0	0
FG	9,600	15,000	0	0	0

Σ +462,940

따라서, 격점 C의 연직변위는 다음과 같이 된다.

$$\delta_V = \delta = \Sigma \frac{Nul}{EA} = \frac{462940}{2.1 \times 10^5} = +2.2 \text{ mm}$$ (하향 처짐)

【예제 12−6】 앞의 예제에서 격점 C의 수평변위를 구하라.

풀이 격점 C의 수평변위를 구해야 하므로, 그림 12-21(a)와 같이 단위하중을 격점 C에 수평방향으로 작용시킨다. 그러면, 그림에서와 같이 지점 A에는 수평반력 1이 일어나고, 트러스는 평형을 유지한다. 이 때, 트러스의 부재 AC에만 u=+1의 부재력이 일어나고, 다른 부재에는 부재력이 일어나지 않는다. 즉, 다른 부재의 u는 전부 0이다.

따라서, 격점 C의 수평변위 δ_H는 부재 AC에 대한 값들만을 식 (12-9)에 대입하면 된다. AC 부재의 N, l 및 A는 표 12-1에 있고, u=1이므로 이들 값을 식 (12-9)에 대입하면

$$\delta_H = \delta = \Sigma \frac{Nul}{EA}$$

$$= \frac{157500 \times 1 \times 7200}{2.1 \times 10^5 \times 15000} = +0.36 \text{ mm}$$ (오른쪽 방향)

이 예제에서 격점 C의 수평변위 δ_H가 구해졌고, 앞의 예제에서 연직변위 δ_V가 구해졌으므로, 격점 C의 실제의 변위 δ는 그림 12-21(b)를 참고하면

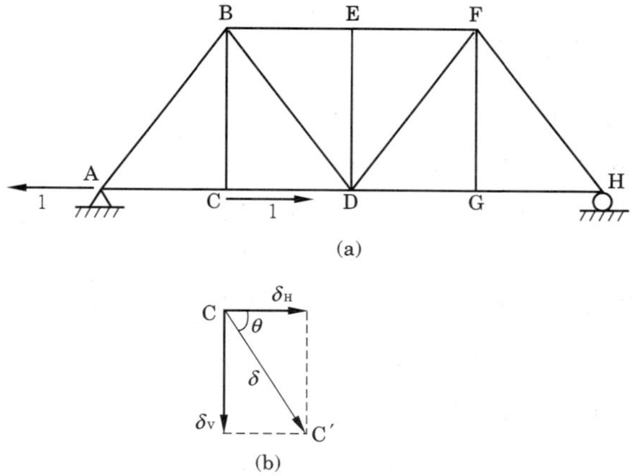

그림 12-21

$$\delta = \sqrt{\delta_V^2 + \delta_H^2}$$
$$= \sqrt{(2.2)^2 + (0.36)^2} = 2.23\ \text{mm}$$

이 변위가 수평과 이루는 각은

$$\theta = \tan^{-1}\left(\frac{\delta_V}{\delta_H}\right)$$
$$= \tan^{-1}\left(\frac{2.2}{0.36}\right) = \tan^{-1} 6.111 = 80°40'$$

【예제 12-7】 그림 12-22의 트러스에서 상현재 **BE** 및 **EF**의 온도가 다른 부재보다 10°C 높아졌을 때, 격점 **C**의 연직변위를 구하라. 이 트러스 부재의 재료의 선팽창계수는 $\alpha = 6.5 \times 10^{-6}$이다.

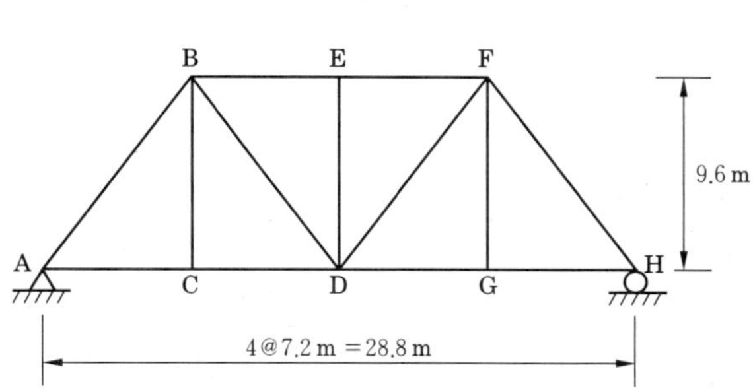

그림 12-22

풀이 정정트러스에서는 온도의 변화로 인한 지점반력이나 부재력은 일어나지 않으나, 부재의 길이가 변하여 트러스 전체의 변형을 일으킨다. 그 변위는 식 (12-10)으로 계산된다.

여기서는 BE 부재와 EF 부재만이 길이가 변하고 다른 부재는 길이의 변화가 없다. 즉, 부재 BE와 EF의 길이의 증가량은 각각

$$\alpha tl = 6.5\times10^{-6}\times10\times7200 = 0.468\ \mathrm{mm}$$

이고, 다른 부재의 길이의 변화는 $\alpha tl = 0$이다.

격점 C의 연직변위를 구해야 하므로, 격점 C에 단위하중을 연직방향으로 작용시키고 각 부재력 u를 구해야 한다. 그 결과는 그림 12-20(c)와 같으며, 부재 BE 및 EF에 대하여 $u = -0.375$이다. 따라서, 격점 C의 연직변위는 식 (12-10)에 의하여

$$\delta_C = \delta = \Sigma u\alpha tl = (-0.375\times0.468)\times2$$
$$= -0.35\ \mathrm{mm}\ (\text{상향})$$

즉, 격점 C는 위쪽으로 0.35 mm 이동한다.

《 연 습 문 제 》

1 그림 12-23의 각 트러스의 안정 및 정정을 검토하라.

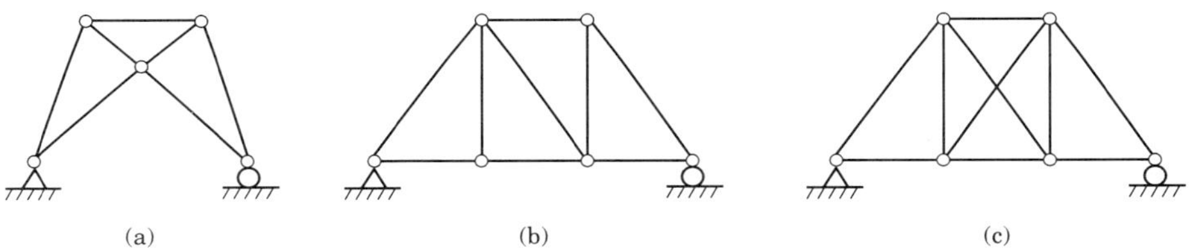

그림 12-23

2 그림 12-24의 각 트러스의 부재력을 구하라.

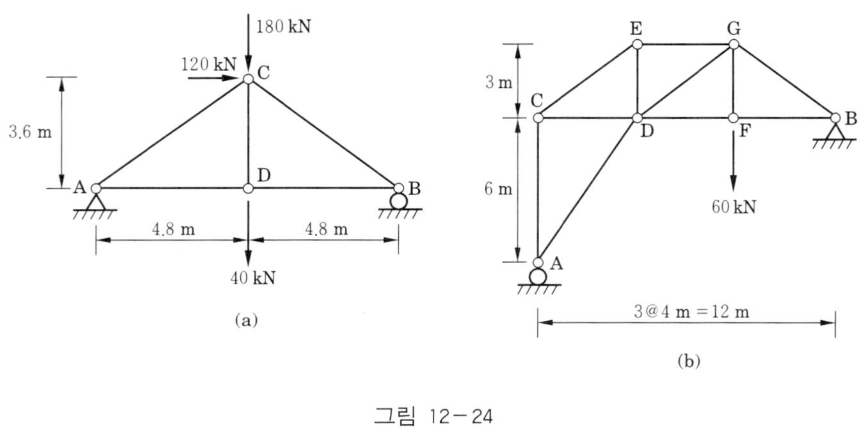

그림 12-24

3 그림 12-25의 트러스에서 부재 U, L 및 D의 부재력을 구하라.

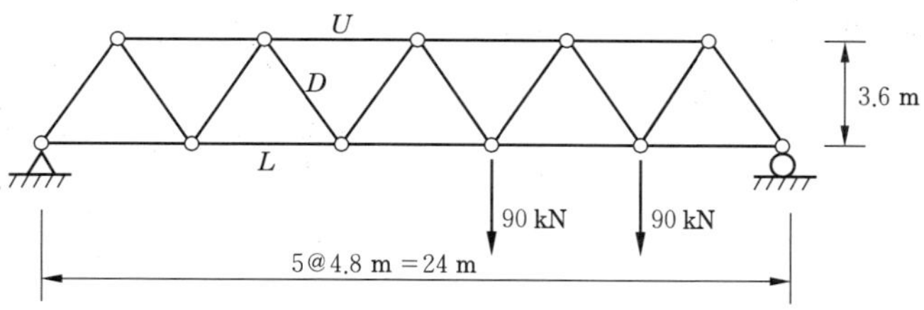

그림 12-25

4 그림 12-26의 트러스에 그림과 같은 하중이 이동할 때, 부재 U, L, D 및 V에 일어나는 최대의 부재력을 구하라.

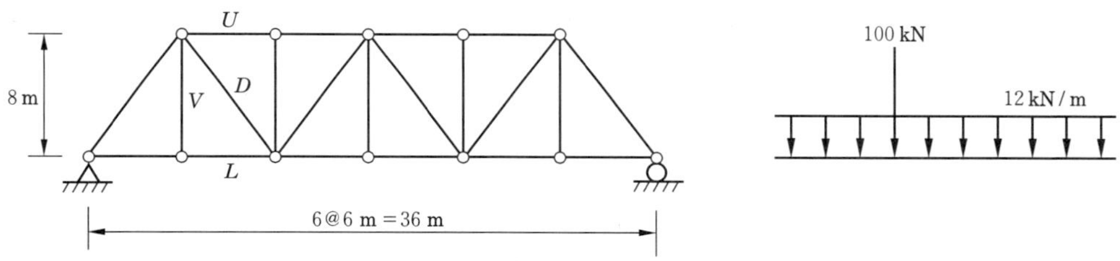

그림 12-26

5 그림 12-27의 트러스에 그림과 같은 하중이 통과할 때, 부재 U, L, D에 일어나는 최대 부재력을 구하라.

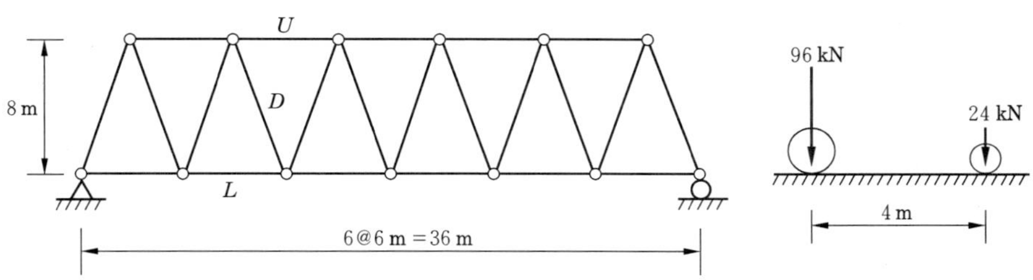

그림 12-27

6 그림 12-28의 트러스에서 다음 것들을 구하라.

(1) 격점 E의 수직변위 및 수평변위

(2) 지점 B의 수평변위

부재 AC, CE, EB, DF의 단면적은 120 cm^2, 부재 AD, DE, BF의 단면적은 200 cm^2, 부재 CD, EF의 단면적은 150 cm^2이고, $E = 2.1 \times 10^5$ MPa이다.

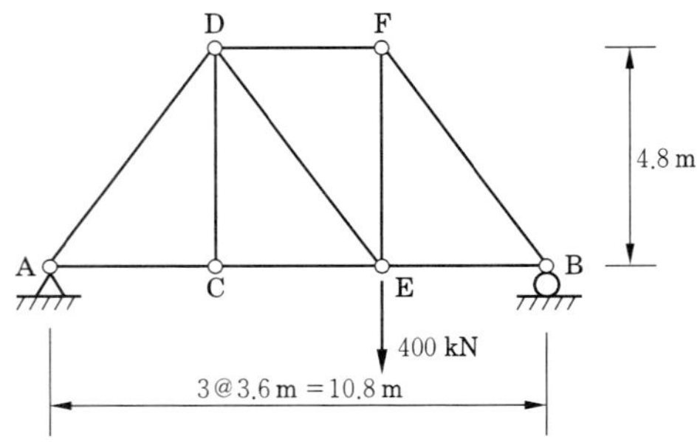

그림 12-28

제 13 장 부정정의 트러스, 라멘 및 아치

13. 1 부정정트러스

외적 부정정트러스나 내적 부정정트러스 또는 외적 및 내적 부정정트러스가 실제로 종종 사용된다. 여기서는 이러한 부정정트러스에 대하여 설명한다.

(1) 외적 부정정트러스의 해석

부정정트러스의 해석에는 변형일치의 방법이나 최소일의 방법이 사용된다.

1 외적 1차 부정정트러스

외적 1차 부정정트러스의 해석을 다음 예제에서 보기로 하자.

【예제 13-1】 그림 13-1 (a)의 트러스의 부재력을 구하라. 부재 AB, BD, DF, FH의 단면적은 260 cm^2, 기타 부재의 단면적은 150 cm^2이고, $E = 2.1 \times 10^5$ MPa이다.

풀이 3개 이상의 지점으로 지지된 트러스를 연속트러스라 한다. 이 트러스는 2경간 연속트러스이며, 외적으로 1차의 부정정이고, 내적으로는 정정이다.

중간지점 D의 반력을 X라 하고, 그림 13-1 (a)와 같이 하향으로 작용한다고 가정하자. X를 여력으로 보면, 즉 중간지점 D를 제거하면 정정기본계는 그림 13-1 (b)와 같은 단순지지의 트러스로 된다. 따라서, 그림 13-1 (a)의 트러스는 그림 13-2 (b)의 트러스와 그림 13-1 (d)의 트러스를 겹친 것과 같다. 그림 13-1 (b)의 D점의 처짐을 Δ_{D0}, 그림 13-1 (d)의 D점의 처짐을 Δ_{D1}이라 하면, 다음과 같은 변형의 적합조건식이 성립해야 한다.

$$\Delta_{D0} + \Delta_{D1} = 0 \quad \cdots\cdots \text{(a)}$$

그림 13-1 (c)와 같이 D점에 단위하중을 작용시켰을 때의 각 부재력을 u, D점의 처짐을 δ_{DD}라 하면, 식 (12-9)에 의하여

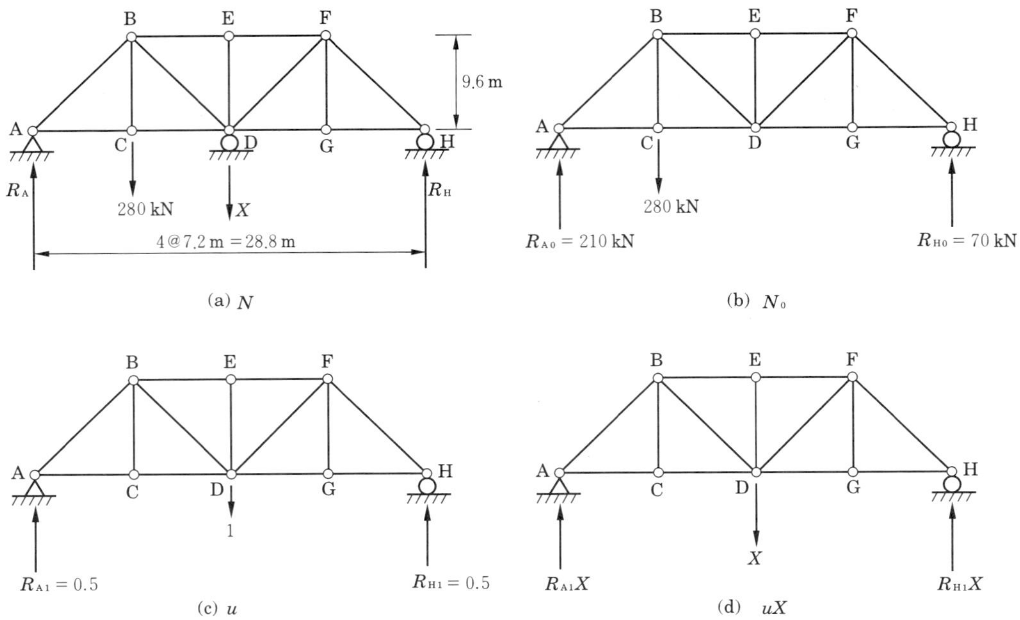

그림 13-1

$$\delta_{DD} = \Sigma \frac{u^2 l}{EA} \quad \cdots\cdots (b)$$

따라서, 그림 13-1(d)와 같이 D점에 X가 작용할 때의 D점의 처짐은

$$\Delta_{D1} = \delta_{DD} X = X \Sigma \frac{u^2 l}{EA} \quad \cdots\cdots (c)$$

한편, 그림 13-1(b)에서 각 부재력을 N_0이라 하면, D점의 처짐 Δ_{D0}은 식 (12-9)에 의하여

$$\Delta_{D0} = \Sigma \frac{N_0 ul}{EA} \quad \cdots\cdots (d)$$

식 (c)와 식 (d)를 식 (a)에 대입하면

$$\Sigma \frac{N_0 ul}{EA} + X \Sigma \frac{u^2 l}{EA} = 0$$

$$\therefore \; X = -\frac{\Sigma\left(\dfrac{N_0 ul}{EA}\right)}{\Sigma\left(\dfrac{u^2 l}{EA}\right)} \quad \cdots\cdots (13\text{-}1)$$

그림 13-1(b)의 부재력 N_0과 그림 13-1(c)의 부재력 u는 계산할 수 있고, 그 결과가 표 13-1에 나타나 있다. 따라서, 지점 D의 반력 X는 식 (13-1)에 의하여 다음과 같이 된다.

$$X = -\frac{+252160}{+1.5312} = -164680\ \mathrm{N}$$

부(−)는 X의 방향이 그림과 반대임을 뜻하므로, 지점 D의 반력 X는 상향으로 164,680 N이다.

표 13−1

부 재	길 이 l(mm)	단면적 $A(\mathrm{mm}^2)$	N_0 (N)	u	$\dfrac{N_0 ul}{A}$ (N/mm)	$\dfrac{u^2 l}{A}$ (mm/mm²)	$N=N_0+uX$ (N)
AC	7,200	15,000	+157,500	+0.375	+28,350	+0.0675	+95,750
CD	7,200	15,000	+157,500	+0.375	+28,350	+0.0675	+95,750
DG	7,200	15,000	+52,500	+0.375	+9,450	+0.0675	−9,260
GH	7,200	15,000	+52,500	+0.375	+9,450	+0.0675	−9,260
BE	7,200	15,000	−105,000	−0.75	+37,800	+0.27	+18,510
EF	7,200	15,000	−105,000	−0.75	+37,800	+0.27	+18,510
AB	12,000	26,000	−262,500	−0.625	+75,720	+0.1803	−159,560
BD	12,000	26,000	−87,500	+0.625	−25,240	+0.1803	−190,430
DF	12,000	26,000	+87,500	+0.625	+25,240	+0.1803	−15,430
FH	12,000	26,000	−87,500	−0.625	+25,240	+0.1803	+15,430
BC	9,600	15,000	+280,000	0	0	0	+280,000
DE	9,600	15,000	0	0	0	0	0
FG	9,600	15,000	0	0	0	0	0
				Σ	+252,160	+1.5312	

X가 구해졌으므로 그림 13-1(a)의 각 부재력 N은 겹침의 원리에 의하여 다음 식으로 계산된다.

$$N = N_0 + uX \qquad (13\text{-}2)$$

그 결과가 표 13-1에 나와 있다. 지점반력도 겹침의 원리에 의하여 다음과 같이 된다.

$$R_A = R_{A0} + R_{A1}X \qquad (13\text{-}3)$$

$$= 210\times10^3\,\mathrm{N} + 0.5\times(-164680\,\mathrm{N}) = 127660\,\mathrm{N} = 127.7\,\mathrm{kN}\ (\uparrow)$$

$$R_H = R_{H0} + R_{H1}X \qquad (13\text{-}4)$$

$$= 70\times10^3\,\mathrm{N} + 0.5\times(-164680\,\mathrm{N}) = -12340\,\mathrm{N} = -12.3\,\mathrm{kN}\ (\downarrow)$$

X를 알고 있으므로 지점반력은 그림 13-1(a)에서 직접 구할 수도 있다.

이상은 변형일치의 방법으로 해석해 본 것이다. 이번에는 최소일의 방법으로 해석해 보자.

트러스의 탄성변형에너지는 식 (9-16)으로부터

$$W = \Sigma \frac{N^2 l}{2EA}$$

여기에 식 (13-2)를 대입하면

$$W = \Sigma \frac{l}{2EA}(N_0 + uX)^2$$

이것을 X로 편미분하면 지점 D의 변위를 얻는다[제9장 8절 또는 제10장 2절의 (2) 참조].

$$\delta_D = \frac{\partial W}{\partial X} = \Sigma \frac{l}{EA}(N_0 u + u^2 X)$$

그런데, 지점 D의 변위는 $\delta_D = 0$이므로

$$\Sigma \frac{l}{EA}(N_0 u + u^2 X) = 0$$

$$\therefore \ X = -\frac{\Sigma\left(\dfrac{N_0 ul}{EA}\right)}{\Sigma\left(\dfrac{u^2 l}{EA}\right)}$$

이것은 앞에서 얻은 식 (13-1)과 같다. 즉 변형일치의 방법과 같은 결과를 얻는다.

2 외적 2차 부정정트러스

그림 13-2(a)와 같은 3경간 연속트러스를 해석해 보자. 외적으로 2차의 부정정이므로, 중간지점 C 및 D의 지점반력 X_1 및 X_2를 여력으로 취하면 정정기본계는 그림 13-2(b)와 같이 된다.

이 트러스의 C점과 D점의 처짐을 각각 Δ_1, Δ_2라고 하자. 그림 (b)의 C점에 단위하중을 작용시켰을 때의 C점의 처짐을 δ_{11}, D점의 처짐을 δ_{21}이라 하면, 그림 13-2(c)와 같이 C점에 X_1이 작용할 때 C 및 D의 처짐은 각각 $\delta_{11}X_1$, $\delta_{21}X_1$로 된다. 그림 (b)의 D점에 단위하중을 실었을 때의 D점의 처짐을 δ_{22}, C점의 처짐을 δ_{12}라고 하면, 그림 13-2(d)와 같이 D점에 X_2가 작용할 때의 C 및 D의 처짐은 각각 $\delta_{12}X_2$, $\delta_{22}X_2$이다. 따라서, C 및 D에서 각각 하나씩의 적합조건식을 얻게 된다. 즉,

$$\left.\begin{aligned} \Delta_1 + \delta_{11}X_1 + \delta_{12}X_2 = 0 \\ \Delta_2 + \delta_{21}X_1 + \delta_{22}X_2 = 0 \end{aligned}\right\} \quad \cdots\cdots (13\text{-}5)$$

위의 식을 연립시켜 풀면 X_1과 X_2를 얻을 수 있다. 그러면, 그림 13-2(a)의 트러스의 각 부재력 N은 다음 식으로 계산된다.

$$N = N_0 + u_1 X_1 + u_2 X_2 \quad \cdots\cdots (13\text{-}6)$$

여기서 u_1 및 u_2는 각각 그림 (c)의 C 및 그림 (d)의 D에 단위하중이 작용할 때의 부재력이다.

지점반력 R_A와 R_B는 다음 식으로 계산된다.

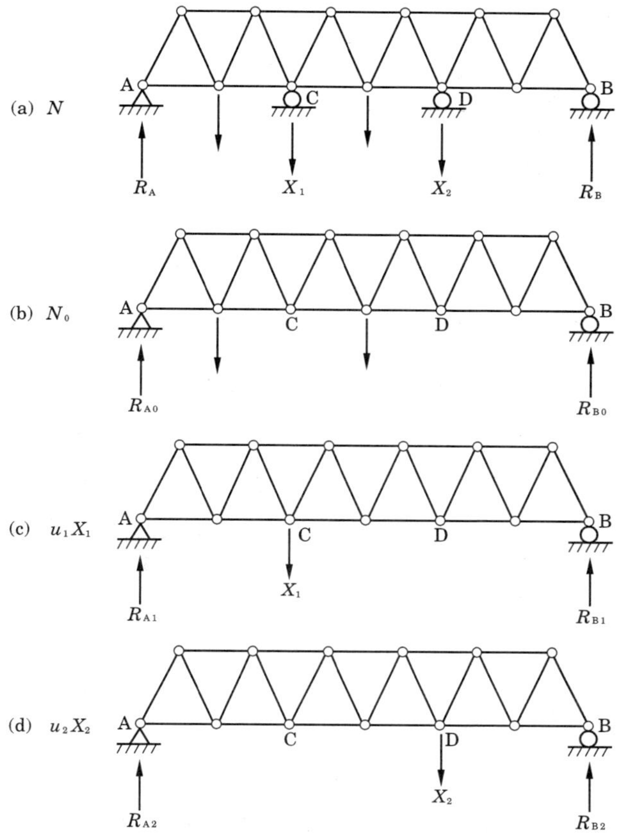

그림 13-2

$$\left.\begin{aligned} R_A &= R_{A0} + R_{A1} + R_{A2} \\ R_B &= R_{B0} + R_{B1} + R_{B2} \end{aligned}\right\} \quad \cdots\cdots (13\text{-}7)$$

(2) 내적 부정정트러스의 해석

내적 부정정트러스도 변형일치의 방법이나 최소일의 방법으로 해석할 수 있다. 다음 예제에서 이것을 살펴보기로 하자.

【예제 13-2】 그림 13-3 (a)의 트러스의 부재력을 구하라. $E=2.1\times10^5$ MPa이고, 각 부재의 단면적은 표 13-2와 같다.

풀이 단순지지이므로 외적으로 정정이다. 그러나, 부재수 $m=10$, 절점수 $j=6$, 반력수 $r=3$이므로

$$m+r-2j=1$$

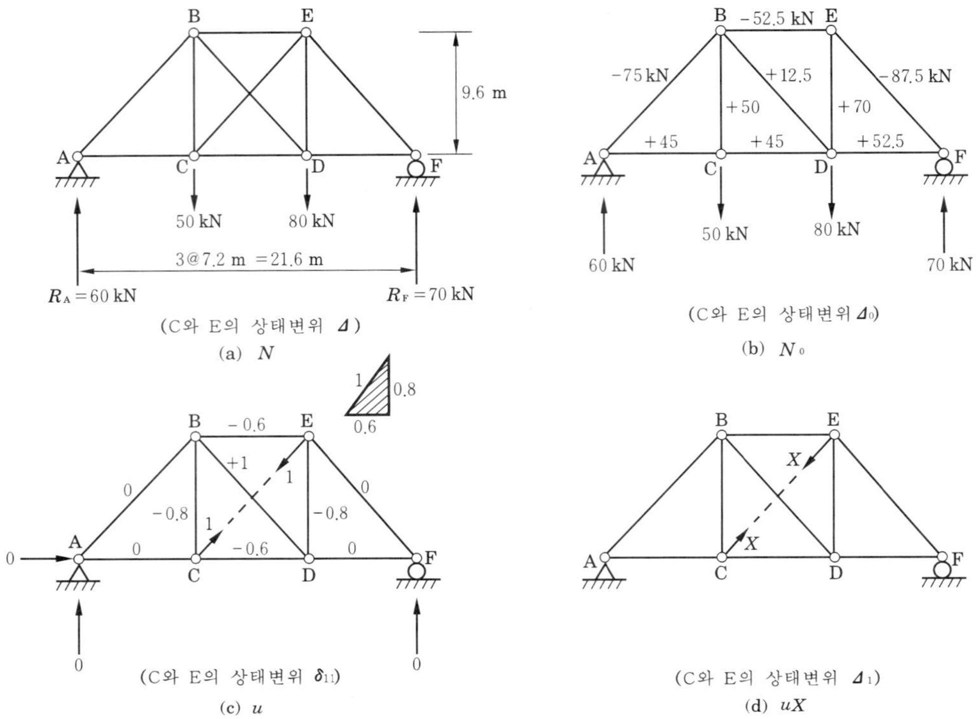

그림 13-3

이 되어 내적으로 1차의 부정정이다. 즉, 정역학적으로 안정을 유지하는 데 필요하지 않은 부재를 하나 더 가지고 있다. 예를 들면, 중간사재 **BD**, **CE** 가운데 하나는 없어도 트러스는 안정이다. 이렇게 여분으로 배치된 부재를 **군부재**(여용부재, **redundant member**)라 한다.

이동하중을 받는 트러스에서 지간 중앙 근처의 사재는 교번응력을 받는 경우가 있다. 이러한 경우에는 **X**자형으로 사재 하나를 더 배치하기도 하는데, 이러한 부재를 **대재**(**counter bracing**)라 한다. 그림 13-3(**a**)의 트러스는 그림 13-3(**b**)의 트러스에 하나의 대재를 넣은 것이다.

이제, 그림 13-3(**a**)의 트러스의 해석을 생각해 보자. 그림 13-3(**a**)에서 부재 **CE**를 제거하면 그림 13-3(**b**)와 같은 내적 정정트러스로 된다. 그림 13-3(**a**)에서 **CE**의 부재력을 X라 하고, 인장력으로 가정하자. **CE**를 절단하면 그림 13-3(**d**)의 상태로 될 것이다. 따라서, 그림 13-3(**b**)와 그림 13-3(**d**)를 겹친 것은 그림 13-3(**a**)의 트러스와 등가이다. 그림 13-3(**a**), (**b**) 및 (**d**)의 각 트러스의 절점 **C**와 **E**의 상대변위를 각각 Δ, Δ_0, Δ_1이라 하면

$$\Delta = \Delta_0 + \Delta_1 \quad \cdots\cdots \text{(a)}$$

미소변형의 가정(1장의 1.3절 참조)에 따라 $\Delta = 0$으로 보면

$$\Delta_0 + \Delta_1 = 0 \quad \cdots\cdots \text{(b)}$$

그림 13-3(**c**)와 같이 절단된 점 **C**와 **E**에 단위하중을 작용시켰을 때의 각 부재응력을 u라

표 13-2

부 재	길 이 l(mm)	단면적 $A(\mathrm{mm}^2)$	N_0 (N)	u	$\frac{N_0 ul}{A}$ (N/mm)	$\frac{u^2 l}{A}$ (mm/mm²)	$N=N_0+uX$ (kN)
AC	7,200	4,000	+45,000	0	0	0	+45
CD	7,200	4,000	+45,000	−0.6	−48,600	+0.648	+29.2
DF	7,200	4,000	+52,500	0	0	0	+52.5
BE	7,200	4,000	−52,500	−0.6	+56,700	+0.648	−68.3
AB	12,000	5,000	−75,000	0	0	0	−75
BD	12,000	5,000	+12,500	+1.0	+30,000	+2.4	+38.9
CE	12,000	5,000	0	+1.0	0	+2.4	+26.4
EF	12,000	5,000	−87,500	0	0	0	−87.5
BC	9,600	3,000	+50,000	−0.8	−128,000	+2.048	+28.9
DE	9,600	3,000	+70,000	−0.8	−179,200	+2.048	+48.9
				Σ	−269,100	+10.192	

하면, 이 경우의 C와 E의 상대변위 δ_{11}은 식 (12-9)에 의하여

$$\delta_{11}=\Sigma\frac{u^2 l}{EA}$$

그림 13-3(d)와 같이 X가 작용할 때의 C와 E의 상대변위 Δ_1은

$$\Delta_1=\delta_{11}X=X\Sigma\frac{u^2 l}{EA} \quad \cdots\cdots (c)$$

그림 13-3(b)에서 C와 E의 상대변위 Δ_0은, 각 부재력을 N_0이라 하면 식 (12-9)로부터

$$\Delta_0=\Sigma\frac{N_0 ul}{EA} \quad \cdots\cdots (d)$$

식 (c)와 (d)를 식 (b)에 대입하면

$$\therefore\ X=-\frac{\Sigma\left(\frac{N_0 ul}{EA}\right)}{\Sigma\left(\frac{u^2 l}{EA}\right)} \quad \cdots\cdots (13\text{-}8)$$

이들을 계산한 것이 그림 13-3과 표 13-2에 나타나 있다. 따라서

$$X=-\frac{-269100}{+10.192}=+26400\ \mathrm{N}\ =+26.4\ \mathrm{kN}\ (\text{인장})$$

즉, CE의 부재력이 구해졌다. 그러므로, 그림 13-3(a)의 트러스의 각 부재력 N은 다음 식으로 계산되며

$$N=N_0+uX \quad \cdots\cdots (13\text{-}9)$$

그 결과가 표 13-2에 있다.

내적으로 2차 이상의 부정정인 경우, 즉 부정정력이 2개 이상인 경우에는 부정정력의 수만큼의 변형의 적합조건을 얻게 되므로 변형일치의 방법에 의하여 해석할 수 있다.

외적 및 내적 부정정트러스도 부정정차수 만큼의 적합조건을 얻을 수 있기 때문에 변형일치의 방법 또는 최소일의 방법으로 해석할 수 있다.

(3) 부정정트러스의 영향선

부정정트러스의 지점반력 및 부재력의 영향선은 먼저 여력(부정정력)의 영향선을 구해 놓으면, 이것을 이용하여 쉽게 구할 수 있다.

① 지점반력의 영향선

그림 13-1 (a)의 연속트러스에서 지점반력 R_A는 식 (13−3)

$$R_A = R_{A0} + R_{A1} X$$

로부터 구할 수 있었다(예제 13-1 참조). 즉, R_A는 그림 13-1 (b)와 (d)를 겹침으로써 얻을 수 있다. 따라서, R_A의 영향선은 R_{A0}의 영향선과 $R_{A1}X$의 영향선을 합성한 것이 된다. R_{A0}의 영향선은 구할 수 있고, R_{A1}은 상수이므로, 여력 X의 영향선만 구하면 R_A의 영향선을 구할 수 있다. 아래 예제에서 이것을 보기로 하자.

【예제 13−3】 그림 13-4 (a)의 트러스에서 지점반력의 영향선을 구하라. 부재 AB, BD, DF, FH의 단면적은 260 cm^2이고, 기타 부재의 단면적은 150 cm^2이며, $E = 2.1 \times 10^5$ MPa이다.

풀이 X의 영향선 : 먼저, 그림 13-4 (a)와 같이 절점 C에 단위하중이 작용할 때, 지점 D의 반력 X를 구해 보자. X를 여력으로 보면, 즉 지점 D를 제거하면 그림 13-4 (b)와 같이 되고, 이때 D의 처짐을 δ_{DC}라 하자. 그림 13-4 (c)와 같이 D점에 단위하중을 작용시켰을 때의 D점의 처짐을 δ_{DD}라 하면, X가 그림 13-4 (d)와 같이 작용할 때의 D점의 처짐은 $X\delta_{DD}$이다. 따라서, 겹침의 원리에 의하여 다음과 같은 변형의 적합조건식을 얻게 된다.

$$\delta_{DC} - X\delta_{DD} = 0$$

$$\therefore\ X = \frac{\delta_{DC}}{\delta_{DD}}$$

그런데, 상반처짐의 원리에 의하여

$$\delta_{DC} = -\delta_{CD}$$

이므로, X는 다음과 같이 된다.

$$X = -\frac{\delta_{CD}}{\delta_{DD}} \qquad \cdots\cdots\cdots (13\text{-}10)$$

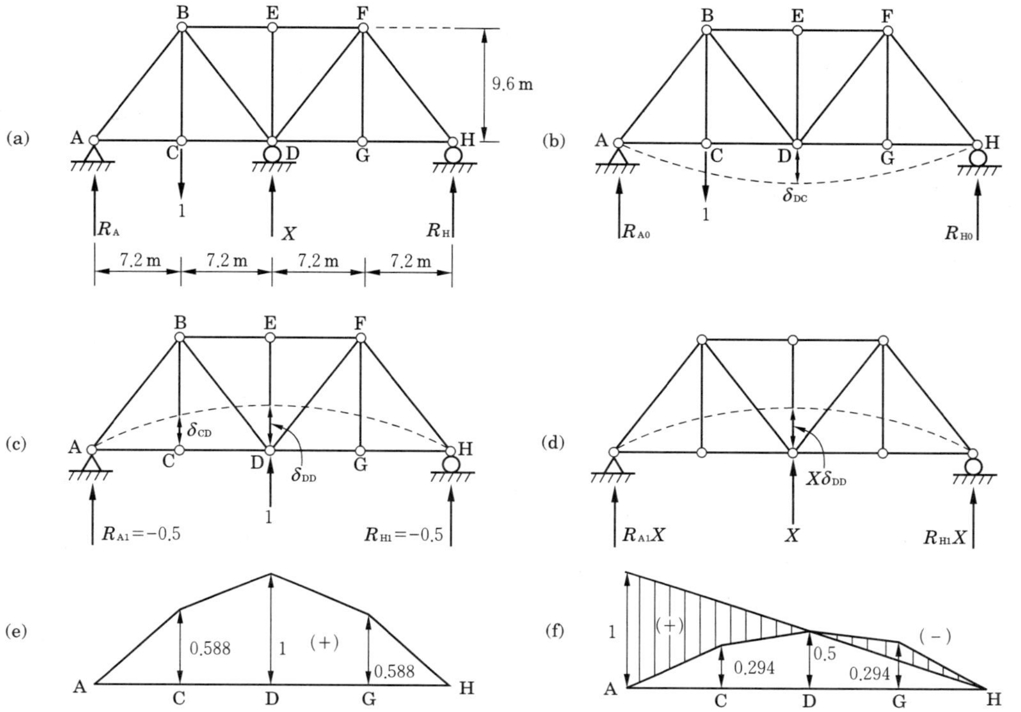

그림 13-4

δ_{CD} 및 δ_{DD}는 식 (12-9)에 의하여 다음과 같다.

$$\delta_{CD}=\Sigma\frac{u_D u_C l}{EA}$$

$$\delta_{DD}=\Sigma\frac{u_D^2 l}{EA}$$

여기서, u_D는 D점에 단위하중이 작용할 때[그림 13-4(c)]의 부재력이고, u_C는 C점에 단위하중이 작용할 때[그림 13-4(b)]의 부재력이다. 그 계산 결과가 표 13-3에 나와 있다.

이들을 식 (13-10)에 대입하면

$$\therefore\ X=-\frac{\Sigma\left(\dfrac{u_D u_C l}{EA}\right)}{\Sigma\left(\dfrac{u_D^2 l}{EA}\right)}=-\frac{-0.90057}{+1.53116}=+0.588$$

즉, C점에 단위하중이 작용할 때의 지점 D의 반력은 0.588이다. 트러스가 대칭이므로, 단위하중이 G점에 작용할 때에도 지점 D의 반력은 0.588이다. 단위하중이 지점 D에 작용할 때에는 $X=1$이므로, 지점 D의 반력 X의 영향선은 그림 13-4(e)와 같이 된다. 결국, X의 영향선은 지점 A와 H에서 단순지지된 트러스의 D점의 처짐이 1이 되도록, 어떤 하중이 D점에 작용할 때의 처짐곡선이다.

표 13-3

부 재	길 이 l(mm)	단면적 $A(\mathrm{mm}^2)$	u_C	u_D	$\dfrac{u_D u_C l}{A}$ (mm/mm²)	$\dfrac{u_D^2 l}{A}$ (mm/mm²)
AC	7,200	15,000	+0.5625	−0.375	−0.10125	+0.0675
CD	7,200	15,000	+0.5625	−0.375	−0.10125	+0.0675
DG	7,200	15,000	+0.1875	−0.375	−0.03375	+0.0675
GH	7,200	15,000	+0.1875	−0.375	−0.03375	+0.0675
BE	7,200	15,000	−0.375	+0.75	−0.135	+0.27
EF	7,200	15,000	−0.375	+0.75	−0.135	+0.27
AB	12,000	26,000	−0.9375	+0.625	−0.27043	+0.18029
BD	12,000	26,000	−0.3125	−0.625	+0.09014	+0.18029
DF	12,000	26,000	+0.3125	−0.625	−0.09014	+0.18029
FH	12,000	26,000	−0.3125	+0.625	−0.09014	+0.18029
BC	9,600	15,000	+1	0	0	0
DE	9,600	15,000	0	0	0	0
FG	9,600	15,000	0	0	0	0
				Σ	−0.90057	+1.53116

R_A의 영향선 : R_A는 식 (13-3)으로부터

$$R_A = R_{A0} + R_{A1} X$$

$R_{A1} = -0.5$를 대입하면

$$R_A = R_{A0} - 0.5X$$

따라서, R_A의 영향선은 정정기본구조물[그림 13-4 (b)]의 지점 A의 반력 R_{A0}의 영향선과 X의 영향선[그림 13-4 (e)]의 종거를 0.5배 한 것을 합성하면 되므로, 그림 13-4 (f)와 같이 된다. R_H의 영향선도 같은 방법으로 구할 수 있다.

② 부재력의 영향선

부재력 N의 영향선도 여력 X를 이용하면 쉽게 구할 수 있다. 다음 예제에서 이것을 보기로 하자.

【예제 13－4】 앞의 예제의 트러스[그림 13-5 (a)]에서 부재 BE의 부재력 U의 영향선을 구해 보자.

풀이 단위하중이 C점에 실렸을 때 지점 D의 반력 R_D는 앞의 예제로부터

$$R_D = X = 0.588$$

지점 H에 대하여 $\Sigma M=0$을 적용하면

$$R_A\times 7.2\times 4-1\times 7.2\times 3+0.588\times 7.2\times 2=0$$

$$\therefore\ R_A=+0.456\ (\uparrow)$$

단면 t-t의 왼쪽 부분에 작용하는 힘들의 D점에 대한 모멘트를 취하면

$$\Sigma M_{atD}=0.456\times 2\times 7.2-1\times 7.2+U\times 9.6=0$$

$$\therefore\ U=+0.066\ \ (인장)$$

즉, 단위하중이 C점에 실렸을 때 부재 BE의 부재력은 +0.066이다. 트러스가 대칭이므로, 단위하중이 절점 G에 실렸을 때도 부재 BE의 부재력은 +0.066이고, 단위하중이 지점 D에 실릴 때 부재 BE의 부재력은 0이다. 따라서, 부재 BE의 영향선은 그림 13-5(b)와 같이 된다.

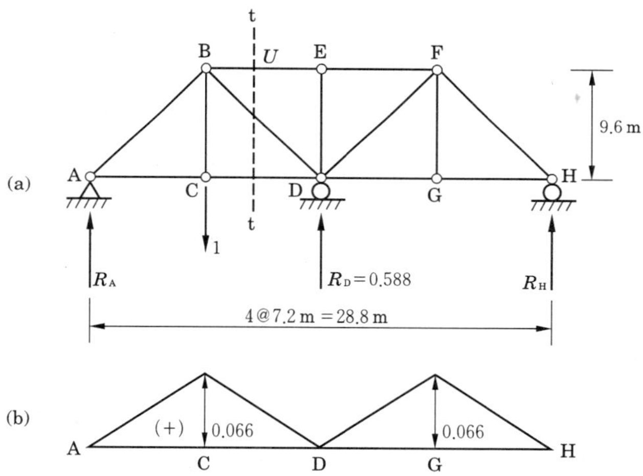

그림 13-5

(4) 부정정트러스의 처짐

부정정트러스의 여력을 구하면, 모든 반력과 부재력을 구할 수 있다. 모든 반력과 부재력이 구해지면, 그 부정정트러스는 정정트러스로 된 셈이다. 따라서, 그 처짐을 구하는 것은 정정트러스의 처짐을 구하는 일이 된다.

예를 들면, 그림 13-6(a)의 트러스에서 절점 m의 처짐을 구하려면, 여력으로 구해진 R_C를 외력으로 보고, 그림 13-6(b)와 같이 정정기본구조물에 주어진 하중과 R_C를 작용시킨 상태에서 m 점의 처짐을 계산하면 된다.

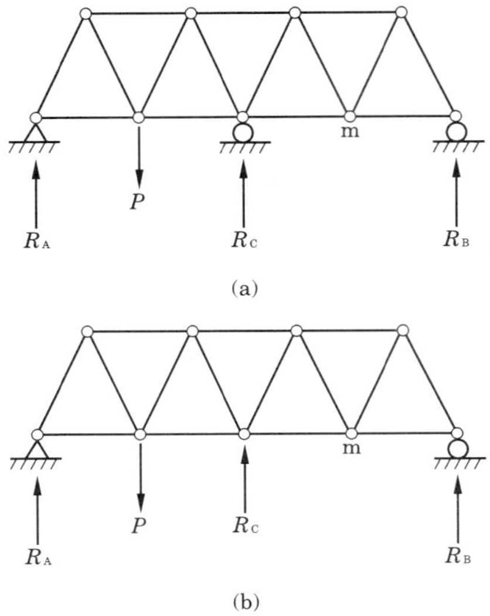

그림 13-6

13. 2 부정정라멘

(1) 서 론

제8장 1절에서 본 바와 같이 라멘부재에는 축력 및 전단력과 함께 휨모멘트가 작용한다. 그러나 축력 및 전단력은 휨모멘트에 비하여 매우 작아서, 휨모멘트가 라멘부재의 설계를 지배한다. 또한 축력 및 전단력이 라멘의 변형에 미치는 영향도 휨모멘트에 비하여 매우 작다. 그래서 라멘에서는 축력과 전단력에 의한 변형은 무시한다.

라멘의 형상으로서 가장 많이 사용되는 것은 사각형을 단위로 하여 조립되는 구조인데, 이것을 사각형 라멘이라 한다. 사각형 라멘이 라멘 계산의 기본이 되므로, 이하에서는 사각형 라멘을 다루기로 한다.

(2) 부정정의 차수

구조물은 지점을 통하여 지반 또는 다른 구조물에 연결된다. 그 연결 방법에 따라 구조물의 자유로운 운동이 구속되며, 이 때의 구속의 정도를 **구속도**(degree of restraint)라 한다. 지점의 종류에 따른 구속도는 표 13-4와 같다.

지점에서 구조물이 어느 방향으로 움직이려는 것을 저지하려면 그 방향으로 구조물에

표 13-4

지점의 종류	구속의 유무			구속도
	수평변위	수직변위	회전변위	
자 유 단	없음	없음	없음	0
롤 러 지 점	없음	있음	없음	1
힌 지 지 점	있음	있음	없음	2
고 정 지 점	있음	있음	있음	3

작용하는 힘과 비길 수 있는 힘을 가해야 하는데, 이 힘을 **구속력**(**restraining force**)이라 한다. 결국, 구속력은 반력이며, 지점의 구속도는 반력수와 같다.

실제로 사용되는 라멘은 거의 부정정라멘이므로, 여기서는 그 부정정차수를 판별하는 방법을 살펴보기로 한다.

2개의 부재를 강결(剛結)해서 일체로 되게 하려면, 그 결합점에 3개의 구속력이 필요하다. 어느 한 부재에 $(m-1)$개의 부재를 차례로 3개의 구속력으로 결합해 가면 m개의 부재가 일체로 된다. 따라서, m개의 부재를 일체로 만들기 위한 구속력의 총수는 $3(m-1)$이다. 이것을 다시 3개의 구속도로 지반 또는 다른 구조물에 연결하면 하나의 안정된 구조물을 얻는다. 결국, 이 라멘이 안정하는 데 필요한 구속도의 총수는 $3(m-1)+3=3m$이다. 이것은 평형방정식의 수와 일치한다. 따라서, $3m$ 이상의 구속도를 가지는 라멘은 부정정이며, 그 차수 n은 다음과 같다.

$$n=r+j-3m \qquad (13\text{-}11)$$

여기서, r : 지점의 구속도 총수,
j : 절점의 구속도 총수

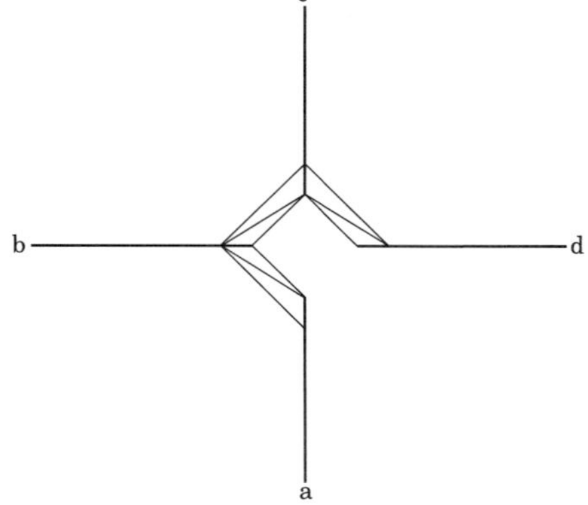

그림 13-7

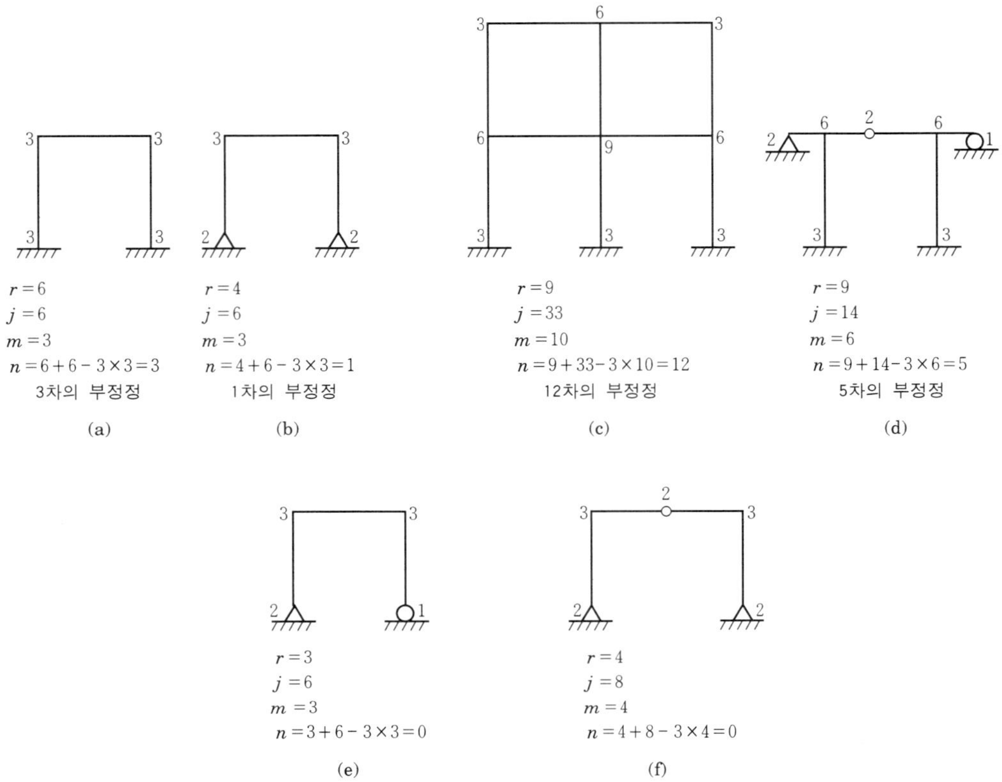

그림 13-8

강절점에서의 j는 다음과 같이 센다. 예를 들면, 4개의 부재 a, b, c, d가 하나의 절점에서 강결될 경우(그림 13-7), 먼저 a와 b를 강결해서 일체화한 다음 여기에 c를 강결하고, 끝으로 d를 강결하면 4부재는 완전히 강결된 것이고, a와 d를 연결하는 것은 여분의 일이다. 따라서, 이 절점의 구속도 총수는 다음과 같다.

$$j=3\times(4-1)=9$$

그림 13-8은 각 라멘의 부정정차수의 계산을 보인 것이다. 지점 및 절점 옆의 숫자는 그 구속도를 나타낸 것이다. 그림 13-8(e) 및 (f)는 정정라멘이며, 최소일의 방법으로 해석할 때의 기본구조물로 된다.

(3) 정정라멘의 탄성변형

정정라멘의 절점의 변위나 회전각은 그 자체로서도 필요할 때가 있지만, 부정정라멘의 해석을 위해서 필요할 때가 많다.

정정라멘의 탄성변형은 모멘트면적법으로도 구할 수 있지만, 여기서는 단위하중법으로 구해 보기로 한다. 라멘의 부재는 휨, 전단 및 축력을 받는다. 전단에 의한 처짐은 휨에 의한 처짐에 비하여 매우 작기 때문에 무시한다.

축력에 의한 라멘부재의 축방향변형도 휨에 의한 처짐에 비하여 매우 작기 때문에, 라멘의 탄성변형을 계산할 때 이것을 무시한다. 즉, 라멘이 탄성변형을 하는 동안 모든 부재의 길이는 변하지 않는다고 생각하고, 라멘의 탄성변형은 휨에 의해서만 일어난다고 본다. 그러므로, 라멘부재의 처짐이나 회전각도 식 (9-23)과 식 (9-25)를 사용해서 계산할 수 있다. 식 (9-23) 및 식 (9-25)는 1개의 부재에 대한 것이므로, 라멘에서는 전체 부재에 대하여 집계해야 한다. 즉, 다음과 같이 된다.

$$1\,\delta = \Sigma \int \frac{Mm}{EI}\,dx \quad \cdots\cdots \quad (13\text{-}12)$$

$$1\,\theta = \Sigma \int \frac{Mm}{EI}\,dx \quad \cdots\cdots \quad (13\text{-}13)$$

【예제 13－5】 그림 13-9 (a)의 라멘에서 롤러지점 B의 수평변위를 구하라. $E = 3.0 \times 10^4$ MPa, $I = 5.0 \times 10^5$ cm^{4}이다.

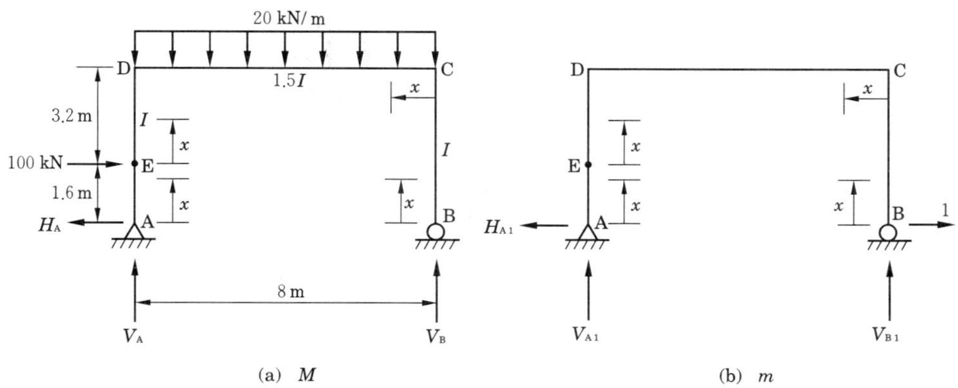

그림 13－9

풀이 주어진 라멘은 정정이므로 지점반력과 휨모멘트는 다음과 같다.

◀ 지점반력 ▶

$$\Sigma M_{atB} = V_A \times 8 + 100 \times 1.6 - (20 \times 8) \times \frac{8}{2} = 0$$

$$\therefore\ V_A = 60\ \text{kN}\ (\uparrow)$$

$$\therefore\ V_B = 20 \times 8 - 60 = 100\ \text{kN}\ (\uparrow)$$

$H_A = 100\text{ kN}$ (←)

◀ 휨모멘트 ▶

각 부재의 단면을 그림과 같이 취하면

AE 사이 : $M = H_A \times x = 100x$ kN·m

ED 사이 : $M = H_A \times (1.6 + x) - 100 \times x = 100 \times 1.6 = 160$ kN·m

CD 사이 : $M = V_B \times x - 20 \times x \times \dfrac{x}{2} = (100x - 10x^2)$ kN·m

BC 사이 : $M = 0$

롤러지점 B의 수평변위를 구해야 하므로, 그림 13-9(b)와 같이 지점 B에 단위하중을 수평방향으로 작용시킨다. 이 라멘의 지점반력과 휨모멘트는 다음과 같다.

◀ 지점반력 ▶

$V_{A1} = V_{B1} = 0$

$H_{A1} = 1$ (←)

◀ 휨모멘트 ▶

AE 사이 : $m = H_{A1} \times x = 1 \times x = x$

ED 사이 : $m = H_{A1} \times (1.6 + x) = 1 \times (1.6 + x) = 1.6 + x$

CD 사이 : $m = V_{B1} \times x + 1 \times 4.8 = 0 \times x + 4.8 = 4.8$

BC 사이 : $m = 1 \times x = x$

표 13-5

부재의 구간	x의 원점	하한과 상한	M(kN·m)	m	I	E
AE	A	0~1.6	$100x$	x	I	E
ED	E	0~3.2	160	$x+1.6$	I	E
CD	C	0~8	$100x-10x^2$	4.8	$1.5I$	E
BC	B	0~4.8	0	x	I	E

이상의 결과가 표 13-5에 정리되어 있다. 따라서, 지점 B의 수평변위 δ_B는 식 (13-12)에 의하여 다음과 같이 된다.

$$\delta_B = \Sigma \int \frac{Mm}{EI} dx$$

$$= \frac{1}{EI}\int_0^{1.6}(100x)x\ dx + \frac{1}{EI}\int_0^{3.2}160(x + 1.6)\,dx$$

$$+ \frac{1}{E(1.5I)}\int_0^{8}4.8(100x - 10x^2)\,dx + \frac{1}{EI}\int_0^{4.8}(0)x\ dx$$

$$= \frac{1}{EI}(136.5 + 1638.4 + 4778.7 + 0) = \frac{1}{EI} \times 6553.6(\text{kN}\cdot\text{m}^3)$$

$$= \frac{6553.6 \times 10^3 \times (10^3)^3\ (\mathbf{N \cdot mm^3})}{3.0 \times 10^4 (\mathbf{N \cdot mm^2}) \times 5.0 \times 10^5 \times 10^4 (\mathbf{mm^4})} = 43.7\ \mathbf{mm}$$

즉, 지점 B는 오른쪽으로 약 44 mm 이동한다.

【예제 13−6】 그림 13-9(a)의 라멘에서 절점 D의 회전각을 구하라.

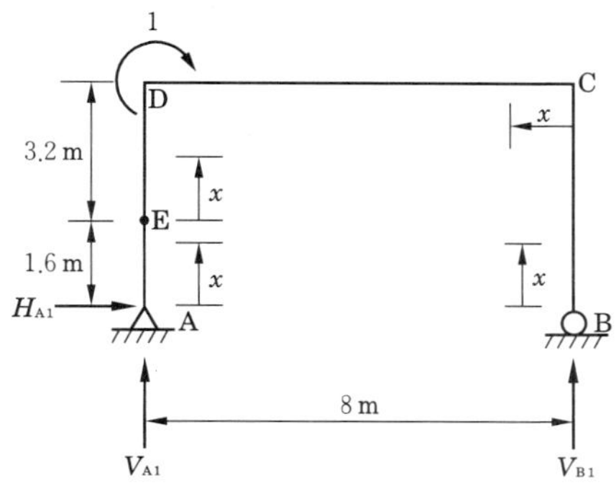

그림 13−10

풀이 그림 13-10과 같이 절점 D에 단위모멘트를 작용시킨다. 이 때의 지점반력과 휨모멘트는 다음과 같다.

◀ 지점반력 ▶

$$\Sigma M_{atB} = V_{A1} \times 8 + 1 = 0$$

$$\therefore\ V_{A1} = -\frac{1}{8}, \quad V_{B1} = +\frac{1}{8}, \quad H_{A1} = 0$$

◀ 휨모멘트 ▶

각 부재의 단면을 그림과 같이 잡으면

AE 사이 : $m = 0$

ED 사이 : $m = 0$

CD 사이 : $m = \frac{1}{8}x$

BC 사이 : $m = 0$

그림 13-9(a)의 라멘의 휨모멘트 M은 표 13-5에 있다. 따라서, 절점 D의 회전각 θ_D는 식 (13-13)에 의하여

$$\theta_D = \Sigma \int \frac{Mm}{EI}\, dx$$

$$= \int_0^8 \frac{1}{E(1.5I)} \times (100x - 10x^2) \times \frac{x}{8}\, dx$$

$$= \frac{5120}{9EI}(\text{kN}\cdot\text{m}^2) = \frac{5120\times10^3\times(10^3)^2(\text{N}\cdot\text{mm}^2)}{9\times3\times10^4\times5\times10^5\times10^4(\text{N}\cdot\text{mm}^2)}$$

$$= 0.00379\ \text{rad} = 0.217° = 13'$$

즉, 부재 AD와 CD가 절점 D에서 각각 13′만큼 시계 방향으로 회전한다.

【예제 13－7】 그림 13-11 (a)의 라멘에서 롤러지점 B에 수평하중 1 kN이 작용할 때 지점 B의 수평변위를 구하라. 하중을 제외하고 다른 것은 예제 13-5와 동일하다.

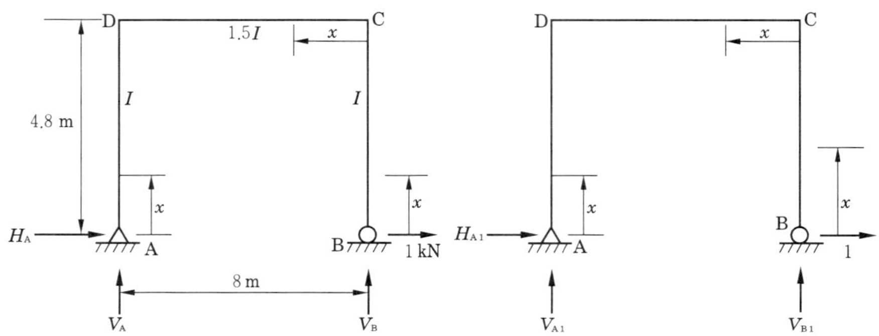

(a) M (b) m

그림 13－11

표 13－6

부 재	x의 원점	하한과 상한	M(kN·m)	m	I	E
AD	A	0～4.8	x	x	I	E
CD	C	0～8	4.8	4.8	$1.5I$	E
BC	B	0～4.8	x	x	I	E

풀이 그림 13-11 (a)의 각 부재의 휨모멘트 M이 표 13-6에 계산되어 있다. 그림 13-11 (b)와 같이 지점 B에 단위하중이 작용할 때의 각 부재의 휨모멘트 m 역시 표 13-6에 나와 있다. 따라서, 그림 13-11 (a)의 라멘의 지점 B의 수평변위 δ_{BB}는 식 (13-12)에 의하여

$$\delta_{BB} = \Sigma\int\frac{Mm}{EI}dx$$

$$= \frac{1}{EI}\int_0^{4.8}x^2\,dx + \frac{1}{E(1.5I)}\int_0^{8}4.8^2\,dx + \frac{1}{EI}\int_0^{4.8}x^2\,dx$$

$$= \frac{196.61(\text{kN}\cdot\text{m}^3)}{EI}$$

$$= \frac{196.61 \times 10^3 \times (10^3)^3\,(\mathbf{N \cdot mm^3})}{3 \times 10^4 \times 5 \times 10^5 \times 10^4\,(\mathbf{N \cdot mm^2})} = 1.3\ \mathrm{mm}$$

즉, 지점 B는 오른쪽으로 1.3 mm 이동한다.

(4) 부정정라멘의 해석

부정정라멘은 변형일치의 방법이나 최소일의 방법으로 해석할 수도 있지만 거의 사용되지 않고, 처짐각법이나 모멘트분배법이 주로 사용되어 왔다. 그 이유는, 손으로 계산할 때 변형일치의 방법이 매우 번거로운 데 비하여 처짐각법이나 모멘트분배법은 훨씬 간편하기 때문이다. 특히 고차(高次)의 부정정라멘에는 변형일치의 방법이 거의 사용되지 않았으나, 컴퓨터의 발달로 이 방법이 다시 구조해석에 이용되기에 이르렀다.

여기서는 간단한 부정정라멘을 변형일치의 방법과 최소일의 방법으로 해석해 보기로 한다.

【예제 13－8】 그림 13-12 (a)의 라멘을 변형일치의 방법으로 해석하라. 이 라멘은 그림 13-9 (a) (예제 13-5)의 라멘의 롤러지점 B를 힌지지점으로 바꾼 것이다.

풀이 이 라멘은 2개의 힌지지점으로 지지되어 있으므로 1차의 부정정이다. 지점 B의 수평반력 $H_B(=X)$를 여력으로 보면, 정정기본계는 힌지지점 B를 롤러지점으로 대치한 그림 13-12 (b)로 된다. 그러면, 그림 13-12 (a)의 라멘은 그림 13-12 (b)와 (c)를 합성한 것이 되므로, 다음 관계를 얻는다.

$$\delta_B - X\delta_{BB} = 0 \qquad \cdots\cdots (a)$$

여기서, δ_{BB}는 정정기본계의 지점 B에 단위하중을 작용시켰을 때의 B의 수평변위이며, 예제 13-7로부터

$$\delta_{BB} = \frac{196.61\,(\mathbf{kN \cdot m^3})}{EI}$$

이고, δ_B는 예제 13-5로부터

$$\delta_B = \frac{6553.6\,(\mathbf{kN \cdot m^3})}{EI}$$

이다. 이들을 식 (a)에 대입하면,

$$H_B = X = \frac{\delta_B}{\delta_{BB}} = \frac{6553.6}{196.61} = 33.3\ \mathbf{kN}\ (\leftarrow)$$

나머지 반력들은 그림 13-12 (a)로부터 정역학적으로 얻을 수 있다.

$$H_A = -66.7\ \mathbf{kN}\ (\leftarrow)$$

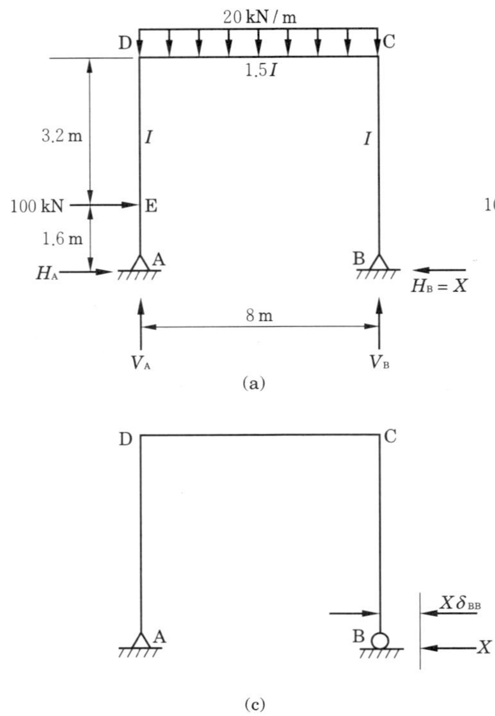

그림 13-12

$$V_A = 60\ \mathbf{kN}\ (\uparrow)$$
$$V_B = 100\ \mathbf{kN}\ (\uparrow)$$

반력들이 구해졌으므로, 휨모멘트, 전단력 및 축력도 구할 수 있다.

【예제 13-9】 그림 13-13 (a)의 라멘(portal frame)을 Castigliano의 정리(최소일의 방법)로 해석하라. 각 부재의 EI는 일정하다.

풀이 이 라멘은 3차의 부정정이다. 지점 A의 반력 M_A, H_A 및 V_A를 여력으로 취하고 지점 A를 제거하면 그림 13-13(b)와 같이 되며, 그림 13-13(b)는 그림 13-13(a)와 등가이다. 대칭의 조건으로부터 $V_A = V_B = 12$ kN이므로, 부정정력은 M_A, H_A의 2개로 된다. M_A 및 H_A는 Castigliano의 정리에 의하여 구할 수 있다. 즉, 식 (10-9)를 라멘의 전체 부재에 적용하면,

$$\frac{\partial W}{\partial M_A} = \Sigma \int \frac{M}{EI} \cdot \frac{\partial M}{\partial M_A} dx = 0 \quad \cdots\cdots (a)$$

$$\frac{\partial W}{\partial H_A} = \Sigma \int \frac{M}{EI} \cdot \frac{\partial M}{\partial H_A} dx = 0 \quad \cdots\cdots (b)$$

그림 13-13(b)의 각 부재의 휨모멘트 M의 계산 결과가 표 13-7에 나와 있다.

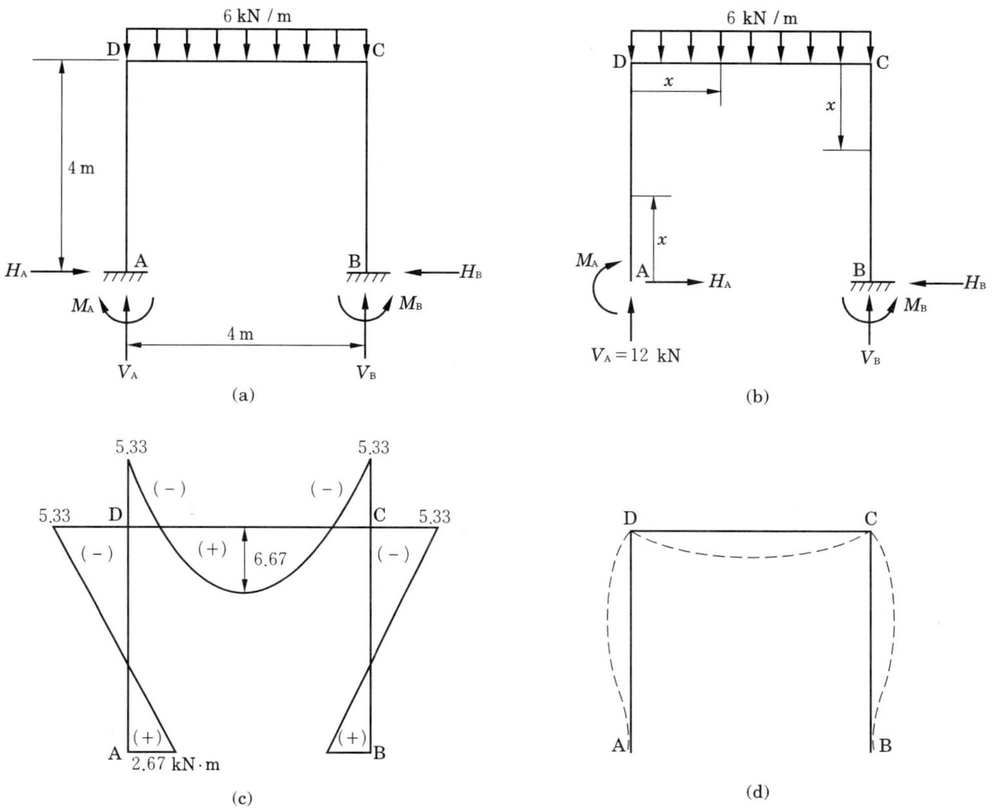

그림 13－13

표 13－7

부 재	원 점	적분 한계(m)	M(kN·m)	$\dfrac{\partial M}{\partial M_A}$	$\dfrac{\partial M}{\partial H_A}$
AD	A	0～4	$M_A - H_A x$	1	$-x$
CD	D	0～4	$M_A - 4H_A + 12x - \dfrac{6}{2}x^2$	1	-4
BC	C	0～4	$M_A - H_A(4-x)$	1	$x-4$

이들을 식 (a) 및 (b)에 대입하면

$$EI\frac{\partial W}{\partial M_A} = \Sigma\int M\frac{\partial M}{\partial M_A}dx = \int_0^4 (M_A - H_A x)\,dx$$

$$+\int_0^4 \left(M_A - 4H_A + 12x - \frac{6}{2}x^2\right)dx + \int_0^4 [M_A - H_A(4-x)]dx$$

$$= 0$$

$$\therefore\ 3M_A - 8H_A + 8 = 0 \quad \cdots\cdots \text{(c)}$$

$$EI\frac{\partial W}{\partial H_A}=\Sigma\int M\,\frac{\partial M}{\partial H_A}\,dx=\int_0^4(M_A-H_Ax)(-x)\,dx$$
$$+\int_0^4\left(M_A-4H_A+12x-\frac{6}{2}x^2\right)(-4)\,dx+\int_0^4[M_A-H_A(4-x)](x-4)\,dx$$
$$=0$$

$$\therefore\ -3M_A+10H_A-12=0 \quad\cdots\cdots\text{(d)}$$

식 (c)와 (d)를 연립시켜 풀면

$H_A=2\text{ kN}$
$M_A=2.67\text{ kN}\cdot\text{m}$

나머지 반력들은 그림 13-13(a)에서 정역학적으로 구할 수 있다.

$H_B=2\text{ kN}$
$M_B=2.67\text{ kN}\cdot\text{m}$

전부 정(+)이므로 반력의 작용 방향은 그림 13-13(a)와 같다. 그림 13-13(c)는 휨모멘트도이고, 그림 13-13(d)는 탄성변형의 모양을 보인 것이다.

(5) 부정정라멘의 영향선

부정정라멘이 교량으로 쓰일 때가 많다. 이 때, 라멘은 이동하중을 받게 된다.

① 수평반력의 영향선

하나의 예로, 그림 13-14(a)의 2힌지 라멘에서 수평부재 CD 위를 단위하중이 이동할 때, 수평반력 H_B의 영향선을 구해 보자.

그림 13-14(a)와 같이 단위하중이 CD부재의 임의 위치 P에 실렸을 때의 수평반력 $H_B(=X)$는 예제 13-8과 같은 방법으로 구할 수 있다[그림 13-14(b) 및 (c) 참조].

$$H_B=X=\frac{\delta_{BP}}{\delta_{BB}} \quad\cdots\cdots\text{(a)}$$

주어진 라멘의 지점 B에 단위하중을 작용시켰을 때, 수평부재의 임의점 P의 처짐을 δ_{PB}라 하면, 상반처짐의 원리에 의하여

$$\delta_{PB}=\delta_{BP}$$

따라서, 식 (a)는 다음과 같이 된다.

$$H_B=X=\frac{\delta_{PB}}{\delta_{BB}} \quad\cdots\cdots\text{(b)}$$

즉, H_B의 영향선은 CD부재의 탄성곡선의 종거를 δ_{BB}로 나누면 얻을 수 있다. 따라서,

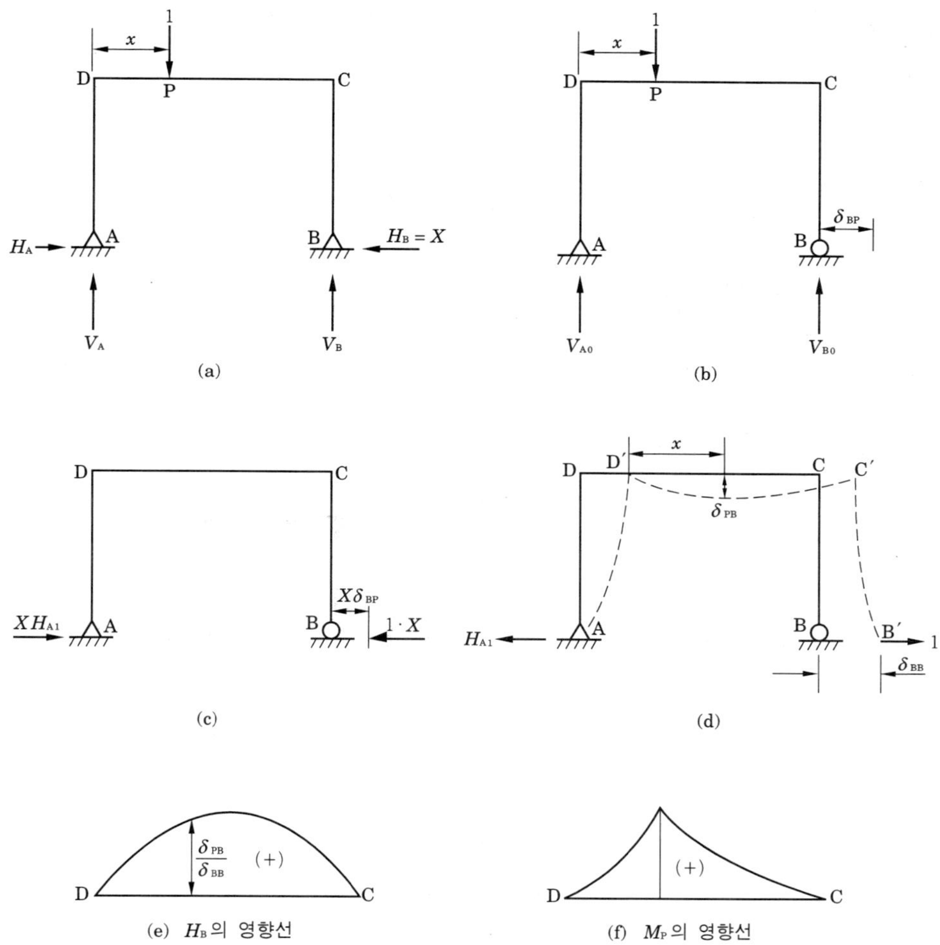

그림 13-14

CD부재를 적당한 간격으로 등분하고, 각 등분점에 차례로 단위하중을 작용시켰을 때의 X를 식 (a) 또는 식 (b)로 계산하면, H_B의 영향선의 종거를 구할 수 있다. 이것이 그림 13-14(e)이다. 다른 반력의 영향선도 같은 방법으로 구할 수 있다.

② 수평부재의 휨모멘트의 영향선

수평부재 CD의 각 등분점에 단위하중이 실릴 때의 $H_B(=X)$가 구해지면, 그림 13-14(a)에서 이에 대응한 다른 반력들도 구할 수 있다. 따라서, 각 등분점에 차례로 단위하중이 작용할 때 어느 특정 단면의 휨모멘트를 구할 수 있으며, 이것이 그 단면의 휨모멘트에 대한 영향선의 종거이다. 그림 13-14(f)는 부재 CD의 임의 단면 P에 대한 휨모멘트의 영향선을 보인 것이다.

13. 3 부정정아치

(1) 아치의 단면력

아치를 해석할 때에는, 하중은 아치축선의 면 내에 작용하며, 축선은 변형 후에도 변하지 않는다고 가정한다.

그림 13-15와 같이 힌지지점으로 된 아치 리브의 일부를 생각해 보자. 이 지점에서 그림과 같이 지점반력 R이 일어나며, 이것을 수직반력 V와 수평반력 H로 분해하여 생각한다. 아치축선에 수직인 임의 단면에는 그림과 같이 축력 N과 전단력 Q가 일어나고, 또 N으로 인하여 휨모멘트 M도 일어난다. 따라서 아치 리브의 임의 단면에 일어나는 단면력은 다음과 같다. 축력은 압축을 정(+)으로 약속한다.

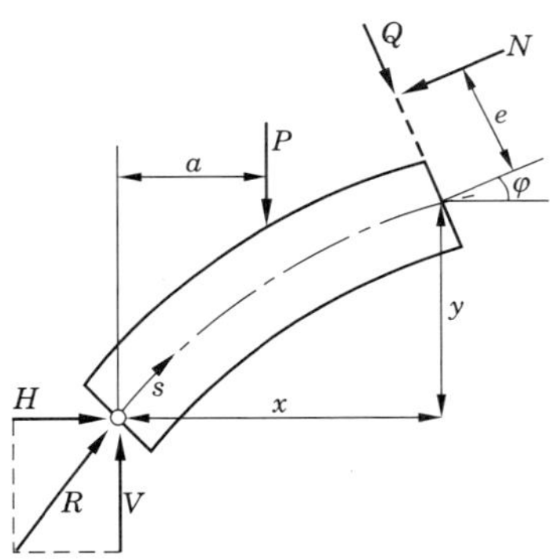

그림 13-15

$$\left.\begin{aligned} &\text{축 력}: N=(V-P)\sin\varphi+H\cos\varphi=Q_0\sin\varphi+H\cos\varphi \\ &\text{전 단 력}: Q=(V-P)\cos\varphi-H\sin\varphi=Q_0\cos\varphi-H\sin\varphi \\ &\text{휨모멘트}: M=Ne \text{ 또는} \\ &\qquad M=Vx-P(x-a)-Hy=M_0-Hy \end{aligned}\right\} \cdots\cdots (13\text{-}14)$$

여기서, Q_0 및 M_0은 아치와 동일한 지간을 가지고 같은 하중을 받는 단순보의 전단력 및 휨모멘트를 나타낸다. 아치에서는 수평반력 때문에 단순보의 경우보다 휨모멘트가 Hy 만큼 감소하며, 아치 크라운에 가까울수록 더 감소한다.

아치의 지점이 고정인 경우에는, 이 지점에 반력모멘트가 일어난다. 이 경우의 단면의 휨모멘트는 위의 식의 M에서 반력모멘트를 빼야 한다. 어느 경우이든, 지점반력을 구하면 식 (13-14)에 의하여 단면력을 구할 수 있다.

(2) 압력선

그림 13-16(a)의 2힌지 아치에 하중 P_1, P_2가 작용할 때, 이 힘들의 힘의 다각형은 그림 (b)와 같이 된다. AC∥oa, CD∥ob, BD∥oc가 되게 연력도 ACDB를 그린다. 이 ACDB선을 압력선이라 하며(8장 8. 2절 참조), 이것은 외력에 의한 압축력의 작용선을 연결한 것이다.

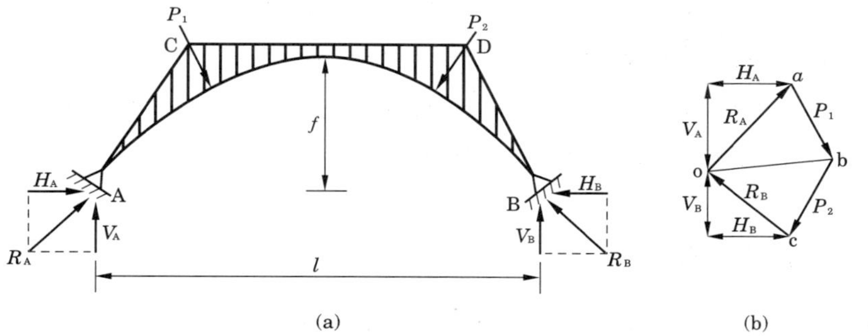

그림 13-16

다음에, 분포하중이 작용할 때의 압력선을 생각해 보자. 그림 13-17과 같이 연직분포하중 $w(x)$의 작용 아래서 압력선의 미소요소 ds에 대하여 힘의 평형을 생각하면

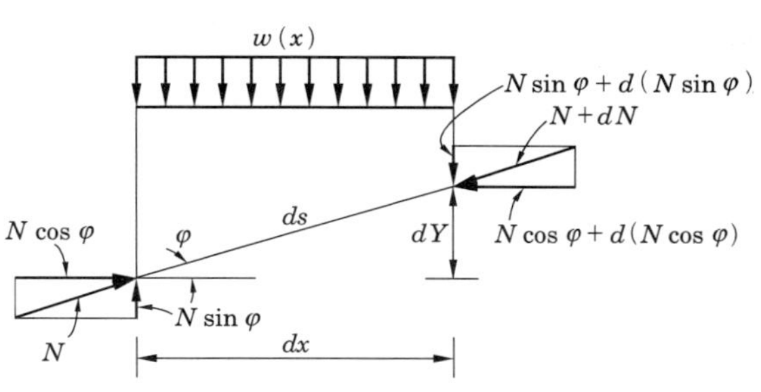

그림 13-17

수평방향 : $d(N\cos\varphi)=0$ ······ (a)

연직방향 : $d(N\sin\varphi)+w(x)\,dx=0$ ······ (b)

식 (a)로부터 $N\cos\varphi$는 일정한 값임을 알 수 있고 이것을

$$N\cos\varphi=H$$

로 놓고 식 (b)에 대입하면

$$H\frac{d}{dx}(\tan\varphi)=-w(x)$$

압력선의 종거(연직좌표)를 Y라 하면 $\tan\varphi=\dfrac{dY}{dx}$이므로, 이것을 위의 식에 대입하면,

$$\frac{d^2Y}{dx^2}=-\frac{w(x)}{H} \quad \cdots\cdots (13\text{-}15)$$

위의 식이 연직하중을 받는 아치 리브의 압력선의 형상을 나타내는 일반식이다. 하중 $w(x)$가 등분포하중인 경우에는 압력선은 2차 포물선이 된다.

압력선이 아치축선과 일치하면 휨모멘트는 일어나지 않고 축력만이 작용하게 된다. 압력선이 아치축선과 일치하지 않는 경우, 예를 들면 그림 13-16에서 아치축선과 압력선 사이의 부분은 휨모멘트도와 닮은 꼴이 된다.

(3) 2활절아치

그림 13-18(a)와 같은 좌우 대칭의 2활절아치(2힌지아치)를 생각하면, 지점반력은 그림과 같이 일어나며, 1차의 부정정이다.

① 수평반력

지점 B에 대하여 $\Sigma M=0$을 적용하면

$$V_A\times l-P\times b=0$$

$$\therefore\ V_A=\frac{Pb}{l}$$

$\Sigma V=0$으로부터

$$V_B=\frac{Pa}{l}$$

$\Sigma H=0$으로부터

$$H_A=H_B$$

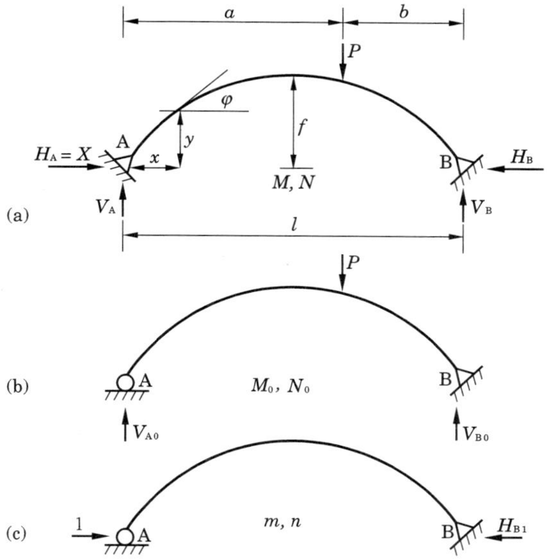

그림 13-18

즉, 수직반력은 구할 수 있지만 수평반력은 구할 수 없다.

$H_A(=X)$를 여력으로 보고, 힌지지점 A를 롤러지점으로 대치하면, 정정기본계는 그림 13-18 (b)와 같이 된다. 이 정정아치의 휨모멘트와 축력을 M_0, N_0이라고 하자. 다음에, 이 기본계의 지점 A에 단위하중을 그림 13-18 (c)와 같이 작용시켰을 때의 휨모멘트와 축력을 m, n이라 하면, 지점 A에 X를 작용시켰을 때의 휨모멘트와 축력은 mX, nX로 된다. 따라서, 겹침의 원리에 의하여 그림 13-18 (a)의 아치의 휨모멘트와 축력은 각각 다음과 같이 된다.

$$\left.\begin{aligned} M &= M_0 + mX \\ N &= N_0 + nX \end{aligned}\right\} \quad \cdots\cdots (a)$$

전단력을 무시하면 그림 13-18 (a)의 아치의 탄성변형에너지는

$$W = \int \frac{M^2}{2EI} dx + \int \frac{N^2}{2EA} dx$$

$H_A(=X)$의 작용점인 힌지지점 A는 변위하지 않으므로, Castigliano의 정리에 의하여

$$\frac{\partial W}{\partial X} = \int \frac{M}{EI} \cdot \frac{\partial M}{\partial X} ds + \int \frac{N}{EA} \cdot \frac{\partial N}{\partial X} ds = 0 \quad \cdots\cdots (b)$$

식 (a)로부터

$$\left.\begin{aligned}\frac{\partial M}{\partial X}&=m\\ \frac{\partial N}{\partial X}&=n\end{aligned}\right\} \quad \cdots\cdots\cdots (c)$$

식 (a)와 식 (c)를 식 (b)에 대입하면

$$\int\frac{(M_0+mX)m}{EI}ds+\int\frac{(N_0+nX)n}{EA}ds=0$$

$$\therefore\ X=-\frac{\displaystyle\int\frac{M_0 m}{EI}ds+\int\frac{N_0 n}{EA}ds}{\displaystyle\int\frac{m^2}{EI}ds+\int\frac{n^2}{EA}ds}=H_A \quad \cdots\cdots\cdots (13\text{-}16)$$

즉, 수평반력이 구해졌다. 이것을 사용하는 데 편리하도록 고쳐 보자. 식 (13-14)와 그림 13-18로부터

$$m=0-1\times y=-y$$
$$n\fallingdotseq-1\times\cos\varphi=-\cos\varphi$$

이므로, 이들을 식 (13-16)에 대입하면

$$X=H_A=\frac{\displaystyle\int\frac{M_0 y}{EI}ds+\int\frac{N_0\cos\varphi}{EA}ds}{\displaystyle\int\frac{y^2}{EI}ds+\int\frac{\cos^2\varphi}{EA}ds} \quad \cdots\cdots\cdots (13\text{-}17)$$

$ds=\dfrac{dx}{\cos\varphi}$ 이므로(그림 13-17 참조), E가 일정하다면,

$$X=H_A=\frac{\displaystyle\int\frac{M_0 y}{I\cos\varphi}dx+\int\frac{N_0}{A}dx}{\displaystyle\int\frac{y^2}{I\cos\varphi}dx+\int\frac{\cos\varphi}{A}dx} \quad \cdots\cdots\cdots (13\text{-}18)$$

위의 식의 분자의 제2항은 제1항에 비하여 매우 작기 때문에 보통 무시한다. 그러면 수평반력은 다음과 같이 된다.

$$X=H_A\fallingdotseq\frac{\displaystyle\int\frac{M_0 y}{I\cos\varphi}dx}{\displaystyle\int\frac{y^2}{I\cos\varphi}dx+\int\frac{\cos\varphi}{A}dx} \quad \cdots\cdots\cdots (13\text{-}19)$$

수평반력을 알면 단면력은 식 (13-14)로 계산된다.

② 온도변화로 인한 수평반력

2힌지 아치에서는 온도의 변화만으로도 지점에 수평반력이 일어난다. 온도의 변화를 t, 팽창계수를 α라고 하면, 지점은 $\pm\alpha tl$만큼 수평방향으로 이동하려고 한다. 따라서, 온도변화로 인한 수평반력을 X_t라고 하면, 앞에서와 같은 방법에 의하여 X_t는 다음과 같이 된다.

$$X_t = \frac{\pm E\alpha tl}{\displaystyle\int \frac{y^2}{I\cos\varphi}dx + \int \frac{\cos\varphi}{A}dx} \qquad \text{(13-20)}$$

③ 수평반력의 영향선

그림 13-19(a)와 같이 대칭이고 축선이 포물선인 2힌지 아치의 수평반력의 영향선을 구해 보자. 아치 크라운의 단면2차모멘트를 I_C라 하고

$$I\cos\varphi = I_C$$

로 놓자. 아치가 높지 않다면, 즉 flat한 아치라면 $\cos\varphi = 1$로 볼 수 있으므로 $I = I_C$이다. 또, 아치 리브의 단면적 A의 평균값을 A_m이라 하면, 식 (13-19)는 다음과 같이 된다.

$$X = H = \frac{\displaystyle\int_0^l M_0 y\ dx}{\displaystyle\int_0^l y^2\,dx + \frac{I_C l}{A_m}} \qquad \text{(13-21)}$$

그림 13-19와 같이 단위하중이 작용할 때의 M_0(단순보로서의 휨모멘트)은

$$M_0 = \frac{b}{l}x \qquad (x < a)$$
$$= \frac{a}{l}(l-x) \quad (x > a)$$

이고, 아치의 축선이 포물선이므로

$$y = \frac{4f}{l^2}(lx - x^2)$$

따라서

$$\int_0^l M_0 y\ dx = \int_0^a \frac{b}{l}xy\ dx + \int_a^l \frac{a}{l}(l-x)y\ dx$$
$$= \frac{4fb}{l^3}\int_0^a x(lx-x^2)\,dx + \frac{4fa}{l^3}\int_a^l (l-x)(lx-x^2)\,dx$$
$$= \frac{fl^2}{3}(\xi^4 - 2\xi^3 + \xi)$$

여기서, $\xi = \dfrac{a}{l}$

$$\int_0^l y^2\, dx = \frac{16f^2}{l^4}\int_0^l (lx - x^2)^2\, dx = \frac{8}{15} f^2\, l$$

이므로, 식 (13-21)은 다음과 같이 된다.

$$X = H = \frac{\dfrac{fl^2}{3}(\xi^4 - 2\xi^3 + \xi)}{\dfrac{8}{15} f^2\, l + \dfrac{I_C\, l}{A_m}} \qquad \cdots\cdots (13\text{-}22)$$

이것이 2힌지 포물선아치의 수평반력의 영향선을 나타내는 식이다. 따라서, 수평반력의 영향선은 그림 13-19(b)와 같은 곡선이 된다.

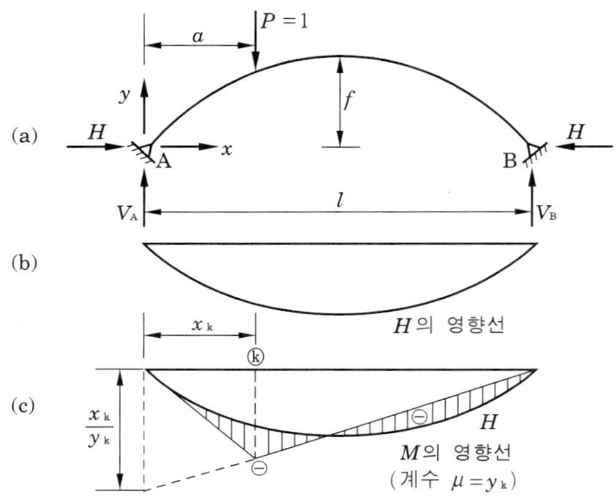

그림 13-19

수평반력을 알면 단면력은 식 (13-14)로 계산한다. 따라서, 수평반력 X의 영향선을 이용하여 단면력의 영향선을 구할 수 있다. 예를 들면, 임의 단면의 k점에 대한 휨모멘트의 영향선은 식 (13-14)에 의하여

$$M_k = M_{k0} - Hy_k = y_k\left(\frac{M_{k0}}{y_k} - X\right)$$

로 되어, $\dfrac{M_{k0}}{y_k}$의 선과 X의 영향선을 겹침으로써 얻게 된다. 이것이 그림 13-19(c)이며, $\mu(=y_k)$는 종거에 곱해 줄 계수이다.

◖ 연 습 문 제 ◗

1 그림 13-20의 연속트러스에서 다음을 구하라. $E=2.1\times10^5$ MPa이고, 상하현재의 단면적은 20 cm², 사재의 단면적은 14 cm²이다.

(1) 지점반력

(2) U, L 및 D의 부재력

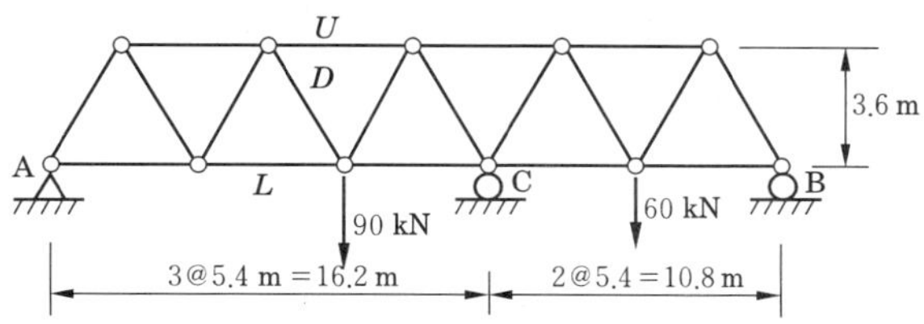

그림 13-20

2 그림 13-21의 트러스에서 각 부재력을 구하라. 상하현재의 단면적은 25 cm², 모든 사재의 단면적은 30 cm², 수직재의 단면적은 12 cm²이고, $E=2.1\times10^5$ MPa이다.

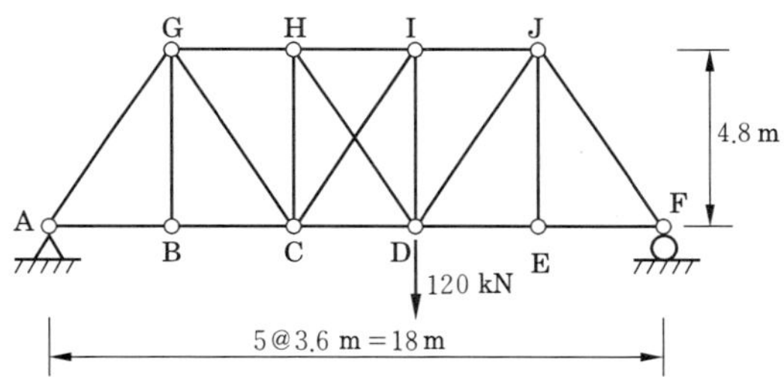

그림 13-21

3 그림 13-20의 트러스에서 지점반력의 영향선과 부재 U, L 및 D의 부재력의 영향선을 구하라.

4 그림 13-22 (a) 및 (b)의 라멘에서 각 부재의 단면력도를 구하라. 각 부재의 E와 I는 일정하다.

5 그림 13-23의 라멘에서 각 부재의 단면력을 계산하라. 또 지점 B의 수평변위를 구하라. $E=2.5\times10^4$ MPa, $I=8.5\times10^4$ cm⁴이다.

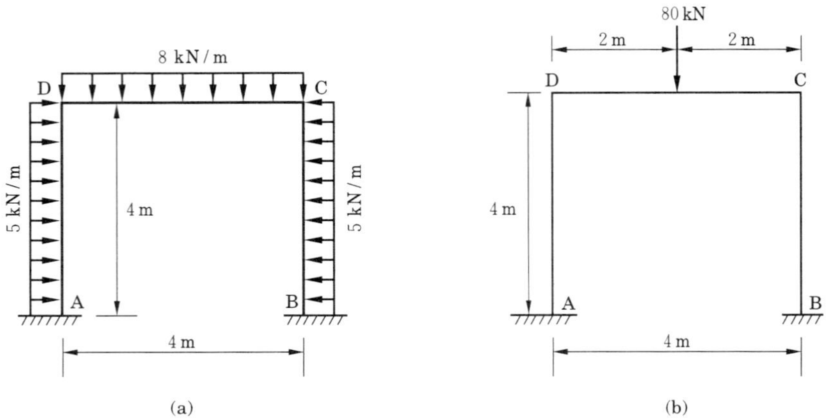

그림 13-22

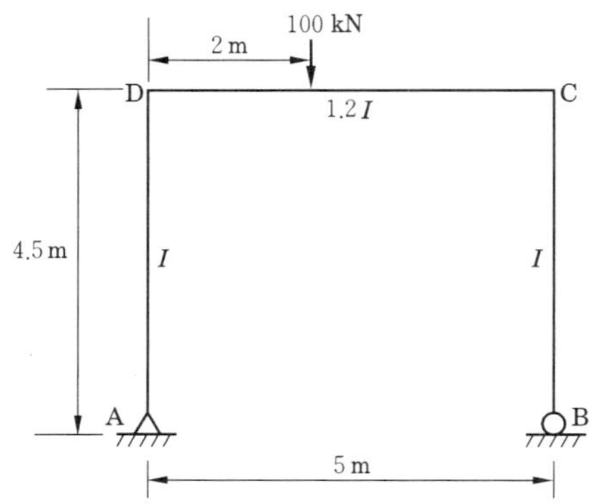

그림 13-23

제 14 장 처짐각법

14. 1 서 론

이제까지는 지점반력이나 단면력을 미지수로 하여 부정정구조물을 해석하였으나 변위를 미지수로 하여 해석할 수도 있다. 여기서 다루려는 처짐각법은 부재의 변형, 즉 탄성곡선의 기울기(처짐각)를 미지수로 하여 부정정구조물을 해석하는 방법이다. 이와 같이, 변위를 미지수로 하여 구조물을 해석하는 방법을 변위법(displacement method)이라 하며, 처짐각법(slope-deflection method)은 그 대표적인 방법의 하나이다. 이에 대하여 지점반력이나 단면력을 미지수로 하여 해석하는 방법을 응력법(force method)이라고 한다. 처짐각법은 부정정보에도 적용되지만, 부정정라멘의 해석에 더 유용하다.

14. 2 부재의 변형과 부재단부의 단면력

그림 14-1 (a)와 같은 라멘에서 하나의 부재, 예컨대 AB의 변형과 그 부재단(部材端)에 일어나는 단면력을 생각해 보자. AB 부재를 따로 떼어 내어 생각하면 그림 14-1 (b)와 같이 되고, 이것을 더 확대해서 그리면 그림 (c) 또는 (d)와 같이 된다. 즉, 부재 AB는 그림과 같이 탄성변형을 일으키고, 그 양단에는 모멘트, 전단력 및 축력이 일어난다. 이들 내력과 변형에 대하여 아래와 같은 용어와 기호가 쓰인다.

재단모멘트 : 그림 14-1 (b)에서 M_{AB}, M_{BA}를 부재 AB의 재단모멘트 또는 단모멘트(end moment)라 하며, 시계 방향의 것을 정(+)으로 약속한다. M_{AB}는 부재 AB의 A단에 작용하는 모멘트를 뜻하고, M_{BA}는 부재 AB의 B단에 작용하는 모멘트를 뜻한다. 이러한 첨자(suffix)의 약속은 모든 부재와 모든 재단(材端)에 적용한다.

재단전단력 : 그림 14-1 (b)에서 V_{AB}, V_{BA}를 부재 AB의 재단전단력 또는 단전단력(end shear)이라 하며, 그 정부의 부호는 보의 경우와 같다.

재단축력 : 그림 14-1 (b)에서 N_{AB}, N_{BA}를 부재 AB의 재단축력(end axial force)이라 하며, 인장을 정(+)으로 약속한다. 그림의 N_{AB}, N_{BA}는 정(+)이다.

재단처짐각 : 부재 AB는 예를 들면 그림 14-1 (c)와 같이 변형한다. 이 때, A 및 B에서 탄성곡선에 그은 접선이 변형 전의 부재축과 이루는 각 θ_A, θ_B를 재단회전각(end rotaion) 또는 재단처짐각(end slope)이라 하며, 변형 전의 부재축으로부터 시계 방향으로 측정되는 것을 정(+)으로 약속한다.

부재회전각 : 부재 AB가 변위를 일으켜서 양단 A, B가 그림 14-1 (d)와 같이 각각 A′, B′로 이동했다고 하자. 이 때, A′, B′를 연결한 직선이 원래의 부재축 AB와 이루는 각 R을 부재회전각(rotation angle of member) 또는 부재각이라 하며, 시계 방향의 것을 정(+)으로 약속한다. 양단 A′, B′ 사이에서 원래의 부재축 AB에 직각 방향으로 일어난 상대변위를 $\varDelta$라 하면,

$$R \fallingdotseq \tan R = \frac{\varDelta}{l_{AB}}$$

이다.

14. 3 처짐각법의 기본식

부정정구조물의 임의의 부재 AB는 일반적으로 그림 14-1 (c)와 같이 변형한다. 이 때, 재단전단력과 재단축력으로 인한 변형은 재단모멘트로 인한 변형에 비하여 매우 작으므로, 부재의 변형은 재단모멘트에 의해서만 일어난다고 생각한다.

(1) 양단이 강결된 부재의 처짐각식

그림 14-1 (a)의 라멘에서 부재 AB에 대하여 살펴보자. 이 부재의 양단에는 재단모멘트 M_{AB}, M_{BA}와 처짐각 θ_A, θ_B가 일어날 것이다. 여기서, 부재 AB의 EI가 일정할 때의 단모멘트 M_{AB}, M_{BA}를 구해 보자. 그것은 다음 세 가지 경우의 단모멘트이 대수합이다.

① 그림 14-1 (c)와 같이 양단의 상대변위가 없고, 직접 작용하는 하중도 없을 때의 단모멘트 M_{AB1}, M_{BA1}

② 그림 14-1 (e)와 같이 양단의 상대변위 $\varDelta$가 있을 때, $\varDelta$만에 의한 단모멘트 M_{AB2}, M_{BA2}

③ 그림 14-1 (f)와 같이 직접 작용하는 하중으로 인한 단모멘트 M_{AB3}, M_{BA3}

위의 세 가지 경우의 단모멘트를 차례로 구해 보자.

㉮ 그림 14-1(c)와 같이 부재 양단에 처짐각 θ_A, θ_B를 일어나게 하는 단모멘트는 식 (9-11)에 의해 구할 수 있다. 즉, 부재 AB는 양 지점에 모멘트를 받는 단순보와 같다고 볼 수 있으므로, 이 경우의 단모멘트 M_{AB1}, M_{BA1}은 다음과 같다.

$$\left.\begin{aligned} M_{AB1} &= \frac{2EI}{l}(2\theta_A+\theta_B) = 2EK_{AB}(2\theta_A+\theta_B) \\ M_{BA1} &= \frac{2EI}{l}(\theta_A+2\theta_B) = 2EK_{AB}(\theta_A+2\theta_B) \end{aligned}\right\} \cdots\cdots (14\text{-}1)$$

여기서, $K_{AB}=\dfrac{I}{l}$이고, I는 부재 AB의 단면2차모멘트, l은 부재 AB의 길이이다. K_{AB}를 부재 AB의 강도(剛度, stiffness)라고 한다.

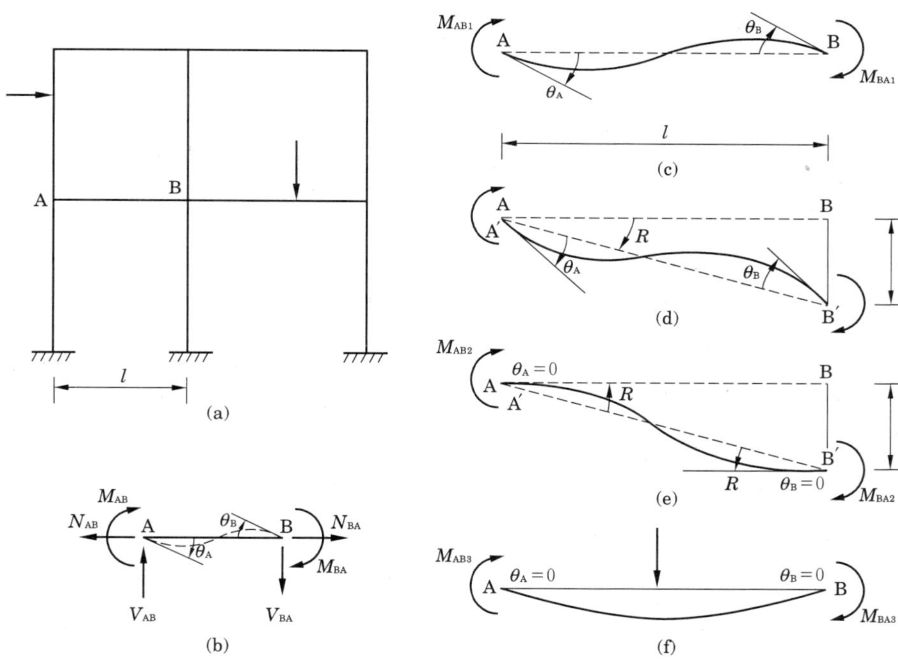

그림 14-1

㉯ 부재 AB가 그림 14-1(d)와 같이 Δ의 상대변위를 일으켜서 부재가 R만큼 회전했다고 하자. 이 때, 양단의 처짐각에는 아무런 영향을 주지 않고, 상대변위만에 의해 일어나는 모멘트, 즉 부재회전각 R만에 의한 단모멘트를 구해야 한다. 그러기 위해서는 그림 14-1(e)와 같이 부재가 $\theta_A=\theta_B=0$의 상태를 유지하는 데 필요한 단모멘

트 M_{AB2}, M_{BA2}를 구하면 된다. 그 크기는 식 (9-11)에 $\theta_A = \theta_B = -R$을 대입함으로써 다음과 같이 된다.

$$\left.\begin{aligned} M_{AB2} &= -\frac{6EI}{l}R = -6EK_{AB}R \\ M_{BA2} &= -\frac{6EI}{l}R = -6EK_{AB}R \end{aligned}\right\} \qquad (14\text{-}2)$$

㉰ 다음에, 그림 14-1(f)와 같이 부재 AB에 하중이 직접 실릴 때의 단모멘트를 구해 보자. 이 때, 역시 양단의 처짐각에 아무런 영향도 주지 않고 부재에 실린 하중에 의해서만 일어나는 단모멘트를 구해야 한다. 그것은 부재 AB를 고정보로 보았을 때의 고정단모멘트(fixed end moment)와 같다. 이것을 C_{AB}, C_{BA}라 하면

$$\left.\begin{aligned} M_{AB3} &= C_{AB} \\ M_{BA3} &= C_{BA} \end{aligned}\right\} \qquad (14\text{-}3)$$

이 C_{AB}, C_{BA}를 하중항이라 한다(표 14-1 참조).

이상 세 경우의 단모멘트를 합하면(겹침의 원리) 다음과 같이 된다.

$$\left.\begin{aligned} M_{AB} &= M_{AB1} + M_{AB2} + M_{AB3} \\ &= 2EK_{AB}(2\theta_A + \theta_B - 3R) + C_{AB} \\ M_{BA} &= M_{BA1} + M_{BA2} + M_{BA3} \\ &= 2EK_{AB}(\theta_A + 2\theta_B - 3R) + C_{BA} \end{aligned}\right\} \qquad (14\text{-}4)$$

위의 식이 임의 부재 AB에 관한 단모멘트의 일반식으로서 처짐각법의 기본식이며, 처짐각식(slope-deflection equation)이라 한다.

일반적으로, EI는 매우 큰 값이고, θ와 R은 매우 작은 값이므로 위의 식을 그대로 사용할 경우에는 계산이 불편할 때가 많다. 이러한 불편을 덜기 위하여 위의 식을 다음과 같이 수정하여 사용한다. 기준강도 K_0을 정하고, 각 부재강도와 K_0과의 비를 k로 나타낸다. 예를 들면, AB 부재에 대해서는 다음과 같이 된다.

$$k_{AB} = \frac{K_{AB}}{K_0}$$

이 k를 상대강도(relative stiffness) 또는 강비(剛比)라 한다. 이 관계를 고려하고

$$2EK_0\theta = \varphi$$
$$-6EK_0R = \psi$$

로 놓으면, 식 (14-4)는 다음과 같이 된다.

$$\left.\begin{aligned} M_{AB} &= k_{AB}(2\varphi_A + \varphi_B + \psi) + C_{AB} \\ M_{BA} &= k_{AB}(\varphi_A + 2\varphi_B + \psi) + C_{BA} \end{aligned}\right\} \cdots\cdots (14\text{-}5)$$

表 14－1

하 중	C_{AB}	C_{BA}	H_{AB}	H_{BA}
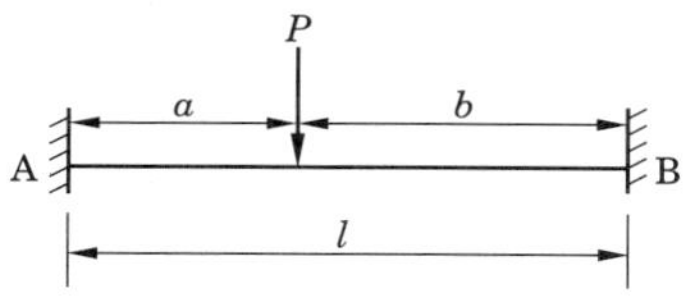	$-\frac{Pab^2}{l^2}$	$+\frac{Pa^2b}{l^2}$	$-\frac{Pab}{2l^2}(l+b)$	$+\frac{Pab}{2l^2}(l+a)$
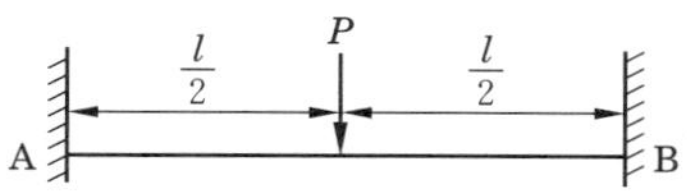	$-\frac{Pl}{8}$	$+\frac{Pl}{8}$	$-\frac{3Pl}{16}$	$+\frac{3Pl}{16}$
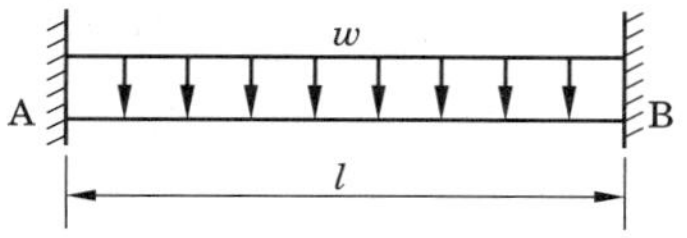	$-\frac{wl^2}{12}$	$+\frac{wl^2}{12}$	$-\frac{wl^2}{8}$	$+\frac{wl^2}{8}$
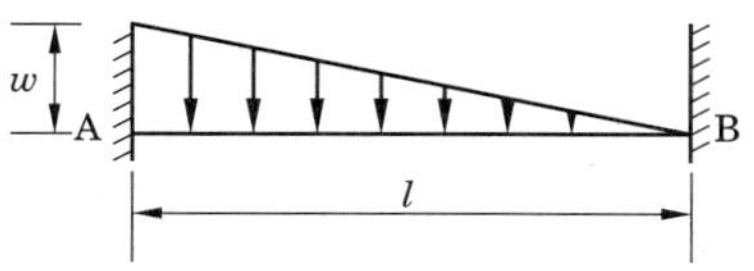	$-\frac{wl^2}{20}$	$+\frac{wl^2}{30}$	$-\frac{wl^2}{15}$	$+\frac{7wl^2}{120}$

(2) 1단강결 타단회전인 부재의 처짐각식

부정정라멘을 해석하는 데에는 양단이 강결된 부재의 처짐각식으로 충분하지만, 1단 강결 타단회전인 부재의 처짐각식을 유도해 놓으면 사용하기에 편리하다.

1단 A가 강결이고 타단 B가 힌지라면, 식 (14-5)에서 $M_{BA}=0$이므로, 그 두 식에서 θ_B를 소거하면 다음과 같이 된다.

$$M_{AB} = \frac{k_{AB}}{2}(3\varphi_A + \psi) + C_{AB} - \frac{C_{BA}}{2}$$

이 경우의 하중항을

$$C_{AB} - \frac{C_{BA}}{2} = H_{AB}$$

로 놓으면

$$M_{AB}=\frac{k_{AB}}{2}(3\varphi_A+\psi)+H_{AB} \quad \cdots\cdots (14\text{-}6)$$

이것이 1단 A가 강결, 타단 B가 힌지인 부재 AB의 처짐각식이다. 이 경우의 하중항 H_{AB}는 A단 고정, B단 힌지인 보의 고정단에 일어나는 반력모멘트이다(표 14-1 참조). B단이 강결, A단인 힌지인 경우에는 다음과 같다.

$$M_{BA}=\frac{k_{AB}}{2}(3\varphi_B+\psi)+H_{BA} \quad \cdots\cdots (14\text{-}7)$$

14. 4 미지량의 수

처짐각식에서 알 수 있는 바와 같이, 재단모멘트는 재단처짐각과 부재회전각을 미지수로 하고 있다. 1개의 부재는 2개의 처짐각과 1개의 부재각, 합계 3개의 미지량을 가진다. 따라서, 라멘 전체에는 일반적으로 부재수의 3배의 미지량이 있다. 그러나, 다음과 같은 이유 때문에 실제의 미지량의 수는 많이 감소한다.

(1) 재단처짐각의 수

그림 14-2와 같이 두 부재 AB, AC가 절점 A에서 서로 직각을 이루도록 강결되었다고 하자. 라멘이 변형하여 부재 AB, AC가 AB′, AC′로 된 후에도 그 이루는 각은 여전히 직각이라야 한다. 즉, 절점에서 강결된 부재들이 이루는 각은 변형 후에도 변하지 않아야 한다. 따라서, 그림 14-2에서

$$\theta_{AB}=\theta_{AC}$$

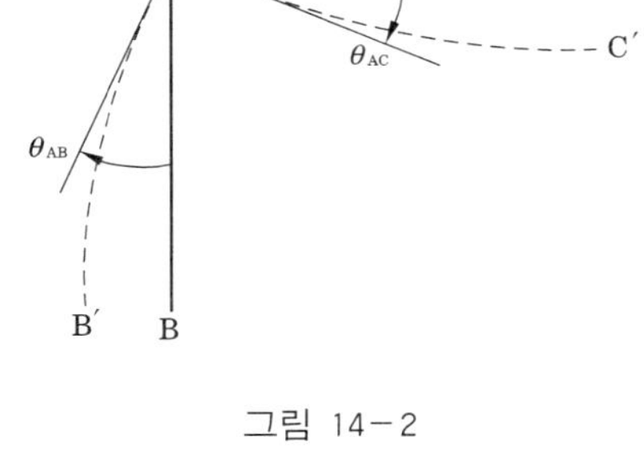

그림 14-2

이다. 즉, 한 절점에 강결된 부재들의 그 절점에서의 처짐각은 서로 같다. 이것을 **연속의 조건** 또는 **강결의 조건**이라 하며, 이 때 처짐각은 절점이 회전하는 각과 같다. 이러한 뜻에서, 절점의 처짐각을 **절점각** 또는 **회전각**(end rotation)이라고도 한다. 결국, 미지량이 될 재단처짐각의 수는 라멘의 절점의 수와 같다.

(2) 부재각의 수

부재각은 하중, 온도변화, 지점침하 등으로 인한 라멘의 변형에 따라 절점이 상대적으로 이동할 때 생긴다. 이 때, 부재의 신축은 매우 작으므로 무시한다. 즉, 라멘이 변형하더라도 부재의 길이는 변하지 않는다고 가정한다. 따라서, 온도변화와 지점변위가 없다면 사각형 라멘에 대해서는 다음과 같은 사실을 알 수 있다(그림 14-3 참조).

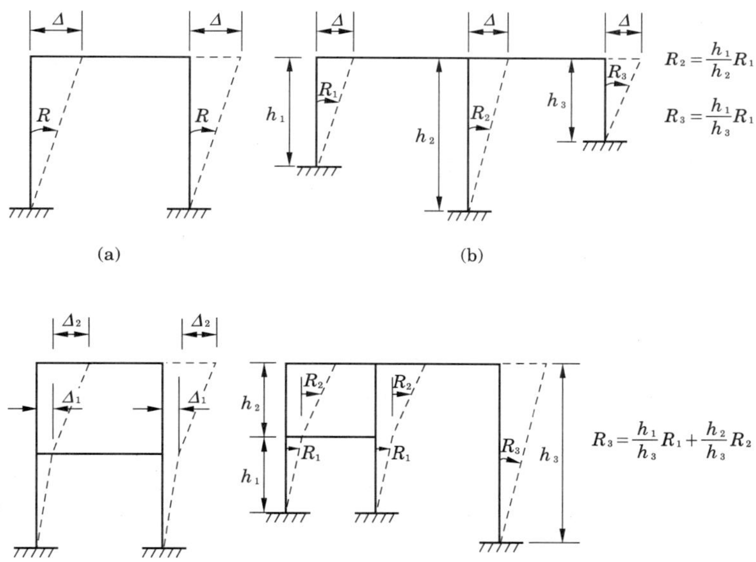

그림 14-3

① 수평부재에는 일반적으로 부재각이 생기지 않는다.

② 연직부재에는 일반적으로 부재각이 생긴다.

③ 같은 층의 연직부재의 수평변위는 같다. 따라서, 길이가 같은 연직부재의 부재각은 전부 같다.

④ 사각형 라멘에서 부재각의 수 R은 라멘의 층수와 같다.

구조물이 탄성변형함으로써 일어나는 절점변위의 독립된 성분의 수는 절점의 종류와 절점을 구속하는 방법에 따라 다르다. 예를 들면, 그림 14-3(a) 및 (b)의 라멘의 각 절점은 수평방향으로만 변위할 수 있다. 즉, 1개의 독립된 변위성분만을 가지며, 이러한 절점은 1개의 **자유도**(**degree of freedom**)를 가진다고 한다. **자유도**란 일어날 수 있는 독립된 변위성분의 수를 말한다. 따라서, 그림 14-3(c) 및 (d)의 라멘은 2개의 자유도를 가진다.

(3) 미지량의 총수

일반적으로, 사각형 라멘에서 절점의 수를 j, 층의 수를 s라 하면, 미지량이 될 절점각과 부재각의 총수는 $j+s$이다. 예를 들면, 그림 14-3(b)의 라멘에서는 $j=3$, $s=1$이므로 미지량의 수는 4이고, 그림 14-3(c)의 라멘에서는 $j=4$, $s=2$이므로 미지량의 수는 6이다.

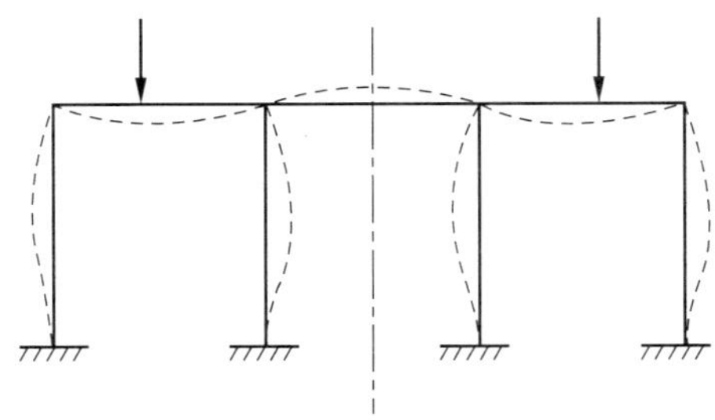

그림 14-4

그러나, 그림 14-4와 같이 부재의 길이와 강도(剛度)가 대칭인 라멘이 대칭하중을 받을 경우에는 부재각이 생기지 않으며, 서로 대칭인 절점의 절점각은 크기가 같고 방향은 반대이므로, 미지의 절점각의 수는 반으로 준다. 결국, 이 라멘의 미지량은 2개의 절점각뿐이다.

14.5 평형방정식

처짐각법은 θ와 R을 구하여 이들을 처짐각식에 대입함으로써 재단모멘트를 얻는 방법이다. 이들 미지량 θ 및 R을 구하는 데에는 다음과 같은 2개의 평형방정식(탄성방정식)이 사용된다.

(1) 절점방정식

그림 14-5(a)와 같이 4개의 부재가 강결된 절점 A를 생각해 보자. 이 때, 각 부재의 단모멘트가 그림 14-5(b)와 같이 각 부재에 작용할 것이다. 한편, 절점 A는 그림 14-5(c)와 같이 각 부재로부터 그들 단모멘트와 크기가 같고 방향이 반대인 모멘트를 받아서 회전을 일으키려고 할 것이다. 따라서, 절점 A가 평형을 유지하려면 다음 관계가 성립해야 한다.

$$-M_{AB}-M_{AC}-M_{AD}-M_{AE}=0$$

즉

$$M_{AB}+M_{AC}+M_{AD}+M_{AE}=0$$

$$\therefore\ \Sigma M=0 \quad \cdots\cdots (14\text{-}8)$$

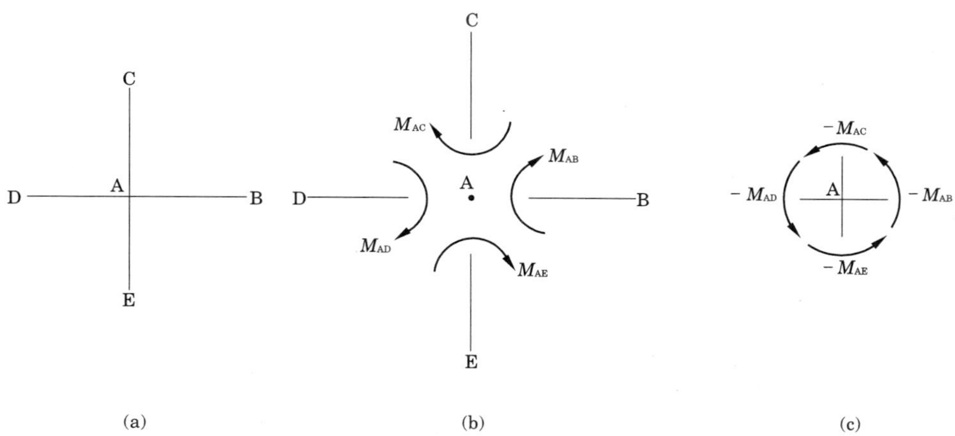

그림 14-5

즉 하나의 절점에 강결된 부재들의 단모멘트의 대수합은 0이어야 한다. 만약, 절점에 외력으로 작용하는 모멘트 M_P가 있다면 위의 식은 다음과 같이 된다.

$$\therefore\ \Sigma M=M_P \quad \cdots\cdots (14\text{-}9)$$

위의 식 (14-8) 및 (14-9)를 절점방정식(joint equation) 또는 모멘트방정식(moment equation)이라 하며, 절점마다 하나씩 얻게 된다. 따라서, 하나의 라멘에서 절점수 만큼의 절점방정식이 얻어지는데, 그것은 절점각의 수와 일치한다.

(2) 전단방정식

① 재단전단력

그림 14-6은 라멘의 임의의 부재 AB를 잘라낸 것이다. 그림에서와 같이 양단에는 단모멘트, 단전단력, 재단축력이 작용한다.

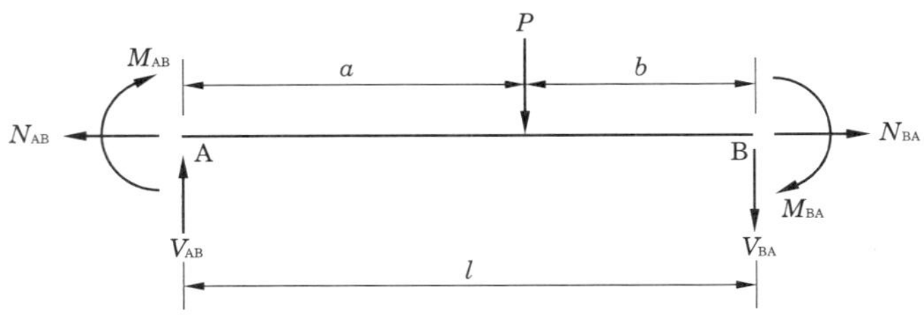

그림 14-6

이 자유물체도의 평형을 생각하면

$$\Sigma M_{atB} = V_{AB} \times l + M_{AB} + M_{BA} - P \times b = 0$$

$$\therefore\ V_{AB} = -\frac{1}{l}(M_{AB} + M_{BA}) + \frac{Pb}{l} = -\frac{1}{l}(M_{AB} + M_{BA}) + V_{A0} \quad \cdots\cdots (14\text{-}10)$$

여기서, $V_{A0} = \dfrac{Pb}{l}$

같은 방법에 의하여

$$\therefore\ V_{BA} = -\frac{1}{l}(M_{AB} + M_{BA}) + V_{B0} \quad \cdots\cdots (14\text{-}11)$$

여기서, $V_{B0} = -\dfrac{Pa}{l}$

즉, 단모멘트를 알면 단전단력을 구할 수 있다. 여기서 V_{A0}, V_{B0}은 부재 AB를 단순보로 보았을 때 부재에 직접 작용하는 하중에 의한 A 및 B에서의 지점반력이다. 그 부호의 약속은 단전단력의 경우와 같다.

② 전단방정식

그림 14-7(a)의 라멘을 제2층의 기둥머리를 지나는 수평단면으로 절단했다고 생각하자. 이 때, 단면의 윗부분(빗금 칠한 부분)은 이 부분에 작용하는 수평하중에 의하여 절단면(切斷面)을 따라 이동하려고 할 것이다. 이 활동(滑動)을 저지하는 수평력은 아래 부분으로부터 얻어질 것이며, 그것은 곧 제2층의 기둥머리에 일어나는 단전단력이다.

절단면의 윗부분에 작용하는 수평하중의 합계를 X라 하면, 이 부분(빗금 칠한 부분)이 평형을 유지하기 위해서는 다음 관계가 성립해야 한다.

$$\Sigma H = -V_{BA} - V_{DC} - V_{FE} + X = 0$$

$$\therefore \ \Sigma V = X \qquad \cdots\cdots (14\text{-}12)$$

위의 식은 임의의 층의 연직부재 상단의 단전단력의 대수합이 그 위의 층에 작용하는 수평하중의 합계와 같다는 것을 의미한다. 이러한 식을 **전단방정식**(**shear equation**)이라 하며, 사각형 라멘에서는 **층방정식**(**story equation**)이라고도 한다.

전단방정식은 층마다 하나씩 얻어지므로 그 수는 층의 수와 같다. 즉, 부재각의 수만큼의 전단방정식을 얻는다.

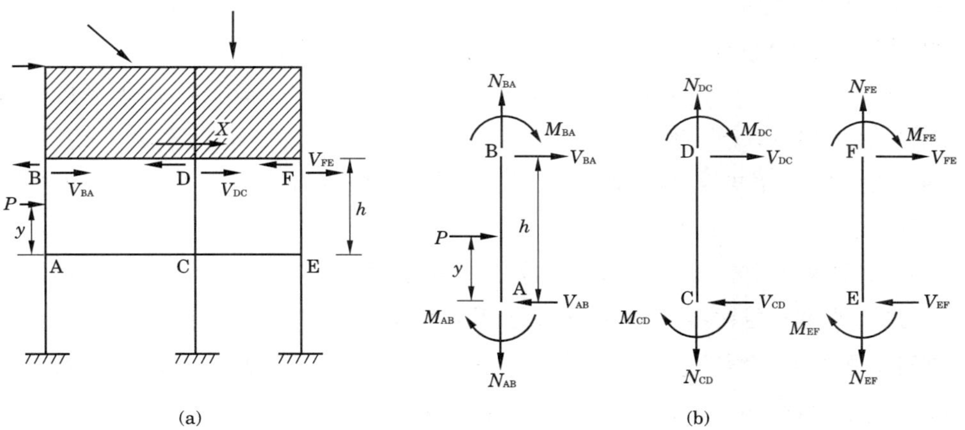

그림 14-7

기둥길이가 같을 때의 전단방정식 : 기둥길이가 같을 때 사용하기에 편하도록 식 (14-12)를 고쳐 보자. 그림 14-7에서 제2층의 각 연직부재의 단전단력은 다음과 같다 [식 (14-11) 참조].

$$V_{BA} = -\frac{1}{h}(M_{AB} + M_{BA}) - \frac{Py}{h}$$

$$V_{DC} = -\frac{1}{h}(M_{CD} + M_{DC})$$

$$V_{FE} = -\frac{1}{h}(M_{EF} + M_{FE})$$

이들을 식 (14-12)에 대입하면 전단방정식은 다음과 같이 된다.

$$(M_{AB}+M_{BA})+(M_{CD}+M_{DC})+(M_{EF}+M_{FE})+Xh+Py=0 \quad \cdots\cdots\cdots\cdots (14\text{-}13)$$

기둥길이가 다를 때의 전단방정식 : 그림 14-7에서 부재 AB의 길이가 h이고, CD 부재의 길이가 αh, EF 부재의 길이가 βh인 경우의 전단방정식은 같은 방법에 의하여 다음과 같이 된다.

$$(M_{AB}+M_{BA})+\frac{1}{\alpha}(M_{CD}+M_{DC})+\frac{1}{\beta}(M_{EF}+M_{FE})+Xh+Py=0 \quad \cdots\cdots (14\text{-}14)$$

14. 6 계산의 순서

부정정라멘이나 부정정보를 처짐각법으로 해석할 경우의 계산 순서는 다음과 같다.

① 식 (14-4)~식 (14-7)에 따라 각 부재의 처짐각식을 세운다.

② 각 절점에 대하여 절점방정식[식 (14-8) 또는 식 (14-9)]을, 각 층에 대하여 전단방정식[식 (14-12)]을 세운다.

③ 처짐각식을 절점방정식과 전단방정식에 대입하여 절점각과 부재각을 미지수로 하는 연립방정식을 세운다.

④ 이들 연립방정식을 풀어서 절점각과 부재각을 구한다.

⑤ 이렇게 해서 구한 절점각과 부재각을 처짐각식에 대입하여 재단모멘트를 계산한다.

⑥ 재단모멘트가 구해지면, 각 부재를 하중과 양단모멘트를 받는 단순보로 보고 휨모멘트와 전단력을 구한다.

⑦ 식 (14-10) 및 식 (14-11)로부터 얻게 되는 재단전단력은 그 절점에서 그 부재와 직교하는 부재의 축력으로 작용한다. 이로부터 모든 지점반력을 구할 수 있다.

【예제 14－1】 그림 14-8 (a)의 라멘(예제 13-9)을 처짐각법으로 해석하라. E와 I는 일정하다.

풀이

◖ 상대강도 ◗

각 부재의 강도는

$$K_{AD}=K_{CD}=K_{BC}=\frac{I}{4}$$

기준강도를 $K_0=\dfrac{I}{4}$로 하면 상대강도(강비)는

$$k_{AD}=k_{CD}=k_{BC}=1$$

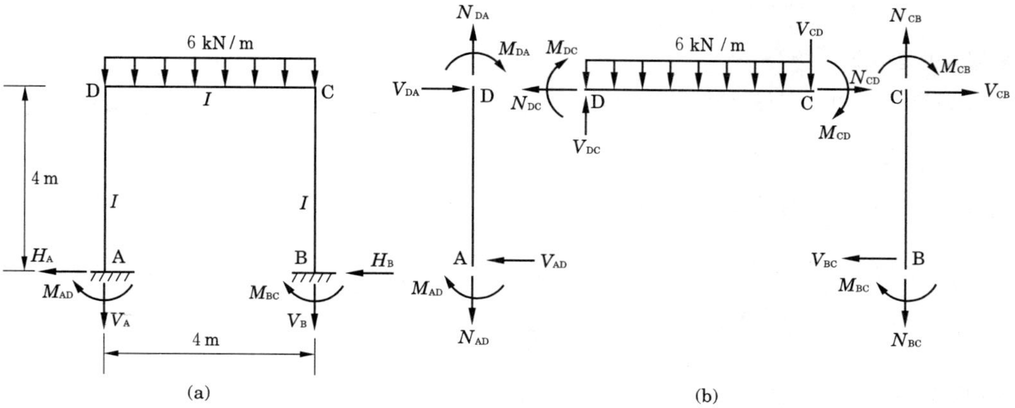

그림 14-8

◖ **고정단모멘트**(하중항) ◗

$$C_{AD} = C_{DA} = C_{CB} = C_{BC} = 0$$

$$C_{DC} = -\frac{wl^2}{12} = -\frac{6 \times 4^2}{12} = -8\ \text{kN} \cdot \text{m}$$

$$C_{CD} = +\frac{wl^2}{12} = +8\ \text{kN} \cdot \text{m}$$

◖ **처짐각식** ◗

지점 A 및 B가 고정이므로

$$\theta_A = \theta_B = 0, \quad \text{즉} \quad \varphi_A = \varphi_B = 0$$

라멘과 하중이 대칭이므로[그림 13-13(d) 참조]

$$R = 0, \quad \text{즉} \quad \psi = 0$$

$$\theta_C = -\theta_D, \quad \text{즉} \quad \varphi_C = -\varphi_D$$

또한

$$M_{AD} = -M_{BC}$$

$$M_{DA} = -M_{CB}$$

$$M_{DC} = -M_{CD}$$

따라서, 처짐각식은 식 (14-5)에 의하여 다음과 같이 된다.

$$M_{AD} = k_{AD}(2\varphi_A + \varphi_D + \psi) + C_{AD} = \varphi_D = -M_{BC}$$

$$M_{DA} = k_{AD}(\varphi_A + 2\varphi_D + \psi) + C_{DA} = 2\varphi_D = -M_{CB}$$

$$M_{DC} = k_{CD}(2\varphi_D + \varphi_C + \psi) + C_{DC} = 2\varphi_D + \varphi_C - 8$$

$$= 2\varphi_D - \varphi_D - 8 = \varphi_D - 8 = -M_{CD}$$

즉, 미지량은 φ_D 하나뿐이다.

◖ 절점방정식 ◗

절점 D에 대하여 식 (14-8)을 적용하면

$$\Sigma M_{atD} = M_{DA} + M_{DC} = 0$$

위의 식에 처짐각식의 우변을 대입하면

$$2\varphi_D + (\varphi_D - 8) = 0$$

$$\therefore\ \varphi_D = \frac{8}{3}\ (\mathrm{kN \cdot m})$$

◖ 재단모멘트 ◗

위의 φ_D값을 처짐각식에 대입하면

$$M_{AD} = \frac{8}{3} = 2.67\ \mathrm{kN \cdot m} = -M_{BC}$$

$$M_{DA} = 2 \times \frac{8}{3} = 5.33\ \mathrm{kN \cdot m} = -M_{CB}$$

$$M_{DC} = \frac{8}{3} - 8 = -5.33\ \mathrm{kN \cdot m} = -M_{CD}$$

각 부재의 단모멘트, 단전단력 및 재단축력이 그림 14-8(b)에 정(+)의 방향으로 나타나 있다. 계산 결과 부(−)의 값을 가지는 것은 그 방향이 그림 14-8(b)와 반대임을 뜻한다.

◖ 지점반력 ◗

식 (14-10) 또는 식 (14-11)에 의하여 단전단력을 구한다. 단전단력은 그 절점에서 그 부재에 직교하는 부재의 축력으로 작용한다. 따라서, 지점의 연직반력은 그 연직부재의 상단에 직교하는 수평부재의 단전단력과 등가이다. 지점의 수평반력은 연직부재 하단의 전단력과 같으므로, 지점반력은 다음과 같이 계산된다.

부재 AD의 자유물체도[그림 14-8(b)]에서 $\Sigma M = 0$을 적용하면

$$\Sigma M_{atD} = V_{AD} \times 4 + M_{AD} + M_{DA} = 0$$

$$\therefore\ V_{AD} = -\frac{1}{4}(M_{AD} + M_{DA})$$

$$= -\frac{1}{4}(2.67 + 5.33) = -2\ \mathrm{kN}$$

$$\therefore\ H_A = V_{AD} = -2\ \mathrm{kN}$$

즉, 수평반력 H_A의 방향은 그림 14-8(a)와 반대이다. 수평반력 H_B는 $\Sigma H = 0$에 의하여

$$H_B = -H_A = +2\ \mathrm{kN}$$

부재 CD의 자유물체도에서

$$\Sigma M_{atC} = V_{DC} \times 4 + M_{DC} + M_{CD} - (6 \times 4) \times \frac{4}{2} = 0$$

$$\therefore\ V_{DC}=\frac{1}{4}\left(-M_{DC}-M_{CD}+6\times4\times\frac{4}{2}\right)$$
$$=\frac{1}{4}(+5.33-5.33+48)=+12\ \mathrm{kN}$$

따라서

$$V_A=N_{AD}=-N_{DA}=-V_{DC}=-12\ \mathrm{kN}$$
$$\therefore\ V_B=-12\ \mathrm{kN}$$

즉, 수직반력 V_A 및 V_B의 방향은 그림 14-8(a)와 반대이다.

◖ 모멘트반력 ◗

$$M_{AD}=+2.67\ \mathrm{kN\cdot m}$$
$$M_{BC}=-2.67\ \mathrm{kN\cdot m}$$

M_{BC}의 부호가 (−)이므로 그 방향은 그림과 반대이다.

◖ 휨모멘트, 전단력 및 축력 ◗

모든 반력이 구해졌으므로 각 부재의 휨모멘트, 전단력 및 축력을 구할 수 있다.

【예제 14−2】 그림 14-9(a)의 라멘(예제 13-8)을 처짐각법으로 해석하라.

풀이 라멘은 대칭이지만 하중이 비대칭이므로 그림 14-9(b)와 같이 변형할 것이다.

◖ 상대강도 ◗

각 부재의 강도는

$$K_{AD}=K_{BC}=\frac{I}{4.8}$$
$$K_{CD}=\frac{1.5I}{8}$$

기준강도를 $K_0=\dfrac{I}{4.8}$로 하면

$$k_{AD}=k_{BC}=1$$
$$k_{CD}=\frac{K_{CD}}{K_0}=0.9$$

◖ 하중항 ◗

부재 AD의 A단은 힌지이므로 하중항 H_{DA}는 표 14-1로부터

$$H_{DA}=+\frac{Pab}{2l^2}(l+a)=+\frac{100\times1.6\times3.2}{2\times4.8^2}(4.8+1.6)=+71.1\ \mathrm{kN\cdot m}$$
$$C_{DC}=-\frac{wl^2}{12}=-\frac{20\times8^2}{12}=-106.7\ \mathrm{kN\cdot m}$$
$$C_{CD}=+\frac{wl^2}{12}=+106.7\ \mathrm{kN\cdot m}$$

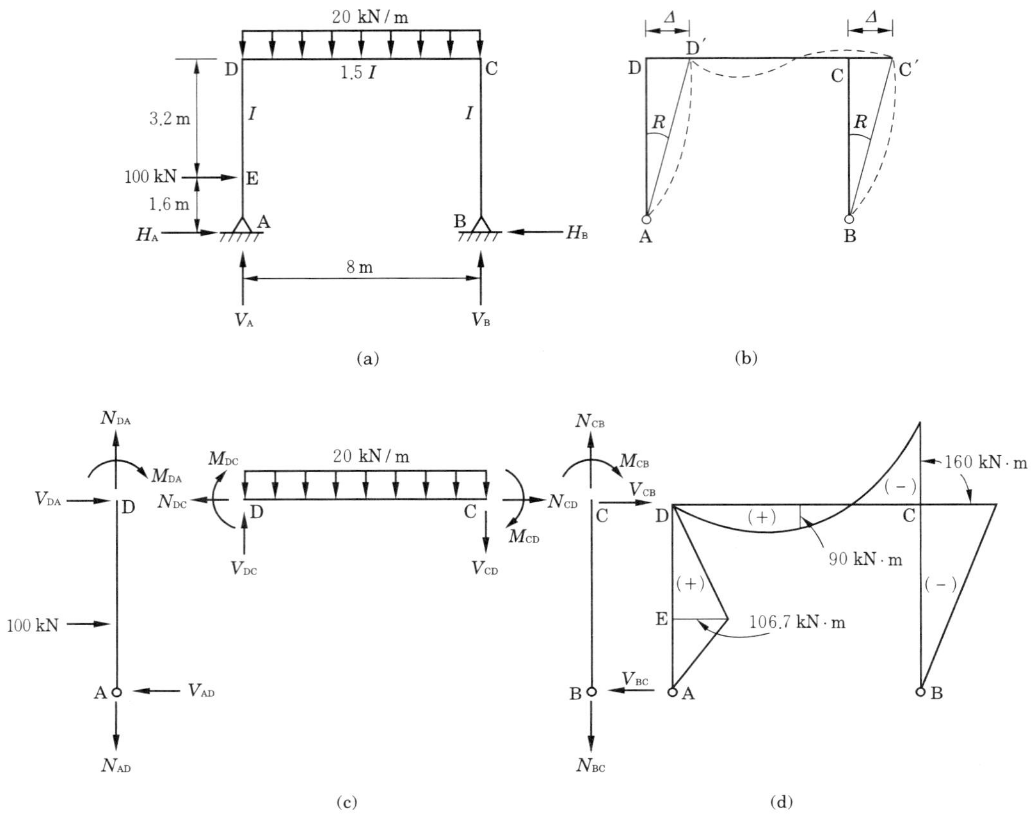

그림 14-9

$$H_{CB}=0$$

◀ 처짐각식 ▶

$$M_{DA}=\frac{k_{AD}}{2}(3\varphi_D+\psi)+H_{DA}=\frac{1}{2}(3\varphi_D+\psi)+71.1$$

$$M_{DC}=k_{CD}(2\varphi_D+\varphi_C)+C_{DC}=0.9(2\varphi_D+\varphi_C)-106.7$$

$$M_{CD}=k_{CD}(\varphi_D+2\varphi_C)+C_{CD}=0.9(\varphi_D+2\varphi_C)+106.7$$

$$M_{CB}=\frac{k_{BC}}{2}(3\varphi_C+\psi)=\frac{1}{2}(3\varphi_C+\psi)$$

◀ 절점방정식 ▶

절점 D에서

$$M_{DA}+M_{DC}=0$$

$$3.3\varphi_D+0.9\varphi_C+0.5\psi=35.6 \quad \cdots\cdots ①$$

절점 C에서

$$M_{CD}+M_{CB}=0$$

$$0.9\varphi_D+3.3\varphi_C+0.5\psi=-106.7 \quad \cdots\cdots ②$$

◀ 전단방정식 ▶

그림 14-9(c)의 AD 부재의 자유물체도에서 A점에 대하여 $\Sigma M=0$을 적용하면

$$V_{DA}\times 4.8+M_{DA}+100\times 1.6=0$$

따라서, AD 부재 상단의 전단력은

$$V_{DA}=-\frac{1}{4.8}(M_{DA}+100\times 1.6)$$

같은 방법에 의하여 BC 부재 상단의 전단력은

$$V_{CB}=-\frac{M_{CB}}{4.8}$$

따라서, 전단방정식은 식 (14-12)로부터

$$\Sigma V=0=V_{DA}+V_{CB}$$
$$=-\frac{1}{4.8}(M_{DA}+100\times 1.6)-\frac{M_{CB}}{4.8}$$

즉

$$M_{DA}+M_{CB}+100\times 1.6=0$$ [식 (14-13) 참조]

$$\therefore\ 1.5\varphi_D+1.5\varphi_C+\psi=-231.1 \quad \cdots\cdots ③$$

식 ①, ②, ③을 연립시켜 풀면

$$\varphi_D \fallingdotseq +59.3\ \mathrm{kN\cdot m}$$
$$\varphi_C \fallingdotseq 0$$
$$\psi \fallingdotseq -320.1\ \mathrm{kN\cdot m}$$

◀ 재단모멘트 ▶

위의 값들을 처짐각식에 대입하면

$$M_{DA}=-M_{DC}=0$$
$$M_{CD}=-M_{CB}=160\ \mathrm{kN\cdot m}$$

◀ 지점반력 ▶

그림 14-9(c)의 AD 부재의 자유물체도에서 D점에 대하여 $\Sigma M=0$을 적용하면

$$V_{AD}\times 4.8-100\times 3.2+M_{DA}=0$$
$$\therefore\ V_{AD}=+66.7\ \mathrm{kN}$$

따라서

$$H_A = -V_{AD} = -66.7\ \mathbf{kN}$$
$$H_B = 100 - 66.7 = +33.3\ \mathbf{kN}$$

그림 14-9(c)의 CD 부재의 자유물체도에서 C점에 대하여 $\Sigma M = 0$을 적용하면

$$V_{DC} \times 8 + M_{DC} - (20 \times 8) \times \frac{8}{2} + M_{CD} = 0$$
$$\therefore\ V_{DC} = 60\ \mathbf{kN}$$

따라서

$$V_A = V_{DC} = +60\ \mathbf{kN}$$
$$V_B = 160 - 60 = 100\ \mathbf{kN}$$

지점반력이 구해졌으므로 각 부재의 단면력을 구할 수 있다. M도는 그림 14-9(d)와 같다.

【예제 14-3】 그림 14-10(a)의 라멘의 재단모멘트를 구하라. E와 I는 일정하다.

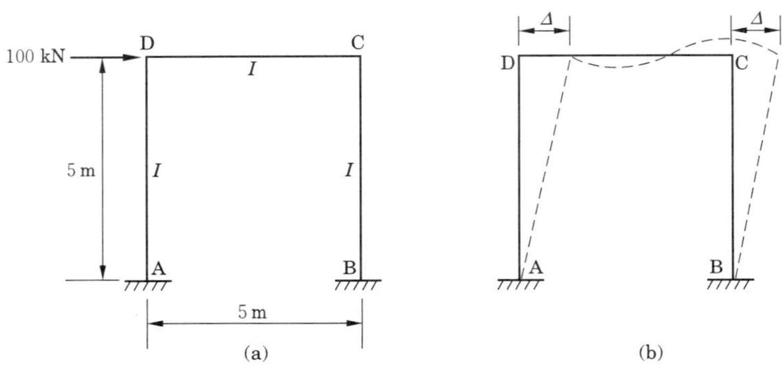

그림 14-10

풀이 각 부재의 상대강도는 1이다. 라멘은 그림 14-10(b)와 같이 변형할 것이므로 수평부재에는 부재각이 일어나지 않으며, 연직부재의 부재각은 서로 같다. $\theta_A = \theta_B = 0$, $\theta_D = \theta_C$, $M_{AD} = M_{BC}$, $M_{DA} = M_{CB}$, $M_{DC} = M_{CD}$의 관계를 고려하면 처짐각식은 다음과 같이 된다.

◖ 처짐각식 ◗

$$M_{AD} = \varphi_D + \psi = M_{BC}$$
$$M_{DA} = 2\varphi_D + \psi = M_{CB}$$
$$M_{DC} = 2\varphi_D + \varphi_D = 3\varphi_D = M_{CD}$$

◖ 절점방정식 ◗

절점 D에서

$$M_{DA} + M_{DC} = 0$$

$$\therefore\ 5\varphi_D + \psi = 0 \quad \cdots\cdots ①$$

◖ **전단방정식** ◗

식 (14-13)으로부터

$$(M_{AD}+M_{DA})+(M_{BC}+M_{CB})+100\times 5=0$$

$$\therefore\ 3\varphi_D + 2\psi + 250 = 0 \quad \cdots\cdots ②$$

식 ①과 ②를 연립시켜 풀면

$$\varphi_D = \frac{250}{7}$$

$$\psi = -\frac{1250}{7}$$

◖ **재단모멘트** ◗

$$M_{AD} = \frac{250}{7} - \frac{1250}{7} = -\frac{1000}{7} = -143\ \mathbf{kN\cdot m} = M_{BC}$$

$$M_{DA} = 2\times\frac{250}{7} - \frac{1250}{7} = -\frac{750}{7} = -107\ \mathbf{kN\cdot m} = M_{CB}$$

$$M_{DC} = 3\times\frac{250}{7} = \frac{750}{7} = +107\ \mathbf{kN\cdot m} = M_{CD}$$

【예제 14-4】 그림 14-11 (a)와 같은 박스 라멘(box frame)의 M도를 구하라.

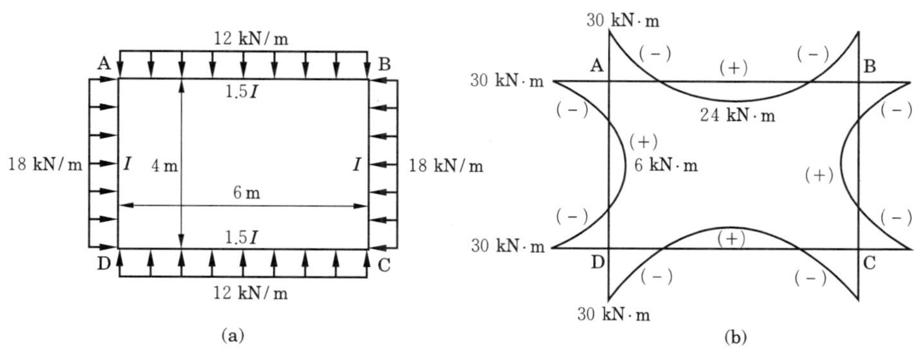

그림 14-11

풀이

◖ **상대강도** ◗

기준강도를 $K_0 = \dfrac{I}{4}$로 하면

$$k_{AD}=k_{BC}=\frac{I/4}{I/4}=1$$

$$k_{AB}=k_{CD}=\frac{1.5I/6}{I/4}=1$$

◖ 하중항 ◗

$$C_{AB}=-\frac{12\times 6^2}{12}=-36\ \mathrm{kN\cdot m}$$

$$C_{AD}=+\frac{18\times 4^2}{12}=+24\ \mathrm{kN\cdot m}$$

◖ 처짐각식 ◗

구조와 하중이 대칭이므로

$$R=0,\quad \theta_A=-\theta_B=\theta_C=-\theta_D$$

즉

$$\psi=0,\quad \varphi_A=-\varphi_B=\varphi_C=-\varphi_D$$

따라서, 미지량은 φ_A 하나뿐이다.
또한

$$M_{AB}=-M_{BA}=M_{CD}=-M_{DC}$$
$$M_{AD}=-M_{DA}=M_{CB}=-M_{BC}$$

따라서, 처짐각식은 식 (14-5)에 의하여 다음과 같이 된다.

$$M_{AB}=\varphi_A-36$$
$$M_{AD}=\varphi_A+24$$

◖ 절점방정식 ◗

절점 A에서

$$M_{AB}+M_{AD}=0$$
$$2\varphi_A-12=0$$
$$\therefore\ \varphi_A=6$$

◖ 재단모멘트 ◗

$$M_{AB}=-30\ \mathrm{kN\cdot m}$$
$$=-M_{BA}=M_{CD}=-M_{DC}$$
$$M_{AD}=+30\ \mathrm{kN\cdot m}$$
$$=-M_{DA}=M_{CB}=-M_{BC}$$

따라서, M도는 그림 14-11(b)와 같이 된다.

◀ 연 습 문 제 ▶

1 그림 14-12의 연속보를 처짐각법으로 해석하라. E와 I는 일정하다.

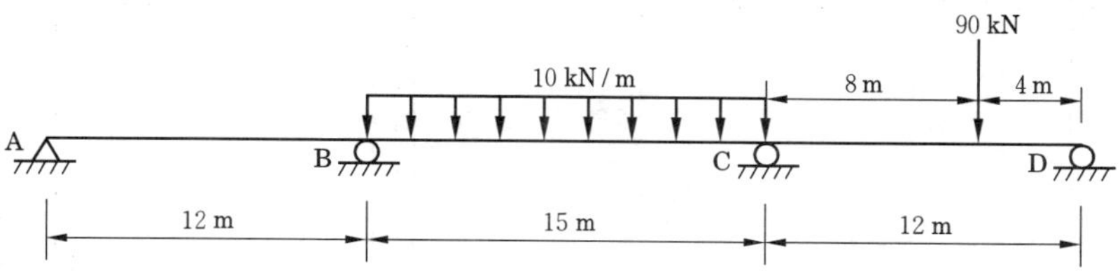

그림 14-12

2 그림 14-13의 라멘의 M도와 지점반력을 구하라. E와 I는 일정하다.

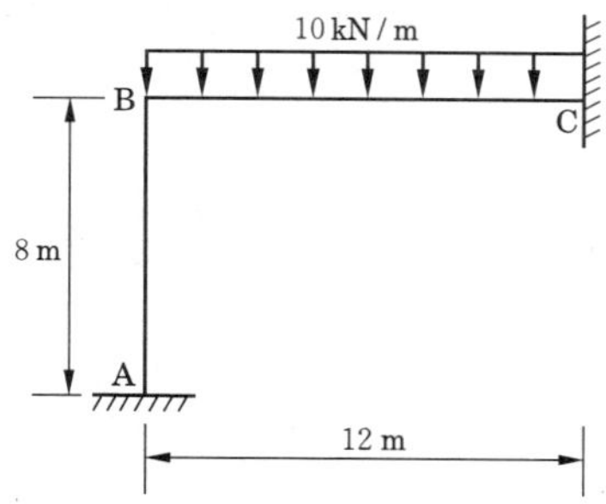

그림 14-13

3 그림 14-14의 각 라멘의 M도를 구하라. E와 I는 일정하다.

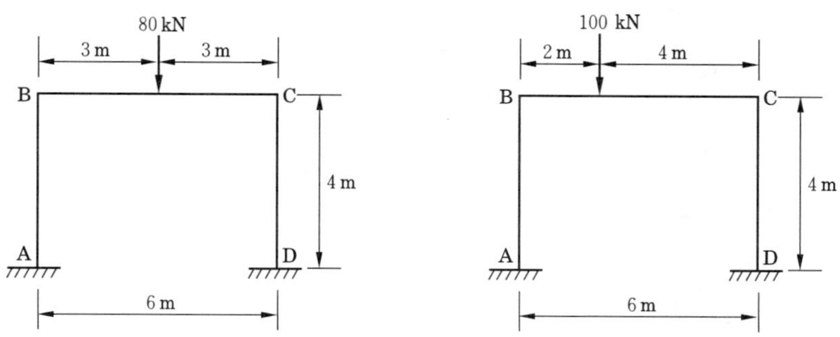

(a) (b)

그림 14-14

4 그림 14-15의 각 라멘의 M도를 구하라. E와 I는 일정하다.

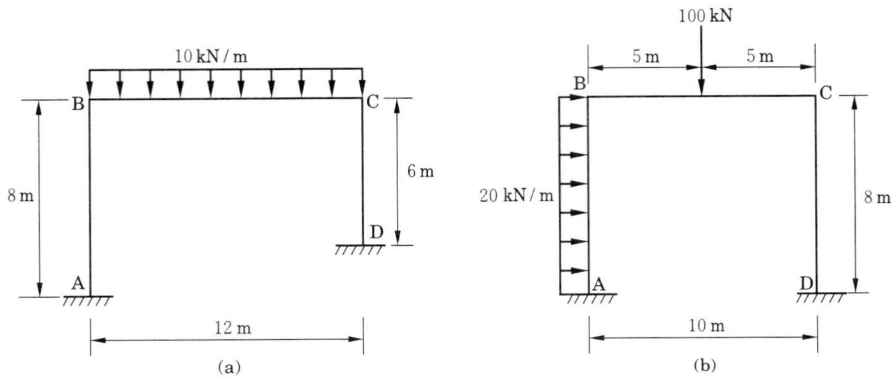

그림 14-15

5 그림 14-16의 라멘의 M도를 구하라. E와 I는 일정하다.

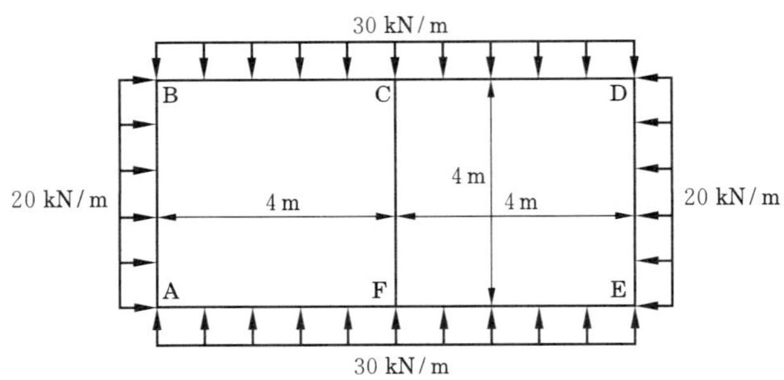

그림 14-16

제 15 장 모멘트분배법

15.1 서 론

모멘트분배법은 주로, 휨을 받는 모든 형태의 부정정보나 부정정라멘을 해석할 때 사용되며, 처짐각식을 기본으로 하여 시작된다. 이 때, 부재의 한쪽 끝에 작용하는 모멘트는 다음 네 가지 영향의 대수합이다.

① 부재를 양단고정보로 보았을 때 작용하중으로 인한 모멘트(즉, 고정단모멘트)

② 다른 쪽 끝(단부)을 고정시켰을 때 한쪽 끝(단부)의 회전각으로 인한 모멘트

③ 한쪽 끝(단부)을 고정시켰을 때 다른 쪽 끝(단부)의 회전각으로 인한 모멘트

④ 부재 양단의 상대변위로 인한 모멘트

이것은 이들의 영향을 독립적으로 일어나게 할 수 있음을 의미한다. 즉, 먼저 절점을 구속(locking)하고, 다음에 해제(unlocking)하는 단계들을 거친다. 예를 들면, 절점이동이 없는 강절 연결 구조물에서 절점들을 구속하면 즉, 회전각이 생기지 않게 하면, 각 부재는 양단고정보와 같은 상태로 된다. 절점의 구속을 해제하면 그 절점에 연결된 모든 부재는 그 절점에서 부재의 강도에 비례하는 저항모멘트가 일어나고, 이는 분배율(distribution factor)에 따라 분배된다. 동시에, 다른 쪽 끝에는 전달률(carry-over factor)에 따라 모멘트가 전달된다. 절점들을 하나씩 해제하고 다시 구속하여 각 절점이 실제 혹은 실제에 가까운 상태로 변형할 때까지 진행하는데, 이러한 절차를 원하는 정밀도에 이를 때까지 반복한다.

모멘트분배법은 결국 처짐각식을 풀어 나가는 방법이지만, 구조해석에서는 전혀 새로운 방법이다. 예를 들면, 절점이동이 없는 고차의 부정정라멘의 단모멘트를 구할 때에는 연립방정식을 풀 필요가 없다. 이것은 앞의 장들에서 설명한 방법들과는 대조적이다. 또

한, 이러한 방법은 같은 연산을 주기적으로 반복 수행하기 때문에 컴퓨터의 이용에 적합하다.

여기서, 단모멘트와 회전각의 부호는 처짐각법에서와 마찬가지로 시계 방향의 것을 정(+)으로 약속한다.

15. 2 해석절차

(1) 고정단모멘트

모멘트분배법을 적용하려면, 부재를 양단고정보로 보았을 때 작용하중으로 인하여 부재단에 일어나는 모멘트의 값을 알아야 한다. 이들 모멘트를 **고정단모멘트**(fixed end moment)라 하며, M_F 또는 FEM으로 나타낸다.

고정단모멘트는 처짐각법에서의 하중항과 같으며, 보통 형태의 하중을 받는 부재의 고정단모멘트는 표 14-1과 같다.

(2) 분배모멘트와 분배율

그림 15-1과 같이 EI가 일정한 부재 AB를 생각해 보자. B단은 고정이고, A단은 회전이 가능하다. 그림과 같이 A단에 모멘트 M_{AB}를 작용시키면 B단의 회전각은 $\theta_B = 0$이고, A단에는 회전각 θ_A가 일어날 것이다. 이 때, A단에 단위회전각 $\theta_A = 1$을 일어나게 하는 모멘트 M_{AB}는 식 (14-1)에 의하여 다음과 같이 계산된다.

$$M_{AB} = \frac{2EI}{l}(2\theta_A + \theta_B)$$

$$= \frac{2EI}{l}(2 \times 1 + 0) = 4E\frac{I}{l} = 4EK$$

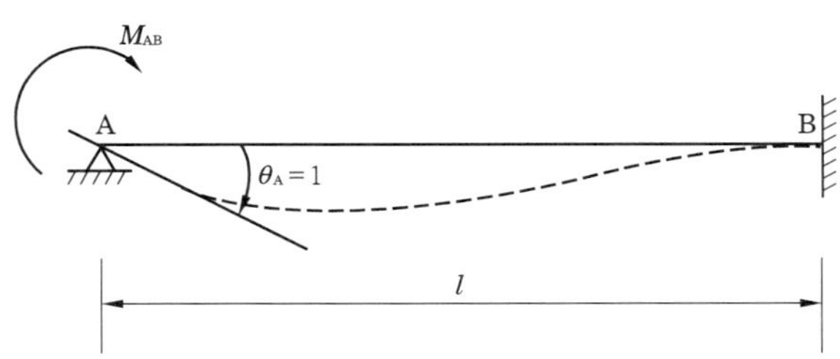

그림 15-1

즉, EI가 일정한 그림 15-1과 같은 부재의 A단에 단위회전을 일으키는 모멘트의 크기는 $4EK$이다. 이러한 뜻에서 $4EK$를 강도계수(stiffness factor)라 하고, S로 표기하기로 하자.

$$S = 4E\frac{I}{l} = 4EK \quad \cdots\cdots (15\text{-}1)$$

여기서, $K = \dfrac{I}{l}$

이제, 그림 15-2(a)를 생각해 보자. 이 라멘은 4개의 부재가 절점 J에서 강결되어 있다. 절점 J에 시계 방향의 모멘트 M이 작용한다면, 그림 15-2(b)와 같이 그 절점을 시계 방향으로 θ만큼 회전시킬 것이다. J가 강결되어 있으므로, 이 절점에서 각 탄성곡선에 그은 접선은 변형 전의 각 부재와 각 θ를 이룰 것이다. 외력모멘트 M은 J에서 만난 4개의 부재에 의해 저항된다. 따라서 M과 평형을 이루기 위해서 각 부재 단부에는 그림 15-2(c)와 같이 저항모멘트 M_{JA}, M_{JB}, M_{JC}, M_{JD}가 일어날 것이다.

절점 J에서의 평형을 생각하면

$$M_{JA} + M_{JB} + M_{JC} + M_{JD} = M \quad \cdots\cdots (15\text{-}2)$$

한편, 각각의 부재에 대하여 처짐각식을 세우면[식 (14-1) 참조]

$$\left.\begin{aligned}
M_{JA} &= 2E\frac{I_{JA}}{l_{JA}}(2\theta + \theta_A) = 2EK_{JA}(2\theta + 0) = 4EK_{JA}\,\theta \\
M_{JB} &= 2E\frac{I_{JB}}{l_{JB}}(2\theta + \theta_B) = 2EK_{JB}(2\theta + 0) = 4EK_{JB}\,\theta \\
M_{JC} &= 2E\frac{I_{JC}}{l_{JC}}(2\theta + \theta_C) = 2EK_{JC}(2\theta + 0) = 4EK_{JC}\,\theta \\
M_{JD} &= 2E\frac{I_{JD}}{l_{JD}}(2\theta + \theta_D) = 2EK_{JD}(2\theta + 0) = 4EK_{JD}\,\theta
\end{aligned}\right\} \quad \cdots\cdots (15\text{-}3)$$

위의 식은 그림 (15-2)에서와 같이, 하나의 절점에 모멘트가 작용할 때, 그 절점에 강결된 모든 부재의 그 단부에 일어나는 저항모멘트는 다른 쪽 단부가 모두 고정일 경우 각 부재의 강도계수에 비례한다는 것을 나타내고 있다.

식 (15-3)을 식 (15-2)에 대입하면

$$4E(K_{JA} + K_{JB} + K_{JC} + K_{JD})\theta = M$$

따라서

$$\theta = \frac{M}{4E\Sigma K} \quad \cdots\cdots (15\text{-}4)$$

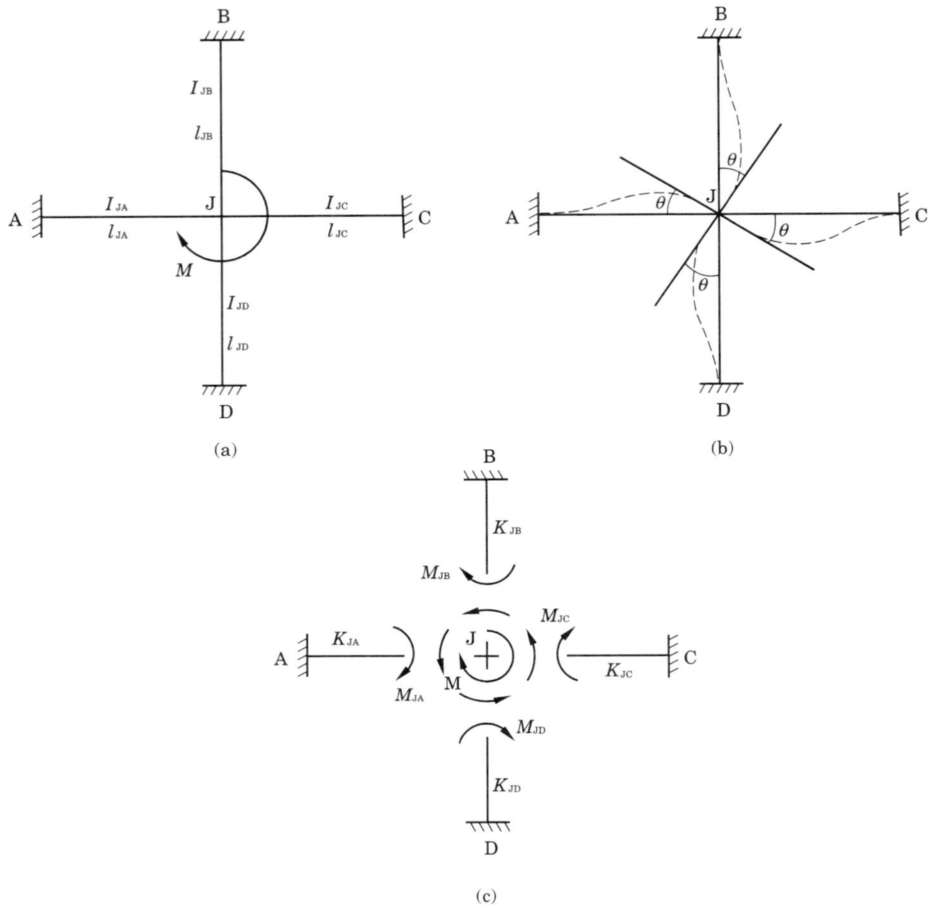

그림 15-2

여기서

$$\Sigma K = K_{JA} + K_{JB} + K_{JC} + K_{JD}$$

식 (15-4)를 식 (15-3)에 대입하면 다음을 얻는다.

$$\left.\begin{aligned} M_{JA} &= \frac{K_{JA}}{\Sigma K} M = D_{JA} M \\ M_{JB} &= \frac{K_{JB}}{\Sigma K} M = D_{JB} M \\ M_{JC} &= \frac{K_{JC}}{\Sigma K} M = D_{JC} M \\ M_{JD} &= \frac{K_{JD}}{\Sigma K} M = D_{JD} M \end{aligned}\right\} \quad \cdots\cdots (15\text{-}5)$$

즉, 여러 개의 부재가 강결되어 있는 절점에 모멘트 M이 작용하면 M은 그 절점에서 각 부재의 강도 K에 비례해서 각 부재단에 분배된다.

위의 M_{JA}, M_{JB} 등을 **분배모멘트**(distribution moment), $D_{JA}=\dfrac{K_{JA}}{\Sigma K}$, $D_{JB}=\dfrac{K_{JB}}{\Sigma K}$ 등을 **분배율**(distribution factor, DF)이라 한다. 분배율을 결정하는 데에는 연결된 부재에 대한 K의 상대값만 필요하다. 따라서, 대개의 경우 상대강도가 주로 사용된다.

(3) 전달모멘트와 전달률

그림 15-2에서 각 고정단의 모멘트는 식 (14-1)로 얻어지고, 식 (15-3)과 비교하면

$$\left.\begin{aligned} M_{AJ}&=2EK_{JA}(2\theta_A+\theta)=2EK_{JA}(2\times 0+\theta)=2EK_{JA}\,\theta=\left(\frac{1}{2}\right)M_{JA}\\ M_{BJ}&=2EK_{JB}(2\theta_B+\theta)=2EK_{JB}(2\times 0+\theta)=2EK_{JB}\,\theta=\left(\frac{1}{2}\right)M_{JB}\\ M_{CJ}&=2EK_{JC}(2\theta_C+\theta)=2EK_{JC}(2\times 0+\theta)=2EK_{JC}\,\theta=\left(\frac{1}{2}\right)M_{JC}\\ M_{DJ}&=2EK_{JD}(2\theta_D+\theta)=2EK_{JD}(2\times 0+\theta)=2EK_{JD}\,\theta=\left(\frac{1}{2}\right)M_{JD} \end{aligned}\right\}\cdots(15\text{-}6)$$

식 (15-6)은 EI가 일정한 부재의 한쪽 단부에 일어나는 모멘트는 다른 쪽 단부에서의 분배모멘트의 $\dfrac{1}{2}$과 같음을 나타내고 있다. 이러한 모멘트 M_{AJ}, M_{BJ} 등을 **전달모멘트**(carry-over moment, COM)라 하고, $\dfrac{1}{2}$을 **전달률**(carry-over factor)이라 한다. EI가 일정한 부재에서의 전달모멘트는 분배모멘트의 $\dfrac{1}{2}$이고, 전달률은 분배율의 $\dfrac{1}{2}$이다.

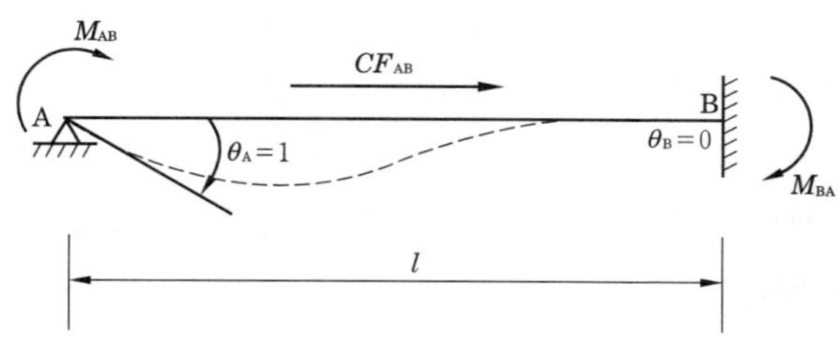

그림 15-3

일반적으로 전달률이란, 이동변위는 구속되고 회전은 허용된 절점에 작용한 모멘트에 대한 다른 쪽 단부(고정단)에 일어난 모멘트의 비로 정의된다. 따라서, 그림 15-3에서 단모멘트 M_{AB}가 A단에 작용한다면, B단에 일어나는 모멘트 M_{BA}는 다음과 같이 된다.

$$M_{BA}=CF_{AB}\,M_{AB}$$

여기서, CF_{AB}는 A에서 B로의 전달률이다. 부재 AB의 EI가 일정하다면

$$M_{AB}=2EK(2\theta_A+\theta_B)=2EK(2\theta_A+0)=2EK(2\theta_A)$$

$$M_{BA}=2EK(\theta_A+2\theta_B)=2EK(\theta_A+2\times 0)=2EK(\theta_A)$$

$$\therefore\ M_{BA}=\frac{1}{2}M_{AB}$$

따라서

$$CF_{AB}=\frac{1}{2}$$

A단이 고정이고 B단이 회전 가능한 부재 AB에서, B로부터 A로의 전달률 CF_{BA}도 위와 같은 방법에 의하여 다음과 같이 된다.

$$CF_{BA}=\frac{1}{2}$$

따라서, EI가 일정한 부재 AB에서 전달률은 다음과 같다.

$$CF_{AB}=CF_{BA}=\frac{1}{2} \qquad \cdots\cdots (15\text{-}7)$$

(4) 해석절차

모멘트분배법의 해석절차를 설명하기 위하여 그림 15-4 (a)와 같은 연속보를 생각해 보자. 지점 A, B, C를 구속하여 지간 AB, BC를 각각 고정보로 보면, 그림 15-4 (b)와 같이 고정단모멘트가 작용할 것이다. 따라서, 각 지점이 회전하지 못하도록 하는 데 필요한 구속모멘트는 A점에서 120 kN·m, B점에서 120−75=45 kN·m, C점에서 75 kN·m이다. 이들 모멘트를 **불균형모멘트**(unbalanced moment)라고 한다.

지점 B를 가상적인 구속으로부터 해제하기 위하여, 그 점에 구속모멘트 45 kN·m와 크기가 같고 방향이 반대인 해제모멘트(균형모멘트, balancing moment) −45 kN·m를 작용시키면, BA와 BC에는 각각의 부재강도에 비례하여 −45 kN·m가 분배될 것이다. BA와 BC의 상대강도는 3과 2이다. 그러므로 BA와 BC에 대한 분배율은 각각 $\frac{3}{(3+2)}=0.6$, $\frac{2}{(3+2)}=0.4$이고, 따라서 분배모멘트는 각각 $-45\times0.6=-27$ kN·m, $-45\times0.4=-18$ kN·m이다.

절점 C를 해제하려면 절점 C에 −75 kN·m를 작용시키면 된다. 절점 A는 고정지점이므로 해제시킬 필요가 없다.

지금까지의 과정이 모멘트분배법의 첫번째 단계이며, 이를 요약하면 다음과 같다. 우

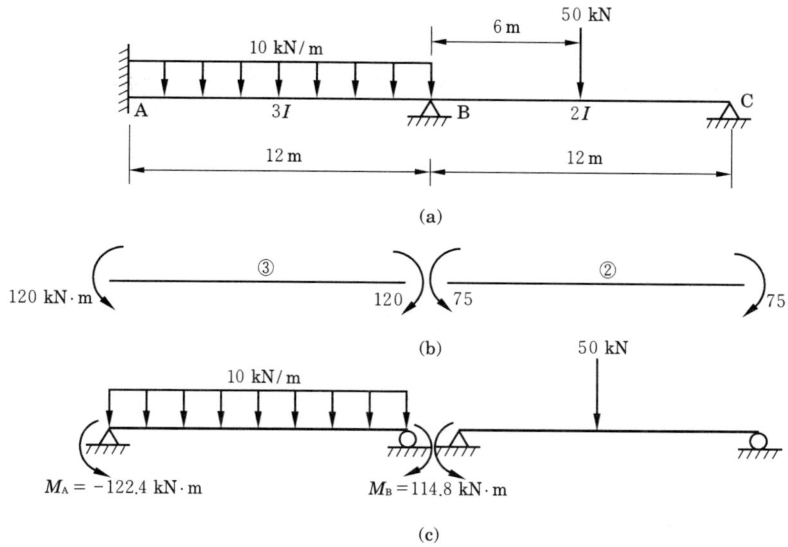

그림 15－4

선, 모든 부재를 －120, ＋120, －75, ＋75의 고정단모멘트(**FEM**)로 구속하고, 해제모멘트(**BAL**) 0, －27, －18, －75를 작용시켜 지점 B와 C를 차례로 해제한다.

B점을 해제하기 위하여 지간 AB의 B점에 －27**kN·m**의 해제모멘트(BAL)를 작용시키면 A점에는 그 $\frac{1}{2}$인 －13.5**kN·m**의 모멘트가 전달된다. 마찬가지로, C점에는 －18**kN·m**의 $\frac{1}{2}$인 －9**kN·m**의 모멘트가 전달되며, C점의 해제모멘트 －75**kN·m**의 $\frac{1}{2}$인 －37.5 **kN·m**의 모멘트가 B점에 전달된다. 이들 모멘트 －13.5, －37.5, －9가 전달모멘트(**COM**)이며, 이들이 새로운 불균형모멘트로 된다. 따라서, B와 C점에 새로운 해제모멘트를 작용시켜야 하며, 이로부터 또다시 전달모멘트가 생긴다. 이러한 절차를 반복하여 해제모멘트 또는 전달모멘트가 매우 작은 값이 될 때까지 계속하면, 구하고자 하는 단모멘트를 얻을 수 있다. 이러한 계산 과정을 보인 것이 표 15-1이며, 계산 결과는 그림 15-4(**c**)와 같다.

모멘트분배법은 절점의 구속과 해제를 반복하는 방법으로, 그 절차를 요약하면 다음과 같다.

① 모든 절점을 구속한다. 그러면, 모든 부재는 고정보로 되므로, 그에 대한 고정단모멘트(**FEM**)를 계산한다.

② 절점의 구속을 해제한다. 한번에 하나씩의 절점만 해제하며, 이 때 나머지 절점들은 회전이 불가능하다고 가정한다. 그 절점의 해제모멘트를 구하고, 그 절점에서 만

표 15-1

절 점	A	B		C
부 재	AB	BA	BC	CB
DF(분배율)	—	0.6	0.4	1.0
FEM(고정단모멘트)	−120	+120	−75	+75
BAL(해제모멘트)	—	−27	−18	−75
COM(전달모멘트)	−13.5	—	−37.5	−9
BAL	—	+22.5	+15	+9
COM	+11.3	—	+4.5	+7.5
BAL	—	−2.7	−1.8	−7.5
COM	−1.4	—	−3.8	−0.9
BAL	—	+2.3	+1.5	+0.9
COM	+1.2	—	+0.5	+0.8
BAL	—	−0.3	−0.2	−0.8
합계(지점모멘트)(kN·m)	−122.4	+114.8	−114.8	—

나는 부재의 분배모멘트를 계산한다.

③ 이들 부재의 다른 쪽 끝에 일어나는 전달모멘트를 계산한다. 이 때, 다른 쪽 끝의 전달모멘트는 새로운 구속모멘트(불균형모멘트)로 된다.

④ 그 절점을 다시 구속하고, 다른 절점을 해제한다. 하나의 절점을 해제하여 그 절점에 모멘트를 분배시키면, 그 절점은 평형을 이룬다. 그 절점을 다시 구속하고, 다른 절점을 해제하여 각 절점들을 모두 한 번씩 구속했다가 해제하면 모멘트분배의 하나의 주기(cycle)가 된다.

⑤ ②~④의 단계를 반복하여, 전달모멘트가 매우 작아져서 그들을 무시할 수 있게 될 때까지 계속한다.

⑥ 이러한 모멘트들을 모두 합하면 최종 결과를 얻는다.

15.3 부정정보의 해석

【예제 15-1】 그림 15-5(a)의 연속보를 모멘트분배법으로 해석하고, 전단력도와 휨모멘트도를 그려라.

풀이 상대강도와 고정단모멘트는 그림 15-4의 경우와 같다[그림 15-5(b)]. 모멘트분배표(표 15-2)를 작성할 때, 먼저 분배율(DF)을 적는다. 절점 A 및 C에 연결된 부재는 각각 AB 및

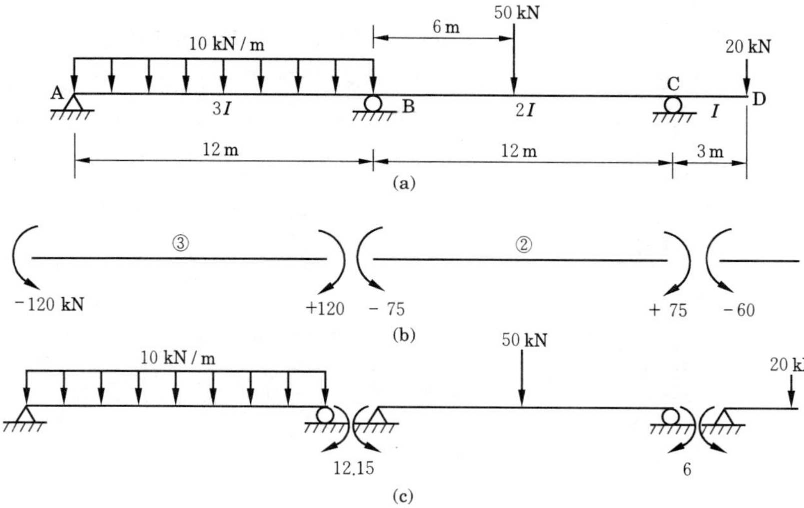

작용 하중으로 인한 반력	+ 60	+ 60	+ 25	+ 25	+ 20
단모멘트로 인한 반력	− 10.1	+ 10.1	+ 10.1 − 5	− 10.1 + 5	
반 력	+ 49.9	+ 70.1	+ 30.1	+ 19.9	+ 20
	R_A = 49.9 kN	R_B = 100.2 kN		R_C = 39.9 kN	

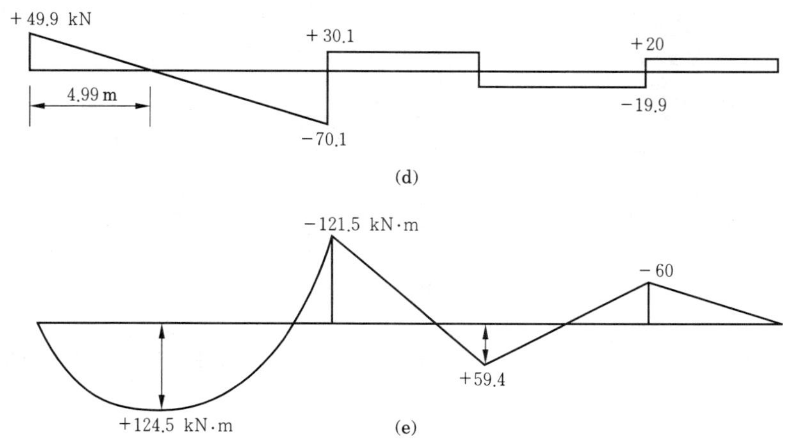

그림 15-5

CB 하나씩이므로 절점 A 및 C에서의 분배율은 각각 1.0이다. 다음에 고정단모멘트(**FEM**)를 적는다. 캔틸레버 CD에서 C점에는 −60 **kN·m**의 모멘트가 작용한다.

다음에, 지점 A, B, C를 해제한다. 지점 A의 불균형모멘트는 −120 **kN·m**이므로 해제모멘트는 +120 **kN·m**이다. 절점 B의 불균형모멘트는 +120−75 = +45 **kN·m**이므로, BA와 BC의 해제모멘트(분배모멘트)는 각각 $-45\times0.6=-27$ kN·m, $-45\times0.4=-18$ kN·m이다. 절점 C의 불균형모멘트는 $75-60=+15$ kN·m이므로 해제모멘트는 -15 kN·m이다.

이들 해제모멘트의 $\frac{1}{2}$이 다른 쪽 단부에 전달된다. 이들 전달모멘트는 새로운 불균형모멘트로 되며, 앞에서와 같은 방법으로 해제시켜야 한다. 이러한 계산을 반복하는 과정이 표 15-2에 나타나 있다. 이 예제에서는 세번째 주기의 해제모멘트가 불균형모멘트와 일치하므로 더 이상의 계산이 필요 없다. 각 열의 모멘트를 더하면 지점모멘트를 얻는다. 지점반력의 계산 및 전단력도와 휨모멘트도는 각각 그림 15-5(c), (d) 및 (e)와 같다.

표 15-2

절 점	A	B		C	
부 재	AB	BA	BC	CB	CD
K	3	3	2	2	
DF	1.0	0.6	0.4	1.0	
FEM	−120	+120	−75	+75	−60
BAL	+120	−27	−18	−15	
COM	−13.5	+60	−7.5	−9	
BAL	+13.5	−31.5	−21	+9	
COM	−15.8	+6.8	+4.5	−10.5	
BAL	+15.8	−6.8	−4.5	+10.5	
합계(지점모멘트)(kN·m)	0	+121.5	−121.5	+60	

【예제 15−2】 그림 15-6과 같은 연속보의 지점모멘트를 구하라. *EI*는 일정하다.

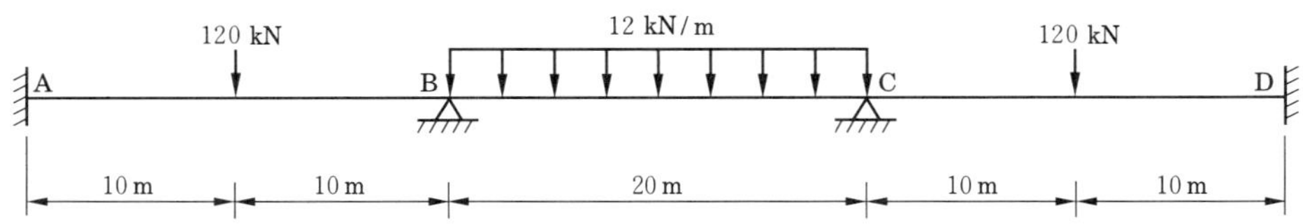

그림 15−6

풀이 각 부재의 *EI*와 *l*이 모두 같으므로 상대강도는 모두 1이다. 따라서, 고정단모멘트는 다음과 같다.

$$M_{FAB}=-\frac{(120)(20)}{8}=-300 \text{ kN}\cdot\text{m}$$

$$M_{FBA}=+300 \text{ kN}\cdot\text{m}$$

$$M_{FBC}=-\frac{(12)(20)^2}{12}=-400 \text{ kN}\cdot\text{m}$$

$$M_{FCB}=+400 \text{ kN}\cdot\text{m}$$

$$M_{FCD}=-300 \text{ kN}\cdot\text{m}$$

$M_{FDC} = +300\ \mathrm{kN \cdot m}$

계산 과정이 표 15-3에 나타나 있는데, 수렴 속도가 다소 느리다. 이것은 힌지지점 C에서 절점 B로 상당한 크기의 모멘트가 계속 보내어지기 때문이다.

표 15-3

절 점	A	B		C		D
부 재	AB	BA	BC	CB	CD	DC
K	1.0	1.0	1.0	1.0	1.0	1.0
DF	0	0.5	0.5	0.5	0.5	0
FEM BAL	−300	+300 +50	−400 +50	+400 −50	−300 −50	+300
COM BAL	+25	 +12.5	−25 +12.5	+25 −12.5	 −12.5	−25
COM BAL	+6.3	 +3.2	−6.3 +3.1	+6.3 −3.1	 −3.2	−6.3
COM BAL	+1.6	 +0.8	−1.6 +0.8	+1.6 −0.8	 −0.8	−1.6
COM BAL	+0.4	 +0.2	−0.4 +0.2	+0.4 −0.2	 −0.2	−0.4
합계(지점모멘트)(kN·m)	−266.7	+366.7	−366.7	+366.7	−366.7	+266.7

15. 4 환산강도

강도계수란 한쪽 단부를 고정시켰을 때 다른 쪽 단부에 단위회전각을 일어나게 하는 단모멘트로 정의되었으며, EI가 일정한 부재의 강도계수는 $\frac{4EI}{l}$로 계산되었다. 여기서는, 한쪽 단부가 고정이 아니고 힌지인 경우 및 대칭, 역대칭의 경우에 대한 강도를 생각해 보자.

그림 15-7(a)와 같이, 부재의 연결점에 외력모멘트 M이 시계 방향으로 작용하고 있는 라멘을 생각해 보자.

여기서, 각 절점에 대한 조건은 다음과 같다.

① $\theta_A = 0$, 즉 A단에서 부재는 고정이다.

② $M_B = 0$, 즉 B단에서 부재가 단순지지되어 있다.

③ $\theta_C = -\theta$, 즉 C단에서 회전각은 외력모멘트의 작용으로 인한 회전각과 크기가 같고, 방향이 반대이다. 이것은 대칭의 경우와 같다.

④ $\theta_D = \theta$, 즉 D단에서 회전각은 외력모멘트의 작용으로 인한 회전각과 크기 및 방향

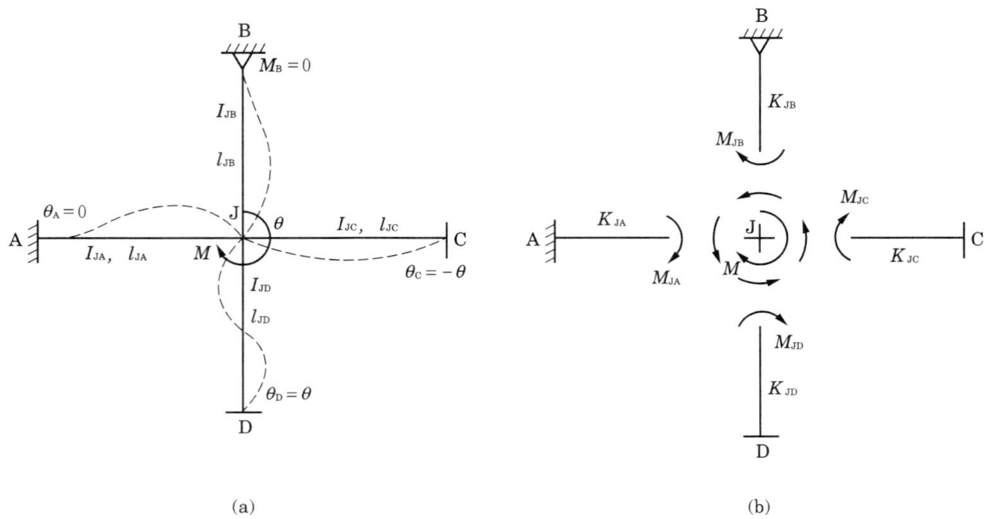

그림 15-7

이 같다. 이것은 역대칭의 경우와 같다.

그림 15-7(b)를 참고하면, 절점 J에 대한 평형조건은

$$M_{JA} + M_{JB} + M_{JC} + M_{JD} = M \quad \cdots\cdots (15\text{-}8)$$

처짐각식으로부터

$$M_{JA} = 4EK_{JA}\theta \quad \cdots\cdots (15\text{-}9)$$

$$M_{JB} = 2EK_{JB}(2\theta + \theta_B) \quad \cdots\cdots (15\text{-}10)$$

그런데

$$M_{BJ} = 2EK_{JB}(2\theta_B + \theta) = 0$$

$$\therefore \ \theta_B = -\frac{\theta}{2}$$

이것을 식 (15-10)에 대입하면

$$M_{JB} = 2EK_{JB}\left(2\theta - \frac{\theta}{2}\right) = 4E\left(\frac{3}{4}K_{JB}\right)\theta = 4EK_{JB}'\theta \quad \cdots\cdots (15\text{-}11)$$

여기서

$$K_{JB}' = \frac{3}{4}K_{JB} \quad \cdots\cdots (15\text{-}12)$$

K_{JB}'를 부재 JB에 대한 환산강도(modified stiffness)라 한다. 부재 JC에 있어서는

$$M_{JC}=2EK_{JC}(2\theta-\theta)=4E\left(\frac{1}{2}K_{JC}\right)\theta=4EK_{JC}'\theta \quad \cdots\cdots (15\text{-}13)$$

여기서

$$K_{JC}'=\frac{1}{2}K_{JC} \quad \cdots\cdots (15\text{-}14)$$

부재 JD에 대하여는

$$M_{JD}=2EK_{JD}(2\theta+\theta)=4E\left(\frac{3}{2}K_{JD}\right)\theta=4EK_{JD}'\theta \quad \cdots\cdots (15\text{-}15)$$

여기서

$$K_{JD}'=\frac{3}{2}K_{JD} \quad \cdots\cdots (15\text{-}16)$$

식 (15-9), (15-11), (15-13), (15-15)를 식 (15-8)에 대입하면

$$4E(K_{JA}+K_{JB}'+K_{JC}'+K_{JD}')\theta=M$$

따라서

$$\theta=\frac{M}{4E\Sigma K'} \quad \cdots\cdots (15\text{-}17)$$

여기서

$$\Sigma K'=K_{JA}+K_{JB}'+K_{JC}'+K_{JD}'$$

식 (15-17)을 식 (15-9), (15-11), (15-13), (15-15)에 대입하면 다음과 같이 된다.

$$\left.\begin{aligned} M_{JA}&=\frac{K_{JA}}{\Sigma K'}M \\ M_{JB}&=\frac{K_{JB}'}{\Sigma K'}M \\ M_{JC}&=\frac{K_{JC}'}{\Sigma K'}M \\ M_{JD}&=\frac{K_{JD}'}{\Sigma K'}M \end{aligned}\right\} \quad \cdots\cdots (15\text{-}18)$$

이로부터 다음을 알 수 있다. 절점 J에 외력모멘트가 작용할 때, 그 절점에 연결된 부재에 분배되는 모멘트는 다른 쪽의 단부 조건에 따라 환산된 강도에 비례한다. 한쪽 단부에 대해 환산강도를 사용하면, 다른 쪽 단부에는 모멘트를 전달시키지 않고, 단지 그 부분에 대한 최종 결과를 적어 넣기만 하면 된다.

부재의 단부조건에 따른 환산강도를 요약하면 다음과 같다.

① 한쪽 단부가 단순지지이면 다른 쪽 단부의 환산강도는

$$K' = \frac{3}{4}K \quad \cdots\cdots (15\text{-}19)$$

② 한쪽 단부가 다른 쪽 단부에 대해 대칭이면

$$K' = \frac{1}{2}K \quad \cdots\cdots (15\text{-}20)$$

③ 한쪽단부가 다른 쪽 단부에 대해 역대칭이면

$$K' = \frac{3}{2}K \quad \cdots\cdots (15\text{-}21)$$

따라서, 식 (15-1)과 대응하는 식은 다음과 같다.

$$S' = 4EK' \quad \cdots\cdots (15\text{-}22)$$

S'를 환산강도계수(modified stiffness factor)라 한다. 환산강도계수는 한쪽 단부는 실제 조건대로 두었을 때 다른 쪽 단부(단순지지단)에 단위회전을 일으키는 단모멘트이다.

앞 절의 예제들을 환산강도를 이용하여 다시 계산해 보자.

【예제 15-3】 예제 15-1의 보를 환산강도를 이용하여 해석해 보자.

풀이 지간 AB 및 CB의 상대강도에 대한 환산값(환산강도)은 식 (15-19)에 의하여 각각 $3 \times \frac{3}{4} = 2.25$, $2 \times \frac{3}{4} = 1.5$이다. 단순지점인 A 및 C는 한 번만 해제하면 되므로 분배율이 필요 없다. 절점 B에서의 분배율은 $\frac{2.25}{(2.25+1.5)} = 0.6$과 $\frac{1.5}{(2.25+1.5)} = 0.4$이다. 계산 과정은 표 15-4와 같으며, 결과는 예제 15-1과 같다.

표 15-4

절 점	A	B		C	
부 재	AB	BA	BC	CB	CD
K	3	3	2	2	
K′	2.25	2.25	1.5	1.5	
DF	—	0.6	0.4	—	
FEM	−120	+120	−75	+75	−60
BAL	+120	−27	−18	−15	
COM		+60	−7.5		
BAL		−31.5	−21		
합계(지점모멘트)(kN·m)	0	+121.5	−121.5	+60	

【예제 15-4】 그림 15-6의 보(예제 15-2)를 환산강도를 이용하여 계산하라.

풀이 보와 하중이 대칭이므로 부재 BC의 환산강도는 식 (15-20)으로부터 $1\times\frac{1}{2}=0.5$이고, 절점 B에서의 분배율은 각각 $\frac{1}{(1+0.5)}=\frac{2}{3}$, $\frac{0.5}{(1+0.5)}=\frac{1}{3}$이다. 계산 과정은 표 15-5와 같다.

표 15-5

절 점	A	B		C		D
부 재	AB	BA	BC	CB	CD	DC
K	1.0	1.0	1.0	1.0	1.0	1.0
K′		1.0	0.5			
DF	—	2/3	1/3			
FEM BAL	−300	+300 +66.7	−400 +33.3			
COM	+33.3					
합계(지점모멘트)(kN·m)	−266.7	+366.7	−366.7	+366.7	−366.7	+266.7

15. 5 부정정라멘의 해석

(1) 절점이동이 없는 경우

절점이동이 없는 라멘을 모멘트분배법으로 해석하는 것은 앞 절에서 설명한 보의 경우와 비슷하나, 라멘의 경우는 한 절점에 여러 개의 부재가 연결될 수 있다. 이러한 경우, 임의의 절점의 불균형모멘트는 그 절점에서 만나는 모든 부재의 단부에 적절히 분배된다. 모멘트분배의 계산 과정을 표시하는 방법에는 여러가지가 있으나, 앞으로의 예제에서와 같이 절점에 모이는 모든 부재를 한데 모아 적는 방법이 편리하다.

【예제 15−5】 그림 14-8(예제 14-1)의 라멘을 모멘트분배법으로 해석하라.

풀이 각 부재의 l과 I가 같으므로 상대강도는 모두 1이다. 고정단모멘트를 계산하면

$$M_{FDC}=-\frac{6000\times4^2}{12}=-8000\ \mathrm{N\cdot m}$$

$$M_{FCD}=+8000\ \mathrm{N\cdot m}$$

모멘트의 분배 및 전달의 계산 과정은 표 15-6과 같다.

【예제 15−6】 앞의 예제를 환산강도를 이용하여 해석하라.

풀이 구조와 하중이 대칭이므로 지간 DC의 환산강도는 $1\times\frac{1}{2}=0.5$이다. 따라서, 절점 D에서 부재 DA 및 DC로의 분배율은 각각

$$\frac{1}{(1+0.5)} = 0.67$$

$$\frac{0.5}{(1+0.5)} = 0.33$$

이고, 계산 과정은 표 15-7과 같다.

표 15-6

절 점	A	D		C		B
부 재	AD	DA	DC	CD	CB	BC
K	1	1	1	1	1	1
DF	1.0	0.5	0.5	0.5	0.5	1.0
FEM			−8000	+8000		
BAL		+4000	+4000	−4000	−4000	
COM	+2000		−2000	+2000		−2000
BAL		+1000	+1000	−1000	−1000	
COM	+500		−500	+500		−500
BAL		+250	+250	−250	−250	
COM	+125		−125	+125		−125
BAL		+62.5	+62.5	−62.5	−62.5	
합계(지점모멘트)(N·m)	+2625	+5313	−5313	+5313	−5313	−2625

표 15-7

절 점	A	D		C		B
부 재	AD	DA	DC	CD	CB	BC
K	1	1	1	1	1	1
K′	1.0	1.0	0.5			
DF	1.0	0.67	0.33			
FEM			−8000			
BAL		+5400	+2600			
COM	+2700					
합계(지점모멘트)(N·m)	+2700	+5400	−5400	+5400	−5400	−2700

(2) 절점이동이 있는 경우

앞 절에서 설명한 모멘트분배법의 절차는 구조물의 절점이 이동하지 않는 경우에 대한 것이었다. 그러나, 실제의 라멘에서는 그림 14-9(b)와 같이 절점이동을 일으키는 경우가 많다. 이러한 라멘을 모멘트분배법으로 해석하는 절차는 다음과 같다.

① 가로 방향 상대변위(sidesway)가 일어나지 않도록 절점을 구속하고, 작용하중으로 인한 고정단모멘트를 분배해서 단모멘트를 구한다.

② 재하되지 않은 라멘이 임의 크기의 가로 방향 상대변위를 받는다고 가정한다. 이

변위로 인한 고정단모멘트를 분배하여 단모멘트를 구한다.

③ 첫번째 경우의 단모멘트와 두번째 경우의 단모멘트에 어떠한 상수를 곱한 값을 더하면 최종 결과를 얻는다. 여기서, 미지의 상수는 전단방정식으로부터 결정된다. 예를 들어, 그림 15-8(a)와 같은 라멘을 생각해 보자.

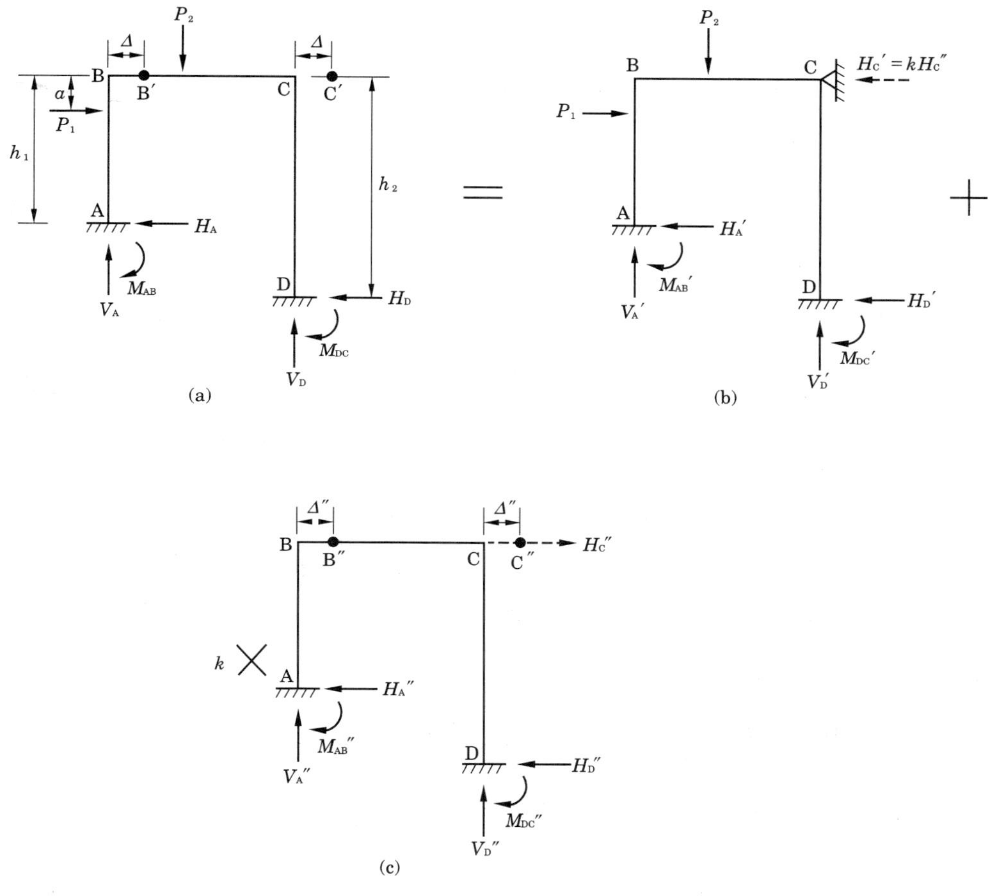

그림 15-8

그림 15-8(a)의 라멘은 그림 15-8(b)와 (c)의 라멘을 겹친 것으로 볼 수 있다. 그림 15-8(b)에서는 절점 C에 가상적인 지점을 두어서 절점 B와 C의 가로 방향 상대변위를 방지하고 있다. 이 때, C점의 수평반력을 H_C'라고 하자. C점의 가상 지점을 제거하면 H_C'의 힘이 C점에 작용한다. 그림 15-8(c)에서 Δ''는 임의 크기의 하중 H_C''로 인한 가로 방향 상대변위이다. 이 때, 미지의 상수 k를 도입하여 H_C'를 kH_C''와 같다고 하면, 실제의 가로 방향 상대변위 Δ는 $k\Delta''$와 같아진다. 절점 B와 C가 이동하지 못하도록 지

지하여 회전변위만 가능할 때, 작용하중으로 인한 고정단모멘트를 분배하여 구한 단모멘트를 M_{AB}', M_{BA}', M_{BC}', M_{CB}', M_{CD}', M_{DC}'라고 하자 [그림 15-8 (b)]. 또한, 절점 B 혹은 C에 임의 크기의 수평변위 Δ''를 작용시켰을 때 생기는 고정단모멘트를 분배하여 구한 단모멘트를 M_{AB}'', M_{BA}'', M_{BC}'', M_{CB}'', M_{CD}'', M_{DC}''라고 하자 [그림 15-8 (c)]. 그림 15-8 (a)의 라멘에 대한 전단방정식은

$$H_A + H_D = P_1$$

그런데 H_A, H_D는 부재 AB, CD에 대하여 그림 14-6과 식 (14-10)을 참고하면

$$H_A = -\frac{M_{AB} + M_{BA}}{h_1} + \frac{P_1 a}{h_1}$$

$$H_D = -\frac{M_{CD} + M_{DC}}{h_2}$$

따라서 전단방정식은 다음과 같이 된다.

$$-\frac{M_{AB} + M_{BA}}{h_1} + \frac{P_1 a}{h_1} - \frac{M_{CD} + M_{DC}}{h_2} = P_1 \quad \cdots\cdots (15\text{-}23)$$

또한, 겹침의 원리로부터

$$\left.\begin{aligned} M_{AB} &= M_{AB}' + k(M_{AB}''), \quad & M_{BA} &= M_{BA}' + k(M_{BA}'') \\ M_{BC} &= M_{BC}' + k(M_{BC}''), \quad & M_{CB} &= M_{CB}' + k(M_{CB}'') \\ M_{CD} &= M_{CD}' + k(M_{CD}''), \quad & M_{DC} &= M_{DC}' + k(M_{DC}'') \end{aligned}\right\} \quad \cdots\cdots (15\text{-}24)$$

식 (15-24)를 식 (15-23)에 대입하면

$$-\frac{(M_{AB}' + M_{BA}') + k(M_{AB}'' + M_{BA}'')}{h_1} + \frac{P_1 a}{h_1}$$
$$-\frac{(M_{CD}' + M_{DC}') + k(M_{CD}'' + M_{DC}'')}{h_2} = P_1 \quad \cdots\cdots (15\text{-}25)$$

식 (15-25)를 풀면 미지의 상수 k를 구할 수 있고, k를 알면 그림 15-8 (a)의 라멘에 대한 단모멘트는 식 (15-24)로 계산할 수 있다.

절점이동의 수가 둘 이상인 경우, 단모멘트는 다음 영향의 합으로 볼 수 있다.

① 작용하중으로 인한 고정단모멘트를 분배하여 구한 단모멘트

② 하나의 절점이동을 임의 크기로 가정하여, 그로 인한 고정단모멘트를 분배하여 구한 단모멘트에 미지의 상수를 곱한 값

③ 또다른 절점이동을 임의 크기로 가정하여, 그로 인한 고정단모멘트를 분배하여 구한 단모멘트에 또다른 미지의 상수를 곱한 값

여기서, 미지의 상수는 전단방정식으로부터 구한다.

【예제 15-7】 그림 15-9(a)의 라멘(예제 14-2)을 모멘트분배법으로 해석하라.

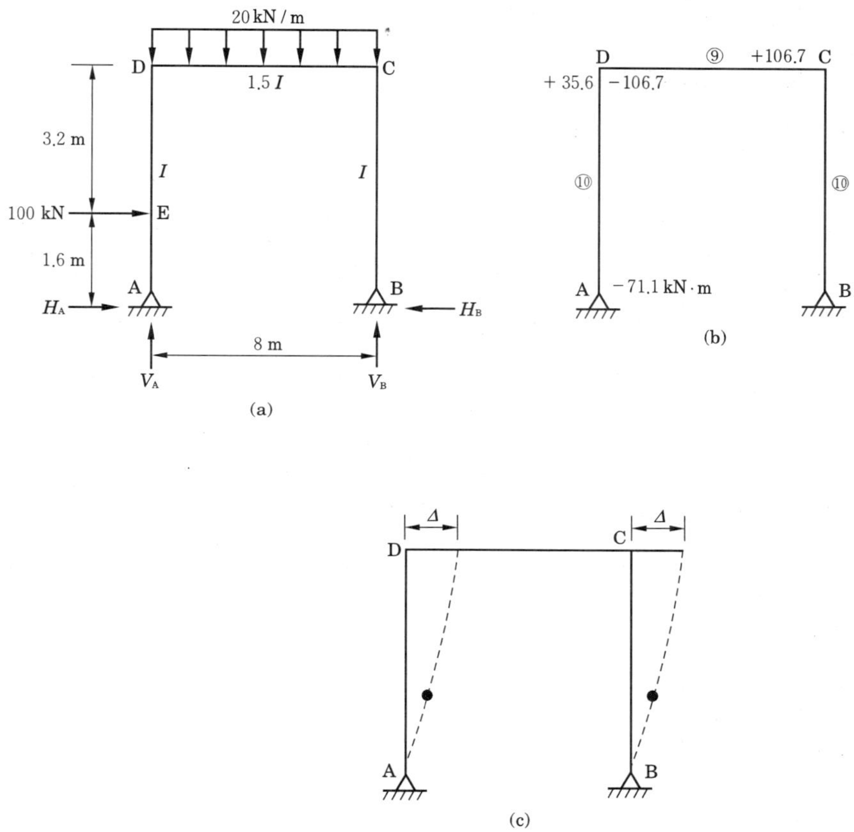

그림 15-9

풀이

① 상대강도

AD	$\frac{I}{4.8}\times 48$	10
DC	$\frac{1.5I}{8}\times 48$	9
CB	$\frac{I}{4.8}\times 48$	10

② 작용하중으로 인한 고정단모멘트의 분배[그림 15-9(b)]

$$M_{FAD}=-\frac{(100)(1.6)(3.2)^2}{(4.8)^2}=-71.1\ \mathrm{kN\cdot m}$$

$$M_{FDA}=+\frac{(100)(1.6)^2(3.2)}{(4.8)^2}=+35.6\ \mathrm{kN\cdot m}$$

$$M_{FDC}=-\frac{(20)(8)^2}{12}=-106.7\ \mathrm{kN\cdot m}$$

$$M_{FCD}=+106.7\ \mathrm{kN\cdot m}$$

이에 대한 계산은 표 15-8과 같다.

표 15-8

절 점	A	D		C		B
부 재	AD	DA	DC	CD	CB	BC
K	10	10	9	9	10	10
K′	7.5	7.5	9	9	7.5	7.5
DF	—	0.45	0.55	0.55	0.45	—
FEM	−71.1	+35.6	−106.7	+106.7		
BAL	+71.1	+32.0	+39.1	−58.7	−48.0	
COM		+35.6	−29.4	+19.6		
BAL		−2.8	−3.4	−10.8	−8.8	
COM			−5.4	−1.7		
BAL		+2.4	+3.0	+0.9	+0.8	
COM			+0.5	+1.5		
BAL		−0.2	−0.3	−0.8	−0.7	
COM			−0.4	−0.2		
BAL		+0.2	+0.2	+0.1	+0.1	
합계(지점모멘트)(kN·m)	0	+102.8	−102.8	+56.6	−56.6	0

③ 가로 방향 상대변위로 인한 고정단모멘트의 분배[그림 15-9(c)]

그림 15-9(c)에서 Δ로 인한 AD 및 BC의 단모멘트는 식 (14-2)로부터

$$M_{FAD}=M_{FDA}=-\frac{6EI\Delta}{l_{AD}^2},\quad M_{FCB}=M_{FBC}=-\frac{6EI\Delta}{l_{BC}^2}$$

여기서, 임의 크기의 Δ에 대한 단모멘트를 구하면 되므로 단모멘트의 상대값만 필요하다. 그런데, 이 예제에서는 AD 및 BC 부재의 길이가 같으므로

$$M_{FAD}=M_{FDA}=M_{FCB}=M_{FBC}=-100$$

으로 가정하여 계산하면 표 15-9와 같이 된다.

④ 상수 k의 계산

전단방정식은(그림 15-10 참조)

$$-H_A+H_B=100$$

표 15-9

절 점	A	D		C		B
부 재	AD	DA	DC	CD	CB	BC
DF		0.45	0.55	0.55	0.45	
FEM	−100	−100			−100	−100
BAL	+100	+45	+55	+55	+45	+100
COM		+50	+27.5	+27.5	+50	
BAL		−34.9	−42.6	−42.6	−34.9	
COM			−21.3	−21.3		
BAL		+9.6	+11.7	+11.7	+9.6	
COM			+5.9	+5.9		
BAL		−2.7	−3.2	−3.2	−2.7	
COM			−1.6	−1.6		
BAL		+0.7	+0.9	+0.9	+0.7	
COM			+0.5	+0.5		
BAL		−0.2	−0.3	−0.3	−0.2	
COM			−0.2	−0.2		
BAL		+0.1	+0.1	+0.1	+0.1	
합계(지점모멘트)	0	−32.4	+32.4	+32.4	−32.4	0

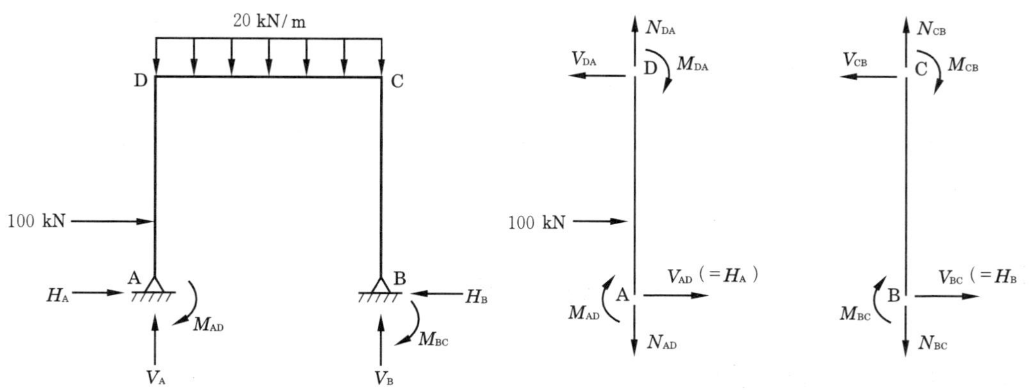

그림 15-10

따라서

$$\left(-\frac{M_{AD}+M_{DA}}{4.8}+\frac{100\times 3.2}{4.8}\right)+\left(-\frac{M_{BC}+M_{CB}}{4.8}\right)=100$$

이를 정리하면

$$M_{AD}+M_{DA}+M_{BC}+M_{CB}=-160$$

표 15-8과 표 15-9에서 얻은 결과를 식 (15-24)에 대입하면

$$M_{AD} = 0 + k(0) = 0$$
$$M_{DA} = +102.8 + k(-32.4) = +102.8 - 32.4k$$
$$M_{BC} = 0 + k(0) = 0$$
$$M_{CB} = -56.6 + k(-32.4) = -56.6 - 32.4k$$

이들을 전단방정식에 대입하여 k에 대해 풀면 다음과 같이 된다.

$$+102.8 - 32.4k - 56.6 - 32.4k = -160$$
$$\therefore\ k = +3.182$$

⑤ 단모멘트의 합계(표 15-10)

표 15-10

절 점	A	D		C		B
부 재	AD	DA	DC	CD	CB	BC
표 15-8의 FEM	−71.1	+35.6	+106.7			
표 15-9의 FEM×3.182	−318.2	−318.2			−318.2	−318.2
TOTAL FEM	−389.3	−282.6	−106.7	+106.7	−318.2	−318.2
표 15-8에서의 단모멘트	0	+102.8	−102.8	+56.6	−56.6	0
표 15-9에서의 단모멘트×3.182	0	−103.1	+103.1	+103.1	−103.1	
합계(지점모멘트)(kN·m)	0	−0.3	+0.3	+159.7	−159.7	0

이는 계산상의 반올림오차를 고려하면 예제 14-2의 결과와 일치함을 알 수 있다.

◖ 연 습 문 제 ◗

1 제14장의 연습문제 1을 모멘트분배법으로 계산하라.

2 제14장의 연습문제 2를 모멘트분배법으로 계산하라.

3 제14장의 연습문제 3의 그림 14-14(a)의 라멘을 모멘트분배법으로 계산하라.

4 그림 15-11의 라멘을 모멘트분배법으로 해석하라.

5 그림 15-12의 연속보를 모멘트분배법으로 해석하라. EI는 일정하다.

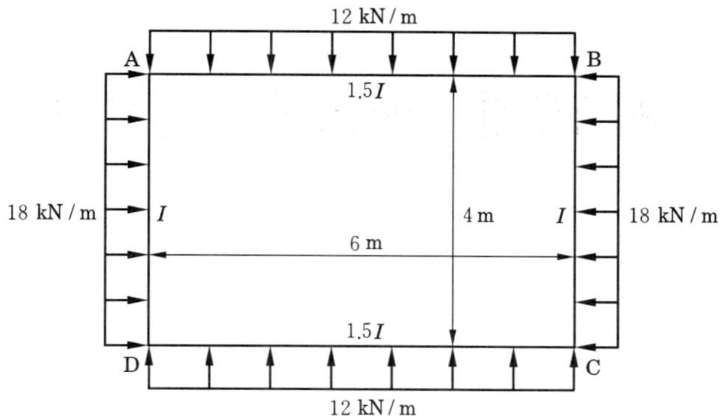

그림 15-11

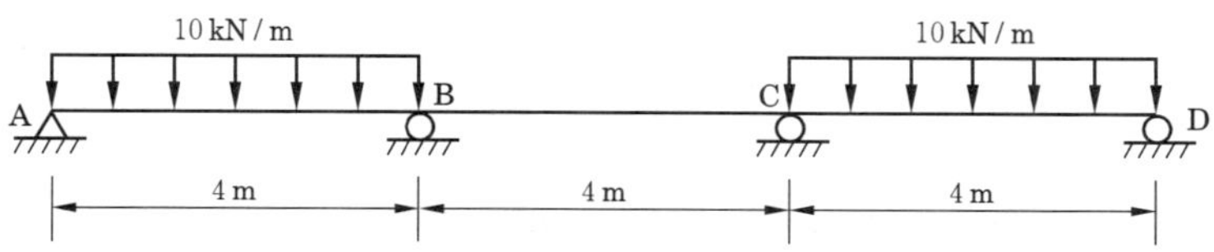

그림 15-12

제 16 장 매트릭스해석법

16.1 서 론

매트릭스해석법(matrix method of structural analysis)은 구조해석에 필요한 수식을 매트릭스기호로 표기하고, 그들을 처리하기 위하여 매트릭스대수를 이용하는 계산기법이다. 구조이론을 매트릭스로 표시한다는 것은 매우 간결하고 우아하게 보이지만, 매트릭스해석법이 실용적 가치를 가지게 된 것은 고속의 컴퓨터가 개발되고부터이다.

탄성구조물의 해석법인 변형일치의 방법, Castigliano의 정리, 처짐각법 등은 결국에는 연립1차방정식을 푸는 일로 귀착된다. 따라서, 구조해석에 매트릭스대수를 적용하려는 시도는 오래 전부터 있어 왔으나, 복잡한 구조물에서 매트릭스요소의 수가 많을 경우, 이것을 손으로 계산한다는 것은 많은 시간을 필요로 하게 되어 실용적이지 못하였다. 그러다가, 1950년대 초에 컴퓨터가 개발됨에 따라 연립방정식의 해를 구하는 데 있어서 미지수의 수에 제한 없이 정밀한 해석을 할 수 있게 되었다. 따라서, 매트릭스대수를 이용하여 구조이론을 조직적으로 표시하고, 정밀하게 해석할 수 있는 매트릭스해석법이 많이 쓰이게 되었다.

매트릭스해석법에서는 구조물을 미소요소의 연속으로 보지 않고, 유한개의 조각의 합성으로 보기 때문에 **유한요소법**(finite element method)이라고도 한다. 이러한 개념에 따르면, 구조물의 힘과 변위와의 관계는 개개의 기본 요소에 대한 관계를 구한 다음 구조물 전체에 대하여 합성하면 된다. 매트릭스해석법의 기본 절차에는 **응력법**(force method)과 **변위법**(displacement method, deformation method)의 두 가지가 있다. 응력법은 반력이나 내력을 미지수로 하고, 변위법은 절점 변위를 미지수로 한다. 응력법을 **유연도법**(flexibility method), 변위법을 **강성도법**(stiffness method)이라고도 한다.

16. 2 매트릭스대수

(1) 매트릭스의 정의와 기호

매트릭스(matrix)란 수(數)의 사각형 배열로 정의된다. 즉, 원소(element)들을 행(row)과 열(column)로 표시한 것이다. 매트릭스가 m개의 행과 n개의 열로 이루어져 있을 때, 이 매트릭스를 $(m \times n)$차의 매트릭스라 한다.

매트릭스의 표기법에는 다음과 같은 것들이 있다. 즉,

$$\boldsymbol{A}=[A]=a_{ij}=\begin{bmatrix} a_{11} & a_{12} & \cdots\cdots & a_{1n} \\ a_{21} & a_{22} & \cdots\cdots & a_{2n} \\ \vdots & \vdots & & \vdots \\ a_{m1} & a_{m2} & \cdots\cdots & a_{mn} \end{bmatrix}$$

여기서, a_{ij}는 i번째 행의 j번째 열에 있는 원소를 나타낸다. 매트릭스의 원소는 숫자도 될 수 있고, 백터, 함수 또는 임의의 어떠한 양이라도 될 수 있다.

특별한 형태의 매트릭스를 몇 가지 소개하면 다음과 같다.

행 매트릭스(row matrix) : 하나의 행으로 이루어진 매트릭스를 말하며, 그 차수는 $(1 \times n)$이다. 예를 들면,

$$[A]=[a_{11} \quad a_{12} \quad \cdots\cdots \quad a_{1n}]$$

열 매트릭스(column matrix) : 하나의 열로 이루어진 매트릭스를 말하며, 그 차수는 $(m \times 1)$이다. 예를 들면,

$$\{B\}=\begin{Bmatrix} b_{11} \\ b_{21} \\ \vdots \\ b_{m1} \end{Bmatrix}$$

행매트릭스와 열매트릭스를 특히 백터(vector)라고도 하며, 위와 같이 행매트릭스는 [ ]로, 열매트릭스는 { }로 나타내는 것이 보통이다. 또한, 위의 백터 $\{B\}$는 지면관계상 $\{B\}=\{b_{11}\ b_{21}\ \cdots\cdots\ b_{m1}\}^T$로 표기하기도 한다. 여기서, 상부첨자 T는 다음에 설명할 전치매트릭스의 기호이다.

전치매트릭스(transposed matrix) : 행과 열을 서로 교환한 매트릭스를 말하며, 매트릭스 $[A]$의 전치(轉置)매트릭스는 $[A]^T$로 나타낸다. 예를 들면,

$$[A]=\begin{bmatrix} a & b & c \\ x & y & z \\ u & v & w \end{bmatrix}$$

$$[A]^T=\begin{bmatrix} a & x & u \\ b & y & v \\ c & z & w \end{bmatrix}$$

이로부터

$$([A]^T)^T=[A]$$

행매트릭스의 전치매트릭스는 열매트릭스로 되며, 열매트릭스의 전치매트릭스는 행매트릭스로 된다.

정방매트릭스(square matrix) : 행의 수와 열의 수가 같은 매트릭스를 말하며, **정사각형매트릭스**라고도 한다. 예를 들면

$$[A]=\begin{bmatrix} a_{11} & a_{12} & a_{13} \\ a_{21} & a_{22} & a_{23} \\ a_{31} & a_{32} & a_{33} \end{bmatrix}$$

대각매트릭스(diagonal matrix) : 주 대각선(main diagonal)의 원소 이외의 원소가 모두 0인 정방매트릭스를 말하며, **대각선매트릭스**라고도 한다. 예를 들면

$$[A]=\begin{bmatrix} a_{11} & 0 & 0 \\ 0 & a_{22} & 0 \\ 0 & 0 & a_{33} \end{bmatrix}$$

영 매트릭스(null matrix) : 모든 원소가 0인 매트릭스를 말한다. 예를 들면,

$$[0]=\begin{bmatrix} 0 & 0 & 0 \\ 0 & 0 & 0 \\ 0 & 0 & 0 \end{bmatrix}$$

영매트릭스는 보통의 대수에서 0에 해당한다.

단위매트릭스(unit matrix, identity matrix) : 주 대각선의 원소가 모두 1이고, 나머지 원소는 0인 매트릭스를 말하며, $[I]$로 표시하는 것이 보통이다. 예를 들면,

$$[I]=\begin{bmatrix} 1 & 0 & 0 \\ 0 & 1 & 0 \\ 0 & 0 & 1 \end{bmatrix}$$

단위매트릭스는 보통의 대수에서 1과 같은 기능을 가진다.

대칭매트릭스(symmetrical matrix) : 모든 원소들이 주 대각선에 대해 대칭인 매트릭스를 말한다. 예를 들면,

$$[A] = \begin{bmatrix} a & b & c \\ b & d & e \\ c & e & f \end{bmatrix}$$

대칭매트릭스는 행의 수와 열의 수가 같은 경우, 즉 정방매트릭스(square matrix)인 경우에만 있을 수 있다. 대칭매트릭스는 전치시켜도 변하지 않는다. 즉,

$$a_{ij} = a_{ji}$$

서브매트릭스(submatrix) : 매트릭스를 원소로 하는 매트릭스를 말한다. 즉, 매트릭스 $[A]$를 다음과 같이 분할(partitioning)하면

$$[A] = \left[\begin{array}{cc:cc} a_{11} & a_{12} & a_{13} & a_{14} \\ a_{21} & a_{22} & a_{23} & a_{24} \\ \hdashline a_{31} & a_{32} & a_{33} & a_{34} \end{array}\right] = \begin{bmatrix} A_{11} & A_{12} \\ A_{21} & A_{22} \end{bmatrix}$$

여기서

$$[A_{11}] = \begin{bmatrix} a_{11} & a_{12} \\ a_{21} & a_{22} \end{bmatrix}$$

$$[A_{12}] = \begin{bmatrix} a_{13} & a_{14} \\ a_{23} & a_{24} \end{bmatrix}$$

$$[A_{21}] = [\, a_{31} \quad a_{32} \,]$$

$$[A_{22}] = [\, a_{33} \quad a_{34} \,]$$

이들을 서브매트릭스라 한다. 2개의 매트릭스 $[A]$, $[B]$의 곱셈이 가능하면, 그들 각각을 분할한 서브매트릭스들끼리의 곱으로도 표시할 수 있다. 이 때, 서로 곱하는 서브매트릭스들끼리의 곱셈도 가능해야 한다.

(2) 매트릭스의 등가, 덧셈, 뺄셈 및 스칼라곱

행과 열의 수가 같은 2개의 매트릭스 $[A]$, $[B]$를 생각해 보자. 예를 들면,

$$[A] = \begin{bmatrix} a_{11} & a_{12} & a_{13} \\ a_{21} & a_{22} & a_{23} \\ a_{31} & a_{32} & a_{33} \end{bmatrix} \qquad [B] = \begin{bmatrix} b_{11} & b_{12} & b_{13} \\ b_{21} & b_{22} & b_{23} \\ b_{31} & b_{32} & b_{33} \end{bmatrix}$$

위의 두 매트릭스에서 대응하는 원소들끼리 서로 같을 때, 두 매트릭스는 등가라고 한다. 즉, $a_{ij}=a_{ji}$이면 다음 관계가 성립한다.

$$[A]=[B]$$

행과 열의 수가 같은 2개의 매트릭스는 서로 더하거나 뺄 수 있다. 즉,

$$[C]=[A]+[B]=\begin{bmatrix} a_{11}+b_{11} & a_{12}+b_{12} & a_{13}+b_{13} \\ a_{21}+b_{21} & a_{22}+b_{22} & a_{23}+b_{23} \\ a_{31}+b_{31} & a_{32}+b_{32} & a_{33}+b_{33} \end{bmatrix}$$

$$[D]=[A]-[B]=\begin{bmatrix} a_{11}-b_{11} & a_{12}-b_{12} & a_{13}-b_{13} \\ a_{21}-b_{21} & a_{22}-b_{22} & a_{23}-b_{23} \\ a_{31}-b_{31} & a_{32}-b_{32} & a_{33}-b_{33} \end{bmatrix}$$

매트릭스의 정의로부터, 매트릭스의 덧셈(또는 뺄셈)에는 교환법칙 [A]+[B]=[B]+[A] 및 결합법칙 [A]+([B]+[C])=([A]+[B])+[C]이 성립한다.

매트릭스 $[A]$와 스칼라(scalar) k의 곱은 $[A]$의 모든 원소에 k를 곱한 것이다. 따라서,

$$k\times[A]=k\times\begin{bmatrix} a_{11} & a_{12} & a_{13} \\ a_{21} & a_{22} & a_{23} \\ a_{31} & a_{32} & a_{33} \end{bmatrix}=\begin{bmatrix} ka_{11} & ka_{12} & ka_{13} \\ ka_{21} & ka_{22} & ka_{23} \\ ka_{31} & ka_{32} & ka_{33} \end{bmatrix}$$

(3) 매트릭스의 곱과 곱의 전치

매트릭스 $[A]$의 차수가 $(p\times q)$이고, $[B]$의 차수가 $(q\times r)$이면, $[A]$와 $[B]$는 곱셈이 가능하다. 즉, $[A]$의 열의 수와 $[B]$의 행의 수가 같으면, $[A]$와 $[B]$의 곱셈을 할 수 있다. 곱셈 $[C]=[A][B]$는 $(p\times r)$차의 매트릭스이며, 그의 원소 c_{ij}는 $[A]$의 i번째 행과 $[B]$의 j번째 열의 내적(inner product)과 같다. 즉,

$$c_{ij}=\sum_{k=1}^{q}a_{ik}\,b_{kj} \qquad \text{(16-1)}$$

예를 들면 아래의 매트릭스 $[A]$는 (3×3)차이고 $[B]$는 (3×2)차이므로

$$[A]=\begin{bmatrix} a_{11} & a_{12} & a_{13} \\ a_{21} & a_{22} & a_{23} \\ a_{31} & a_{32} & a_{33} \end{bmatrix} \qquad [B]=\begin{bmatrix} b_{11} & b_{12} \\ b_{21} & b_{22} \\ b_{31} & b_{32} \end{bmatrix}$$

그 곱셈을 할 수 있으며, 그 곱 $[C]=[A][B]$는 다음과 같이 된다.

$$[C]=\begin{bmatrix} c_{11} & c_{12} \\ c_{21} & c_{22} \\ c_{31} & c_{32} \end{bmatrix}=\begin{bmatrix} a_{11} & a_{12} & a_{13} \\ a_{21} & a_{22} & a_{23} \\ a_{31} & a_{32} & a_{33} \end{bmatrix}\begin{bmatrix} b_{11} & b_{12} \\ b_{21} & b_{22} \\ b_{31} & b_{32} \end{bmatrix}$$

$$=\begin{bmatrix} a_{11}b_{11}+a_{12}b_{21}+a_{13}b_{31} & a_{11}b_{12}+a_{12}b_{22}+a_{13}b_{32} \\ a_{21}b_{11}+a_{22}b_{21}+a_{23}b_{31} & a_{21}b_{12}+a_{22}b_{22}+a_{23}b_{32} \\ a_{31}b_{11}+a_{32}b_{21}+a_{33}b_{31} & a_{31}b_{12}+a_{32}b_{22}+a_{33}b_{32} \end{bmatrix}$$

예컨대 위에서 c_{32}는 $[A]$의 제3행과 $[B]$의 제2열의 내적이다. 즉

$$[a_{31} \quad a_{32} \quad a_{33}]\begin{Bmatrix} b_{12} \\ b_{22} \\ b_{32} \end{Bmatrix} \quad \text{또는} \quad a_{31}b_{12}+a_{32}b_{22}+a_{33}b_{32}$$

매트릭스의 곱셈법칙으로부터 다음과 같은 사실을 알 수 있다. 즉, 2개의 매트릭스의 곱 $[A][B]$가 성립될 때, 반드시 $[B][A]$가 성립되는 것은 아니다. 또한, $[A][B]$와 $[B][A]$가 모두 성립된다고 해도 일반적으로

$$[A][B] \neq [B][A]$$

이다. 그러나, 단위매트릭스와 영매트릭스는 차수가 적절하다면 다른 모든 행렬들과 교환이 가능하다. 즉,

$$[A][I]=[I][A]=[A]$$
$$[A][0]=[0][A]=[0]$$

매트릭스의 곱은 일(work)을 표시할 때 자주 사용된다. 직교좌표계로 표시한 힘벡터

$$\{Q\}=\{Q_1 \quad Q_2 \quad Q_3\}^T$$

와 변위벡터

$$\{q\}=\{q_1 \quad q_2 \quad q_3\}^T$$

를 곱하는 경우를 생각하자. 그러면, 일은 다음과 같이 된다.

$$W=\{Q\}^T\{q\}=\{Q_1 \quad Q_2 \quad Q_3\}\begin{Bmatrix} q_1 \\ q_2 \\ q_3 \end{Bmatrix}=Q_1q_1+Q_2q_2+Q_3q_3 \quad \cdots\cdots\cdots \text{(16-2)}$$

또는

$$W=\{q\}^T\{Q\}=\{q_1 \quad q_2 \quad q_3\}\begin{Bmatrix} Q_1 \\ Q_2 \\ Q_3 \end{Bmatrix}=q_1Q_1+q_2Q_2+q_3Q_3 \quad \cdots\cdots\cdots \text{(16-3)}$$

두 매트릭스의 곱의 전치는 각 전치매트릭스의 순서를 바꾸어 곱한 것과 같다. 즉,

$$([A][B])^T = [B]^T[A]^T \quad \cdots\cdots (16\text{-}4)$$

이에 대한 증명은 매트릭스곱을 정의한 식 (16-1)로부터 바로 얻을 수 있다. 식 (16-4)를 확장하면 다음과 같이 된다.

$$([A][B][C])^T = [C]^T[B]^T[A]^T \quad \cdots\cdots (16\text{-}5)$$

(4) 매트릭스의 역

매트릭스의 나눗셈은 직접 할 수 없다. 그래서 매트릭스의 역(inverse)을 이용한다. 즉, 매트릭스 $[A]$를 매트릭스 $[B]$로 나눗셈을 하고자 할 때는 매트릭스 $[A]$에 매트릭스 $[B]$의 역을 곱해 주는 것이다. 여기서 매트릭스 $[A]$에 대해, 이것과 차수가 같고

$$[A][B] = [I]$$

가 성립되는 다른 하나의 매트릭스 $[B]$를 매트릭스 $[A]$의 역(inverse)이라 한다. 즉 매트릭스의 역이란, 그 매트릭스의 역을 곱해줌으로써 단위매트릭스 $[I]$가 얻어지는 매트릭스로 정의된다. 그리고 매트릭스 $[A]$의 역을 $[A]^{-1}$로 표기하고, 이것을 $[A]$의 **역매트릭스**(inversed matrix)라고도 한다. 그러면 위의 식은 다음과 같이 된다.

$$[A][A]^{-1} = [A]^{-1}[A] = [I]$$

매트릭스의 역은 다음과 같이 축차변환(successive transformation)에 의한 방법을 통해 구한다. 즉 매트릭스 $[A]$에 어떠한 연산을 수행하여 $[A]$가 단위매트릭스 $[I]$로 변환된다면, 이와 똑같은 연산을 함으로써 $[I]$가 $[A]^{-1}$로 변환될 것이다. 이 연산은 보통의 대수학에서 연립방정식을 소거법으로 풀 때와 동일하다. 하나의 예로

$$[A] = \begin{bmatrix} 1 & 5 & 2 \\ 1 & 1 & 7 \\ 0 & -3 & 4 \end{bmatrix}$$

의 역을 구하는 계산 과정을 보인 것이 표 16-1이다. 이 표의 하단 맨 오른쪽칸의 것이 $[A]$의 역이다. 즉

$$[A]^{-1} = \begin{bmatrix} -25 & 26 & -33 \\ 4 & -4 & 5 \\ 3 & -3 & 4 \end{bmatrix}$$

표 16−1

연 산	행	매트릭스 $[A]$	매트릭스 $[I]$
	① ② ③	$\begin{bmatrix} 1 & 5 & 2 \\ 1 & 1 & 7 \\ 0 & -3 & 4 \end{bmatrix}$	$\begin{bmatrix} 1 & 0 & 0 \\ 0 & 1 & 0 \\ 0 & 0 & 1 \end{bmatrix}$
① ②−① ③	④ ⑤ ⑥	$\begin{bmatrix} 1 & 5 & 2 \\ 0 & -4 & 5 \\ 0 & -3 & 4 \end{bmatrix}$	$\begin{bmatrix} 1 & 0 & 0 \\ -1 & 1 & 0 \\ 0 & 0 & 1 \end{bmatrix}$
④−⑧×5 ⑤$\times\left(-\frac{1}{4}\right)$ ⑥+⑧×3	⑦ ⑧ ⑨	$\begin{bmatrix} 1 & 0 & \frac{33}{4} \\ 0 & 1 & -\frac{5}{4} \\ 0 & 0 & \frac{1}{4} \end{bmatrix}$	$\begin{bmatrix} -\frac{1}{4} & \frac{5}{4} & 0 \\ \frac{1}{4} & -\frac{1}{4} & 0 \\ \frac{3}{4} & -\frac{3}{4} & 1 \end{bmatrix}$
⑦−⑫$\times\frac{33}{4}$ ⑧+⑫$\times\frac{5}{4}$ ⑨×4	⑩ ⑪ ⑫	$\begin{bmatrix} 1 & 0 & 0 \\ 0 & 1 & 0 \\ 0 & 0 & 1 \end{bmatrix}$	$\begin{bmatrix} -25 & 26 & -33 \\ 4 & -4 & 5 \\ 3 & -3 & 4 \end{bmatrix}$

이로부터 $[A][A]^{-1}=[I]$임을 알 수 있다. 결국 매트릭스의 역은 보통의 대수학에서의 역수(逆數)에 해당한다.

한편 매트릭스의 역에 관한 정의로부터 다음 관계가 성립됨을 알 수 있다.

$$([A]^T)^{-1}=([A]^{-1})^T$$

$$([A][B])^{-1}=[B]^{-1}[A]^{-1}$$

(5) 연립 1 차방정식의 해법

정정이든 부정정이든 구조물을 해석할 때에는 연립 1 차방정식을 풀어야 한다. 다음의 연립 1 차방정식을 생각해 보자.

$$\begin{aligned} a_{11}X_1+a_{12}X_2+ \cdots\cdots +a_{1n}X_n&=b_1 \\ a_{21}X_1+a_{22}X_2+ \cdots\cdots +a_{2n}X_n&=b_2 \\ &\vdots \\ a_{n1}X_1+a_{n2}X_2+ \cdots\cdots +a_{nn}X_n&=b_n \end{aligned}$$

이를 매트릭스로 나타내면

$$\begin{bmatrix} a_{11} & a_{12} & \cdots\cdots & a_{1n} \\ a_{21} & a_{22} & \cdots\cdots & a_{2n} \\ \vdots & & & \\ a_{n1} & a_{n2} & \cdots\cdots & a_{nn} \end{bmatrix} \begin{Bmatrix} X_1 \\ X_2 \\ \vdots \\ X_n \end{Bmatrix} = \begin{Bmatrix} b_1 \\ b_2 \\ \vdots \\ b_n \end{Bmatrix}$$

이것을 간단히 표기하면

$$[A]\{X\}=\{B\}$$

여기서, $[A]$는 정사각형매트릭스이고, $\{X\}$와 $\{B\}$는 열매트릭스이다. $[A]$가 특이하지 않다면

$$[A]^{-1}[A]\{X\}=[A]^{-1}\{B\}$$

이고

$$[A]^{-1}[A]=[I]$$

이므로

$$\{X\}=[A]^{-1}\{B\}$$

이다. 이로부터 이 연립방정식의 해를 구할 수 있다.

여기서 문제가 되는 것은 $[A]^{-1}$을 구하는 것이다. $[A]^{-1}$을 구하고 나면 $\{X\}$를 계산할 수 있다.

하나의 예로 다음과 같은 연립방정식을 풀어보자.

$$\begin{aligned} X_1+5X_2+2X_3&=9 \\ X_1+\ X_2+7X_3&=6 \\ -3X_2+4X_3&=-2 \end{aligned}$$

이것을 매트릭스로 표시하면

$$\begin{bmatrix} 1 & 5 & 2 \\ 1 & 1 & 7 \\ 0 & -3 & 4 \end{bmatrix} \begin{Bmatrix} X_1 \\ X_2 \\ X_3 \end{Bmatrix} = \begin{Bmatrix} 9 \\ 6 \\ -2 \end{Bmatrix}$$

또는

$$[A]\{X\}=\{B\}$$

여기서

$$[\boldsymbol{A}]^{-1}=\begin{bmatrix}-25 & 26 & -33\\ 4 & -4 & 5\\ 3 & -3 & 4\end{bmatrix}$$

이므로(표 16-1 참조)

$$\{\boldsymbol{X}\}=[\boldsymbol{A}]^{-1}\{\boldsymbol{B}\}=\begin{bmatrix}-25 & 26 & -33\\ 4 & -4 & 5\\ 3 & -3 & 4\end{bmatrix}\begin{Bmatrix}9\\ 6\\ -2\end{Bmatrix}=\begin{Bmatrix}-3\\ 2\\ 1\end{Bmatrix}$$

따라서

$$X_1=-3,\quad X_2=2,\quad X_3=1$$

매트릭스 $[A]$의 차수가 커지면 역매트릭스를 구하는 데 많은 시간이 소요된다. 이런 경우에는 행렬 A와 B를 나란히 표기하는 이른바 **확대매트릭스(augmented matrix)**를 만들고 이에 소거법을 적용하면 된다.

16. 3 응력법

(1) 서 론

매트릭스응력법의 기본 과정은 제10장에서 다룬 변형일치의 방법과 동일하다. 즉, 부정정반력 또는 부정정내력을 1차적인 미지수로 하여 이를 구한 다음, 평형의 원리를 이용하여 기타의 지점반력, 단면력 또는 변위를 계산하는 방법이다. 실용상으로는, 부정정여력과 단면력, 변위 등을 동시에 구할 수 있는 보다 직접적인 방법을 사용하는데, 여기서는 직접적인 방법의 적용을 통하여 매트릭스해석에 필요한 여러가지 개념들을 설명하기로 한다.

(2) 매트릭스응력법의 기본개념

16.1절에서 언급하였듯이, 매트릭스해석법에서는 구조물을 이루는 요소들이 유한개의 절점(**node, nodal point**)에서 서로 연결되어 있으며, 하중은 이들 절점에만 작용하는 것으로 본다. 여기서 **절점(node)**이라 함은 부재의 접합점인 보통의 절점(**joint**)을 말하는 것이 아니라, 요소의 연결점으로서 하중이 작용하는 점 또는 변위를 구하고자 하는 점을 뜻하는 것이다. 임의 형태의 복잡한 구조물은 여러 개의 간단한 형태로 자를 수

있다. 예를 들면, 트러스는 양단에서 핀으로 연결된 여러 개의 부재의 합성으로 생각할 수 있으며, 라멘은 여러 개의 부재 혹은 기타 편리한 부분으로 나누어 취급할 수 있다. 이들 각각에 부재라는 용어 대신에 요소(element)라는 용어를 사용하는데, 구조물 전체 뿐 아니라 분할된 요소들도 평형조건 등의 기본 조건을 만족해야 한다.

이 장에서 사용할 힘과 변위에 대한 기호를 정의하기 위해 그림 16-1 (a)와 같은 라멘을 예로 들자. 이 라멘은 외력(절점하중) R_1, R_2, R_3을 받는 3개의 요소(부재 a, b, c)로 되어 있다. 이들 하중으로 인한 절점변위를 각각 r_1, r_2, r_3으로 표시한다.

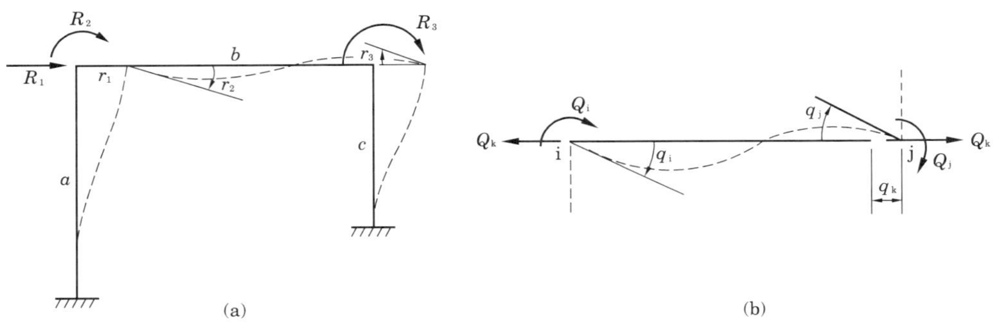

그림 16-1

임의의 요소를 나타낸 것이 그림 16-1 (b)이다. 여기서, 요소의 한쪽 절점을 i로, 다른 쪽 절점을 j로 표시하면, 이 요소가 받는 내력으로는 Q_i와 Q_j로 표시된 단모멘트와 Q_k로 표시된 축력이 있다. 이 때 절점에 전단력도 존재하지만 단부전단력은 모멘트의 항으로 표시할 수 있으므로 독립적인 내력으로 보지 않는다. 단모멘트와 축력에 관련된 변형으로는 단부회전각 q_i, q_j와 축 방향 신축 q_k가 있으며, 그림 16-1 (b)에 표시된 방향을 정(+)으로 한다. 이들이 어느 요소에 관한 것인지를 표시하기 위하여 상부첨자를 사용한다. 즉, Q_i^a, Q_j^a, Q_k^a는 요소 a에 대한 내력을 나타내며, q_i^a, q_j^a, q_k^a는 그에 대응하는 변형을 의미한다. 이들 기호의 정의를 이용하면 절점하중(nodal force)은

$$\{R\} = \{R_1 \quad R_2 \quad R_3 \quad \cdots\cdots\}^T$$

절점변위(nodal displacement)는

$$\{r\} = \{r_1 \quad r_2 \quad r_3 \quad \cdots\cdots\}^T$$

와 같은 열매트릭스로 표시되고, 요소 a, b, … 등에 대한 내력은

$$\{Q\} = \{Q_i^a \quad Q_j^a \quad \cdots \quad Q_i^b \quad Q_j^b \quad \cdots\}^T$$

이에 대응하는 요소변형은

$$\{q\}=\{q_{\mathrm{i}}^{a} \quad q_{\mathrm{j}}^{a} \ \cdots \ q_{\mathrm{i}}^{b} \quad q_{\mathrm{j}}^{b} \ \cdots\}^{T}$$

와 같은 열매트릭스로 나타내어진다.

이들 기호를 이용하여 일을 표시해 보자. 외력일은

$$W_{\mathrm{E}}=\{R\}^{T}\{r\}=\{r\}^{T}\{R\} \qquad \text{(16-6)}$$

이고, 내력일, 즉 변형율에너지는

$$W_{\mathrm{I}}=\{Q\}^{T}\{q\}=\{q\}^{T}\{Q\} \qquad \text{(16-7)}$$

이다. 에너지보존의 법칙에 의하여 $W_{\mathrm{E}}=W_{\mathrm{I}}$이므로

$$\{R\}^{T}\{r\}=\{Q\}^{T}\{q\} \qquad \text{(16-8)}$$

또는

$$\{r\}^{T}\{R\}=\{q\}^{T}\{Q\} \qquad \text{(16-9)}$$

식 (16-8)과 식 (16-9)는 $\{R\}$과 $\{Q\}$가 평형 상태에 있거나, $\{r\}$과 $\{q\}$가 적합조건을 만족할 때 유효하다.

이제, 가상일에 대해 생각해 보자. 가상일이란 변위가 가상적이거나 힘이 가상적일 때의 일이다. 이들 가상의 양을 실제의 양과 구별하기 위해 윗줄(bar) 붙인 기호를 사용한다. 따라서, 가상변위를 이용한다면 식 (16-9)를 다음과 같이 쓸 수 있다.

$$\{\bar{r}\}^{T}\{R\}=\{\bar{q}\}^{T}\{Q\} \qquad \text{(16-10)}$$

반면에, 가상힘을 이용한다면 식 (16-8)을 다음과 같이 쓸 수 있다.

$$\{\bar{R}\}^{T}\{r\}=\{\bar{Q}\}^{T}\{q\} \qquad \text{(16-11)}$$

이제, 매트릭스응력법에 필요한 개념들을 설명해 보자. 정정구조물의 내력은 외부의 절점하중으로부터 평형조건식만을 이용하여 구할 수 있다. 이들의 관계를 표시하면

$$\left.\begin{aligned} Q_1 &= b_{11}R_1+b_{12}R_2+\cdots\cdots+b_{1n}R_n \\ Q_2 &= b_{21}R_1+b_{22}R_2+\cdots\cdots+b_{2n}R_n \\ &\vdots \\ Q_m &= b_{m1}R_1+b_{m2}R_2+\cdots\cdots+b_{mn}R_n \end{aligned}\right\} \qquad \text{(16-12)}$$

여기서, $Q_1=Q_{\mathrm{i}}^{a}$, $Q_2=Q_{\mathrm{j}}^{a}$, ……이며, 미지의 내력들을 나타내고, R_1, R_2, … R_n은 작용하중들을 나타낸다. 식 (16-12)를 매트릭스로 표시하면

$$\{Q\}=[b]\{R\} \quad \cdots\cdots (16\text{-}13)$$

이고

$$[b]=\begin{bmatrix} b_{11} & b_{12} & \cdots\cdots & b_{1n} \\ b_{21} & b_{22} & \cdots\cdots & b_{2n} \\ \vdots & & & \\ \vdots & & & \\ b_{m1} & b_{m2} & \cdots\cdots & b_{mn} \end{bmatrix} \quad \cdots\cdots (16\text{-}14)$$

이다. 이 $[b]$를 **응력변환매트릭스**(force transformation matrix)라 하며, 외력과 내력과의 관계를 나타낸다. 원소 b_{ij}는 단위 크기의 R_j의 작용으로 인한 내력 Q_i의 값을 의미한다.

부정정구조물의 경우에는 평형조건만으로 내력을 구할 수 없다. 이 때는, 제10장에서 설명한 바와 같이, 원래의 구조물이 정정기본계에 실제의 하중과 미지의 여력을 조합하여 받는 것으로 생각할 수 있으므로, 내력을 실제의 작용하중 $\{R\}$과 여력 $\{X\}$의 항으로 표시할 수 있다. 즉,

$$\{Q\}=[b_R]\{R\}+[b_X]\{X\} \quad \cdots\cdots (16\text{-}15)$$

이를 서브매트릭스를 이용하여 나타내면 다음과 같이 된다.

$$\{Q\}=[b_R \mid b_X]\left\{\frac{R}{X}\right\} \quad \cdots\cdots (16\text{-}16)$$

여기서, $[b_R]$과 $[b_X]$는 기지의 작용하중 $\{R\}$과 미지의 여력 $\{X\}$에 의한 각각의 영향을 나타내는 응력변환매트릭스이다.

부정정구조물을 해석할 때에는 평형조건만으로 문제를 해결할 수 없으므로 적합조건을 적용해야 한다. 즉, 여력을 작용시키기 위해 구속을 해제한(지점을 제거한) 점에서의 변위매트릭스(열매트릭스)를 $\{r_X\}$라 하면

$$\{r_X\}=\{0\} \quad \cdots\cdots (16\text{-}17)$$

이것이 **변위의 적합조건**이며, 구조물의 변위에 관한 연속 조건을 의미한다.

이제, 요소변형과 내력과의 관계식을 세우기 위해 평면구조물의 일부인 요소 a를 생각해 보자(그림 16-2). 요소의 내력과 그에 대응하는 변형은 각각 다음과 같은 열매트릭스로 표시한다.

$$\{Q^a\}=\{Q_i^a \quad Q_j^a \quad Q_k^a\}^T$$
$$\{q^a\}=\{q_i^a \quad q_j^a \quad q_k^a\}^T$$

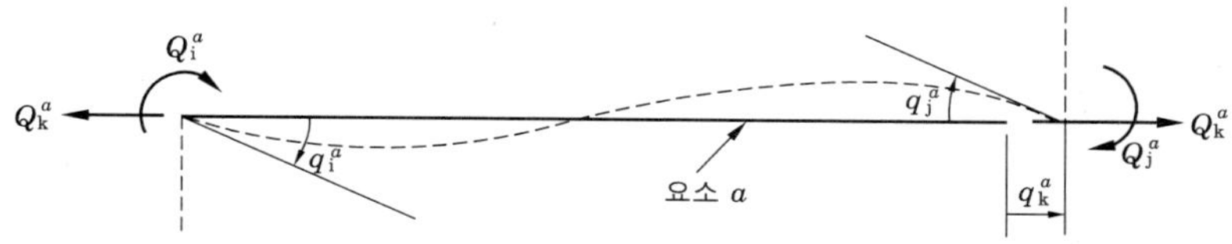

그림 16-2

요소변형을 내력의 항으로 표시하면 다음과 같이 쓸 수 있다.

$$\left.\begin{aligned} q_i^a &= f_{ii}^a Q_i^a + f_{ij}^a Q_j^a + f_{ik}^a Q_k^a \\ q_j^a &= f_{ji}^a Q_i^a + f_{jj}^a Q_j^a + f_{jk}^a Q_k^a \\ q_k^a &= f_{ki}^a Q_i^a + f_{kj}^a Q_j^a + f_{kk}^a Q_k^a \end{aligned}\right\} \quad \cdots\cdots (16\text{-}18)$$

이를 매트릭스로 나타내면

$$\{q^a\} = [f^a]\{Q^a\} \quad \cdots\cdots (16\text{-}19)$$

여기서

$$[f^a] = \begin{bmatrix} f_{ii}^a & f_{ij}^a & f_{ik}^a \\ f_{ji}^a & f_{jj}^a & f_{jk}^a \\ f_{ki}^a & f_{kj}^a & f_{kk}^a \end{bmatrix} \quad \cdots\cdots (16\text{-}20)$$

이 $[f^a]$를 **요소유연도매트릭스**(element flexibility matrix)라고 한다. 예컨대 원소 f_{ii}^a는 $Q_i^a = 1$, $Q_j^a = Q_k^a = 0$일 경우, 요소변형 q_i^a와 같다. 즉 $f_{ii}^a = q_i^a$로 된다. 나머지 원소들도 마찬가지로 정의되며, 이들 원소를 **유연도계수**(flexibility coefficient)라 한다. 구조물이 a, b 등의 요소로 이루어져 있다면

$$\begin{aligned} \{q^a\} &= [f^a]\{Q^a\} \\ \{q^b\} &= [f^b]\{Q^b\} \\ &\vdots \end{aligned}$$

이 때

$$\begin{aligned} \{q\} &= \{q^a \quad q^b \quad \cdots\cdots\}^T \\ \{Q\} &= \{Q^a \quad Q^b \quad \cdots\cdots\}^T \end{aligned}$$

라 하면, 위의 식은 다음과 같이 쓸 수 있다.

$$\{q\} = [f]\{Q\} \quad \cdots\cdots (16\text{-}21)$$

여기서

$$[f]=\begin{bmatrix} f^a & & & \\ & f^b & & \\ & & \cdot & \\ & & & \cdot \\ & & & & \cdot \end{bmatrix} \quad \cdots\cdots (16\text{-}22)$$

위의 $[f]$는 요소유연도매트릭스를 원소로 하는 대각매트릭스(**diagonal matrix**)이다.

식 (16-20)의 유연도계수는 요소의 변형과 내력과의 관계를 나타내므로, 요소의 기하학적 성질과 재료의 성질에 지배된다. 요소의 단면적은 A로 일정하고, 길이를 L, 단면2차모멘트를 I, 탄성계수를 E라고 하자. 매트릭스 $[f^a]$의 첫번째 열의 원소는 정의에 의해서, $Q_i^a=1$에 의한 변형이다. 공액보의 방법 등을 이용하여 이들을 구하면

$$f_{ii}^a = \text{왼쪽 절점의 회전각} = \frac{L}{3EI}$$

$$f_{ji}^a = \text{오른쪽 절점의 회전각} = -\frac{L}{6EI}$$

$$f_{ki}^a = \text{요소의 신축} = 0$$

다른 원소들도 같은 방법으로 구하면, 요소유연도매트릭스는 다음과 같이 된다.

$$[f^a]=\begin{bmatrix} \dfrac{L}{3EI} & -\dfrac{L}{6EI} & 0 \\ -\dfrac{L}{6EI} & \dfrac{L}{3EI} & 0 \\ 0 & 0 & \dfrac{L}{EA} \end{bmatrix} \quad \cdots\cdots (16\text{-}23)$$

여기서, 요소유연도매트릭스는 대칭매트릭스임을 알 수 있다. 이는 상반작용의 원리로부터도 알 수 있다.

식 (16-23)에서 축력의 영향을 무시하면

$$[f^a]=\frac{L}{6EI}\begin{bmatrix} 2 & -1 \\ -1 & 2 \end{bmatrix} \quad \cdots\cdots (16\text{-}24)$$

축력만 받는 트러스요소에 대해서는

$$[f^a]=\left[\frac{L}{EA}\right] \quad \cdots\cdots (16\text{-}25)$$

로 된다.

(3) 정정구조물의 해석

앞 절에서 내력과 외력과의 관계는 식 (16-13)

$$\{Q\}=[b]\{R\}$$

로, 요소변형과 내력과의 관계는 식 (16-21)

$$\{q\}=[f]\{Q\}$$

로 정의했었다. 정정구조물의 경우, 내력 $\{Q\}$는 식 (16-13)만으로 구할 수 있다.

이제, 절점변위 $\{r\}$과 절점하중 $\{R\}$과의 관계식을 세우기 위해 가상일의 원리(식 16-11)을 이용하자. 즉,

$$\{\bar{R}\}^T\{r\}=\{\bar{Q}\}^T\{q\}$$

식 (16-13)과 식 (16-21)로부터

$$\left.\begin{aligned}\{\bar{Q}\}&=[b]\{\bar{R}\}\\ \{\bar{Q}\}^T&=\{\bar{R}\}^T[b]^T\end{aligned}\right\} \qquad (16\text{-}26)$$

$$\{q\}=[f]\{Q\}=[f][b]\{R\} \qquad (16\text{-}27)$$

이들을 식 (16-11)에 대입하면

$$\{\bar{R}\}^T\{r\}=\{\bar{R}\}^T[b]^T[f][b]\{R\}$$

따라서

$$\{r\}=[b]^T[f][b]\{R\} \qquad (16\text{-}28)$$

이다. 또는, 간단히

$$\{r\}=[F]\{R\} \qquad (16\text{-}29)$$

여기서

$$[F]=[b]^T[f][b] \qquad (16\text{-}30)$$

위의 식의 $[F]$를 **전체유연도매트릭스**(global flexibility matirx) 또는 **구조물유연도매트릭스**(structural flexibility matrix)라 한다. 정정구조물의 경우, 위의 식 (16-30)을 이용하여 절점변위를 구할 수 있다.

이상을 요약하면, 정정구조물의 해석절차는 다음과 같다.

① 절점하중 $\{R\}$과 내력 $\{Q\}$를 정의한다.

② 응력변환매트릭스 $[b]$를 계산한다. 예를 들면, 식 (16-12)에서 $R_1=1$, $R_2=R_3=\cdots=R_n=0$이면 $b_{11}=Q_1$로 된다. 나머지 원소들도 같은 방법으로 얻을 수 있다.

③ 내력 $\{Q\}$를 구한다[식 (16-13) 참조].

$$\{Q\}=[b]\{R\}$$

④ 식 (16-24) 또는 식 (16-25)를 이용하여 각각의 요소유연도매트릭스 $[f^a]$, $[f^b]$, ……를 계산하고, 그들을 결합하여 대각선매트릭스를 만든다.

$$[f]=\begin{bmatrix} f^a & & & \\ & f^b & & \\ & & \cdot & \\ & & & \cdot \\ & & & & \cdot \end{bmatrix}$$

⑤ 구조물유연도매트릭스를 계산한다[식 (16-30) 참조].

$$[F]=[b]^T[f][b]$$

⑥ 절점변위 $\{r\}$을 구한다[식 (16-29) 참조].

$$\{r\}=[F]\{R\}$$

【예제 16-1】 그림 16-3 (a)와 같은 변단면의 캔틸레버에서 자유단의 처짐과 처짐곡선의 기울기를 계산하라. $E=2.1\times10^8$ kN/m^{2}이고, $I_1=0.00018$ m^4, $I_2=0.00012$ m^{4}이다.

풀이 AC와 BC 구간의 I가 같지 않으므로, 보를 C점에서 절단하여 AC를 요소 a, BC를 요소 b라고 하자. 또한, B점의 처짐 및 처짐각을 구해야 하므로, B점에 처짐각에 대응하는 외력이 있어야 한다. 따라서, 가상모멘트하중 $R_2=0$이 B점에 작용하는 것으로 본다. 각 요소의 내력은 그림 16-3 (b)에 파선으로 표시되어 있다. 평형조건으로부터[식 (16-13) 참조].

$$\{Q\}=[b]\{R\}$$

$$\begin{matrix} & R_1=1 & R_2=1 \end{matrix}$$

$$\begin{Bmatrix} Q_i^a \\ Q_j^a \\ Q_i^b \\ Q_j^b \end{Bmatrix}=\begin{bmatrix} -6 & -1 \\ 3 & 1 \\ -3 & -1 \\ 0 & 1 \end{bmatrix}\begin{Bmatrix} R_1 \\ R_2 \end{Bmatrix}$$

위의 매트릭스 $[b]$의 첫째 열의 원소는 그림 16-3 (b)의 보에 대해 $R_1=1$, $R_2=0$일 때의 내력이다. 이를 계산하면

$$Q_i^a=-6,\quad Q_j^a=3,\quad Q_i^b=-3,\quad Q_j^b=0$$

매트릭스 $[b]$의 둘째 열의 원소는 $R_2=1$, $R_1=0$일 때의 내력이므로

$$Q_i^a=-1,\quad Q_j^a=1,\quad Q_i^b=-1,\quad Q_j^b=1$$

각각의 요소유연도매트릭스는 식 (16-24)로부터

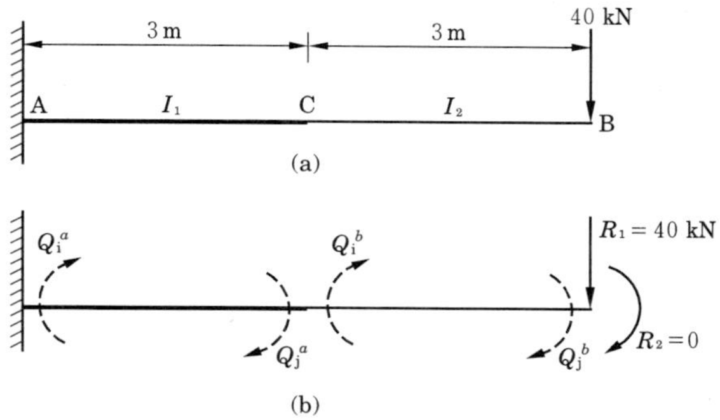

그림 16-3

$$[f^a] = \frac{3}{6EI_1}\begin{bmatrix} 2 & -1 \\ -1 & 2 \end{bmatrix} = \frac{1}{E}\begin{bmatrix} \frac{1}{I_1} & -\frac{1}{2I_1} \\ -\frac{1}{2I_1} & \frac{1}{I_1} \end{bmatrix}$$

$$[f^b] = \frac{3}{6EI_2}\begin{bmatrix} 2 & -1 \\ -1 & 2 \end{bmatrix} = \frac{1}{E}\begin{bmatrix} \frac{1}{I_2} & -\frac{1}{2I_2} \\ -\frac{1}{2I_2} & \frac{1}{I_2} \end{bmatrix}$$

따라서

$$[f] = \frac{1}{E}\begin{bmatrix} \frac{1}{I_1} & -\frac{1}{2I_1} & 0 & 0 \\ -\frac{1}{2I_1} & \frac{1}{I_1} & 0 & 0 \\ 0 & 0 & \frac{1}{I_2} & -\frac{1}{2I_2} \\ 0 & 0 & -\frac{1}{2I_2} & \frac{1}{I_2} \end{bmatrix}$$

전체유연도매트릭스 $[F]$는 식 (16-30)에 의하여 다음과 같이 계산된다.

$$[F] = [b]^T[f][b]$$

$$= \begin{bmatrix} -6 & 3 & -3 & 0 \\ -1 & 1 & -1 & 1 \end{bmatrix} \cdot \left(\frac{1}{E}\right) \begin{bmatrix} \frac{1}{I_1} & -\frac{1}{2I_1} & 0 & 0 \\ -\frac{1}{2I_1} & \frac{1}{I_1} & 0 & 0 \\ 0 & 0 & \frac{1}{I_2} & -\frac{1}{2I_2} \\ 0 & 0 & -\frac{1}{2I_2} & \frac{1}{I_2} \end{bmatrix} \begin{Bmatrix} -6 & -1 \\ 3 & 1 \\ -3 & -1 \\ 0 & 1 \end{Bmatrix}$$

$$= \left(\frac{1}{E}\right)\begin{bmatrix} \frac{63}{I_1} + \frac{9}{I_2} & \frac{27}{2I_1} + \frac{9}{2I_2} \\ \frac{27}{2I_1} + \frac{9}{2I_2} & \frac{3}{I_1} + \frac{3}{I_2} \end{bmatrix}$$

따라서 식 (16-29)로부터

$$\begin{Bmatrix} r_1 \\ r_2 \end{Bmatrix} = [F]\begin{Bmatrix} R_1 \\ R_2 \end{Bmatrix}$$

$$= \begin{bmatrix} \dfrac{63}{EI_1}+\dfrac{9}{EI_2} & \dfrac{27}{2EI_1}+\dfrac{9}{2EI_2} \\ \dfrac{27}{2EI_1}+\dfrac{9}{2EI_2} & \dfrac{3}{EI_1}+\dfrac{3}{EI_2} \end{bmatrix}\begin{Bmatrix} 40 \\ 0 \end{Bmatrix}$$

$$= \begin{Bmatrix} 0.081 \\ 0.02143 \end{Bmatrix}$$

그러므로, 자유단의 처짐은 0.081 m, 처짐각은 0.02143 rad이다. (이는 제9장의 예제 9-3의 결과와 거의 일치함을 알 수 있다.)

(4) 부정정구조물의 해석

부정정구조물의 경우, 여력에 의한 일이 외력일에 포함되므로, 가상일의 원리는 다음 식으로 표시된다[식 (16-11) 참조].

$$\{\bar{R}\}^T\{r\} + \{\bar{X}\}^T\{r_X\} = \{\bar{Q}\}^T\{q\} \qquad \text{(16-31)}$$

또한, 부정정구조물의 내력은 식 (16-15)와 같다. 즉,

$$\{Q\} = [b_R]\{R\} + [b_X]\{X\}$$

이로부터

$$\{\bar{Q}\} = [b_R]\{\bar{R}\} + [b_X]\{\bar{X}\}$$

$$\{\bar{Q}\}^T = \{\bar{R}\}^T[b_R]^T + \{\bar{X}\}^T[b_X]^T$$

이들을 식 (16-21)과 식 (16-31)에 대입하면

$$\{q\} = [f]\{Q\} = [f][b_R]\{R\} + [f][b_X]\{X\}$$

$$\begin{aligned}\{\bar{R}\}^T\{r\} + \{\bar{X}\}^T\{r_X\} &= (\{\bar{R}\}^T[b_R]^T + \{\bar{X}\}^T[b_X]^T)([f][b_R]\{R\} + [f][b_X]\{X\}) \\ &= \{\bar{R}\}^T([b_R]^T[f][b_R]\{R\} + [b_R]^T[f][b_X]\{X\}) \\ &\quad + \{\bar{X}\}^T([b_X]^T[f][b_R]\{R\} + [b_X]^T[f][b_X]\{X\})\end{aligned}$$

위 식의 양변을 비교하면

$$\{r\} = [b_R]^T[f][b_R]\{R\} + [b_R]^T[f][b_X]\{X\}$$

$$\{r_X\} = [b_X]^T[f][b_R]\{R\} + [b_X]^T[f][b_X]\{X\}$$

여기서

$$\left.\begin{aligned}[F_{RR}]&=[b_R]^T[f][b_R]\\ [F_{RX}]&=[b_R]^T[f][b_X]\\ [F_{XR}]&=[b_X]^T[f][b_R]\\ [F_{XX}]&=[b_X]^T[f][b_X]\end{aligned}\right\} \qquad (16\text{-}32)$$

로 놓으면

$$\{r\}=[F_{RR}]\{R\}+[F_{RX}]\{X\} \qquad (16\text{-}33)$$

$$\{r_X\}=[F_{XR}]\{R\}+[F_{XX}]\{X\} \qquad (16\text{-}34)$$

지점반력을 여력으로 취하고 지점침하가 없다면, 변위의 적합조건은

$$\{r_X\}=[F_{XR}]\{R\}+[F_{XX}]\{X\}=0$$

이로부터 여력을 구하면

$$\{X\}=-[F_{XX}]^{-1}[F_{XR}]\{R\} \qquad (16\text{-}35)$$

여력에 대한 식 (16-35)를 식 (16-33)에 대입하면 절점변위에 대한 식을 얻는다.

$$\{r\}=([F_{RR}]-[F_{RX}][F_{XX}]^{-1}[F_{XR}])\{R\}$$

또는 간단히

$$\{r\}=[F']\{R\} \qquad (16\text{-}36)$$

여기서

$$[F']=[F_{RR}]-[F_{RX}][F_{XX}]^{-1}[F_{XR}] \qquad (16\text{-}37)$$

$[F']$는 부정정구조물의 유연도매트릭스이며, 절점변위와 절점하중과의 관계를 나타낸다.

여력에 대한 식 (16-35)를 식 (16-15)에 대입하면 요소의 내력을 구할 수 있다. 즉,

$$\begin{aligned}\{Q\}&=[b_R]\{R\}+[b_X]\{X\}\\ &=([b_R]-[b_X][F_{XX}]^{-1}[F_{XR}])\{R\}\end{aligned}$$

또는, 간단히

$$\{Q\}=[b']\{R\} \qquad (16\text{-}38)$$

여기서

$$[b']=[b_R]-[b_X][F_{XX}]^{-1}[F_{XR}] \qquad (16\text{-}39)$$

이 $[b']$는 부정정구조물의 응력변환매트릭스이며, 여력의 영향을 포함한 외력과 요소의 내력과의 관계를 나타낸다.

위의 식 (16-39)와 식 (16-32)를 이용하면 $[F']$에 관한 식 (16-37)을 다음과 같이 쓸 수 있다.

$$[F'] = [b_R]^T[f][b'] \quad \cdots\cdots (16\text{-}40)$$

이상을 요약하면, 부정정구조물의 해석 절차는 다음과 같다.

① 절점하중 $[R]$과 내력 $\{Q\}$를 정의하고, 여력 $\{X\}$를 지정한다.

② 평형조건을 이용하여 응력변환매트릭스 $[b_R]$과 $[b_X]$를 계산한다.

③ 각 요소의 유연도매트릭스 $[f^a]$, $[f^b]$, ……를 계산하고, 그들을 결합하여 $[f]$를 만든다.

$$[f] = \begin{bmatrix} f^a & & & \\ & f^b & & \\ & & \ddots & \\ & & & \cdot \end{bmatrix}$$

④ $[F_{XR}]$, $[F_{XX}]$를 계산한다[식 (16-32) 참조].

$$[F_{XR}] = [b_X]^T[f][b_R]$$
$$[F_{XX}] = [b_X]^T[f][b_X]$$

⑤ 식 (16-35)로부터 여력 $\{X\}$를 구하고, 이를 평형조건식에 대입하여 내력 $\{Q\}$를 구한다[식 (16-15) 참조].

$$\{Q\} = [b_R]\{R\} + [b_X]\{X\}$$

또는, 식 (16-39)로부터 $[b']$를 구하고, 식 (16-38)로부터 $\{Q\}$를 구한다.

⑥ 식 (16-40)으로부터 $[F']$를 계산하고 식 (16-36)으로부터 절점변위 $\{r\}$을 구한다.

$$\{r\} = [F']\{R\}$$

【예제 16-2】 그림 16-4(a)의 트러스의 부재력을 계산하고, 작용하중에 대응하는 절점변위를 구하라. 모든 부재에 대해 $\dfrac{L(\mathrm{m})}{A(\mathrm{m}^2)} = 1\times10^5$이고, $E = 2.1\times10^8\ \mathrm{kN/m^2}$이다.

풀이 그림 16-4(a)의 트러스는 내적으로 1차부정정이다. 그림 16-4(b)와 같이 e 부재를 군부재로 택하고, 외력 40kN을 R_1이라 하자. 부재력은 Q^a, Q^b, …… Q^f로 표시한다. 그림 16-4(b)에 나타낸 정정기본계의 평형조건으로부터[식 (16-16) 참조]

$$\{Q\} = [b_R \,|\, b_X]\left\{\frac{R_1}{X}\right\}$$

$$\begin{matrix} R_1 = 1 & X = 1 \end{matrix}$$

$$\begin{Bmatrix} Q^a \\ Q^b \\ Q^c \\ Q^d \\ Q^e \\ Q^f \end{Bmatrix} = \begin{bmatrix} 1 & -\dfrac{4}{5} \\ \dfrac{3}{4} & -\dfrac{3}{5} \\ 1 & -\dfrac{4}{5} \\ 0 & -\dfrac{3}{5} \\ 0 & 1 \\ -\dfrac{5}{4} & 1 \end{bmatrix} \begin{Bmatrix} R_1 \\ X \end{Bmatrix}$$

모든 부재에 대해 $\dfrac{L}{A} = 1 \times 10^5$이므로, 각 요소의 유연도매트릭스는

$$\frac{L}{EA} = \frac{1 \times 10^5}{2.1 \times 10^8} = \frac{1}{2100}$$

따라서

$$[f] = \left(\frac{1}{2100}\right) \begin{bmatrix} 1 & & & & & \\ & 1 & & & & \\ & & 1 & & & \\ & & & 1 & & \\ & & & & 1 & \\ & & & & & 1 \end{bmatrix}$$

위에서 구한 $[b_R]$, $[b_X]$, $[f]$를 식 (16-32)에 대입하여 $[F_{XR}]$ 및 $[F_{XX}]$를 계산하면

$$[F_{XR}] = [b_X]^T [f] [b_R]$$

$$= \left\{ -\frac{4}{5} \quad -\frac{3}{5} \quad -\frac{4}{5} \quad -\frac{3}{5} \quad 1 \quad 1 \right\} \left(\frac{1}{2100}\right) \begin{Bmatrix} 1 \\ \dfrac{3}{4} \\ 1 \\ 0 \\ 0 \\ -\dfrac{5}{4} \end{Bmatrix} = -\frac{3.3}{2100}$$

$$[F_{XX}] = [b_X]^T [f] [b_X]$$

$$= \left\{ -\frac{4}{5} \quad -\frac{3}{5} \quad -\frac{4}{5} \quad -\frac{3}{5} \quad 1 \quad 1 \right\} \left(\frac{1}{2100}\right) \begin{Bmatrix} -\dfrac{4}{5} \\ -\dfrac{3}{5} \\ -\dfrac{4}{5} \\ -\dfrac{3}{5} \\ 1 \\ 1 \end{Bmatrix} = \frac{4}{2100}$$

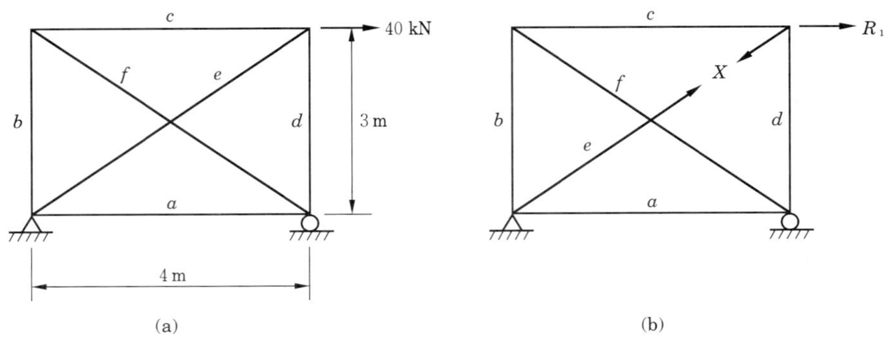

그림 16-4

$$[F_{XX}]^{-1}=\frac{2100}{4}$$

따라서, 여력 X는 식 (16-35)로부터

$$\{X\}=-[F_{XX}]^{-1}[F_{XR}]\{R\}=-\left(\frac{2100}{4}\right)\left(-\frac{3.3}{2100}\right)(40)=33\ \mathbf{kN}$$

이를 평형조건식에 대입하면, 부재력은 다음과 같이 된다.

$$\begin{Bmatrix} Q^a \\ Q^b \\ Q^c \\ Q^d \\ Q^e \\ Q^f \end{Bmatrix}=\begin{bmatrix} 1 & -\frac{4}{5} \\ \frac{3}{4} & -\frac{3}{5} \\ 1 & -\frac{4}{5} \\ 0 & -\frac{3}{5} \\ 0 & 1 \\ -\frac{5}{4} & 1 \end{bmatrix}\begin{Bmatrix} 40 \\ 33 \end{Bmatrix}=\begin{Bmatrix} 13.6 \\ 10.2 \\ 13.6 \\ -19.8 \\ 33 \\ -17 \end{Bmatrix}\ \mathbf{kN}$$

r_1을 구하기 위해 식 (16-39) 및 식 (16-40)으로 $[b']$와 $[F']$를 계산한다.

$$[b']=[b_R]-[b_X][F_{XX}]^{-1}[F_{XR}]$$

$$=\begin{Bmatrix} 1 \\ \frac{3}{4} \\ 1 \\ 0 \\ 0 \\ -\frac{5}{4} \end{Bmatrix}-\begin{Bmatrix} -\frac{4}{5} \\ -\frac{3}{5} \\ -\frac{4}{5} \\ -\frac{3}{5} \\ 1 \\ 1 \end{Bmatrix}\left(\frac{2100}{4}\right)\left(-\frac{3.3}{2100}\right)=\begin{Bmatrix} 0.340 \\ 0.255 \\ 0.340 \\ -0.495 \\ 0.825 \\ -0.425 \end{Bmatrix}$$

$$[\boldsymbol{F}'] = [\boldsymbol{b}_R]^T[\boldsymbol{f}][\boldsymbol{b}']$$

$$= \left\{1 \quad \frac{3}{4} \quad 1 \quad 0 \quad 0 \quad -\frac{5}{4}\right\}\left(\frac{1}{2100}\right)\begin{Bmatrix} 0.340 \\ 0.255 \\ 0.340 \\ -0.495 \\ 0.825 \\ -0.425 \end{Bmatrix} = \frac{1.4025}{2100}$$

따라서, 하중작용점의 변위 r_1은 다음과 같다.

$$r_1 = [\boldsymbol{F}']\{\boldsymbol{R}_1\} = \left(\frac{1.4025}{2100}\right)(40) = 0.0267\,\mathrm{m} = 26.7\,\mathrm{mm}$$

변위의 방향은 작용하중의 방향과 같다.

【예제 16−3】 그림 16-5의 라멘의 단모멘트를 구하라. EI는 일정하다.

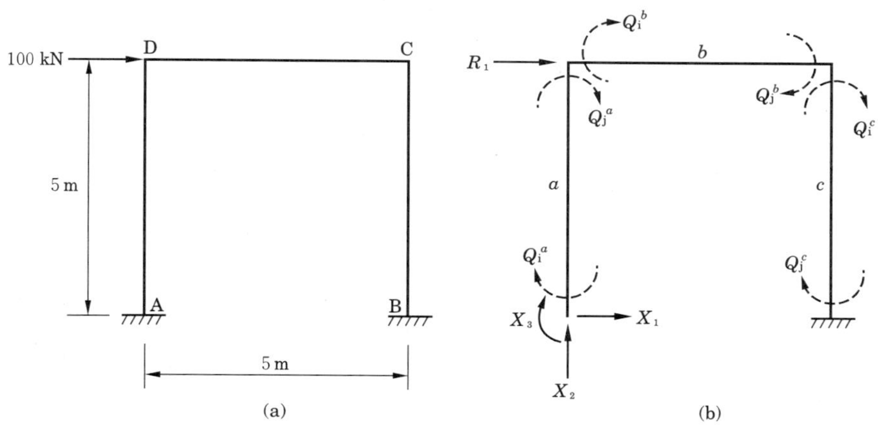

그림 16−5

풀이 그림 16-5 (a)의 라멘은 3차부정정이다. 그림 16-5 (b)와 같이 지점 A를 제거한 구조물을 정정기본계로 하면, 원래의 구조물은 외력 R_1과 여력 X_1, X_2, X_3을 받는 것으로 볼 수 있다. 내력(단모멘트) Q_i^a, Q_j^a, …… 등은 그림 16-5 (b)에 파선으로 표시되어 있다.

하중변환매트릭스는 정정기본계에 $R_1=1$, $X_1=1$, $X_2=1$, $X_3=1$을 차례로 작용시켜서 그 때의 내력을 구하면 된다. 식 (16-16)으로부터

$$\{\boldsymbol{Q}\} = [b_R \mid b_X]\left\{\frac{R}{X}\right\}$$

$$\begin{array}{c} \quad\quad R_1=1 \;\; X_1=1 \;\; X_2=1 \;\; X_3=1 \\ \begin{Bmatrix} Q_i^a \\ Q_j^a \\ Q_i^b \\ Q_j^b \\ Q_i^c \\ Q_j^c \end{Bmatrix} = \begin{bmatrix} 0 & 0 & 0 & -1 \\ 0 & 5 & 0 & -1 \\ 0 & -5 & 0 & 1 \\ 0 & 5 & -5 & -1 \\ 0 & -5 & 5 & 1 \\ -5 & 0 & -5 & -1 \end{bmatrix} \begin{Bmatrix} R \\ \hline X_1 \\ X_2 \\ X_3 \end{Bmatrix} \end{array}$$

각 요소의 유연도매트릭스는 식 (16-24)로부터

$$[f^a]=[f^b]=[f^c]=\frac{5}{6EI}\begin{bmatrix} 2 & -1 \\ -1 & 2 \end{bmatrix}=\frac{1}{6EI}\begin{bmatrix} 10 & -5 \\ -5 & 10 \end{bmatrix}$$

이로부터

$$[f]=\frac{1}{6EI}\begin{bmatrix} 10 & -5 & & & & \\ -5 & 10 & & & & \\ & & 10 & -5 & & \\ & & -5 & 10 & & \\ & & & & 10 & -5 \\ & & & & -5 & 10 \end{bmatrix}$$

위에서 구한 $[b_R]$, $[b_X]$, $[f]$를 식 (16-32)에 대입하여 $[F_{XR}]$, $[F_{XX}]$를 계산하면

$$[F_{XR}]=[b_X]^T[f][b_R]$$

$$=\begin{bmatrix} 0 & 5 & -5 & 5 & -5 & 0 \\ 0 & 0 & 0 & -5 & 5 & -5 \\ 1 & -1 & 1 & -1 & 1 & -1 \end{bmatrix}\left(\frac{1}{6EI}\right)\begin{bmatrix} 10 & -5 & & & & \\ -5 & 10 & & & & \\ & & 10 & -5 & & \\ & & -5 & 10 & & \\ & & & & 10 & -5 \\ & & & & -5 & 10 \end{bmatrix}\begin{Bmatrix} 0 \\ 0 \\ 0 \\ 0 \\ 0 \\ -5 \end{Bmatrix}$$

$$=\left(\frac{1}{6EI}\right)\begin{Bmatrix} -125 \\ 375 \\ 75 \end{Bmatrix}=\left(\frac{25}{6EI}\right)\begin{Bmatrix} -5 \\ 15 \\ 3 \end{Bmatrix}$$

$$[F_{XX}]=[b_X]^T[f][b_X]$$

$$=\left(\frac{1}{6EI}\right)\begin{bmatrix} 1250 & -750 & -300 \\ -750 & 1000 & 225 \\ -300 & 225 & 90 \end{bmatrix}=\left(\frac{25}{6EI}\right)\begin{bmatrix} 50 & -30 & -12 \\ -30 & 40 & 6 \\ -12 & 9 & 3.6 \end{bmatrix}$$

$$[F_{XX}]^{-1}=\left(\frac{6EI}{25}\right)\begin{bmatrix} 0.1 & 0 & 0.33333 \\ 0 & 0.05714 & -0.14286 \\ 0.33333 & -0.14286 & 1.74602 \end{bmatrix}$$

따라서 여력 $\{X\}$는 식 (16-35)에 의하여

$$\{X\}=-[F_{XX}]^{-1}[F_{XR}]\{R\}$$

$$=-\left(\frac{6EI}{25}\right)\begin{bmatrix} 0.1 & 0 & 0.33333 \\ 0 & 0.05714 & -0.14286 \\ 0.33333 & -0.14286 & 1.74602 \end{bmatrix}\left(\frac{25}{6EI}\right)\begin{Bmatrix} -5 \\ 15 \\ 3 \end{Bmatrix}(100)$$

$$=\begin{Bmatrix} -50 \\ -42.85 \\ -143 \end{Bmatrix}$$

이를 평형조건식에 대입하여 내력(재단모멘트)을 구하면

$$\begin{Bmatrix} Q_i^a \\ Q_j^a \\ Q_i^b \\ Q_j^b \\ Q_i^c \\ Q_j^c \end{Bmatrix}=\begin{bmatrix} 0 & 0 & 0 & 1 \\ 0 & 5 & 0 & -1 \\ 0 & -5 & 0 & 1 \\ 0 & 5 & -5 & -1 \\ 0 & -5 & 5 & 1 \\ -5 & 0 & -5 & -1 \end{bmatrix}\begin{Bmatrix} 100 \\ -50 \\ -42.85 \\ -143 \end{Bmatrix}=\begin{Bmatrix} -143 \\ -107 \\ 107 \\ 107 \\ -107 \\ -143 \end{Bmatrix}\ \mathrm{kN\cdot m}$$

이는 제14장의 예제 14-3의 결과와 일치한다.

16. 4 변 위 법

(1) 서 론

변위법의 기본식들도 응력법의 경우와 마찬가지로 다음의 조건으로부터 유도된다.

① 힘의 평형조건

② 변위의 적합조건

③ 힘과 변위와의 관계

그러나, 응력법에서는 반력 또는 내력을 일차적인 미지수로 하는 데 대하여 변위법에서는 절점변위를 일차적인 미지수로 한다. 바꾸어 말하면 응력법은 부정정력을 미지수로 하는데 대하여 변위법은 자유도(degree of freedom)의 수만큼의 변형량을 미지수로 한다. 여기서 자유도란 구조물에서 일어날 수 있는 독립된 변위성분의 수를 가리킨다. 예컨대 트러스의 절점은 두 방향으로 이동할 수 있으므로 2개의 독립된 변위성분을 가진다. 이 때 이 절점은 2개의 자유도를 가진다고 말한다. 강절라멘의 절점은 두 방향으로 이동할 수 있고 또 회전할 수 있으므로 그 자유도는 3이다.

(2) 매트릭스변위법의 기본개념

응력법은 힘의 평형조건인 내력과 외력과의 관계로부터 시작하는 반면, 변위법은 변위의 적합조건으로부터 시작한다. 변위법에 사용되는 적합조건이란, 요수의 변형 $\{q\}$는 절점변위 $\{r\}$과 일치해야 한다는 변형의 기하학적 조건을 말한다. 단위 크기의 절점변위 r_j로 인한 요소의 변형 q_i의 크기를 a_{ij}라고 하면, 모든 절점변위로 인한 각 요소의 모든 변형은 다음과 같이 나타낼 수 있다.

$$\left.\begin{aligned} q_1 &= a_{11}r_1 + a_{12}r_2 + \cdots\cdots + a_{1n}r_n \\ q_2 &= a_{21}r_1 + a_{22}r_2 + \cdots\cdots + a_{2n}r_n \\ &\vdots \\ q_m &= a_{m1}r_1 + a_{m2}r_2 + \cdots\cdots\ a_{mn}r_n \end{aligned}\right\} \cdots\cdots (16\text{-}41)$$

여기서, $q_1 = q_i^a$, $q_2 = q_j^a$, …… 등은 요소변형들을 나타내고, r_1, r_2, ……, r_n은 절점변위들을 나타낸다. 식 (16-41)을 매트릭스로 표시하면

$$\begin{Bmatrix} q_1 \\ q_2 \\ \vdots \\ q_m \end{Bmatrix} = \begin{bmatrix} a_{11} & a_{12} & \cdots\cdots & a_{1n} \\ a_{21} & a_{22} & \cdots\cdots & a_{2n} \\ \vdots & & & \\ a_{m1} & a_{m2} & \cdots\cdots & a_{mn} \end{bmatrix} \begin{Bmatrix} r_1 \\ r_2 \\ \vdots \\ r_n \end{Bmatrix}$$

즉

$$\{q\} = [a]\{r\} \cdots\cdots (16\text{-}42)$$

여기서

$$[a] = \begin{bmatrix} a_{11} & a_{12} & \cdots\cdots & a_{1n} \\ a_{21} & a_{22} & \cdots\cdots & a_{2n} \\ \vdots & & & \\ a_{m1} & a_{m2} & \cdots\cdots & a_{mn} \end{bmatrix} \cdots\cdots (16\text{-}43)$$

위의 $[a]$를 변위변환매트릭스(displacement transformation matrix)라 하며, 요소변형과 절점변위와의 관계를 나타낸다. 이는 단지 구조물의 변위에 관한 적합조건을 나타내는 기하학적 좌표변환에 불과하다.

이제, 내력과 요소변형과의 관계를 구해 보자. 여기서 예컨대 k_{ij}를 다른 모든 절점의 변위는 0이고, j점에만 단위변위를 일으키는 i점에 작용한 힘으로 정의하자. 이러한 k_{ij}

를 강도계수(stiffness coefficient) 또는 강성도계수라고 한다. 이 강도계수의 정의와 그림 16-2에서 정의한 기호를 이용해 내력을 요소변형의 항으로 표시하면 다음과 같다.

$$\left.\begin{aligned} Q_{\mathrm{i}}{}^{a} &= k_{\mathrm{ii}}{}^{a} q_{\mathrm{i}}{}^{a} + k_{\mathrm{ij}}{}^{a} q_{\mathrm{j}}{}^{a} + k_{\mathrm{ik}}{}^{a} q_{\mathrm{k}}{}^{a} \\ Q_{\mathrm{j}}{}^{a} &= k_{\mathrm{ji}}{}^{a} q_{\mathrm{i}}{}^{a} + k_{\mathrm{jj}}{}^{a} q_{\mathrm{j}}{}^{a} + k_{\mathrm{jk}}{}^{a} q_{\mathrm{k}}{}^{a} \\ Q_{\mathrm{k}}{}^{a} &= k_{\mathrm{ki}}{}^{a} q_{\mathrm{i}}{}^{a} + k_{\mathrm{kj}}{}^{a} q_{\mathrm{j}}{}^{a} + k_{\mathrm{kk}}{}^{a} q_{\mathrm{k}}{}^{a} \end{aligned}\right\} \quad \cdots\cdots (16\text{-}44)$$

여기서, $q_{\mathrm{i}}{}^{a}$, $q_{\mathrm{j}}{}^{a}$, $q_{\mathrm{k}}{}^{a}$는 특정한 요소 a의 변형이고, $Q_{\mathrm{i}}{}^{a}$, $Q_{\mathrm{j}}{}^{a}$, $Q_{\mathrm{k}}{}^{a}$는 그에 대응하는 내력이다. 강도계수, 예컨대 $k_{\mathrm{ii}}{}^{a}$는 $q_{\mathrm{i}}{}^{a}=1$, $q_{\mathrm{j}}{}^{a}=q_{\mathrm{k}}{}^{a}=0$일 때 $Q_{\mathrm{i}}{}^{a}$와 같다. 즉 $k_{\mathrm{ii}}{}^{a}=Q_{\mathrm{i}}{}^{a}$로 된다. 나머지 강도계수들도 같은 방법으로 정의된다. 식 (16-44)를 매트릭스로 표시하면

$$\{Q^{a}\} = [k^{a}]\{q^{a}\} \quad \cdots\cdots (16\text{-}45)$$

여기서,

$$[k^{a}] = \begin{bmatrix} k_{\mathrm{ii}}{}^{a} & k_{\mathrm{ij}}{}^{a} & k_{\mathrm{ik}}{}^{a} \\ k_{\mathrm{ji}}{}^{a} & k_{\mathrm{jj}}{}^{a} & k_{\mathrm{jk}}{}^{a} \\ k_{\mathrm{ki}}{}^{a} & k_{\mathrm{kj}}{}^{a} & k_{\mathrm{kk}}{}^{a} \end{bmatrix} \quad \cdots\cdots (16\text{-}46)$$

이 $[k^{a}]$를 요소강성도매트릭스(element stiffness matrix)라고 한다. 위의 식은 하나의 요소에 대한 것으로서, 구조물이 a, b ······ 등의 요소로 이루어져 있다면 전체의 요소에 대해 다음을 얻는다.

$$\begin{aligned} &\{Q^{a}\} = [k^{a}]\{q^{a}\} \\ &\{Q^{b}\} = [k^{b}]\{q^{b}\} \\ &\vdots \end{aligned}$$

그런데,

$$\{Q\} = \{Q^{a} \quad Q^{b} \quad \cdots\}^{T}, \qquad \{q\} = \{q^{a} \quad q^{b} \quad \cdots\}^{T}$$

이므로, 위의 식들을 조합하면 다음과 같이 나타낼 수 있다.

$$\{Q\} = [k]\{q\} \quad \cdots\cdots (16\text{-}47)$$

여기서,

$$[k] = \begin{bmatrix} k^{a} & & & \\ & k^{b} & & \\ & & \cdot & \\ & & & \cdot \\ & & & & \cdot \end{bmatrix} \quad \cdots\cdots (16\text{-}48)$$

이는 각각의 요소강도매트릭스로 이루어진 대각매트릭스이다.

식 (16-46)의 강도계수를 구하기 위해, 단면적 A, 길이 L, 단면2차모멘트 I, 탄성계수 E인 요소에 대해 생각해 보자. 정의에 의해, $[k^a]$의 첫째 열의 원소는 $q_i{}^a=1$일 때, 즉 요소의 왼쪽 단부에만 단위회전이 일어날 때의 내력이다(그림 16-2 참조). 따라서

$$k_{ii}{}^a = \text{왼쪽 단부에서의 모멘트} = \frac{4EI}{L}$$

$$k_{ji}{}^a = \text{오른쪽 단부에서의 모멘트} = \frac{2EI}{L}$$

$$k_{ki}{}^a = \text{요소의 축력} = 0$$

$k_{ii}{}^a$와 $k_{ji}{}^a$는 처짐각법으로부터 쉽게 구할 수 있고, $k_{ki}{}^a=0$임은 명백하다. 나머지 원소들도 같은 방법으로 구하면, 요소강도매트릭스는 다음과 같이 된다.

$$[k^a] = \begin{bmatrix} \frac{4EI}{L} & \frac{2EI}{L} & 0 \\ \frac{2EI}{L} & \frac{4EI}{L} & 0 \\ 0 & 0 & \frac{EA}{L} \end{bmatrix} \qquad \cdots\cdots (16\text{-}49)$$

즉, 요소강도매트릭스 역시 대칭이다.

보통의 강결라멘에서 축력의 영향을 무시하면

$$[k^a] = \frac{EI}{L}\begin{bmatrix} 4 & 2 \\ 2 & 4 \end{bmatrix} \qquad \cdots\cdots (16\text{-}50)$$

트러스에 대해서는

$$[k^a] = \left[\frac{EA}{L}\right] \qquad \cdots\cdots (16\text{-}51)$$

(3) 구조물의 해석

앞 절에서 정의한 요소변형과 절점변위와의 관계를 나타내는 식 (16-42)의

$$\{q\} = [a]\{r\}$$

과, 내력과 요소변형과의 관계를 나타내는 식 (16-47)의

$$\{Q\} = [k]\{q\}$$

를 이용하여 절점변위와 내력을 구하는 식을 유도해 보자.

절점변위 $\{r\}$과 절점하중 $\{R\}$과의 관계를 구하기 위해, 가상일의 원리[식 (16-10)]를 이용하자. 즉,

$$\{\bar{r}\}^T\{R\}=\{\bar{q}\}^T\{Q\}$$

식 (16-42)와 식 (16-47)로부터

$$\left.\begin{aligned}\{\bar{q}\}&=[a]\{\bar{r}\}\\ \{\bar{q}\}^T&=\{\bar{r}\}^T[a]^T\end{aligned}\right\} \qquad (16\text{-}52)$$

$$\{Q\}=[k]\{q\}=[k][a]\{r\} \qquad (16\text{-}53)$$

이들을 식 (16-10)에 대입하면

$$\{\bar{r}\}^T\{R\}=\{\bar{r}\}^T[a]^T[k][a]\{r\}$$

따라서

$$\{R\}=[a]^T[k][a]\{r\} \qquad (16\text{-}54)$$

또는, 간단히

$$\{R\}=[K]\{r\} \qquad (16\text{-}55)$$

여기서

$$[K]=[a]^T[k][a] \qquad (16\text{-}56)$$

이 $[K]$를 **전체강성도매트릭스**(global stiffness matrix) 또는 **구조물강성도매트릭스**(structural stiffness matrix)라 하며, 절점하중과 절점변위와의 관계를 나타낸다.

식 (16-55)를 $\{r\}$에 관해 풀면 일차적인 미지수인 절점변위를 얻고, 이것을 식 (16-53)에 대입하면 요소의 내력을 얻는다.

이상을 요약하면, 변위법에 의한 해석 절차는 다음과 같다.

① 있을 수 있는 모든 미지의 절점변위 $\{r\}$을 정의한다. 일반적으로, 힌지절점은 2개의 이동변위를 가지며, 강결된 절점은 2개의 이동변위와 하나의 회전변위를 가진다. 요소의 세로 방향 변형을 무시하고 또 가로 방향 상대변위가 방지되어 있다면, 이동변위는 고려하지 않아도 된다. 트러스에서 힌지지점은 완전히 구속된 것으로 보며, 롤러지점은 하나의 이동변위를 가진다. 라멘에서 고정지점에는 아무런 변위도 일어나지 않으며, 힌지지점은 하나의 회전변위를 가진다.

② 기하학적 형상으로부터 변위변환매트릭스 $[a]$를 구한다.

③ 각각의 요소강도매트릭스 $[k^a]$, $[k^b]$, …… 로부터 다음을 얻는다.

$$[k]=\begin{bmatrix} k^a & & & & \\ & k^b & & & \\ & & \cdot & & \\ & & & \cdot & \\ & & & & \cdot \end{bmatrix}$$

④ 구조물강도매트릭스 $[K]$를 구한다[식 (16-56) 참조].

$$[K]=[a]^T[k][a]$$

⑤ 2절의 (4)와 (5)에서 설명한 방법을 이용하여 절점변위 $\{r\}$을 구한다[식 (16-55) 참조].

$$[K]\{r\}=\{R\}$$

여기서, $\{r\}$과 $\{R\}$의 차수는 같음을 주의해야 한다. $\{R\}$의 일부는 실제의 하중이고, 하중이 작용하지 않는 곳에서는 0이며, 모든 R은 기지이다.

⑥ 내력 $\{Q\}$를 다음 식으로 구한다[식 (16-53) 참조].

$$\{Q\}=[k][a]\{r\}$$

【예제 16-4】 예제 16-2의 트러스[그림 16-4(a)]를 변위법으로 해석하라.

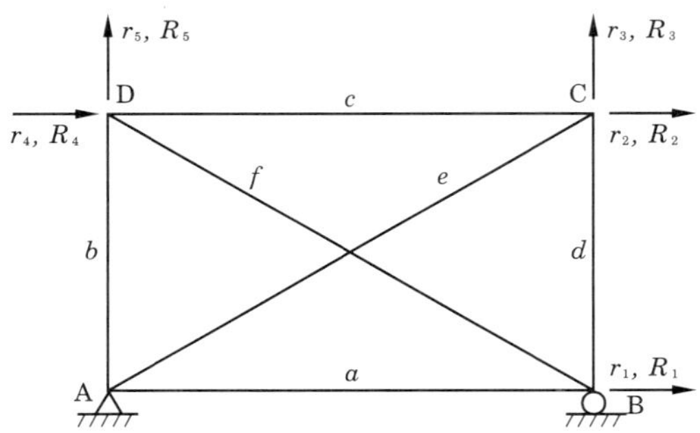

그림 16-6

풀이 롤러지점인 B에서 가능한 변위는 r_1이며, C 및 D점에서 가능한 변위성분은 각각 r_2, r_3과 r_4, r_5이다. 이들이 그림 16-6에 표시되어 있다. 여기서 $R_2=40$ kN, $R_1=R_3=R_4=R_5=0$이다.

변위의 적합조건으로부터[식 (16-42) 참조]

$$\{q\}=[a]\{r\}$$

$$\begin{matrix} & r_1=1 & r_2=1 & r_3=1 & r_4=1 & r_5=1 \end{matrix}$$

$$\begin{Bmatrix} q^a \\ q^b \\ q^c \\ q^d \\ q^e \\ q^f \end{Bmatrix} = \begin{bmatrix} 1 & 0 & 0 & 0 & 0 \\ 0 & 0 & 0 & 0 & 1 \\ 0 & 1 & 0 & -1 & 0 \\ 0 & 0 & 1 & 0 & 0 \\ 0 & 0.8 & 0.6 & 0 & 0 \\ 0.8 & 0 & 0 & -0.8 & 0.6 \end{bmatrix} \begin{Bmatrix} r_1 \\ r_2 \\ r_3 \\ r_4 \\ r_5 \end{Bmatrix}$$

위의 매트릭스 $[a]$의 첫째 열의 원소는 $r_1=1$일 때 각 요소의 변형이다. 이를 계산하면

$$q^a=1,\quad q^b=0,\quad q^c=0,\quad q^d=0,\quad q^e=0,\quad q^f=0.8$$

이고, 나머지 열의 원소들도 같은 방법으로 구할 수 있다.

모든 부재에 대해 $\dfrac{L}{A}=1\times10^5$이므로, 각각의 요소강도매트릭스는

$$[k^a]=[k^b]=[k^c]=[k^d]=[k^e]=[k^f]=\frac{EA}{L}=\frac{2.1\times10^8}{1\times10^5}=2100$$

그러므로

$$[k]=(2100)\begin{bmatrix} 1 & & & & & \\ & 1 & & & & \\ & & 1 & & & \\ & & & 1 & & \\ & & & & 1 & \\ & & & & & 1 \end{bmatrix}$$

따라서, 구조물강도매트릭스는 식 (16-56)으로부터 다음과 같이 된다.

$$[K]=[a]^T[k][a]$$

$$=\begin{bmatrix} 1 & 0 & 0 & 0 & 0 & 0.8 \\ 0 & 0 & 1 & 0 & 0.8 & 0 \\ 0 & 0 & 0 & 1 & 0.6 & 0 \\ 0 & 0 & -1 & 0 & 0 & -0.8 \\ 0 & 1 & 0 & 0 & 0 & 0.6 \end{bmatrix}(2100)\begin{bmatrix} 1 & 0 & 0 & 0 & 0 \\ 0 & 0 & 0 & 0 & 1 \\ 0 & 1 & 0 & -1 & 0 \\ 0 & 0 & 1 & 0 & 0 \\ 0 & 0.8 & 0.6 & 0 & 0 \\ 0.8 & 0 & 0 & -0.8 & 0.6 \end{bmatrix}$$

$$=(2100)\begin{bmatrix} 1.64 & 0 & 0 & -0.64 & 0.48 \\ 0 & -1.64 & 0.48 & -1 & 0 \\ 0 & 0.48 & 1.36 & 0 & 0 \\ -0.64 & -1 & 0 & 1.64 & -0.48 \\ 0.48 & 0 & 0 & -0.48 & 1.36 \end{bmatrix}$$

따라서, 힘과 변위와의 관계는 식 (16-55)로부터

$$[K]\{r\}=\{R\}$$

$$(2100)\begin{bmatrix} 1.64 & 0 & 0 & -0.64 & 0.48 \\ 0 & 1.64 & 0.48 & -1 & 0 \\ 0 & 0.48 & 1.36 & 0 & 0 \\ -0.64 & -1 & 0 & 1.64 & -0.48 \\ 0.48 & 0 & 0 & -0.48 & 1.36 \end{bmatrix}\begin{Bmatrix} r_1 \\ r_2 \\ r_3 \\ r_4 \\ r_5 \end{Bmatrix} = \begin{Bmatrix} 0 \\ 40 \\ 0 \\ 0 \\ 0 \end{Bmatrix}$$

여기에 16.2절의 (4) 및 (5)에서 설명한 방법을 이용하여 $\{r\}$을 구하면

$$\begin{Bmatrix} r_1 \\ r_2 \\ r_3 \\ r_4 \\ r_5 \end{Bmatrix} = \left(\frac{1}{2100}\right)\begin{Bmatrix} 13.6 \\ 56.12 \\ -19.81 \\ 42.52 \\ 10.21 \end{Bmatrix} = \begin{Bmatrix} 0.0065 \\ 0.0267 \\ -0.0094 \\ 0.0202 \\ 0.0049 \end{Bmatrix} \text{m}$$

다음에, 식 (16-53)으로부터 부재력을 구하면

$$\{Q\} = [k][a]\{r\}$$

$$\begin{Bmatrix} Q^a \\ Q^b \\ Q^c \\ Q^d \\ Q^e \\ Q^f \end{Bmatrix} = (2100)\begin{bmatrix} 1 & 0 & 0 & 0 & 0 \\ 0 & 0 & 0 & 0 & 1 \\ 0 & 1 & 0 & -1 & 0 \\ 0 & 0 & 1 & 0 & 0 \\ 0 & 0.8 & 0.6 & 0 & 0 \\ 0.8 & 0 & 0 & -0.8 & 0.6 \end{bmatrix}\left(\frac{1}{2100}\right)\begin{Bmatrix} 13.6 \\ 56.12 \\ -19.81 \\ 42.52 \\ 10.21 \end{Bmatrix} = \begin{Bmatrix} 13.6 \\ 10.21 \\ 13.6 \\ -19.81 \\ 33.01 \\ -17.01 \end{Bmatrix} \text{kN}$$

즉, 예제 16-2의 결과와 같다.

【예제 16－5】 예제 16-3의 라멘[그림 16-5(a)]을 변위법으로 해석하라.

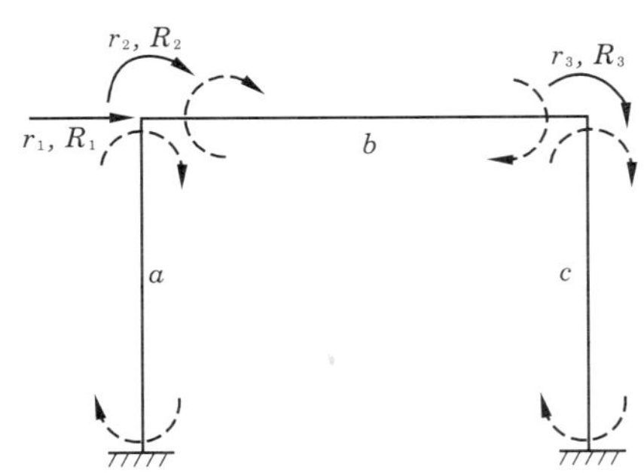

그림 16－7

풀이 미지의 절점변위 r_1, r_2, r_3과 이에 대응하는 힘 R_1, R_2, R_3을 그림 16-7과 같이 정의한

다. 여기서 r_1은 이동변위이고, r_2, r_3은 회전변위이다. 이 경우, $R_1=100\,\mathbf{kN}$, $R_2=R_3=0$이다. 그림 16-7에서 파선은 요소의 내력 Q_i^a, Q_j^a, … 등과 이들에 대응하는 요소회전각 q_i^a, q_j^a, … 등의 방향을 나타낸다. 변위의 적합조건으로부터 [식 (16-42) 참조]

$$\{q\}=[a]\{r\}$$

$$\begin{Bmatrix} q_i^a \\ q_j^a \\ q_i^b \\ q_j^b \\ q_i^c \\ q_j^c \end{Bmatrix} = \overset{\quad r_1=1 \quad r_2=1 \quad r_3=1}{\begin{bmatrix} -0.2 & 0 & 0 \\ -0.2 & 1 & 0 \\ 0 & 1 & 0 \\ 0 & 0 & 1 \\ -0.2 & 0 & 1 \\ -0.2 & 0 & 0 \end{bmatrix}} \begin{Bmatrix} r_1 \\ r_2 \\ r_3 \end{Bmatrix}$$

요소의 성질이 모두 같으므로 각 요소의 강도매트릭스는 모두 같다. 즉,

$$[k^a]=[k^b]=[k^c]=\left(\frac{EI}{L}\right)\begin{bmatrix} 4 & 2 \\ 2 & 4 \end{bmatrix}$$

그러므로

$$[k]=\left(\frac{EI}{L}\right)\begin{bmatrix} 4 & 2 & & & & \\ 2 & 4 & & & & \\ & & 4 & 2 & & \\ & & 2 & 4 & & \\ & & & & 4 & 2 \\ & & & & 2 & 4 \end{bmatrix}$$

따라서, 구조물강도매트릭스는 식 (16-56)으로부터

$$[K]=[a]^T[k][a]$$

$$=\begin{bmatrix} -0.2 & -0.2 & 0 & 0 & -0.2 & -0.2 \\ 0 & 1 & 1 & 0 & 0 & 0 \\ 0 & 0 & 0 & 1 & 1 & 0 \end{bmatrix}\left(\frac{EI}{L}\right)\begin{bmatrix} 4 & 2 & & & & \\ 2 & 4 & & & & \\ & & 4 & 2 & & \\ & & 2 & 4 & & \\ & & & & 4 & 2 \\ & & & & 2 & 4 \end{bmatrix}\begin{bmatrix} -0.2 & 0 & 0 \\ -0.2 & 1 & 0 \\ 0 & 1 & 0 \\ 0 & 0 & 1 \\ -0.2 & 0 & 1 \\ -0.2 & 0 & 0 \end{bmatrix}$$

$$=\left(\frac{EI}{L}\right)\begin{bmatrix} 0.96 & -1.2 & -1.2 \\ -1.2 & 8 & 2 \\ -1.2 & 2 & 8 \end{bmatrix}$$

따라서, 힘과 변위와의 관계는 식 (16-55)로부터

$$[K]\{r\}=\{R\}$$

$$\left(\frac{EI}{L}\right)\begin{bmatrix} 0.96 & -1.2 & -1.2 \\ -1.2 & 8 & 2 \\ -1.2 & 2 & 8 \end{bmatrix}\begin{Bmatrix} r_1 \\ r_2 \\ r_3 \end{Bmatrix}=\begin{Bmatrix} 100 \\ 0 \\ 0 \end{Bmatrix}$$

2절의 (4) 및 (5)에서 설명한 방법을 이용하여 $\{r\}$을 구하면

$$\begin{Bmatrix} r_1 \\ r_2 \\ r_3 \end{Bmatrix}=\left(\frac{L}{EI}\right)\begin{Bmatrix} 148.81 \\ 17.86 \\ 17.86 \end{Bmatrix}$$

따라서 내력(재단모멘트)은 식 (16-53)으로부터 다음과 같이 된다.

$$\{Q\}=[k][a]\{r\}$$

$$\begin{Bmatrix} Q_i^a \\ Q_j^a \\ Q_i^b \\ Q_j^b \\ Q_i^c \\ Q_j^c \end{Bmatrix}=\left(\frac{EI}{L}\right)\begin{bmatrix} 4 & 2 & & & & \\ 2 & 4 & & & & \\ & & 4 & 2 & & \\ & & 2 & 4 & & \\ & & & & 4 & 2 \\ & & & & 2 & 4 \end{bmatrix}\begin{bmatrix} -0.2 & 0 & 0 \\ -0.2 & 1 & 0 \\ 0 & 1 & 0 \\ 0 & 0 & 1 \\ -0.2 & 0 & 1 \\ -0.2 & 0 & 0 \end{bmatrix}\left(\frac{L}{EI}\right)\begin{Bmatrix} 148.81 \\ 17.86 \\ 17.86 \end{Bmatrix}$$

$$=\begin{Bmatrix} -143 \\ -107 \\ 107 \\ 107 \\ -107 \\ -143 \end{Bmatrix}\text{kN}\cdot\text{m}$$

즉, 예제 16-3의 결과와 같다.

(4) 분포하중의 취급

3절의 (2)에서 언급한 바와 같이, 매트릭스해석법에서는 외부의 하중이 절점에만 작용하는 것으로 본다. 이러한 제한 때문에 매트릭스해석법에서는 분포하중을 직접 취급할 수 없다. 분포하중이 작용하는 경우에는 재하된 부분을 고정보로 보고 구한 양단의 고정단모멘트와 전단력을 그림 16-8에 보인 바와 같이 반대 방향으로 절점에 작용시킨다. 재하된 요소의 최종적인 모멘트와 전단력은 고정된 보의 내력과 절점하중에 의한 내력을 더해서 얻는다.

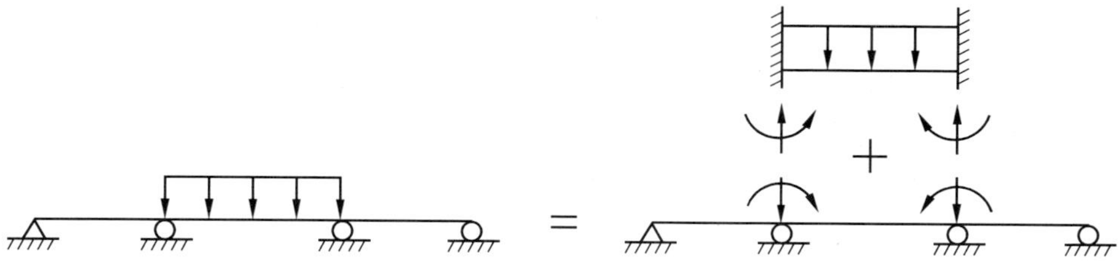

그림 16-8

【예제 16-6】 그림 16-9(**a**)의 연속보에서 지점 B의 휨모멘트를 구하라.

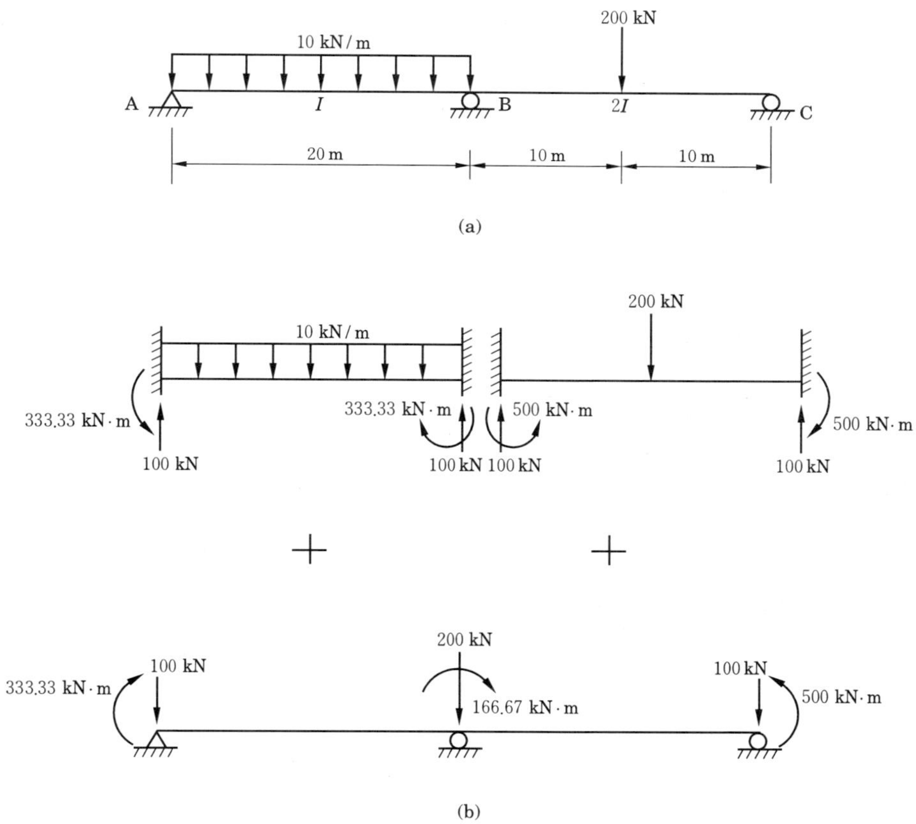

그림 16-9

풀이 주어진 보와 등가의 형태가 그림 16-9(**b**)이다. 휨변형만 고려할 경우, 절점하중을 해석하기 위한 보의 모양은 그림 16-10과 같다.

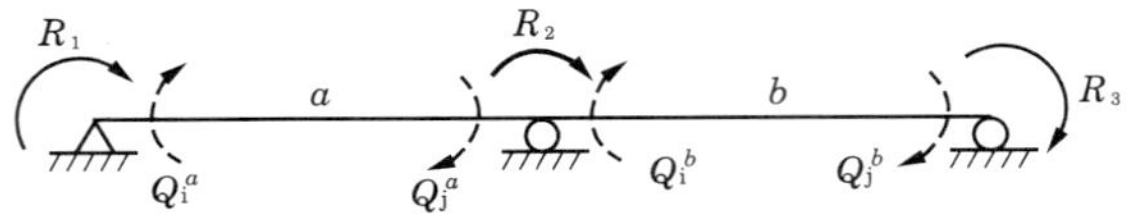

그림 16－10

여기서, r_1, r_2, r_3은 회전각이고, R_1, R_2, R_3은 이에 대응하는 모멘트이다. $R_1 = 333.33$ kN · m, $R_2 = 166.67$ kN · m, $R_3 = -500$ kN · m이다. 그림에서 파선은 Q_i^a, Q_j^a, …… 등의 단모멘트와 이들에 대응하는 요소의 회전각 q_i^a, q_j^a, …… 등의 방향을 나타낸다. 이들을 r_1, r_2, r_3의 항으로 표시하면[식 (16-42) 참조]

$$\{q\} = [a]\{r\}$$

$$\quad\quad r_1=1 \quad r_2=1 \quad r_3=1$$

$$\begin{Bmatrix} q_i^a \\ q_j^a \\ q_i^b \\ q_j^b \end{Bmatrix} = \begin{bmatrix} 1 & 0 & 0 \\ 0 & 1 & 0 \\ 0 & 1 & 1 \\ 0 & 0 & 1 \end{bmatrix} \begin{Bmatrix} r_1 \\ r_2 \\ r_3 \end{Bmatrix}$$

각 요소의 강도매트릭스는

$$[k^a] = \frac{EI}{L}\begin{bmatrix} 4 & 2 \\ 2 & 4 \end{bmatrix}$$

$$[k^b] = \frac{E(2I)}{L}\begin{bmatrix} 4 & 2 \\ 2 & 4 \end{bmatrix} = \frac{EI}{L}\begin{bmatrix} 8 & 4 \\ 4 & 8 \end{bmatrix}$$

따라서

$$[k] = \left(\frac{EI}{L}\right)\begin{bmatrix} 4 & 2 & & \\ 2 & 4 & & \\ & & 8 & 4 \\ & & 4 & 8 \end{bmatrix}$$

그러므로 구조물강도매트릭스는 식 (16-56)으로부터

$$\{K\} = [a]^T[k][a]$$

$$= \begin{bmatrix} 1 & 0 & 0 & 0 \\ 0 & 1 & 1 & 0 \\ 0 & 0 & 0 & 1 \end{bmatrix}\left(\frac{EI}{L}\right)\begin{bmatrix} 4 & 2 & & \\ 2 & 4 & & \\ & & 8 & 4 \\ & & 4 & 8 \end{bmatrix}\begin{bmatrix} 1 & 0 & 0 \\ 0 & 1 & 0 \\ 0 & 1 & 0 \\ 0 & 0 & 1 \end{bmatrix} = \left(\frac{EI}{L}\right)\begin{bmatrix} 4 & 2 & 0 \\ 2 & 12 & 4 \\ 0 & 4 & 8 \end{bmatrix}$$

힘과 변위와의 관계는 식 (16-55)로부터

$$[K]\{r\}=\{R\}$$

$$\left(\frac{EI}{L}\right)\begin{bmatrix}4 & 2 & 0\\ 2 & 12 & 4\\ 0 & 4 & 8\end{bmatrix}\begin{Bmatrix}r_1\\ r_2\\ r_3\end{Bmatrix}=\begin{Bmatrix}333.33\\ 166.67\\ -500\end{Bmatrix}$$

이로부터 $\{r\}$을 구하면

$$\begin{Bmatrix}r_1\\ r_2\\ r_3\end{Bmatrix}=\left(\frac{L}{EI}\right)\begin{Bmatrix}69.44\\ 27.78\\ -76.39\end{Bmatrix}$$

격점하중으로 인한 단모멘트는 식 (16-53)으로부터

$$\{Q\}=[k][a]\{r\}$$

$$\begin{Bmatrix}Q_i^a\\ Q_j^a\\ Q_i^b\\ Q_j^b\end{Bmatrix}=\left(\frac{EI}{L}\right)\begin{bmatrix}4 & 2 & & \\ 2 & 4 & & \\ & & 8 & 4\\ & & 4 & 8\end{bmatrix}\begin{bmatrix}1 & 0 & 0\\ 0 & 1 & 0\\ 0 & 1 & 0\\ 0 & 0 & 1\end{bmatrix}\left(\frac{L}{EI}\right)\begin{Bmatrix}69.44\\ 27.78\\ -76.39\end{Bmatrix}=\begin{Bmatrix}333.33\\ 250.01\\ -83.34\\ -500.03\end{Bmatrix}$$

각 요소의 실제의 단모멘트는 그림 16-9 (b)의 윗부분에 나타나 있는 고정단모멘트에 위의 값을 더해야 한다. 즉,

$$\begin{Bmatrix}Q_i^a\\ Q_j^a\\ Q_i^b\\ Q_j^b\end{Bmatrix}=\begin{Bmatrix}333.33\\ 250.01\\ -83.34\\ -500.03\end{Bmatrix}+\begin{Bmatrix}-333.33\\ 333.33\\ -500\\ 500\end{Bmatrix}=\begin{Bmatrix}0\\ 583.34\\ -583.34\\ 0\end{Bmatrix}\text{kN}\cdot\text{m}$$

따라서, 지점 B의 휨모멘트는 $-583.34\,\text{kN}\cdot\text{m}$이다. 이는 반올림오차를 고려할 때, 예제 10-5(제 10장)의 결과와 일치한다.

(5) 직접강도법

구조물강도매트릭스를 구하는 식 (16-56)을 여기에 다시 옮겨쓰면

$$[K]=[a]^T[k][a]$$

이 식에서 $[a]$와 $[k]$는 구조물 전체에 대한 것으로, 요소의 수가 많을 경우 그들의 차수는 매우 커진다. 이 때, 손계산으로 $[K]$를 구하려면 계산이 번거로울 뿐 아니라 오류를 범하기 쉽고, 컴퓨터를 이용하려면 그들 매트릭스 전체의 차수만큼의 메모리가 더 필요하게 된다.

$[K]$를 구하는 또 하나의 방법으로 직접강도법(direct stiffness method)이 있다. 이

방법은 각각의 요소를 구조물(요소구조물, element structure)로 보고, 각 요소에 대한 $[a]^T$, $[a]$, $[k]$를 이용하여 요소구조물의 강도매트릭스를 구한 다음 이를 중첩시켜 $[K]$를 구하는 것이다. 이를, 예제 16-5를 예로 들어 설명해 보자.

예제 16-5에서 전체강도매트릭스는 다음과 같다.

$$[K]=\left(\frac{EI}{L}\right)\begin{bmatrix} 0.96 & -1.2 & -1.2 \\ -1.2 & 8 & 2 \\ -1.2 & 2 & 8 \end{bmatrix}$$

이는 $[a]^T[k][a]$의 곱에서 나온 결과로, 여기서 $[k]$의 차수는 (6×6)이고, $[a]$는 (6×3), $[a]^T$는 (3×6)이다. 직접강도법을 이용하면 보다 작은 차수의 매트릭스의 이용으로도 위와 같은 결과를 얻을 수 있다. 그 절차를 설명하면 다음과 같다.

① 요소 a를 구조물로 취급한다. 요소의 전체강도매트릭스를 구하되 휨변형만 고려하면

$$\begin{Bmatrix} Q_i^a \\ Q_j^a \end{Bmatrix}=\left(\frac{EI}{L}\right)\begin{bmatrix} 4 & 2 \\ 2 & 4 \end{bmatrix}\begin{Bmatrix} q_i^a \\ q_j^a \end{Bmatrix}$$

변위의 적합조건으로부터

$$\begin{Bmatrix} q_i^a \\ q_j^a \end{Bmatrix}=\begin{bmatrix} -0.2 & 0 \\ -0.2 & 1 \end{bmatrix}\begin{Bmatrix} r_1 \\ r_2 \end{Bmatrix}$$

다른 절점들이 고정된 상태에서는 부재 a의 단부회전은 r_3의 영향을 받지 않으므로

$$[a]=\begin{bmatrix} -0.2 & 0 \\ -0.2 & 1 \end{bmatrix}$$

$$[a]^T=\begin{bmatrix} -0.2 & -0.2 \\ 0 & 1 \end{bmatrix}$$

$$[k]=\left(\frac{EI}{L}\right)\begin{bmatrix} 4 & 2 \\ 2 & 4 \end{bmatrix}$$

이들 모두의 차수는 (2×2)이다. 요소 a의 전체강도매트릭스를 $[K^a]$라 하면

$$[K^a]=[a]^T[k][a]=\begin{bmatrix} -0.2 & -0.2 \\ 0 & 1 \end{bmatrix}\left(\frac{EA}{L}\right)\begin{bmatrix} 4 & 2 \\ 2 & 4 \end{bmatrix}\begin{bmatrix} -0.2 & 0 \\ -0.2 & 1 \end{bmatrix}$$

$$\begin{matrix} \qquad\qquad & r_1 & r_2 \end{matrix}$$

$$=\left(\frac{EI}{L}\right)\begin{bmatrix} 0.48 & -1.2 \\ -1.2 & 4 \end{bmatrix}$$

② 마찬가지로, 요소 b를 구조물로 취급하면

$$\begin{Bmatrix} Q_i^b \\ Q_j^b \end{Bmatrix} = \left(\frac{EI}{L}\right)\begin{bmatrix} 4 & 2 \\ 2 & 4 \end{bmatrix}\begin{Bmatrix} q_i^b \\ q_j^b \end{Bmatrix}$$

$$\begin{Bmatrix} q_i^b \\ q_j^b \end{Bmatrix} = \begin{bmatrix} 1 & 0 \\ 0 & 1 \end{bmatrix}\begin{Bmatrix} r_2 \\ r_3 \end{Bmatrix}$$

따라서

$$[a] = [a]^T = \begin{bmatrix} 1 & 0 \\ 0 & 1 \end{bmatrix}$$

$$[k] = \left(\frac{EI}{L}\right)\begin{bmatrix} 4 & 2 \\ 2 & 4 \end{bmatrix}$$

이로부터

$$[K^b] = [a]^T[k][a] = \left(\frac{EI}{L}\right)\begin{bmatrix} 4 & 2 \\ 2 & 4 \end{bmatrix} \quad (\text{columns: } r_2,\ r_3)$$

③ 요소 c에 대해서도 같은 방법으로 다음을 얻는다.

$$[K^c] = \left(\frac{EI}{L}\right)\begin{bmatrix} 0.48 & -1.2 \\ -1.2 & 4 \end{bmatrix} \quad (\text{columns: } r_1,\ r_3)$$

④ 위의 매트릭스 $[K^a]$, $[K^b]$, $[K^c]$는 각 열들이 서로 다른 r의 영향을 받고 있으므로 직접 중첩시킬 수 없다. 그들을 덧셈이 가능하게 하려면, 각 매트릭스에 0의 행과 열을 적절히 첨가하여 차수를 (3×3)으로 확장시킨다. 이렇게 하면 다음을 얻는다.

$$[K^a] = \left(\frac{EI}{L}\right)\begin{bmatrix} 0.48 & -1.2 & 0 \\ -1.2 & 4 & 0 \\ 0 & 0 & 0 \end{bmatrix} \quad (\text{columns: } r_1,\ r_2,\ r_3)$$

$$[K^b] = \left(\frac{EI}{L}\right)\begin{bmatrix} 0 & 0 & 0 \\ 0 & 4 & 2 \\ 0 & 2 & 4 \end{bmatrix} \quad (\text{columns: } r_1,\ r_2,\ r_3)$$

$$[K^c]=\left(\frac{EI}{L}\right)\begin{bmatrix} 0.48 & 0 & -1.2 \\ 0 & 0 & 0 \\ -1.2 & 0 & 4 \end{bmatrix} \quad (\text{columns } r_1, r_2, r_3)$$

각 요소구조물에 대한 전체강도매트릭스의 차수는 전체 구조물에 대한 $[K]$의 차수와 같다. $[K^a]$, $[K^b]$, $[K^c]$를 직접 더하면, 전체 구조물의 강도매트릭스 $[K]$는 다음과 같이 된다.

$$[K]=[K^a]+[K^b]+[K^c]=\left(\frac{EI}{L}\right)=\begin{bmatrix} 0.96 & -1.2 & -1.2 \\ -1.2 & 8 & 2 \\ -1.2 & 2 & 8 \end{bmatrix}$$

$[K]$를 구하고 나면 나머지 해석은 앞의 변위법에서 설명한 것과 같다. 따라서, 직접강도법과 변위법에서 다른 점은 전체강도매트릭스를 구하는 방법뿐이다. 그러나, 복잡한 구조물일수록 그 차이는 크다. 왜냐하면, 직접강도법을 사용하면 각 요소에 대한 전체강도매트릭스를 중첩하여 구조물 전체의 강도매트릭스를 직접, 또한 쉽게 얻을 수 있기 때문이다.

(6) 응력법과 변위법의 비교

응력법과 변위법의 기본 절차를 간단히 요약하면 다음과 같다.

◖ 응력법 ◗

① 부정정여력을 일차미지수로 택한다.
② 응력변환매트릭스를 세운다.
③ 요소유연도매트릭스를 구한다.
④ 구조물유연도매트릭스를 구한다.
⑤ 절점변위를 절점하중의 항으로 표시한다.

◖ 변위법 ◗

① 절점변위를 일차미지수로 택한다.
② 변위변환매트릭스를 세운다.
③ 요소강성도매트릭스를 구한다.
④ 구조물강성도매트릭스를 구한다.
⑤ 절점하중을 절점변위의 항으로 표시한다.

유연도매트릭스와 강도매트릭스 사이에는 역의 관계가 성립한다 [식 (16-45)].

$$\{Q^a\}=[k^a]\{q^a\}$$

의 양 변 앞에 $[k^a]^{-1}$을 곱하면

$$[k^a]^{-1}\{Q^a\}=[k^a]^{-1}[k^a]\{q^a\}$$

즉

$$\{q^a\}=[k^a]^{-1}\{Q^a\}$$

이것을 식 (16-19)

$$\{q^a\}=[f^a]\{Q^a\}$$

와 비교하면 다음 관계를 얻는다.

$$[f^a]=[k^a]^{-1}$$

즉, 요소유연도매트릭스는 요소강도매트릭스의 역매트릭스이고, 그 역도 성립한다. 또한, 식 (16-55)

$$\{R\}=[K]\{r\}$$

의 양변 앞에 $[K]^{-1}$을 곱하면

$$[K]^{-1}\{R\}=[K]^{-1}[K]\{r\}$$

즉

$$\{r\}=[K]^{-1}\{R\}$$

이것을 식 (16-29)

$$\{r\}=[F]\{R\}$$

과 비교하면 다음을 얻는다.

$$[F]=[K]^{-1}$$

즉, 구조물유연도매트릭스는 구조물강도매트릭스의 역매트릭스이며, 그 역도 성립한다.

두 방법 중 어느 방법을 선택하느냐 하는 것은 주로 해석의 정밀도, 구조물의 이상화에 좌우되는 계산의 편의성, 반올림오차, 문제의 형태와 식의 수립 등에 좌우된다. 변위법의 경우, 풀어야 할 연립방정식의 수는 독립적인 변위의 수, 즉 자유도의 수와 일치하고, 응력법의 경우는 여력의 수와 같다. 일반적으로 여력의 수보다 자유도의 수가 더 많지만, 절점변위가 많고 여력이 적은 구조물을 제외하고는 변위법을 더 많이 사용한다.

그 이유는 다음과 같다.

① 응력법에서는 여력을 임의로 택해야 하므로 체계적인 접근 방법을 찾기 어려운 반면, 변위법은 체계적으로 적용하기 쉬워서 컴퓨터 프로그램 작성에 유리하다.

② 변위법은 정정구조물에나 부정정구조물에나 똑같은 해석 절차를 사용할 수 있다.

③ 복잡한 구조물에는 직접강도법을 이용하면 구조물강도매트릭스를 만들기 쉽다.

④ 변위법을 사용하면 구조물강도매트릭스가 well-condition으로 되는 것이 보통이지만, 응력법에서는 여력을 잘 선택해야 구조물유연도매트릭스가 well-condition으로 된다. 여기서 well-condition이란 매트릭스의 주 대각선(main diagonal)에 큰 숫자의 원소들이 놓여 컴퓨터 연산에 적합한 것을 말한다.

연 습 문 제

1 응력법을 이용하여 그림 16-11의 보의 단부 C의 처짐과 처짐각을 구하라. EI는 일정하다.

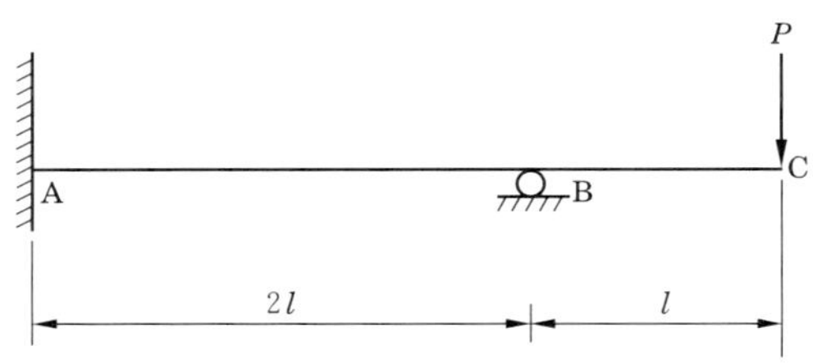

그림 16-11

2 응력법을 이용하여 그림 16-12와 같은 라멘의 단모멘트를 구하라. EI는 일정하다.

3 응력법을 이용하여 그림 16-13과 같은 라멘의 단모멘트를 구하라. EI는 일정하다.

4 문제 1을 변위법으로 해석하라.

5 문제 2를 변위법으로 해석하라.

6 문제 3을 변위법으로 해석하라.

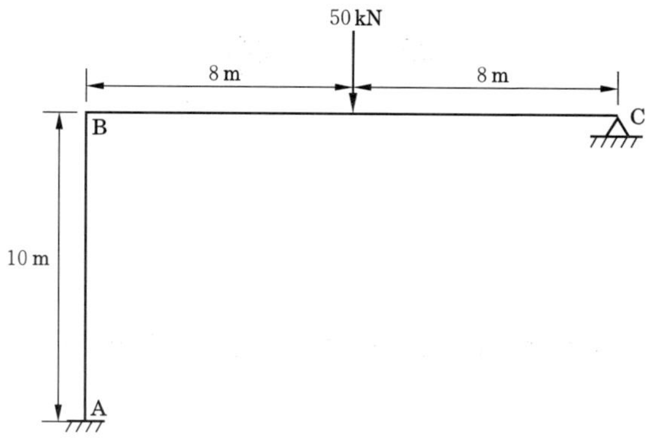

그림 16-12

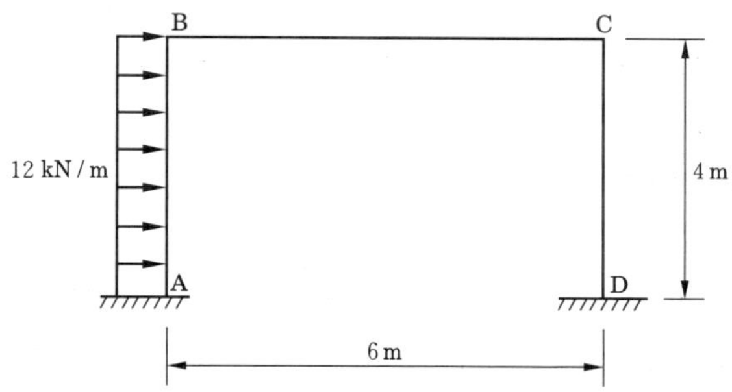

그림 16-13

부　　록

【부록 A】 SI 단위 및 단위의 환산

SI 단위계(Systéme Internationale d' Unites, International System of Units)　단위의 국제적 통일을 위하여 국제도량형기구에 의해 작성되고, 국제표준화기구인 ISO(International Organigation for Standardigation)에 의해 채택되어 국제적으로 널리 통용되고 있는 국제단위이다.

(1) SI 기본단위　길이, 질량 및 시간의 기본단위는 다음과 같다.

길이 : m(meter)
질량 : kg(kilogram)
시간 : s(second)

환산의 편의를 위하여 in(inch), ft(foot) 및 lb(pound)를 SI 기본단위로 나타내면 다음과 같다.

$$1\,\text{in} = 25.40\,\text{mm}, \quad 1\,\text{mm} = 0.03937\,\text{in}$$
$$1\,\text{ft} = 0.3048\,\text{m}, \quad 1\,\text{m} = 3.2808\,\text{ft}$$
$$1\,\text{lb} = 0.4536\,\text{kg}, \quad 1\,\text{kg} = 2.2046\,\text{lb}$$

(2) 힘의 단위　SI 단위계에서는 힘의 단위기호를 N(Newton)으로 하고, 1 N의 힘을 다음과 같이 정의하고 있다.

1 N = 질량 1 kg의 물체에 작용하여 $1\,\text{m/s}^2$의 가속도를 내게 하는 힘

$$= (1\,\text{kg}) \times (1\,\text{m/s}^2)$$
$$= 1\,\text{kg}\cdot\text{m/s}^2$$

1 kgf의 힘을 N으로 나타내면

1 kgf = 질량 1 kg의 물체에 작용하여 중력가속도($9.8\,\text{m/s}^2$)를 내게 하는 힘

$$= (1\,\text{kg}) \times (9.8\,\text{m/s}^2)$$
$$= 9.8\,\text{kg}\cdot\text{m/s}^2$$
$$= 9.8\,\text{N}$$

$$\therefore\ 1\,\text{N} = \frac{1}{9.8}\,\text{kgf} = 0.102\,\text{kgf}$$

1 lb의 힘을 N으로 나타내면

$$1\,\text{lb} = \text{질량 } 1\,\text{lb에 작용하여 중력가속도}(32.2\,\text{ft/s}^2)\text{를 내게 하는 힘}$$

$$= (1\,\text{lb}) \times (32.2\,\text{ft/s}^2)$$

$$= 32.2\,\text{lb} \cdot \text{ft/s}^2$$

$$= 32.2 \times \frac{0.4536\,\text{kg} \times 0.3048\,\text{m}}{\text{s}^2}$$

$$= 4.45\,\text{kg} \cdot \text{m/s}^2$$

$$= 4.45\,\text{N}$$

$$\therefore\ 1\,\text{N} = \frac{1}{4.45}\,\text{lb} = 0.2247\,\text{lb}$$

◀ 참고 1 ▶ 종래 우리는 힘의 단위로 **kg** 또는 t(ton)을 사용해 왔다. 그러나 힘(중량)을 질량과 구별해야 한다는 뜻에서 설계기준등에서는 **kgf** 또는 tonf로 힘을 나타내 왔다.

그러나 단위의 국제적 통일을 위한 추세에 따라 1990년을 전후해서 한국산업규격(KS)이 국제단위계인 SI 단위를 채택하기에 이르렀고, 2003년 개정된 콘크리트 구조 설계기준 및 콘크리트 표준시방서를 비롯하여, 2004년 12월 개정 출간된 철도설계기준(철도교 편) 및 철도공사 전문시방서(토목 편), 2005년 2월 개정 출간된 도로교 설계기준 및 도로교 표준시방서 등이 모두 SI 단위를 채택하고 있다.

이상과 같은 힘의 단위의 변천을 보인 것이 표 1이다.

표 1 **힘, 모멘트 및 응력의 단위의 변천**

구 분	힘	모멘트	응 력
종래 사용해 온 단위	kg 또는 t	kg·m 또는 t·m	kg/cm^2
종래 KS에서 주고 있었던 단위	kgf 또는 tf	kgf·m 또는 tf·m	kgf/cm^2
1999년 이후 개정된 각 설계기준 및 표준 시방서에서 주고 있는 단위	kgf 또는 tonf	kgf·m 또는 tonf·m	kgf/cm^2
현행 KS, 현행 각 설계기준 및 표준시방서에서 주고 있는 단위	N 또는 kN	N·m 또는 kN·m	N/mm^2 또는 MPa

注 (1) 1 kN(kilo Newton) = 10^3 N

(2) SI계의 응력단위 N/mm^2를 MPa(Mega Pascal)로 나타내기도 한다. 즉 $1\,N/mm^2 = 1\,MPa$이다.

◀ 참고 2 ▶ 중량, 하중 등의 용어가 나타내려는 개념(物理量)이 질량의 개념에 해당된다고 판단될 경우에는 그 물리량의 단위는 질량의 단위(kg)를 사용한다. 예컨대 사람의 몸무게(체중)나 물건의 무게 등의 단위는 kg로 나타내야 하며 N으로 나타내지 않는다. SI 단위계에서는 단위무게를 밀도(density)라 하여 단위기호로 kg/m^3를 주고 있으며, 설계기준 등에서도 그렇게 나타내고 있다.

◀ 참고 3 ▶ 중량, 하중 등의 용어가 나타내려는 개념(物理量)이 힘의 개념에 해당된다고 판단될

경우에 그 물리량의 단위는 N으로 한다. 예컨대 보에 작용하는 등분포하중은 N/m로 나타낸다.

표 2 **각 단위계별 단위 대조표**

단위계 \ 양	길 이	질 량	시 간	힘	응 력	압 력
SI계	m	kg	s	N	N/m^2 또는 Pa	Pa
CGS계	cm	g	s	dyn	dyn/cm^2	dyn/cm^2
MKS계	m	kg	s	kgf	kgf/m^2	kgf/m^2
ft-lb계	ft	lb	s	lb	psi (lb/in^2)	psi (lb/in^2)

注 (1) SI 단위계에서는 응력의 단위로 N/m^2 또는 Pa(Pascal)을 주고 있다. 즉 $1\,N/m^2 = 1\,Pa$이다. 그러나 N/mm^2 또는 MPa(Mega Pascal)가 주로 사용되고 있다. 즉, $1\,N/mm^2 = 1\,MPa$이다. (표 6 참조)

(2) ft-lb 단위계(US customary units)에서는 힘의 단위로 lb(pound)를 사용하고 있으며, 따라서 응력의 단위로 psi(lb per sq in, lb/in^2)를 사용하고 있다.

표 3 **SI 접두어**

단위에 곱하는 배수	접두어의 명칭	기 호	단위에 곱하는 배수	접두어의 명칭	기 호
10^{12}	테 라(tera)	T	10^{-1}	데 시(deci)	d
10^{9}	기 가(giga)	G	10^{-2}	센 티(centi)	c
10^{6}	메 가(mega)	M	10^{-3}	밀 리(milli)	m
10^{3}	킬 로(kilo)	k	10^{-6}	마이크로(micro)	μ
10^{2}	헥 토(hecto)	h	10^{-9}	나 노(nano)	n
10	데 카(deca)	da	10^{-12}	피 코(pico)	p

표 4 **힘의 단위**

N	dyn	kgf	lb
1	1×10^{5}	1.01972×10^{-1}	2.2481×10^{-1}
1×10^{-5}	1	1.01972×10^{-6}	2.2481×10^{-6}
9.80665	9.80665×10^{5}	1	2.20462
4.44822	4.44822×10^{5}	4.5359×10^{-1}	1

표 5 **모멘트의 단위**

N·m	kgf·m	ft·lb
1	0.10197	0.73756
9.80665	1	7.23305
1.35581	0.13825	1

표 6

응력의 단위

kPa	MPa(N/mm²)	kgf/mm²	kgf/cm²	psi (lb/in²)
1	1×10^{-3}	1.01972×10^{-4}	1.01972×10^{-2}	1.4504×10^{-1}
1×10^{3}	1	1.01972×10^{-1}	1.01972×10	1.4504×10^{2}
9.80665×10^{3}	9.80665	1	1×10^{2}	1.4223×10^{3}
9.80665×10	9.80665×10^{-2}	1×10^{-2}	1	1.4223×10
6.89476	6.89476×10^{-3}	7.031×10^{-4}	7.031×10^{-2}	1

㈜ (1) $1\,\mathrm{kPa}$(kilo Pascal)$=10^3\,\mathrm{Pa}=10^3\,\mathrm{N/m^2}=10^3\times\dfrac{\mathrm{N}}{(1000\,\mathrm{mm})^2}=10^{-3}\,\mathrm{N/mm^2}=10^{-3}\,\mathrm{MPa}$

(2) $1\,\mathrm{MPa}$(Mega Pascal)$=10^6\,\mathrm{Pa}=10^6\,\mathrm{N/m^2}=10^6\times\dfrac{\mathrm{N}}{(1000\,\mathrm{mm})^2}=1\,\mathrm{N/mm^2}=\dfrac{1\,\mathrm{kPa}}{10^{-3}}=10^3\,\mathrm{kPa}$

(3) 설계기준 등에서는 종래의 단위(CGS 단위)로 된 계산식이나 값들을 SI 단위로 환산함에 있어서, $1\,\mathrm{kgf}=9.8\,\mathrm{N}$(표 4 참조)을 $1\,\mathrm{kgf}\fallingdotseq10\,\mathrm{N}$으로 보고, 또 $1\,\mathrm{kgf/cm^2}=0.098\,\mathrm{N/mm^2}$($0.098\,\mathrm{MPa}$)를 $1\,\mathrm{kgf/cm^2}\fallingdotseq0.1\,\mathrm{N/mm^2}$($0.1\,\mathrm{MPa}$)로 보고 환산하고 있다.

표 7

응력환산표 (1)

kgf/cm²	psi	MPa	kgf/cm²	psi	MPa
1	14.2	0.098	210	2,987	20.6
4	56.9	0.39	240	3,414	23.5
12	170.7	1.18	280	3,982	27.5
16	227.6	1.57	350	4,978	34.3
60	853.4	5.88	500	7,112	49.0
70	995.6	6.86	1,400	19,912	137
80	1,138	7.85	3,000	42,600	294
90	1,280	8.83	3,500	49,700	343
180	2,560	17.65	4,000	56,800	392

표 8

응력환산표 (2)

psi	MPa	kgf/cm²	psi	MPa	kgf/cm²
1	0.007	0.07	4,000	27.6	281
60	0.41	4.22	5,000	34.5	352
150	1.03	10.5	20,000	137.9	1,406
200	1.38	14.1	30,000	206.8	2,109
500	3.45	35.2	33,000	227.5	2,320
2,500	17.2	176	40,000	275.8	2,812
3,000	20.7	211	60,000	413.7	4,219
3,500	24.1	246			

표 9 **응력환산표** (3)

MPa	kgf/cm²	psi	MPa	kgf/cm²	psi
1	10.2	145	23	234.5	3,336
3	30.6	435	28	285.5	4,061
7	71.4	1,015	35	357	5,076
9	91.8	1,305	137	1,397	19,870
18	183.5	2,611	235	2,396	34,084
21	214.1	3,046	412	4,201	59,756

【부록 B】 그리스문자

대 문 자	소 문 자	이 름
A	α	alpha
B	β	beta
Γ	γ	gamma
Δ	δ	delta
E	ε	epsilon
Z	ζ	zeta
H	η	eta
Θ	θ	theta
I	ι	iota
K	κ	kappa
Λ	λ	lambda
M	μ	mu
N	ν	nu
Ξ	ξ	xi
O	o	omicron
Π	π	pi
P	ρ	rho
Σ	σ	sigma
T	τ	tau
Υ	υ	upsilon
Φ	ϕ	phi
X	χ	chi
Ψ	ψ, φ	psi
Ω	ω	omega

연습문제의 답

제2장

1 $R=912.4\ \text{kN}$, $\alpha=80°32'$, $x=3\ \text{m}$

2 $S_{AC}=4000\ \text{N}$, $S_{BC}=3000\ \text{N}$

3 $R=216\ \text{kN}$, $x=5.6\ \text{m}$

4 $R_A=1.83\ \text{kN}$, $R_B=3.17\ \text{kN}$

5 $V_A=58.66\ \text{kN}$, $H_A=5\ \text{kN}$, $M_A=-336.6\ \text{kN·m}$

6 $h\geq 1.07\ \text{m}$, $\text{F}=60.2\ \text{kN}$

7 $R=411.4\ \text{kN}$, $\alpha=79°54'$, $x=2.85\ \text{m}$

8 두 평행력 P_1, P_2의 합력 R의 작용선 위의 임의점에 대하여 $\Sigma M=0$을 적용하면 얻을 수 있다.

9 $T_{AC}=33.8\ \text{kN}$ (인장), $C_{BC}=-41.2\ \text{kN}$ (압축), $V_B=H_B=29.1\ \text{kN}$

10 $x=3.2\ \text{m}$

제4장

1 $I_X=1256\times10^6\ \text{mm}^4$, $Z_1=Z_2=628\times10^4\ \text{mm}^3$, $r_X=100\ \text{mm}$

2 밑변에 평행한 도심축에 대한 $I_X=\dfrac{bh^3}{36}$, $Z_1=\dfrac{bh^2}{12}$, $Z_2=\dfrac{bh^2}{24}$, $r_X=\dfrac{h}{\sqrt{18}}$,
밑변에 대한 $I_x=\dfrac{bh^3}{12}$

3 $I_X=45\times10^7\ \text{mm}^4$, $Z_1=Z_2=3\times10^6\ \text{mm}^3$, $r_X=86.6\ \text{mm}$

4 $I_X=3643\ \text{mm}^4$, $Z_1=Z_2=331\ \text{mm}^3$

5 $I_X=\dfrac{15}{64}\pi r^4$, $I_Y=\dfrac{11}{64}\pi r^4$

6 $I_X = 4597 \times 10^5\ \text{mm}^4$, $I_Y = 269 \times 10^5 \text{mm}^4$, $Z_1 = Z_2 = 2090 \times 10^3 \text{mm}^3$, $r_{min} = r_y = 41\text{mm}$

7 $I_X = 127.723 \times 10^5 \text{mm}^4$, $I_Y = 811.264 \times 10^5 \text{mm}^4$, $Z_1 = 321 \times 10^5 \text{mm}^3$, $Z_2 = 632 \times 10^5 \text{mm}^3$

8 $I_X = 0.075\text{m}^4$

9 주축 X_1, Y_1는 단면의 도심 G($x_0 = 53.1\text{mm}$, $y_0 = 33.1\text{mm}$)를 원점으로 하며, 주축 X_1이 G를 지나는 수평축과 이루는 각은 $\theta = 28°29'$, $I_{X1} = 12.065 \times 10^3 \text{mm}^4$, $I_{Y1} = 7.062 \times 10^3 \text{mm}^4$, $r_{min} = r_{y1} = 36.85\text{mm}$

제6장

1 그림 (a)의 보 : $R_A = 85$ kN, $R_B = 105$ kN, $M_{40} = 255$ kN·m, $M_{60} = 435$ kN·m, $M_{90} = 420$ kN·m

그림 (b)의 보 : $R_A = 10$ kN, $R_B = -1$ kN(↓), $M_{18} = 30$ kN·m, $M_9 = -2$ kN·m,

그림 (c)의 보 : $R_A = R_B = P$, $M_P = \frac{1}{3}Pl$

그림 (d)의 보 : $R_A = 37.6$ kN, $R_B = 30.4$ kN, $M_{max} = 88.36$ kN·m

그림 (e)의 보 : $R_A = 68$ kN, $R_B = 64$ kN, $M_{max} = 198$ kN·m

그림 (f)의 보 : $R_A = 31$ kN, $R_B = 49$ kN, $M_{50} = 98$ kN·m

2 $V_{max} = 191.2$ kN, $M_{max} = 1048.4$ kN·m

3 그림 (a)의 보 : $R_A = 90\text{ kN} = V_{max}$, $M_A = -360$ kN·m, $M_{50} = -40$ kN·m

그림 (b)의 보 : $R_A = 40$ kN, $R_B = 60$ kN, $M_A = -40$ kN·m, $M_{60} = 120$ kN·m, $M_B = -40$ kN·m

그림 (c)의 보 : $R_A = 147$ kN, $R_B = 63$ kN, $V_{max} = V_A = 87$ kN, $M_A = -120$ kN·m, $M_{max} = 132.3$ kN·m

그림 (d)의 보 : $R_A = 33.75$ kN, $R_B = 166.75$ kN, $R_C = 90$ kN, $V_{max} = V_B = 120$ kN, $M_{80} = 135$ kN·m, $M_B = -420$ kN·m, $M_{G,C,max} = 270$ kN·m

4 $R_{B,max} = 75$ kN, $R_{B,min} = -6.75$ kN, $V_{C,max} = 27$ kN, $V_{C,min} = -12$ kN

$M_{C,max} = 180$ kN·m, $M_{C,min} = -40.5$ kN·m

제7장

1 $\sigma_{max} = \pm 9$ MPa, $\tau_{max} = 0.225$ MPa

2 $\sigma_{max} = \pm 69$ MPa, $\tau_{max} = 1.725$ MPa

3 $h \geq 333$ mm

4 $M \leq 12.635 \times 10^4$ N · mm = 12.635 kN·m

5 $\sigma_{max} = 32.4$ MPa, $\sigma_{min} = -28.6$ MPa

6 $\sigma = \pm 108.6$ MPa, $\tau_{max} = 46$ MPa, $\sigma_1 = 103.4$ MPa, $\sigma_2 = -9.3$ MPa, $\theta = 16° 41'$

제8장

1 그림 (a)의 라멘 : $V_A = 60$ kN, $H_A = -40$ kN, $M_A = -240$ kN · m, $M_B = -120$ kN · m

그림 (b)의 라멘 : $V_A = -8.3$ kN, $V_B = 98.3$ kN, $H_A = -80$ kN, $M_B = 320$ kN · m, $M_C = 0$

그림 (c)의 라멘 : $V_A = -60$ kN, $V_D = 60$ kN, $H_A = -100$ kN, 부재 CD의 전달력 = -42.4 kN,

$M_B = 600$ kN · m, $M_C = 360$ kN · m, 부재 CD의 축력 = -42.4 kN

2 $V_A = 75$ kN, $H_A = 63.3$ kN, $V_B = 65$ kN, $H_B = 63.3$ kN

3 $H_A = H_B = H = 1140$ kN, $V_A = 95$ kN, $V_B = 265$ kN, $y_D = 2.74$ m, $T_{max} = 1170$ kN

제9장

1 그림 (a)의 보 : $\theta_B = \dfrac{Pl^2}{2EI}$, $\delta_B = \dfrac{Pl^3}{3EI}$

그림 (b)의 보 : $\theta_B = \dfrac{wl^3}{6EI}$, $\delta_B = \dfrac{wl^4}{8EI}$

2 $\theta_B = 14° 57'$ $\delta_B = 1076$ mm

3 그림 (a)의 보 : $\theta_C = 13' 45''$, $\delta_C = 8$ mm, $\theta_B = \theta_C = 13' 45''$, $\delta_B = 16$ mm

그림 (b)의 보 : $\theta_C = 8' 9''$, $\delta_C = 7$ mm, $\theta_B = \theta_C = 8' 9''$, $\delta_B = 12$ mm

4 $\theta_C = 22' 21''$ (반시계 방향), $\delta_C = 7.8$ mm

5 $\theta_A = \dfrac{Pab}{6EIl}(l+b)$, $\theta_B = \dfrac{Pab}{6EIl}(l+a)$, $\delta_C = \dfrac{Pa^2b^2}{3EIl}$

6 $\delta_C = 31$ mm, 전 지간에 걸쳐 $I_2 = 11700 \times 10^4\ \text{mm}^4$인 경우 $\delta_C = 20$ mm

7 문제 3의 답 참조

8 문제 6의 답 참조

9 AC가 부담할 하중 $P_1 = \dfrac{I_1 l_2^3}{I_1 l_2^3 + I_2 l_1^3} P$

BC가 부담할 하중 $P_2 = \dfrac{I_2 l_1^3}{I_1 l_2^3 + I_2 l_1^3} P$

$\delta_C = \dfrac{l_1^3 l_2^3}{3E(I_1 l_2^3 + I_2 l_1^3)}$

10 $x = 0.12\ a$

제10장

1 $M_A = -\dfrac{Pab}{2l^2}(l+b)$, $R_B = \dfrac{(3la^2 - a^3)}{2l^3} P$, $R_A = \dfrac{(2l^3 - 3la^2 + a^3)}{2l^3} P$, $M_C = \dfrac{Pb(3la^2 - a^3)}{2l^3}$

2 $R_A = 59.5$ kN, $M_A = -174.4$ kN·m, $R_B = 60.5$ kN, $M_C = 159$ kN·m, $\delta_C = 49$ mm

3 $R_A = R_B = \dfrac{P}{2}$, $M_A = -\dfrac{Pl}{8} = -M_B$, $M_{max} = \dfrac{Pl}{\delta}$, $\delta_{max} = \dfrac{Pl^3}{192EI}$

4 $R_A = R_B = 117.5$ kN, $M_A = -382$ kN·m, $M_B = 382$ kN·m, $M_{max} = 660.5$ kN·m

5 문제 1의 답 참조

6 $M = -300$ kN·m $= M_B = M_C$, $R_A = R_D = 135$ kN, $R_B = R_C = 165$ kN, $M_{max} = 607.5$ kN·m

7 [예제 10-12] 참조

8 (1) $R_{B,max} = 480$ kN, (2) $M_{B,max} = -998$ kN·m, (3) $M_{max} = 1176$ kN·m

제11장

[1] 좌변의 응력 σ_2=5 MPa (압축)

우변의 응력 σ_1=1.67 MPa (압축)

[2] 좌변의 응력 σ_2=−6.67 MPa (인장)

우변의 응력 σ_1=23.3 MPa (압축)

[3] σ_A=−10 MPa (인장), σ_B=10 MPa (압축), σ_C=20 MPa (압축), σ_D=0

[4] 하핵거리 k_1=19.5 cm, 상핵거리 k_2=27.3 cm

[5] [예제 11-3] 참조

[6] $\frac{l}{r}=44.8$

[7] 양단 힌지인 기둥의 길이가 l이면

1단 고정 타단 자유인 기둥의 길이는 $0.5l$

1단 고정 타단 힌지인 기둥의 길이는 $1.4l$

양단 고정인 기둥의 길이는 $2l$

[8] $\frac{d}{D}=0.84$

제12장

[1] 그림 (a)의 트러스 : 외적으로 안정 및 정정, 내적으로도 안정 및 정정

그림 (b)의 트러스 : 외적으로 안정 및 정정, 내적으로도 안정 및 정정

그림 (c)의 트러스 : 외적으로 안정 및 정정, 내적으로 안정이나 1차 부정정

[2] 그림 (a)의 트러스 : R_A=65 kN, H_A=−120 kN, R_B=155 kN

부재 AD=부재 BD=206.6 kN, 부재 AC=−108.3 kN,

부재 BC=−258.3 kN, 부재 CD=40 kN

그림 (b)의 트러스 : R_A=20 kN, R_B=40 kN, H_B=0

부재 AC=−20 kN, 부재 AD=0, 부재 CE=−33.4 kN,

부재 CD=26.7 kN, 부재 DE=20 kN, 부재 EG=−26.7 kN

부재 DG = − 33.3 kN, 부재 DF = 부재 BF = 53.3 kN,

부재 FG = 60 kN, 부재 BG = − 66.7 kN

3 $U = -144$ kN, $L = 108$ kN, $D = 65$ kN

4 $U = -316$ kN, $L = 197.5$ kN, $D = 227.3$ kN, $V = 172$ kN

5 $U = -116$ kN, $L = 87$ kN, $D = 82.6$ kN

6 격점 E의 수직 변위 $\delta_V = 1.05$ mm(하향처짐)

격점 E의 수평 변위 $\delta_H = 0.29$ mm(오른쪽 방향)

격점 B의 수평 변위 $\delta_H = 0.29$ mm(오른쪽 방향)

제13장

1 $R_c = X = 112.65$ kN, $R_A = 20.94$ kN, $R_B = 16.41$ kN,

$U = -62.8$ kN, $L = 47.1$ kN, $D = 26.2$ kN

2 지점반력 : $R_A = 48$ kN, : $R_F = 72$ kN

부재력 : $AB = BC = 36$ kN, $AG = -60$ kN, $BG = 0$, $GH = -72$ kN,

$CH = -24$ kN, $HI = -90$ kN, $CD = 90$ kN, $DH = 30$ kN,

$CI = -30$ kN, $IJ = -108$ kN, $DJ = 90$ kN, $DI = 24$ kN,

$DE = EF = 54$ kN, $EJ = 0$, $FJ = -90$ kN

3 [예제 13-3]와 [예제 13-4] 참조

4 그림 (a)의 라멘 : $V_A = V_B = 16$ kN, $H_A = -9$ kN, $H_B = 9$ kN, $M_A = -5.33$ kN·m,

$M_B = 5.33$ kN·m, $M_D = M_C = -9.33$ kN·m,

부재 CD의 중앙단면의 $M = 6.67$ kN·m

그림 (b)의 라멘 : $V_A = V_B = 40$ kN, $H_A = 29$ kN, $H_B = -29$ kN, $M_A = 77.33$ kN·m,

$M_B = -77.33$ kN·m, $M_D = M_C = -38.67$ kN·m,

부재 CD의 중앙단면의 $M = 41.33$ kN·m

5 $V_A=60$ kN, $V_B=60$ kN, $H_A=0$,

부재 CD의 하중작용점의 $M=120$ kN·m

지점 B의 수평변위 $\delta_B=53$ mm

제14장

1 $M_{AB}=0$, $M_{BA}=100.9$ kN·m $=-M_{BC}$, $M_{CB}=199.3$ kN·m $=-M_{CD}$, $M_{DC}=0$

$R_A=8.41$ kN, $R_D=43.34$ kN, $R_B=76.85$ kN, $R_C=128.17$ kN,

$M_B=-100.9$ kN·m, $M_C=-199.3$ kN·m, 부재 BC의 $M_{max}=133.3$ kN·m

부재 CD의 $M_{max}=174.4$ kN·m

2 $M_{AB}=36$ kN·m, $M_{CB}=144$ kN·m, $V_A=54$ kN, $V_C=66$ kN, $H_A=13.5$ kN, $H_C=-13.5$ kN,

$M_{BA}=72$ kN·m $=-M_{BC}$, $M_{max}=73.8$ kN·m

3 그림 (a)의 라멘 : $M_{AB}=22.5$ kN·m $=-M_{DC}$, $H_A=16.875$ kN$=-H_D$, $V_A=40$ kN$=V_D$,

$M_{BA}=45$ kN·m $=-M_{BC}=-M_{CD}=M_{CB}$, $M_{max}=75$ kN·m

그림 (b)의 라멘 : $M_{AB}=20.54$ kN·m, $M_{DC}=-29.44$ kN·m, $H_A=18.74$ kN$=-H_D$,

$V_A=68.1$ kN, $V_D=31.9$ kN, $M_{BA}=54.43$ kN·m $=-M_{BC}$,

$M_{CB}=45.58$ kN·m $=-M_{CD}$, $M_{max}=81.86$ kN·m

4 그림 (a)의 라멘 : 재단모멘트 : $M_{AB}=57.0$ kN·m, $M_{BA}=76.7$ kN·m $=-M_{BC}$,

$M_{CB}=87.3$ kN·m $=-M_{CD}$, $M_{DC}=-28.2$ kN·m

지점반력 : $H_A=19.2$ kN, $H_D=-19.2$ kN, $V_A=60.8$ kN, $V_D=59.2$ kN,

부재 BC의 $M_{max}=88.2$ kN·m

그림 (b)의 라멘 : 재단모멘트 : $M_{AB}=-187.1$ kN·m, $M_{BA}=67.4$ kN·m $=-M_{BC}$,

$M_{CB}=141.7$ kN·m $=-M_{CD}$, $M_{DC}=-131.6$ kN·m

지점반력 : $H_A=-95$ kN, $H_D=-65$ kN, $V_A=42.6$ kN, $V_D=57.4$ kN

5 $M_{BC}=-33.3$ kN·m $=-M_{CB}=M_{FA}=-M_{AF}$, $M_{BA}=33.3$ kN·m $=-M_{AB}$

각 부재의 중앙단면의 휨모멘트$=6.7$ kN·m

제15장

[1], [2], [3] : 각각 제 14장의 [1], [2], [3]의 답 참조

[4] $M_{AD}=30$ kN·m $=-M_{AB}=M_{BA}=-M_{BC}=M_{CB}=-M_{CD}=M_{DC}=-M_{DA}$

[5] $M_{AB}=0$, $M_{BA}=-M_{BC}=M_{CB}=-M_{CD}=8$ kN·m, $M_{DC}=0$,

$R_A=R_D=18$ kN, $R_B=R_C=22$ kN

제16장

[1] $\delta_C=\dfrac{5Pl^3}{6EI}$, $\theta_C=\dfrac{Pl^2}{EI}$

[2] $M_{AB}=50.4$ kN·m, $M_{BA}=-101.7$ kN·m $=-M_{BC}$, $M_{CB}=0$

[3] $M_{AB}=-46.3$ kN·m, $M_{BA}=10.7$ kN·m $=M_{BC}$, $M_{CB}=-14.7$ kN·m $=M_{CD}$, $M_{DC}=24.3$ kN·m

[4], [5], [6] : 각각 앞의 [1], [2], [3]의 답 참조

찾아보기(한글)

〈ㄱ〉

가상변위 ······ 202
가상일 ······ 202
가상일의 방법 ······ 207
가상일의 원리 ······ 203
간접하중 ······ 18
강도 ······ 357
강도계수 ······ 379, 427
강비 ······ 358
강성도계수 ······ 427
강성도법 ······ 400
강절 ······ 39, 160
강체 ······ 22
격간길이 ······ 288
격점법 ······ 293
겹침방정식 ······ 225
겹침의 방법 ······ 225
겹침의 법칙 ······ 187
겹침의 원리 ······ 187
경사현트러스 ······ 288
고정단모멘트 ······ 358, 378
고정보 ······ 220
고정아치 ······ 164
공간역계 ······ 25
공액보 ······ 192
공액보의 방법 ······ 195
공칭응력 ······ 47
관성타원 ······ 66
교문브레이싱 ······ 289
교번응력 ······ 315, 328
구속도 ······ 334
구속력 ······ 335
구조물강성도매트릭스 ······ 429
구조물유연도매트릭스 ······ 415
군부재(여용부재) ······ 328
균형모멘트 ······ 382
극 ······ 59
극한강도 ······ 49
기둥의 유효길이 ······ 280

〈ㄴ〉

내력일 ······ 200
내적 가상일 ······ 203

〈ㄷ〉

단기하중 ······ 18
단면계수 ······ 56
단면력 ······ 72
단면법 ······ 293
단면상승모멘트 ······ 60
단면의 주축 ······ 64
단면의 핵 ······ 265
단면2차극모멘트 ······ 58
단면2차모멘트 ······ 53
단면1차모멘트 ······ 50
단부수직브레이싱 ······ 289
단위매트릭스 ······ 402
단위하중법 ······ 207
단전단(1면전단) ······ 133
단주 ······ 260
대각매트릭스 ······ 402
대재 ······ 328
대칭매트릭스 ······ 403
도심 ······ 51
동마찰 ······ 35
동탄성계수 ······ 49
등방성체 ······ 44
등질체 ······ 44

〈ㄹ〉

Ritter의 방법 ········ 298

〈ㅁ〉

마찰 ········ 34
마찰각 ········ 35
마찰계수 ········ 35
Maxwell-Mohr의 방법 ········ 225
Maxwell의 정리 ········ 243
모멘트면적법의 제2정리 ········ 182
모멘트면적법의 제1정리 ········ 182
모멘트방정식 ········ 363
Mohr의 원 ········ 147
Müller-Breslau의 정리 ········ 245
미소변형의 가정 ········ 17,328

〈ㅂ〉

바닥틀 ········ 289
Varignon의 정리 ········ 27
법선응력 ········ 261
Bernoulli의 가정 ········ 128
Betti의 정리 ········ 241
변위법 ········ 355, 400, 425
변위변환매트릭스 ········ 426
변형에너지 ········ 200
변형의 적합조건 ········ 225
변형일치의 방법 ········ 225
복부재 ········ 288
복전단(2면전단) ········ 133
부정정보 ········ 220
분배모멘트 ········ 381
분배율 ········ 381
불균형모멘트 ········ 382
비례한도 ········ 47
비틀림강성 ········ 152
비틀림모멘트 ········ 77, 150
비틀림응력 ········ 78, 151

〈ㅅ〉

사재 ········ 288
3연모멘트방정식 ········ 238
3연모멘트식 ········ 238
3활절아치 ········ 164
상대강도 ········ 358
상로트러스 ········ 288
상반정리 ········ 244
상반처짐의 정리 ········ 243
상부 수평브레이싱 ········ 289
상현재 ········ 288
서브매트릭스 ········ 403
세장비 ········ 278
소성변형 ········ 48
수직브레이싱 ········ 289
수직재 ········ 288
순수비틀림 ········ 150
순수전단 ········ 134
스프링상수 ········ 38

〈ㅇ〉

아치축선 ········ 165
압력선 ········ 165, 347
에너지방법 ········ 201
여용부재 ········ 328
역매트릭스 ········ 406
연성재료 ········ 47
연속보 ········ 221
열매트릭스 ········ 401
영구변형 ········ 48
Young 계수 ········ 49
영매트릭스 ········ 402
영향선도 ········ 98
Euler 하중 ········ 277
온도응력 ········ 78
외력일 ········ 199
외적 가상일 ········ 203
요소강성도매트릭스 ········ 427
우력 ········ 28
우력모멘트 ········ 29
유연도계수 ········ 413
유연도법 ········ 400
유한요소법 ········ 400
유효길이계수 ········ 280
응력법 ········ 355, 400, 409
응력변환매트릭스 ········ 412

응력—변형률곡선 ··· 46
응력—변형률선도 ··· 46
2면전단 ··· 133
이방성체 ··· 44
2차응력 ··· 290
2차 해석 ··· 17
2축휨 ··· 154, 266
2활절아치 ··· 164
1면전단 ··· 133
1차응력 ··· 290
1차 해석 ··· 17
1축휨 ··· 154, 263
임계응력 ··· 278
임계하중 ··· 273

〈ㅈ〉

자유도 ··· 362
자유물체도 ··· 25
작용과 반작용의 법칙 ··· 24
잔류변형 ··· 48
장기하중 ··· 18
장주 ··· 260, 273
재단모멘트 ··· 63, 355
재단전단력 ··· 163, 355
재단축력 ··· 356
재하현 ··· 288
전단력도 ··· 81
전단방정식 ··· 365
전단변형률 ··· 134
전단중심 ··· 156
전단탄성계수 ··· 135
전달률 ··· 381
전달모멘트 ··· 381
전체강성도매트릭스 ··· 429
전체유연도매트릭스 ··· 415
전치매트릭스 ··· 401
절점 ··· 39
절점방정식 ··· 363
절점법 ··· 293
접선응력 ··· 141, 261
정지마찰 ··· 34
정방매트릭스 ··· 402
정정보 ··· 79
정착경간 ··· 120
정탄성계수 ··· 49
좌굴응력 ··· 278
좌굴하중 ··· 273
주면 ··· 143
주응력 ··· 143
주응력면 ··· 143
주전단응력 ··· 144
주 트러스 ··· 288
중간수직브레이싱 ··· 289
중립면 ··· 76, 128
중립축 ··· 76, 128
지압력 ··· 78
지압응력 ··· 78, 134
직접강도법 ··· 437
직접전단 ··· 132

〈ㅊ〉

처짐각법 ··· 355
처짐각식 ··· 358
처짐곡선 ··· 176
처짐에 관한 Mohr의 정리 ··· 189
최소일의 방법 ··· 232
최소일의 정리 ··· 232
취성재료 ··· 48
층방정식 ··· 365

〈ㅋ〉

Castigliano의 제2정리 ··· 211
케이블에 관한 일반정리 ··· 172
Culmann의 방법 ··· 298

〈ㅌ〉

타이드 아치 ··· 164
탄성계수 ··· 49
탄성곡선 ··· 176
탄성곡선의 기울기 ··· 176
탄성방정식 ··· 225
탄성법칙 ··· 49
탄성변형에너지 ··· 200
탄성지점 ··· 38

탄성하중 ··· 189
탄성한도 ··· 48

〈ㅍ〉

편심거리 ··· 263
편심하중 ··· 262
평면보존의 법칙 ··· 128
평면역계 ··· 25
평행축의 정리 ··· 55
평행현트러스 ··· 288
포아송비 ··· 46
포아송수 ··· 46

〈ㅎ〉

하로트러스 ··· 288
하부 수평브레이싱 ··· 289
하현재 ··· 288
항복강도 ··· 47
해제모멘트 ··· 382
핵점 ··· 265
행매트릭스 ··· 401
현수경간 ··· 120
현재 ··· 288
환산강도 ··· 388
환산강도계수 ··· 390
회전반경 ··· 56
Hooke의 법칙 ··· 49
휨강성 ··· 179
휨모멘트도 ··· 81
힘의 3요소 ··· 21
힘의 이동성의 법칙 ··· 23
힘의 작용선의 법칙 ··· 23
힘의 평행사변형의 법칙 ··· 23

찾아보기(영문)

〈A〉

alternating stress ······ 315
anchor span ······ 120
anisotropic body ······ 44

〈B〉

balancing moment ······ 382
bearing pressure ······ 78
bearing stress ······ 78, 134
bending moment diagram ······ 81
Betti's theorem ······ 241
biaxial bending ······ 154, 266
buckling load ······ 273
buckling stress ······ 278

〈C〉

carry-over factor ······ 381
carry-over moment ······ 381
center of figure ······ 51
centroid ······ 51
chord member ······ 288
coefficient of friction ······ 35
column matrix ······ 401
compatibility condition of deformation ······ 225
conjugate beam ······ 192
conjugate beam method ······ 195
continuous beam ······ 221
core ······ 265
core point ······ 265
counter bracing ······ 328
couple of forces ······ 28
critical load ······ 273
critical stress ······ 278
curved chord truss ······ 288

〈D〉

deck truss ······ 288
deflection curve ······ 176
degree of freedom ······ 362
degree of restraint ······ 334
diagonal matrix ······ 402
diagonal member ······ 288
direct shear ······ 132
direct stiffness method ······ 437
displacement method ······ 355, 400
displacement transformation matrix ······ 426
distribution factor ······ 381
distribution moment ······ 381
double shear ······ 133

〈E〉

eccentric distance ······ 263
eccentric load ······ 262
elastic curve ······ 176
elastic limit ······ 48
elastic load ······ 189
elastic strain energy ······ 200
elastic supprot ······ 38
element flexibility matrix ······ 413
element stiffness matrix ······ 427
ellipse of inertia ······ 66
end axial force ······ 356
end moment ······ 355
end shear ······ 355
end sway bracing ······ 289
energy method ······ 201
external virtual work ······ 203
external work ······ 199

〈F〉

finite element method ······ 400
first-order analysis ······ 17
fixed arch ······ 164
fixed beam ······ 220
fixed end moment ······ 358, 378
flexibility coefficient ······ 413
flexibility method ······ 400
flexural rigidity ······ 179
floor system ······ 289
force method ······ 355, 400
force transformation matrix ······ 412
free body diagram ······ 25

〈G〉

global flexibility matrix ······ 415
global stiffness matrix ······ 429

〈H〉

homogeneous body ······ 44

〈I〉

identity matrix ······ 402
indirect load ······ 18
influence diagram ······ 98
intermediate sway bracing ······ 289
internal virtual work ······ 203
internal work ······ 200
inversed matrix ······ 406
isotropic body ······ 44

〈J〉

joint equation ······ 363

〈L〉

law of superposition ······ 187
loaded chord ······ 288
long column ······ 260
long time loading ······ 18
lower chord member ······ 288
lower lateral bracing ······ 289

〈M〉

main truss ······ 288
method of consistent deformation ······ 225
method of joints ······ 293
method of least work ······ 232
method of sections ······ 293
method of virtual work ······ 207
modified stiffness ······ 388
modified stiffness factor ······ 390
modulus of elasticity ······ 49
moment equation ······ 363
moment of inertia ······ 53

〈N〉

neutral axis ······ 76, 128
neutral surface ······ 76, 128
nominal stress ······ 47
normal stress ······ 261
null matrix ······ 402

〈P〉

panel length ······ 288
parallel chord truss ······ 288
permanent set ······ 48
plastic deformation ······ 48
Poisson's number ······ 46
Poisson's ratio ······ 46
polar moment of inertia ······ 58
portal bracing ······ 289
primary stress ······ 290
principal axis ······ 64
principal plane ······ 143
principal stress ······ 143
principle of superposition ······ 187
principle of virtual work ······ 203
product of inertia ······ 60
proportional limit ······ 47
pure shear ······ 134
pure torsion ······ 150

⟨R⟩

radius of gyration ··· 57
reciprocal theorem ··· 244
redundant member ··· 328
relative stiffness ··· 358
residual deformation ··· 48
restraining force ··· 335
rigid body ··· 22
rigid joint ··· 39, 160
row matrix ··· 401

⟨S⟩

secondary stress ··· 290
second-order analysis ··· 17
section modulus ··· 56
shear center ··· 156
shear equation ··· 365
shearing force diagram ··· 81
shear modulus of elasticity ··· 135
shear strain ··· 134
short column ··· 260
single shear ··· 133
slenderness ratio ··· 278
slope-deflection equation ··· 358
slope-deflection method ··· 355
small-deflection theory ··· 17
spring constant ··· 38
square matrix ··· 402
statical moment of area ··· 50
statically determinate beam ··· 79
statically indeterminate beam ··· 220
stiffness ··· 357
stiffness coefficient ··· 427
stiffness factor ··· 379
stiffness method ··· 400
story equation ··· 365
strain energy ··· 200
stress-strain diagram ··· 46
structural flexibility matrix ··· 415
structural stiffness matrix ··· 429
submatrix ··· 403
suspended span ··· 120
sway bracing ··· 289
symmetrical matrix ··· 403

⟨T⟩

tangential stress ··· 141, 261
theorem of least work ··· 232
theorem of reciprocal deflections ··· 243
thermal stress ··· 78
three hinged arch ··· 164
three moment equation ··· 238
through truss ··· 288
thrust line ··· 165
tied arch ··· 164
torque ··· 150
torsional moment ··· 150
torsional rigidity ··· 152
torsional stress ··· 78, 151
transposed matrix ··· 401
twisting moment ··· 77
two hinged arch ··· 164

⟨U⟩

ultimate strength ··· 49
unbalanced moment ··· 382
uniaxial bending ··· 154, 263
unit load method ··· 207
upper chord member ··· 288
upper lateral bracing ··· 289

⟨V⟩

vertical member ··· 288
virtual displacement ··· 202
virtual work ··· 202

⟨W⟩

web member ··· 288

⟨Y⟩

yielding ··· 47
Young's modulus ··· 49

◇ 저자약력 ◇

신현묵(申鉉默)

서울대학교 전문부 토목과 졸업
공학박사, 토목구조기술사
전, 성균관대학교 교수

구조역학

1987년 9월 20일 초 판 발행
2000년 2월 25일 제2판 발행
2003년 1월 10일 제3판 발행
2006년 2월 10일 제4판 발행
2009년 2월 10일 제5판 발행
2011년 2월 25일 제5판 2쇄

저 자 신 현 묵
발행인 한 점 덕
발행처 **학 연 사**

서울특별시 영등포구 문래1가 39번지
센터플러스 814호
TEL. (代)2164-3311

FAX. 2164-3314

〈등록: 1976년 12월 23일 제12-6호〉 **값 22,000 원**

ISBN 978-89-8060-466-1 93530